微生物碳酸盐岩储层表征

[美] Ernest A. Mancini　William A. Morgan
Paul M. (Mitch) Harris　William C. Parcell　编
沈安江　周进高　王小芳　张建勇　潘立银　等译

石 油 工 业 出 版 社

内 容 提 要

本书介绍了微生物碳酸盐岩的结构和组构特征，阐述了影响微生物碳酸盐岩起源、发展、分布和连续性的沉积过程，潜在微生物岩油气藏储集相带的保存过程；沉积后期作用控制微生物岩储层物性（孔隙度和渗透率）的增大、缩小和保存；沉积作用和沉积后期作用影响微生物碳酸盐岩油藏非均质性、连通性、储层物性以及产能。

本书可供从事碳酸盐岩油气地质人员及高等院校相关专业师生参考。

图书在版编目（CIP）数据

微生物碳酸盐岩储层表征 /（美）欧内斯特·A. 曼西尼（Ernest A. Mancini）等编；沈安江等译. — 北京：石油工业出版社，2021. 10

书名原文：Microbial Carbonates：A Hedberg Conference Issue

ISBN 978-7-5183-4956-2

Ⅰ. ①微… Ⅱ. ①欧… ②沈… Ⅲ. ①微生物-碳酸盐岩油气藏-储集层特征-研究 Ⅳ. ①P618. 130. 2

中国版本图书馆 CIP 数据核字（2021）第 222583 号

出版发行：石油工业出版社

（北京安定门外安华里 2 区 1 号　100011）

网　址：www. petropub. com

编辑部：（010）64271077

图书营销中心：（010）64523633

经　　销：全国新华书店

印　　刷：北京中石油彩色印刷有限责任公司

2021 年 10 月第 1 版　2021 年 10 月第 1 次印刷

889×1194 毫米　开本：1/16　印张：16

字数：530 千字

定价：150. 00 元

（如发现印装质量问题，我社图书营销中心负责调换）

《微生物碳酸盐岩储层表征》

翻译人员

沈安江　周进高　王小芳　张建勇　潘立银

郝　毅　倪新锋　乔占峰　郑剑锋　罗宪婴

李文正　李维岭　吕学菊　吴东旭　黄理力

前　　言

微生物指仅在显微镜下观察到的微观生物，如细菌、真菌、霉菌、藻类和原生动物。旧的生物界分类包括动物界和植物界，新的分类从三大分支或生命领域涵盖了整个生物界：细菌、古细菌和真核生物（Konhauser，2007）。细菌（包括蓝细菌）和真核生物（包括红藻、绿藻和真菌）共同参与微生物碳酸盐岩的形成和成岩过程。沿用 Wood（1999）和 Kenter 等（2005）对微生物碳酸盐岩（又称微生物岩）的定义，微生物岩指底栖微生物直接或间接在原地形成的沉淀物。Burne 和 Moore（1987）将微生物岩定义为底栖微生物群落与碎屑或化学沉积物相互作用而形成的生物沉积物。

微生物碳酸盐岩具多种结构和组构特征，某些组构特征为特定微生物所具有，可以识别微生物是否具有良好的保存潜力，如葛万菌、肾形菌和表附菌，某些组构可以识别微生物是否具有特殊代谢过程所留下的独特的地球化学特征。更重要的是，在孔隙度和渗透率方面，微生物碳酸盐岩结构单元决定了其储层的孔隙性质，同时，微生物碳酸盐岩的结构单元——微观组构也可指示古环境。这种结构单元包括各种大小的球粒结构（最大的球粒结构称为“凝块”）、树枝状结构（具树枝生长形式）、丝状结构（称钙质微生物，如葛万菌、表附菌和肾形菌）、粒状结构以及已被证实的放射形纤维状方解石胶结物。这些结构单元如果在成岩作用中保存下来，通常可以通过薄片观察。

更大的结构可以通过手标本、岩心和成像测井观察。这些宏观结构包含一个或多个微观组构。不同微观组构代表其不同的原始沉积环境以及某种微生物群落对环境的差异反应。更重要的是，这些微观组构代表原生孔和孔喉结构，或者被保存下来，或者由于成岩作用被替换为微生物岩储层最终所见到的岩石物理特征。微生物的宏观结构包括叠层石、凝块石、树枝石、均一石和纹层石。Aitken（1967）、Kennard 和 James（1986）以及 Braga 等（1995）认为，叠层石是纹层状的有机沉积构造；凝块石没有纹层状结构，表现为中型凝块组构特征；树枝石具树枝状生长形式；均一石为致密的未分异的微生物粘结岩；纹层石一般为纹层状、富有机质的泥质碳酸盐岩。

一些学者认为，非海相石灰华和钙华，连同前寒武纪非生物沉积物，不应该划分在微生物岩的范畴。然而 Chafetz 和 Folk（1984）提出可靠证据，表明细菌活动在意大利非海相钙华形成过程中起主要作用。更多学者认为，石灰华和钙华，特别是具树枝状纤维组构的钙华，通常划分在微生物岩范畴。然而，现有的大量文献表明，我们依然不能区分它们是否为微生物，是否为有机成因或无机成因；因此，石灰华和钙化是否属于微生物岩还有待研究和商榷。

近年来，随着对微生物碳酸盐岩油气储层研究的不断深入，迫切需要进一步认识非海相（湖泊）—海相微生物碳酸盐岩的成因和发展、微生物岩及共生相的沉积和成岩特征，以及微生物碳酸盐岩油藏的沉积和岩石物理性质。Mancini 等（2010）从生物地球化学到地质微生物学、沉积岩石学、地层学等不同学科，研究了大量地史时期微生物及其作用的文献。然而，只有一小部分文献将微生物碳酸盐岩作为油气储层进行论述，而关于湖相和陆相环境微生物碳酸盐岩储层的研究，一般很少有文献提及。

为了解决这一问题，AAPG 组织了旨在关注微生物碳酸盐岩储层表征的学术会议，重点研讨裂谷盆地微生物碳酸盐岩储层和无机成因碳酸盐岩储层沉积环境。主要包括：（1）微生物岩和微生物碳酸盐岩建造的起源、发展、分布和地层出露，以及微生物碳酸盐岩储层的沉积特点；（2）微生物碳酸盐岩储层中孔隙度和渗透率的形成、变化、分布和保存；（3）微生物碳酸盐岩、储集相带和储层中烃类产能提供方案。

通过会议研讨，发现在前寒武纪至全新世地层中普遍存在微生物碳酸盐岩和无机碳酸盐岩，沉积环境可以为陆相环境和浅水—深水海相环境，而且微生物碳酸盐岩和无机碳酸盐岩均可作为优秀的潜力油气藏。微生物碳酸盐岩（叠层石）具高粒间和粒内孔渗特点，原因是微生物次生胶结和增生，形成坚固的骨架以抵抗压实作用，保存原生孔。

在研讨会发言和讨论基础上，得出以下结论（参见下图）：

（1）对微生物碳酸盐岩、微生物碳酸盐岩储层和微生物碳酸盐岩建造等海相沉积环境有了一定的理解。有利于利用地震数据进行勘探开发，利用三维储层数值建模进行储层描述，以确定微生物碳酸盐岩地质体的空间分布及几何形态。

（2）了解了许多非海相的沉积环境，特别是从孔隙尺度到盆地尺度的裂谷盆地中的湖泊相微生物岩。

（3）欲了解钙华、石灰华和无机成因碳酸盐岩的起源，需进行物理、无机化学、有机化学、生物学和同位素等方面的研究。

（4）运用海相和陆相沉积的微生物结构、组构等特征的相互关系对所有微生物碳酸盐岩进行分类还有待深入研究。

（5）理解非生物和生物的沉积期作用及沉积后期作用是了解微生物碳酸盐岩储层中孔渗体系和流体单元的关键，因此，对陆相（湖泊相）油气系统的特征、建模和预测需做进一步研究。

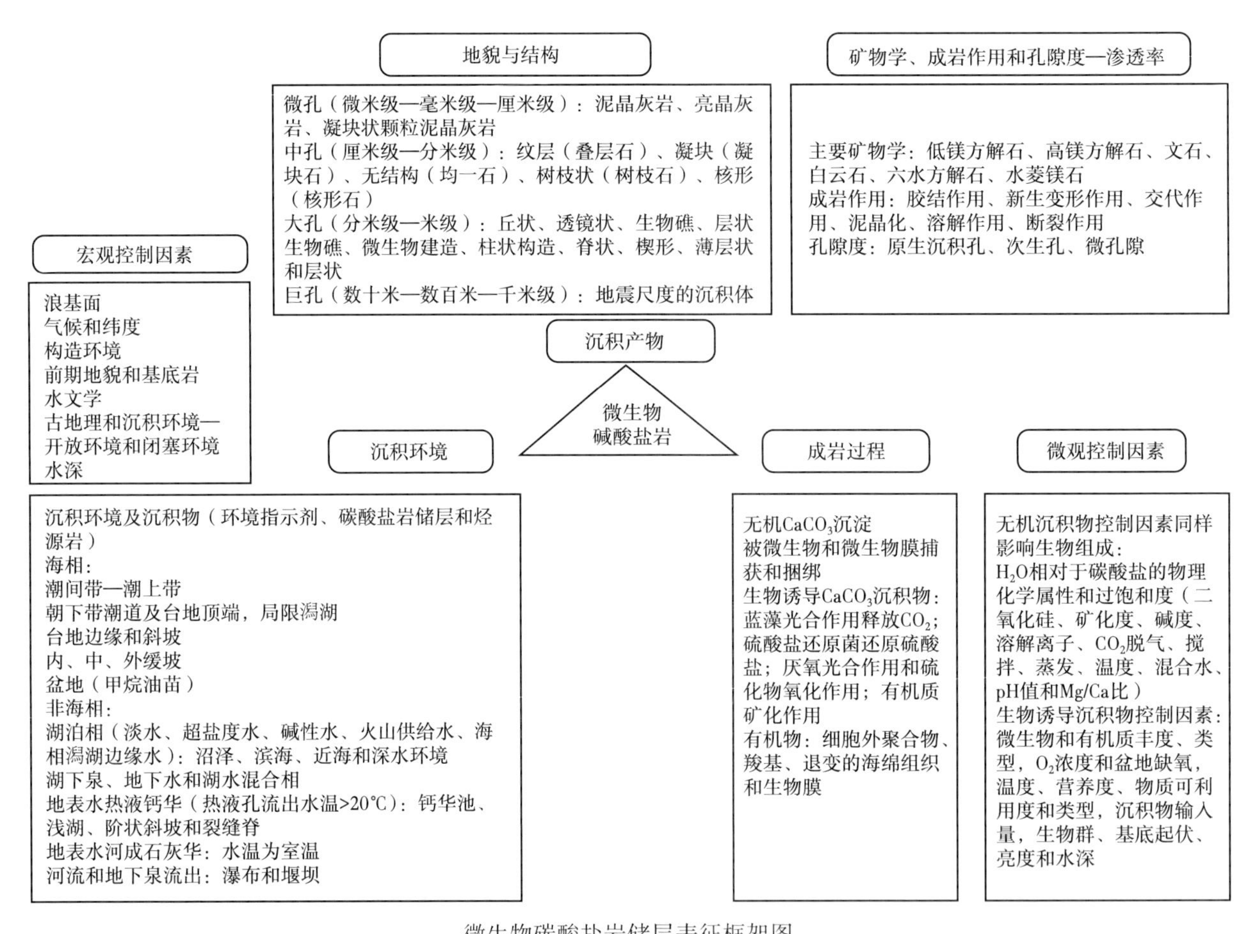

微生物碳酸盐岩储层表征框架图

本书收录了这次会议的12篇论文，其中7篇涉及海相和陆相沉积环境中微生物碳酸盐岩沉积相、储层，2篇研究微生物岩沉积相及储层的特征和三维建模，2篇研究微生物岩的岩石物理性质，1篇讨论了实验室白云石沉淀的控制因素。重点讨论了影响微生物岩起源、发展、分布和连续性的沉积过程，潜在微生物岩油气藏储集相带的保存过程，沉积后期作用控制微生物岩储层物性（孔隙度和渗透率）的增大、缩小和保存，沉积作用和沉积后期作用影响微生物碳酸盐岩油藏非均质性、连通性、储层物性以及产能等内容。

目　录

1

密苏里州和堪萨斯州 Roubidoux 组和 Jefferson City 组微生物岩相的沉积特征、产状和旋回性

Chamandika Warusavitharana, William Parcell

摘要：在建立潜在微生物油藏勘探的概念模型时，微生物建造的沉积和地层特征的野外露头研究是很重要的。本文研究了位于密苏里州中部和堪萨斯州的下奥陶统微生物构造的产状和分布。研究的层位包括 Arbuckle 群的 Roubidoux 组、Jefferson City 组和 Cotter 组。为了弄清适合于微生物岩发育的沉积环境，本文研究了微观、中等和宏观尺度的特征，并建立了它们与围岩岩相的地层关系。显微镜下分析揭示地层已强烈白云石化，然而，残余沉积特征提供了微生物岩发育的重要线索。

微生物构造处于一个地层旋回格架中，微生物岩出现在旋回性浅海沉积物中，分为三种旋回类型。类型 1 沉积物包括潮下带泥晶白云岩、粒泥白云岩和泥粒白云岩（递变成潮间叠层石）。类型 2 沉积物为潮下带泥晶白云岩和含凝块叠层石的泥粒白云岩（递变为潮上相）。类型 3 沉积物包括潮间相或者潮上相（递变为潮上相）。

当勘探具有相同年代和沉积环境岩石中的油藏时，大尺度微生物建造的露头研究是地下很有价值的类比对象。对于建立潜在微生物岩油藏的勘探概念模型，弄清这些特征的沉积学、沉积作用和地层属性很重要。密苏里州 Arbuckle 群（寒武—奥陶系）野外露头代表了横跨北美的寒武—奥陶系沉积环境的变化性和油藏潜力，包括得克萨斯州西部的 Ellenbuerger 组和美国东部的 Knox 群。这些寒武—奥陶系碳酸盐岩油藏包含：（1）米级的泥晶碳酸盐岩为主的旋回；（2）薄层非均一的层状；（3）微生物建造；（4）储层优化的白云石化；（5）Sauk 巨层序不整合以下的孔隙；（6）局部裂缝（Markello 等，2008）。微生物组构的研究有助于进一步理解这些下古生界中微生物岩油藏的地层产状和原始构造的变化。

本文集中于密苏里州中部和堪萨斯州中部的下奥陶统 Roubidoux 组及 Arbuckle 群 Jefferson City 白云岩和 Cotter 白云岩（图 1.1 和图 1.2）。Jefferson City 白云岩和 Cotter 白云岩在堪萨斯州地下是无差别的（Franseen 等，2004）。本文描述了（1）Arbuckle 群微生物岩的宏观（厘米级到米级）特征和微观（厘米级到毫米级）特征；（2）古环境和对沉积作用的控制；（3）地层格架中微生物岩的产状。本文旨在弄清微生物岩及围岩沉积相之间的地层关系以改进堪萨斯州和密苏里州 Arbuckle 群微生物岩发育的地质概念模型。

1.1 地质背景与区域地层

Arbuckle 群是在晚寒武世与早奥陶世 Sauk 巨层序时沉积的（Derby 等，2012a）。从内华达州到田纳西州，从得克萨斯州到明尼苏达州，北美洲内部泛滥的陆缘海形成了巨大的美洲碳酸盐岩滩。（Derby 等，2012b）。在此期间，横跨狭窄的陆棚沉积了广泛的碳酸盐岩。最终的沉积物就是厚层白云石化的旋回性碳酸盐岩夹不定量的砂岩和燧石（Ross，1976；Wilson 等，1991；He，1995；Overstreet 等，2003；Derby 等，2012a）。微生物岩占据了早奥陶世全世界范围的浅缓坡到较深水的缓坡环境（Webby，2002）。在密苏里州，碳酸盐沉积物发育在沿 Ozark 穹隆的碳酸盐岩缓坡和台地（He，1995；Palmer 等，2012），而在堪萨斯州，它们发育在轻微倾斜的浅水缓坡上。微生物组构出现在密苏里州和堪萨斯州的整套 Arbuckle 群中。

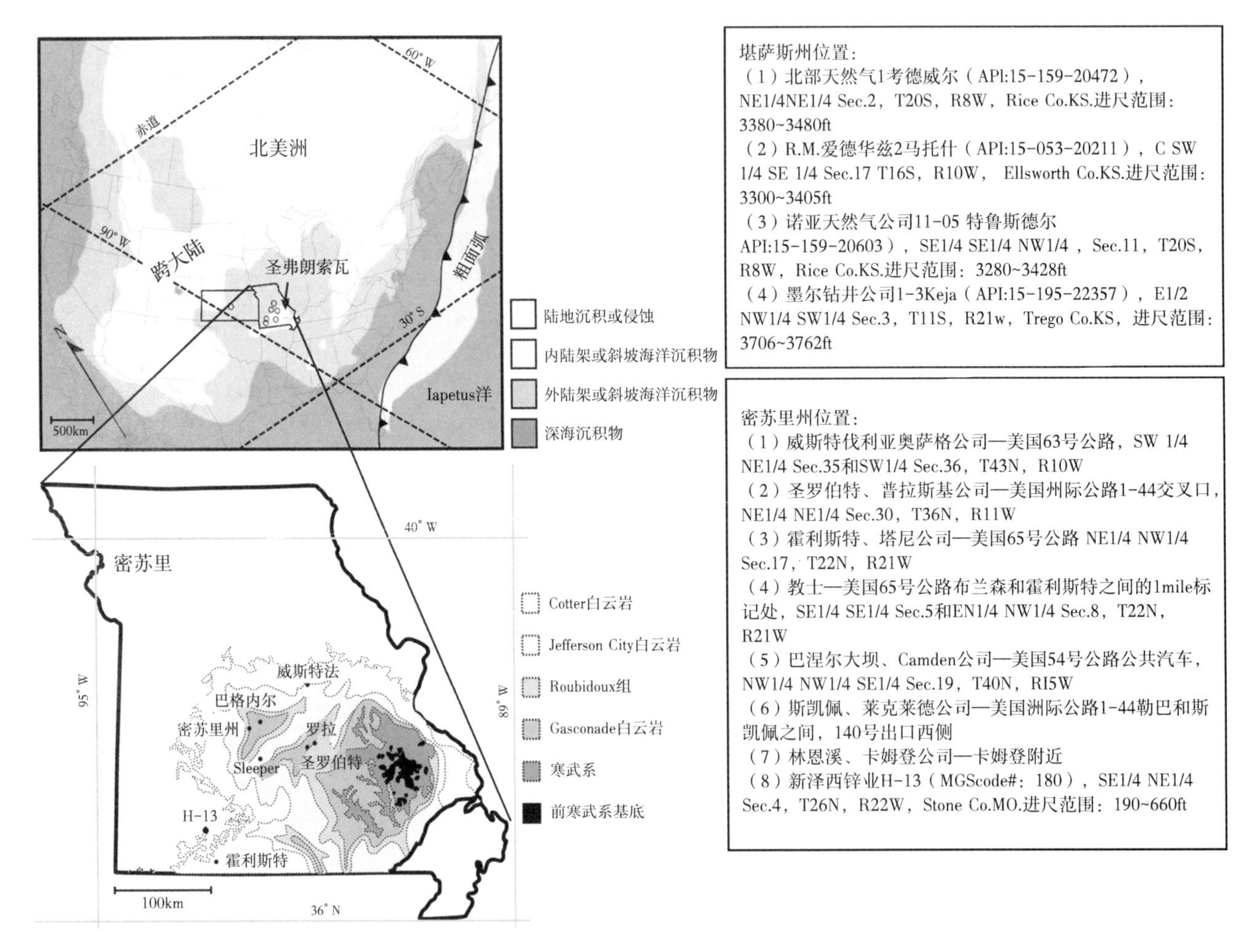

图 1.1　北美洲早奥陶世时期的地质背景和古地理图（据 Blakey，2003，修改，经过荷兰艺术和科学皇家科学院许可）
黑色圈线范围是研究区，插图：密苏里州前寒武系到下奥陶统上部地层的露头和井位位置

在密苏里州暴露的最老的奥陶系是 Gasconade 组（图 1.2），主要是褐色—灰色、细—粗晶的燧石质白云岩。Gasconade 组的下部包括灰色鲕状和叠层石状燧石层。广泛分布硅化的微生物层将 Gasconade 组分为上下两部分。上部主要是块状的白云岩夹极少量燧石。上覆 Roubidoux 组（图 1.2）由白云岩和砂质白云岩组成，夹有砂岩层、燧石质白云岩和大量的叠层石及少量的凝块石构造。Jefferson City 白云岩和 Cotter 白云岩（图 1.2）主要是褐色—棕褐色、细—中晶他形白云岩，含有大量的叠层石和少量的凝块石构造。堪萨斯州钻穿 Arbuckle 群的井（图 1.1）能见到相当于未分开的 Jefferson City 白云岩和 Cotter 白云岩。这些地层是棕色—灰色、细—中晶白云岩，含有燧石、砂岩和页岩层（图 1.2）。都含有叠层石和凝块石构造。

1.2　方法和术语

本文描述了密苏里州中部和西南部的 7 个露头，还有密苏里州石头城的矿物勘探岩心（H-13）（图 1.1）。为了比较，又描述了沿堪萨斯中央隆起翼部分布的 Ellsworth、Rice 和 Trego 县的 4 个岩心。一共测量记录了 348m（1142ft）的钻井岩心和露头剖面（Parcell，2009；Warusavitharana，2012）。描述了其岩性旋回、层理特征、孔隙类型和微生物组构。制备了 110 个薄片用于研究异化颗粒、微生物岩结构和白云石结晶度。这些数据用于确定岩相和微生物岩结构，进而推断其沉积环境和旋回。本文遵循 Overstreet（2000）和 Overstreet 等（2003）对 Arbuckle 群沉积环境的解释。根据垂向的岩相走向和暴露面将岩相分成向上变浅的几个旋回。

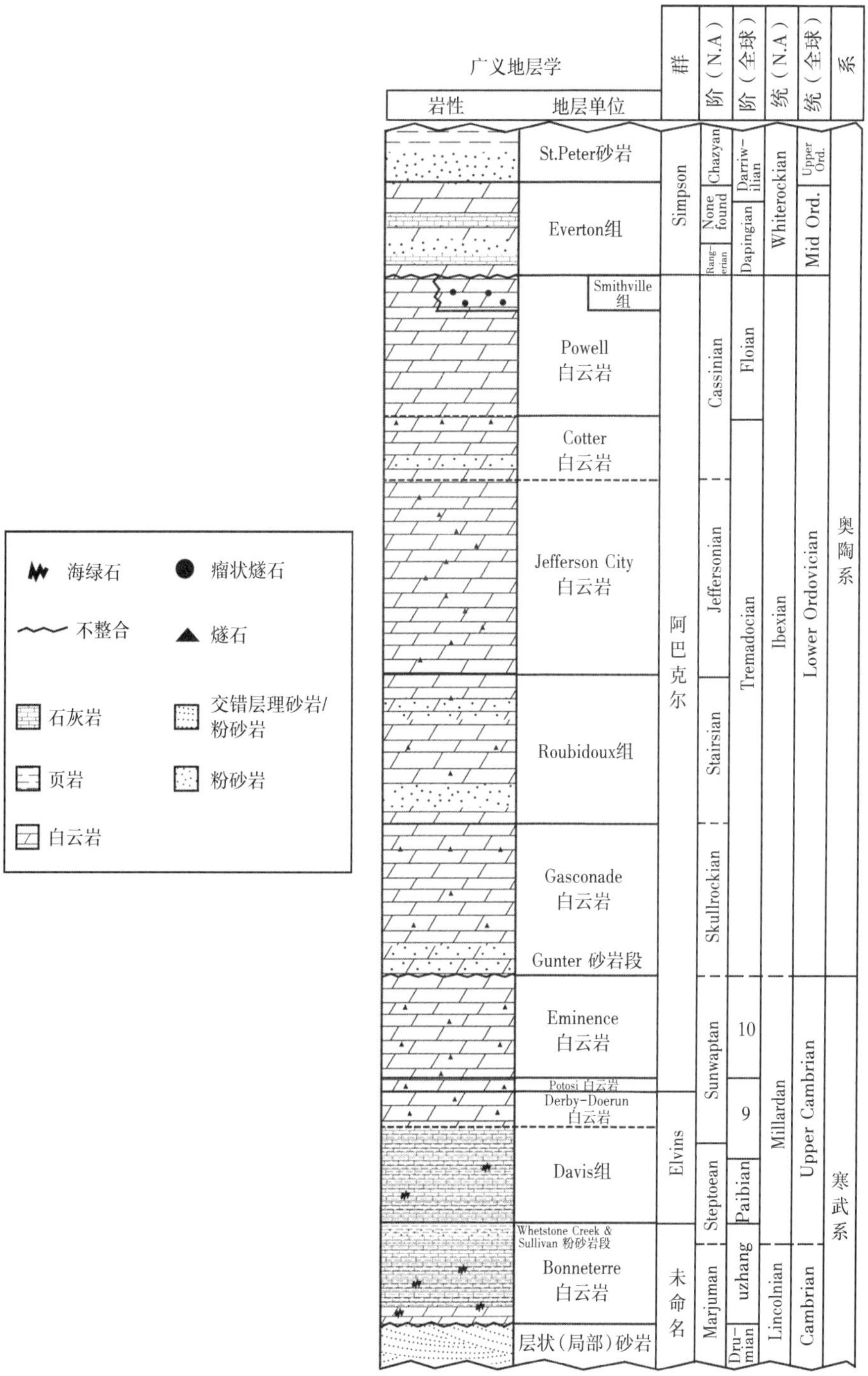

图 1.2 堪萨斯州和密苏里州的上寒武统—下奥陶统的岩性地层表（据 Morgan，2012，修改，经 AAPG 许可使用）

Logan 等（1964）对微生物构造的研究为 Arbuckle 群中的中等规模微生物特征描述提供了一个框架，因为它们与露头和岩心中观察到的具有相似的生长样式。本文中，识别出的微生物构造主要分以下几种：（1）侧向连接的半球形（LLH 型），表明穹状叠层石是生物丘，厚度和宽度都大于 1m（3.3 ft），再细分为两种，一种是头与头之间的间距很小（几厘米）（称为 LLH-C 型，图 1.3a），另外一种是侧向连接的半球形每个头之间的间距很大［达 1m（3.3ft）宽］（称为 LLH-S 型，图 1.3b）；（2）垂向叠置的穹状半球形（SH 型），高度和宽度都小于 1m（3.3ft），再细分为两种，一种是 SH-C 型，它们的纹层延伸至半球形的底部（图 1.3c），另外一种是 SH-V 型，它们的纹层是变化的，不一定都能延伸至半球形的底部（图 1.3d）。另外还能见到假柱状型（图 1.3e）。

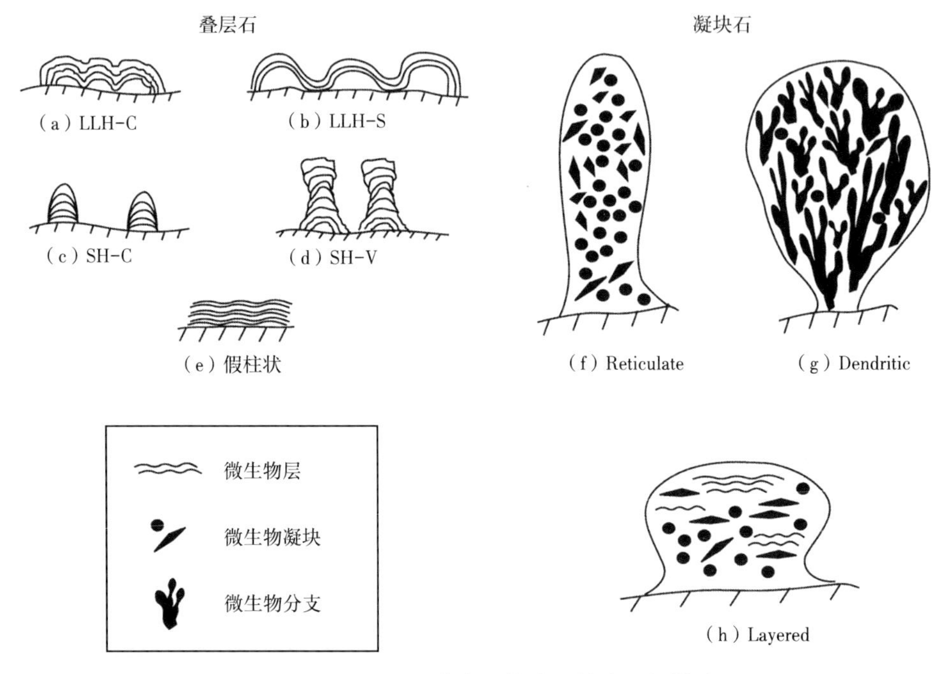

图 1.3　Arbuckle 群中发现的微生物岩生长样式

(a) LLH-C 型叠层石（头之间间距很小的侧向连接半球形）；(b) LLH-S 型叠层石（头之间间距很大的侧向连接半球形）；(c) SH-C 型叠层石（具有恒定基底的垂向叠置半球形）；(d) SH-V 型叠层石（基底变化的垂向叠置半球形）；(e) 假柱状叠层石；(f) 网状凝块石；(g) 树枝状凝块石和 (h) 层状凝块石

凝块石的凝结样式描述遵循 Parcell (2002) 和 Schmid (1996) 对微生物生长样式的分类。网状凝块石（图 1.3f）的凝结点随机排列。树枝状凝块石（图 1.3g）的凝结点看上去是树枝状的。层状凝块石（图 1.3h）的凝结点是层状样式的。

1.3　微生物岩相描述和解释

研究的剖面中共识别出 9 个岩相，主要是碳酸盐岩相（泥晶碳酸盐岩—颗粒碳酸盐岩和微生物岩）和石英砂岩。这些岩相详见表 1.1 和表 1.2。岩相包括泥晶白云岩（相 A）；富含内碎屑的泥晶鲕粒（似球粒）碳酸盐岩、鲕粒（似球粒）碳酸盐岩（相 B 和相 C）；斑状碳酸盐岩（相 D）；纹层状粒泥碳酸盐岩（相 E）；角砾状碳酸盐岩（相 F）；似球粒碳酸盐岩（相 G）；石英砂岩（相 H）及各种微生物构造（相 Ia-相 Ic）。碳酸盐岩已强烈白云石化。微生物岩分为层状的（相 Ia）、叠层石（相 Ib）和凝块石（相 Ic）。在所有碳酸盐岩中都能见到微生物岩，但在相 C—G 中最常见。

1.3.1　密苏里州 Roubidoux 组微生物岩

Roubidoux 组主要是浅—深灰色、极细—粗晶、砂质、燧石质和/或鲕粒白云岩。燧石大部分以结核或硅化的叠层石出现（图 1.4d）。Roubidoux 组比 Gasconade 白云岩、Jefferson City 白云岩和 Cotter 白云岩含有更多硅质砂。该地层中叠层石（相 Ib）是最主要的微生物岩样式。叠层石构造样式有 LLH 型（图 1.4a）、SH-V 型（图 1.4b）和 SH-C 型（图 1.4d、e）。LLH 型可以厚达 2m（6.6ft），宽达 3m（10ft）。而 SH-V 型和 SH-C 型厚约 0.7m（2.3ft），宽约 0.04m（0.13ft）。这些叠层石常常具有纹层（稍微—急剧上凸），这些纹层出现在穹隆状的生物层中。它们的边缘构造要么是墙状，要么是飞檐状。部分可见捕获在纹层中的粉砂级石英（图 1.4c）或化石。孔隙大部分为纹层孔洞（沿着叠层石的纹层形成的）和/或晶间孔（图 1.4f）。也能见到窗格孔、晶洞、晶内孔和铸模孔。

表 1.1　Roubidoux 组、Jefferson City 组和 Cotter 组的主要岩相*

岩相		描述/组分	沉积环境	主要体系域
A	泥晶白云岩	微晶；可达 1cm（0.4in）厚层理；绿—蓝绿色、橙色	潮下带、潮间带、潮上带	水（海）进体系域和高位体系域
B	富含内碎屑的泥晶鲕粒（似球粒）碳酸盐岩	白云质；>2m（>6.6ft）厚层理；含碎屑燧石结核，鲕粒球形，似棱角—圆形，细—非常细的石英	潮下带、潮间带、海侵滞后	水（海）进体系域和高位体系域
C	鲕粒（似球粒）碳酸盐岩	白云质；硅化鲕粒或鲕粒孔；燧石结核，局部藻类物质	潮下带（浅）	上部的水（海）进体系域和高位体系域
D	斑状碳酸盐岩	白云质；化石、洞穴、叠层石常见；洞穴中填充有较粗、颜色较浅的白云石、燧石或玉髓核质石英；非常细、圆状、碎屑石英、细长的燧石结核；窗孔结构、稀疏散布的巨洞	潮下带（深）	底部的水（海）进体系域
E	纹层状粒泥碳酸盐岩	白云质；鲕粒、淤泥、内碎屑、化石、叠层石	潮下带、潮间带、潮上带	水（海）进体系域和高位体系域
F	角砾状碳酸盐岩	白云质；溶塌角砾岩或成岩角砾岩；含有叠层石或凝块石；碳氢化合物和黄铁矿	潮下带、潮间带、潮上带	水（海）进体系域和高位体系域
G	似球粒碳酸盐岩	白云石；波状层理；含有凝块岩化石	潮下带、潮间带	水（海）进体系域和高位体系域
H	石英砂岩	>2m（>6.6ft）厚层理；交错层理，一些鲕粒，细—极细粒，分选很好，次棱角—圆形石英	潮间带	高位体系域
I	微生物	表 1.2	表 1.2	表 1.2

* 具有相应的特征和组分，同样解释了研究位置沉积环境和海侵—海退旋回。

本文详细描述的 Roubidoux 组 LLH 型叠层石（表 1.2，相 Ib）位于密苏里州沿着美国 63 号高速路的 Westphalia 露头（图 1.1 和图 1.4a）。它们大多被粒泥白云岩包围，保存不佳。它们被细—粗粒、自形—他形白云石晶体白云石化，白云石化作用之后又发生了硅化作用。微生物结构以暗色白云石纹层的形式保存下来。在这些纹层之间是粉砂级和细粒级燧石或者玉髓。有些硅化的纹层中可见蓝藻细菌丝状体。孔隙主要为纹层孔洞或晶间孔，有些孔隙中可见烃类。其他相 Ib 结构包括垂向叠置的半球形穹隆（SH）叠层石。这些样式再细分为两种。在野外露头中，SH-V 型随建造的簇丛生长（图 1.4b），而 SH-C 型间距更大，更宽［0.4m（1.3ft）］(图 1.4d、e)。无论在露头还是岩心中，SH 型都出现在粒泥白云岩和泥粒白云岩中。这些相被白云石化成中粒、自形—他形白云石。粉砂、化石和/或鲕粒岩在纹层中出现，也出现在叠层石头之间的区域（图 1.4c）。另外可见少许生物扰动迹象。孔隙同样主要为纹层孔洞或晶间孔（图 1.4f）。

Roubidoux 组中详细研究的凝块石结构（表 1.2、相 Ic）来自岩心样品（图 1.5）。相 Ic 伴生泥晶似球粒白云岩或泥晶白云岩，递变为泥晶似球粒白云岩或者潮坪纹层岩又或者藻席（相 Ia）。凝块石凝结点显示为网状或者层状生长样式。网状凝块石和层状凝块石可以厚达 0.3m（0.98 ft）。所有类型中都能见到大量的化石（图 1.5d）、生物扰动和潜穴现象（图 1.5c）。孔隙为晶间孔、生物潜穴孔洞、生物扰动孔和晶洞（图 1.5b、c、e）。

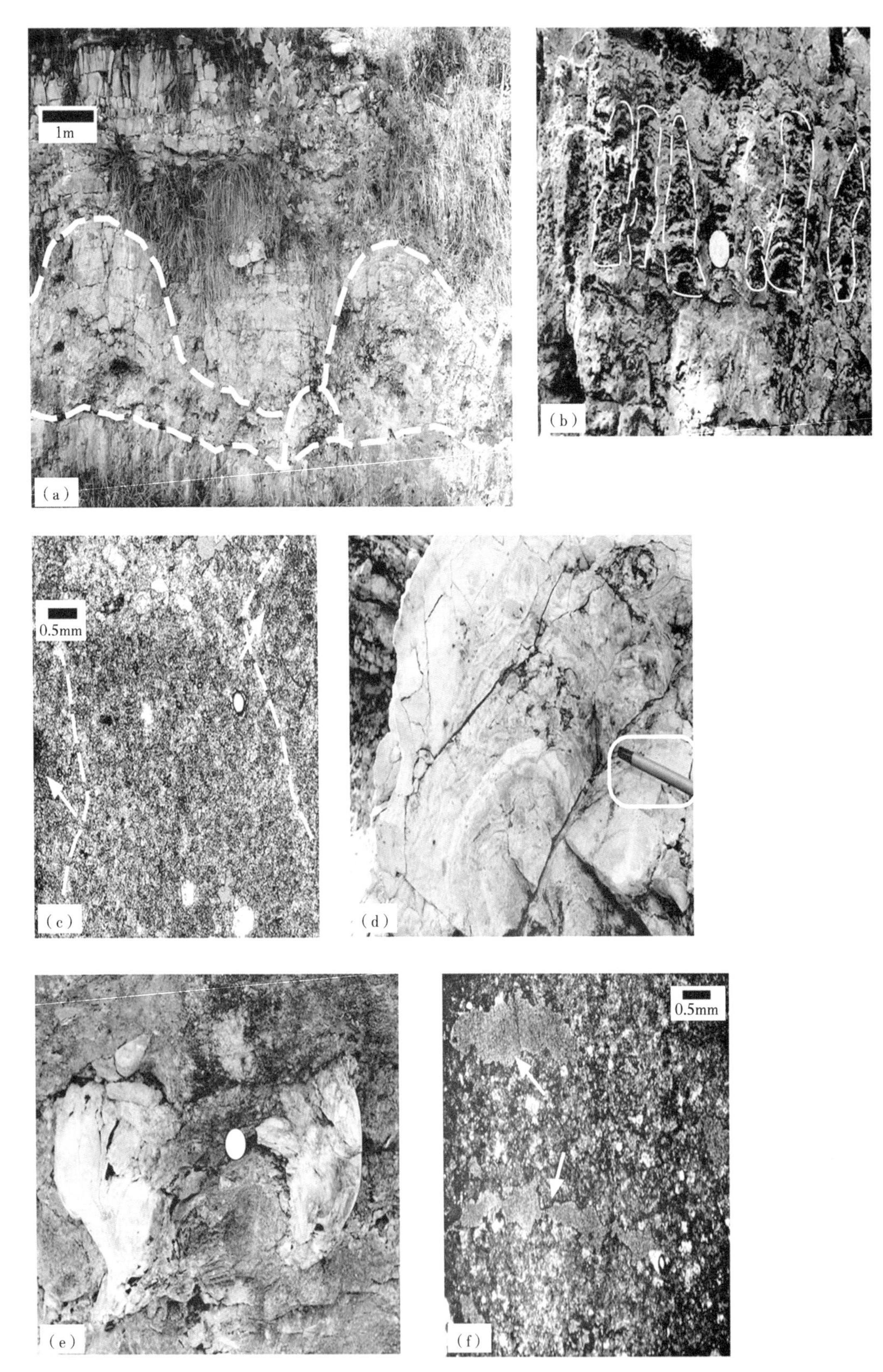

图 1.4　密苏里州 Westphalia 露头 Roubidoux 组中的叠层石

(a) 露头中的 LLH 型，标尺为 1m (3.3ft)；(b) 露头中的 SH-V 型，硬币是 2.3cm (0.91in)；(c) 图 (b) 的显微照片，4 倍，单偏光，标尺为 0.5mm (0.02in)，箭头指向两种不同叠层石之间的纹层，白圈是叠层石之间发现的极细粉砂；(d) 露头中硅化的 SH-C 型叠层石，笔长 14cm (5.5in)；(e) 露头中 SH-C 型叠层石，头部已剥蚀，硬币直径为 2.3cm (0.91in)；(f) 图 (b) 的显微照片，4 倍，单偏光，标尺为 0.5mm (0.02in)，箭头指示纹层孔洞

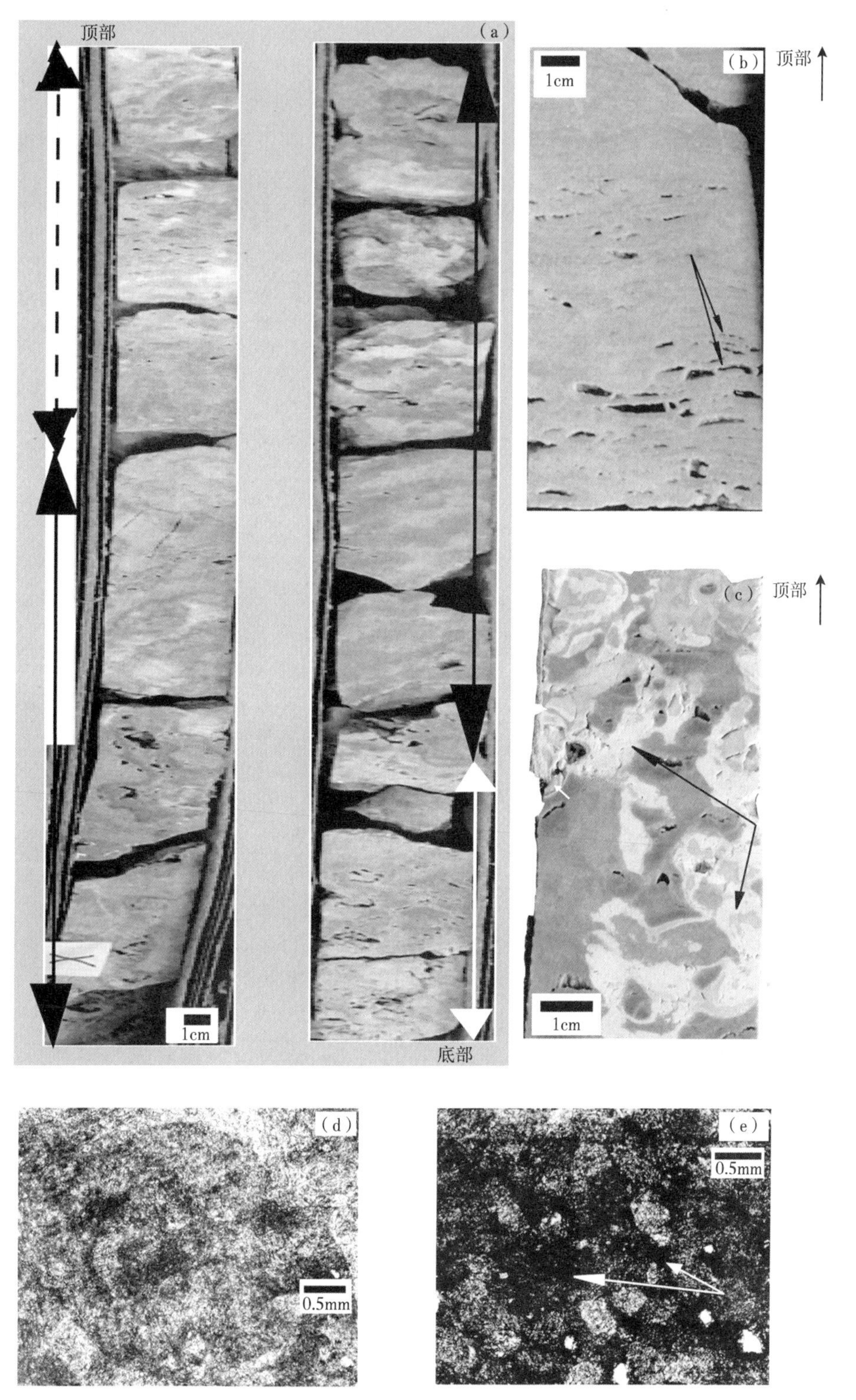

图 1.5　密苏里州 H-13 井岩心 Roubidoux 组凝块石

(a) 网状凝块石 (621～625ft) (白色箭头) 递变为树枝状凝块石 (黑色实箭头) 再递变为层状凝块石 (黑色虚箭头)；(b) 藻席 (593ft)，黑色箭头指示窗格孔和晶间孔；(c) 网状凝块石 (604ft)，黑色箭头指向生物潜穴，现已硅化；(d) 树枝状凝块石 [622.5ft，4 倍，单偏光，标尺为 0.5mm (0.02in)]，斑状、细—中晶他形白云石中见化石幻影；(e) 网状凝块石的显微照片 (437ft，4 倍，单偏光，标尺为 0.5mm)，箭头指向细—中晶、半自形—他形白云石的晶间孔里面捕获的烃类

网状凝块石常常伴生晶洞沉积物和潜穴沉积物 (图 1.5c)。它们大多出现在泥晶白云岩—泥粒白云岩中。通常被白云石化成细—粗粒、半自形—自形白云石。潜穴部分已被白垩质白色玉髓充填 (图 1.5c)。有些晶间孔可见烃类证据 (图 1.5e)。

层状凝块石伴生泥晶白云岩—粒泥白云岩相。它们通常被白云石化，可见化石和生物潜穴。层状凝块石发育在网状凝块石或者泥晶似球粒白云岩之上（图 1.5a）。孔隙主要是晶间孔和晶洞。树枝状凝块石与另外两种类似，因为它们都含有化石（图 1.5d）、生物潜穴和生物扰动，且都被白云石化成极细—中晶白云石（图 1.5d）。树枝状凝块石通常会递变为层状凝块石（图 1.5a）。

表 1.2 Roubidoux 组、Jefferson City 组和 Cotter 组中的主要微生物岩相*

微生物相		描述/成分	微生物生长形式	沉积环境	主要体系域
la	层状或隐层状藻灰岩	白云质；略呈波浪状起伏的层理；层理的规模为毫米级至厘米级；可发现溶塌角砾岩；泥裂缝；胶代蒸发岩；窗孔结构；通常出现在微生物岩上方	厚度达到分类级	潮坪、潮上带	高位体系域
lb	叠层石—泥粒灰岩	白云质，有时硅化；碎屑石英、鲕粒，和/或层间和顶部之间的化石；取代了通常存在的蒸发岩、黄铁矿、其他硫化物、碳氢化合物和海绿石；泥岩裂缝；一些层间交叉或者它们的顶部向一个角度生长；生长在侵蚀性不规则物、椎板状孔洞、普通窗孔上	LLH-S：顶部间隙有横向连接半球体（图 5b）高度：达 2m（6.6ft）；宽度：达 3m（10ft）；间距：高达 1.5m（5ft）	潮下带	水进体系域
			LLH-C：顶部之间有紧密相连的横向半球体（图 5a）；高度：从厘米级到米级的范围；宽度：类似于 SH-V	潮间带	高位体系域
			SH-C：层间到达底部的垂直堆积半球体（图 5c）；高度：达 0.7m（2.3ft）；宽度：达 1m（3.3ft）	潮间带（低能）	水进和高位体系域
			SH-V：垂直堆积的半球体，其层是可变的，可能达不到底部，有时可以与下一个顶部搭桥（图 5d）；可能存在于撕裂的碎屑中	潮间带（高能）	高位体系域
			高度：达 0.7m（2.3ft）；宽度：达 0.4m（1.3ft）		
			假柱状：扁平到波状到具皱纹的层（图 5e）；高度：≤0.3cm（≤0.12in）	潮上带	高位体系域
lc	凝块性泥岩—砂岩	白云质；常见于网状和树枝状的化石；在不规则侵蚀面上生长；常见多孔，层状孔隙普遍发育在层状岩石中；潜穴和钻孔现在被白云石或白垩质玉髓填充；可能是几种凝块岩类型和叠层石的组合，通常在旋回顶部发现潮坪层状岩	网状：凝块随机排列（图 5f）；高度：1.2m（3.9ft）；宽度：2.7m（8.85ft）	潮下带；稍微升高背景；中等能量	水进体系域
			树突状：分支结构排列的凝块（图 5g）；高度：高达 7.5cm（2.95in）；宽度：每个枝晶高达 2cm（0.78in）	潮下带；快速沉积；高能量	水进体系域
			分层：凝块排列成分层结构，看起来很相似叠层石（图 5h）；高度：达 2m（6.6ft）	潮下带至深潮间带；慢速沉积；低—中等能量	水进体系域

*包括描述和生长形式，同样解释了研究位置的沉积环境和海侵—海退旋回。

1.3.2 密苏里州 Jefferson City 白云岩和 Cotter 白云岩的微生物岩

Jefferson City 白云岩和 Cotter 白云岩主要为褐色—棕褐色、细—中晶、他形白云石。包括叠层石和凝块石（图 1.6）。Jefferson City 白云岩和 Cotter 白云岩发现的相 Ib（叠层石）主要是垂向叠置的半球形穹隆（SH），既有 SH-C 型（图 1.6a），又有 SH-V 型（图 1.6b，e）。SH-C 型厚可达 0.7m（2.3ft），宽达 1m（3.3ft）；而 SH-V 型厚约 0.23m（0.75ft），宽约 0.15m（0.49ft）。这两种类型都伴随生物层穹隆出现。SH-C 型与 Roubidoux 组中所见的那些类似，通常随宽度增大［1m（3.3ft）］间距更大。它们具有陡峭—轻缓穹隆状并具有墙状结构（图 1.6a）。它们显示早期的白云石化证据（隐晶—极细晶、他形白云石）。燧石和玉髓条带充填了纹层之间的一些孔隙，暗示了淋滤之后的硅化作用。孔隙中充填的自生粗石英（图 1.6c）也形成在玉髓充填孔隙之后。McBride 和 Folk（1977）认为图 1.6c 中的条带组构是蒸发岩矿物交代作用的指示。然而，白云石可能已经破坏了蒸发岩矿物存在的证据，没有别的证据来支持这种解释。

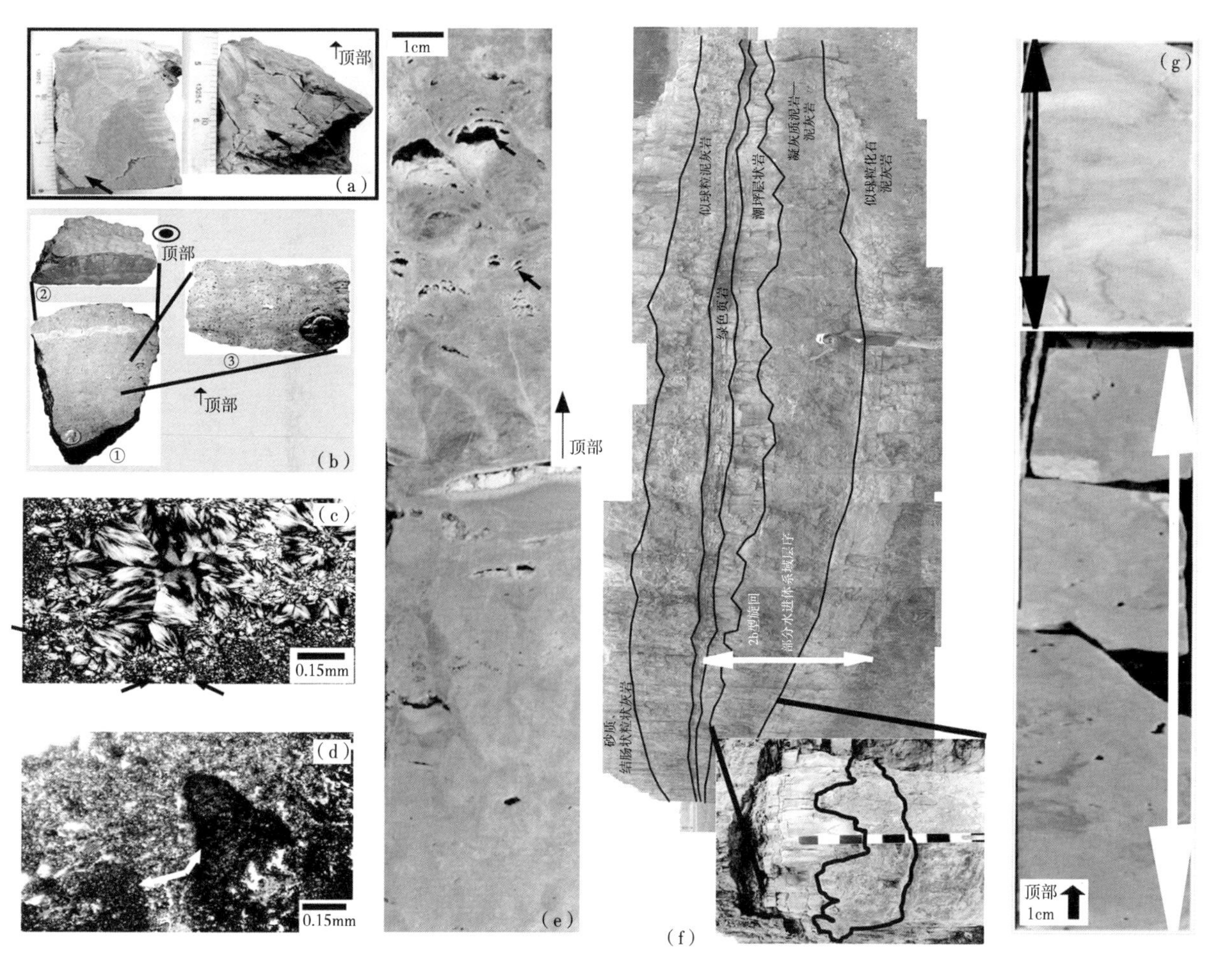

图 1.6　密苏里州 Jefferson City 白云岩和 Cotter 白云岩中的叠层石和凝块石

（a）至（c）、（e）为叠层石，（d）、（f）为凝块石；（a）SH-C 型叠层石在纹层中和头部之间圈闭有岩屑、砂、粉砂和鲕粒岩（黑色箭头）；（b）SH-V 型①横截面视图、②单个叠层石头部的顶面视图、③局部放大图，注意硅化层在①中，黑点是锯切造成的，该样品孔隙度高，硬币是 2.3cm（0.91in）；（c）硅化的 SH-C 型叠层石显微照片（10X，正交光），标尺为 0.15mm（0.006in），充填孔隙的条带状玉髓可能交代了蒸发岩，粗石英充填了剩余的孔隙，黑色箭头指示极细的自形白云石；（d）多孔（晶间孔）网状凝块石的显微照片（10X，单偏光），白色箭头指示极细他形白云石中的微生物膜，标尺为 0.15mm（0.006in）；（e）H-13 井岩心 487~488ft（148.4~148.7m），SH-V 型叠层石，黑色箭头指示纹层状孔隙，注意垂向生长角度，该样品位于潮坪纹层岩顶部边界，标尺为 1cm（0.4in）；（f）密苏里州 Hollister 露头显示不同相带，包括 TST 层序中 2b 型旋回中的网状凝块石和一些层状凝块石构造，这套凝块石相递变为潮坪纹层岩，图中人高为 5ft（1.5m），插图：来自凝块石相，每个黑色矩形是 0.1m（0.33ft）；（g）H-13 井，294~297ft（89~90.5m），层状凝块石（白色箭头）递变为叠层石（黑色箭头），标尺为 1cm（0.4in）

SH-C 型微生物岩中的孔隙类型包括晶洞、晶间孔、纹层洞和裂缝。SH-C 型建造通常生长在泥丘上面。叠层石之间的矿物包括极细—细的粉砂岩、鲕粒岩或者粗粒的内碎屑（图 1.6a）。

在密苏里州，SH-V 型叠层石伴随小型建造出现。它们具有轻微穹隆的形状和圆锥形边缘结构。它们全部被白云石化成极细—中晶的他形白云石。中晶白云石大部分是充填孔隙的，纹层可以变成细圆齿状（图 1.6b），里面捕获粉砂级颗粒和化石。玉髓也沿纹层出现。这种 SH-V 型很少出现在岩心中（图 1.6e）。它们包括纹层孔洞（图 1.6e），可见硅化作用引起硬石膏被交代。

Jefferson City 白云岩和 Cotter 白云岩中发现的凝块石（相 Ic）与 Roubidoux 组中的相类似，从网状到（图 1.6f，插图）到层状（图 1.6g）变化。这些凝块石可以厚达 1m（3.3ft）。在露头和岩心中均可见这些凝块石类型。网状凝块石中主要是化石、生物扰动和生物潜穴。孔隙为晶间孔、窗格孔、铸模孔、生物潜穴孔、生物扰动孔、角砾孔、晶洞和纹层孔洞。

在密苏里州，描述的相 Ic 位于 Hollister（图 1.6f）和 Branson，在美国 65 号高速公路，接近 Hollister 约 1mile（1.6km）处的露头（图 1.1）。这些建造宽达 0.8m（2.62ft）。在 Hollister，这些头部倾向于层状，但不含叠层石中侧向连续的纹层。斑状特征解释为强烈的生物潜穴作用，通常与沉淀速率低相关。这些凝块石由极细—中晶、半自形—他形白云石晶体组成（图 1.6d），出现在强烈生物潜穴的相之上（图 1.6f）。St. Robert 的凝块石也出现在化石丰富的相之上。藻或者细菌凝块被认为是暗色白云石，主要包括晶间孔（图 1.6d）、晶洞和铸模孔。

层状凝块石（图 1.6g）与 Roubidoux 组中的相类似。它们厚达 0.6m（2.0ft）。它们出现在粒泥白云岩和泥粒白云岩中，它们全部被白云石化成极细—粗晶白云石，缺乏化石。这些凝块石发育在剥蚀面以上，递变为潮坪纹层岩或者泥晶白云岩或者粒泥白云岩。孔隙类型包括晶间孔、晶洞和铸模孔。

1.3.3 堪萨斯州的微生物岩

密苏里州的露头研究与堪萨斯州的地下可对比。此次选取了堪萨斯州中央隆起翼部的 4 个岩心用于研究（图 1.1）。在这些岩心中能够见到相 Ib（表 1.2）中的假柱状型（图 1.7a）、SH-C 型（图 1.7b，c）和 SH-V 型（图 1.7a）。假柱状型可以厚达 0.6m（2.0ft），而 SH 型可厚达 0.8m（2.6ft）。混合型由凝块石结构逐渐变化而来（图 1.7c）。假柱状的生长样式是从平坦到波状（图 1.7a）或者细圆齿状。假柱状型逐渐变化为 SH 型（图 1.7a）。其矿物主要是细—粗晶白云石，含有伴生更细粒白云石的暗色纹层。沿着纹层能够见到硅化的石膏和/或硬石膏结核（图 1.7a）。孔隙类型为晶间孔（图 1.7e）、晶洞（图 1.7f）和窗格孔（图 1.7a）。在它们之上通常具有剥蚀面。

SH-C 型的生长样式是轻微上凸（图 1.7b），具有墙状结构将头部彼此分隔开来（图 1.7c）。其矿物为极细—粗晶他形白云石。大多数伴生角砾相（图 1.7b），有时含有烃类（图 1.7f）。它们貌似生长发育在核形石构造之上（图 1.7b），含有鲕粒和腹足类。可观察到的孔隙类型有晶间孔、晶洞、角砾孔和鲕粒铸模孔。

SH-V 型叠层石的生长样式也是轻微上凸，具有头部（图 1.7a），与密苏里州的类似。其矿物为极细—粗晶他形白云石。在某些头部能见到冲裂构造碎屑，表明至少处于周期性的高能环境。SH-V 型叠层石含有海相生物，例如纹层和圈闭的鲕粒岩中能见到腹足类。孔隙类型包括纹层孔洞、晶间孔、角砾孔和鲕粒铸模孔。泥晶白云岩中出现的假柱状类型一般与鸡笼状硬石膏相伴生（图 1.7a）。SH 型（与密苏里州的类似）包括鲕粒岩、粉砂岩及纹层中的化石碎片。

堪萨斯州 Arbuckle 地层中相 Ic 包括网状、树枝状（图 1.7d）和层状的生长样式（图 1.7c）。堪萨斯州凝块石厚度范围为 0.6~2m（2~6.6ft）。大部分出现在剥蚀接触面或者含化石的粒泥白云岩—泥粒白云岩表面之上。在临近泥晶白云岩和泥粒白云岩的凝块石中可以见到腹足类、双壳类和生物潜穴。所有的凝块石被白云石化成极细—中晶他形白云石。孔隙主要是晶间孔、晶洞、生物潜穴和角砾孔。网状类型凝块石逐渐变为层状或者树枝状，或者变为叠层石。

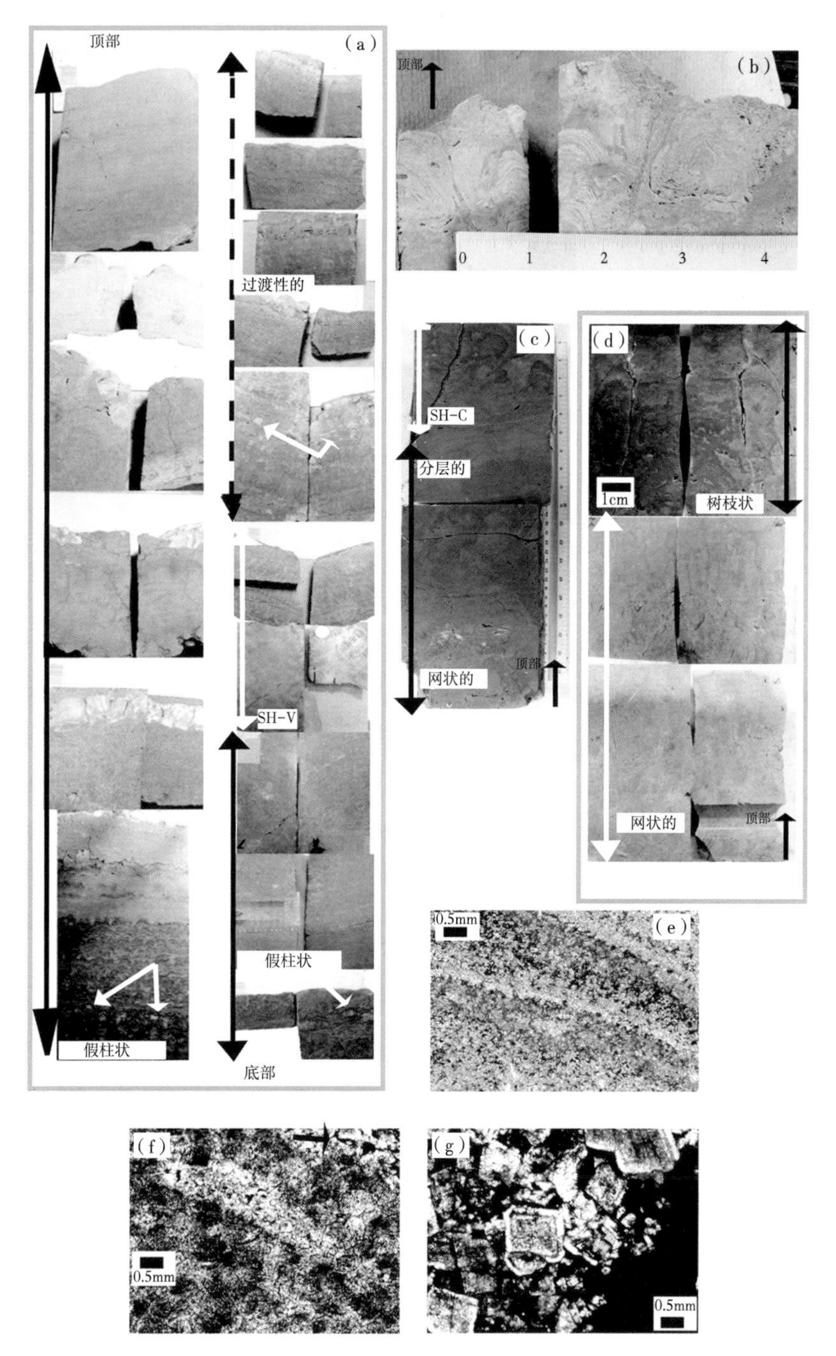

图 1.7　堪萨斯州 Jefferson City 白云岩和 Cotter 白云岩中的叠层石和凝块石

(a)、(b)、(e) 和 (f) 是叠层石，(d) 和 (g) 是凝块石。(a) 从平缓—假柱状（黑箭头）叠层石递变为 SH-V 型叠层石（白色箭头），黑色虚箭头指示 SH-V 型到假柱状的转变，有些样品中能见到硬石膏（现已硅化），是结核状或者鸡笼状，硬币（位于从底部往上第一个 SH-V 型叠层石处）为 2.3cm（0.91in）（R. M. Edwards 2 Matoush，Ellsworth Co.；3353～3360ft）；(b) SH-C 型叠层石生长样式开始于核形石，英寸级尺度，（2 Matoush，Ellsworth Co.；3401ft）；(c) 从网状到层状凝块石（黑色箭头）再到 SH-C 型叠层石（白色箭头）递变，厘米级尺度，（Northern Natural Gas 1 Caldwell，Rice Co.，3450～3451ft）；(d) 网状凝块石（白色箭头）递变为树枝状凝块石（黑色箭头），标尺为 1cm（0.4in），（Northern Natural Gas 11-05 Truesdell，Rice Co.；3380～3381ft）；(e) 极细晶他形白云石中的 SH-C 型叠层石的显微照片（4X，单偏光）展示了似球粒结构确定了纹层，纹层向右合并，标尺为 0.5mm（0.02in），（1 Caldwell，Rice Co.，3422ft）；(f) 极细晶他形白云石中的 SH-C 型叠层石显微照片（4X，正交光），“纹层状”孔隙被极细晶、他形白云石充填，箭头指向圈闭在晶间孔中的烃类，标尺为 0.5mm（0.02in），（1 Caldwell，Rice Co.，3446ft）；(g) 分带的极细晶自形白云石中的层状凝块石显微照片（4X，单偏光），白云石充填纹层状孔洞，白云石晶洞中充填烃类，标尺为 0.5mm（0.02in），（1 Caldwell，Rice Co.，3408ft）

1.4 讨论

1.4.1 微生物岩形态的比较

以上识别出的所有微生物岩类型位于密苏里州和堪萨斯州地下。最常见的类型是相Ib的SH型和相Ic的网状型。假如LLH型叠层石更大［宽度大于1m（3.3ft）］，那么它们在岩心中就肯定不能识别出来了。

树枝状和层状型（相Ic）似乎都与更高的水能和沉淀速率相关，伴生的颗粒级岩相就是证据。这些凝块石仅在少数地方能识别，例如，密苏里州西南部H-13岩心中（图1.5a），堪萨斯州的少量岩心中（图1.7c，d）及密苏里州邻近Camdenton的Gasconade组露头中（Parcell，2009）。

无论在露头还是岩心中，均能观察到粉砂岩和化石捕获在叠层石纹层中（图1.4c）。然而，有些纹层中没有任何外源颗粒迹象（图1.7e，f）。这种现象两种可能的解释如下：（1）外源颗粒完全被白云石化；（2）由于似球粒组构的存在，碳酸盐晶体沿藻丝体四周发生沉淀形成的纹层或被认为是藻类（图1.7e）。尽管纹层中存在化石，但叠层石中几乎见不到任何生物扰动和潜穴迹象。

正如很多作者报道的（Logan等，1974；Ross，1976；Feldmann和McKenzie，1998；Webby，2002），高盐环境能够抑制潜穴生物群和扰动生物群的发育，允许不受打扰的藻席和细菌发育。

硅化的叠层石在密苏里州（图1.4d和图1.6b）和堪萨斯州的Arbuckle群（图1.7a）中都能见到。这种硅化作用被认为是与低pH值大气淡水的影响（早奥陶世海退期间，加强了白云石化作用）同时发生的（Badiozamani，1973；Truswell和Eriksson，1975）。这期暴露也引起了Arbuckle上部（未区分开的Jefferson City白云岩和Cotter白云岩）发生岩溶作用，在堪萨斯州地下能识别出来（Walters，1987；Franseen，2000；Cansler和Carr，2001）。

1.4.2 沉积环境

沉积环境是根据岩相、组构特征和组合来解释的。潮上带（如表1.1中展示的岩相A、岩相E和岩相F）通常为泥质支撑的碳酸盐岩，证据是泥裂、溶蚀坍塌、鸡笼状硬石膏和窗格孔。能观察到的生物活动及保存证据很少。微生物岩相Ia与这种环境相关（图1.8）。潮间带为泥质和颗粒支撑的碳酸盐岩组构、食草生物（腹足类和底栖有孔虫）和少量石英粉砂。潮间带的实例包括岩相A、岩相B、岩相E至岩相G。具有交错层理的石英砂岩层超过2m（6.6ft）厚，与这些潮间带碳酸盐岩相伴生在一起（岩相H；表1.1）。在潮间带环境中，微生物相Ib（LLH型和SH型）最为丰富（图1.8）。潮下带实例包括岩相A至岩相G的广大范围（表1.1），但占主导地位的是颗粒支撑的似球粒碳酸盐岩。潮下带通常显示出斑状和凝结状组构。在这些潮下带中，凝块石（相Ic）最为常见（图1.8）。

Logan等（1974）和Hoffman（1976）对澳大利亚西部Hamelin Pool做过类似研究。他们认为叠层石易于在水流和波浪能量弱的环境中形成，弱到藻席能够在松散的沙上大量繁殖。微生物构造能够形成于潮间带上部到潮上带下部区域，还有排泄差和排泄好的坳陷和池塘。Hamelin Pool叠层石生长在胶结的硬壳上并合并成更大的构造，Planavsky和Ginsburg（2009）在巴哈马微生物岩中也观察到这种现象。LLH型发育的区域是完全暴露在波浪中，大型圆柱能够长高至1m（3.3ft），直径可达1m（3.3ft）。具有不连续柱状结构的叠层石［如指状的或SH-V型高达0.5m（1.6ft）］生长在波浪和潮汐冲刷特别强烈的地方。

在某些堪萨斯州假柱状叠层石中，窗格孔和泥裂指示其为潮间带环境（图1.9a）。SH-V型观察到叠置的纹层间和每个叠置的叠层石头部（图1.4b，图1.6e）之间的空间沉淀着外源沉积物（图1.4c）。位于密苏里州Westphalia的柱状叠层石高度大约0.2m（0.66ft）。人们发现密苏里州和堪萨斯州的假柱状叠层石与Hamelin Pool的层状藻席相似。

层状凝块石构造（图1.7c）被解释为发育在低沉积速率和低—中等能级的环境中，允许它们侧向生长。网状凝块石生长在轻微升高的基底沉积率和中等能级的环境中，使其侧向和垂向的生长速率相

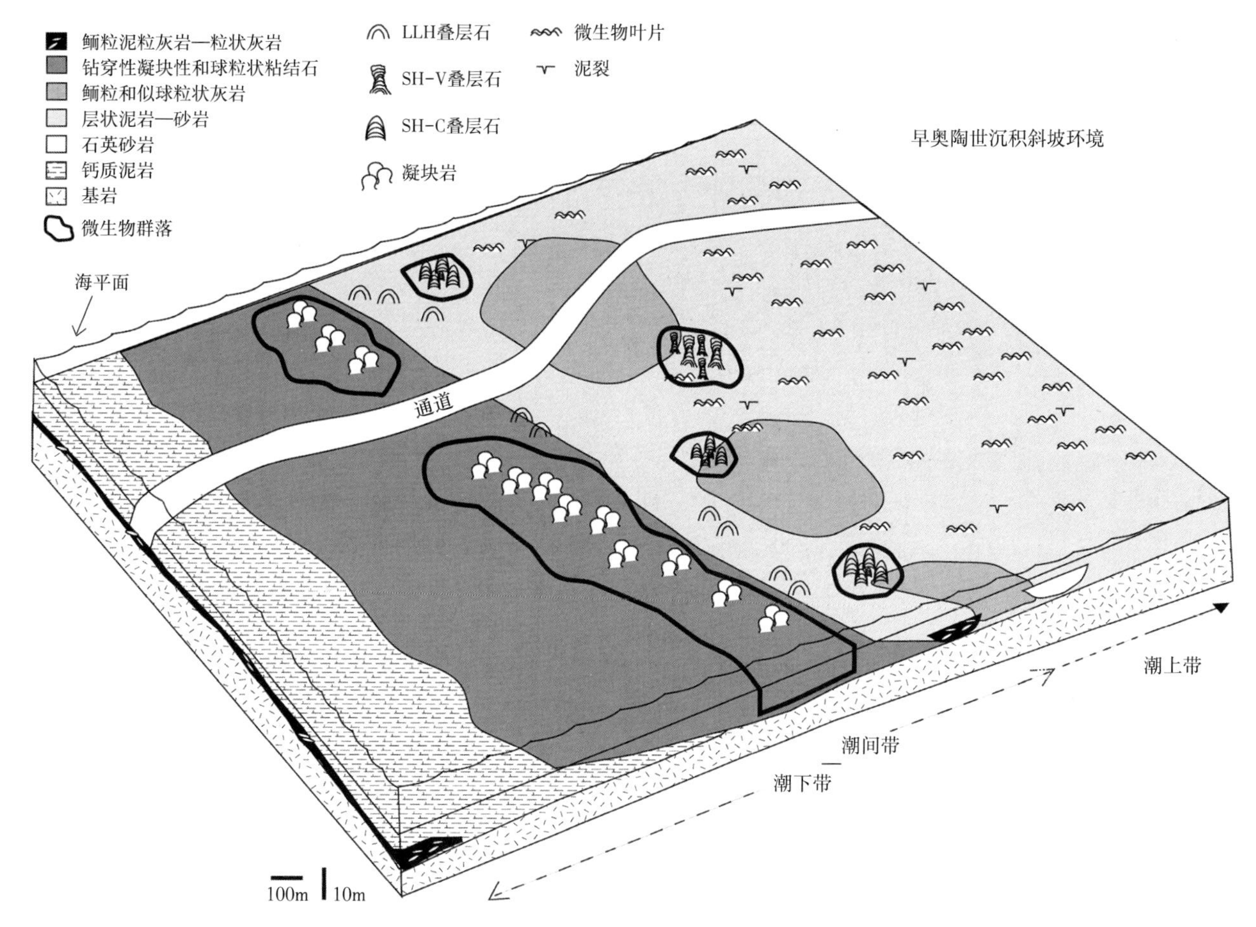

图 1.8　密苏里州和堪萨斯州早奥陶世期间微倾斜的缓坡类型沉积背景示意图

当（图 1.5c）。树枝状凝块石生长在更高的沉积速率和升高的能级环境中，使其垂向生长更快（图 1.7d）。Planavsky 和 Ginsburg（2009）认为巴哈马微生物岩中的微生物凝结是次生作用，因为大规模的胶结作用、晶体蚀变和叠层石的生物扰动作用造成凝块石结构。巴哈马微生物岩出现在高能环境中，也许与那些 Arbuckle 凝块石相似。后者具有层状的类叠层石组构，出现在凝块中（图 1.6f，插图）和外源沉积物中。

1.4.3　沉积旋回

研究剖面中出现的微生物构造被认为是米级沉积旋回，与局部和区域因素相关，包括沉积速率、沉降速率和海平面变化（Read 等，1991；Overstreet 等，2003）。以前的研究认为，米级向上变浅的旋回是受密苏里州寒武—奥陶系控制的（He，1995），在密苏里州南部厚度可达 60~120m（196~393ft）（Overstreet 等，2003），在堪萨斯州中央隆起附近厚度为 1~5m（3.3~16 ft）（Franseen，1994，2000）。本文识别出与 Overstreet 等（2003）中相似的沉积环境。为了简短，本文引用该作者的这些文章继续建立概念模型以确定海侵—海退（T-R）旋回和体系域布局。

H-13 井的岩心贯穿 Gasconade 白云岩到 Jefferson City 白云岩和 Cotter 白云岩，被用作标准参考剖面。大体的岩性组成为白云岩、砂质白云岩、砂岩和燧石质白云岩。旋回的岩性组成和厚度随区域和地质年代变化。本文识别出独立的米级旋回。根据沉积环境的叠置样式以及它们的岩性组合大致将这些旋回分为三类（图 1.8 至图 1.10；表 1.1 和表 1.2）：（1）潮下带沉积物（相 A—G 组合）递变为潮间带沉积物（相 A、相 B、和相 E—相 G 组合）；（2）潮下带沉积物（相 A—G 组合）递变为潮上带沉积物（相 A、相 E、和相 F 组合）；（3）潮间带沉积物（相 A、相 B 和相 E—G 组合）递变为潮上带沉积物（相 A、相 E 和相 F 组合）。

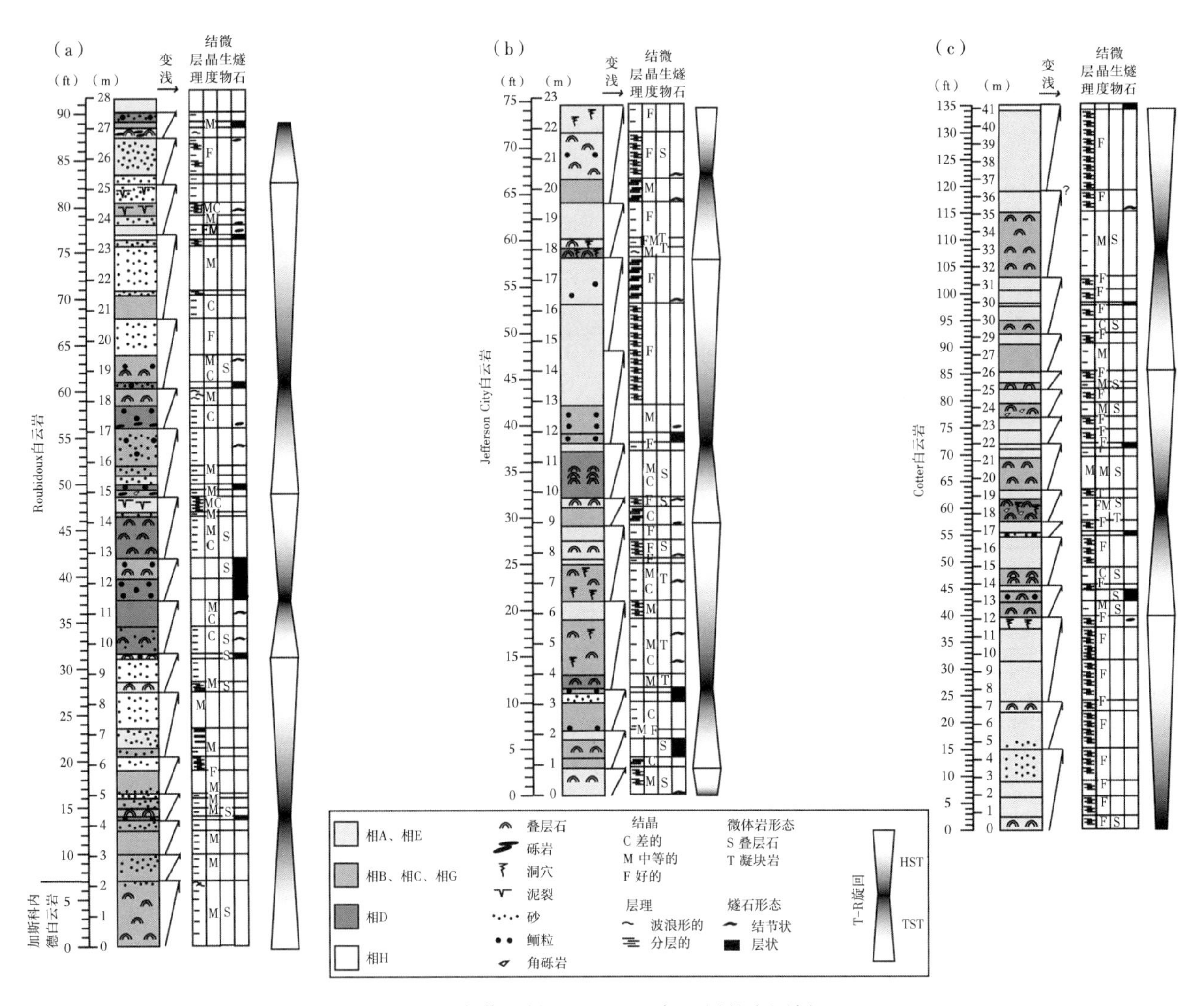

图 1.9　密苏里州 Arbuckle 上部地层的实测剖面

显示特征岩相、构造和微生物组构，剖面显示向上变浅旋回的解释并分成 T-R 旋回；(a) 密苏里州 Pulask 县沿着 USI-44 号公路切面的 Roubidoux 组；(b) 密苏里州 Laclede 县沿 US I-44 号公路切面的 Jefferson City 白云岩；(c) 密苏里州 Taney 县沿 US 65 号公路切面的 Cotter 白云岩，剖面测量和描述由本文笔者、Parcell (2009) 及 Thompson 和 Robertson (1993) 完成，旋回的解释是由本文笔者完成的

(1) 旋回类型 1 沉积物主要是泥晶白云岩—泥粒白云岩。潮下带沉积物（相 A—相 G 组合）向上递变为潮间带沉积物（相 A、相 B 和相 E—相 G 组合）。这些岩性可以包含潮下带岩相 Ib 和 LLH 型叠层石（图 1.4a），这些叠层石的头部大多数被认为是晶洞，它们可以生长到高 2m（6.6ft）、宽 3m（10ft）。相 Ib 潮间带 SH-V 型（图 1.4b）或树枝状型可以生长到高 0.7m（2.3ft）、宽 0.4m（1.4ft）。局部发生硅化（图 1.4d）。还能见到燧石结核和燧石层。旋回类型 1 包含 4 个亚类：

①块状泥晶白云岩—粒泥白云岩，含海侵滞留沉积物，这些滞留沉积物包括内碎屑燧石结核、鲕粒和次棱角状至圆度好的、极细—细粒碎屑砂岩（相 B）。它们在旋回顶部递变为叠层石状的泥粒白云岩（相 Ib）。叠层石捕获极细的、次圆的粉砂和泥晶化的化石碎片。窗格孔、晶间孔和晶洞中能够观察到烃类和黄铁矿。

②大型 LLH 型（图 1.4a）叠层石状粒泥白云岩—泥粒白云岩（相 Ib）发育在潮下带亚类，含有层间燧石层和燧石结核。这些岩相递变为分选极好的、次棱角状至磨圆好的、极细的潮道砂，含有鲕粒的交错层（相 H）。

③鲕状泥粒白云岩（相 C）（含一些硅化的鲕粒和燧石结核）出现在潮下带相中。局部见藻类物质捕获次棱角状至磨圆好的、细—中粒碎屑砂。这种相递变为 LLH 型和 SH-C 型叠层石（相 Ib），其中有些生长在轻微起伏的地貌上。LLH 型高度达 2m（6.6ft），宽为 3m（10ft）。纹层中含极细粒碎屑砂和发生硅化

作用的有孔虫化石。部分孔隙被玉髓条带（图 1.6c）充填，被解释为玉髓交代了蒸发岩（McBride 和 Folk，1977）。这些叠层石显示几期硅化作用和白云石化作用。

④生物潜穴的泥晶白云岩（相 D）在底部含有绿色钙质页岩。在白色、绿色和橙色中含有纹层或分离面（Thompson，1991），黄铁矿、化石、生物潜穴和叠层石都常见。该相递变为薄层的粒泥白云岩，含有零星分布的孔洞。也可见拉长的燧石结核和硅藻土质燧石层。

（2）类型 2 旋回岩性包括泥晶白云岩、粒泥白云岩和泥粒白云岩。特征旋回样式包括潮下带沉积物（相 A 至相 G 组合）向上变为潮间带沉积物（相 A、相 B、相 E 至相 G 组合），再依次递变为潮上带沉积物（相 A、相 E、相 F 组合）。这些可以包括叠层石（图 1.6g；相 Ib）和凝块石（图 1.6f；相 Ic）。潮间带叠层石是 SH-V 型或者 SH-C 型，而潮上带叠层石是假柱状的。凝块石可高达 1.2m（3.9ft）、宽 2.7m（8.9ft）。燧石结核和生物碎片丰富。在 Jefferson City 白云岩和 Cotter 白云岩中，这些燧石结核很常见，体积可达到约 1%（Overstreet 等，2003）。类型 2 旋回包含两种亚类：

①斑状粒泥白云岩—泥粒白云岩（相 D），含有极细的、磨圆好的碎屑砂和燧石，构成旋回的潮下带下部。斑状结构解释为白云石、燧石或者玉髓质晶簇状石英充填了以前的生物潜穴。潮上带上部由角砾化的燧石碎屑、燧石结核和花椰菜状的燧石组成（Thompson，1991；相 F）。

②似球粒泥晶白云岩和粒泥白云岩（图 1.6f，相 G）构成了潮下带相。绿色页岩（相 A）或者含内碎屑的剥蚀层通常构成旋回的基底。凝块石构造发育在这一层上。这些凝块石包括网状的、树枝状的和层状的生长样式（图 1.5a）。很多野外露头的凝块石是网状型的（图 1.6f）。他们被腹足类、双壳类强烈潜穴和扰动，其洞穴被白云石或者白垩型玉髓充填。这些凝块石递变为 SH-C 型叠层石（图 1.7c）和 SH-V 型叠层石，局部硅化。其中可见黄铁矿和其他硫化物矿物。叠层石依次递变为鲕粒滩（相 C；图 1.8），含有圆—棱角状的燧石碎片或者潮坪纹层岩，局部可含假柱状叠层石，偶尔含有泥屑和泥裂（相 E、相 Ia 和相 Ib）。这些旋回的七次重复可以在 H-13 井岩心中看到。

（3）类型 3 旋回沉积物为泥晶白云岩—泥粒白云岩。沉积环境为底部的潮间带（相 A、相 B、相 E 至相 G 组合）—旋回顶部的潮上带（相 A、相 E、相 F 组合）。潮间带中的似球粒粒泥白云岩含有 SH-C 型、SH-V 型和 LLH 型叠层石（相 Ib）。在某些薄片中能观察到绿泥石，暗示其沉积速率低（Scholle 和 Ulmer-Scholle，2003）。潮上带部分能够见到潮坪纹层岩，局部含平坦—假柱状叠层石（相 Ia）。它们含有鸡笼状硬石膏结核，现在已硅化。化石出现在纹层中。也可见到含稀少鲕粒和燧石的砂质层（相 H）。砂是粗粒的、磨圆好的、中等分选—分选好的。

这些旋回根据沉积环境的类型来划分的，旋回中微生物岩用于解释沉积环境。相变和/或明显的边界或者剥蚀边界将旋回的顶底区分开来（图 1.9）。

Roubidoux 组旋回厚度从 0.8m 到 5m（2.6~16.4ft）变化，类型 3 旋回是最普遍的，浅水微生物岩是主要成分。1b 旋回类型也很常见，因为 Roubidoux 组中能见到砂（Thompson 和 Robertson，1993 也提到过），叠层石多于凝块石，形成这样的硅质碎屑—碳酸盐岩环境（Overstreet 等，2003）。有些叠层石属于大型 LLH 型（图 1.4a），跟露头中观察到的一样。Roubidoux 组中存在的凝块石比 Jefferson City 白云岩和 Cotter 白云岩组的要少（图 1.9），因为 Roubidoux 组沉积时期具有更高的沉积率。潮下带沉积物旋回厚度平均为 3.5m（11.5ft），而潮上带沉积物旋回厚度平均约为 3.0m（9.84ft）。地理上，跨过密苏里州向南，Roubidoux 组潮下带旋回变得更厚，潮上带旋回变得更薄。

Jefferson City 组和 Cotter 组中的砂更少，凝块石增多。有些凝块石在堪萨斯州也存在（图 1.7c、d）。潮下带沉积物旋回厚度平均为 4.5m（14.76ft），而潮上带沉积物旋回厚度平均为 3.4m（11.15ft）。就地理分布而言，向密苏里州南部 Jefferson City 白云岩和 Cotter 白云岩潮下带旋厚度保持相对稳定。

上述向上变浅的旋回（图 1.10）遵循 Embry（1993，1995）根据沉积相组合的原则放入海侵—海退层序框架中。旋回类型 1 和旋回类型 2 主要是潮下带沉积物，而旋回类型 3 主要是潮上带沉积物。海侵体系域（TST）被认为是连续减薄的向上变浅旋回，相应地旋回类型 1 和旋回类型 2 旋回出现频率增加。高位（或海退）体系域（HST）的旋回愈加增厚，旋回类型 3 旋回出现次数增多。Roubidoux 组（图 1.9）包括旋回类型 1a、旋回类型 1b、旋回类型 2b 和旋回类型 3。TST 的底部（表现为旋回类型 1a、旋回类型

1b 或旋回类型 3）成分为砂、鲕粒岩和藻席，递变为 LLH 型或 SH-V 型叠层石。TST 的顶部（表现为旋回类型 2b）为层状凝块石，紧接着是树枝状的凝块石。网状凝块石在 Roubidoux 组中很少，可能因为背景沉积速率较高。HST 的底部（表现为旋回类型 2b）成分为网状凝块石，递变为层状凝块石。SH-C 型叠层石紧接着藻席、泥裂、鲕粒岩和砂，构成了 HST 的顶部（表现为旋回类型 3）。Roubidoux 组和 Jefferson City 白云岩的接触面是一个层序边界（图 1.9）。

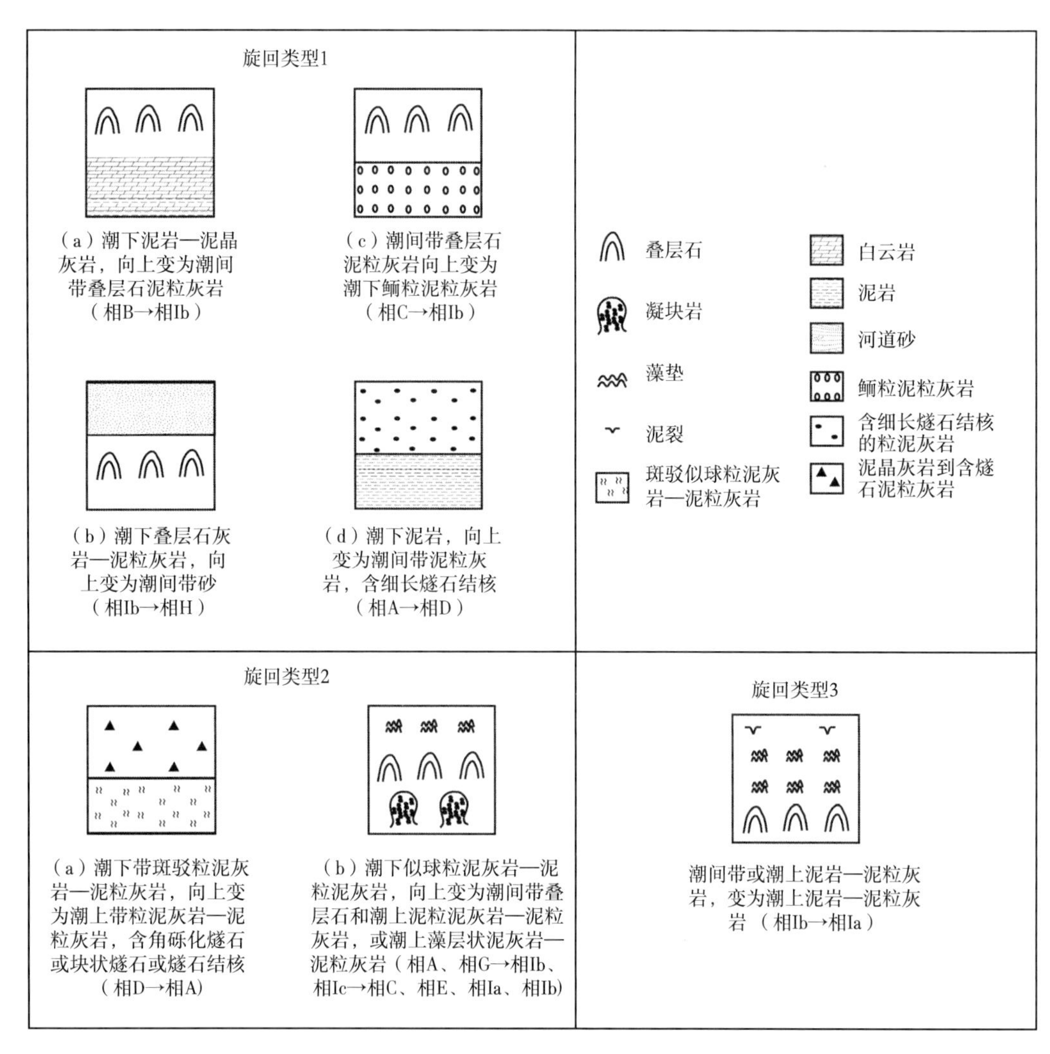

图 1.10　密苏里州和堪萨斯州下奥陶统沉积旋回类型及其对应的岩相

Jefferson City 白云岩和 Cotter 白云岩中的海侵体系域和高位体系域由旋回类型 1c、旋回类型 1d、旋回类型 2a 和旋回类型 2b 构成。Jefferson City 白云岩和 Cotter 白云岩中的海侵体系域（TST）层序在 Westphalia 露头和 H-13 井中都发育良好。TST 的底部（表现为旋回类型 3）成分为砂、鲕粒岩和藻席，再递变为 SH-V 型叠层石。TST 顶部（表现为旋回类型 1c 或者旋回类型 2b）包括网状和层状凝块石。HST 的底部（表现为旋回类型 2b 型旋回）成分为生物潜穴的泥晶白云岩—粒泥白云岩，紧接着是网状凝块石，再递变为层状凝块石。HST 的顶部（表现为旋回类型 1d 或旋回类型 2a）为藻席、鲕粒岩、砂和泥裂。

总之，向密苏里州西南方向，Roubidoux 组中的潮下带旋回变厚，潮上带变薄，而 Jefferson City 白云岩和 Cotter 白云岩中的厚度同向保持不变。沉积层序也表现为向西南方向变厚，其原因是邻近 Arkoma 盆地沉积中心（Overstreet，2000；Overstreet 等，2003）。

1.5 结论

本文利用堪萨斯州和密苏里州寒武—奥陶系 Arbuckle 群（图 1.1 和图 1.2）的露头和岩心样品研究了微生物岩相的沉积和旋回现象。

堪萨斯州和密苏里州 Arbuckle 群共确定了 9 个岩相（表 1.1）。这些岩相包括泥晶碳酸盐岩（相 A）、富含内碎屑的鲕粒和似球粒泥晶颗粒碳酸盐岩（相 B 和相 C）、斑状碳酸盐岩（相 D）、纹层状粒泥白云岩（相 E）、角砾化碳酸盐岩（相 F）、似球粒碳酸盐岩（相 G）、石英砂屑岩（相 H）和各种微生物岩结构（表 1.2、相 Ia 至相 Ic）。碳酸盐岩相已强烈白云石化。

微生物岩（图 1.3）被识别为纹层岩（相 Ia）、叠层石（相 Ib）和凝块石（相 Ic）。Logan 等（1964）识别出 Arbuckle 群叠层石的各种生长样式，包括侧向连接半球形和垂向叠置半球形。在 Arbuckle 群叠层石中，识别出与 Parcell（2002）和 Schmid（1996）研究结果相似的两种凝块石生长样式。

最为常见的微生物岩是相 Ib 的 SH 型叠层石（图 1.3c、d）和相 Ic 的网状型凝块石（图 1.3f）。

根据 9 种岩相及其组合（表 1.1 和表 1.2）确定出潮上带、潮间带和潮下带环境（图 1.8）。潮上带特征为相 A、相 E 和相 F。潮间带环境包括相 A、相 B 和相 E 至相 G。潮下带环境岩相变化范围大（相 A 至相 G）。微生物岩相 Ia 与潮上带相伴生。叠层石（相 Ib）在潮间带到浅的潮下带环境中最为发育。凝块石（相 Ic）在潮下带相中最为常见。

向上变浅的沉积趋势确定了 3 个旋回类型（图 1.9 和图 1.10）。旋回类型 1 特征是潮下带沉积物向上递变为潮间带沉积物的连续序列。旋回类型 2 特征是底部为潮下带沉积物，顶部变为潮上带沉积物。旋回类型 3 全部为浅水沉积物，特征为潮间带沉积物递变为潮上带沉积物。

海侵体系域和高位（海退）体系域的确定基于沉积相组合和定义的旋回类型（图 1.9 和图 1.10、表 1.1 和表 1.2）。海侵体系域的确定依据是向上变浅的旋回的堆积，旋回类型 1 和旋回类型 2 出现的频率相应增加。高位体系域的确定依据是旋回厚度逐渐增大，旋回类型 3 出现次数增多。

参 考 文 献

Badiozamani, K., 1973, The Dorag dolomitizationmodel—Application to the Middle Ordovician of Wisconsin: Journal of Sedimentary Petrology, v. 43, p. 965-984.

Blakey, R. C., 2003, Carboniferous-Permian paleogeography of the assembly of Pangaea, *in* Th. E. Wong, ed., Proceedings of the XVth International Congress on Carboniferous and Permian Stratigraphy: Royal Netherlands Academy of Arts and Sciences Publication, Netherlands, Utrecht, p. 443-456.

Cansler, J. R., and T. R. Carr, 2001, Paleogeomorphology of the sub-Pennsylvanian unconformity of the Arbuckle Group (Cambrian-Lower Ordovician): Kansas Geological Survey, Open-File Report 55: accessed April 4, 2013, http://www.kgs.ku.edu/PRS/publication/OFR2001-55/P1-02.html.

Derby, J. R., R. D. Fritz, S. A. Longacre, W. A. Morgan, and C. A. Sternbach, 2012a, The great American carbonate bank: The geology and economic resources of the Cambrian-Ordovician Sauk megasequence of Laurentia: AAPG Memoir 98, 528 p.

Derby, J. R., R. J. Raine, A. C. Runkel, andM. P. Smith, 2012b, Paleogeography of the great American carbonate bank of Laurentia in the earliest Ordovician (early Tremadocian): The Stonehenge transgression, *in* J. R. Derby, R. D. Fritz, S. A. Longacre, W. A. Morgan, and C. A. Sternbach, eds., The great American carbonate bank: The geology and economic resources of the Cambrian-Ordovician Sauk megasequence of Laurentia: AAPG Memoir 98,p. 5-14.

Embry, A. F., 1993, Transgressive-regressive (T-R) sequence analysis of the Jurassic succession of the Sverdrup basin, Canadian Arctic archipelago: Canadian Journal of Earth Sciences, v. 30, p. 301-320, doi: 10.1139/e93-024.

Embry, A. F., 1995, Sequence boundaries and sequence hierarchies: Problems and proposals, *in* R. J. Steel, V. L. Felt, E. P. Johannessen, and C. Mathieu, eds., Sequence stratigraphy on the northwest European margin: Norwegian Petroleum Society (NPF) Special Publication 5, p. 1-11.

Feldmann, M., and J. A. McKenzie, 1998, Stromatolite-thrombolite associations in a modern environment, Lee Stocking Island, Bahamas: Palaios, v. 13, p. 201-212, doi: 10.2307/3515490.

Franseen, E. K., 1994, Facies and porosity relationships of Arbuckle strata: Initial observations from two cores, Rice and Rush Counties, Kansas: Kansas Geological Survey, Open-File Report 53, 34 p.

Franseen, E. K., 1999, Areview ofArbuckleGroup strata in Kansas from a sedimentologic perspective: Kansas Geological Survey, Open-File Report 49: accessed April 4, 2013, http://www.kgs.ku.edu/Publications/OFR/1999/OFR99_49/.

Franseen, E. K., 2000, A review of Arbuckle Group strata in Kansas from a sedimentologic perspective—Insights for future research from past and recent studies: The Compass, Journal of Earth Sciences Sigma Gamma Epsilon, v. 75, no. 2-3, p. 68-89.

Franseen, E. K., A. P. Byrnes, and J. R. Cansler, 2004, The geology of Kansas Arbuckle Group: Current Research in Earth Sciences Bulletin 250, part 2: accessed October 13, 2012, http://www.kgs.ku.edu/Current/2004/franseen/franseenarbuckle.pdf.

Fritz, R. D., P. Medlock, M. J. Kuykendall, and J. L. Wilson, 2012, The geology of the Arbuckle Group in the midcontinent: Sequence stratigraphy, reservoir development, and the potential for hydrocarbon exploration, *in* R. D. Fritz, J. R. Derby, S. A. Longacre, W. A. Morgan, and C. A. Sternbach, eds., The great American carbonate bank: The geology and economic resources of the Cambrian-Ordovician Sauk megasequence of Laurentia: AAPG Memoir 98, p. 203-273.

He, Z., 1995, Sedimentary facies and variations of stable isotope composition of Upper Cambrian to Lower Ordovician strata in southern Missouri: Implications for the origin ofMVT deposits, and the geochemical and hydrological features of regional ore-forming fluids: Ph.D. dissertation, University of Missouri-Rolla, Rolla, Missouri, 124 p.

Hoffman, P., 1976, Stromatolite morphogenesis in Shark Bay, Western Australia, *in* M. R. Walter, ed., Developments in sedimentology—Stromatolites: Amsterdam, Elsevier Scientific Publishing Company, p. 261-272.

Logan, B.W., R. Rezak, and R. N. Ginsburg, 1964, Classification and environmental significance of algal stromatolites: Journal of Geology, v. 72, no. 1, p. 68-83, doi: 10.1086/626965.

Logan, B. W., P. Hoffman, and C. D. Gebelein, 1974, Algal mats, cryptalgal fabrics and structures, Hamelin Pool, Western Australia: AAPG Memoir 22, p. 140-194.

Markello, J.R., R.B.Koepnick, L. E.Waite, and J. F.Collins, 2008, The carbonate analogs through time (CATT) hypothesis and the global atlas of carbonate fields—A systematic and predictive look at Phanerozoic carbonate systems, *in* J. Lukasik and J. A. Simo, eds., Controls on carbonate platform and reef development: SEPM Special Publication 89, p. 15-45.

McBride, E., and R. Folk, 1977, The Caballos Novaculite revisited: Part II. Chert and shale members and synthesis: Journal of Sedimentary Petrology, v. 47, no. 3, p. 1261-1286.

Morgan, A. W., 2012, Sequences stratigraphy of the great American carbonate bank, *in* J. R. Derby, R. D. Fritz, S. A. Longacre, W. A. Morgan, and C. A. Sternbach, eds., The great American carbonate bank: The geology and economic resources of the Cambrian-Ordovician Sauk megasequence of Laurentia: AAPG Memoir 98, p. 1013-1030.

Overstreet, R. B., 2000, Sequence stratigraphy and depositional facies of Lower Ordovician cyclic carbonate rocks, southern Missouri: M.A. thesis, University of Missouri-Rolla, Rolla, Missouri, 77 p.

Overstreet, R. B., F. E. Oboh-Ikuenobe, and J. M. Gregg, 2003, Sequence stratigraphy and depositional facies of Lower Ordovician cyclic carbonate rocks, southern Missouri, U.S.A.: Journal of Sedimentary Research, v. 73, no. 3, p. 421-433, doi: 10.1306/112002730421.

Palmer, J., T. L. Thompson, C. Seeger, J. F. Miller, and J. M. Gregg, 2012, The Sauk megasequence from the Reelfoot rift to southwestern Missouri, *in* J. R. Derby, R. D. Fritz, S. A. Longacre, W. A. Morgan, and C. A. Sternbach, eds., The great American carbonate bank: The geology and economic resources of the Cambrian-Ordovician Sauk megasequence of Laurentia: AAPG Memoir 98, p. 1013-1030.

Parcell, W. C., 2002, Sequence stratigraphic controls on the development of microbial fabrics and growth forms—Implications for reservoir quality distribution in the Upper Jurassic (Oxfordian) Smackover Formation, eastern Gulf Coast, U.S.A.: Carbonates and Evaporites, v. 17, no. 2, p. 166-181, doi: 10.1007/BF03176483.

Parcell, W. C., 2009, Outcrops from central Missouri as analogs for microbialite facies in the Cambro-Ordovician Arbuckle Group of Kansas (abs.): AAPG Annual Meeting, Denver, Colorado, AAPG Search and Discovery article 90090, accessed July 25, 2013, http://www.searchanddiscovery.com/abstracts/html/2009/annual/abstracts/parcell.htm.

Planavsky, N., and R. N. Ginsburg, 2009, Taphonomy of modern marine Bahamian microbialites: Palaios, v. 24, p. 5-17, doi: 10.2110/palo.2008.p08-001r.

Read, J. F., W. F. Koerschner Ⅲ, D. A. Osleger, G. A. Bollinger, and C. Coruh, 1991, Field and modeling studies of Cambrian carbonate cycles, Virginia Appalachians—Reply: Journal of Sedimentary Petrology, v. 61, p. 647-652.

Ross, R. J. Jr, 1976, Ordovician sedimentation in the western United States: Rocky Mountain Association of Geologists 1976

Symposium, p. 109–133.

Schmid, D. U., 1996, Marine microbolithe und microinkrustierer aus dem oberjura: Profil, v. 9, p. 101–251.

Scholle, P. A., and D. S. Ulmer–Scholle, 2003, A color guide to the petrography of carbonate rocks: Grains, textures, porosity, diagenesis: AAPG Memoir 77, 474 p.

Thompson, T. L., 1991, Paleozoic succession in Missouri: Part 2. Ordovician system: Missouri Department of Natural Resources Division of Geology and Land Survey, Report of Investigations 70, Part 2, 202 p.

Thompson, T. L., and C. E. Robertson, 1993, Guidebook to the geology along Interstate Highway 44 (I–44) in Missouri: Missouri Department of Natural Resources Division of Geology and Land Survey, Report of Investigations 71 (Guidebook 23), 200 p.

Truswell, J. F., and K. A. Eriksson, 1975, A paleoenvironmental interpretation of the Early Proterozoic Malmani Dolomite from Zwartkops, South Africa: Precambrian Research v. 2, no. 3, p. 277–303, doi: 10.1016/0301–9268 (75) 90013–3.

Walters, R. F., 1987, Differential entrapment of oil and gas in Arbuckle Dolomite of central Kansas, in B. Rascoe Jr. and N. J. Hyne, eds., Petroleum geology of themid–continent: Tulsa Geological Society Special Publication 3, p. 29–35.

Warusavitharana, C. J., 2012, Sedimentology and stratigraphy of microbialite facies in the Roubidoux and Jefferson City formations of central and southwest Missouri and central Kansas: M.A. thesis, Wichita State University, Wichita, Kansas, 158 p.

Webby, B. D., 2002, Patterns of Ordovician reef development, *in* W. Kiessling, E. Flugel, and J. Golonka, eds., Phanerozoic reef patterns: SEPM Special Publication 72, p. 129–179.

Wilson, J. L., R. D. Fritz, and P. L. Medlock, 1991, The Arbuckle Group—Relationship of core and outcrop analyses to cyclic stratigraphy and correlation, *in* J. A. Johnson, ed., Arbuckle core workshop and field trip: Oklahoma Geological Survey Special Publication 3, p. 133–144.

2

亚拉巴马州 Walker 县密西西比系 Tuscumbia 灰岩中的海绵—微生物丘

David C. Kopaska-Merkel，Steven D. Mann，Jack C. Pashin

摘要：在亚拉巴马州 Black Warrior 盆地新钻岩心中首次发现一种丘状岩相，其发育在 Tuscumbia 灰岩中（梅拉梅克群，Meramecian）。斯伦贝谢—亚拉巴马州动力公司 1Plant Gorgas 钻井中含有 37.2m（122ft）碳酸盐岩，层位归属于 Tuscumbia。该地层位于 Fort Payne 硅质岩（欧塞季群）之上，欧塞季（Osagean）群刚刚钻穿，并未取心。Tuscumbia 的上覆地层为 Chesterian 地层的 Pride Mountain 组钙质页岩及石灰岩层。

在 Tuscumbia 地层的取心井中已经明确共存 3 种岩石地层。岩心底部为 2.8m（9.25ft）的海绵—微生物粘结岩（第一层），之上被 20.6m（67.6ft）厚的碳酸盐岩地层所覆盖，岩性以混杂颗粒岩为主，且颗粒向上变粗（第二层）。一些颗粒岩已经被角砾化，可能与地形相对较高的丘状地层经历过暴露及古岩溶有关。颗粒岩中夹有薄层黏土质、硅质球粒状碳酸盐岩、海绵—微生物粘结岩及颗粒混杂的砾屑岩。此外，第二层底部普遍发育海绿石。第三层为 13.8m（45.2ft）的颗粒岩，与下伏第二层岩性界面清晰，颗粒为苔藓虫及海百合生物碎屑，第三层中可见角砾层、低角度交错层理及未发育完全的碳酸盐岩古土壤。第三层之上为 Pride Mountain 组的 Lewis 灰岩所覆盖，岩性界面明显，Pride Mountain 组中夹有 0.5m（1.7ft）厚的富化石页岩及含有混杂颗粒的泥粒岩。Lewis 灰岩之上为富含窗孔状苔藓虫的泥页岩，二者地层接触关系为假整合。

该段岩心底部可见海绵—微生物丘，其主要发育在晴天浪基面之下的相对浅水环境中。这类微生物丘与 Waulsortian 的微生物丘不同，其并不具备叠层状生物孔洞构造，且基质成分以颗粒为主。微生物丘顶面接触关系明显，生物钻孔局部发育。大量自生海绿石的出现表明孔隙水发生了减少。微生物丘被前滨带的颗粒岩所覆盖，这些颗粒岩大多已被角砾化。Tuscumbia 地层上部的苔藓虫—海百合碎屑颗粒岩是在浅滩的迁移中形成的，其迁移时伴随着快速加积的过程。岩心中 Tuscumbia 上部的地层非常有代表性，但这种浅滩覆盖微生物丘的岩相组合在该地区并不曾被报道过。

早期的成岩作用主要为海水胶结作用、同生期蚀变作用及破裂作用。埋藏期成岩作用则主要为方解石胶结作用、硅质骨针的溶蚀作用、缝合作用、硅化作用及烃类注入（后期转化为沥青）。目前原始的粒间孔已被充填，充填物主要为方解石胶结物、燧石及固态烃类物质。无规律的燧石结核发育在部分微生物丘及上覆地层非均质岩石中。有一部分白云石是交代第二层中的一些颗粒而形成。第一层及第二层原始孔隙度较好的斑块状岩石中含有大量的固态烃类物质，导致孔隙度（0.7%～5.6%）及渗透率（0.001～0.078mD）变低。温度升高导致了天然气的产生并伴生了液态烃类固化的过程。

2.1 概述

斯伦贝谢—亚拉巴马州动力公司 1 Plant Gorgas 钻井是一口地层参数钻探井，钻探位置在亚拉巴马州 Walker 县的东南部，靠近 Black Warrior 盆地东缘（图 2.1、图 2.2）。该钻井属于 William Crawford Gorgas 电力公司，这是一家亚拉巴马州动力公司下属的大型煤电公司，这口钻井主要就是为了勘探 Black Warrior 盆地古生界的煤炭资源潜力。地层被多次间隔取心，岩心包含了密西西比系的大部分 Tuscumbia 灰岩地层（图 2.3）。岩心底部可见少量被硅化的海绵—微生物丘地层，这是 Tuscumbia 灰岩地层中关于微生物丘的首次公布，本文的主要目的就是对这套微生物丘的特征及沉积背景给予明确的定义。

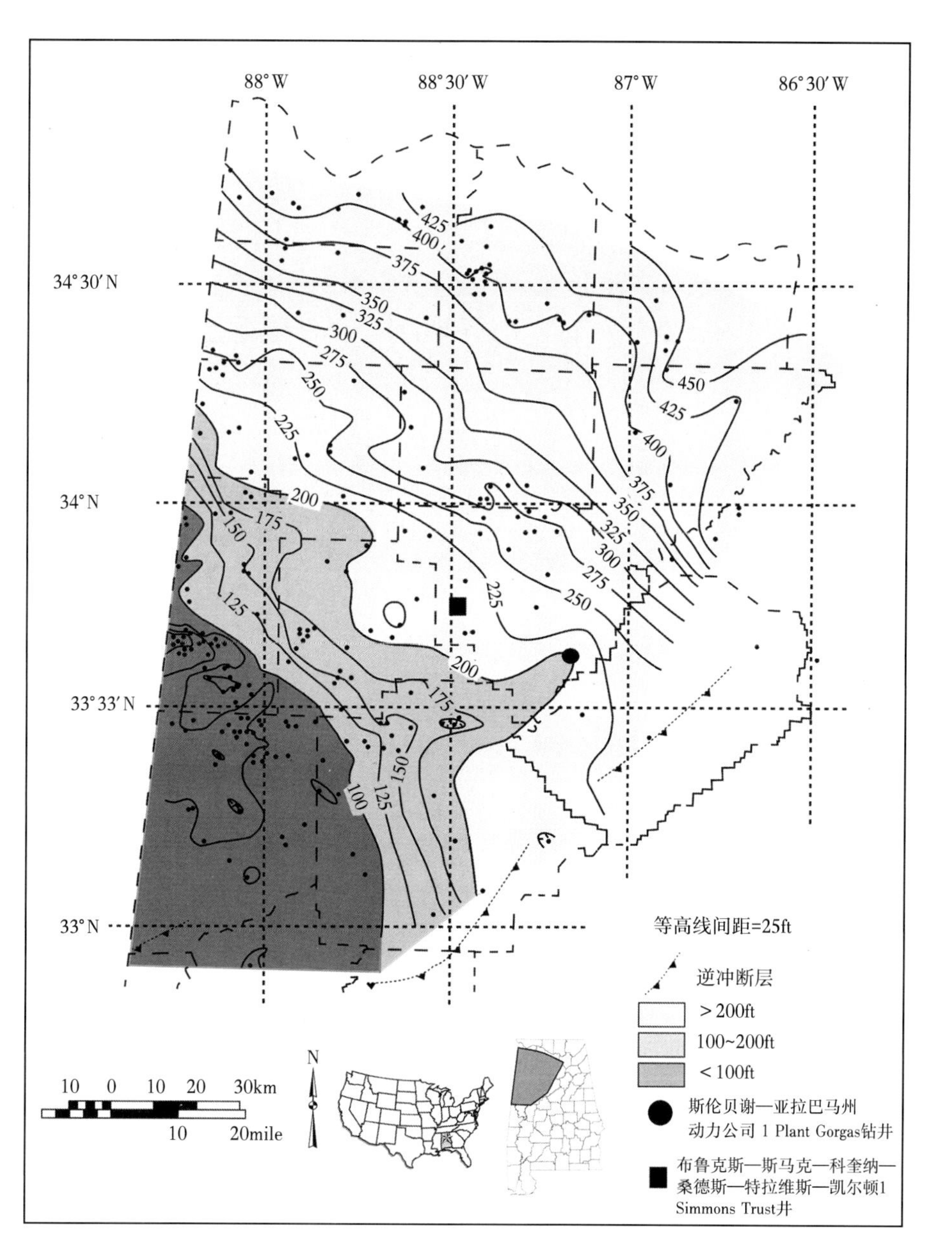

图 2.1 亚拉巴马州西北部的 Tuscumbia 灰岩和 Fort Payne 生物礁 Isopach 地形图（据 Pashin，1993，修改）
浅灰色表示内部斜坡，中灰色表示中部斜坡（缓冲），深灰色表示外部斜坡；小点表示用于构建地形图的点

2.1.1 区域沉积格架

亚拉巴马州密西西比系直接覆盖在泥盆系 Chattanooga 泥页岩之上，底部为 Kinderhookian 年代的 Maury 组（图 2.3）。Maury 组局部缺失，其厚度一般可以达到 1m，主要由绿色黏土质页岩组成，局部可见黄铁矿、磷酸盐矿物及海绿石。由于缺乏生物地层的精细划分，Maury 组可能会包含一些本属于 Osagean 群的岩石地层。Maury 组与上下地层都可能形成不整合接触关系。如果 Maury 组在 1 Plant Gorgas 钻井中存在的话，它的厚度应该小于测井解释的厚度。Maury 组之上为 Osagean 群沉积时期的 Fort Payne 硅质岩（图 2.3）。这是一套层状的硅质岩及硅质灰岩地层，其分布广泛在整个亚拉巴马地区岩性都比较类似（Thomas，1972）（图 2.4）。

密西西比系 super-Fort Payne 厚度上变化范围很大，在亚拉巴马中北部地区厚度约 260m（850ft），而西南部及东部沉积中心的钻井中，其厚度可以超过 900m（2950ft）（图 2.2）。亚拉巴马中北部的广阔区域被称为 Warrior 台地（Thomas，1972；本文称之为内缓坡，据 Pashin，1993），该范围内的地层厚度基本约

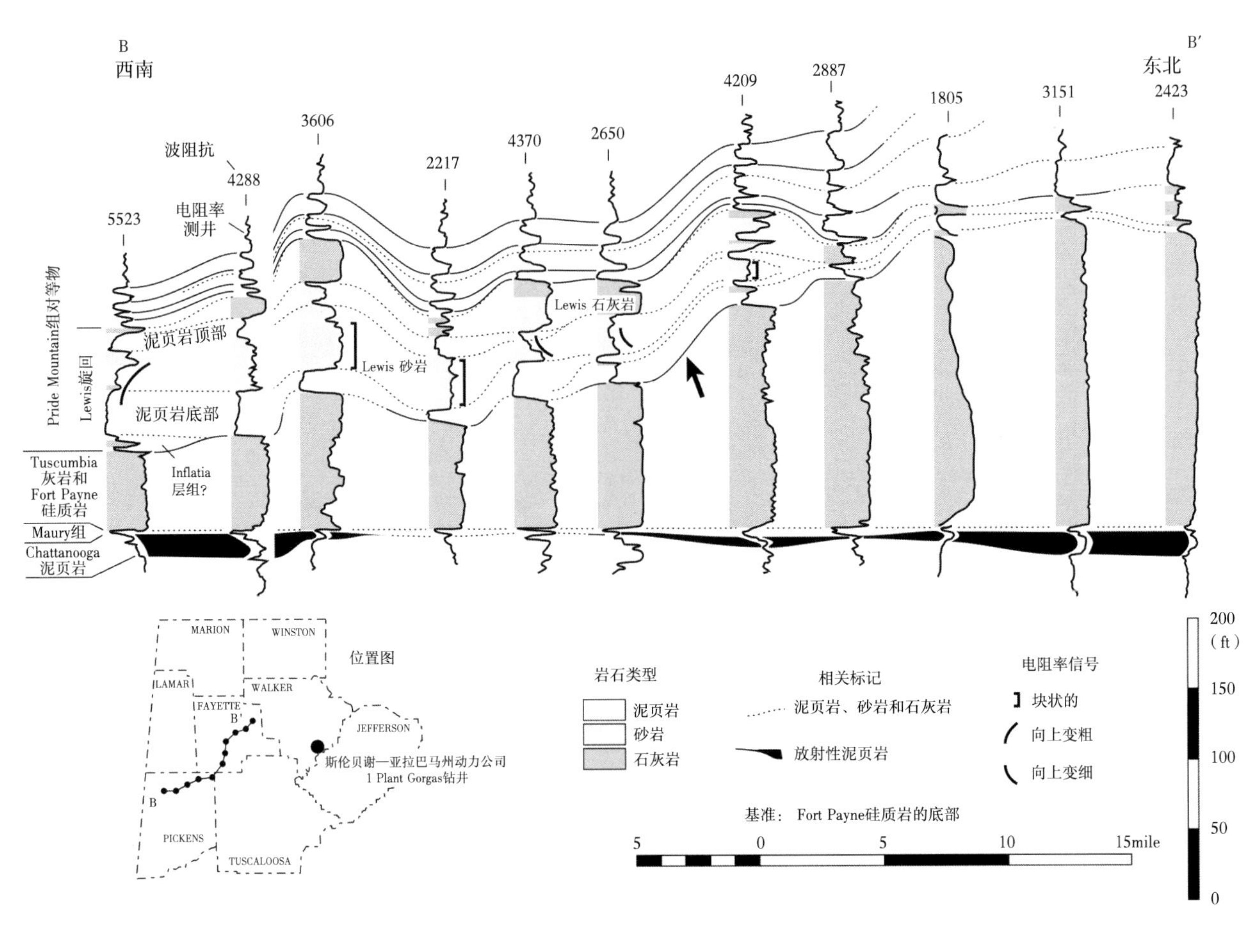

图 2.2　Tuscumbia 灰岩和 Fort Payne 硅质岩远端陡坡的区域横向分布图（据 Pashin 和 Rindsberg，1993，修改）
分布图上的箭头显示了坡道顶部最陡的斜坡区域；位置图上的粗点表示 1 Plant Gorgas 井的位置

为 330m。密西西比系向西南部 Black Warrior 前陆盆地方向突然增厚，该地层顶部岩石多遭受侵蚀，并被宾夕法尼亚系（Morrowan）Pottsville 组所覆盖（Butts，1926；Thomas，1972；Pashin，1993）。

亚拉巴马州密西西比系 super-Fort Payne 地层的主要沉积相带如下：西南部 Black Warrior 盆地为硅质碎屑岩相；东北部的硅质碎屑岩相与阿巴拉契亚褶皱带有关；而大多数为内缓坡碳酸盐岩沉积相带（Thomas，1972）。有一种观点认为 Black Warrior 盆地主要被硅质碎屑沉积物充填，物源来自西南方向的 Ouachita 造山带（Thomas，1974；Thomas 和 Mack，1982；Mars 和 Thomas，1999）；而另一种观点则认为其主要为克拉通沉积（Cleaves 和 Broussard，1980；Cleaves，1983；Stapor 和 Cleaves，1992）。东北地区的硅质碎屑岩主要来自东北方向的阿拉巴契亚山脉（Thomas，1974）。

2.1.2　Fort Payne 硅质岩

Fort Payne 硅质岩主要是由深褐灰色硅质微晶灰岩及蓝灰色燧石结核组成。该地层富含窗孔状苔藓虫、海百合、有绞腕足类及硅质海绵骨针（Butts，1926；Thomas，1972；Pashin，1993）。Fort Payne 地层的沉积模式为远端变陡的缓坡。内缓坡沉积了颗粒相对较粗的地层，向中缓坡过渡时，地层逐渐变薄、颗粒的粒度逐渐变细，而外缓坡及盆地中则主要沉积硅质微晶碳酸盐岩，沉积相边界是渐变的（Thomas，1972；Pashin，1993）。

2.1.3　Tuscumbia 灰岩

梅拉梅克群（Meramecian）Tuscumbia 灰岩是最为古老的碳酸盐岩沉积单元。在那些曾有过暴露的地区，Tuscumbia 组岩性主要为浅灰色灰质泥岩及生物碎屑灰岩（Thomas，1972；Pashin，1993）。该段地层厚度较为均一（约 60m），在内缓坡范围均有发育。棘皮动物碎片发育，比如腕足类、苔藓虫，而其他生物化石则

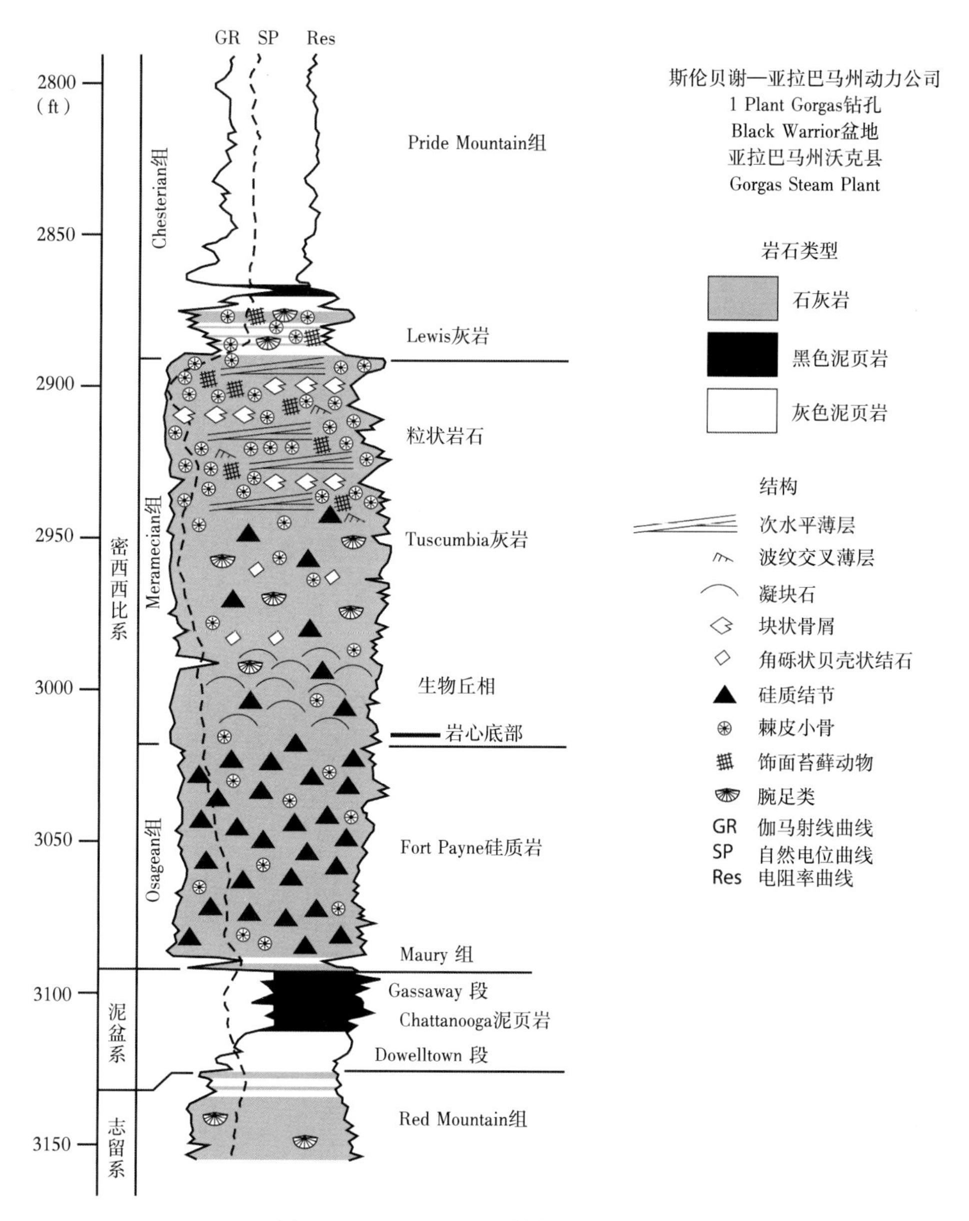

图 2.3　1 Plant Gorgas 井密西西比系地层柱状图

1 Plant Gorgas 井在 850m（2800ft）以下，显示了密西西比系及其下部地层单元的地球物理测井响应和岩性特征

相对较少，如四射珊瑚、三叶虫、介形虫及海绵。浅色的燧石结核及层状燧石广泛发育（Thomas，1972）。

同 Fort Payne 地层类似，Tuscumbia 组也是在缓坡上沉积的。往盆地方向 Tuscumbia 灰岩逐渐减薄，粒度逐渐变细，其地层在 Black Warrior 盆地东翼减薄到为 15m 左右（Thomas，1972；Pashin 和 Rindsberg，1993）。盆地中主要沉积了暗色薄层的泥微晶岩石，与下伏 Fort Payne 硅质岩层很难区分。1 Plant Gorgas 井揭示的 Tuscumbia 组地层非常薄，这使得原来的厚度等值线图必须做出相应的修改（图 2.1），而其余的钻井将会使这张厚度等值线图更加复杂。

Tuscumbia 灰岩与上部的 Chesterian 地层的接触关系为假整合，Chesterian 组含有 Pride Mountain 组的 Floyd 泥页岩，另外局部还有 Monteagle 灰岩。然而，局部地区假整合面之下还保留了 Chesterian 组下部的地层（Pashin 和 Rindsberg，1993）。这种现象被非正式的称为 Pride Mountain 组的 Lewis 旋回，是海相硅质碎屑岩及碳酸盐岩的一种地理上的非均质沉积序列（Pashin 和 Rindsberg，1993）。Lewis 旋回在 1 Plant Gorgas 井岩心中厚度为 0.88m，直接覆盖在 Tuscumbia 组之上，其岩性表现为泥粒岩（混合颗粒）与含化石泥页岩互层。Lewis 旋回上部并未取心，在其之上为 Pride Mountain 组的深灰色泥页岩，Pride Mountain 组顶部和底部都未取心。

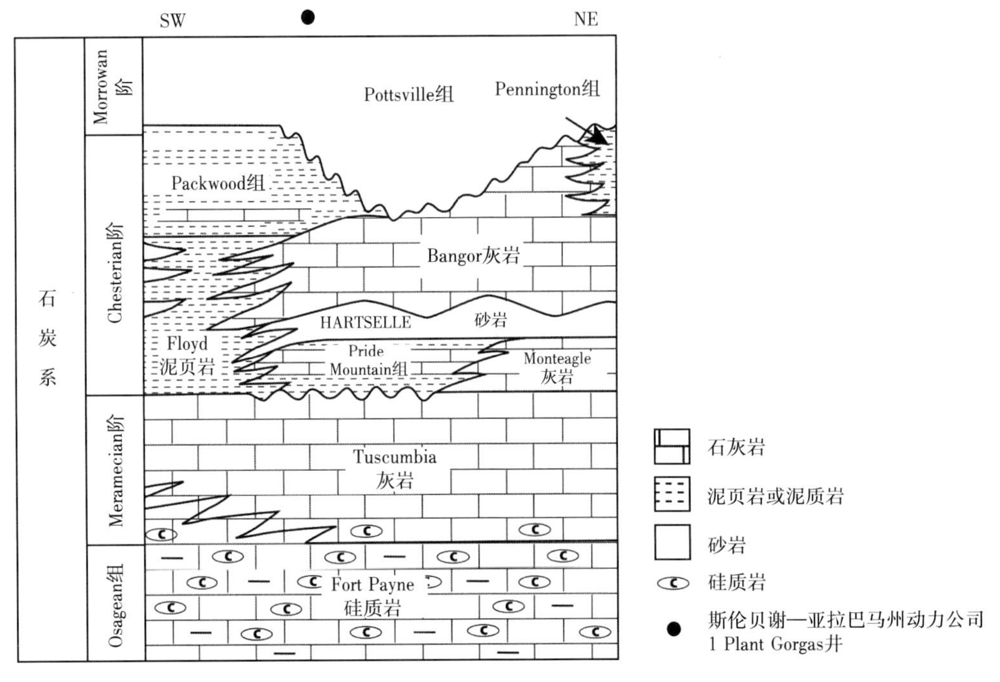

图 2.4　亚拉巴马州地区北部的石炭系地层柱状图

图中黑点表示 1 Plant Gorgas 井的大致位置

2.1.4　古地理

在亚拉巴马州东北部地区，Tuscumbia 组为内缓坡边缘滩相，沉积时曾经暴露（Butts，1926；Thomas，1972；Fisher，1987；Pashin，1993）。内缓坡边缘滩的东北部是一个广阔的台地潟湖，岩性复杂，主要为泥晶类与颗粒类岩相互层。颗粒较细的岩石中含有大量的海绵骨针及燧石结核，石柱珊瑚属种也较为常见（Butts，1926）。细粒的沉积物是在低能环境中形成的，其可能形成于淘洗较充分的海百合—苔藓虫生物碎屑滩及移动的沙滩之间。海百合—苔藓虫—腕足类等古生物碎屑在亚拉巴马州及其他地区的 Osagean 群和 Meramecian 群中是非常发育的，这些古生物一般被解释为冷水动物群（Gutschick 和 Sandberg，1983）。在亚拉巴马的 Tuscumbia 沉积时期地层中富含硅质，其原因可能与从 Ouachita 河湾流向西部的上升洋流中富含硅质有关（Pashin，1993）。局部地区的暴露现象及少量的蒸发岩沉积物表明，在 Tuscumbia 沉积时期海平面有过短期的升降变化（Fisher，1987）。

在亚拉巴马北部地区，Tuscumbia 灰岩往西南方向穿过内缓坡，地层逐渐变薄。在 Black Warrior 盆地东翼，Tuscumbia 地层向盆地方向变得更薄，粒度也越来越细，厚度及古地貌没有太大的变化。在盆地（外缓坡）则沉积了地层薄、颜色暗、粒度细的沉积物，与下伏 Fort Payne 硅质岩地层很难区分（Thomas，1972；Pashin，1993）。

在 1 Plant Gorgas 井区，Tuscumbia 地层厚度为 41m，其中取心厚度为 37m。这口钻井位于中缓坡靠近内缓坡的位置，在 Tuscumbia 组+Fort Payne 组的地层厚度等值线图中可以看到其具体位置（图 2.1），由于 Tuscumbia 组和 Fort Payne 组在测井上很难区分，因此没有单独针对 Tuscumbia 组地层厚度成图（Pashin 和 Rindsberg，1993）。

在亚拉巴马州对于 Tuscumbia 组的中缓坡沉积研究较少，由于内缓坡沉积地层厚度相对较大，生物碎屑颗粒较粗，而外缓坡—盆地的地层厚度相对较薄、颗粒粒度较细且含硅质（Thomas，1972；Pashin，1993），因此对它们之间的中缓坡沉积相带主要是靠推测而来。这个推断在一定程度上基于对 Brooks-Smackco-Coquina-Saunders-Travis-Kelton 1 Simmons Trust 钻井岩心的描述，该钻井位于内缓坡的外缘（主要基于地层厚度的变化；Pashin，1993；图 2.1）。这口井包含了约 30m 厚的 Tuscumbia 灰岩，其下部 21m（70ft）由 Fort Payne 类型的硅质泥岩组成，而上部 9m（30ft）则具有交错层理的海百合亮晶颗粒灰岩构成（Pashin，1993）。1 Plant Gorgas 钻井中，内缓坡碳酸盐岩生物丘状沉积相的发现说明 Tuscumbia 组沉积格架比之前的预测要复杂得多。各种类型的生物丘可能会一直沿着中缓坡发育，而这种沉积建隆同样可能发育在下伏 Fort Payne 硅质岩的中缓坡带中。

2.2 研究方法

1 Plant Gorgas 钻井过程中，从寒武系到宾夕法尼亚系之间进行了无固定间隔分段取心，37.2m 岩心是从 881.8~919m（2893.1~3015ft）整个 Tuscumbia 灰岩的零散取心样中恢复出来的。1 Plant Gorgas 钻井岩心都进行过切片处理，但仅仅针对 Tuscumbia 灰岩进行了规范详细的描述（图 2.3、图 2.5、表 2.1）。通过肉眼进行的宏观描述把重点放在了岩石类型、颜色及主要的物理沉积构造和生物沉积构造方面。岩心

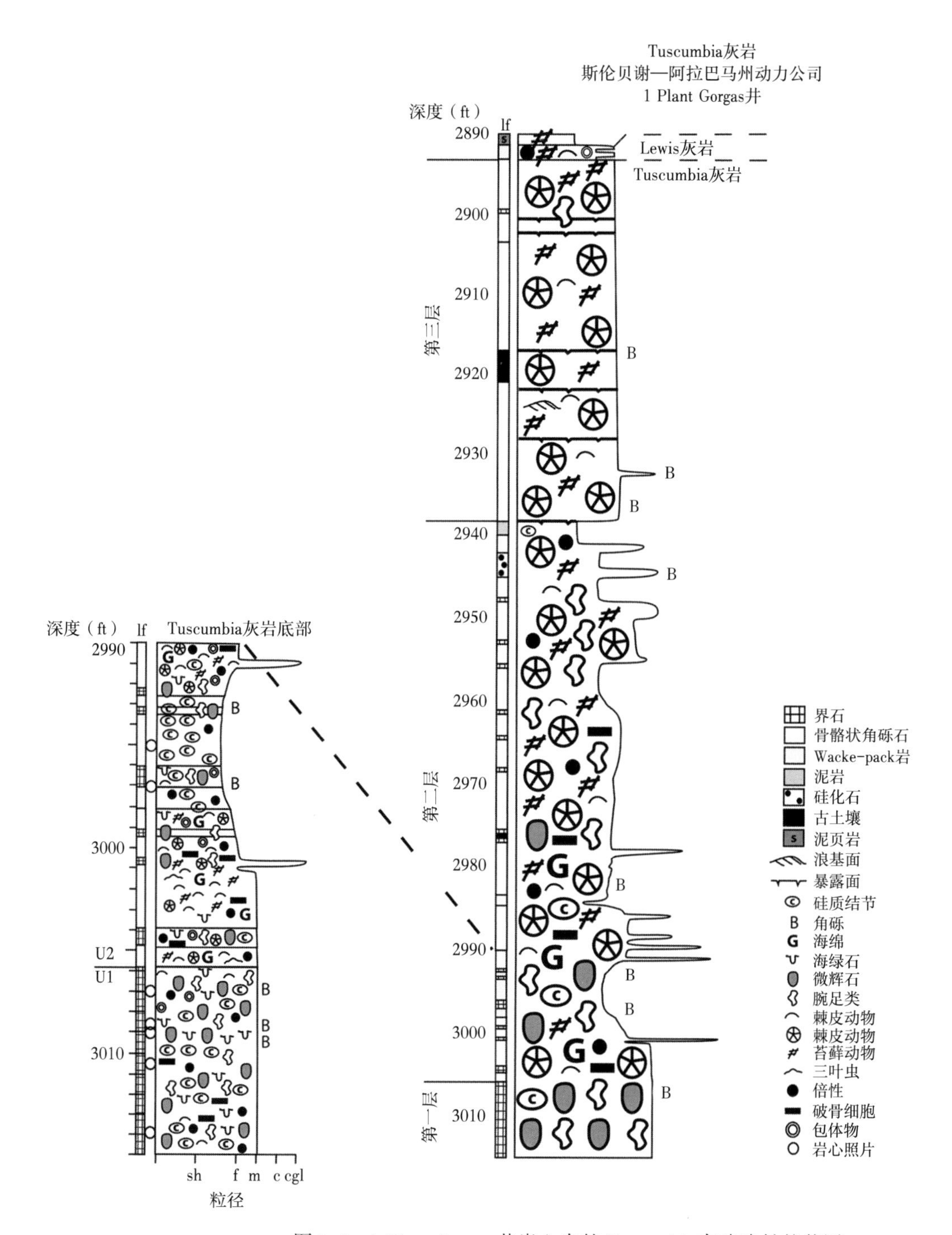

图 2.5　1 Plant Gorgas 井岩心中的 Tuscumbia 灰岩岩性柱状图

该图的左侧部分是岩心的下半部分（包括基底丘相）

切面部分则使用双目显微镜来观察，描述得更加细致。盐酸侵蚀法有助于识别那些难以分辨的沉积构造。柱塞样的取样间隔为 1ft（0.3m），主要用来进行孔隙度、渗透率及流体饱和度分析。岩石快速热解分析是由 Terra-Tek 实验室完成，样品主要来自 Pride Mountain 组，其主要目的是对该层位岩石的有机质组分及热成熟度进行评价。

岩石学分析采用观察薄片的方法，样品来自岩心并进行标准化制样，取样点主要是来自切片岩心观察中识别出的一些结构、构造。111 个薄片样品被注入蓝色环氧树脂，以便更好地识别孔隙，同时用茜素红对薄片进行染色处理。这些样品的典型特征被数码显微照片记录了下来。20 个稳定同位素样品是由 Paul Aharon 实验室完成的，主要用来鉴定脉状方解石胶结物的 $\delta^{13}C$ 和 $\delta^{18}O$ 数值。同位素组分是由 GasBench-IRMS 系统测量，其方法与 Debajyoti 和 Skrzypek（2007）描述的方法类似。同位素数值的表述单位为千分之一（‰），并通过 NBS-19 标准对比标准参照物 Vienna Peedee 箭石。

表 2.1　1 Plant Gorgas 井岩心中 Tuscumbia 灰岩的地层划分

地层	层厚［m（ft）］	顶部［m（ft）］	底部［m（ft）］
第一层	2.8（9.25）	916.2（3005.75）	919.0（3015.00）
第二层	20.5（67.25）	895.7（2938.50）	916.2（3005.75）
第三层	13.8（45.20）	881.8（2893.10）	895.7（2938.50）
Tuscumbia 灰岩	37.2（121.90）	881.8（2893.10）	919.0（3015.00）

2.3　成果

2.3.1　沉积

Tuscumbia 灰岩底部 2.8m（9.25ft）的取心井段是由海绵—微生物粘结岩组成（第一层；图 2.6）。其上为 20.6m（67.6ft）的混合碳酸盐岩地层，岩性主要是以混杂颗粒为主的颗粒岩，且颗粒含量向上增多（第二层；图 2.7），此类颗粒岩与含少量石英黏土质的球粒碳酸盐岩、海绵—微生物粘结岩及混杂砾屑岩呈互层状发育。在该层下部 5.8m（19ft）的范围内普遍发育海绿石。第二层之上为 13.8m 厚的苔藓虫—海百合颗粒岩（第三层），并可见角砾层及古土壤，第二层和第三层之间界限明显。

2.3.1.1　第一层：生物丘相

该井大多数生物丘相地层［916.2~919m（3005.75~3015ft）］有取心资料（图 2.5）。第二层中包含有原生的层状海绵—微生物丘，岩性为含碎屑的碳酸盐岩基质，基质中夹一些针状晶体组成的凝块。海绵—微生物体似乎可以看到向上生长发育的格架，这主要从微生物体之间的碎屑沉积物形成溶蚀坑的展布特征看出来（图 2.6b）。针状晶体主要包含单轴骨针及燧石中嵌入的不规则微晶碳酸盐岩网状格架（图 2.8a、e）。放射状骨针的发育意味着海绵整体或大部分保存比较完整（图 2.8b）。有些海绵似乎还可以看到残留的定位杆（图 2.8d）。基质中骨针的含量很高，此外还有一些球粒、棘皮动物碎片、腕足类和三叶虫的碎片、内碎屑及海绿石颗粒（图 2.8）。毫米级及厘米级的生物遮蔽孔中，充填着浅褐色粉砂—细砂级别的泥粒岩及颗粒岩（图 2.8c），颗粒成分混杂，其中有一些颗粒与微晶碳酸盐岩的凝块状、条带状砾屑黏接在一起。此外碳酸盐岩中还保存有类似葛万藻的细管状体或丝状体。本层内绝大部分原始沉积物已经被燧石交代，并保留了原先的组构特征（图 2.6）。在这种生物丘相带中，垂直裂缝的宽度可以达到数毫米，且并无规则的边界，内部被方解石胶结物充填（图 2.6a）。该层中并未发现层状孔洞被胶结物充填的现象，泥质的含泥量也不高。薄层粘结岩顶部颜色发暗且有孔洞发育，厚度可达数厘米（图 2.6b；图 2.8c）。第一层上部及第二层下部［913~917m（2995~3009ft）］的粘结岩，其单层厚度从 1cm 到大于 10cm（0.04ft 到大于 4ft），并且已经角砾化，在一些层中可以看到，这些角砾是几乎没有被交代的（图 2.7a、b），其余角砾之间是由一些杂乱的碎屑组成的，角砾岩的描述及实例在后面的章节有详细介绍。第一层顶部的界限是非常明显的。

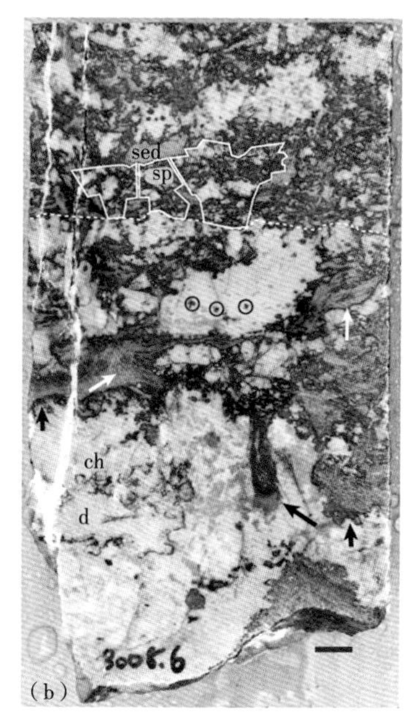

图 2.6　第一层岩心

(a) 堆积的海绵和微辉石；岩石格架由深色的微晶石灰石块和浅色的含钙较少的碳酸钙和白云石组成，大量的孔隙中充满了非常细微的浅棕色微生物物质（sed）；初始孔隙率可能已接近 50%，方解石充填裂缝的不规则边界表明岩石在破裂时是牢固的，但不是刚性的；取样深度为 918m（3010.5ft）。(b) 部分由燧石（ch）和方解石与白云石的混合物（d）代替的叠层石；构造孔洞（sed，白色箭头）充满浅褐色的骨骼状堆积石；白色轮廓线显示在已存在的复合物（顶部白色虚线）的冲蚀顶部上，海绵—微生物复合物（sp）成核；基底层表现出冲蚀作用（黑色短箭头），表面发黑，并且大孔充满了来自上覆层的沉积物（黑色长箭头）；在钙化和白云石化地区可见许多小孔（圆圈）；取样深度为 917m（3008.6ft）。(c) 与中间照片相同，但没有覆盖层。比例尺为 1cm

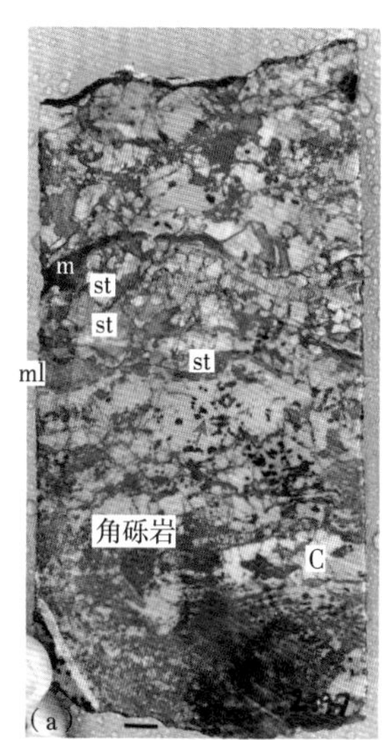

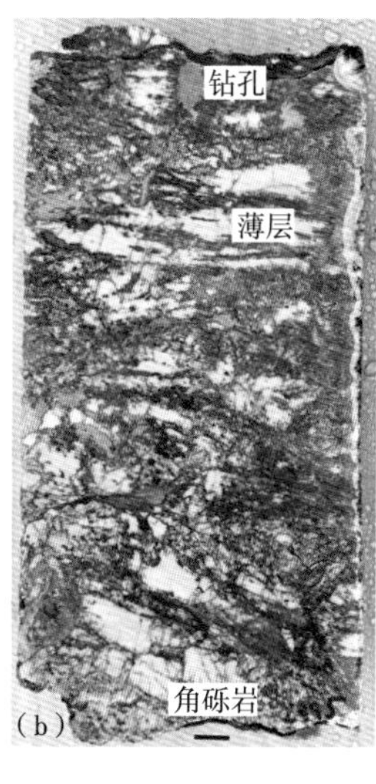

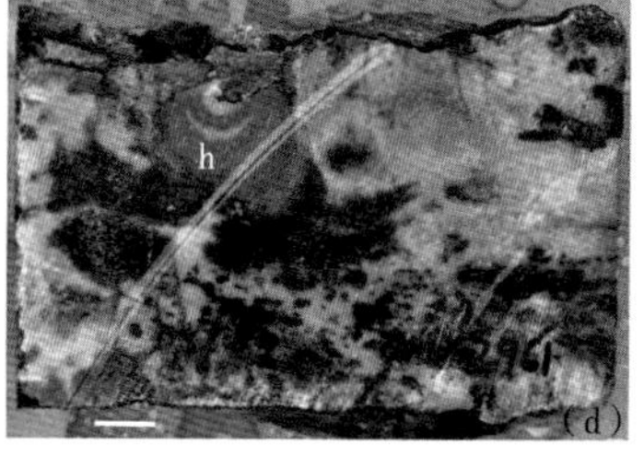

图 2.7　第二层岩心

(a) 角砾化的层状海绵—微生物粘结石；黑色虚线表示两个连续薄层的上表面被腐蚀了，一些矿物表面被薄的黏土矿物（m）覆盖；另一个悬垂性矿物是微层状（ml）也可能是叠层石；黑色小箭头指向浅色的接近粘结岩的孔，粘结岩已经角砾化；有些岩层被严重打乱（例如，在上虚线上方）；在其他虚线中，碎片几乎没有移位（例如，在角砾岩上方）；两条虚线之间的薄层包含多个微小的粒状灰岩矿物（st）；岩石部分被燧石（白色；C）交代；取样深度为 913m（2997ft）。(b) 角砾化和部分钙化的（灰白色）叠层石；薄片的残余部分也被标记出来，顶部也有一个充满沉积物的大孔，下半部分的岩层高度破裂；取样深度为 913m（2995ft）。(c) 混合颗粒晶石（上部）中的凝块的暗层（样品下部）；取样深度为 901m（2955ft）。(d) 包含小的同心叠层石的基岩（h）；样品交代现象严重；取样深度为 903m（2961ft）。比例尺为 1cm

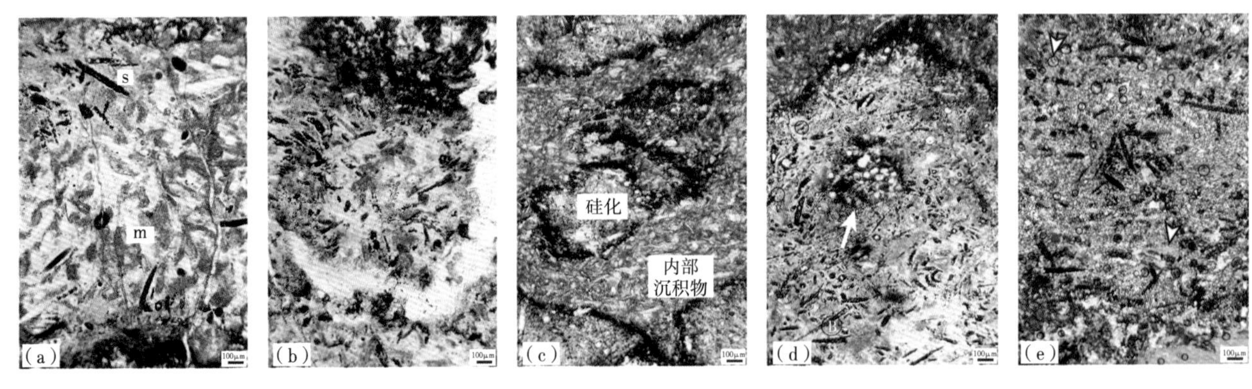

图 2.8 第一层岩相学

在所有显微照片中，蓝色环氧树脂填充了孔隙空间。(a) 硅化的微生物粘结的针状石，s=黑色沥青充填针状物 (m) 在两个微晶凝块之间；取样深度为 916.7m (3007.6ft)。(b) 硅化海绵，发散针状；注意组构硅化作用的弧度，它替换了海绵底部和右侧的一部分；取样深度为 918.8m (3014.5ft)。(c) 部分硅化的雏晶云母 (硅化的) 内的混合颗粒堆积物 (内部沉积物)；雏晶的表面变黑并被腐蚀；取样深度为 917.6m (3010.4ft)。(d) 海绵中可能的锚杆 (箭头所指白色圆圈)，黑色针状物已溶解并充满海绵骨针，蛭石的表面变暗并被腐蚀；取样深度为 917.6m (3010.4ft)；B=该显微照片和其他显微照片中的气泡。(e) 钙化后再硅化的海绵，方解石上残留有茜素红 S，黑色表示白云石未染色 (下部箭头所指)，气泡 (左上方的箭头所指)；取样深度为 917.6m (3010.4ft)

2.3.1.2 第二层：颗粒岩及角砾岩相

第二层范围［895.7~916.2m (2938.5~3005.75ft)］，与下伏第一层之间的接触关系明显，沉积序列与之有所区别，主要是一套粒度较细的骨架颗粒岩，夹一些海绵—微生物粘结岩、微生物粘结岩，厚达 1m (3ft) 的混杂颗粒组成的泥粒岩及颗粒岩 (图 2.5、图 2.9)，所有这些岩石都表现为自下而上厚度变薄、颗粒含量变少。岩石的颗粒成分主要为大量的棘皮类及苔藓虫类的碎屑；而似球粒、内碎屑、海绿石颗粒则比较少见 (图 2.9)。海绿石颗粒分布比较零散，而且有些海绿石是交代了生物碎屑形成的 (图 2.9a)。海绿石在第二层下部非常发育，向上逐渐减少。一些薄层的砾屑岩层中含有大量的海百合生物碎屑，这表明其经历过短暂的高能环境。地层中的泥质纹层较少，且向上方向泥质纹层越来越少，逐渐由很细的泥质纹层变为中等规模的浅穴。岩石孔洞大多被方解石及硅质胶结物充填，一些组构被燧石和白云石交代。燧石结核在第三层底部非常发育，它们形态各异，主要是受到原先存在的碳酸盐岩组构形态的影响。圆球形的燧石结核在其他地区的 Tuscumbia 组中很常见 (Butts，1926；Thomas，1972)，尤其是下部的 Fort Payne 组中，但在这口井的岩心中并未见到这类圆球形的燧石结核。交代形成的白云石呈斑块状 (图 2.9e)，且规模相对较小。孔隙多被固态或液态烃类所充填，这种现象在燧石及石灰岩中可以见到 (图 2.9g)，但并无规律。第二层上部岩性主要为颗粒岩，颗粒从粗到细正常堆积，形成颗粒骨架碳酸盐岩。一些颗粒岩中含有泥晶胶结物 (图 2.9g)。颗粒岩地层的单层厚度可以达到 1.5m (5ft)，主要成分为棘皮类碎屑、腕足类、苔藓虫、球粒及方解石胶结物。有一些粘结岩单层厚度小于 0.3m (1ft) 作为夹层存在 (图 2.9)。单个的已被胶结物充填的孔洞呈指状，意味着这类孔洞原先应为窗格孔或叠层状孔洞，这种现象在泥晶碳酸盐岩透镜体中可以看到 (图 2.9d)。在第二层下部的粘结岩中可以看到磨蚀、角砾化及钻孔等现象 (图 2.7a、b)。从破裂的混杂颗粒到破裂的岩层，很多结壳发生了强烈的角砾化现象，但这些破裂的碎片很少被其他矿物交代 (图 2.7)。角砾化的结壳可能意味着土壤化作用开始形成，但有些结壳已经开始轻微的褪色了。很多泥粒岩及颗粒岩地层中，可以看到变为棕色的生物碎屑沉积旋回 (图 2.9a)，以及其他一些被钻孔的生物碎屑 (图 2.9e)，这些说明地层可能经历过较长期的暴露作用。该层上部的许多颗粒岩纹层已经转变 (经历胶结作用及次生角砾化作用) 为杂基支撑或者颗粒支撑的角砾 (图 2.5)，此外还能看到一些压实作用的证据 (缝合线；图 2.9a)。第二层上部发现 1m (3ft) 厚的钙质粉砂岩及 0.6m (2ft) 厚的纹层状硅质灰泥岩。

Tuscumbia 组第一层为海绵—微生物丘，第二层逐渐过渡为高能浅滩、临滨相沉积，到第三层变为海滩相沉积，其中第二层的粘结岩自下而上逐渐减少。海绵—微生物建造可以代表一种小型的点状生物礁；泥质岩夹层可能相当于点礁之间遮蔽区。在第二层下部，海绵—微生物粘结岩 907m (2976ft) 之上开始

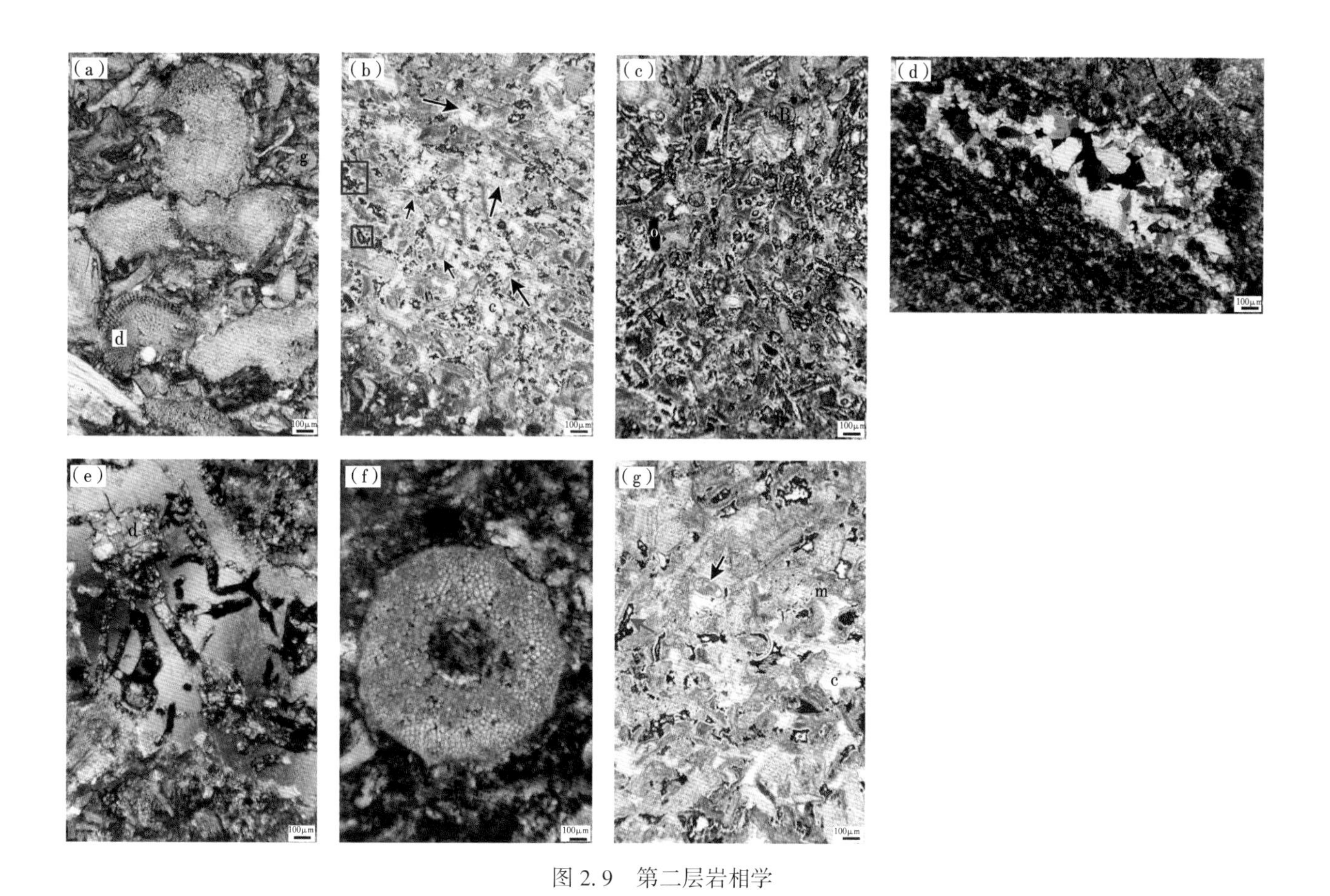

图 2.9　第二层岩相学

(a) 骨架颗粒岩主要由溶解的棘皮动物—微生物、海绵（g）、苔藓虫、三叶虫和丝质组成，变色后的棘皮动物（d）先暴露再沉积；取样深度为 911.6m（2999.8ft）。(b) 火成岩（深棕黑色）呈细颗粒状分布（箭头所指），其上覆盖了粗晶方解石，取样深度为 911.8m（2991.5ft）。(c) 骨骼状填充粒状石块中的针状斑块，含有针状云母和微生物，软体动物会产生刺孔状充填其中，取样深度为 907.1（2976ft），可被茜素红溶液染成红色。(d) 丝状泥岩中的孔隙嵌入了包含海绵和微生物的白云石；取样深度为 913.6m（2997.5ft）。(e) 三叶虫在钻孔中弯曲分布，直径 10~50μm，并有一部分白云石被取代；取样深度为 910.7m（2987.7ft）。(f) 不常见棘皮骨屑充填在致密灰岩中，可观察到外表面的短刺、横截面等，取样深度为 910.7m（2987.7ft），比例尺 40μm。(g) 从孔隙顶部生长出微晶碳酸盐（m）和卷曲的微晶（绿色箭头），均被解释为受微生物影响的底栖小孔以及焦沥青和剩余孔隙度（红色箭头），均在与微生物结合的粒状灰岩中有所体现，取样深度为 903.6m（2964.5ft）

被微生物粘结的骨架颗粒岩所取代。这些沉积物说明微生物是在一个较为安静环境中生长发育，并将这些已经破碎的骨架颗粒粘接在一起。海绿石在第二层底部较为普遍，这同样指示了在浅水沉积时期，孔隙流体中的含氧量是很低的。结壳的发育及结壳在同沉积期发生角砾化作用可能有两个原因，一是近地表短期暴露形成，二是早期海水硬底作用形成。骨架碎屑褪色的原因，很可能是由于这些碎屑发育在内缓坡末端、地形相对较高的浅滩中，海水反复冲洗导致其褪色。Fisher（1987）提出了一些证据，用来证明 Tuscumbia 组中段地层在内缓坡局部地区有过暴露。但并没有证据证明其经历过长期的暴露，也并没有发现发育比较成熟的古土壤。粒度非常粗的颗粒岩层主要由棘皮类生物碎屑组成，它们是在风暴作用下将内缓坡沉积物再次沉积到中缓坡形成的。在第二层顶部角砾化颗粒岩纹层的成因可能与早期粘结岩角砾化的成因类似。

2.3.1.3　第三层：海百合颗粒岩相

第三层与第二层［881.8~895.7m（2893.1~2938.5ft）］之间接触关系明显，第三层主要由海百合颗粒岩及带有窗格孔的颗粒岩组成（图 2.5、图 2.10a）。在凝块石纹层中含有大量被粘结的骨架颗粒（图 2.10b）。沉积构造主要有水平层理、低角度交错层理、对称波痕、水平方向展布的窗格孔、内碎屑（图 2.10a），以及暴露界面或砾石层下面的冲刷面。第三层顶界面清晰，之上地层为 Pride Mountain 组的 Lewis 灰岩，岩性为含化石泥页岩及泥粒岩互层，泥粒岩中的颗粒较为复杂，有内碎屑、球粒、鲕粒及各式各样

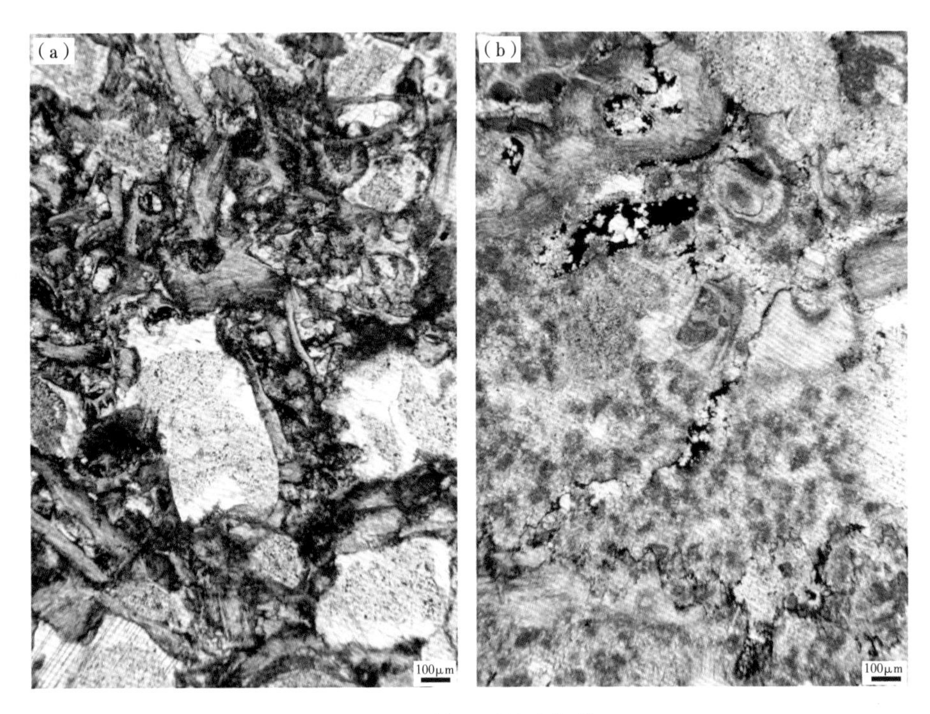

图 2.10　第三层的岩相学

(a) 带有棘皮碎屑的棘突状碎屑岩，具有共轴胶物，表现出缝合线接触；取样深度为 895.0m (2936. 2ft)。
(b) 凝块石下半部分显示的骨骼碎片；取样深度为 883.6m (2899.1ft)

的骨架颗粒。

第三层沉积组合像是内缓坡环境经过暴露后的 Tuscumbia 岩相（Fisher，1987；Pashin，1993）。然而，它们的沉积构造与内缓坡所代表的沉积环境是完全不同的。内缓坡沉积物的特征是具有大规模高角度交错层理（Fisher，1987；Pashin，1993）。在 1 Plant Gorgas 井第三层的沉积构造表明，地层一直随着海平面向上加积。低角度交错层理、水平层理、水平方向延伸的孔洞（窗格孔?）代表着临滨或滩相沉积。平行不整合面之下的角砾层记录了不同期次的暴露作用、同沉积期成岩作用及再沉积作用。暴露面可能代表了准层序的界面，在 884m（2899ft；图 2.10b）薄层状凝块石层的出现也证明了这一观点，该凝块石层正式沉积在暴露界面之上。海百合颗粒岩为高位域沉积物，这些颗粒岩记录了沙滩向外迁移穿过中缓坡上部并向上快速加积至海平面的高度。

2.3.2　成岩作用

在这一节，成岩作用研究的重点放在 Tuscumbia 组底部的生物丘相及其上覆的过渡颗粒岩和角砾岩相。在大多数情况下，同一层序的成岩事件及成岩过程同样会影响到其顶部的海百合颗粒岩相（图 2.11），硅化作用除外。

生物丘相中同沉积期成岩作用的产物主要包括微晶等厚纤状方解石胶结物（图 2.12a）；棘皮类生物碎屑的共轴次生加大；海绿石球粒，有些海绿石交代了沉积物颗粒及与其相邻的矿物（图 2.12a、b）；微红褐色的内碎屑及沾染了红褐色或有生物钻孔的骨架碎屑（图 2.9e；图 2.12b）。

从宏观结构中可以识别出来的同沉积成岩作用包括较为密集的浅色地层，厚度为 1~2cm（0.4~0.8in），这些地层的密度较大，层厚无规律，表面粗糙且具有内部构造；含有球状及柱状的直径在 1~2mm 或者更大（0.04~0.08in）的孔洞；很多地层都经历过强烈的破碎作用。此外有些地层可以见到盘旋状构造，这是沉积物还未固结时变形造成的（图 2.6b）。

生物丘相中主要的孔隙似乎都已被方解石胶结物充填或半充填。准同生期孔隙周缘的等厚环边纤状方解石胶结物（图 2.9c；图 2.12a）、泥微晶胶结物（图 2.9b、c）、棘皮类生物碎屑的共轴次生加大（图 2.9c），这些因素导致了大量孔隙的堵塞。然而，后来成岩作用的叠加改造使得早期胶结物的期次范围无法识别。

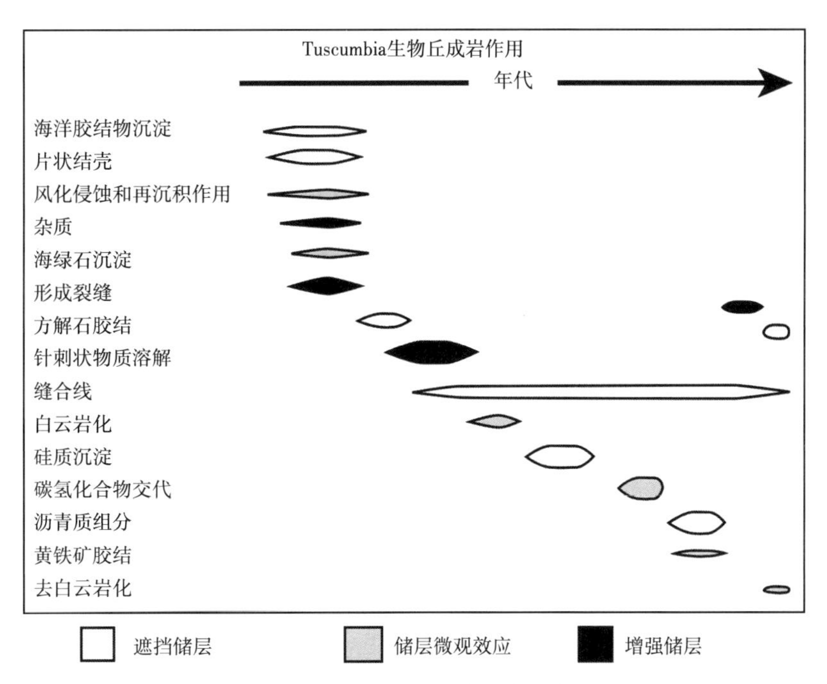

图 2.11 Tuscumbia 灰岩的共生作用

1 Plant Gorgas 井；条的宽度表示过程的相对强度

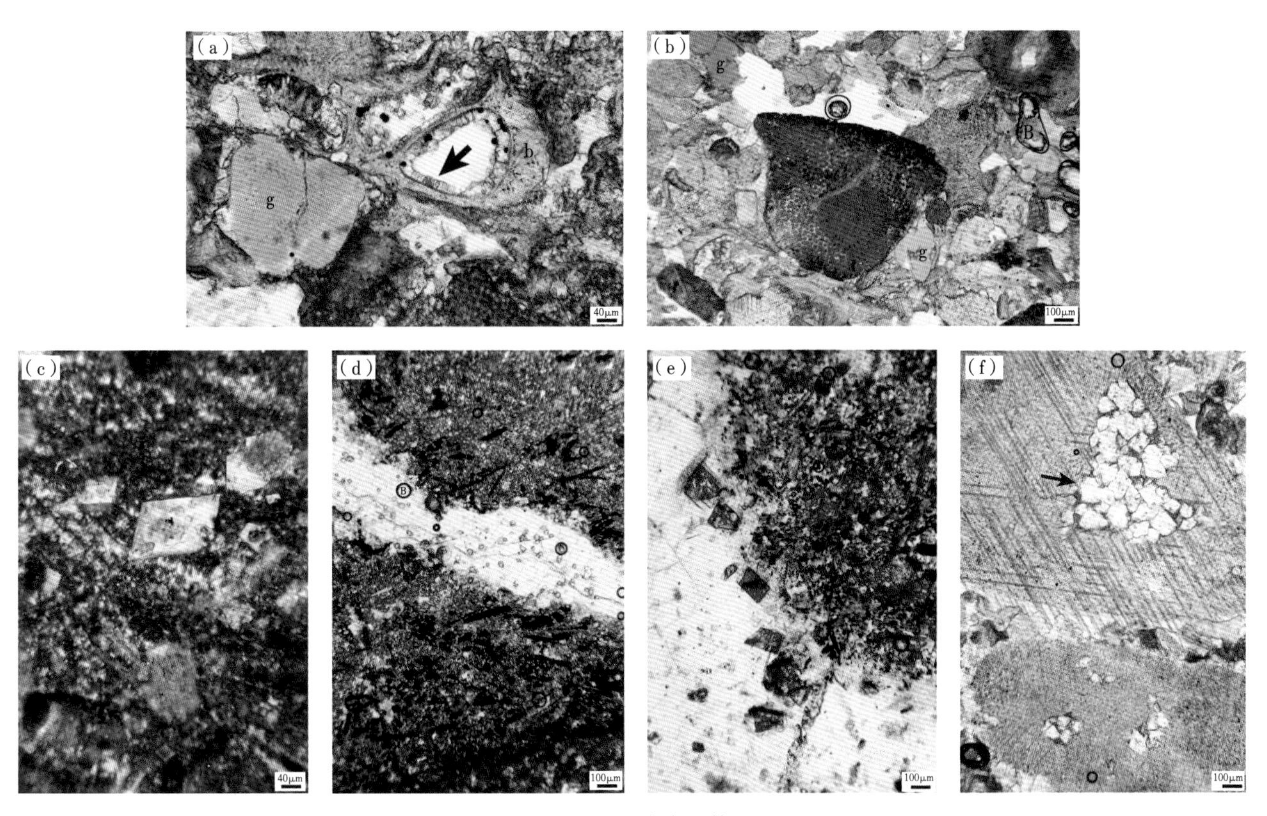

图 2.12 成岩组构

(a) 苔藓动物 (b) 和重溶海绿石 (g)，纤维状孔隙式胶结 (箭头所指)，骨架状粒状灰岩；取样深度为 914.7m (3001ft)，第 2 层。(b) 海绿石 (绿色) 海百合粒状灰岩中的变色棘皮碎片，B 表示气泡；取样深度为 914.7m (3001ft)，第 2 层。(c) 硅化海绵中的自形白云岩，白云岩被部分硅化 (从中心菱形中析出)；取样深度为 915.9m (3004.8ft)，第 2 层。(d) 硅化海绵中的方解石脉；一些针状物质被黑色沥青质取代，方解石被茜素红染色，取样深度为 917.6m (3010.4ft)，第 1 层。(e) 硅化海绵中的钙化菱形白云石，内含丰富的棕色白云石，方解石被茜素红染色；取样深度为 917.3m (3009.4ft)，第 1 层；部分覆盖的棘皮骨屑 (箭头所指) 的下半部分白云石晶体长度达 150m；取样深度为 907.7m (2978.1ft)，第 2 层岩心底部可以见到一套很宽的弯曲状裂缝（图2.6a），裂缝的边界不规则，形态为雁列状及明显的锥形。这些裂缝被方解石充填，这些方解石与岩心上部线状裂缝中充填的方解石相比，貌似在岩性上没有什么区别（下面有讨论）。

在多数情况下，很多单轴海绵骨针已经被溶蚀掉了（图2.12c）。广泛发育的缝合线表明碳酸盐岩也同样经历了大规模的溶蚀作用。很多缝合线在硅质结核的边界都是可以见到的。在抛开的岩心切面中可以看到，缝合线被硅质结核中断，这表明缝合线很可能在硅质结核沉淀之前就已经形成了。

局部可以看到白云石有选择性或者非选择性的交代方解石。非选择性交代的白云石包括菱形的自形白云石，直径可达200μm（图2.12c），此外还有交代形成的不同大小、各种形状的泥微晶白云石。在颗粒岩中有时可以看到直径达到150mm的半自形—自形白云石晶体，它们是在棘皮类生物碎屑中交代形成的（图2.12f）。由于后期硅化作用的影响，在生物丘中完整的白云石化作用过程已经变得难以识别。白云石在碳酸盐岩中的比重相对较少。

硅化作用（图2.8b、e，图2.12c）是该岩心中最重要的成岩作用之一。岩心下部随处可见浅色的燧石结核交代钙质碳酸盐岩的现象［多数在909.2m之下（2983ft），最高可到902.5m（2961ft）。硅化的范围包括大多数生物丘状地层，以及一些骨架颗粒被粘结的粒泥岩、泥粒岩、颗粒岩。硅化作用可以使得先前微米级的纤状结构保留下来，但是原始的纤状钙质碳酸盐岩晶体结构更细，并没有能够保留下来。钙质碳酸盐岩中的硅化作用并不完整。可以看到白云石的菱形晶体部分被硅化现象（图2.12c），不如方解石被硅化的程度高。构造裂缝发生在白云石化作用之前，而硅化作用发生在白云石化作用之后，有可能在早二叠世时硅化作用已经全部完成（见埋藏曲线章节的讨论内容）。

焦沥青常以针状出现，且广泛发育（图2.8b、d、e），原因是早期方解石胶结作用之后针状晶体被溶蚀而形成大量针状孔隙，当烃类物质注入时存在大量针状铸模孔（也有例外存在；图2.9e），因此针状残留孔被烃类物质充填，最终形成针状焦沥青。在开放型的针状铸模孔中并未被固态烃类完全充填，会有一些残留的孔隙空间（很少量）。少量黄铁矿以被交代晶体的形态出现，或者以毫米级或微米级的晶簇形态出现。黄铁矿出现的时期很可能与油裂解为气的时期相同。

从1 Plant Gorgas井岩心中Pride Mountain组泥页岩的热解分析来看，计算所得的R_o在1.10%~1.26%之间（表2.2），这意味着Tuscumbia组达到了生油窗成熟晚期（R_o为1%~1.3%）。尽管R_o为0.8%的时候，热成因气已经开始形成，但R_o为1.3%~2.6%时，天然气才大量产生，尤其是偏油型有机质。在后期的方解石胶结作用形成之前，烃类残留物就已经将针状铸模孔充填，这些烃类可能就形成于附近的地层中。

表2.2 斯伦贝谢公司—亚拉巴马州1 Plant Gorgas井岩心Pride Mountain组样品的热解和R_o数据

深度（ft）	TOC（%，质量分数）	S_1（mg/g）	S_2（mg/g）	S_3（mg/g）	T_{max}	HI	OI	S_1/TOC	PI	R_o
2842.0	0.74	0.17	0.38	0.04	463	52	5	23	0.31	1.17
2845.0	0.76	0.20	0.28	0.04	465	37	5	26	0.42	1.21
2852.5	0.70	0.13	0.37	0.07	461	53	10	19	0.26	1.14
2856.5	0.70	0.14	0.34	0.07	468	49	10	20	0.29	1.26
2863.0	0.80	0.19	0.32	0.06	459	40	7	24	0.37	1.10

注：TOC=总有机碳含量；S_1=岩石中残留烃的含量；S_2=岩石中的热解烃的含量；S_3=热解过程中生成的CO_2的含量；T_{max}=最高裂解温度；HI=含氢指数；OI=含氧指数；PI=生烃潜力。

烃类物质充填过后，在构造应力作用下形成了很多长直的大产状裂缝，这些裂缝横切过其他各种类型的组构（图2.12d）（有些组构被截断是由于压溶作用所致，表现为缝合线）。这些裂缝看起来只被方解石充填，说明裂缝发育的时期是在烃类物质充注之后，也在液态烃转变为焦沥青之后。如果裂缝被方解石胶结的时候针状铸模孔已经发育，那么这些针状铸模孔应该也会被方解石胶结物充填。如果在烃类充注之前或者烃类还处于液态之前裂缝就已经发育，那么相应的证据应该会得以保存在裂缝中，比如暗色污渍或者固态烃。这口钻井Tuscumbia组的最大埋深估计为3.15km（2mile），这主要来自1 Plant Gorgas井Pottsville底部到Tuscumbia灰岩顶部之间的地层厚度数据［351m（1150ft）］，此外还要结合Black Warrior盆地东部Pottsville组的埋藏史曲线数据（Pitman等，2003）。在早二叠世其埋藏深度达到最大，造山运动规模在此时也达到顶峰，该时期裂缝可能就停止发育了（或者更早）。这些裂缝都是后期被胶结的，$\delta^{18}O$ 数据可能会在胶结物形成时间上给予一定的启发。

脉状方解石的稳定同位素数值比较稳定，$\delta^{18}O$ 数值范围在-9‰~-5‰（VPDB）之间，只有两个样品除外，它们的 $\delta^{18}O$ 数值约为-1.5‰。$\delta^{13}C$ 数值范围在2.5‰~8‰（VPDB）之间（表2.3），$\delta^{13}C$ 数值可以分为两个组：第一组数据在2.5‰~4.5‰之间，这是整个 Tuscumbia 组脉状方解石较为普遍的特征；另外一组数据在4.5‰~8‰之间，这代表了生物丘岩相样品的数值（图2.13）。

整个 Tuscumbia 组脉状方解石 $\delta^{13}C$ 数值在2.5‰~4.5‰（VPDB）之间，这与密西西比系海相碳酸盐岩计算出来的数值是一致的（4‰，Meyers 和 Lohmann，1985）。这说明，在线型构造缝中的方解石是在封闭体系中沉淀下来的，物质来源就是附近被压溶的方解石。在岩心下部弯曲及不规则的脉状方解石 $\delta^{13}C$ 数值可以达到8‰，其成岩流体中的 $\delta^{13}C$ 明显偏正，可能来自缺氧环境，比如由微生物形成的有机质。这种现象可能发生在沉积早期的还原环境下，同时海绿石球粒还交代了原先存在的碳酸盐岩矿物。

表2.3　1 Plant Gorgas 井岩心中 Tuscumbia 灰岩稳定同位素数据

深度（ft）	深度（m）	$\delta^{13}C$（‰，VPDB）	$\delta^{18}O$（‰，VPDB）
2997.6	913.67	3.1	-7.3
3000.4	914.52	3.0	-5.0
3001.0	914.7	3.4	-1.6
3001.5	914.86	3.6	-1.7
3004.4	915.74	3.0	-5.4
3007.1	916.56	2.6	-7.6
3007.1	916.56	2.6	-7.6
3007.6	916.72	4.4	-5.4
3008.1	916.87	7.9	-7.6
3008.3	916.93	7.8	-8.7
3008.4	916.96	7.0	-7.6
3009.1	917.17	3.0	-5.1
3009.6	917.33	5.8	-7.7
3010.0	917.45	6.3	-7.9
3010.4	917.57	5.0	-6.5
3010.5	917.6	5.6	-8.4
3010.7	917.66	7.7	-7.8
3011.0	917.75	7.6	-8.6
3011.0	917.75	6.0	-8.3

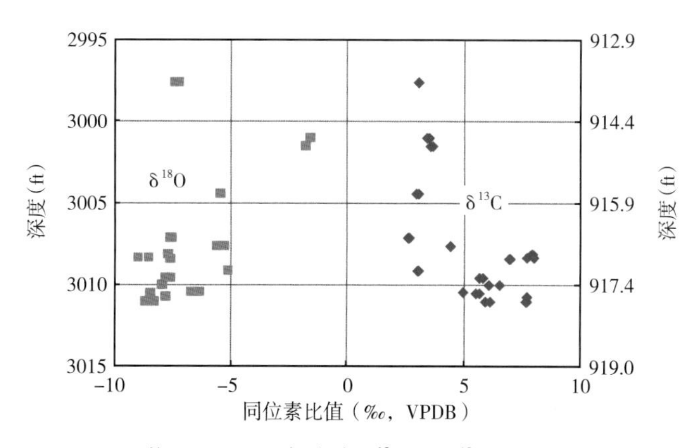

图2.13　1 Plant Gorgas 井 Tuscumbia 灰岩中 $\delta^{18}O$ 和 $\delta^{13}C$ 的同位素比值与深度的关系图

$\delta^{18}O$ 数值范围在-9‰~-5‰（VPDB）之间，表明方解石形成时温度较低，该结论在温度数据中也得到了进一步证实。在 1 Plant Gorgas 井底部温度为 38℃，深度为 1493m（4899ft），该地区地表平均温度为 20℃，低温梯度为 12℃/km，这与之前对该区域的评估结论是一致的（Pitman 等，2003）。Meramecian 群沉积时期海水的温度估计为 18~27℃（Hudson 和 Anderson，1989），这说明 Tuscumbia 灰岩地层现今的温度与沉积期低纬度水温相比不会高太多。当裂缝在早二叠世或之前形成的时候，Tuscumbia 灰岩地层温度可以高达 57.8℃［参见 Pitman 等（2003）中的埋藏曲线］，这还算是一个比较保守的温度值，脉状方解石可能沉淀的更早。实际上，该地区构造裂缝可能在宾夕法尼亚系沉积时期就开始了（Pashin，1993），当时地层可能只埋藏了几百米深，微生物是可以在这个深度生存的。许多菱形的自形白云石发生了方解石化作用（图 2.12e）。去白云石化作用仅是一个规模相对小的成岩作用，构造缝中的方解石胶结作用可能就是在同一时期发生的。

$\delta^{18}O$ 数值接近-1.5‰（VPDB）的样品是取自一个小的气泡状碳酸盐岩及一个水平的碳酸盐岩岩脉，岩脉厚度在 2.5cm（1in）。为了得到更精确的数据而使用了反复测试分析的办法，目前对这两个异常的数据点仍没有合理的解释。

2.3.3 生物丘岩石学

海绵微生物丘及与之相关的碎屑状碳酸盐岩，它们的孔隙度和渗透率都非常低（表 2.4）。然而，这口钻井中 Tuscumbia 组的含油饱和度是非常高的，一般大于 10%，局部可以超过 50%，这表明该地区目的层位有一定程度的油气聚集（数据未公开）。同年代（Osagean 群—Meramecian 群沉积时期）堪萨斯和俄克拉何马地区（Mazzullo 等，2009，2011）的致密针孔状储层，其渗透率相比之下高了不是一个数量级（数百微达西）。在这些储层中，裂缝是致使渗透率增大的主要原因。Tuscumbia 组 1 Plant Gorgas 井的裂缝并不是开放式的，但 Tuscumbia 组在其他沿缓坡发育的区域还是可能有优质储层的。

表 2.4 1 Plant Gorgas 岩心中 Tuscumbia 灰岩的孔隙度和渗透率

地层	渗透率几何均值（μD）	孔隙度平均值（%）	储量
第一层	8	2.8	4
第二层	4	1.4	37
第三层	5	2.1	11
Tuscumbia	5	1.5	52

2.4 讨论

2.4.1 Tuscumbia 生物丘的沉积学及古地理学

岩心底部的生物丘相是在中缓坡上部位置沉积的，其水体能量适中，深度可能在海水透光层范围内。小型海绵类生物发育在倾斜的缓坡上。海绵构造的内部空间被碎屑状碳酸盐岩物质充填，并且被缝隙之间的微生物作用保存下来。生物丘的不断加积造成准同生期的压裂及压实，从而导致削峭作用的发生，但并没有产生刚性结构。地层上部强烈的角砾化作用，外加上侵蚀、钻孔及表面黑化作用，这些都是准同生期发生暴露及溶蚀的证据（图 2.6b，图 2.8c、d）。

在 1 Plant Gorgas 井钻探之前，大家预计亚拉巴马地区 Tuscumbia 组的中缓坡沉积特征介于已知内缓坡岩相与典型的 Fort Payne 组岩相之间（Thomas，1972；Fisher，1987；Pashin，1993）。换句话说，从内缓坡远端边缘中脊线向盆地方向，岩石中会含有越来越多更薄、更细、泥质含量更多的海百合类岩石并穿插着颜色更暗、粒度更细、燧石（及硅质?）含量更高的沉积物。现今，碳酸盐岩生物丘已经纳入沉积模式当中。

粘结岩是1 Plant Gorgas井岩心中Tuscumbia组下部最主要的地层。Tuscumbia组底部未取心段如果属于生物丘一部分，并且所有第二层含有粘结岩的地层都划为生物丘的话，那么1 Plant Gorgas井Tuscumbia组下部可能发育生物丘的总厚度是21.6m（71ft）。在中缓坡上预测生物丘的数量及规模是不合适的，然而，亚拉巴马地区Tuscumbia组中缓坡的长度约140km（87mile），宽度约20~50km（12~31mile），面积约为$4200km^2$（$1621mile^2$）。如此规模的建隆同样可以在Fort Payne硅质岩的上部形成。

亚拉巴马州密西西比系中很少发现生物丘，这意味着其沉积环境可能不适合生物丘的生长，另外也可能是勘探思路有问题，并没钻遇生物丘。密西西比系在亚拉巴马州大多裸露地表，因此研究程度很高。除了古生物的研究外（有些在本文引用），近期在亚拉巴马州北部详细的地质填图工作包括了很多密西西比系的裸露地层（Irvin，2012），但并没有发现生物丘或生物礁。然而，Tuscumbia组中缓坡相中很少取心，仅在盆地东南缘有一些裸露地层，这些暴露的地层中主要为燧石残留物（Pashin，1993）。

Brunton和Dixon（1994）提出了一个理论，在显生宙中硅质海绵—微生物丘是可以循环发育的。基于对已有资料的研究，他们得出一个结论，那就是这些生物丘的发育主要依赖较暗的光线、大量的营养物质供给及水体较高的洁净度等因素。Tuscumbia组沉积中期的缓坡地段可以看作是一个理想的海绵—微生物发育区，但从全世界范围来看，Meramecian群沉积时期并不是一个海绵—微生物发育的重要历史时期（Brunton和Dixon，1994）。这就说明，尽管Tuscumbia组沉积时期中缓坡上的海绵—微生物丘应该比其他地区的更为发育，海绵—微生物丘并不是大规模广泛发育的。与Meramecian群沉积时期相比，Chesterian地层沉积绝对是一个海绵—微生物丘大规模发育的年代（Brunton和Dixon，1994）。大多数亚拉巴马州密西西比系的生物丘都属于Chesterian地层，且没有一个是海绵—微生物丘（见下节）。但是在亚拉巴马州暴露的Chesterian地层都是内缓坡沉积，中缓坡沉积都在地下埋藏着。由于几乎所有的密西西比系中缓坡沉积都埋藏在地下并未暴露，并且只有少量钻井钻穿密西西比系，因此，海绵—微生物丘的规模及展布规律并不十分明确。

2.4.2 区域对比

密西西比系的生物丘类型多样，主要表现在形态、内部结构、生物成分及古地理位置（Lees和Miller，1995）。在本章节，把1 Plant Gorgas井生物丘与美国东南部密西西比系生物丘进行对比分析，在很多方面都有重要的差别。

在美国东南部密西西比系，尽管骨针是普遍存在的，但并没有报道Tuscumbia组发育生物丘（Thomas，1972；Pashin，1993）。在亚拉巴马州，其下伏Fort Payne硅质岩地层也没见到生物丘，尽管海绵骨针也是普遍发育的（Pashin，1993）。田纳西州及肯塔基州的Fort Payne组生物丘包括Waulsortian生物丘、夹绿色泥页岩的泥丘，上覆地层为海百合粒泥岩，生物丘的主要成分为碳酸盐岩骨架颗粒（Meyer等，1995）。

Waulsortian生物丘是以灰泥成分为主，含有大量已被胶结的叠层状孔洞（Lees和Miller的近期摘要，1995）。Plant Gorgas生物丘相对而言灰泥成分较少，生物叠层状构造的孔洞中胶结物含量也很少，大多孔洞充填了浅褐色物质，其手标本感觉泥质含量较高，仅含有很细粒的泥粒岩成分及微生物粘结形成的骨架颗粒岩（图2.8c）。最后，海绵类生物在Plant Gorgas生物丘非常发育，但在Waulsortian生物丘中却是次要成分。

Meyer等（1995）描述过非Waulsortian生物丘（Ausich和Meyer的粒泥岩建隆，1990），取心可以看到绿色泥页岩及以苔藓虫—海百合为主的粒泥岩。Plant Gorgas生物丘并没有见到绿色泥岩及少—无的骨架状粒泥岩。透镜状硅质碎屑物质在Fort Payne灰泥丘的侧翼很普遍，但在Plant Gorgas生物丘则并未发现。Plant Gorgas生物丘包含有大量细粒的骨架状泥粒岩—颗粒岩，它们像苔藓虫—海百合泥粒岩透镜体，并入Fort Payne灰泥丘的侧翼（Ausich和Meyer，1990）。

Plant Gorgas泥粒岩建隆的主要成分是海百合及窗孔状苔藓虫骨架泥粒岩（Ausich和Meyer，1990），生屑颗粒的粒度粗、分选差，并夹有含生物的绿色泥页岩地层，这是1 Plant Gorgas井岩心中的一种不明相带。

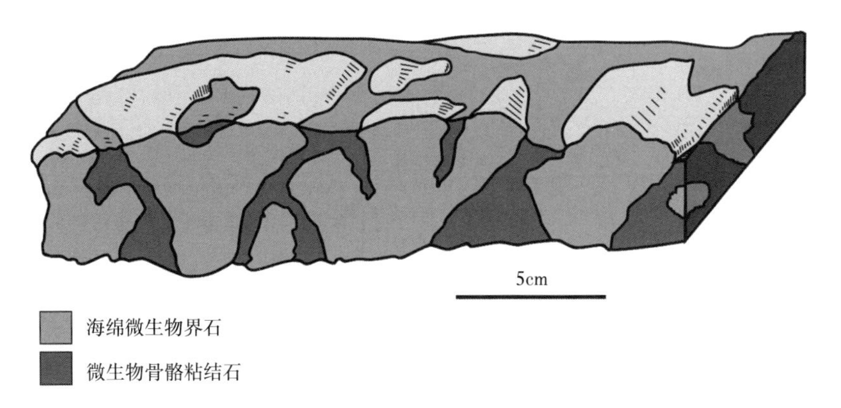

（a）核心比例尺框图

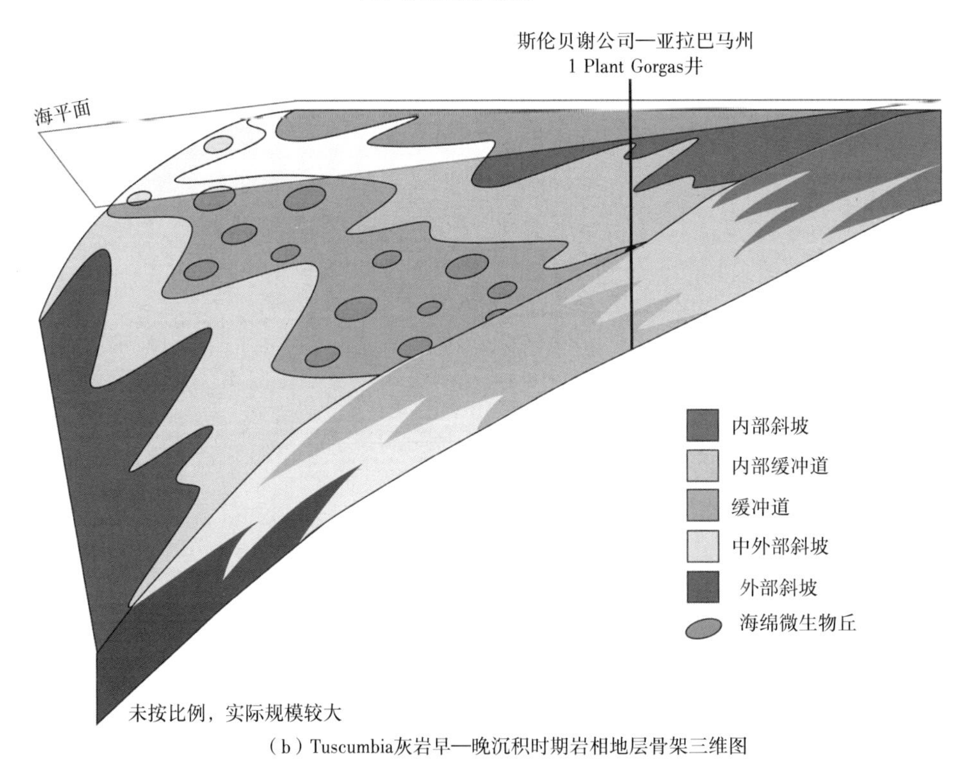

（b）Tuscumbia灰岩早—晚沉积时期岩相地层骨架三维图

图 2.14　1 Plant Gorgas 井 Tuscumbia 灰岩下部的海绵微生物丘相的示意图

（a）说明了生长的海绵微生物和碎屑沉积物之间的关系，这些沉积物的孔隙随后被微生物细丝和凝块胶结充填；（b）说明了 Tuscumbia 灰岩下部中斜坡上也可能存在海绵生物丘的分布，未按比例

亚拉巴马州密西西比系仅有的另一个生物丘地层为 Chesterian（图 2.15），它与 Plant Gorgas 统 Tuscumbia 组的生物丘不同（图 2.16）。Kopaska-Merkel 和 Haywick（2001）及 Haywick 等（2009）曾描述过亚拉巴马州 Lawrence 县 Bangor 灰岩中的一个海百合—苔藓虫—四射珊瑚丘。这个生物丘以生物碎屑为主，成分主要为海百合—苔藓虫泥粒岩；四射珊瑚是颗粒中最主要的成分；并没有海绵类生物。亚拉巴马州及相邻田纳西州东部地区（Kopaska-Merkel 和 Haywick，1999）Bangor 灰岩中的其他类型生物丘主要包括：（1）靠近黑尔敦、田纳西地区的两种灰泥丘，含有大量的铰链状双壳及腕足类、完整的窗孔状苔藓虫、蠕虫状钙质微生物；（2）亚拉巴马州 Blount Springs 地区的一种骨架支撑型生物丘，骨架主要为窗孔状苔藓虫、海绵及龙介虫，此外还有很多以棘皮动物碎屑为主的骨架颗粒；（3）大规模四射珊瑚（犬齿珊瑚属 *flaccida* 种；Kopaska-Merkel 和 Haywick，2001）为主的三个孤立的丘及两套生物层（图 2.15）。亚拉巴马州靠近 Scottsboro 地区 Pennington 组有一个苔藓虫—海百合灰泥丘（Gibson，1986），岩心为一段含化石的泥页岩。其主要通过捕获及粘结窗孔状苔藓虫而发育的。

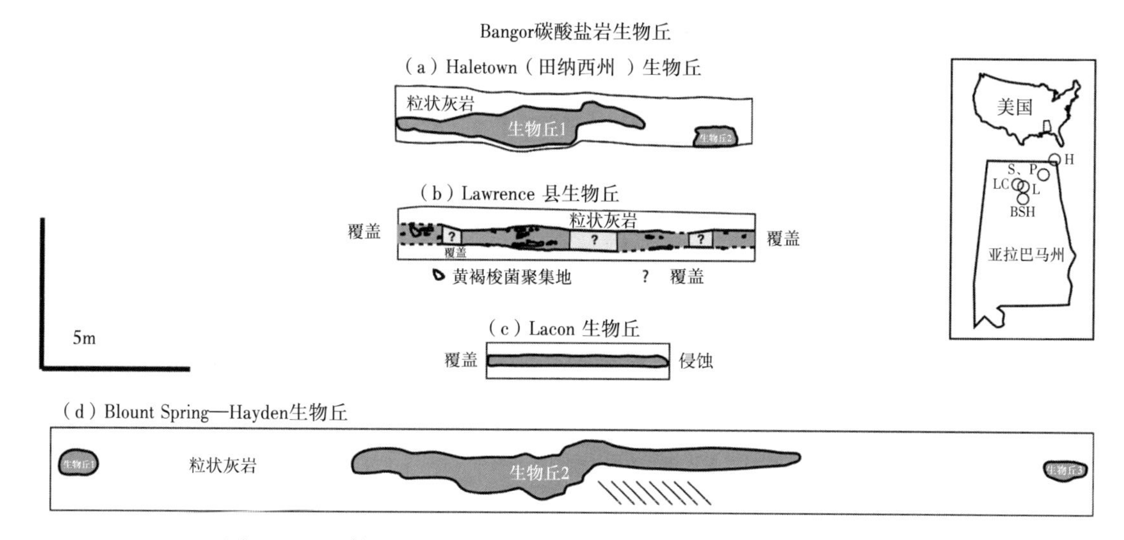

图 2.15 亚拉巴马州和田纳西州东南部的 Chesterian 碳酸盐生物丘

Bangor 灰岩的四个土丘露头草图。(a) 在田纳西州 Haletown 附近的两个泥土丘 (H)；(b) 亚拉巴马州 Lawrence 县的生物碎屑丘，据 Kopaska-Merkel 和 Haywick (2001)、Haywick 等 (2009) 描述 (LC)；(c) 在亚拉巴马州 Lacon 附近的一种珊瑚 (L)；(d) Blount Springs 和亚拉巴马州 Hayden 之间的 3 个土丘、2 个黄褐梭菌菌落和 1 个镰刀状海绵状海藻土墩 (BSH)，对角线表示交叉层状的粒状灰岩。索引图显示了另外两个露头的位置：S (Bangor 灰岩，Scottsboro 西南的 Vulcan 采石场) 和 P (Scottsboro 东南的 Pennington 组)；前者由珊瑚的生物圈组成，后者是 Gibson (1986) 所描述的苔藓类海藻型泥丘

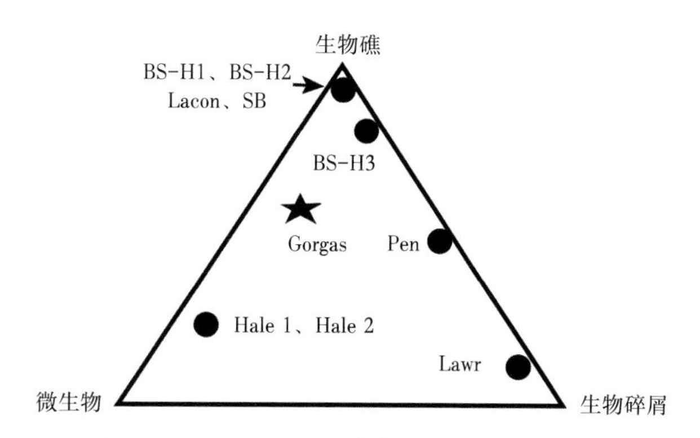

图 2.16 根据 Bosence 和 Bridges (2005) 的分类方案做出了文中讨论的 Chesterian 生物丘和 1 Plant Gorgas 井 Tuscumbia 丘的三端元图

BS-H1、BS-H2、BS-H3 表示 Blount Springs 和 Hayden 之间的珊瑚群落，BS-H3 表示海绵状生物丘，1 Plant Gorgas = 1 Plant Gorgas 井中的 Tuscumbia 生物丘，Hale1、Hale2 表示 Haletown 生物丘，Lacon 表示 Lacon 附近的生物群落，Lawr 表示 Lawrence 县的生物碎屑丘，Pen 表示 Gibson (1986) 描述的 Pennington 生物丘，SB 表示 Scottsboro 附近的生物群落

2.4.3 成岩作用讨论

Fisher (1987) 研究了亚拉巴马州北部和密西西比州北部 Tuscumbia 灰岩的成岩作用，从对内缓坡已暴露地层及 Black Warrior 盆地中钻遇井的分析结果来看，和笔者对 1 Plant Gorgas 井岩心的分析结论一致。Fisher 报道了外缓坡海绿石的胶结作用，而不是内缓坡；然而，他观察到了内缓坡靠近地表的地方可以形成结壳，但并没有外缓坡沉积物暴露的证据。1 Plant Gorgas 井岩心中 Tuscumbia 灰岩上部的中缓坡地层包括了大量侵蚀的或角砾化地层，笔者解释其为早期岩化作用发育的层位。海绿石球粒及海绿石胶结物在 Tuscumbia 组下段间断性大量发育，这说明该时期海平面进行周期性变化。在 Tuscumbia 组沉积早期，海平面相对上升，沉积速率暂时有所下降、水体能量减弱、水中氧气含量降低，这些都促成了海绿石的形成。在 Tuscumbia 组沉积晚期，海平面相对下降并有可能暴露，钙质层形成，正如 Fisher (1987) 对亚拉巴马州东北部内缓坡沉积报道的那样。然而，该井岩心 Tuscumbia 组上段普遍发育的滩相及潮缘相沉积，

用碳酸盐岩建造的加积作用来解释更加合理。

脉状方解石样品中的稳定同位素数据表明，方解石胶结物晶体生长期次为 1～2 个。氧同位素数值表明其是在近地表处沉淀，与热成因气产生时高温无关。碳同位素数据可以分为两组，第一组碳同位素变化范围是 2.5‰～4.5‰（VPDB），大多数样品来自由构造应力造成的线型裂缝中的胶结物。这些碳同位素数据与早期微生物作用下沉积物的数值比较一致。该地区主要的构造裂缝主要发生在早二叠世时期（Pashin，1993），当时目的层仅仅埋深约几百米，微生物是可以在这个深度生存的。其余样品来自生物丘相沉积的裂缝中，这些生物丘边界无规律，推测可能为准同生期的产物。生物丘相的稳定同位素数值跨度范围大，包含了这口岩心的碳同位素数据。这些方解石脉可能是在沉积物刚刚沉积隔离不久后被填的，此时 Tuscumbia 组上部的构造裂缝被胶结物充填。碳同位素数据与受微生物影响的沉积物数据一致，也与近期的细菌烃降解影响结果一致。然而，裂缝不太可能一直保留到石油形成后对其充填，因为硅质及白云石形成的时间更早，如果裂缝还未被充填的话，硅质和白云石会优先将裂缝填满。

2.4.4 Tuscumbia 生物丘的油气潜力

Tuscumbia 生物丘中可能存在一定的经济可采石油储量。在 1 Plant Gorgas 井岩心的生物丘中，焦沥青普遍发育，尽管其所占体积的百分含量比较低。还没有其他证据来证明地下 Tuscumbia 灰岩中存在类似的生物丘。然而，如果此类生物丘是存在的，我们将面临一系列的机遇、挑战及勘探目标。

2.5 结论

结果是初步的，但还是要提几点结论。

（1）Tuscumbia 组古地理学的简单叙述可能需要进一步完善。Black Warrior 盆地东部边缘在 Tuscumbia 组沉积时期可能存在小型的生物丘。

（2）这些生物丘是由海绵、微生物、棘皮动物及其他可能的有机体组成。

（3）本文的实例大概厚度为 6m（2ft），但其上覆盖的地层中都包含有粘结岩，厚度达 18m（59ft）。

（4）生物丘位于 Tuscumbia 组远端变陡的中缓坡顶部附近。

（5）生物丘处于 Tuscumbia 组底部，是在水体最深的时候形成的。

（6）生物丘中大量的次生孔隙被焦沥青充填。在焦沥青形成之前，生物丘（如果侧向延伸很广或者还有多个丘一起生长的话）中可能存在大量可供工业开采的石油。

参考文献

Ausich, W. I., and D. L. Meyer, 1990, Origin and composition of carbonate buildups and associated facies in the Fort Payne Formation(lower Mississippian, south-central Kentucky): An integrated sedimentologic and paleoecologic analysis: Geological Society of America Bulletin, v. 102, p. 129-146, doi: 10.1130/0016-7606(1990)102<0129:OACOCB>2.3.CO;2.

Bosence, D. W. J., and P. H. Bridges, 2005, A review of the origin and evolution of carbonate mud-mounds, *in* C. L. V. Monty, D. W. J. Bosence, P. H. Bridges, and B. R. Pratt, eds., Carbonate mud-mounds: Their origin and evolution: International Association of Sedimentologists Special Publication 23, p. 3-9.

Brunton, F. R., and O. A. Dixon, 1994, Siliceous sponge-microbe associations and their recurrence through the Phanerozoic as reef constructors: Palaios, v. 9, p. 370-387, doi: 10.2307/3515056.

Butts, C., 1926, The Paleozoic rocks, in G. I. Adams, C. Butts, L. W. Stephenson, and W. Cooke, eds., Geology of Alabama: Alabama Geological Survey Special Report 14, p. 41-231.

Cleaves, A. W., 1983, Carboniferous terrigenous clastic facies, hydrocarbon producing zones, and sandstone provenance, northern shelf of Black Warrior Basin: Transactions of the Gulf Coast Association of Geological Societies, v. 33, p. 41-53.

Cleaves, A. W., and M. C. Broussard, 1980, Chester and Pottsville depositional systems, outcrop and subsurface, in the Black Warrior Basin of Mississippi and Alabama: Transactions of the Gulf Coast Association of Geological Societies, v. 30, p. 49-60.

Debajyoti, P., and G. Skrzypek, 2007, Assessment of carbonate-phosphoric acid analytical technique performed using GasBench II in continuous flow isotope ratio mass spectrometry: International Journal of Mass Spectrometry, v. 262, p. 180-186, doi: 10.1016/j.ijms.2006.11.006.

Fisher, D. R., 1987, Regional diagenesis of the Tuscumbia Limestone (Meramecian-Mississippian) in northern Alabama and northeastern Mississippi: M.S. thesis, University of Alabama, Tuscaloosa, Alabama, 248 p.

Gibson, M. A., 1986, Paleoecology and biostratigraphic implications of a fenestrate bryozoan buildup in a non-carbonate environment, Pennington Formation (late Mississippian), Alabama: The Compass, v. 64, p. 23-29.

Gutschick, R. C., and C. A. Sandberg, 1983, Mississippian continental margins of the coterminous United States: SEPM Special Publication 33, p. 79-96.

Haywick, D. W., D. C. Kopaska-Merkel, and M. G. Bersch, 2009, A biodetrital coral mound complex: Key to early diagenetic processes in the Mississippian Bangor Limestone: Carbonates and Evaporites, v. 24, p. 77-92, doi: 10.1007/BF03228058.

Hudson, J. D., and T. F. Anderson, 1989, Ocean temperatures and isotopic compositions through time: Transactions of the Royal Society of Edinburgh, v. 80, p. 183-192, doi: 10.1017/S0263593300028625.

Irvin, G. D., 2012, Geology of the Bridgeport 7.5-minute quadrangle, Jackson County, Alabama, and Marion County, Tennessee: Alabama Geological Survey Quadrangle Series Map 58, 50 p.

Kopaska-Merkel, D. C., and D. W. Haywick, 1999, Diverse carbonate mounds in the Bangor Limestone: Geological Society of America Abstracts with Programs, v. 31, p. A-242.

Kopaska-Merkel, D. C., and D. W. Haywick, 2001, A lone biodetrital mound in the Chesterian of Alabama?: Sedimentary Geology, v. 145, p. 253-268, doi: 10.1016/S0037-0738(01)00151-8.

Lees, A., and J. Miller, 1995, Waulsortian banks, in C. L. V. Monty, D. W. J. Bosence, P. H. Bridges, and B. R. Pratt, eds., Carbonate mud-mounds: Their origin and evolution: International Association of Sedimentologists Special Publication 23, p. 191-271.

Mars, J. C., and W. A. Thomas, 1999, Sequential filling of a late Paleozoic foreland basin: Journal of Sedimentary Research, v. 69, p. 1191-1208, doi: 10.2110/jsr.69.1191.

Mazzullo, S. J., B. W. Wilhite, and I. W. Woolsey, 2009, Petroleum reservoirs within a spicule-dominated depositional sequence: Cowley Formation (Mississippian: Lower Carboniferous), south-central Kansas: AAPG Bulletin, v. 93, p. 1649-1689, doi: 10.1306/06220909026.

Mazzullo, S. J., B. W. Wilhite, and D. R. Boardman II, 2011, Lithostratigraphic architecture of the Mississippian Reeds Spring Formation (middle Osagean) in southwest Missouri, northwest Arkansas, and northeast Oklahoma: Outcrop analog of subsurface petroleum reservoirs: Shale Shaker, Journal of the Oklahoma City Geological Society, v. 61, p. 254-269.

Meyer, D. L., W. I. Ausich, D. T. Bohl, W. A. Norris, and P. E. Potter, 1995, Carbonate mud-mounds in the Fort Payne Formation (Lower Carboniferous), Cumberland Saddle region, Kentucky and Tennessee, U.S.A., *in* C. L. V. Monty, D. W. J. Bosence, P. H. Bridges, and B. R. Pratt, eds., Carbonate mud-mounds: Their origin and evolution: International Association of Sedimentologists Special Publication 23, p. 273-288.

Meyers, W. J., and C. Lohmann, 1985, Isotope geochemistry of regionally extensive calcite cement zones and marine components in Mississippian limestones, New Mexico, *in* N. Schneidermann and P. M. Harris, eds., Carbonate cements: SEPM Special Publication 36, p. 223-239.

Pashin, J. C., ed., 1993, New perspectives on the Mississippian system of Alabama: Alabama Geological Society Field Trip Guidebook, v. 30, 151 p.

Pashin, J. C., and A. K. Rindsberg, 1993, Origin of the carbonatesiliciclastic Lewis cycle (upper Mississippian) in the Black Warrior Basin of Alabama: Alabama Geological Survey Bulletin, v. 157, 54 p.

Pitman, J. K., J. C. Pashin, J. R. Hatch, and M. B. Goldhaber, 2003, Origin of minerals in joint and cleat systems of the Pottsville Formation, Black Warrior Basin, Alabama: Implications for coalbed methane generation and production: AAPG Bulletin, v. 87, p. 713-731, doi: 10.1306/01140301055.

Stapor, F. W., and A. W. Cleaves, 1992, Mississippian (Chesterian) sequence stratigraphy in the Black Warrior Basin: Pride Mountain Formation (lowstand wedge) and Hartselle Sandstone (transgressive systems tract): Gulf Coast Association of Geological Societies Transactions, v. 42, p. 683-696.

Thomas, W. A., 1972, Mississippian stratigraphy of Alabama: Alabama Geological Survey Monograph, v. 12, 121 p.

Thomas, W. A., 1974, Converging clastic wedges in the Mississippian of Alabama: Geological Society of America Special Paper, v. 148, p. 187-207.

Thomas, W. A., and G. H. Mack, 1982, Paleogeographic relationship of a Mississippian barrier-island and shelf-bar system (Hartselle Sandstone) in Alabama to the Appalachian-Ouachita orogenic belt: Geological Society of America Bulletin, v. 93, p. 6-19, doi: 10.1130/0016-7606(1982)93<6:PROAMB>2.0.CO;2.

3

新墨西哥州二叠盆地西北陆棚边缘中二叠统（下瓜德鲁普统）钙质海绵—微生物礁

Gregory P. Wahlman, David M. Orchard, Govert J. Buijs

摘要：新墨西哥州 Lea 县 Vacuum 油田岩心白云岩（位于二叠盆地西北陆棚边缘）生物礁拟组构保存，揭示了微生物在［中二叠统（下瓜德鲁普统）］San Andres 组上段钙质海绵—微生物礁中极其重要的角色。陆棚边缘相［175ft（53.34m）岩心的 85%以上］向陆棚方向被浅滩相镶边，向海方向则为 Delaware Mountain 群的盆地相砂岩。厚层的陆棚边缘礁与盆地相砂岩距离小于 500ft（152.4m），揭示了陡峭的生物礁陆棚边缘特征。

微生物结壳是生物礁粘结最重要的介质，它们对生物礁粘结及体积的主要贡献在于对其生长及其他中二叠统生物礁特征的巨大暗示。该生物礁相包括：（1）钙质海绵［类型包括 *Guadalupia*、*Lemonea*、*Amblysiphonella*、*Discosiphonella*（*Cystaulete*）及 *Cystothalamia*］为主的生物礁骨架；（2）无处不在的粘结生物群落构成的薄层微晶灰岩，凝块石微生物，常见为 *Tubiphytes*（即 *Shamovella*）（张建勇注，一种微生物类型，名称待查），偶见古石孔藻及苔藓虫；（3）少量葡萄丛状的准同生期放射状纤状胶结物；（4）少量生物礁居留群落，腹足类、腕足类及海百合类；（5）生物礁洞穴，放射状等厚圈层的海水潜流带胶结物充填衬里，部分被示底构造胶结物充填，最后充填硬石膏。

世代层序为：（1）生物礁生长；（2）格架洞穴形成海底潜流带放射状胶结物，部分被示底构造沉积物充填；（3）部分文石溶解及部分发生岩溶；（4）快速的渗透回流白云石化；（5）硬石膏侵位前或侵位过程中的局部碎裂及洞壁剥落；（6）埋藏溶蚀或压溶。钙质海绵骨架内通常存在斑驳的铸模孔。上部生物礁喀斯特裂缝及洞穴中充填角砾岩碎屑、䗴类泥粒灰岩—颗粒灰岩、暗色泥质泥晶白云岩及块状硬石膏。

二叠系生物礁陆棚边缘碳酸盐岩建隆，特别是得克萨斯州西部及新墨西哥州西北部的中二叠统（上瓜德鲁普统）Capitan 生物礁，其真正的生物礁特征已经争论了很多年。一些相对早期的研究公认 Capitan 生物礁大量的微晶灰岩相呈现了生物粘结岩特征（格架支撑的洞穴、结壳等），并且是生物礁生长的一个因素（Dunham，1962，1972；Achauer，1969；Yurewicz，1977），但直到最近，生物礁中的微生物岩才受到重视。Kirkland 等（1998，第 956 页），有说服力地论述了微生物岩在 Capitan 生物礁生长和粘结中的重要意义“瓜德鲁普（Guadalupe）山二叠系 Capitan 生物礁被微生物作用沉淀的泥晶灰岩粘结、岩化并保存。”

本文主要描述的下瓜德鲁普统生物礁的上圣安德烈斯（San Andres）灰岩来自飞利浦石油公司 East Vacuum Grayburg San Andres Unit（EVGSAU 524-7 井）的岩心，位于新墨西哥州 Lea 县 Vacuum 油田。Vacuum 油田岩相古地理位于东北陆棚边缘相及 San Simon 海峡。白云岩岩心生物礁结构的拟组构保存是极细晶白云石导致的，而极细晶白云石被认为是快速的渗透回流白云石化作用产物。岩心上生物礁的结构由于环带放射状的方解石胶结物在格架洞穴内形成衬里构造及白色硬石膏附近的充填而显得更加清晰可辨。钙质海绵礁骨架几乎完全被微晶微生物灰岩结壳化，显然，微生物微晶灰岩极大地控制了生物礁格架的粘结及陆棚边缘碳酸盐岩建隆块状堆积。

Vacuum 生物礁岩心来自瓜德鲁普第 9 高频层序（Guad 9 HFS）（Kerans 和 Tinker，1999），位于陆棚边缘下倾位置。再向下倾方向 500ft（152.4m），即为 Delaware Mountain 群盆地相砂岩与碳酸盐岩互层，证明了该生物礁形成了相对陡峭的陆棚边缘。陆棚边缘生物礁相遇及盆地砂岩相侧向接近、舌状交错，让人回忆起 Sonnenfeld 和 Cross（1993）描述的瓜德鲁普山 Last Chance 峡谷的瓜德鲁普统第 9 高频层序。

Vacuum 油田圣安德烈斯灰岩已经被 Siemers 等（1996）、Pranter 等（2004）、Stoudt 和 Raines（2004）、Siemers 等（1996）多人讨论过，但仅仅提到 EVGSAU 524-7 井发育生物礁。Stoud 和 Raines（2004 年）描述了 Vacuum 油田 Guad 4 层序和 Guad 8 层序中灰泥为主的泥粒白云岩及以䗴类球粒骨骼为主的旋回中相关的粘结白云岩生物丘。描述中称这些生物丘厚 5~20ft（1.5~6.5m），由小的钙质海绵、苔藓虫、腕足类、固着棘皮动物组成，格架内孔隙被微生物泥晶灰岩充填，格架间为层状沉积物。他们认为这些生物丘相与 Kerans 和 Fitchen（1995）描述的外缓坡生物丘/礁相相似。

3.1 地质背景及工区位置

二叠盆地由一系列的北西—南东走向的构造台地及盆地构成，形成于古生代晚期劳亚联合古陆和冈瓦纳大陆的碰撞。二叠盆地构造和岩相古地理背景自东向西依次为东部陆架、Midland 盆地、中央盆地台地、Delaware 盆地、Diablo 台地。二叠盆地背部的陆架边缘为西北陆架，而南部的台地边缘为 Marathon 构造带（古陆碰撞边缘）（图 3.1）。本文描述的中二叠统下部岩心取自 Vacuum 油田台地边缘下倾位置，位于新墨西哥州 Lea 县，位于得克萨斯州和新墨西哥州东南部的瓜德鲁普山经典瓜德鲁普统陆架边缘野外露头以东（沿走向）100mile（160.93km）。岩相古地理上，EVGSAU 524-7 井位于西北陆棚和 San Simon 海峡西边缘之间，San Simon 海峡为一个相对较浅的海峡，分割了西北陆棚与中央盆地台地，连接了 Delaware 盆地和 Midland 盆地。

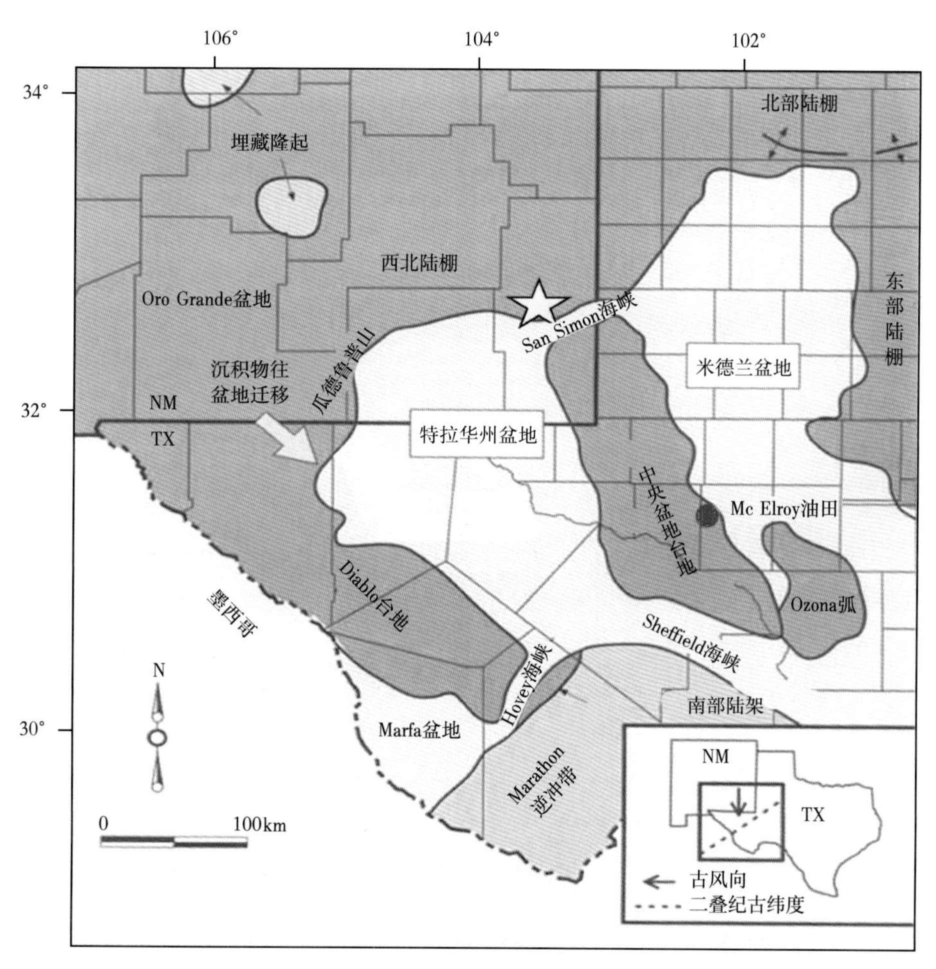

图 3.1　得克萨斯西部和新墨西哥东南部二叠盆地索引地图

Vacuum 油田（黄色五角星）位于 Delaware 盆地东北角、西北陆棚与 San Simon 海峡间，为瓜德鲁普山圣安德烈斯灰岩走向；在中央盆地台地西部陆棚边缘的 McElroy 油田（红点）发育 Longacre（1983）描述的似生物礁

3.2 地层

本文描述的岩心为圣安德烈斯灰岩上部（中二叠统下部瓜德鲁普统下部罗德阶上部）（图 3.2）。圣安德烈斯灰岩在得克萨斯州西部及新墨西哥州出露较好，已经被深入研究并细分层序格架（Keran 等，1992，1994；Kerans 和 Fitchen，1995；Keran 和 Tinker，1999）。圣安德烈斯灰岩下伏地层为 Leonardian Clear Fork 群，上覆地层为 Grayburg 组（瓜德鲁普 10～12 层序）。圣安德烈斯灰岩包括下安德烈斯和上安德烈斯两个层序组（CS9 和 CS10），11 个高频层序（伦纳德 7～8 高频层序及瓜德鲁普 1～9 高频层序）（图 3.2）。

CS9 与 CS10 层序组（伦纳德统和瓜德鲁普统）之间存在平行不整合。在很多的盆地剖面中，这一不整合对应 Brushy Canyon 组的瓜德鲁普 5～7 高频层序的不整合（Gardner，1992；Gardner 和 Sonnenfeld，1996）。在更靠近陆架的位置，瓜德鲁普第 8 高频层序覆盖在瓜德鲁普第 4 高频层序顶部的不整合面之上。Lovington 砂岩段在瓜德鲁普第 9 高频层序底部出现，认为对应 Delaware Mountain 群 Cherry Canyon 舌状砂岩体。Stoudt 和 Raines（2004）认为这一层序格架在西北陆棚地下地层中可以直接应用，他们在 Vacuum 油田识别出了 CS 9～10 不整合、瓜德鲁第 8 和普第 9 高频层序（先前认为是瓜德鲁普 12～13 高频层序，后来在他们的出版物中进行了重新命名）及 Lovington 砂岩段。

统		阶	高频层序		岩相地层学：陆棚		岩相地层学：陆棚边缘		岩相地层学：盆地	
中二叠统	Guadalupian	Capitanian	G27~G28	陆棚边缘	Artesia群	Tansill	高	Capitan	Bell峡谷	Delaware Mountain 群
			G25~G26			Yates	中			
			G21~G24							
			G17~G20			Seven河	低			
		Wordian	G15~G16			Shattuck	Goat Seep		Cherry峡谷	
			G13~G14	陆棚边缘的过渡斜坡		Queen				
			G10~G12			Grayburg				
		Roadian	G8~G9		Lovington		Cherry峡谷前端			
			G5~G7	进积式斜坡	upper San Andres		Brushy峡谷			
			G1~G4						缺失	
下二叠统	Cisuralian	Leonardian	L7~L9	远端变陆斜坡	Lower San Andres		Victorio峰		骨架	

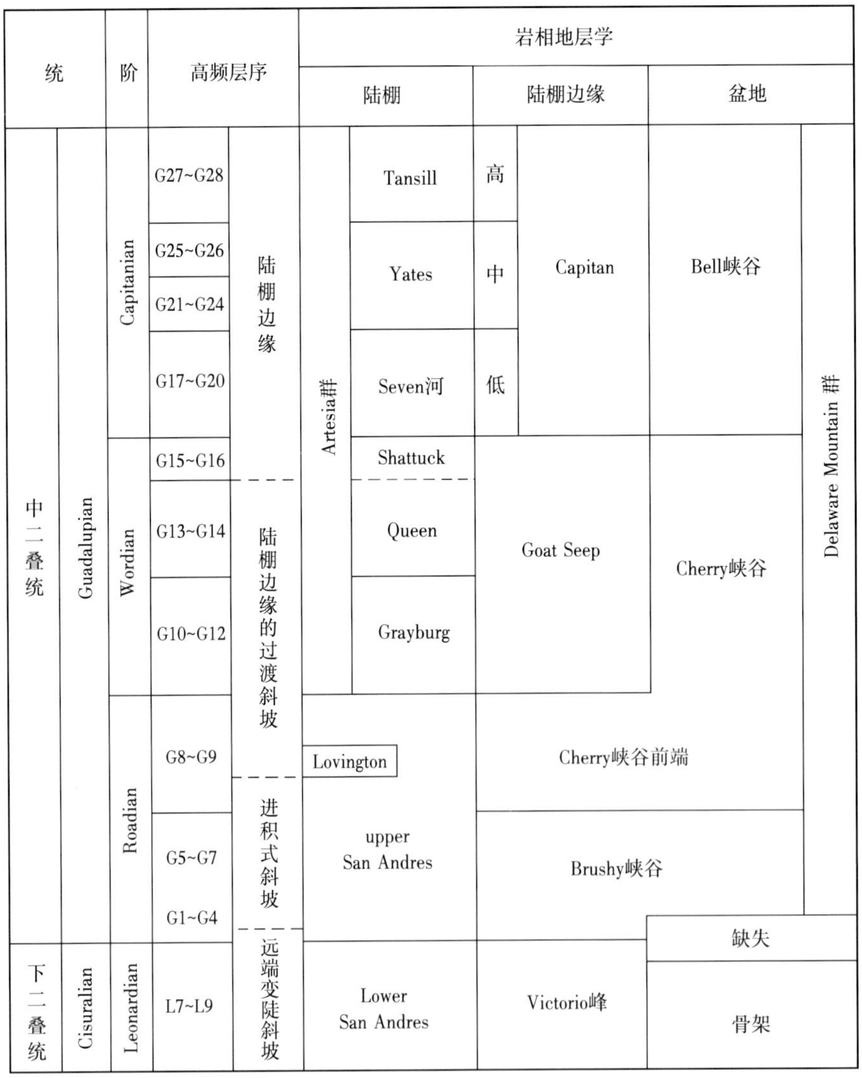

图 3.2　西北陆架和 Delaware 盆地边缘下二叠统上部—中二叠统

高频层序及地层演化引自 Kerans 及 Tinker（1999）；本文讨论的 Vacuum 油田的生物礁为瓜德鲁普统第 9 层序（圣安德烈斯灰岩顶部）

图 3.3 是一张沿陆棚倾向方向的圣安德烈斯层序对比剖面图，图上标注了 EVGSAU 524-7 井的位置，展示了陆棚边缘地层从瓜德鲁普第 4、第 8 及第 9 高频层序碳酸盐岩向斜坡盆地相碎屑岩过渡的特征。在瓜德鲁普第 8（Guad 8）高频层序中识别出了 2 个更精细的旋回，命名为 Guad 8.1 和 Guad 8.2；在瓜德鲁普第 9（Guad 9）高频层序中识别出了 3 个更精细的旋回，命名为 Guad 9.1、Guad 9.2 及 Guad 9.3；每一个精细的旋回都对应潮坪相的进积作用。Lovington 砂岩段出现在 Guad 9 高频层序底部，但很快尖灭，而被 Lovington 过路沉积面代替。

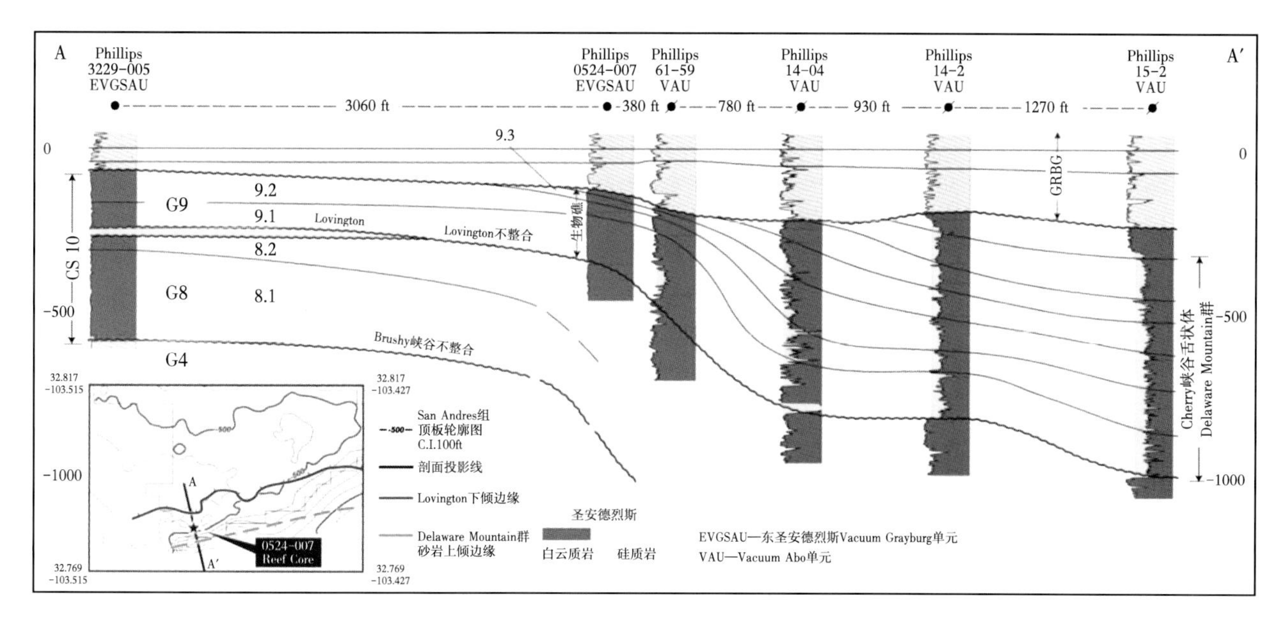

图 3.3 新墨西哥 Lea 县 Vacuum 油田测井曲线对比剖面图

EVGSAU 524-7 取心井位于油田西北陆棚边缘下倾边缘，到与 Delaware Mountain 群盆地砂岩互层的 1 口碳酸盐岩井距小于 500ft（152.4m），其特征与 Sonnenfeld 和 Cross（1993）描述的瓜德鲁普山 Last Chance 峡谷野外露头的圣安德烈斯陆架边缘剖面特征相似；缩略图展示了剖面位置、Lovington 砂岩向盆地一侧尖灭线，为盆地相的 Delaware 砂岩向上倾方向尖灭位置；标示的 EVGSAU 524-7 井岩心生物礁对应的伽马测井曲线，伽马值在向盆地方向的井中突然增加，显示碳酸盐岩与碎屑岩互层

EVGSAU 524-7 井岩心底部位于 Lovington 过路沉积面之上约 26ft（7.92m），生物礁开始生长位置可能位于过路沉积面或者稍微高于过路沉积面。从该井向盆地方向不到 500ft（152.4m）Guad 9 高频层序上部即出现碎屑岩与碳酸盐岩互层的斜坡相，可与 Delaware Mountain 群 Cherry Canyon 舌状砂岩对比，其特征与 Sonnenfeld 和 Cross（1994）描述的瓜德鲁普山 Guad 9 高频层序相同。显然，Vacuum 油田不存在 Brushy Canyon 组。

3.3 Vacuum 油田生物礁取心段特征

图 3.4 展示了 EVGSAU 524-7 井 San Andres 块状生物礁测井、岩心、沉积相及上部风化壳分布特征。图 3.5 则展示了陆棚边缘相沉积剖面，其详细的沉积相分布细节见图 3.6 岩心照片。EVGSAU 524-7 井岩心包括 175ft（52.2m）厚的生物礁，其中 85%为生物礁粘结岩相（图 3.4、图 3.6）。该生物礁由三个礁生长单元组成，单元厚度自下而上减薄，这是由于 Guad 9 高频层序上部的进积部分可容纳空间逐渐减小。生物礁的顶部取到了岩心，但底部未取到岩心。伽马测井曲线与该油田其他井对比显示，Lovington 过路沉积面位于 EVGSAU 524-7 井取心位置底部以下 26ft（7.92m）处。

EVGSAU 524-7 井岩心最底部的礁单元厚 109.1ft（33.25m），中间礁单元厚 22.6ft（6.89m），最顶部的礁单元厚 20.8ft（6.34m）（图 3.4、图 3.6）。最底部的礁与中部的礁被 8.1ft（2.47m）骨屑—球粒粒泥灰岩与含少量海百合碎屑的泥粒灰岩互层的单元分割。中部的礁与顶部的礁被 10.7ft（3.26m）薄层沉积单元分割，该薄层单元自下而上为硬石膏、泥粒灰岩、粘结岩、簸类骨骼构成的粒泥灰岩—泥粒灰

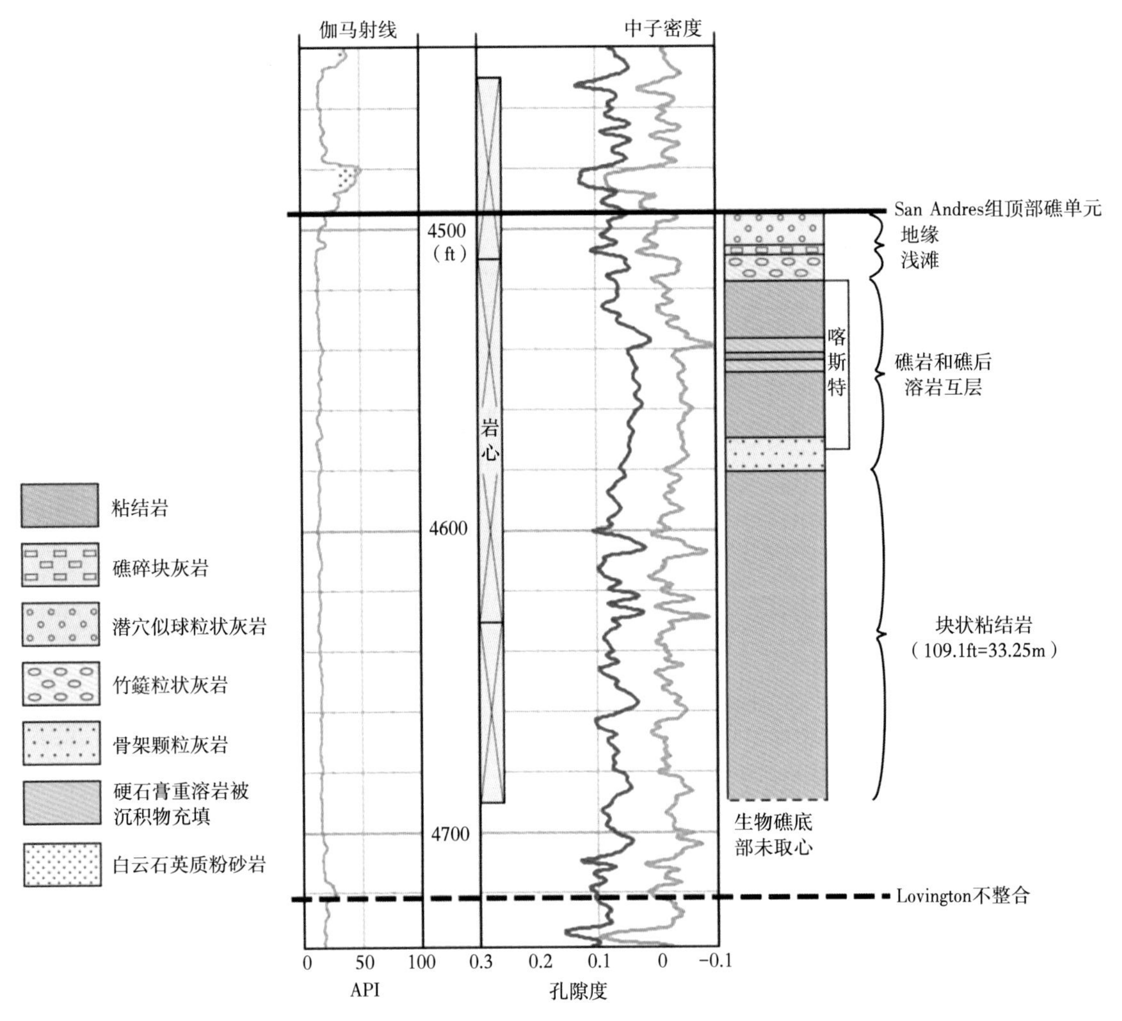

图 3.4 EVGSAU 524-7 井圣安德烈斯灰岩伽马孔隙度测井柱状图

标示了岩心和相的分布；块状的生物礁没有明显的伽马测井响应特征，因此并不能利用非取心井测井曲线准确地推测生物礁在走向上的分布；取心柱状图包括下部 109.1ft（33.25m）的厚层生物礁，分别被两层薄灰岩分割，代表了三期向上变薄的生物礁层序；上部两个生物礁旋回发育喀斯特，并且喀斯特影响到了下部的地层单元

岩、角砾岩、硬石膏。生物礁顶部为强烈的侵蚀面，侵蚀面之上为含一些包壳颗粒的䗴类颗粒灰岩。图 3.7 至图 3.9 为生物礁抛光岩心照片及薄片照片。

可见到风化特征的层段包括：上部礁单元、上部层状夹层单元、中部礁单元，并且向下影响到了下部的层状夹层单元（图 3.4、图 3.6）。沉积物充填喀斯特洞穴出现在上部层状夹层段并且向下衍生到中部生物礁层段及下部层状夹层段。喀斯特洞穴充填物包括硬石膏、暗色泥质泥晶白云岩及含䗴类—骨骼—内碎屑的泥粒岩及粒泥碳。喀斯特现象在上部礁单元中比较细微，包括格架洞穴中示顶底构造面的倾斜及暗色泥晶白云岩充填少量小的洞穴（图 3.13a）。

3.4 Vacuum 生物礁

Vacuum 生物礁生长在一个末端变陡的台地边缘，主要位于浪基面之下，位于台地边缘礁顶滩向盆地方向（图 3.5）。Dunham（1972）针对瓜德鲁普统 Capitan 生物礁建议了一种模式，该模式被后来的研究者广泛引用（Read，1985；Tinker，1998；Kerans 和 Tinker，1999；Saller 等，1999；Pomar，2001）。正如在瓜德鲁普山所见，Capitan 生物礁自下而上变浅为进积的滩相，台地边缘顶部障壁岛相比生物礁更近岸一段距离。与此相似，Vacuum 生物礁镶边变浅为富含䗴类的颗粒滩相（图 3.4 至图 3.6）。据 Wahlman 及

Tasker（正在编辑的文章），这种特殊的末端变陡的台地边缘从下二叠统（狼营统）生物丘开始发育，生长于上斜坡，向上变浅为台地边缘顶部滩相。

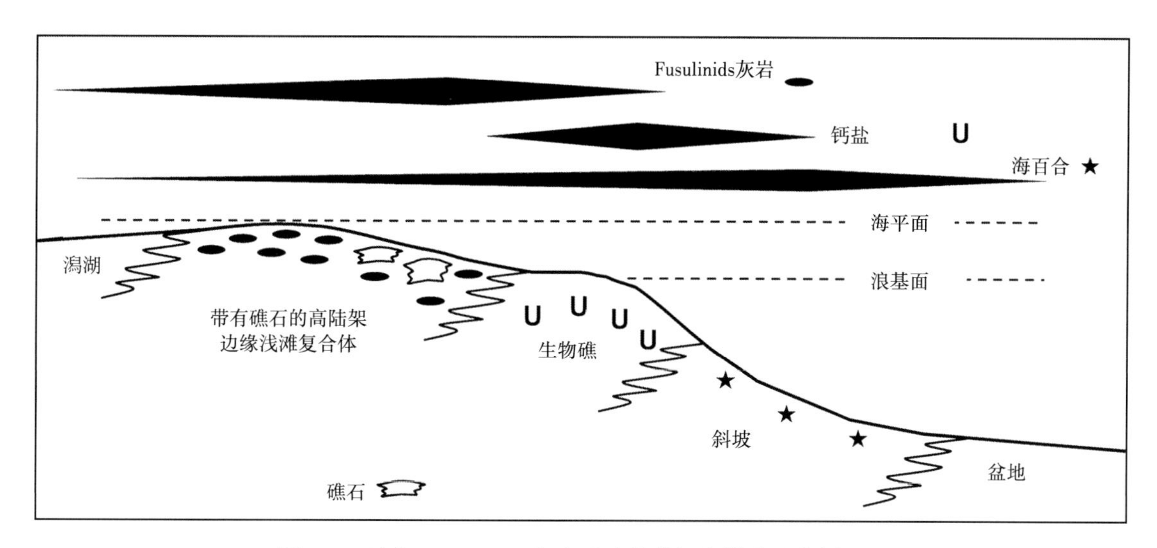

图 3.5 过上 San Andres 组台地边缘的沉积模式示意剖面图

为二叠系台地边缘发育生物礁末端变陡的特征剖面，钙质海绵和微生物粘结礁相几乎全部位于浪基面之下，从岩相古地理来看位于陆棚边缘顶部颗粒滩相向盆地方向下倾；经过生物礁向上变浅式的生长及台地边缘顶部滩相的突变作用，二叠系生物礁被陆棚边缘滩覆盖

175ft（53.34m）生物礁岩心（图 3.6）的 85%以上为生物礁粘结岩。尽管，碳酸盐岩已经发生白云石化作用，礁的结构在岩心切面上保存程度还是可以接受的（图 3.4 至图 3.14），在薄片上也有中等程度的保存（图 3.15 至图 3.19）。

生物礁粘结岩具有丰富的格架，但是钙质海绵多样性较低（图 3.6）。*Guadalupia* 海绵是生物礁剖面中最常见的钙质海绵。一些 *Guadalupia* 海绵具有内部柱状结构，因此实验性地指定为与 *Lemonea* 种属接近。枝状的 *Guadalupia* 海绵及 *Lemonea* 海绵在向上变浅的礁单元的下部比较常见（图 3.7 至图 3.10）；块状—板状形态的同种属的海绵出现在整个生物礁剖面中，但在上部更常见（图 3.11）。*Ambysiphonella* 出现在整个生物礁剖面中，但局部常见。在生物礁下部（更深）生物礁相常见 *Ambysiphonella* 较小的种类（图 3.7），而在生物礁上部（更浅）出现 *Ambysiphonella* 较大的种类（图 3.11）。*Discosiphonella*（*Cystauletes*，笛囊海绵属）局部常见（图 3.9d 至 f），但通常比 *Ambysiphonella* 少。*Cystothalamia* 属海绵稀少（图 3.7a、b，图 3.8c、d），小的简单的柱状钙质海绵（类似 *Sollasia* 属）非常稀少。三个生物礁单元的每个单元最下部，都存在一个小个体海绵的集群，显然是生物礁发育的先驱生物，包括枝状的 *Guadalupia*、小的 *Amblysiphonella*、*Discosiphonella*（*Cystauletes*）及 *Cystothalamia*（图 3.7）。

微生物岩绝对是礁骨架粘结的重要物质。微生物岩以微晶（均一岩，leiolite）、薄层及凝结成球粒状结构等形式出现（图 3.7 至图 3.19）。微生物岩不仅对生物礁粘结具有重要意义，对碳酸盐建隆的体积及聚集也具有重要作用。从根本上讲，微生物岩对生物礁格架的包壳作用是到处存在的，且有多重方式可以展现其特征。宏观上，微生物岩表现为无明显特征或者不明显的薄层状微晶灰岩（图 3.10a、b），但是他们往往以具有微小的孔洞及斑点构造为特征（图 3.9c、d，图 3.12b，图 3.13b）。一些微生物岩明显地为薄层状（图 3.15e）或者为模糊的层状致密微晶结壳形（图 3.15f、图 3.18b、图 3.19b）。其他一些微生物岩为暗色均值的微晶灰岩或者凝结为球粒状的微晶灰岩，这些微生物岩几乎完全包裹了生物礁骨架（图 3.16a、b），通常呈小的支状向生物礁格架洞穴凸起（图 3.12a 至 c，图 3.15b、c，图 3.16c，图 3.17c、d，图 3.19a、b）。有些情况下，微生物岩凸起连接两个钙质海绵格架洞穴（图 3.17a、b）。最后，粘结呈球粒状的微生物岩偶尔表现为圆的结合完全被微生物岩包裹，海绵为了呼吸和觅食需要打开外部的孔隙，可能微生物岩对钙质海绵的结壳作用至少部分在其死亡后（见名为“微观地层包壳序列”的切面）。

生物礁群体中其他粘结有机质（含量稀少或者局部富集的）包括 *Tubiphytes*（图 3.17、图 3.18），稀

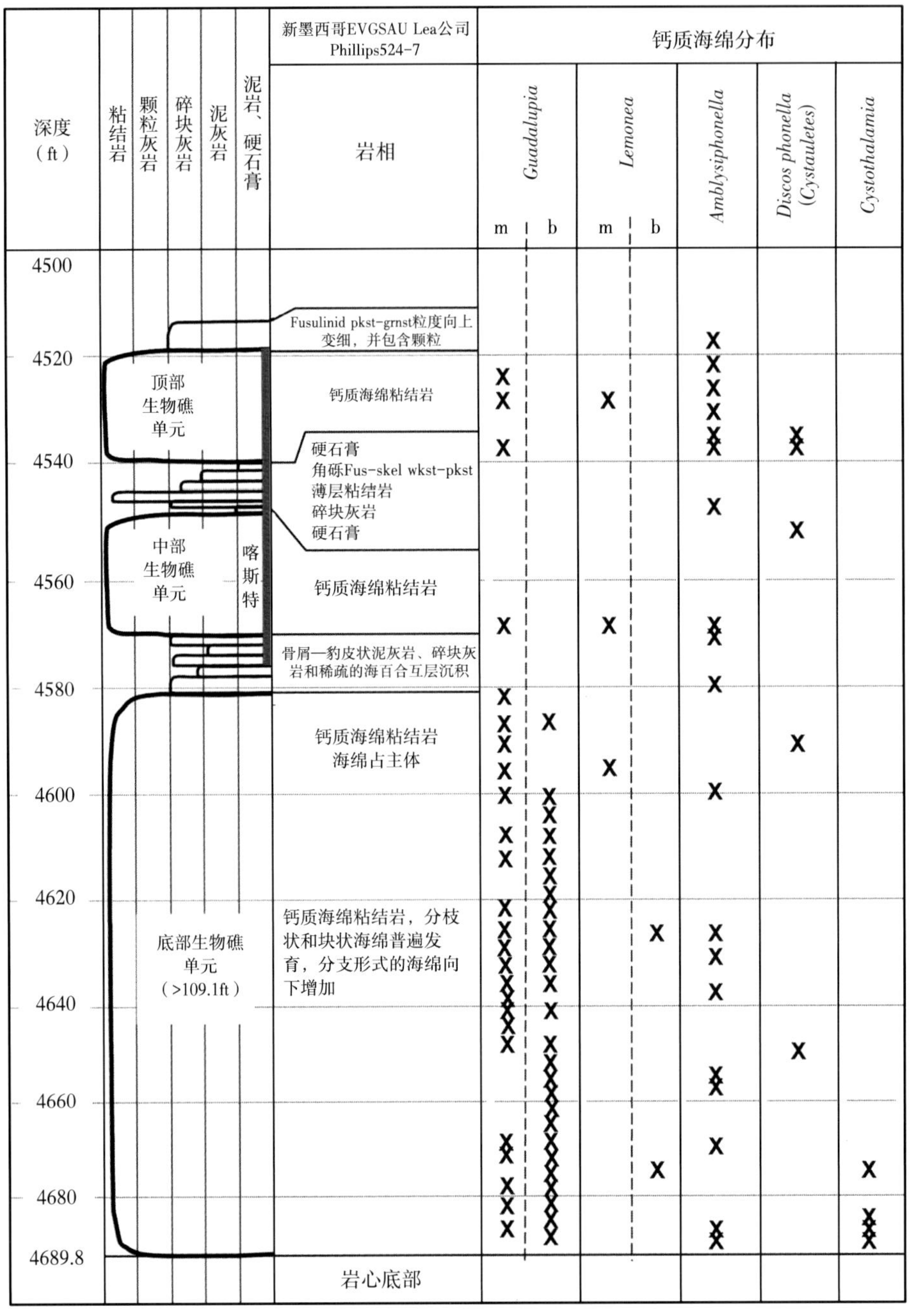

图 3.6　EVGSAU 524-7 井岩心沉积相和钙质海绵分布图

175ft（53.3m）岩心中的85%由钙质海绵—微生物岩生物礁相组成；岩心剖面上部具有喀斯特特征；钙质海绵 *Guadalupia* 属及其非常接近的 *Lemonea* 属均发育分支状（b）和块状（m）两种形态；在底部生物礁以枝状 *Guadalupiid* 海绵为主，块状海绵在生物礁上部增多；三个向上变薄的生物礁单元代表了更高频率的旋回；每个生物礁单元的底部以发育小型钙质海绵集合体为特征，包括 *Amblysiphonella*、*Cystothalamia* 以及枝状 *Guadalupia*；pkst：碎屑灰岩，grnst：颗粒灰岩，fus，䗴类，skel：骨屑灰岩，wkst：泥灰岩

少的 fistuliporid 苔藓虫（图 3.15e、f）及 *Archaeolithoporella*（古石枝孔藻，叶片状红藻）（图 3.15c、d；图 3.17c）。*Tubiphytes*（Maslov，1956）作为 *Shamovella*（Rauser-Chernousova，1950）的同义词被一些作者应用（Riding，1993），但是 *Shamovella* 被很多作者认为是无效的分类学名词（一些讨论参考 Elias，1959；Mamet，1991；Chuvashov 等，1993；Wahlman，200；Vachard 和 Moix，2011；Senowbari-Daryan，2013）。*Tubiphytes* 通常形成微生物岩凸起状包壳（图 3.17b、d），反过来，也通常被微生物岩包壳（图 3.18d）。*Archaeolithoporella* 通常在小的被微生物岩包壳的丘团块中生长。纹层状 *Archaeolithoporella* 中的孔隙说明这种纹层原为文石质的（图 3.15c、d；图 3.17c、d）。Fistuliporid 苔藓虫通常包裹钙质海绵，然后

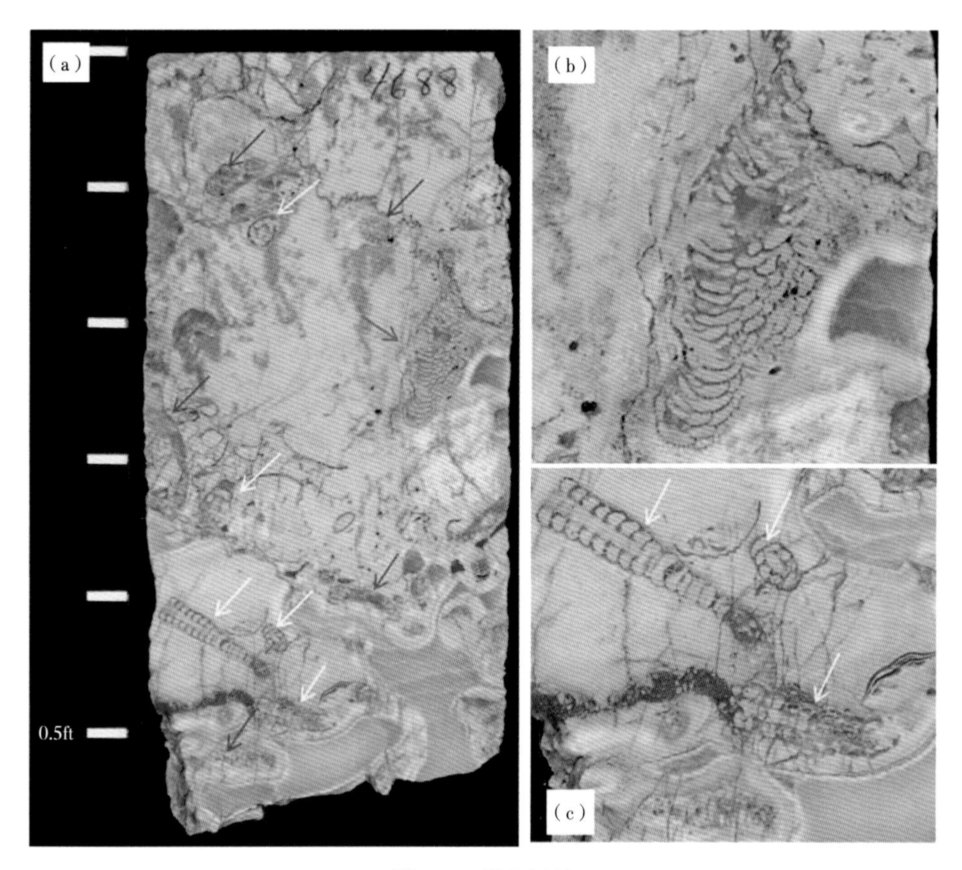

图 3.7　岩心切片

（a）深度 4688ft（1429m），接近下部生物礁单元底部；在向上变浅的生物礁旋回底部以小型钙质海绵集合体为特征；钙质海绵包括 *Amblysiphonella*（黄色箭头）、小型枝状 *Guadalupia*（红色箭头）以及 *Cystothalamia*（蓝色箭头）；左侧刻度间隔 0.1ft（3.05cm）。（b）*Cystothalamia* 特写。（c）*Amblysiphonella* 特写；围绕钙质海绵的凝结泥晶灰岩几乎全部为微生物岩；格架洞穴被等厚放射状胶结物形成衬里并被硬石膏充填

被微生物岩包裹。笔者发现所有的粘结有机物都能直接包裹钙质海绵，而它们自身也相互包裹，表明它们都是准同生期形成的。

与瓜德鲁普统上部 Capitan 生物礁葡萄状胶结物相比，该生物礁同生期原始的放射状纤维状文石胶结物葡萄石团块稀少且相对较小（图 3.15a；图 3.17c、d）。葡萄状胶结物生长之前，通常有一层或者两层微晶灰岩，该微晶灰岩可以是微生物岩的生物薄膜或者薄的 *Archaeolithoporella* [参考 Kirkland 等（1998）的讨论]。放射状纤状胶结物通常发生重结晶作用并与模糊的碳酸盐岩灰泥共生（图 3.17c、d）。不像更新的 Capitan 生物礁（Babcock，1977），没有例子证明 Vacuum 生物礁中的放射状纤状胶结物葡萄石是获得格架胶结者（例如 *Tubiphytes* 或者苔藓虫）胶结而成，因此，Vacuum 生物礁放射状纤状胶结物似乎是在死的生物礁格架洞穴深处沉淀的。原始的文石质葡萄石胶结物总是先于生物礁格架洞穴衬里放射状钙质胶结物的沉积。

生物礁居住群落分布稀少，主要包括海百合碎片、腕足类及小型腹足类。没有发现 Grant（1971）、Cooper 和 Grant（1972）所描述的特殊的生物礁腕足类动物。小型的双凸铰接腕足类在接近生物礁顶部局部普遍存在，几乎所有的都位于生长的位置，通常部分被示顶底沉积物充填。没有见到网状苔藓虫。䗴类仅在上部最浅的生物礁相出现，并且主要以喀斯特洞穴沉积物形式出现。生物礁顶部存在一个截然的䗴类颗粒岩覆盖面（图 3.13c、d），䗴类颗粒岩是台地边缘顶部滩的主要岩石类型（图 3.6）。生物礁居住群落稀少及钙质绿藻的缺失支持一种解释，即该生物礁位于上斜坡位置，可能处于透光带的较低部位。

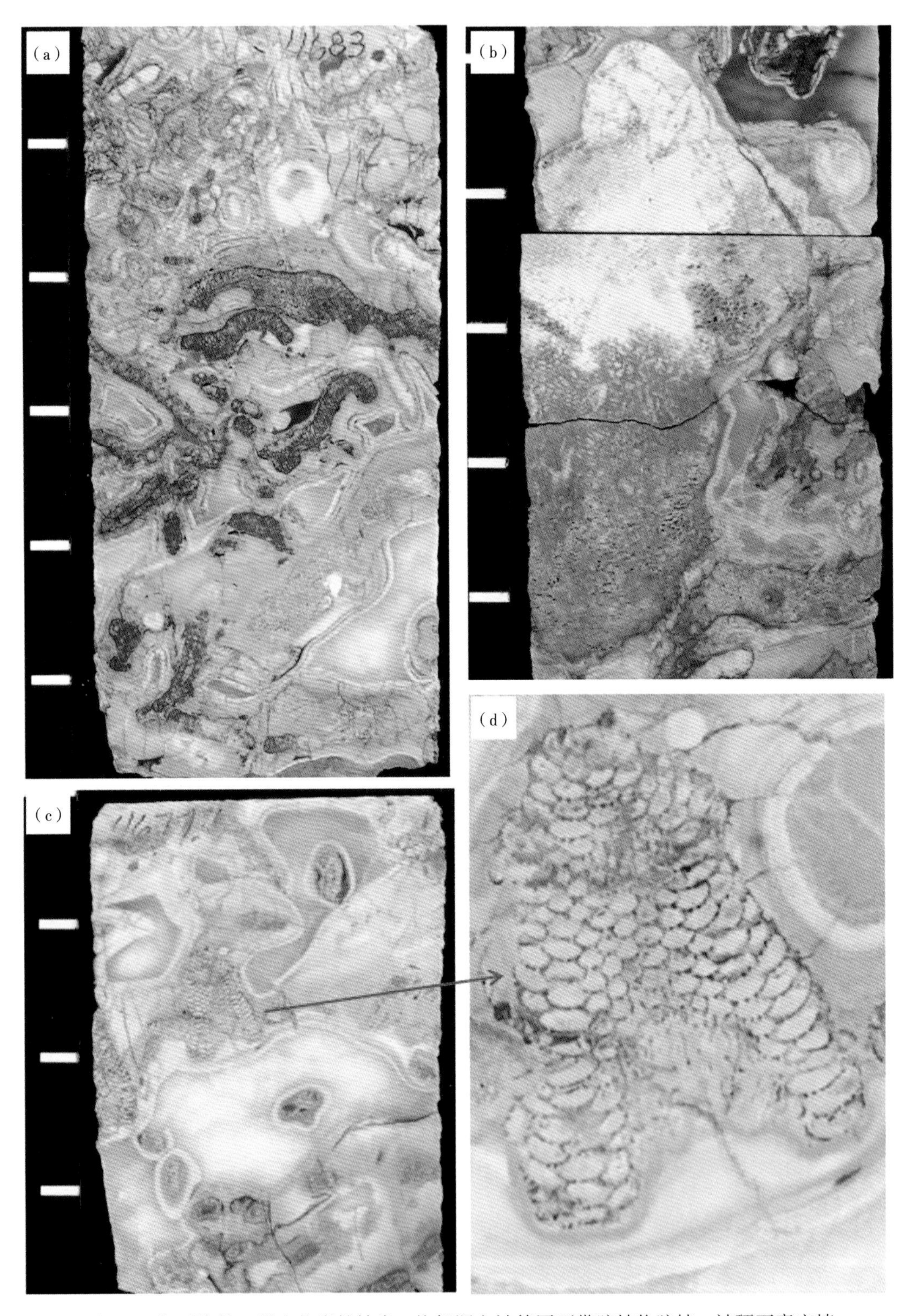

图 3.8　钙质海绵—微生物岩粘结岩，格架洞穴被等厚环带胶结物胶结，被硬石膏充填

（a）枝状 *Guadalupia*，4683ft（1427m）；（b）块状 *Guadalupia* 构成了岩心切片左侧的大部分，枝状的位于右下侧，4680ft（1426m）；（c）倒转的 *Cystothalamia* 悬挂在洞穴顶部，以及伴生的枝状 *Guadalupia*，4677.6ft（2425.7m）；（d）照片（c）中 *Cystothalamia* 特写，左侧刻度间隔 0.1ft（3.05cm）

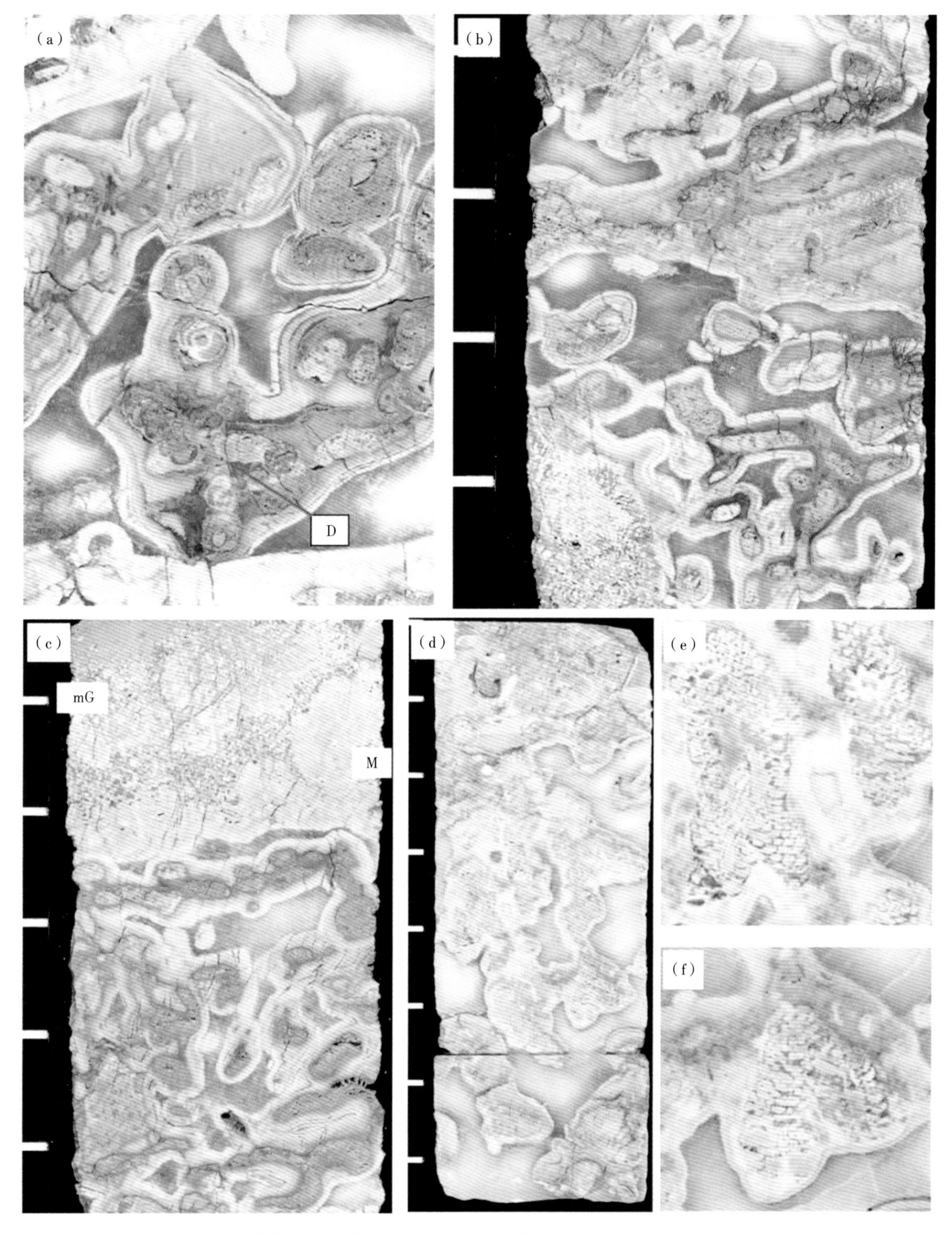

图 3.9　下部及中部生物礁单元钙质海绵—微生物岩生物丘岩心照片，格架洞穴被环带状放射状胶结物形成衬里并被硬石膏充填

(a) 枝状 *Guadalupia* 及 *Discosiphonella*（*Cystauletes*）(D)，4655.5ft（1418.9m）；(b) 枝状 *Guadalupia* 被斑点状的微晶微生物岩结壳，深度 4649ft（1717m）；(c) 枝状 *Guadalupia* 及格架洞穴被斑点状和孔洞微生物岩覆盖（M），而后被块状 *Guadalupia*（mG）[4620ft（1408m）] 覆盖；(d) 枝状反转的 *Discosiphonella*（*Cystauletes*）悬挂在格架洞穴顶部，顶部区域由斑点状微孔洞微生物岩构成 [4553ft（1387m）]；(e)、(f) 照片（d）中 *Discosiphonella*（*Cystauletes*）的特写，展示薄的微生物岩结壳、洞穴放射状胶结衬里以及硬石膏充填；左侧刻度间隔 0.1ft（3.05cm）

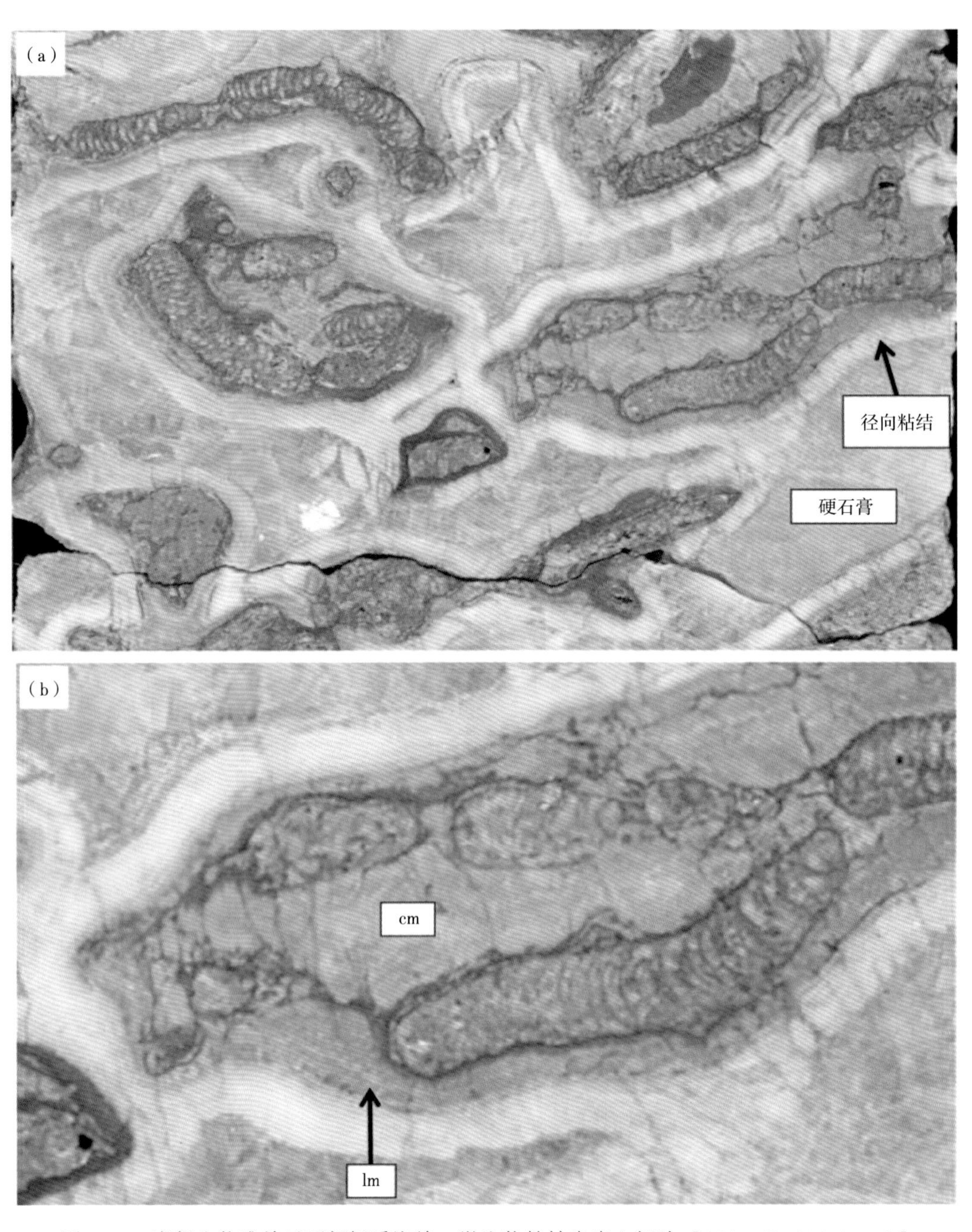

图 3.10　底部生物礁单元下部钙质海绵—微生物粘结岩岩心切片［4641.6ft（1414.7m）］

（a）枝状 *Guadalupia* 格架被微生物岩包壳，被等厚环状放射状胶结物形成衬里及硬石膏充填［岩心切片宽度大于 0.25ft（7.6cm）］；（b）柱状 *Guadalupia* 特写，展示块状斑点状微生物岩（cm）位于钙质海绵枝杈之间模糊的薄层状微生物岩（lm）包裹着外表面

3.5　结壳作用微地层学

Kirkland 等（1998）描述了结壳作用的微地层学世代，即瓜德鲁普统上部 Capitan 生物礁生物丘钙质海绵格架的第一期、第二期及第三期包壳作用。在 Capitan 生物礁中部，格架的第一期包壳为 *Archaeolithoporella* 和 *Tubiphytes*，第二期包壳为斑点状微生物岩、薄微晶生物岩层及蓝藻。第二期包壳之后为洞穴充填葡萄状放射状纤状胶结物，薄层凝块微生物岩沉积在被认为是微生物岩微生物薄膜的葡萄石生长面上。更多的向上水体变浅的 Capitan 生物礁上部，钙质海绵格架被薄层原生的 *Archaeolithoporella* 和 *Tubiphytes* 包壳，而后是第二期致密的斑点状微生物岩包壳，最后是第三期斑点稀少的微生物岩结壳作用，其有时出现

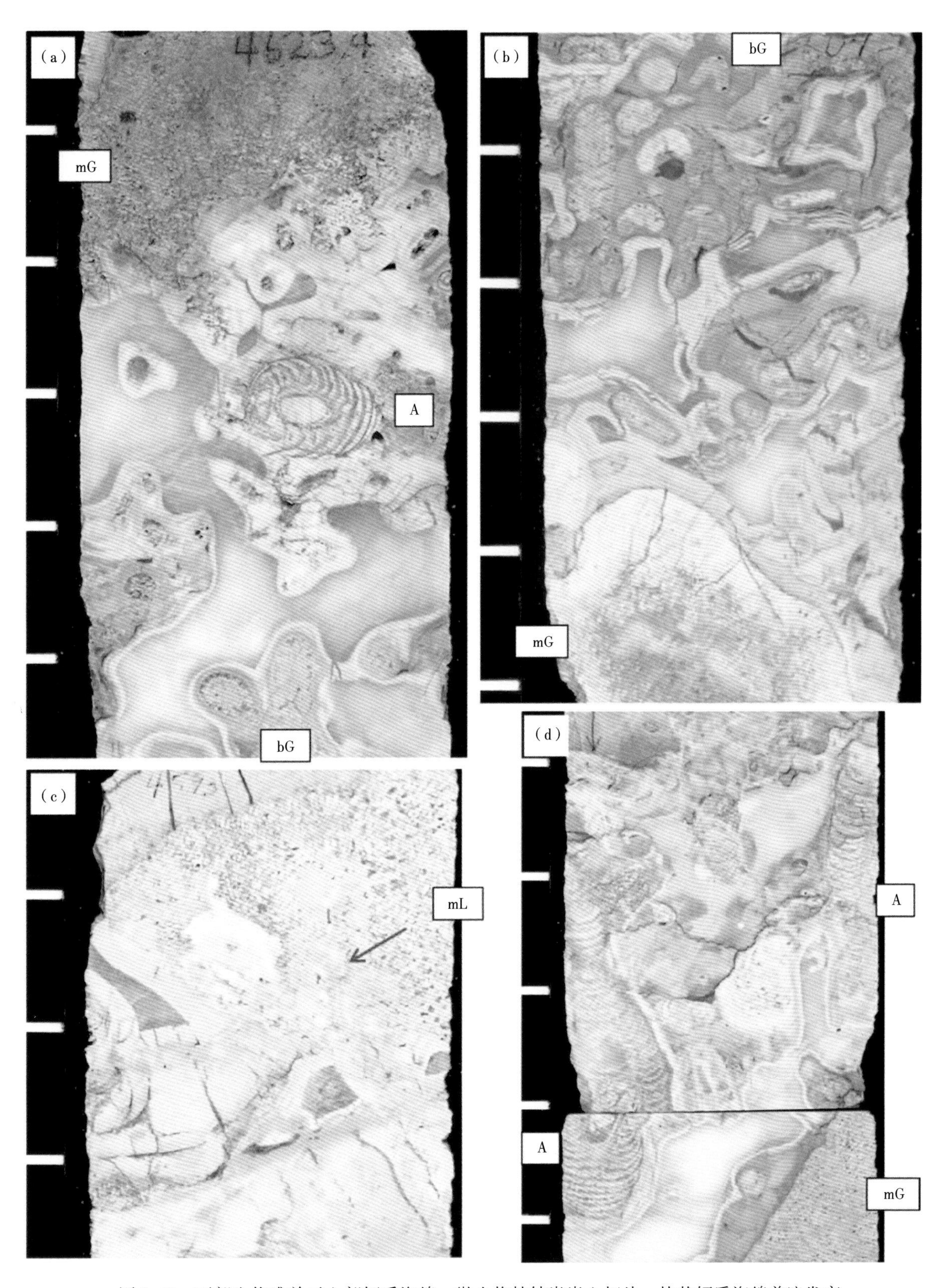

图 3.11　下部生物礁单元上部钙质海绵—微生物粘结岩岩心切片，块状钙质海绵普遍发育

（a）枝状（bG）和块状（mG）*Guadalupia* 及大型的 *Amblysiphonella*（A）［4623.4ft（1409.2m）］；（b）枝状（bG）及块状（mG）*Guadalupia*［4607ft（1404m）］；（c）可能是具有明显内部柱形结构（箭头）的块状 *Lemonea*（ml）［4593ft（1399m）］；（d）两个大的反转的 *Amblysiphonella*（A）及块状 *Guadalupia*（mG）（右下侧）［4580.5ft（1396.1m）］；左侧刻度间隔 0.1ft（3.05cm）

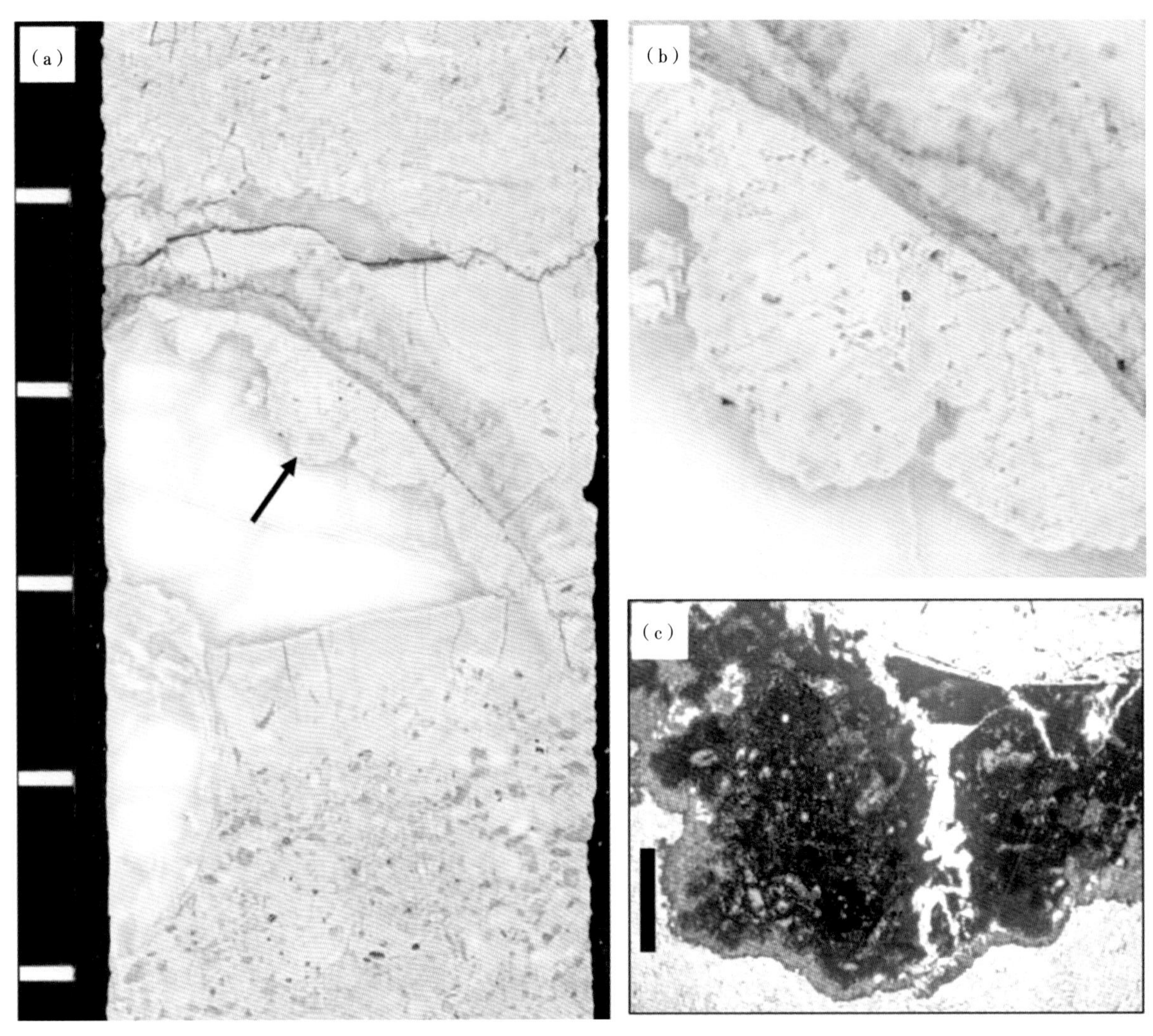

图 3.12　下部生物礁单元接近顶部的岩心切片［4578ft（1395m）］

（a）大的腕足壳覆盖于遮蔽孔之上，孔洞顶部发育下垂的微生物岩（箭头），顶部平坦的示顶底灰泥充填物；切片下部及上部为微生物岩及骨骼泥粒岩；左侧刻度间隔 0.1ft（3.05cm）；（b）下垂的微生物岩特写，展示斑点及微孔洞；（c）同一下垂微生物岩显微照片，具有放射状胶结物包衣及硬石膏充填洞穴（比例尺为 200μm）

模糊的树枝状构造。

Vacuum 生物礁粘结岩没有连续的微生物地层结壳作用世代。大多数情况下，很难判断钙质海绵被附着到的底层是哪一个。少有的情况中，出现一些钙质海绵附着到其他一些倒塌的钙质海绵上（图 3.7b）。一些情况下，钙质海绵倒转并悬挂到洞穴顶部，这些洞穴顶可能由微生物岩构成（图 3.8c、d；图 3.9d、f）。因此，微生物岩可能是生物礁格架的一部分。Vacuum 钙质海绵格架第一期包壳成分包括 fistuliporid 苔藓虫（图 3.15e）、*Archaeolithoporella*（图 3.15d）、*Tubiphytes*（图 3.17a、b）及（或者）斑点状的微生物岩（图 3.19a、b）。如果格架具有这三种第一期包壳的中的一种，那么几乎总是具有第二期斑点状微生物岩结壳作用。然而，第一期斑点状微生物岩包壳被第二期 *Tubiphytes* 包壳的情况也存在（图 3.17c、d），因此斑点状微生物岩结壳作用非常可能是当生物礁骨架有机物还存活的情况下发生的。最后一期结壳作用是薄层的微晶微生物岩完全地包裹钙质海绵格架，以及先期的包壳，因此最后一期结壳作用可能发生于死亡的生物礁格架洞穴内部（图 3.10a、b）。Vacuum 生物礁粘结岩中没有发现葛万藻或者树枝状微生物岩，但这可能是由于白云石化作用导致的。

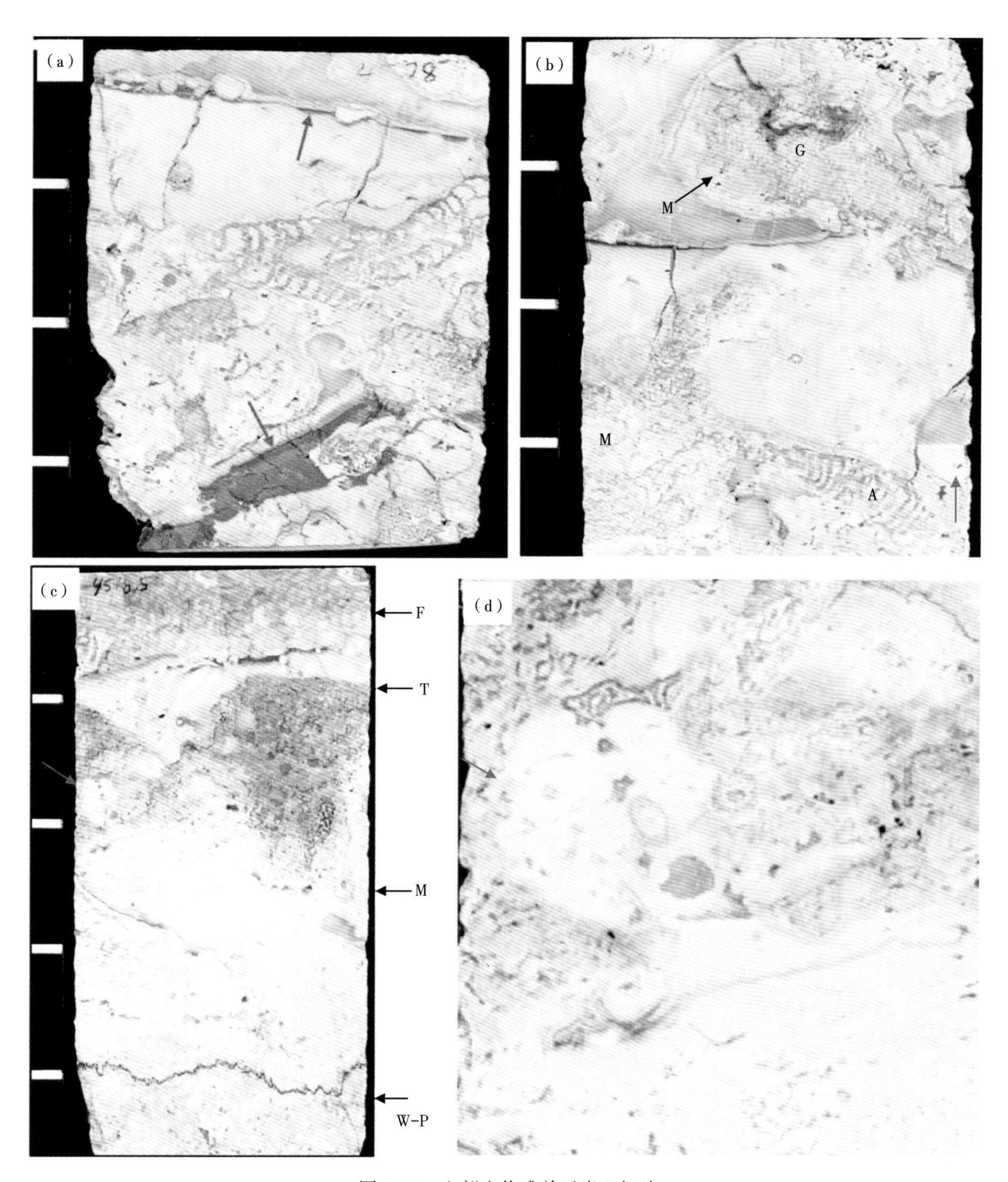

图 3.13　上部生物礁单元岩心切片

(a) 岩心切片顶部格架洞穴，底部平坦的示顶底构造被薄层的暗色泥质泥晶碳酸盐岩及小型内碎屑（红色箭头）覆盖；贯穿整个切片中部是钝管海绵属钙质海绵以及斑点状微孔洞发育的微生物岩；切片下部中间为暗色泥质泥晶碳酸盐岩示顶底构造，充填物有一个向左倾斜的角度，这与顶部示底构造向右微倾的角度不同；红色前头所指即为一个具有不同倾斜角度示底构造充填物［4528ft (1380m)］；(b) 小型块状 *Guadalupia* 钙质海绵（G，上部中间靠右位置）被斑点状及微孔微生物岩（M）包壳；相邻的格架孔洞穴被放射状胶结物形成衬里，底部为示顶底构造的微晶灰岩，被硬石膏充填；洞穴之下为 *Amblysiphonella*（A）及微生物岩，具有一个原地的双凸腕足类形成的示顶底构造（右下侧红色箭头）(4525ft，1379m)；(c) 上部生物礁单元顶部［4518.5ft (1377.2m)］，受到侵蚀的变色的面（T）被䗴类颗粒岩（F）覆盖，下伏微生物岩（M）及骨骼粒泥岩—泥粒岩（W-P）；(d) 为图（c）照片特写，图（c）中红色箭头所示微生物岩羽状物，紧邻生物礁顶面之下。左侧刻度间隔 0.1ft（3.05cm）

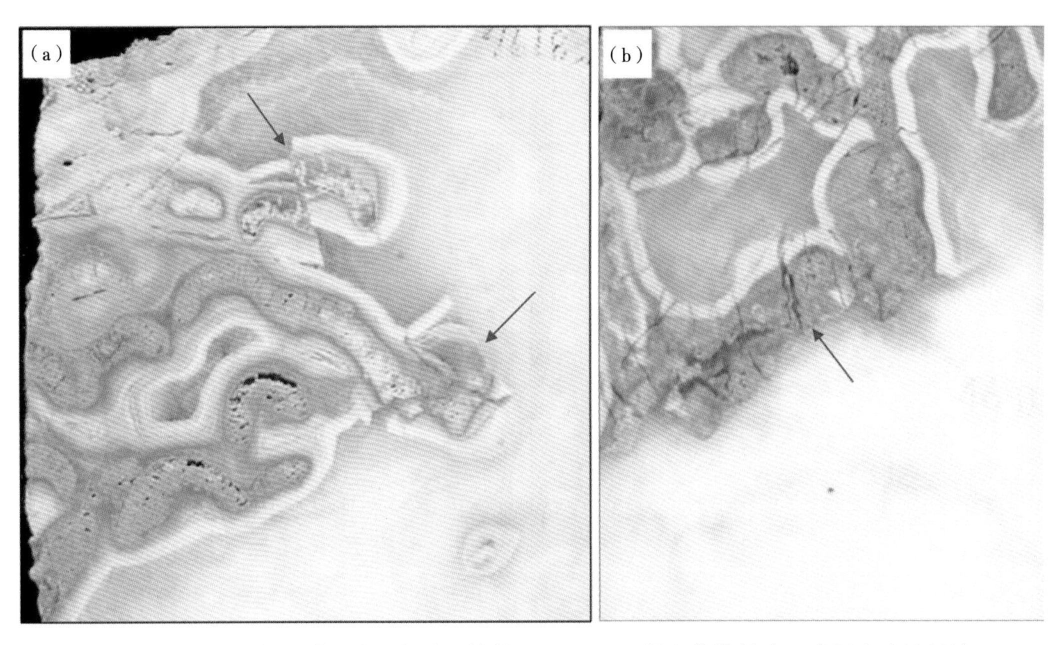

图 3.14 下部生物礁单元岩心切片，枝状 *Guadalupia*-微生物粘结岩，孔洞表壁被侵蚀

（a）上部红色箭头展示格架及放射状胶结物衬里被裂缝切穿，可能发生在硬石膏侵位期间；下部箭头所指为硬石膏侵位之前洞穴壁剥落［4618.3ft（1407.6m）］；（b）红色箭头所指洞壁区域，硬石膏侵位之前剥落［4601ft（1402m）］

3.6 成岩作用及孔隙

EVGSAU 524-7 井岩心生物礁组构特殊的组构—保存（拟晶）中的组构保存作用是细晶白云岩重结晶作用的产物，被认为是早期镁离子过饱和渗透回流作用下快速白云石化作用的结果。渗透回流白云石化作用被广泛地用来解释二叠盆地 San Andres 组及其他二叠系陆棚、陆棚边缘相广泛分布的白云岩成因（Adams 和 Rhodes，1960；Ruppel 和 Cander，1988；Mutti 和 Simo，1994；Saller 和 Henderson，1998；Saller，2004），因为从岩相古地理上看接近蒸发潟湖及潮缘带。

Sibley 和 Gregg（1987）在白云岩结构的研究中得出结论，白云石化作用及白云石晶体尺寸是过饱和流体晶核形成的一个因素，高密度的结晶核（例如微晶微生物岩）及镁离子高度过饱和成岩流体可以形成细晶白云石。Sibley 等（1993）进一步讨论了一些白云石晶体大小分布的复杂性。Machel（2004）及其他学者指出微小晶体及组构被保存（拟晶）的白云石在早期成岩的白云岩中非常普遍，尤其是在富微晶的背景下。

图 3.20 描绘了一个成岩序列。如前文所述，Vacuum 生物礁中同沉积期的原生文石放射状葡萄状胶结物稀少且通常相对较小（图 3.15a；图 3.17c、d）。本质上讲，所有的生物礁骨架洞穴由海水潜流带等厚环状的原生钙质放射状胶结物形成衬里（图 3.7 至图 3.19）。很多洞穴具有薄层白云石化的灰泥、粉晶，以及细晶球粒泥粒岩形成的示顶底构造，一些地方，这些示顶底构造沉积物与放射状胶结物互层，说明它们是准同生期形成的（图 3.18a、c）。后期地表暴露导致喀斯特作用及一些大气淡水对文石成分（如腹足类）的溶蚀。然后快速地泥晶白云石化作用事件发生，继而，块状的白色硬石膏在格架洞穴及喀斯特形成的孔隙中侵位并伴随裂缝作用及开放的洞穴壁的碎裂（图 3.14a、b；图 3.17a）。最后，是埋藏溶蚀和压溶作用，以及烃类充注储层。

生物礁中的孔隙是杂乱的，多数由钙质海绵格架中的骨架内孔隙组成，其中一些被扩溶（图 3.15b、d 至 f，图 3.16a 至 c，图 3.17a，图 3.19a、b）。其他孔隙包括微型的骨模孔、微生物岩中的微孔洞（图 3.19c、d）、细晶晶间孔及微孔，开启的裂缝少见。孔隙分布的杂乱性由于硬石膏充填孔隙而增加，可能优先充填大的孔隙（例如格架孔），但是并不总是遮蔽较细小的骨架内孔隙及晶间孔隙。

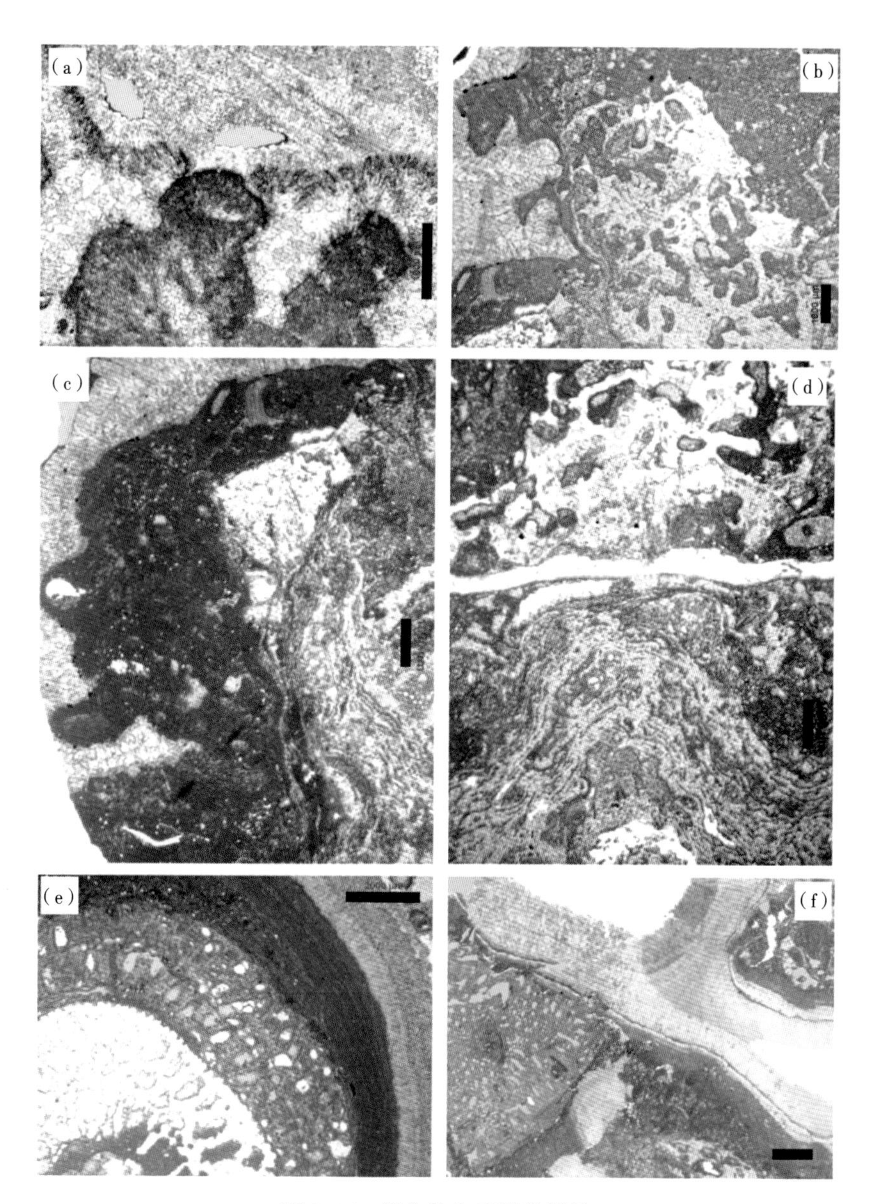

图 3.15　微生物包壳显微照片

(a) 放射状胶结物，相关的暗色微生物岩［4518ft (1377m)］；(b) 钙质海绵被暗色微生物岩包壳，左侧微生物岩分支状相洞穴生长［4533ft (1382m)］；(c) 纹层状 *Archaeolithoporella*（右侧）被暗色微生物岩（左侧）包壳［4533ft (1382m)］；(d) 纹层状 *Archaeolithoporella* 包裹重结晶的钙质海绵，下伏及上覆均为暗色微晶灰岩及钙质海绵碎屑［4533ft (1382m)］；(e) 钙质海绵（左下）被 *Fistuliporid* 苔藓虫包裹，而后被薄层状微生物岩包裹，最后为洞穴放射状胶结物衬里［4664ft (1421m)］；(f) *Fistuliporid* 苔藓虫（左侧）及暗色微生物岩（右侧）；洞穴被放射状胶结物衬里并被硬石膏（白色）充填［4588ft (1398m)］；图(a)至图(d)比例尺 1mm (0.04in)，图 (e) 比例尺 2mm (0.08in)，图 (f) 比例尺为 3mm (0.12in)

3.7　与 McElroy 油田 Grayburg 生物礁对比

Longacre (1983) 描述了得克萨斯州 Crane 县 McElroy 油田北 McElroy 单元 3713 井中二叠统陆棚边缘生物礁岩心。岩心取自 Grayburg 组，其直接覆盖于 San Andres 灰岩上部，位于二叠盆地的中央盆地台地西部边缘（图 3.1）。与本文讨论的较老的 San Andres 生物礁类似，McElroy 油田 Grayburg 生物礁岩心也位于台地边缘向盆地下倾一侧，McElroy 油田主要储层是白云石化的泥粒灰岩及台地边缘礁后滩相的颗粒岩。260ft (79.3m) 的 Grayburg 岩心组成包括 80%的台地边缘滩侧翼的泥粒灰岩及颗粒岩。三个生物礁粘结岩厚度为 5ft (1.5m) 或更薄，其中一段生物礁约 10ft (3.05m)，另一段生物礁厚约 30ft (9.14m)

(表3.1)。因此粘结岩仅为岩心段的20%。McElroy生物礁粘结岩似乎与Vacuum生物礁非常相似，由钙质海绵格架（*Ambysiphonella*和*Guadalupia*）及稀疏的分枝苔藓虫组成，具有*Tubiphytes*和*Archaeolithoporella*、包壳苔藓虫、微晶灰岩包壳镶边。Vacuum生物礁与McElroy生物礁的对比见表3.1。

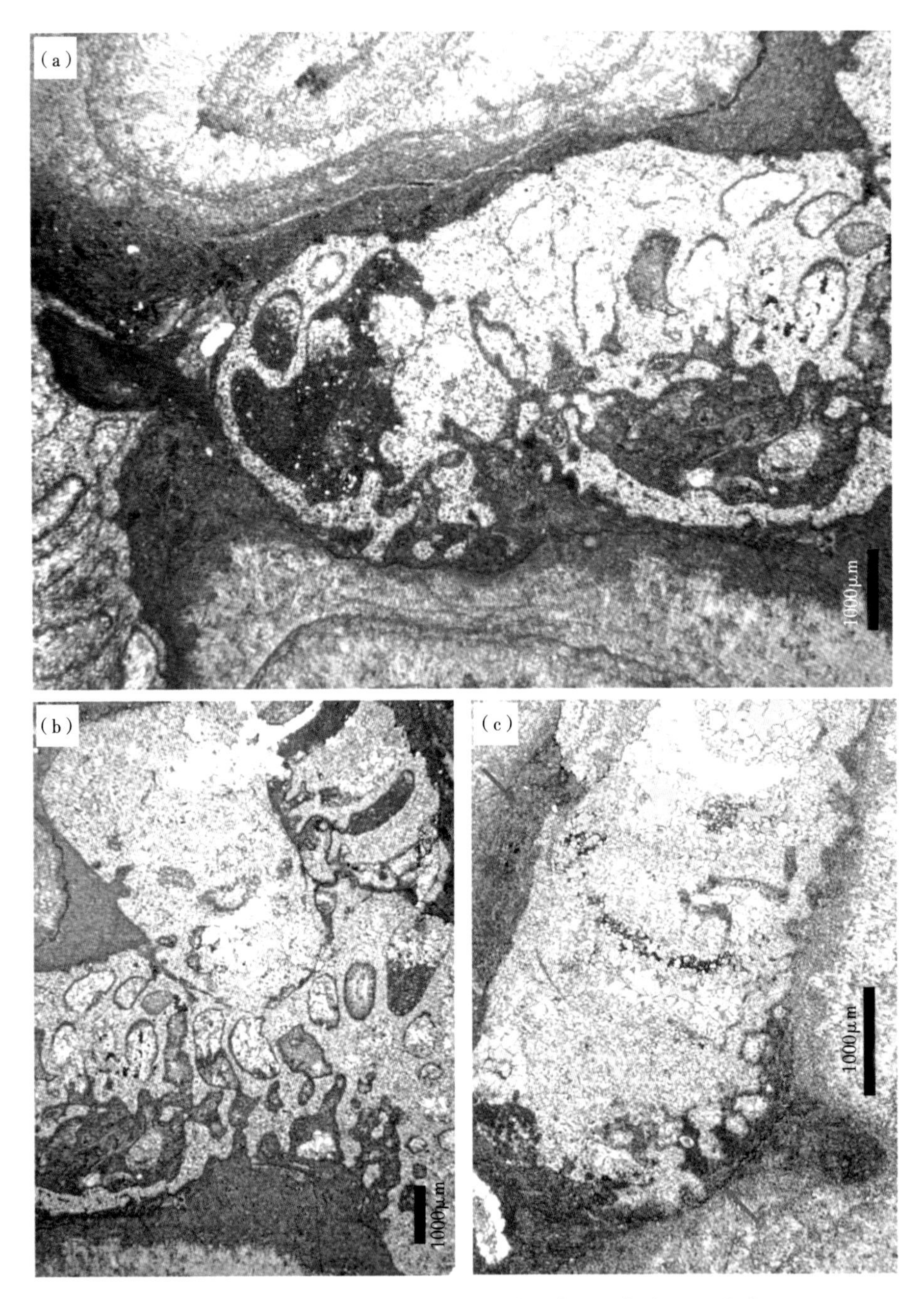

图3.16　显微镜照片，枝状*Guadalupia*被暗色微生物岩包裹，骨架内可见孔隙［4676ft（1425m）］

（a）微生物岩包壳呈暗色微晶—凝块状、似球粒状，顶部及底部的孔洞被放射状胶结物衬里；（b）钙质海绵上的微晶微生物岩包壳；（c）微晶微生物岩包壳，具有模糊的薄层（箭头）以及枝状生长结构（右下侧）；比例尺为1mm（0.04in）

3.8　与Last Chance峡谷圣安德烈斯生物礁对比

Sonnenfeld和Cross（1993）描述了瓜德鲁普山Last Chance峡谷圣安德烈斯灰岩野外露头的层序地层，展示了横向的相似性以及陆棚边缘碳酸盐岩与盆地相Delaware砂岩舌状交错相变的特征。本文所描述的Vacuum油田陆棚边缘也具有相似的地层结构，Vacuum油田位于野外剖面沿走向往东约100mile

(160.93km) 的位置。Sonnenfeld 和 Cross (1993) 描述了从斜坡道陆棚边缘垂向的沉积相序列，自下而上为粉砂质腕足类—海绵粘结岩生物丘、燧石腕足类—蜓类粒泥灰岩、蜓类泥粒—颗粒岩。生物丘的生长处于海侵、沉积速率很低（凝缩段）沉积饥饿面环境。描述了两种生物丘。扁豆状的海百合—苔藓虫粒泥岩—障积岩生物丘层段厚 16.5ft (5m)，发育在海侵体系域可容纳空间快速增加的外陆架。更坚硬的富含内碎屑的苔藓虫—腕足类—海绵生物礁发育在中上斜坡陆架可容纳空间长期减小的时期。

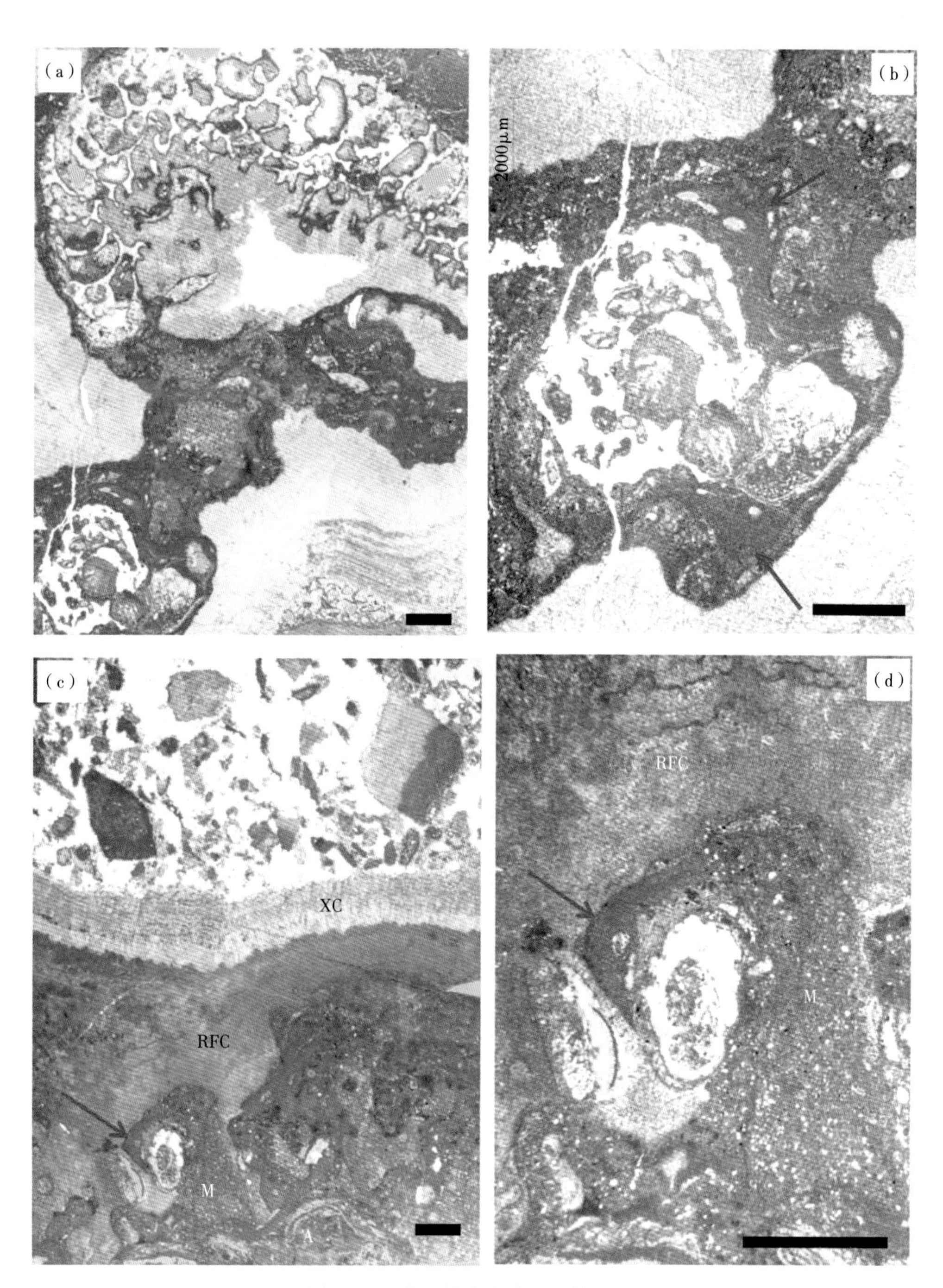

图 3.17 微生物岩包壳显微镜照片

(a) 凝块状微生物岩在钙质海绵之间生长或连接钙质海绵 [4569ft (1393m)]；(b) 照片 (a) 的特写，小的钙质海绵被 *Tubiphytes* (红色箭头)、凝块状微生物岩包裹，被洞穴放射状胶结物衬里包围；(c) 来自图 (a) 底部，纹层状 *Archaeolithoporella* (A)、枝状凝块状微生物岩 (M)、*Tubiphytes* (红色箭头)，被模糊的准同生期放射状纤状胶结物 (RFC) 覆盖，格架洞穴被放射状胶结物 (XC) 衬里，并被包含岩壁剥落物的硬石膏充填 [4664ft (1421m)]；(d) 照片 (c) 的特写，*Tubiphytes* (红色箭头) 包裹枝状的微生物岩，被放射状纤状胶结物 (XFC) (包含一薄层状微晶 *Archaeolithoporella* 包裹葡萄石生长表面) 覆盖；比例尺为 2mm (0.08in)

Phelps 等（2008）再次观察了瓜德鲁普山 Last Chance 峡谷上 San Andres 组 Guad 8 和 Guad 9 高频层序的沉积相及层序地层，报道认为，加积的生物丘厚 92ft（28m），在外缓坡高点聚集，垂向生长到接近浪基面位置终止。生物丘组成包括具有泥晶白云岩—粒泥岩基质及多种海百合的海绵—海百合—腕足类粘结岩、结壳 Lepidotus 腕足类、钙质海绵、䗴类、单独的四射珊瑚、苔藓虫。生物丘自下而上䗴类含量从稀少增加为大量存在。重大意义在于，他们称没有发现微生物粘结的证据。与 Vacuum 生物礁不同的是，该生物礁具有更多的生物群落，在上部䗴类含量丰富，但缺少微生物粘结作用。这种明显的区别说明 Last

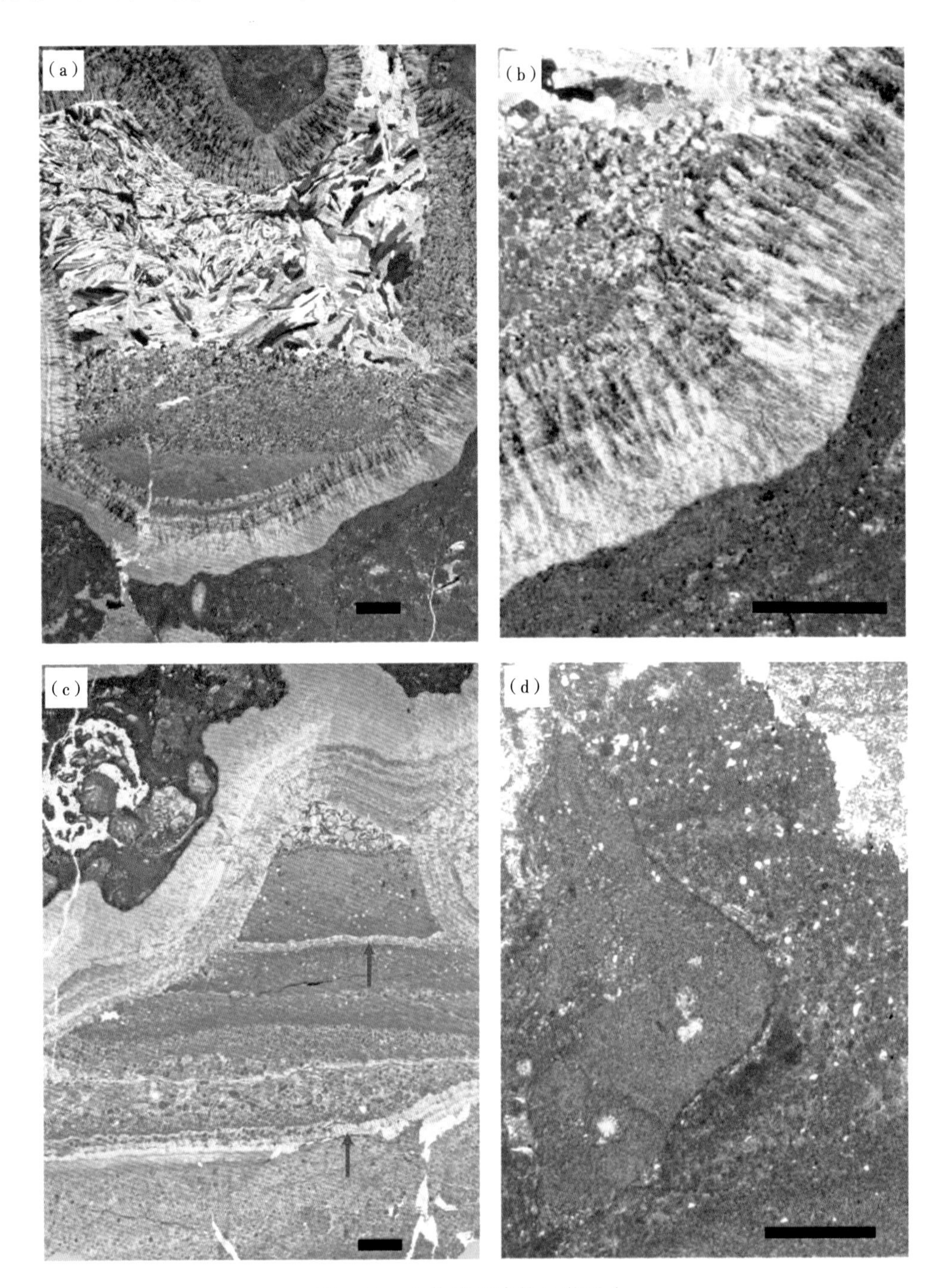

图 3.18　生物礁组成的显微照片

(a) 正交光照片，格架洞穴底部为暗色微晶—似球粒微生物岩，被放射状胶结物衬里，示顶底构造沉积物之后为硬石膏充填［4569ft (1392m)］，比例尺 2mm（0.08in）；(b) 照片（a）正交光特写，层状微生物岩（右下），放射状胶结物消光特征，比例尺为 2mm（0.08ft）；(c) 止交光照片，格架洞穴底部为钙质海绵—微生物岩粘结岩，被放射状胶结物衬里，示顶底沉积物与放射状胶结物（红色箭头）互层充填［4569ft（1392m）］，比例尺为 2mm（0.08in）；(d) *Tubiphytes* 被似球粒的微生物岩包裹［4588ft（1398m）］；比例尺为 1mm（0.04in）

Chance 峡谷 Guad 8 和 Guad 9 高频层序生物丘与 Vacuum 油田 Guad 9 高频层序生物丘的沉积背景非常不同，说明西北陆棚上 San Andres 组与 Delaware 盆地在沉积特征方面存在巨大不同。

从 Sonnenfeld 和 Cross（1993）以及 Phelps 等（2008）对生物礁相简明扼要地描述，Last Chance 峡谷 San Andres 组生物礁似乎只与 Vacuum 油田生物礁相似。Vacuum 油田生物礁似乎从海侵体系域到高位体系域早期连续生长，好像与 Last Chance 峡谷生物礁不同，因为 Vacuum 油田生物礁以钙质海绵格架为主、微生物岩结壳作用丰富、生物碎屑（特别是䗴类）组成的台地相沉积物几乎完全缺失。Vacuum 生物礁之所以不同，可能是因为沉积环境水体稍深，位置接近 San Simon 峡谷的入口（图 3.1），来自海峡的海流在此集中。

3.9 与 Capitan 生物礁对比

Yurewicz（1977，Capitan 生物礁下部及中部）、Babcock（1977，Capitan 生物礁上部）描述了中二叠统（上瓜德鲁普统）Capitan 生物礁粘结岩相。据 Yurewicz（1977）描述，Capitan 生物礁下部及中部粘结岩生物组成与 Capitan 生物礁上部相似（除了含量稀少、变化变少、缺少钙质绿藻）。事实上，他认为 Capitan 粘结岩中部—下部只有 10%～20% 是由可见的有机质组成，这些可见有机质主要为 *Archaeolithoporella*、放射状纤状胶结物及少量的 *Tubiphytes* 粘结岩。他注意到，尽管下部—中部 Capitan 粘结岩可能更富集碳酸盐岩灰泥，但经过自己审查，主要基质成分还是细的球粒泥粒岩。Dunham（1972）和 Yurewicz（1977）指出尽管在 Capitan 生物礁下部及中部骨骼格架有机质稀少，但是礁单元具有丰富的像生物礁的格架洞穴。Yurewicz（1970，第 60 页）陈述，很多这类洞穴似乎具有建隆的特征，但是没有支撑的顶板。生物礁（特别是在较深水的生物礁相）中微生物岩的作用，在 Yurewicz（1970）的年代还没有受到重视，但是 Capitan 生物礁下部及中部球粒泥粒岩基质可能代表了凝块石微生物岩。

Kirkland 等（1998，第 956 页）记录了上瓜德鲁普统 Capitan 生物礁，声称该生物礁是“被微生物沉淀的微晶灰岩所粘结、成岩及保存”的。他们描述了 Capitan 中部生物礁的微晶灰岩样品，具有模糊的薄层，其组成为“包壳作用、微晶薄层、细晶颗粒示顶底充填物”（第 959 页）。微生物微晶灰岩几乎是重力控制的，其现象包括：向上堆积、有机物见堆积、洞穴充填、示顶底构造等。但是，也存在不服从重力作用的微生物岩特征，例如微晶灰岩顶板（在有机物之上堆积）。微晶灰岩层“在有机质格架上或者周围形成等厚的包壳”（第 959 页）。围绕很多有机质的违反重力的微生物微晶灰岩包括海绵包衣悬挂在洞穴顶部。本文描述的 Vacuum 油田岩心微生物岩结构与 Capitan 生物礁中部及下部生物礁结构非常相似。

Kirkland 等（1998）发现 Capitan 生物礁上部中的微生物岩与 Capitan 中部的有所不同。他们的大部分 Capitan 生物礁上部的样品取自海侵体系域的生物礁顶部到外陆棚相，也就是说取自生物礁中水体最浅的部分。从抛光的岩心切片看，Capitan 生物礁上部的微生物岩似乎是白色的且示顶底构造中的充填物相对较小，更多地被发现于粒内孔内而不是格架洞穴中。Capitan 生物礁上部格架（钙质海绵、苔藓虫、*Tubiphytes*、*Lercaritubus*）具有第一期标准定义的开口的（形状多样，大小从 0.1～5mm 不等）薄层（0.2mm 至更厚）包壳的微晶灰岩，具有边界平滑增长的波浪状微生物岩，具有经理重结晶作用的中晶—粗晶亮晶方解石。第二期微生物岩包壳几乎全是暗色凝块微晶灰岩，由包裹致密的球粒及管状化石组成，含一些围绕在微弱树枝状构造周围的球粒。第三期微生物岩包壳密度较小，其组成包括球粒或球粒团块，具有模糊的树枝状构造。球粒似乎漂浮在亮晶基质之上，边界识别困难。这三期包壳可能与 Chafetz（1986）描述的微生物引起的球粒状的胶结物相似。存在疑问的薄层状有机质 *Archaeolithoporella* 在上瓜德鲁普统 Capitan 生物礁中含量丰富，但是在下瓜德鲁普统 Vacuum 生物礁中含量为稀少—中等。Endo（1959）最早将 *Archaeolithoporella* 归为红珊瑚藻，尽管没有呈现细胞结构。Johnson（1963）接受它为红藻，陈述他可能看到了细胞隔膜，并将它与保存较差的古近—新近系红珊瑚藻 *Lithoporella* 进行对比。Babcock（1977，1986）承认它的亲缘关系不确定，但是认为它非常可能是一种红藻，因为它“粗大的外形、多变的薄层的大小及形态、重叠结壳的习性、对生物礁相的约束、在粘结岩（礁）结构中的角色”（Babcock，1986，第 19 页）。Mazzullo 和 Cys（1977，1978）认为 *Archaeolithoporella* 与红藻家族的 Peyssonneliaceae（Squamariiace-

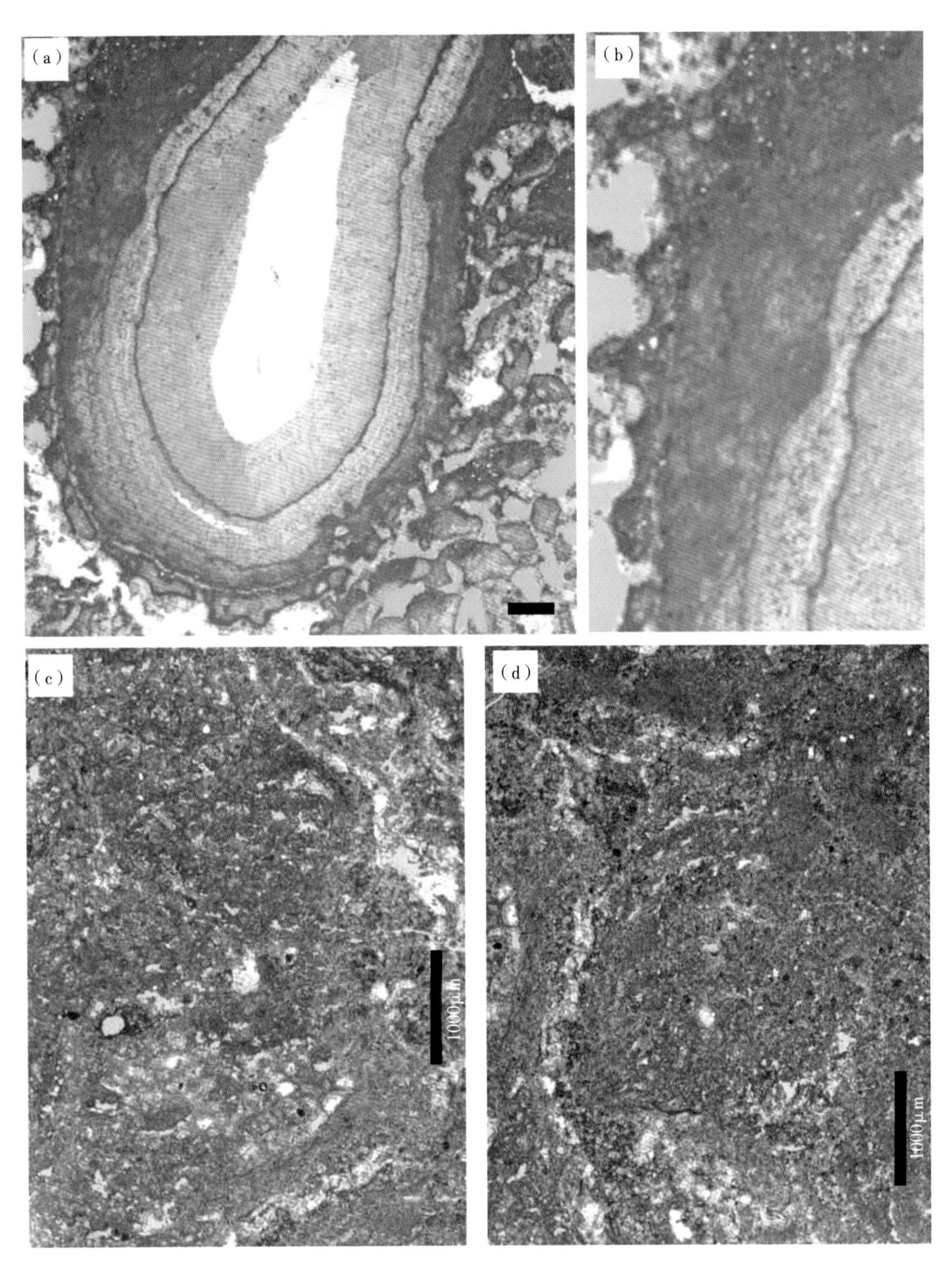

图 3.19　微生物岩显微镜照片

(a) 多孔隙的 *Amblysiphonella* 钙质海绵被暗色微生物岩包裹，中心格架洞穴被放射状胶结物衬里且被硬石膏充填［4588ft (1398m)］，比例尺为 2mm (0.08in)；(b) 照片 (a) 中凝块状模糊层状包壳特写；图 (c) 和图 (d) 层状及凝块状微生物岩结核状团块，具细晶窗格状微孔洞［4594ft (1400m)］；比例尺为 1mm (0.04in)

ae）具有亲缘关系。其他作者对微生物成因感兴趣（Grotzinger 和 Knoll，1995）。Riding 和 Guo（1991）非常勉强地接受 *Archaeolithoporella* 是红藻，但是指出这个名字广泛地用于成因多变的层状结构。Kirkland 等（1998）支持 Mazzullo 和 Cys（1977，1978）提出的 *Archaeolithoporella* 样品是第一期结壳并且由多种同期的 Peyssonneliaceae 结壳组成的结论，但是他们也支持 Riding 和 Guo（1991）认为 *Archaeolithoporella* 这一名字已经被不正确地应用到那些不是红藻的薄层结构的观点。他们认为凝块微晶灰岩堆积物的边缘上单个的凝块状的微晶灰岩层以及放射状胶结物葡萄石表面的单层微晶灰岩层是微生物成因的。

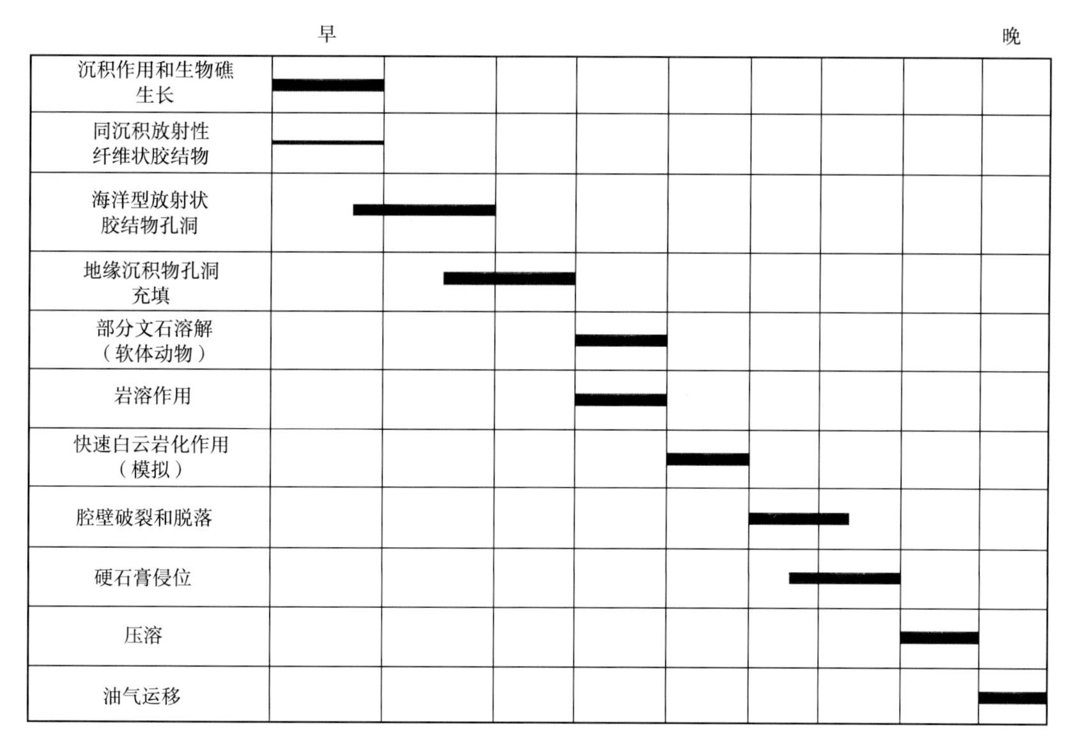

图 3.20　EVGSAU 524-7 井岩心白云岩成岩序列

3.10　总结及结论

Vacuum 油田 EVGSAU 524-7 井岩心中的下瓜德鲁普统陆棚边缘复合相生物礁是二叠盆地区域内最厚的。先前描述的下瓜德鲁普统与骨架泥粒岩—颗粒岩相关的生物礁粘结岩相相对较薄，可能代表了点礁或者取心取到了生物礁翼部位置。Vacuum 油田岩心，175ft（53.34m）中超过 85%为钙质海绵—微生物岩粘结岩相。另外，在距离厚层陆棚边缘生物礁如此近的横向距离上［<500ft（152.4m）］出现盆地相的以 Delaware 砂岩相为主的沉积，说明 Vacuum 油田 Guad 9 高频层序为一个相对陡峭的生物礁台地边缘相（图 3.3）。厚层陆棚边缘生物礁以及发育很好的礁后陆棚边缘顶部滩相的出现，揭示了一个陡峭的陆棚边缘—陆棚边缘镶边沉积剖面（图 3.3 和图 3.5）。

EVGSAU 524-7 岩心也是第一次描述下瓜德鲁普统地下生物礁剖面，与 Kirkland（1998）描述的上瓜德鲁普统生物礁对比，微生物岩在生物礁生长中具有重要作用。Vacuum 油田生物礁岩心中的微晶微生物岩是钙质海绵骨架的主要结壳者，微生物岩对生物礁的胶结及块状化具有重要作用。辅助的结壳者包括 *Tubiphytes*、纹层状藻类 *Archaeolithoporella*、*fistuliporid* 苔藓虫。钙质海绵格架的组成包括 *Guadalupia* 及与之相关联的 *Lemonea*、常见的 *Ambysiphonella*、中等丰度的 *Discosiphonella*（*Cystauletes*）、少量的 *Cystothalamia* 以及非常少的可能是 *Sollasia* 有机物。枝状钙质海绵在生物礁相下部为主，块状海绵随着水体变浅向生物礁上部逐渐增多。

Vacuum 油田岩心下瓜德鲁普统生物礁生物群落与上瓜德鲁普统 Capitan 生物礁大致相似，但是 Vacuum 生物礁生物群落变化少、个体钙质盖面以及其他生物体型较小。这看起来像瓜德鲁普统生物礁群落演化的早期阶段，与 Kerans 和 Tinker（1999）描述的瓜德鲁普统沉积早期缓坡—镶边台地边缘的早期演化阶段匹配。二叠盆地瓜德鲁普统沉积从早期到晚期，造礁生物的多样性及个体大小以及生物礁几何体积均增加。看起来，两个相关联的增加与古气候、古环境以及其他因素演化的相互影响相关。造礁生物多样性及体型的增加以及微生物岩的增殖对生物礁生长速率、面积，以及瓜德鲁普统沉积晚期陆棚边缘沉积剖面具有直接的影响。

表 3.1 Grayburg（中二叠统下部）生物礁相对比

McElroy 礁	Vacuum 礁
较年轻的 Grayburg 组	较老的上安德烈斯灰岩
礁单元厚度 5~30ft（1.5~9m）	最厚的礁单元 109.1ft（33.25m）
钙质海绵、苔藓虫（枝状的、包壳结构）均为常见的生物礁建设者	钙质海绵是主要的格架建造者，包壳苔藓虫非常稀少
Archaeolithoporella 及 *Tubiphytes* 结壳者丰度中等	*Archaeolithoporella* 及 *Tubiphytes* 结壳者含量稀少
微晶包壳可能是微生物成因	微生物岩是主要的包壳者，对生物礁粘结块状化具有重要意义
未见同沉积期的放射状胶结物	同沉积期放射状胶结物小且稀少
洞穴内见等厚环状放射状胶结物	格架洞穴同心环放射状胶结物普遍发育

参考文献

Achauer, C. W., 1969, Origin of Capitan Formation, Guadalupe Mountains, New Mexico and Texas: AAPG Bulletin, v. 53, p. 2314-2323.

Adams, J. E., and M. L. Rhodes, 1960, Dolomitization by seepage refluxion: AAPG Bulletin, v. 44, p. 1912-1921.

Babcock, J. A., 1977, Calcareous algae, organic boundstones, and the genesis of the upper Capitan Limestone (Permian, Guadalupian), Guadalupe Mountains, west Texas and New Mexico, *in* M. E. Hileman and S. J. Mazzullo, eds., Upper Guadalupian facies, Permian reef complex, Guadalupe Mountains, New Mexico and west Texas: Permian Basin Section SEPM Publication no. 77-16, p. 3-44.

Babcock, J. A., 1986, The puzzle of alga-like problematica, or rummaging around in the algal wastebasket, *in* A. Hoffman and M. H. Nitecki, eds., Problematic fossil taxa: Oxford University Press, New York, p. 12-26.

Chafetz, H. S., 1986, Marine peloids—A product of bacterially induced precipitation of calcite: Journal of Sedimentary Petrology, v. 56, p. 812-817.

Chuvashov, B. I., V. P. Shuysky, and R. M. Ivanova, 1993, Stratigraphical and facies complexes of Paleozoic calcareous algae of the Urals, *in* F. Barattolo, P. De Castro, and P. Parente, eds., Studies on fossil benthic algae: Bolletin Sociedad Palaeontologica Italiana, Special Volume 1, p. 93-119.

Cooper, G. A., and R. E. Grant, 1972, Permian brachiopods of west Texas: I: Smithsonian Contributions to Paleobiology, v. 14, p. 1-230.

Dunham, R. J., 1962, Classification of carbonate rocks according to depositional texture, *in* W. E. Ham, ed., Classification of carbonate rocks: AAPG Memoir 1, p. 108-121.

Dunham, R. J., 1972, Capitan reef, New Mexico and Texas—Facts and questions to aid interpretation and group discussion: Permian Basin Section SEPM, Midland, Texas, 352 p.

Elias, M. K., 1959, Facies of Upper Carboniferous and Artinskian deposits in the Sterlitimak-Ishimbaevo region of the pre-Urals, by D. M. Rauser-Chernosouva (1951): A review: International Geology Review, v. 1, no. 2, p. 39-87.

Endo, R., 1959, Stratigraphical and paleontological studies of the later Paleozoic calcareous algae in Japan, XIV: Fossil algae of the Nyugawa Valley in the Hida massif: Saitama University Science Reports, Series B3, p. 177-217.

Gardner, M. H., 1992, Sequence stratigraphy of eolian-derived turbidites: Deep water sedimentation patterns along an arid carbonate platform and their impact on hydrocarbon recovery in Delaware Mountain Group reservoirs, *in* D. H. Mruk and B. C. Curran, eds., Permian Basin exploration and production strategies: Application of sequence stratigraphic and reservoir characterization concepts: West Texas Geological Society Publication 92-91, p. 7-11.

Gardner, M. H., and M. D. Sonnenfeld, 1996, Stratigraphic changes in facies architecture of the Permian Brushy Canyon Formation in Guadalupe Mountains National Park, west Texas, *in* W. D. Demis and A. G. Cole, eds., The Brushy Canyon play in outcrop and subsurface: Concepts and examples: Permian Basin Section SEPM Guidebook Publication no. 96-38, p. 17-40.

Grant, R. E., 1971, Brachiopods in the Permian reef environment of west Texas: Proceedings of the North American Paleontology Convention, Part J, p. 1444-1481.

Grotzinger, J. P., and A. H. Knoll, 1995, Anomalous carbonate precipitates: Is the Precambrian the key to the Permian: Palaios, v. 10, p. 578-596, doi: 10.2307/3515096.

Guo, L., and R. Riding, 1992, Microbial micrite carbonates in uppermost Permian reefs, Sichuan Basin, southern China: Some similarities with Recent travertines: Sedimentology, v. 39, p. 37–53, doi: 10.1111/j.1365-3091.1992.tb01022.x.

Johnson, J. H., 1963, Pennsylvanian and Permian algae: Quarterly of the Colorado School of Mines, v. 58, no. 3, 211 p.

Kerans, C., and W. M. Fitchen, 1995, Sequence hierarchy and facies architecture of a carbonate ramp system: San Andres Limestone of Algerita escarpment and western Guadalupe Mountains, west Texas and New Mexico: University of Texas, Austin, Bureau of Economic Geology Report of Investigations no. 235, 86 p.

Kerans, C., and S. W. Tinker, 1999, Extrinsic stratigraphic controls on development of the Capitan reef complex, *in* A. H. Saller, P. M. Harris, B. L. Kirkland, and S. J. Mazzullo, eds., Geologic framework of the Capitan reef: SEPM Special Publication 65, p. 15–36.

Kerans, C., W. M. Fitchen, M. H. Gardner, M. D. Sonnenfeld, S. W. Tinker, and B. R. Wardlaw, 1992, Styles of sequence development within uppermost Leonardian through Guadalupian strata of the Guadalupe Mountains, Texas and New Mexico, *in* D. H. Mruk and B. C. Curran, eds., Permian Basin exploration and production strategies: Applications of sequence stratigraphic and reservoir characterization concepts: West Texas Geological Society Publication 92–91, p. 1–7.

Kerans, C., F. J. Lucia, and R. K. Senger, 1994, Integrated characterization of carbonate ramp reservoirs using Permian San Andres Limestone outcrop analogs: AAPG Bulletin, v. 78, p. 181–216.

Kirkland, B. L., J. A. D. Dickson, R. A. Wood, and L.S. Land, 1998, Microbialite and microstratigraphy: The origin of encrustation in the middle and upper Capitan Formation, Guadalupe Mountains, Texas and New Mexico, U. S. A.: Journal of Sedimentary Research, v. 68, p. 956–969, doi: 10.2110/jsr.68.956.

Longacre, S. A., 1983, A subsurface example of a dolomitized middle Guadalupian (Permian) reef from west Texas: SEPM Core Workshop no. 4, p. 304–326.

Machel, H. G., 2004, Concepts and models of dolomitization: A critical appraisal, *in* C. J. R. Braithwaite, G. Rizzi, and G. Darke, eds., The geometry and petrogenesis of dolomite hydrocarbon reservoirs: Geological Society (London) Special Publication 235, p. 7–63.

Mamet, B., 1991, Carboniferous calcareous algae, *in* R. Riding, ed., Calcareous algae and stromatolites: Berlin, Springer Verlag, p. 372–451.

Maslov, V. P., 1956, Fossil calcareous algae of the USSR: Trudy Geological Institut SSSR, v. 160, p. 1–301.

Mazzullo, S. J., and J. M. Cys, 1977, Submarine cements in Permian boundstones and reef- associated rocks, Guadalupe Mountains, west Texas and southeastern New Mexico, *in* M. E. Hileman and S. J. Mazzullo, eds., Upper Guadalupian facies, Permian reef complex, Guadalupe Mountains, New Mexico and west Texas: Permian Basin Section SEPM Publication no. 77–16, p. 151–200.

Mazzullo, S. J., and J. M. Cys, 1978, *Archaeolithoporella*-boundstones and marine aragonite cements, Permian Capitan reef, New Mexico and Texas: Neues Jahrbuch fur Geologie und Palaontologie Monatschefte, v. 1978, no. 10, p. 600–611.

Mutti, M., and J. A. Simo, 1994, Distribution, petrography, and geochemistry of early dolomite in cyclic shelf facies, Yates Formation (Guadalupian), Capitan reef complex, U. S. A., *in* B. Purser, M. Tucker, and D. Zenger, eds., Dolomites—A volume in honor of Dolomieu: International Association of Sedimentologists Special Publication 21, p. 91–107.

Phelps, R. M., C. Kerans, S. Z. Scott, X. Janson, and J. A. Bellian, 2008, Three-dimensional modelling and sequence stratigraphy of a carbonate ramp-to-shelf transition, Permian upper San Andres Limestone: Sedimentology, v. 55, p. 1777–1813, doi: 10.1111/j.1365-3091.2008.00967.x.

Pomar, L., 2001, Types of carbonate platforms: A genetic approach: Basin Research, v. 13, p. 313–334, doi: 10.1046/j.0950-091x.2001.00152.x.

Pranter, M. J., N. F. Hurley, and T. L. Davis, 2004, Anhydrite distribution within a shelf-margin carbonate reservoir: San Andres Limestone, Vacuum field, New Mexico, U.S.A.: Petroleum Geoscience, v. 10, p. 43–52, doi: 10.1144/1354-079302-547.

Rauser-Chernousova, D. M., 1950, Facies of Upper Carboniferous and Artinskian deposits in the Sterlitimak-Ishimbaevo region of the preUrals, based on a study of fusulinids: Trudy Institut Geological Naud Akad SSSR Transactions, v. 119, no. 43, p. 1–108.

Read, J. F., 1985, Carbonate platform facies models: AAPG Bulletin, v. 69, p. 1–21.

Riding, R., 1992, Temporal variation in calcification in marine cyanobacteria: Journal of the Geological Society (London), v. 149, p. 979–989, doi: 10.1144/gsjgs.149.6.0979.

Riding, R., 1993, *Shamovella obscura*: The correct name for *Tubiphytes obscurus* (fossil): Taxon, v. 42, p. 71–73, doi: 10.2307/1223304.

Riding, R., and L. Guo, 1991, Permian calcareous algae, *in* R. Riding, ed., Calcareous algae and stromatolites: Berlin, Springer Verlag, p. 452–480.

Ruppel, S. C., and H. S. Cander, 1988, Dolomitizaton of shallow-water platform carbonates by seawater and seawater-derived brines:

San Andres Limestone (Guadalupian), west Texas, *in* V. Shukla and P. A. Baker, eds., Sedimentology and geochemistry of dolostones: SEPM Special Publication 43, p. 245–262.

Saller, A. H., 2004, Paleozoic dolomite reservoirs in the Permian Basin, SW U. S. A.: Stratigraphic distribution, porosity, permeability and production, *in* C. J. R. Braithwaite, G. Rizzi, and G. Darke, eds., The geometry and petrogenesis of dolomite hydrocarbon reservoirs: Geological Society (London) Special Publication 235, p. 309–323.

Saller, A. H., and N. Henderson, 1998, Distribution of porosity and permeability in platform dolomites, insights from the Permian of west Texas: AAPG Bulletin, v. 82, p. 1528–1550.

Saller, A. H., P. M. Harris, B. L. Kirkland, and S. J. Mazzullo, 1999, Geologic framework of the Capitan depositional system—Previous studies, controversies, and contents of this special publication: SEPM Special Publication 65, p. 1–13.

Senowbari-Daryan, B., 2013, *Tubiphytes* Maslov, 1956, and description of similar organisms from Triassic reefs of the Tethys: Facies, v. 59, p. 75–112, doi: 10.1007/s10347-012-0353-x.

Sibley, D. F., and J. M. Gregg, 1987, Classification of dolomite rock textures: Journal of Sedimentary Petrology, v. 57, p. 967–975.

Sibley, D. F., J. M. Gregg, R. G. Brown, and P. R. Laudon, 1993, Dolomite crystal size distribution, *in* R. Rezak and D. L. Lavoie, eds., Carbonate microfabrics: New York, Springer-Verlag, p. 195–204.

Siemers, W. T., M. G. Tisdale, L. D. Hallenbeck, J. J. Howard, and D. R. Prezbindowski, 1996, Depositional facies and diagenetic history: Keys to reservoir porosity, quality and performance, East Vacuum Grayburg-San Andres Unit, Lea County, New Mexico: Society of Petroleum Engineers, 1996 Permian Basin Oil and Gas Conference, Midland, Texas, SPE paper 35182, 7 p.

Sonnenfeld, M. D., and T. A. Cross, 1993, Volumetric partitioning and facies differentiation within the Permian upper San Andres Limestone of Last Chance Canyon, Guadalupe Mountains, New Mexico, *in* R. G. Loucks and J. F. Sarg, eds., Carbonate sequence stratigraphy, recent developments and applications: AAPG Memoir 57, p. 435–474.

Stoudt, E. L., and M. A. Raines, 2004, Reservoir characterization in the San Andres Limestone of Vacuum field, Lea County, New Mexico: Another use of the San Andres Algerita outcrop model for improved reservoir description, *in* G. M. Grammer, P. M. Harris, and G. P. Eberli, eds., Integration of outcrop and modern analogs in reservoir modeling: AAPG Memoir 80, p. 191–214.

Tinker, S. W., 1998, Shelf-to-basin facies distributions and sequence stratigraphy of a steep-rimmed carbonate margin: Capitan depositional system, McKittrick Canyon, New Mexico and Texas: Journal of Sedimentary Research, v. 68, p. 1146–1174, doi: 10.2110/jsr.68.1146.

Vachard, D., and P. Moix, 2011, Late Pennsylvanian to Middle Permian revised algal and foraminiferan biostratigraphy and palaeobiogeography of the Lycian Nappes (SW Turkey): Palaeogeographic implications: Revue de Micropaleontologie, v. 54, p. 141–174, doi: 10.1016/j.revmic.2011.02.002.

Wahlman, G. P., 1988, Subsurface Wolfcampian (lower Permian) shelf-margin reefs in the Permian Basin of west Texas and southeastern New Mexico, *in* W. P. Morgan and J. A. Babcock, eds., The Permian of the midcontinent: Midcontinent Section SEPM Special Publication 1, p. 177–204.

Wahlman, G. P., 2002, Upper Carboniferous-Lower Permian (Bashkirian-Kungurian) mounds and reefs, *in* W. Kiessling, E. Flugel, and J. Golonka, eds., Phanerozoic reef patterns: SEPM Special Publication 72, p. 271–338.

Wahlman, G. P., and D. R. Tasker, (in press), Lower Permian (Wolfcampian) carbonate shelf-margin and slope facies, Central Basin platform and Hueco Mountains, Permian Basin, west Texas, U.S.A., *in* K. Verwer, T. E. Playton, and P. M. Harris, eds., Deposits, architecture and controls of carbonate margin, slope, and basinal settings: SEPM Special Publication 105.

Webb, G. E., 1996, Was Phanerozoic reef history controlled by the distribution of non-enzymatically secreted reef carbonates (microbial carbonate and biologically induced cement)?: Sedimentology, v. 43, p. 497–971, doi: 10.1111/j.1365-3091.1996.tb01513.x.

Yurewicz, D. A., 1977, The origin of the massive facies of the lower and middle Capitan Limestone (Permian), Guadalupe Mountains, New Mexico and west Texas, *in* M. E. Hileman and S. J. Mazzullo, eds., Upper Guadalupian facies, Permian reef complex, Guadalupe Mountains, New Mexico and west Texas: Permian Basin Section SEPM Publication no. 77-16, p. 45–92.

4

上二叠统（蔡希斯坦统）微生物岩：潮上带到深部潮下带沉积、烃源岩及储层潜力

Mirosław Słowakiewicz，Maurice E. Tucker，Richard D. Pancost，Edoardo Perri，Michael Mawson

摘要：上二叠统下蔡希斯坦统（Z_2）气候干旱，微生物碳酸盐岩（carbonate microbialites，碳酸盐微生物岩?）繁盛。英格兰北部的 Roker 组露头发育微生物碳酸盐岩，与波兰西北部地下的主要白云岩相当。Z_2 碳酸盐沉积发育在潮上带到潮下过渡带，由多种多样的叠层石和凝块石组成。平行叠层石和凝块石表征潮间带和潮上相带，鲕粒状灰岩和褶皱叠层石特征的生物礁叠层石表征潮下浅滩相带。Z_2 发育的潮间带或潮下带微生物岩与鲕粒岩的复合物超过 10m 厚，是烃类的重要储集相带。潮下带（斜坡）和潮间带（潟湖）微生物泥岩及泥灰岩储层物性较差，但总有机碳含量可达为 2%（质量分数），可以作为潜在烃源岩。热成熟度评价参数有 C_{27}17α-三降新藿烷（Tm）和 C_{27}18α-三降新藿烷（Ts）构成的 Ts/(Ts + Tm) 比值，C_{30}莫烷/藿烷比值，甾烷表示的 20S/(20S + 20R) 和 ββ/(ββ+αα) 比值，这些比值可以显示油源中的有机物成熟特征。

4.1 概述

微生物碳酸盐岩（微生物岩）是由有机矿化作用（微生物诱导或微生物来源）过程产生的，主要由晚二叠世下蔡希斯坦统（Zechstein 2，Z_2）浅水碳酸盐岩组成，报道来自丹麦（Clark 和 Tallbacka，1980；Stemmerik 和 Frykman，1989）和德国（Mausfeld 和 Zankl，1987；Strohmenger 等，1996）及波兰（Słowakiewicz 和 Mikołajewski，2011）的部分南部二叠盆地（Southern Permian Basin，SPB）。下蔡希斯坦统（Z_2）碳酸盐岩出露于英国东北部的 Roker 组和德国的 Stassfurt 碳酸盐岩附近，但大多数富集在荷兰、德国、丹麦和波兰的重要地下油气层（Oil and Gas-bearing successions）(Doorneball 和 Stevenson，2010）中。

晚二叠世有温室气候，比现今的温度高 15°C，是北半球中纬度地区夏季温度最低的陆地。蔡希斯坦陆缘海温暖干旱的古气候有利于碳酸盐岩和蒸发岩沉积（Słowakiewicz 等，2009），类似于毗邻波斯湾的阿布扎比 Trucial 海岸现今的撒布哈（Purser，1973；Kendall 和 Alsharhan，2011）。这种气候也促进了蔡希斯坦碳酸盐岩的储层和烃源岩的沉积，也是波兰南部二叠盆地（SPB）的重要组成部分（Doorneball 和 Stevenson，2010）。晚二叠世气候和相关的养分供应制约着初始的生产力和有机物的生成率，在下蔡希斯坦统沉积时期的干旱地区一般生成率更高（Słowakiewicz 和 Gąsiewicz，2013）。Gerling 的开拓性工作等（1996）对来自德国的部分 SPB 的下蔡希斯坦统（Z_2）碳酸盐岩首次论证了下蔡希斯坦统（Z_2）碳酸盐岩的储层和烃源岩的存在。他们识别了两种类型的烃源岩：（1）在较低的斜坡和潟湖沉积的白云质和钙质微生物衍生泥岩；（2）盆地钙质泥岩。此外，基于有机金属相类型和稳定碳同位素干酪根他们推断出化学跃层的存在（在中—下斜坡），以及 3 种有机质来源：（1）陆源有机物质，以盆地相为主；（2）植物碎屑沉淀物和浮游动物衍生有机物，斜坡相占主导地位；（3）潟湖相中的微生物藻类有机物。

Gerling（1996）等提出了下蔡希斯坦统（Z_2）烃源岩的分类，也被 kotarba 等（2000，2003）及 kotarba 和 Wagner（2007）采用，此外，后者指出了微生物藻源岩的重要性。然而，słowakiewicz 和 mikołajewski（2011）指出由蓝藻产生的微生物源岩相是有效烃源岩。Słowakiewicz 及 Gąsiewicz（2013）及 Gerling 等（1996）排除了作为重要烃源岩的盆地相有较低的总有机碳值（TOC <0.3%），低孔隙度

(<1%)和渗透率（<0.1mD），厚度较薄［<7~10m（23~33ft）］，以及深埋藏［>4000m（13123ft）］。他们指出局限潟湖、潮汐滩和斜坡是微生物烃源岩的主要发育区。

本文记录了下蔡希斯坦统（Z_2）碳酸盐岩的各种微生物和非微生物相的沉积环境，包括潮上—潮间带、浅潮下带潟湖和深水台地斜坡。叠层石在这里是指由平行—亚平行或褶皱纹层微生物有机金属沉淀的沉积层，然而凝块岩是指有凝块结构的无薄层状的微生物沉积。笔者认为波兰西北部中央区的下蔡希斯坦统（Z_2）微生物碳酸盐岩的TOC和生物标志物数据对有机质和沉积环境表征有贡献。这些问题的理解有很大的商业价值，可以提高油气藏预测。

4.2 方法

英国东北部Durham地区Roker组碳酸盐岩露头和地下主要白云岩剖面选取的43个样品，包括叠层石、凝块石、生物层粒泥灰岩—泥岩和钙质泥岩。为了做TOC分析，另外收集了43个主要白云岩样品，来自Kamień Pomorski（KP）台地西北部和波兰市中心，代表了盆地（Piła IG-1井）、坡脚（Bołtno-3井）、斜坡（Wysoka Kamieńska-8井）、鲕滩（Benice-1井）和潟湖相（KP-Z2井）。

4.2.1 总有机碳

可以使用Euro Vector EA3000元素分析仪，从样品粉末中得到总碳含量。可以用CO_2电量计来确定碳酸盐岩中的总无机碳（改良的Stöhlein Coulomat 702分析仪）。总碳和总无机碳的差值可以计算出总有机碳值。

4.2.2 生物标志物分析

使用200mL二氯甲索氏提取器提取岩心样品粉末（20g）：甲醇（9∶1，体积比）24小时；圆底烧瓶中加入铜去除硫元素。用一系列活性硅凝胶（230~400目；4cm，底部）等分总脂类提取物为极性和非极性组分。用3mL乙烷（饱和分数）、乙烷进行洗脱：二氯甲烷（3∶1，体积比；芳香烃馏分），和5mL甲醇（极性组分）。

使用Hewlett Packard 5890系列仪器Ⅱ对各馏分（1μL）进行气相色谱法（GC）分析，用CP sil5-CB固定相的毛细管柱相（60m×0.32mm；d_f=0.10mm）和一个柱状注射器进行固定。用氦作为载气的火焰离子化检测。温度程序包括三个阶段：70~130℃之间速度为每分钟20℃；130~300℃之间的速度为每分钟4℃；300℃时温度可维持10分钟。气相色谱质谱法分析使用ThermoQuest Finnigan微量色谱—质谱配备一列注射器和使用相同的列和温度程序作为气相色谱分析。基于电子电离（源为70eV；扫描范围，50~580Da）的检测，可以通过对比滞留时间和相关质谱文献来确定化合物。

4.3 地质背景

蔡希斯坦统发育一套厚层的继承性晚二叠世环状碳酸盐岩和蒸发岩及相对较少的碎屑岩（Taylor，1998）。这一系列沉积发育在一个巨大的克拉通盆地的泛古陆的内陆，占据了当今北海和英国东部以及欧洲大陆的北部大部分地区，直至波兰东部和立陶宛为止。该盆地可分为两个次级盆地，北部二叠盆地和南部二叠盆地（图4.1）。研究领域位于（1）南部二叠盆地西缘的英国东北部Sunderland地区；（2）位于波兰西北—中部的南部二叠盆地东部。蔡希斯坦海的入口较闭塞，它通过一个狭窄的海峡连接到Boreal海（Taylor，1998），这个海峡位于现今的格陵兰岛和挪威之间，盆地和海水循环的配置可能与现今的地中海相似。蔡希斯坦群代表了5~7Ma的沉积（Menning等，2005），然而szurlies（2013）研究表明，蔡希斯坦群只有2.8~3.5Ma（原因是蔡希斯坦群与上下吴家坪阶相当），由5个主要的碳酸盐蒸发循环组成。在本文中所描述的微生物碳酸盐岩属于第二周期（Z_2），英国东北部的微生物碳酸盐岩命名为Roker组（Z_2C），波兰命名为Main Dolomite（Ca_2）（图4.2）。

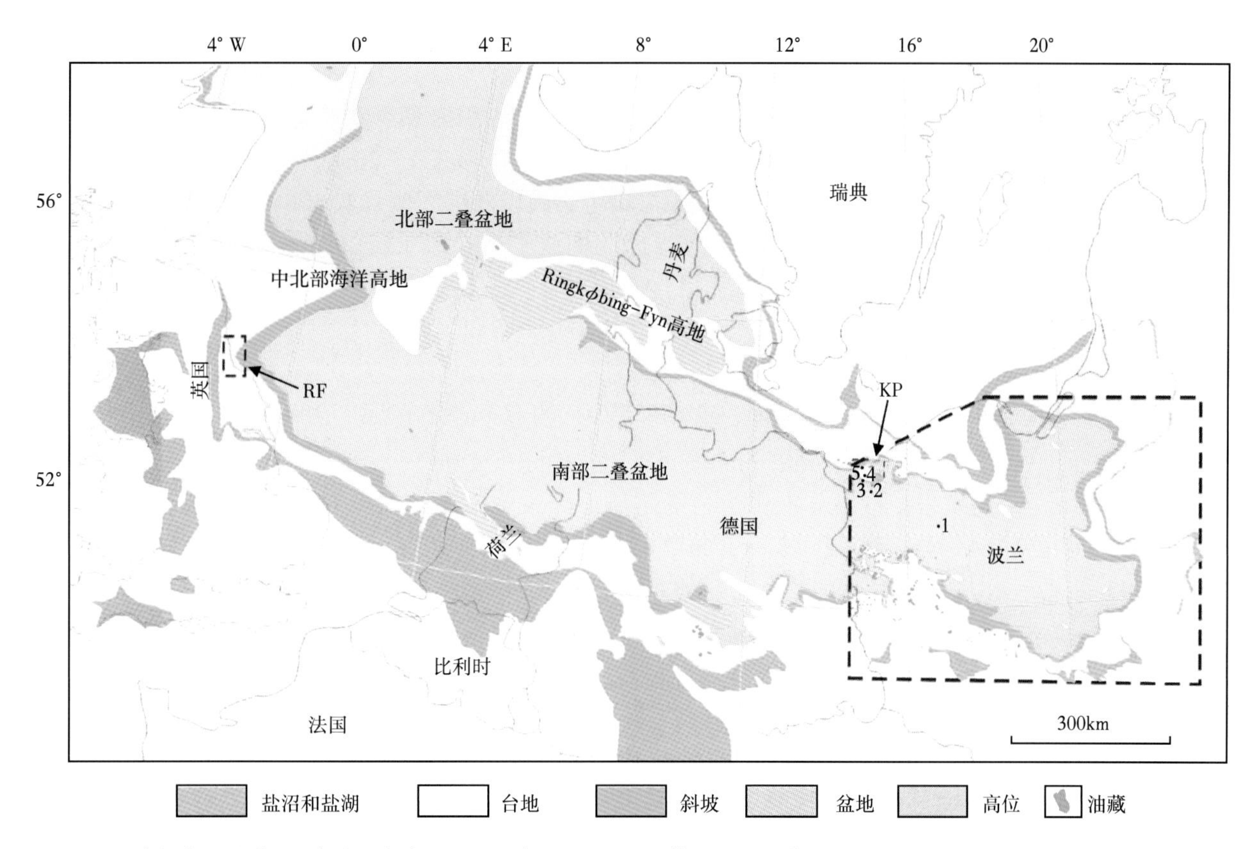

图 4.1　欧洲晚二叠世 Z_2 碳酸盐岩古地理图（据 Dyjaczyński 等，2000，修改；Słowakiewicz 和 Mikołajewski，2011）。虚线框为研究区。井：1—Piła IG-1，2—Błotno-3，3—Wysoka Kamieńska-8，4—Benice-1，5—Kamień Pomorski-Z_2，KP—Kamień Pomorski 平台，RF—Rocker 组。油藏的位置据 Karnin 等（1996），Piske 和 Rasch（1998），Glennie 等（2003），以及 Słowakiewicz 和 Gąsiewicz（2013）

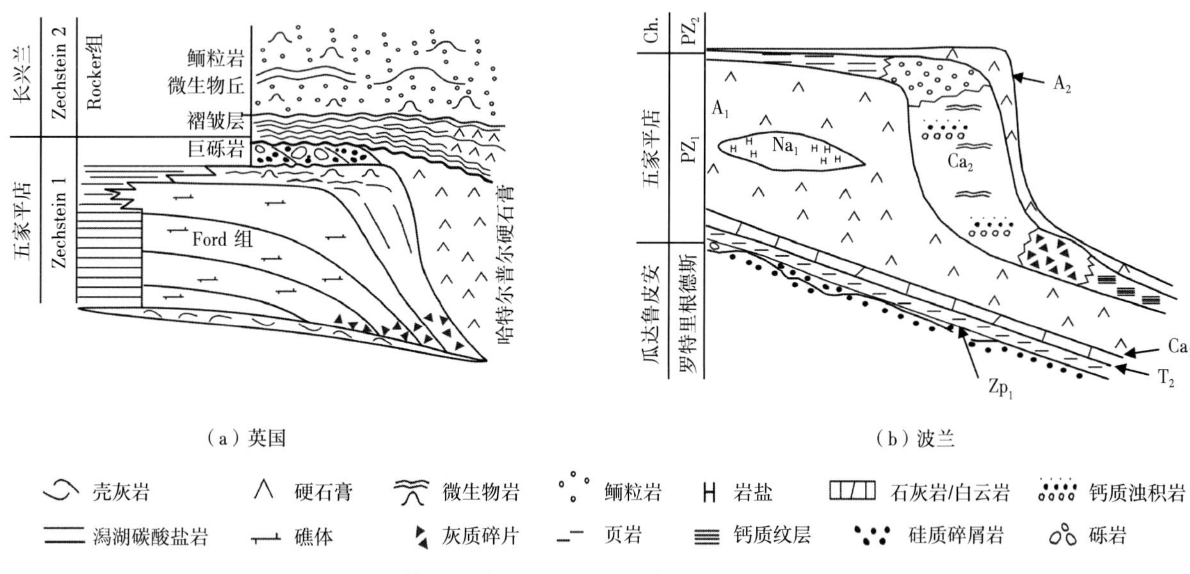

图 4.2　英国和波兰下 Zechstein 统（上二叠统）岩石地层

Ch.—Changhsingian；PZ_1—Zechstein 旋回 1；PZ_2—Zechstein 旋回 2；Zp_1—底砾岩；T_1—铜质页岩；Ca_1—Zechstein 石灰石；Na_1—最老的岩盐；A_1—硬石膏；Ca_2—主要白云石；A_2—基底硬石膏

4.3.1 英国东北部 Roker 组

位于英国东北部达勒姆地区的 Roker 组，由厚达 60m（197ft）的浅水碳酸盐岩台地组成，碳酸盐岩以鲕粒灰岩为主（Tucker，1991；Smith，1995；图 4.1）。斜坡扇浊积岩和层状半远洋沉积向盆地延伸，远端逐渐变陡，Z_2C 一般约 100m（328ft）及以上厚度（Mawson 和 Tucker，2009）。环境条件被认为缺少多样化的大型生物群。台内主要发育微生物形成的叠层石生物礁以及层间鲕粒灰岩和叠层沉积相。这些岩石原先称为 Hesleden Dene 叠层石生物层（Smith，1981），构成了 Z_2C 厚 15~20m（49~66ft）的最低海侵，以及独特的叠层石褶皱床（Perri 等，2013）。

4.3.2 波兰 Main Dolomite

Main Dolomite 碳酸盐岩被厚 100~400m（328~1312ft）的 Halite 统（Na_2）和薄层的［<50m（164ft）］基底硬石膏覆盖（A_2），与下伏的上 Anhydrite 统［A_1g；250m（820ft）］和最古老的岩盐［Na_1；200~300m（656~984ft）］蒸发岩，可以分别作为烃的盖层。Main Dolomite 沉积厚度在台地区一般只有 30~40m（98~131ft）（Słowakiewicz 和 Gąsiewicz，2013），但在波兰西部，Ca_2 可以厚达 190m（623ft）（babimost-1 井和 kargowa-1 井）。斜坡和盆地底部地层厚度通常分别为 20~60m（66~197ft）和小于 10m（33ft）。波兰的 Ca_2 储层在现今的地下 1200m（3937ft）和 4400m（14436ft）深处。这表明，在相同地点，与正常地温梯度相比，古温度较高能够产生烃类（波兰地质学院档案资料）。

波兰 Ca_2 的北部和南部可以识别 8 个主要的沉积体系，包括萨布哈、潮坪和潮汐水道、前滨和后滨、局限潟湖、内外鲕滩、斜坡、斜坡扇和盆地相（表 4.1）。在 Roker 组也可识别这些相。这些相是由一系列无机成因（化学）碳酸盐岩相，包括厚层的无结构层和层状泥岩，以及更多的受控鲕粒的颗粒相，主要发育在整个 Z_2 盆地。在其中，可识别各种微生物诱导或影响岩相，包括 biolaminated 泥岩和粒泥灰岩、叠层石和凝块岩（Słowakiewicz 和 Mikołajewski，2011）。

表 4.1 欧洲南二叠盆地 Z_2 碳酸盐岩沉积系统总结

沉积体系	沉积相和沉积构造
萨布哈	含砂碳酸盐+碳酸盐+黏土球状硬石膏
潮滩	大量白云石化的微生物岩和受微生物影响的碳酸盐（叠层石、凝块石、核形石、生物层积岩）；泥质的+生物碎屑粒泥灰岩；潮汐通道和风暴岩，具有从粗粒到细粒碳酸盐岩的旋回；干裂缝，窗棂构造，侵蚀表面，微型圆锥体，波纹痕迹，透镜状和页片状层理
前滨—后滨	白云石化鲕粒—变白云质泥粒灰岩、粒状灰岩碳酸盐风成岩，包覆颗粒的压实，渗流胶结，交错层理，厚度最大为 10m（33ft），递变层理
开放程度不高的潟湖	无结构、扁平的层状白云石化泥岩和泥粒灰岩，局部微生物粘结岩；相对丰富的动物区系（双壳类、介形虫类、腹足类、有孔虫类）；片状—透镜状层理
内外浅滩	白云岩化鲕粒灰岩、泥粒灰岩，局部较薄的泥质生物硅质岩以及潮汐通道充填；广泛发育的鲕粒+局部核形石，血栓状、豆状；交错层理和片状层理，渗流到潜水结构，局部薄状钙质岩
斜坡	白云石化、钙质和去白云石化薄层、扁平和波状层状泥岩、角砾、碎屑岩、硬石膏角砾岩和砾岩，夹杂以中粗粒（浊积岩）为主的薄层；浮石、砾状岩、微生物粘结岩（生物层积岩、叠层石和凝块石）、泥岩和生物碎屑粒泥灰岩的较厚单元；以颗粒岩为主的地层由鲕粒、豆粒和生物碎屑组成；软沉积物变形、滑塌构造、反粒序（碎屑岩）和正粒序（浊积岩）；增生斜坡序列，局部为边缘型或陡坎型碳酸盐岩台地边缘
坡脚台地（下坡）	鲕粒泥粒灰岩、碳酸盐砾岩（碎屑岩）的白云石化、钙质和去白云石化互层单元；再沉积的微生物颗粒和台地边缘颗粒碎屑；片状和透镜状层理、局部交错层理和粒序层理；浊流、黏性流和悬浮物的沉积
盆地	极薄层状黏土质钙质泥岩；局部硬底；悬浮和冷凝产生的半远洋沉积

本研究选中了 5 口代表性的井，可以形成横切盆地斜坡扇、斜坡、鲕滩和潟湖相的断面（图 4.3）。4 口井位于波兰西北部的 KP 平台内，1972 年在潟湖相内发现了第一个重要的 KP 油田。几个较小的油田

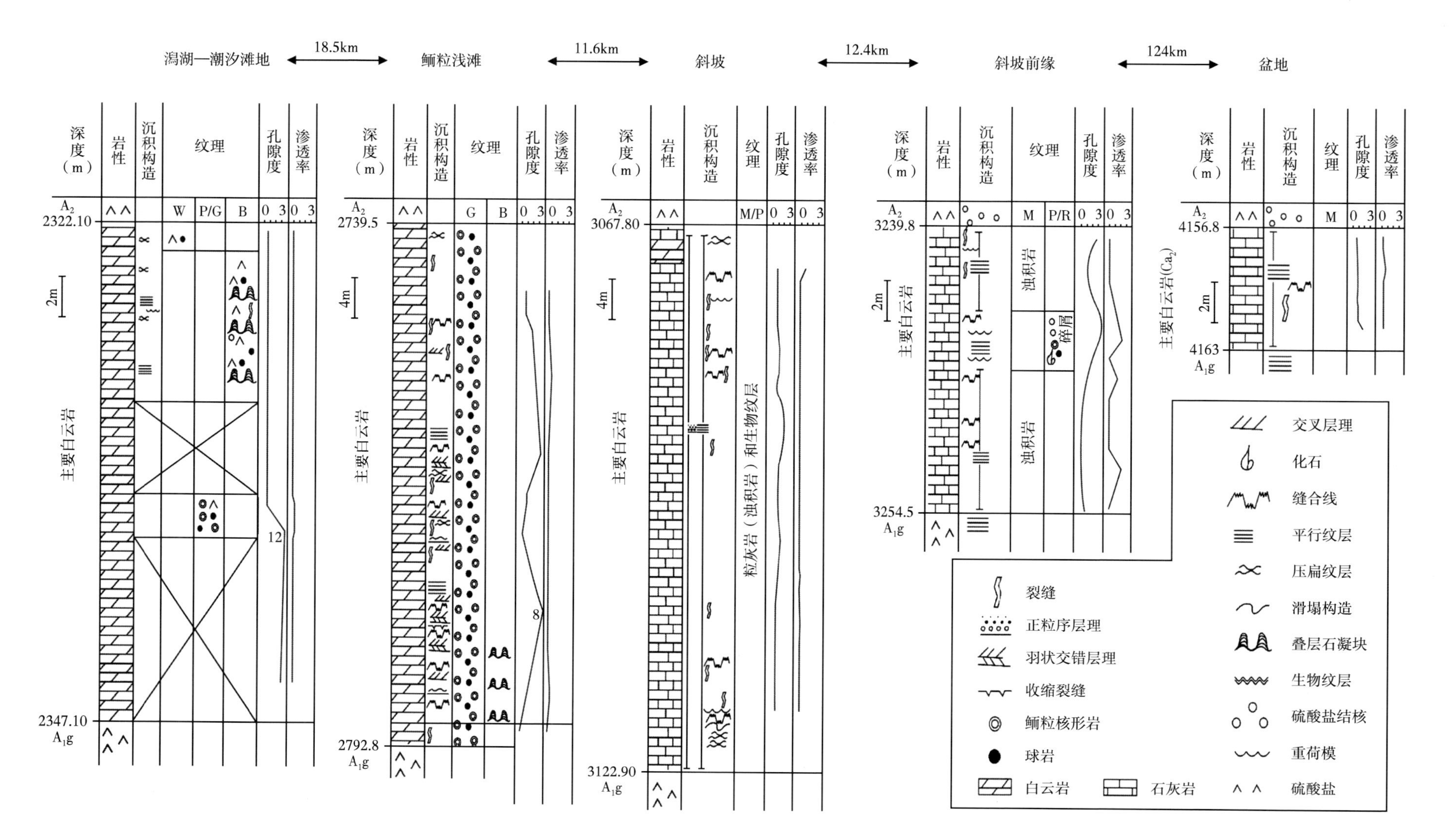

图 4.3　代表了波兰西北部 Zechstein 统主要白云岩特殊沉积相的沉积记录

M—泥岩；P—泥粒灰岩；G—粒状灰岩；B—粘结灰岩；A_1g —上硬石膏；A_2—基底硬石膏；W —粒泥灰岩；R—砾屑灰岩

发育在斜坡扇相（Karnkowski，1999）、斜坡相（Karnkowski，1999），以及鲕粒滩相 Karnkowski（1999）（波兰地质学院档案资料；Gąsiewicz 等，2011）。因此，KP 地区是波兰重要的含油气区。

4.4 微生物碳酸盐岩

在 Roker 组的微生物包括两大类：（1）潮坪微生物层，（2）浅潮下带叠层石生物礁夹粒状灰岩和褶皱层。

潮坪微生物呈起伏波浪形的平面，使得薄层微晶灰岩层与厚层细砂、粉砂碳酸盐岩球粒交错层理破坏。这些相带代表了干燥结构和膜孔以及透镜状和层状豆粒（oncoidal-pisolitic 豆粒）（参见 vadoids），粒度直径可达 30mm。继承底部生长石膏的硬石膏蒸发假晶象表明高盐环境。这是一个典型的潮缘带微生物沉积相，位于 la Trucial 海岸（Bontognali 等，2010），可形成几米厚。

含有鲕粒灰岩的生物礁叠层石呈现各种各样的形状和大小。值得注意的是，低浮雕叠层石礁直径达 18m（59ft）（图 4.4a）。在平面图上它们是圆形—椭圆形，厚度达到 1m（3ft）。叠加大平穹顶的是对称波脉动特征和其他类似的机械沉积波纹结构（图 4.4a）。显微组构由交替的细晶微晶薄层和厚（毫米级）颗粒层组成，呈现平面起伏状。高 1m（3ft）和波长为 2m（7ft）的一系列相关的穹顶发育在 Roker 组的基底部分（图 4.4c）。这些残余的假整合接触的巨粒砾岩可达 10m（33ft）厚，最上面的单元为 Ford 组生物礁形成的基底，它是有风暴改造的苔藓微生物台地边缘礁形成的。这些叠层石礁类似于那些发育在 Exuma 群岛 Bahamas 的高能潮汐通道的叠层石（Reid 等，1995；Andres 和 Reid，2006）。

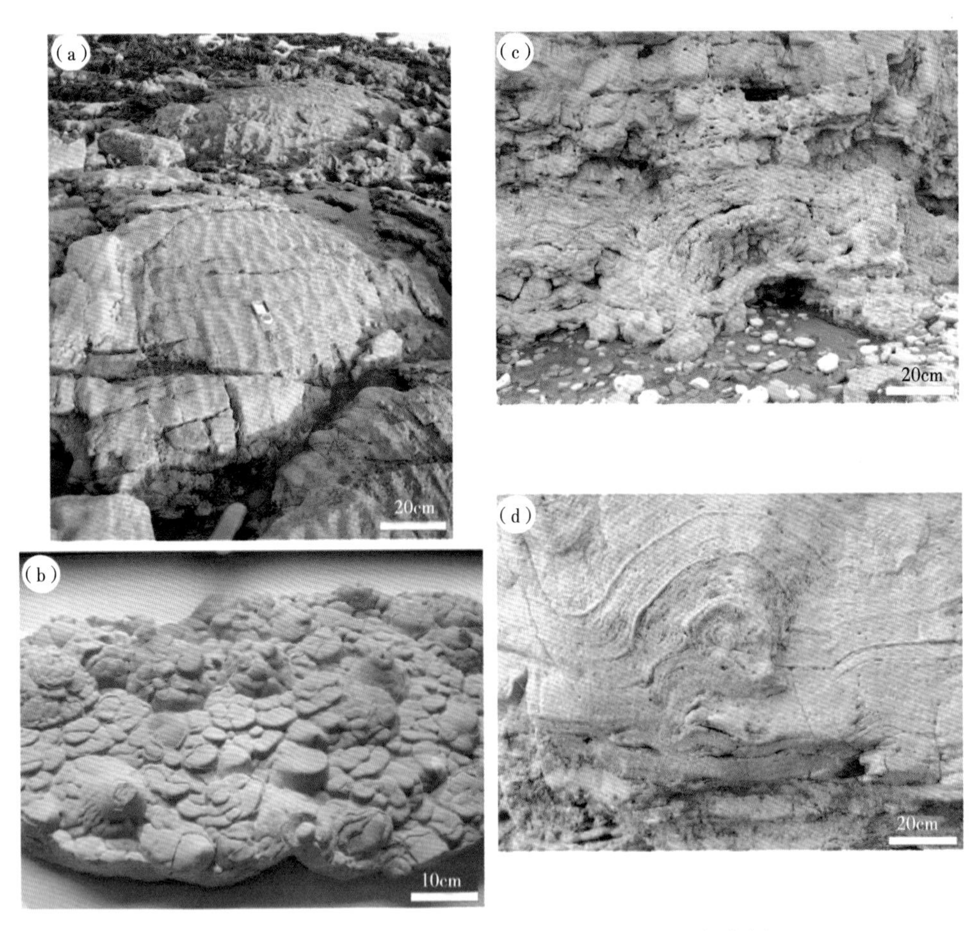

图 4.4　英格兰东北部蔡希斯坦统 Roker 组微生物实例

（a）层状低层穹顶长达 10m（33ft），具有波纹状特征；（b）具有小圆顶和柱状特征的褶皱层；（c）横截面中的大型微生物末梢结构；（d）图（b）中的微生物纹层

1.4m（4.6ft）的褶皱层理被认为类似 Roker 组的基底，南北可以追溯到 13km（8mile）、东西 1km（0.6mile），平行 Roker 台地（图 4.1），有独特的显微结构。褶皱层理有典型的、明显的厘米级［2~8cm（0.8~3in）］宽度和高度（图 4.4b）的叠层石圆顶和圆柱，但这些圆顶和圆柱更接近波纹状特征。褶皱层理的叠层类似上面所述的大型生物礁叠层石，但是它保存更完好，由交替的球粒层和泥晶灰岩层组成，但球粒被认为是原地成因，它的形成与生物膜有关（Perri 等，2013）。波纹状结构被认为是波流和波流的继承性影响引起的生物膜的变形结果，生物膜以波状颗粒表面为模板生长。它们是一类微生物引起的沉积构造（Noffke 等，2001）。褶皱层和相关的微生物纹层发育在狭长潟湖里，认为是在 Ford 组的前礁缘后面的洼陷里形成的。

在波兰 Main Dolomite 碳酸盐岩，最常见的生物沉积结构是微生物纹层、叠层石和凝块，大多发育在潮间—潮下带（图 4.5 和图 4.6）。潮间带主要由平面叠层石［厚度<50cm（20in）］和凝块石［厚度为 20cm（8in）］组成。平面叠层石主要包含均匀纹层，纹层由亮（泥）灰色和暗（有机）泥晶白云岩、深灰色泥晶白云岩相间组成（发育在局限潟湖和潮间带水坑）。它们通常含有填充硫酸的孔隙。泥晶有机层包含藻类遗体（*Mizzia*）、介形虫及罕见的有孔虫、包覆粒、球粒，并发育球形矿物形态与微生物细丝。核形石和球粒形成的颗粒状平面叠层石（发育在内鲕粒滩和潮汐通道），白云石颗粒灰岩和石灰岩，这 3 种重要类型也是凝块石的组成部分球粒形成了微球粒泥晶灰岩和凝块。有些地方可形成骨骼颗粒。一些似核形石的外皮是由一些层叠的与叠层石（褶皱纹层和波浪）相似的交错纹层形成。这些微生物带有叶状和枝状藻属与古石孔藻属共生。

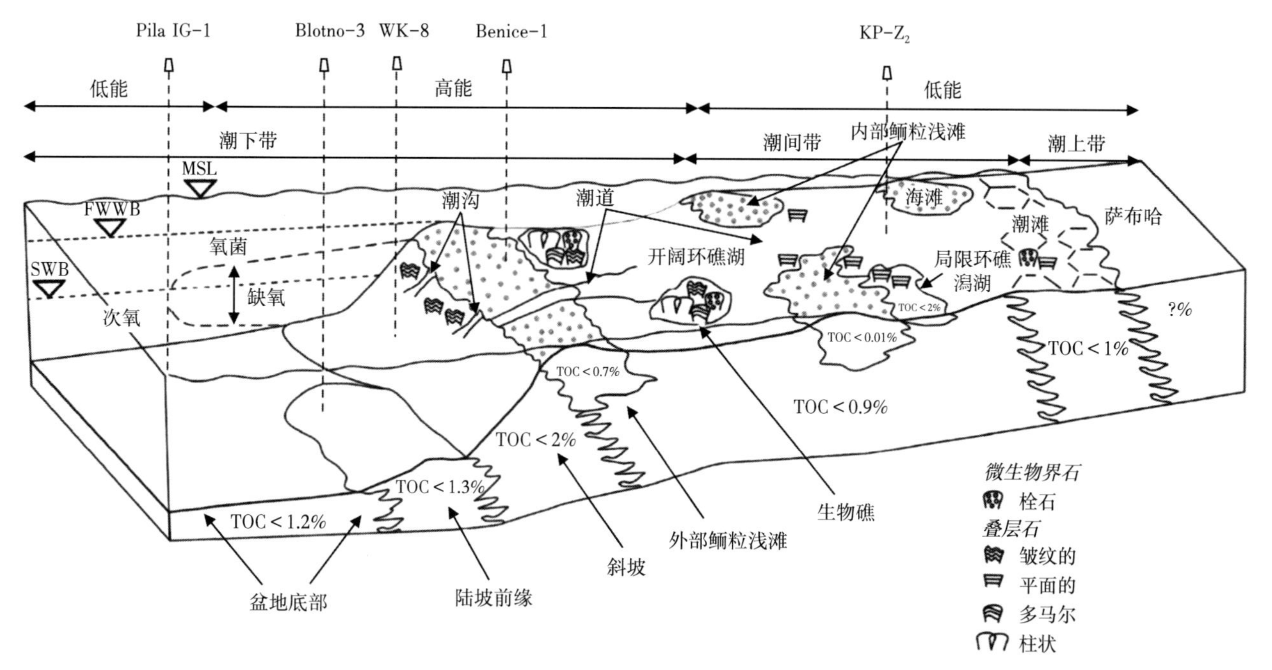

图 4.5　欧洲南部二叠盆地 Z_2 碳酸盐岩沉积模型，并从波兰西北部部署了钻孔

MSL—平均海平面；FWWB—晴天浪基面；SWB—风暴浪基面（据 Słowakiewicz 和 Mikołajewski，2011，修改；经 Elsevier 许可复制）。总有机碳（TOC）值代表 Z_2C 序列的最高值。需要注意的是，对于 Z_2C 盆地相，TOC 最大值 1.2%，很小，并且不能反映高有机生产力，因为 TOC 平均值小于 0.3%，TOC 值通常在 0~0.2%之间（据 Słowakiewicz 和 Gąsiewicz，2013）

在潮下带，微生物碳酸盐岩主要特征是低起伏丘状连续（链接）、柱状、平面和褶皱微观结构（图 4.5）。丘状和柱状叠层石小［<10cm（4in）核心的规模较高］，而且以波浪状的纹理为特征。纹层厚为 1~2mm，含有捕获鲕粒。褶皱叠层石发育在斜坡，可形成数厘米［<20cm（8in）］厚，然而在斜坡较陡的延伸处，被破坏的叠层石碎片发育；被解释为因重力流向斜坡下搬运。凝块石厚于叠层石，可达 30cm（12in）。

识别凝块可以通过它们的凝块显微构造和凝块由硬石膏胶结的灰质白云岩组成。泥晶凝块的直径为 30~50mm，由板状白云石晶体组成。凝块的中型结构由多达 2cm（0.79in）的中型凝块组成。它们中的一

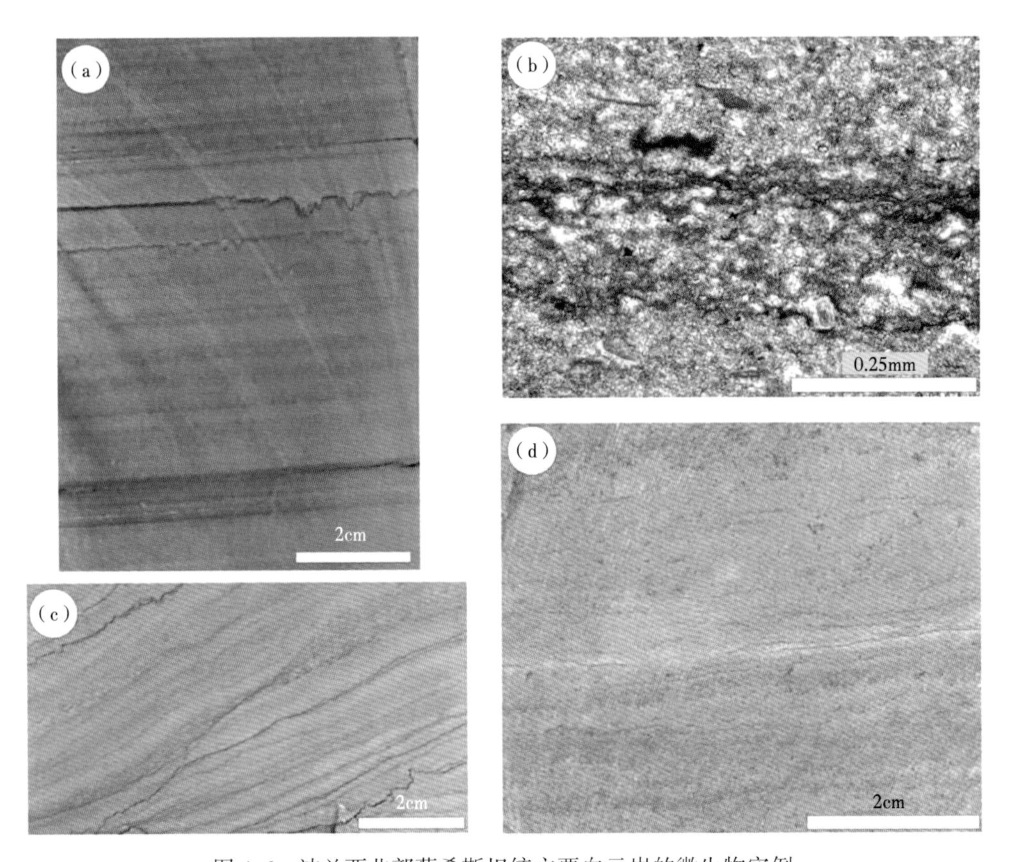

图 4.6　波兰西北部蔡希斯坦统主要白云岩的微生物实例

给定的所有深度都是地下的；(a) 富含有机质和微生物纹层的灰质泥岩，斜坡相，WK-8，深度 3110m (10203ft)；(b) 褶曲的生物层状泥岩 A 的显微照片，WK-8，深度 3110m (10203ft)；(c) 层状—波纹状白云石化的叠层石，浅滩相，Benice-1，深度 2787.6m (9145.7ft)；(d) 白云石化的叠层石，潟湖相，KP-Z_2，深度 2326.5m (7632.9ft)

些显示微球粒凝结物特征。凝块的共同特征是有开发的窗格孔。凝块也包含介形类的碎片、有孔虫、罕见的双壳类和腹足类。在某些情况下，与叠层石共生的凝块—凝块叠层石复合体厚度大于 10m (33ft)。

在内鲕粒滩、潮坪和潮道岩相，存在薄的微生物表层，这使得松散颗粒（鲕粒—核形）沉积物得以固定。大颗粒生物叠层的总厚度可能超过 10m (33ft)。颗粒状的夹层［厚达 1cm (0.4in)］是由分选良好的鲕粒和核形石组成。它们之间由单层（厚 1~3mm）或多层的微生物叠层隔开，这些单元厚达 10cm (4in) 并有苍白的颜色和波浪的形状。

4.5　微生物储层潜力

Main Dolomite 岩石学研究揭示了微生物叠层石和钙质泥岩（斜坡和盆地）、微生物灰岩（潟湖）的油藏特征（低孔隙度小于 1%，渗透率约为 0），以及鲕粒—似核形石颗粒灰岩的整装储层物性特征（鲕滩，孔隙度小于 8%；渗透率约 0mD；图 4.3）。一般来说，Main Dolomite 盆地生物碎屑泥粒灰岩的整体储层性质具有发达的铸模孔（<12%）和鲕粒—似核形石泥粒灰岩—粒泥灰岩及凝块石部分。通常，后者的孔隙度范围从 1% 至近 20%，这取决于成岩变化。孔隙系统主要是断裂和铸模贡献的粒间孔隙，通过白云岩化作用可产生和加强早期浅埋藏溶解。鲕粒核的溶解可形成鲕穴状的孔隙，一般都是充油的。随着逐渐埋藏，孔隙度值由于钙碳酸盐的硬石膏化而降低，这导致孔隙阻塞。

与 Roker 组相似的，在英格兰 Yorkshire 郡的 Kirkham Abbey 组，是一个潜在的气藏。Kirkham Abbey 组的主要孔隙来自鲕粒溶孔，通常与潜流成岩和早期压实作用相关，如 Roker 组一样（图 4.7）。裂缝孔隙度很可能是主要影响油藏产能的因素。

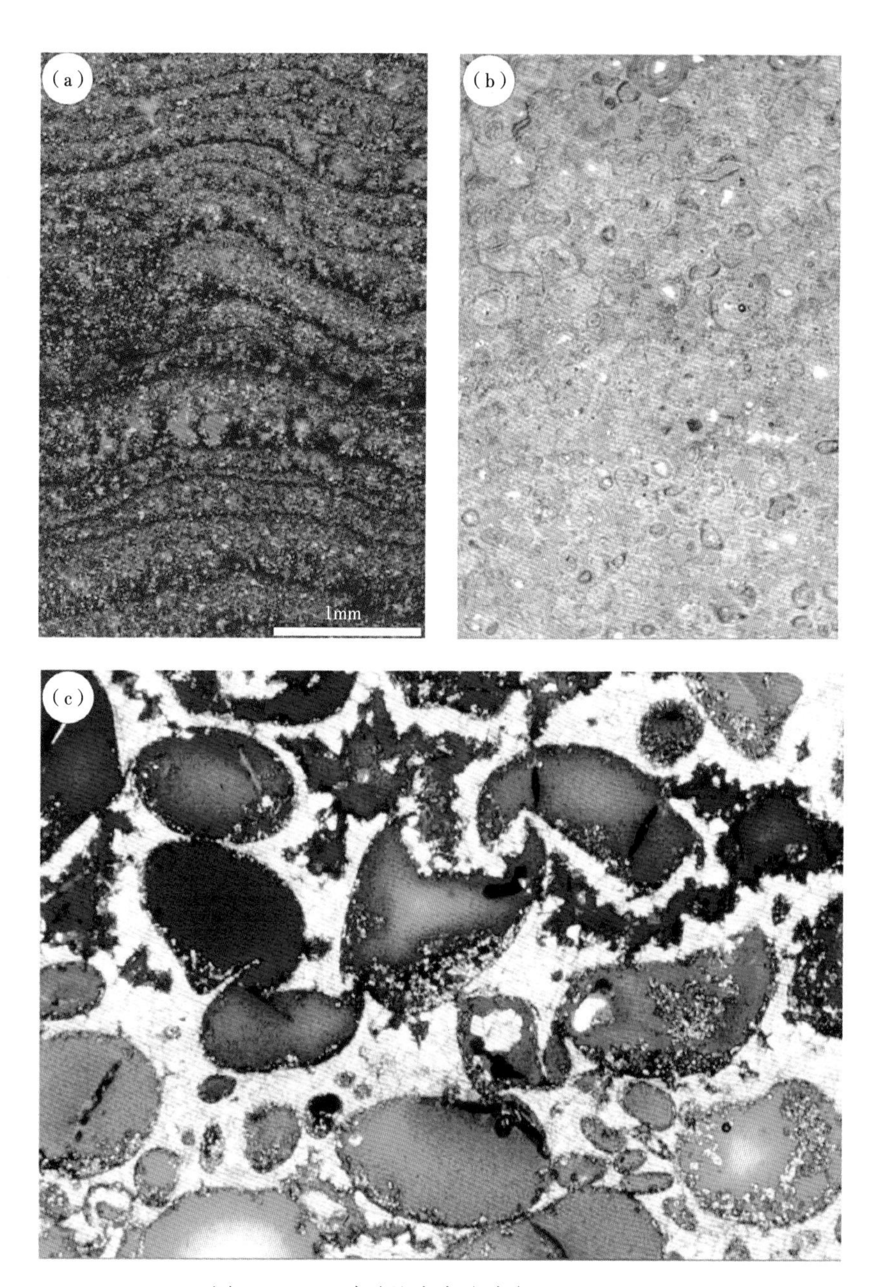

图 4.7 Z_2C 碳酸盐岩中孔隙类型的显微照片

(a) 多孔微生物岩，微生物纤维遗迹，Roker 组；(b) 鲕粒灰岩中的微生物纹层，荷兰 Hauptdolomit (Z_2C)，地下，视域 4mm×2mm；(c) 具有大孔隙度（蓝色）和渗流压实作用的鲕粒灰岩，Roker 组，视域 4mm×2.5mm

4.6 烃源岩潜力

总有机碳含量（表 4.2）主要来自 Main Dolomite 的微生物粘结岩（潟湖相），含量低，质量分数为 0.1%~0.9%（平均 0.4%），但在斜坡纹层和生物叠层相对较高，质量分数为 0.02%~2%（平均 0.6%）。斜坡裙、鲕滩（含鲕粒滩叠层石和凝块相）和盆地相 TOC 含量的质量分数分别为从 0.1%~1.3%（平均 0.6%）、0~0.7%（平均 0.2%）和 0.1%~1.2%（平均 0.6%）（图 4.5、表 4.2）。TOC 含量数据来自 Gerling（1996）等提出的德国东部和 kotarba（2003）等提出的波兰西北的 KP 碳酸盐岩台地。后者的报道，斜坡相的 TOC 值为 0.05%~1.36%，潟湖相的 TOC 值为 0~0.30%。他们的结论是，斜坡相可作为烃源岩，而潟湖相，具有低 TOC 值，作为有效烃源岩在热演化过程中初始生烃潜力逐渐降低。如此低的 TOC 含量表明，潮下带的叠层石和凝块，类似鲕滩形成的含氧带，不能被视为潜在的烃源岩。

表 **4.2** 波兰西北部蔡希斯坦统的主要白云岩总有机碳和成熟度参数汇总

井名	深度(m)	TOC*(%)	Ts/(Ts+Tm)**	M/H+	20S/(20S+20R)++	ββ/(ββ+αα)+++
$KP-Z_2$	2320.4	0.12	0.41	0.08	0.49	0.47
	2323.8	0.15	0.45	0.03	0.42	0.50
	2324.8	0.30	0.38	0.04	0.42	0.51
	2325.8	0.23	0.59	0.10	n	0.75
	2327.8	0.93	0.29	0.18	n	n
	2328.8	0.30	0.66	0.08	n	0.68
	2331.8	0.79	0.47	0.08	0.49	0.52
	2337.8	—*	0.41	0.08	n	n
Benice-1	2756.3	—	0.50	0.06	0.41	0.38
	2758.3	0.17	0.54	0.03	0.48	0.51
	2767.3	—	0.51	0.03	0.54	0.57
	2772.2	0	0.43	0.06	0.78	0.59
	2778.0	0	0.47	0.02	0.49	0.56
	2781.0	0	—	—	—	—
	2785.1	—	0.38	0.05	0.58	0.57
	2787.6	0.34	0.43	0.12	0.62	0.56
	2789.1	0.76	0.47	0.05	0.61	0.62
WK-8	3074.3	0.54	0.52	0.10	0.54	0.54
	3076.6	0.98	0.60	0.12	0.55	0.59
	3079.4	1.26	0.53	0.17	0.55	0.60
	3082.6	0.09	0.56	0.10	0.53	0.58
	3085.4	2.09	0.54	0.02	0.31	0.55
	3088.5	0.63	0.56	0.11	0.57	0.59
	3090.9	0.90	0.56	0.22	n	n
	3092.5	0.02	0.51	0.11	0.54	0.59
	3095.5	0.99	0.43	0.04	0.54	0.62
	3097.0	0.31	0.56	0.12	0.58	0.56
	3098.3	1.24	0.58	0.10	0.57	0.62
	3100.3	0.44	0.69	0.12	0.50	0.54
	3101.7	0.20	0.61	0.10	0.45	0.58
	3102.8	0.35	0.61	0.11	0.50	0.59
	3102.9	0.10	0.62	0.07	0.43	0.59
	3103.7	0.34	0.72	0.12	0.53	0.57
	3105.0	0.38	0.66	0.07	0.42	0.46
	3106.2	0.84	0.65	0.05	0.53	0.61
	3108.7	0.38	0.73	0.12	0.41	0.55
	3109.7	0.58	0.63	0.10	0.45	0.58
	3111.5	1.48	0.58	0.16	0.57	0.62
	3112.1	0.10	0.52	0.18	0.51	0.55
	3113.7	0.32	0.56	0.18	0.56	0.56
	3116.3	0.50	0.72	0.27	0.54	0.52
	3119.2	0.20	0.62	0.23	0.52	0.53
	3121.7	0.30	0.51	0.27	0.47	0.56

续表

井名	深度(m)	TOC*(%)	Ts/(Ts+Tm)**	M/H+	20S/(20S+20R)++	ββ/(ββ+αα)+++
Btotno-3	3240.20	0.51	0.76	0.14	0.51	0.57
	3241.40	0.6	0.69	0.19	0.55	0.56
	3243.20	0.39	0.78	0.18	0.56	0.58
	3244.60	0.54	n*	0.13	0.60	0.55
	3247.50	0.50	084	0.18	0.57	0.60
	3248.15	0.11	0.51	0.24	0.46	0.58
	3250.05	1.32	0.42	0.17	0.56	0.44
	3252.05	0.61	0.62	0.23	0.52	0.56
Pila IG-1	4155.50	1.10	0.29	0.18	0.31	0.39
	4156.20	0.14	0.40	0.02	n	n
	4157.50	0.49	0.47	0.07	n	n
	4158.20	0.74	n	n	n	n
	4159.50	0.38	n	n	n	n
	4160.50	1.21	—	—	—	—

注：*TOC=总有机碳；—=待分析数据；n=未检测到。

** Ts/(Ts+Tm)=C_{27}18α-三甲氧磷烷（Ts）/C_{27}18α-三甲氧磷烷（Ts）+C_{27}17α-三甲氧磷烷（Tm）；Moldowan 等（1986）。

+ M/H（莫烷/藿烷比值）=17β（H），21α（H）-莫烷/17α（H），21β（H）-藿烷；Mackenzie 等（1980），Seifert 和 Moldowan（1980）。

++20S/(20S+20R)=5α（H），14α，17α20S/[5α（H），14α，17α20S+5α（H），14α，17α20R] 甾烷（C29）；Mackenzie 等（1980）。

+++ββ/(ββ+αα)=14β（H），17β（H）甾烷/[14β（H），17β（H）甾烷+14α（H），17α（H）甾烷]（C29）；Mackenzie 等（1980）。

潟湖微生物相也贫有机质（除了更多的潟湖有机质限制部分），但它们是 KP 油田的主力相带（地质储量 29600bbl，地质研究所；波兰档案数据）；极低的孔隙度和渗透率（KP-Z_2；图 4.3）以及缺少断裂表明，烃的生成可能发生在低 TOC 值地区。碳酸盐岩台地斜坡沉积的叠层和微生物叠层石灰泥岩观察表明，它们也可以作为烃源岩。因此提出（作为烃生成假说有关的）（1）对有机物的厌氧降解导致碳酸盐沉淀，（2）增强更多的活性有机质保存；（3）在最初岩石物性差的碳酸盐岩中生成石油。

晚二叠世的副热带干旱气候条件和洪水碳酸盐台地可能通过浮游植物产量的增加提高有机碳的积累，从而增强潮下带台地斜坡和潮间潟湖的细菌有机质积累。这可能导致这些环境中 Main Dolomite 的微生物烃源岩的形成（Słowakiewicz 和 Głsiewicz，2013）。然而，与此相反，非常低的 TOC 值出现在大多数盆地相（质量分数平均值小于 0.3%；Słowakiewicz 和 Gąsiewicz，2013），除了一个采样井（PilaG-1 井），显示出质量分数的最大值和平均值分别为 1.2%和 0.6%。盆地相的 TOC 值低表明深海海底大部分为含氧—低氧条件，很少为缺氧环境。低 TOC 值意味着（质量分数小于 0.3%）也发生在鲕粒滩相，这可能是中等能量，良好的水循环，和一个好氧环境的结果，使有机物很少被保存在沉积物中。干旱的气候有利于微生物群（或微生物）的发展，有较厚的富含有机质层，特别是在高矿化度的地区抑制了挖穴和底栖生物的活动（Gerdes 等，1991）。对有机质埋藏的生产率差异影响增强了水体的氧化还原条件的影响（Williams 和 Follows，2011），这些地区近海底的缺氧低氧条件引起斜坡上高有机质生产力（图 4.5）

在斜坡裙和潟湖相的 TOC 含量变化可由沉积学中的原始生产力机制来解释。在斜坡裙相情况下，可变 TOC 值可能是台地沉积物（含有改造的有机物，主要是干酪根）再沉积的结果，从而淡化更慢慢积累富氢有机物。

根据这些解释，笔者认为现代亚热带阿拉伯海域可能具有与 Zechstein 海相当的环境和气候。在这样的低纬度地区（热带）有干燥的气候、海洋盆地的形状、海水质量相关的限制以及高营养供给和浓度，所有的因素都有利于富含有机质蒸发环境的发展（Kirkland 和 Evans，1981），例如，Abu Dhabi 的潮间带碳酸盐潟湖（Kenig 等，1990；Kendall 等，2002；Kenig，2011）。Abu Dhabi 的潮间带微生物垫群的有机质含量范围为 1%~2.7%（kenig 等，1990），可以被视为一个有用的现代烃源岩模拟。Zechstein 海有类似

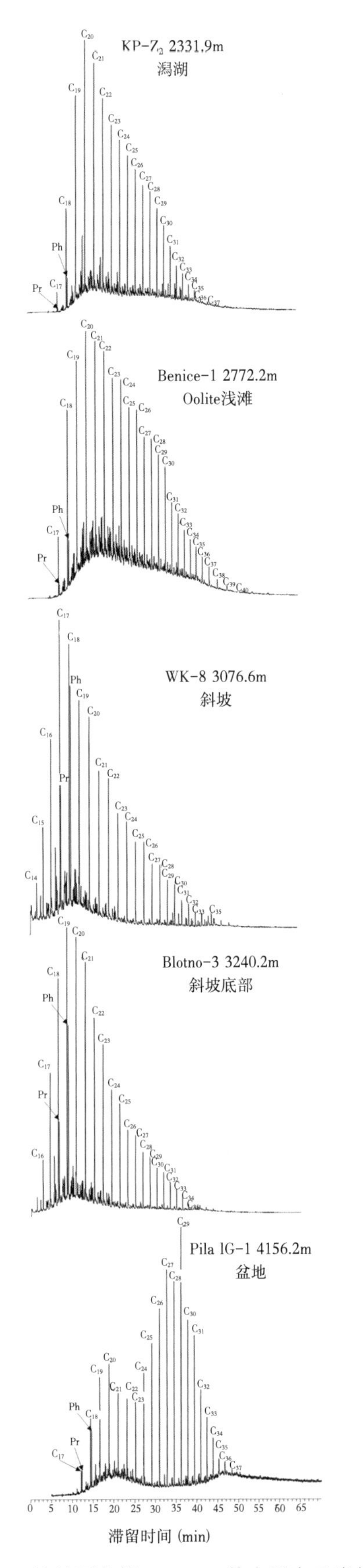

图 4.8 波兰西北部 Zechstein 统主要白云岩相的饱和烃馏分的总离子记录

Pr—姥鲛烷；Ph—植烷；C_{13}—C_{42} 为正构烷烃

的条件，在现代局限潟湖相有利于有机物质的生产和保存。

此外，在北半球低纬度地区，冬季东北信风从副热带高压带吹向赤道低压系统（夏季，南—西南方向；Roscher, 2011），在蔡希斯坦统沉积过程中，信风对海洋表面流可能有重大影响。这些海洋表面流可能影响 Z_2 台地（陆棚），其中浅的和流速增强的地区可产生上升流和增强台地斜坡的初级生产力，现今的阿拉伯海就是这样的（Williams 和 Follows, 2011）。

从生物标志物分布可以确定这 5 口井的热成熟度。在图 4.7 和表 4.2 中分别给出了代表饱和组分的全离子电流以及各相的生物标志物成熟度参数。正构烷烃从 n-C_{14} 至 n-C_{35} 排列，所有相是单峰分布的（图 4.8）。高分子量正构烷烃含有超过 20 个碳原子，发育在相对较小的潟湖鲕滩和斜坡扇相，这可能反映了缺乏陆地植物输入（Eglinton 等，1962）和/或相对高的热成熟度（Powell 和 McKirdy, 1973）。盆地相以分子量高的正构烷烃（$>C_{21}$）为主，并且 n-C_{29} 始终是最丰富的。此外，6 个成熟度参数 C_{27} 18α-三降新藿烷（Ts）与 C_{27} 17α-三降新藿烷（Tm）的 Ts/(Ts + Tm) 比值、C_{30} 莫烷/藿烷比值、甾烷表示的 20S/(20S + 20R) 和 ββ/(ββ+αα) 比值，都可计算评价有机质成熟度（表 4.2）。

从微生物潟湖、鲕粒滩、纹层和生物纹层斜坡、斜坡裙及盆地相（表 4.2）获得的 Ts /(Ts+Tm)、M/H、20S/(20S+20R) 和 ββ/(ββ+αα) 比值都是相似的，它们表明了有机质的镜质组反射率（R_o 为 0.5%~0.8%）成熟特征和反映了石油的生成（Peters 等，2005）。Ts/(Ts+Tm) 的均衡值通常为 0.52~0.55（Seifert 和 Moldowan, 1986），虽然它也受岩性和沉积环境影响（Peters 等，2005）。M/H 比值会随热成熟度变化，不成熟的沥青约为 0.8，成熟烃源岩小于 0.15、最低 0.05（Mackenzie 等，1980；Seifert 和 Moldowan, 1980），同时还取决于沉积环境（Peters 等，2005）。在热成熟过程中，20S/(20S+20R) 被认为从 0 增加到约 0.55，ββ/(ββ+αα) 异构化率被认为从 0 增加至约 0.70（Seifert 和 Moldowan, 1986）。假设所有相研究中有机物成熟没有细微的差异存在，所有参数似乎适用于准确的成熟度指标。

4.7 未来应用

Z_2C 潮下带和潮间带微生物碳酸盐岩，发育在潮汐水坑、局限潟湖或者台地斜坡，它们都可能是重要的有机物质生产工厂，生产率受半干旱气候、养分的供应、当前的风暴和信风活动控制（Słowakiewicz 和 Gąsiewicz, 2013）。与这些富含有机质的浅海沉积物密切关联的良好储集相局限于碳酸盐岩台地边缘（厚砂质浅滩和多孔的潮下带的微生物），它创造了一个良好的含油气系统。这里提出的概念和方法，受现代系统研究的影响（例如，Abu Dhabi 的 Trucial 海岸），可以应用到类似的蒸发岩碳酸盐岩含油气盆地。此外，微生物对有机质形成贡献、保存、矿化和现代海洋微生物群系统的变化等方面的进一步研究，可以提高我们对石油烃源岩生成的理解。

4.8 结论

晚二叠世 Z_2 碳酸盐岩的微生物岩在潟湖和斜坡相占重要比例。平面叠层石和凝块发育在潮坪和局限潟湖相。生物礁叠层石和鲕粒灰岩以及褶皱叠层石发育是浅潮下带的特点。潮间带叠层石和含油鲕粒的凝块石薄片可见整体储层物性（孔隙度小于 12%，渗透率小于 1mD），而储集物性差（孔隙度小于 1%，渗透率约为 0）是潮间带微生物泥岩的特征（微生物岩）。此外，前者的形式叠层石和凝块石复合体厚度大于 10m（33ft），这使得它们是石油的潜在重要储层。评估这些岩石作为烃源岩的潜力更具挑战性。在波兰西北部，微生物斜坡相有机质丰富，可作为烃源岩。尽管潟湖微生物相有机碳含量低，可能能够保存相对更多的有机物质。热成熟度参数表明石油开始形成的成熟当量。波兰西北部的 Z_2 微生物岩是在高盐度潮上—潮间带和盐度高于正常环境的潮下带以及干旱气候条件下形成的；缺乏高等生物竞争有利于有机质的生产力和保存。

参 考 文 献

Andres, M. S., and R. P. Reid, 2006, Growth morphologies of modern marine stromatolites: A case study from Highborne Cay, Bahamas: Sedimentary Geology, v. 185, no. 3-4, p. 319-328, doi: 10.1016/j.sedgeo.2005.12.020.

Bontognali, T., C. Vasconcelos, R. J. Warthmann, S. Bernasconi, C. Dupraz, C. J. Strohmenger, and J. A. McKenzie, 2010, Dolomite formation within microbial mats in the coastal sabkha ofAbu Dhabi (United Arab Emirates): Sedimentology, v. 57, no. 3, p. 824-844, doi: 10.1111/j.1365-3091.2009.01121.x.

Clark, D. N., and L. Tallbacka, 1980, The Zechstein deposits of southern Denmark: Contributions to Sedimentology, v. 9, p. 205-231.

Doorneball, H., and A. Stevenson, 2010, Petroleum geological atlas of the southern Permian Basin area: European Association of Geoscientists and Engineers Publication BV, 352 p.

Dyjaczyński, K., B. Papiernik, T. M. Peryt, and R. Wagner, 2000, Mapa paleogeograficzna Dolomitu Głównego (Ca2) 1: 500,000, *in* M. Kotarba ed., Bilans i potencjał węglowodorowy Dolomitu Głównego Basenu Permskiego Polski: Warsaw, Poland, Archiwum Państwowego Instyttu Geologicznego, 1 sheet.

Eglinton, G., A. G. Gonzúlez, R. J. Hamilton, and R. A. Raphael, 1962, Hydrocarbon constitutents of the wax coatings of plant leaves: A taxonomic survey: Phytochemistry, v. 1, no. 2, p. 89-102, doi: 10.1016/S0031-9422(00)88006-1.

Gąsiewicz, A., Z. Mikołajewski, M. Słowakiewicz, and M. Tomaszczyk, 2011, Structural and diagenetic controls of a fractured carbonate reservoir: Implications for oil deposit development (a case study from the Zechstein of Poland): AAPG Search and Discovery article 20131, accessed October 23-26, http://www.searchanddiscovery .com/documents/2012/20131gasiewicz/ndx_gasiewicz.pdf.

Gerdes, G., W. E. Krumbein, and H.-E. Reineck, 1991, Biolaminations: Ecological versus depositional dynamics, *in* G. Einsele, W. Ricken, and A. Seilacher, eds., Cycles and events in stratigraphy: Berlin, Germany, Springer, p. 592-607.Gerling, P., J. Piske, H.-J. Rasch, and H. Wehner, 1996, Paläogeographie, organofazies und genese von kohlenwasserstoffen im Stabfurt-Karbonat Ostdeutschlands: 1. Sedimentationsverlauf und muttergesteinsausbildung: Erdöl Erdgas Kohle, v. 112, p. 13-18.

Glennie, K. W., J. Higham, and L. Stemmerik, 2003, Permian, *in* D.Evans, D. Graham, C. Armour, and P. Barthurst, eds., The millennium atlas: Petroleum geology of the central and northern North Sea: The Geological Society (London), p. 91-103.

Karnin, W. D., E. Idiz, D. Merkel, and E. Ruprecht, 1996, The Zechstein Stassfurt Carbonate hydrocarbon system of the Thuringian Basin, Germany: Petroleum Geoscience, v. 2, p. 53-58, doi: 10.1144/petgeo.2.1.53.

Karnkowski, P. H., 1999, Oil and gas deposits in Poland: The Geosynoptics Society 'Geos', University of Mining and Metallurgy, Krakaw, 380 p.Kendall, C. G. St. C., and A. S. Alsharhan, 2011, Quaternary carbonate and evaporate sedimentary facies and their ancient analogs: A tribute to Douglas James Shearman: International Association of Sedimentologists Special Publication 43, 478 p.

Kendall, C. G. St. C., A. S. Alsharhan, and A. Cohen, 2002, The Holocene tidal flat complex of the Arabian Gulf coast of Abu

Dhabi, *in* B. Boer and H. J. Barth, eds., The sabkhas of the Arabian Peninsula region: Distribution and ecology: Dordrecht, the Netherlands, Kluwer Academic Publishers, p. 21–35.

Kenig, F., 2011, Distribution of organic matter in the transgressive and regressive Holocene sabkha sediments of Abu Dhabi, United Arab Emirates: International Association of Sedimentologists Special Publication 43, p. 277–298.

Kenig, F., A. Y. Huc, B. H. Purser, and J.–L. Oudin, 1990, Sedimentation, distribution and diagenesis of organic matter in a recent carbonate environment, Abu Dhabi, United Arab Emirates.: Organic Geochemistry, v. 16, no. 4–6, p. 735–747, doi: 10.1016/0146–6380(90)90113–E.

Khiel, J. T., and C. A. Shields, 2005, Climate simulation of the latest Permian: Implications for mass extinction: Geology, v. 33, no. 9, p. 757–760, doi: 10.1130/G21654.1.

Kirkland, D. W., and R. Evans, 1981. Source–rock potential of evaporitic environment: AAPG Bulletin, v. 65, no. 2, p. 181–190.

Kotarba, M., and R. Wagner, 2007, Generation potential of the Zechstein Main Dolomite (Ca_2) carbonates in the Gorzów Wielkopolski – Międzychód – Lubiatów area: Geological and geochemical approach to microbial – algal source rock: Przegląd Geologiczny, v. 55, no. 12/1, p. 1025–1036.

Kotarba, M. J., D. Więcław, and A. Kowalski, 2000, Composition, origin and habitat of oils in the Zechstein Main Dolomite strata of the western part of the Fore–Sudetic area, SW Poland (in Polish with English summary): Przegląd Geologiczny, v. 48, no. 5, p. 436–442.

Kotarba, M. J., P. Kosakowski, D. Więcław, and A. Kowalski, 2003, Petroleum potential of Main Dolomite strata of the Kamień Pomorski area, northern Poland (in Polish with English summary): Part 1. Source rock: Przegląd Geologiczny, v. 51, no. 7, p. 587–594.

Mackenzie, A. S., R. L. Patience, and J. R. Maxwell, 1980, Molecular parameters of maturation in the Toarcian shales, Paris Basin, France: I. Changes in the configurations of acyclic isoprenoid alkanes, steranes and triterpanes: Geochimica et Cosmochimica Acta, v. 44, no. 11, p. 1709–1721, doi: 10.1016/0016–7037(80)90222–7.

Mausfeld, S., and H. Zankl, 1987, Sedimentology and facies development of the Stassfurt Main Dolomite in some wells of the south Oldenburg region (Weser–Ems area, NW Germany): Lecture Notes in Earth Sciences 10, p. 123–141.

Mawson, M., and M. E. Tucker, 2009, High–frequency cyclicity (Milankovitch and millennial scale) in slope–apron carbonates: Zechstein (Upper Permian), northeast England: Sedimentology, v. 56, no. 6, p. 1905–1936, doi: 10.1111/j.1365–3091.2009.01062.x.

Menning, M., R. Gast, H. Hagdorn, K.–C. Käding, T. Simon, M.Szurlies, and E. Nitsch, 2005, Zeitskala für Perm und Trias in der stratigraphischen tabelle von Deutschland 2002, zylkostratigraphische kalibrierung der höheren Dyas und germanischen Trias und das alter der stufen Roadium bis Rhaetium 2005: Newsletters on Stratigraphy, v. 41, p. 173–210, doi: 10.1127/0078–0421/2005/0041–0173.

Moldowan, J. M., P. Sundararaman, and M. Schoell, 1986, Sensitivity of biomarker properties to depositional environment and/or source input in the Lower Toarcian of SW Germany: Organic Geochemistry, v. 10, no. 4–6, p. 915–926, doi: 10.1016/S0146–6380(86)80029–8.

Noffke, N., G. Gerdes, T. Klenke, and W. E. Krumbein, 2001, Microbially induced sedimentary structures: A new category within the classification of primary sedimentary structures: Journal of Sedimentary Research, v. 71, no. 5, p. 649–926, doi: 10.1306/2DC4095D–0E47–11D7–8643000102C1865D.

Perri, E., M. E. Tucker, and M. Mawson, 2013, Biotic and abiotic processes in the formation and diagenesis of Permian dolomitic stromatolites (Zechstein, NE England): Journal of Sedimentary Research, v. 83, 20 p.

Peters, K. E., C. C. Walters, and J. M. Moldowan, 2005, The biomarker guide, vol. 2: Biomarkers and isotopes in petroleum systems and Earth history: Cambridge, United Kingdom, Cambridge University Press, 704 p.

Piske, J., and H.–J. Rasch, 1998, Oil and gas distribution within the Ca2 hydrocarbon reservoirs on the southern margin of the Zechstein Basin (carbonate sand bar and platform slope facies): Geologisches Jahrbuch, v. A149, p. 255–286.

Powell, T. G., and D. M. McKirdy, 1973, Relationship between ratio of pristane to phytane, crude oil composition and geological environment in Australia: Nature Physical Science, v. 243, p. 37–39.

Purser, B. H., ed., 1973, The Persian Gulf: Holocene carbonate sedimentation and diagenesis in a shallow epicontinental sea: Berlin, Germany, Springer–Verlag, 471 p.

Reid, R. P., I. G. Macintyre, K. M. Browne, R. S. Steneck, and T. Miller, 1995, Stromatolites in the Exuma Cays, Bahamas: Uncommonly common: Facies, v. 33, p. 1–18, doi: 10.1007/BF02537442.

Roscher, M., F. Stordal, and H. Svensen, 2011, The effect of global warming and global cooling on the distribution of the latest Permian climate zones: Palaeogeography, Palaeoclimatology, Palaeoecology, v. 309, no. 3-4, p. 186-200, doi: 10.1016/j.palaeo.2011.05.042.

Seifert, W. K., and J. M. Moldowan, 1980, The effect of thermal stress on source-rock quality as measured by hopane stereochemistry: Physics and Chemistry of the Earth, v. 12, p. 229-237, doi: 10.1016/0079-1946(79)90107-1.

Seifert, W. K., and J. M Moldowan, 1986, Use of biological markers in petroleum exploration, *in* R. B. Johns, ed., Biological markers in the sedimentary record: Amsterdam, Netherlands, Elsevier, p. 261-290.

Słowakiewicz, M., and A. Gąsiewicz, 2013, Paleoclimatic imprint on the distribution and genesis of Main Dolomite (Upper Permian) petroleum source rocks in the Polish Zechstein Basin: Sedimentological and geochemical rationales, *in* A. Gąsiewicz and M. Słowakiewicz, eds., Paleozoic climatic changes: Their evolutionary and sedimentological impact: Geological Society (London) Special Publication 376, 20 p.

Słowakiewicz, M., and Z. Mikołajewski, 2011, Upper Permian Main Dolomite microbial carbonates as potential source rocks for hydrocarbons, west Poland: Marine and Petroleum Geology, v. 28, no. 8, p. 1572-1591, doi: 10.1016/j.marpetgeo.2011.04.002.

Słowakiewicz, M., H. Kiersnowski, and R. Wagner, 2009, Correlation of the Middle and Permian marine and terrestrial sedimentary sequences in Polish, German, and U.S.A. Western Interior basins with reference to global time markers: Palaeoworld, v. 18, no. 2-3, p. 193-211, doi: 10.1016/j.palwor.2009.04.009.

Smith, D. B., 1981, The Magnesian Limestone (Upper Permian) reef complex of northeastern England: SEPM Special Publication 30, p. 187-202.

Smith, D. B., 1995, Marine of Permian England: Geological Conservation Review Series, v. 8, 205 p.

Stemmerik, L., and P. Frykman, 1989, Stratigraphy and sedimentology of the Zechstein carbonates of southern Jylland: Denmark, Danmarks Geologiske Undersøgelse, v. 26, p. 5-31.

Strohmenger, C., M. Antonini, G. Jäger, K. Rockenbauch, and C.Strauss, 1996, Zechstein 2 carbonate reservoir facies distribution in relation to Zechstein sequence stratigraphy (Upper Permian, northwest Germany): An integrated approach: Bulletin des Centres de Recherches Exploration-Production Elf-Aquitaine, v. 20, p. 1-35.

Szurlies, M., 2013, Late Permian (Zechstein) magnetostratigraphy in western and central Europe, *in* A. Gąsiewicz and M. Słowakiewicz, eds., Paleozoic climatic changes: Their evolutionary and sedimentologic impact: Geological Society (London) Special Publication 376, 13 p.

Taylor, J. C. M., 1998, Upper Permian—Zechstein, *in* K. W. Glennie, ed., Petroleum geology of the North Sea: Basic concepts and recent advances, 4th ed., Oxford, United Kingdom, Blackwell Science, p. 153-190.

Tucker, M. E., 1991, Sequence stratigraphy of carbonate-evaporite basins: Models and application to the Upper Permian (Zechstein) of northeast England and adjoining North Sea: Journal of the Geological Society (London), v. 148, p. 1019-1036, doi: 10.1144/gsjgs.148.6.1019.

Williams, R. G., and M. J. Follows, 2011, Ocean dynamics and the carbon cycle: Principles and mechanisms: Cambridge, United Kingdom, Cambridge University Press, 404 p.

5

科罗拉多州 Piceance 盆地始新统 Green River 组微生物及相关碳酸盐岩的岩相、稳定同位素组成和地层演化

J. Frederick Sarg，Suriamin，Kati Tänavsuu-Milkeviciene，John D. Humphrey

摘要：在科罗拉多州西部，Piceance 盆地西缘及 Uinta 盆地东缘，始新统绿河（Green River）组湖相碳酸盐岩出露于地表，这可以从百米尺度上追踪垂向和横向相变。石灰岩层由滨湖—浅湖相的生物碎屑和鲕粒灰岩、鲕粒粒泥灰岩、内碎屑砾屑岩、叠层石、凝块石组成。在垂向上，上述岩相组成向上变深的旋回，底部为颗粒灰岩和泥粒灰岩，其上为叠层石或凝块石，顶部为细粒叠层石和/或油页岩沉积。

碳酸盐沉积物的垂向分布序列与湖泊的演化周期相关。该序列始于富含介形虫和腹足类的颗粒灰岩沉积，对应了初始的淡水湖阶段；被纹层状或粗粒黏合状叠层石覆盖的凝块石代表了过渡期咸水湖阶段，凝块石、黏合状叠层石和细粒叠层石组成的向上变深旋回厚度最大可达 5m（16ft），为湖平面频繁波动的产物；旋回上部以纹层状叠层石为主，对应了湖平面的上升。

稳定同位素 $\delta^{18}O$ 和 $\delta^{13}C$ 值分别为-8‰~0.8‰和-3‰~5‰。$\delta^{18}O$ 值指示沉积碳酸盐的水体由淡水变为咸水，在 Green River 组上部沉积时盐度发生了降低。$\delta^{13}C$ 值的负偏移与湖平面上升有关，而正偏移代表了湖平面下降。

同沉积—埋藏成岩作用改造了碳酸盐岩的孔隙。早期溶蚀作用之后，发生了埋藏压实和破裂化。压实作用和晚期方解石胶结物堵塞了原生孔隙和次生孔隙。

Piceance 盆地坐落于落基（Rock）山脉的西部。研究区位于 Douglas Creek 背斜东部，并将 Piceance 盆地（位于科罗拉多州）和 Uinta 盆地（位于犹他州）分隔开来（图 5.1）。湖相碳酸盐岩通常由非生物和/或生物作用形成，在许多方面有别于海相碳酸盐岩。与海相体系相比，气候变化原因引起的湖水化学成分变化通常在单个层序中产生更为多变的成岩潜力（Wright 等，1997；Flügel，2004）。前人的研究主要集中于 Piceance 盆地中心部位 Green River 组碳酸盐岩的地层学、沉积环境和成因（Bradley 和 Eugster，1963；Eugster 和 Surdam，1973；Lundell 和 Surdam，1975；Desborough，1978；Moncure 和 Surdam，1980；Johnson，1981；Boyer，1982；Cole，1985；Pitman，1996；Tänavsuu-Milkeviciene 和 Sarg，2012）。然而目前几乎没有专门针对 Green River 组湖泊边缘相碳酸盐岩的研究。Cole（1985）报道了 Douglas Pass 地区存在的湖泊边缘相碳酸盐岩沉积，包括泥质泥晶灰岩、藻粘结岩、介屑颗粒灰岩、鲕粒颗粒灰岩，但是此后再也没有针对这些碳酸盐岩的描述性和解释性研究。

目前对于湖相碳酸盐岩环境的产业知识尚有很大不足（Guidry 等，2009）。Douglas Creek 区 Green River 组滨湖—浅湖相碳酸盐岩为弥补上述知识缺陷提供了机会。笔者对科罗拉多西部 Douglas Pass 地区的一条剖面进行了测量，该剖面可以在百米尺度上追踪碳酸盐岩岩相的横向变化，并与附近的钻井岩心进行对比。该研究的目的包括：碳酸盐岩岩相的精细描述，认识垂向和横向上的岩相变化，利用露头及其邻近的岩心、薄片和碳氧同位素数据重建 Piceance 盆地西缘滨湖（即位于晴天浪基面以上）—浅湖相（即位于晴天浪基面和风暴浪基面之间）碳酸盐岩的古环境。这些碳酸盐岩样品的稳定同位素 $\delta^{18}O$ 和 $\delta^{13}C$ 值分别为-8‰~0.8‰和-3‰~5‰。碳氧同位素数据及其变化趋势可能会对湖盆的古水文学演化提供重要的信息。

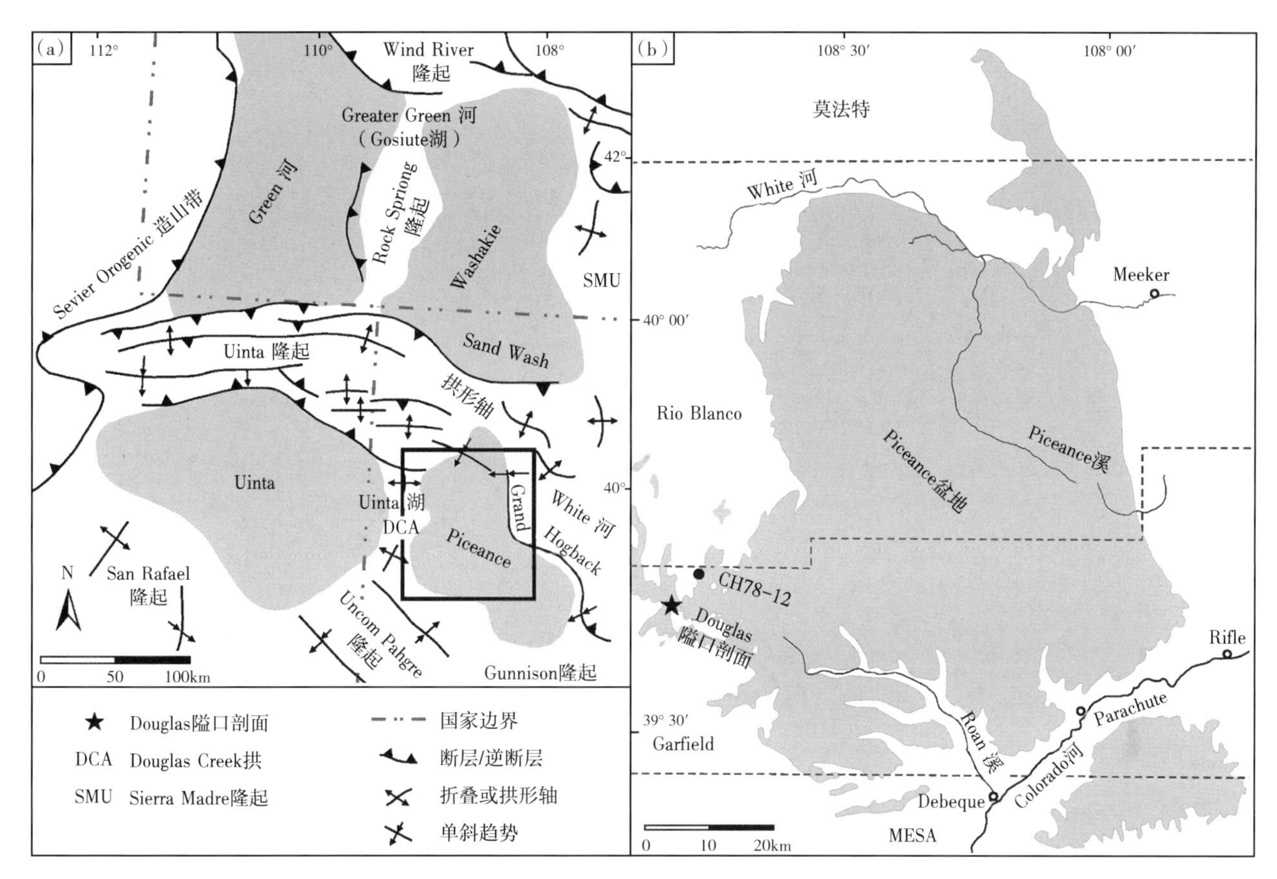

图 5.1 Piceance 盆地地质图

(a) Piceance 盆地及周边隆起的位置图 (据 Dickinson 等, 1988, 修改); (b) Piceance 盆地特写图, 展示了 Piceance 盆地的最大剥蚀残余以及研究区域 (黑色星号) 和附近钻孔 (黑色方块) 的位置

5.1 地质背景

5.1.1 Piceance 盆地的构造背景

在坎潘期, Kula 和 Farallon 洋壳俯冲至北美陆壳之下, 形成科迪勒拉褶皱逆冲带, 并最终演变为 Laramide 的落基山脉 (Young, 1995a; DeCelles, 2004)。随着科迪勒拉褶皱逆冲带向东偏移, Western Interior 盆地被分割为数个 Laramide 前陆盆地。

Piceance 盆地为上述前陆盆地中的一个, 它更靠近逆掩断层带, 并一度扮演着区域沉积圈闭的角色 (Dickinson 等, 1988)。盆地呈北西—南东向拉长状展布, 在科罗拉多州西北部面积约 6000mile^2 (15540km^2) (Young, 1995a)。盆地西北部以 Unita 山脉为界, 西部以 Douglas Creek 背斜为界, 西南部以 Uncompahgre 凸起为界, 南部以 Gunnison 凸起和 San Juan 山脉为界, 东南部以 Sawatch 凸起为界, 东部以 White River 凸起为界, 北部以 Axial 背斜为界 (图 5.1)。盆地首次沉降发生于晚白垩世—古近纪, 与 Uncompahgre 凸起和 Douglas Creek 背斜的抬升同期 (Young, 1995a)。

5.1.2 Piceance 盆地始新统地层学

在早始新世, Piceance 盆地为一永久性淡水或微咸水—咸水湖 (Young, 1995b)。湖盆内发育油页岩、含介形虫的石灰岩、含软体动物的砂岩以及富有机质的页岩, 与湖盆周边的薄煤层及硅质碎屑岩呈互层分布。早始新世晚期至中始新世, 水流注入加大导致湖平面上升, 使 3 个湖区 [大绿河 (Great Green River) 盆地、Piceance 盆地和 Uinta 盆地] 合为一个 (Young, 1995b; Johnson 等, 2010)。人们熟知的 Mahogany 带富有机质油页岩即形成于该时期 (Johnson 等, 2010)。始新世地层从老至新可划分为 Wasatch 组、

Green River 组、Uinta 组（图 5.2）。

5.1.2.1 Wasatch 组

Wasatch 组主要为冲积成因，厚度可达 2000m（6600ft）。下部 200~600m（660~1920ft）为河流相和沼泽相沉积，由灰色砂岩和粉砂岩透镜体、褐色砂岩透镜体夹杂灰色和红色泥岩、少量淡水石灰岩透镜体、灰质页岩和褐煤组成（Young，1995b）；中部 150m（492ft）为厚层、细粒—粗粒河道砂岩与泥岩互层，并向盆地中心横向演变为粉砂岩和泥岩（Young，1995b）。上部 1200m（3900ft）为紫色和灰色泥晶灰岩，并伴生砂岩透镜体和火山灰。Wasatch 组顶部为含软体动物化石的 Cow Ridge 段在 Unita 盆地称作绿河（Green River）舌，代表了局部小范围内的湖泊沉积体系，该段与其下部的河流相沉积呈指状穿插接触（图 5.2）。

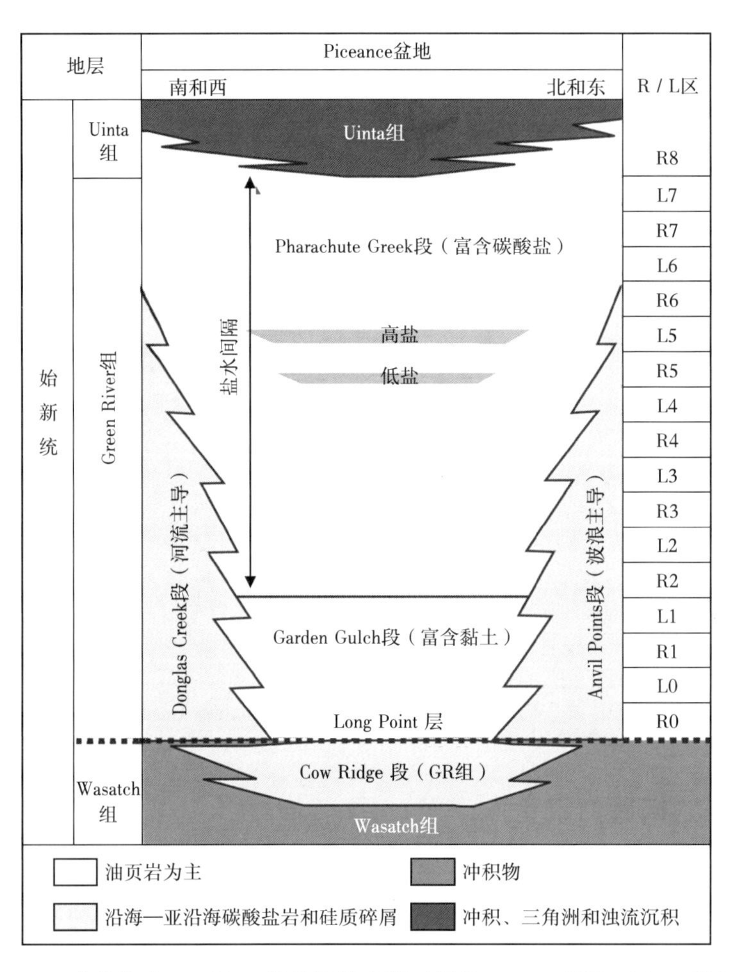

图 5.2 Piceance 盆地的 Green River 组地层综合图（据 Tänavsuu-Milkeviciene 和 Sarg，2012）
（W、S、N 和 E 分别指盆地西部、南部、北部和东部；R—富油页岩带；L—贫油页岩带）

5.1.2.2 Green River 组

Green River 组是 Piceance 盆地最重要的层段之一，发育世界上最大的油页岩沉积物，石油地质储量约 1.5×10^{12}bbl。

Green River 组的沉积作用发生在 Unita 湖和 Gosiute 湖这两个大型湖泊中。Gosiute 湖占据了 Great Green River 盆地在怀俄明州的部分，而 Unita 湖涵盖了 Great Green River 盆地在犹他州和科罗拉多州西部的大部分区域。作为连接 Unitashanmai 和 Uncompahgre 高原的正向单元，Douglas Creek 背斜将 Unita 湖一分为二，即犹他州的 Uinta 盆地和科罗拉多州的 Piceance 盆地（图 5.1）（Moncure 和 Surdam，1980；Cole，1985；Young，1995a）。湖平面下降时，该背斜为一低起伏的正向地形单元。湖平面上升时，背斜区域为浅滩环境，沉积了碳酸盐沉积物。

Piceance 盆地 Green River 组记录了开放—封闭—开放的水文学条件（Smith 等，2008）。Green River 组厚度约 1000m（3300ft），由粉砂岩、砂岩、富有机质的泥岩和泥晶灰岩（例如油页岩）、蒸发岩和浅水碳酸盐岩组成。

在 Douglas Creek 背斜区，Green River 组主要有湖泊边缘相的泥晶灰岩、泥晶白云岩、藻粘结岩、鲕粒颗粒灰岩、豆粒灰岩、泥岩和砂岩组成（图 5.3）（Moncure 和 Surdam，1980；Cole，1985）。Green River 组可分为 4 段（Johnson 等，2010），分别为湖泊西缘的 Douglas Creek 段、湖泊东缘 Anvil Points 段、Garden

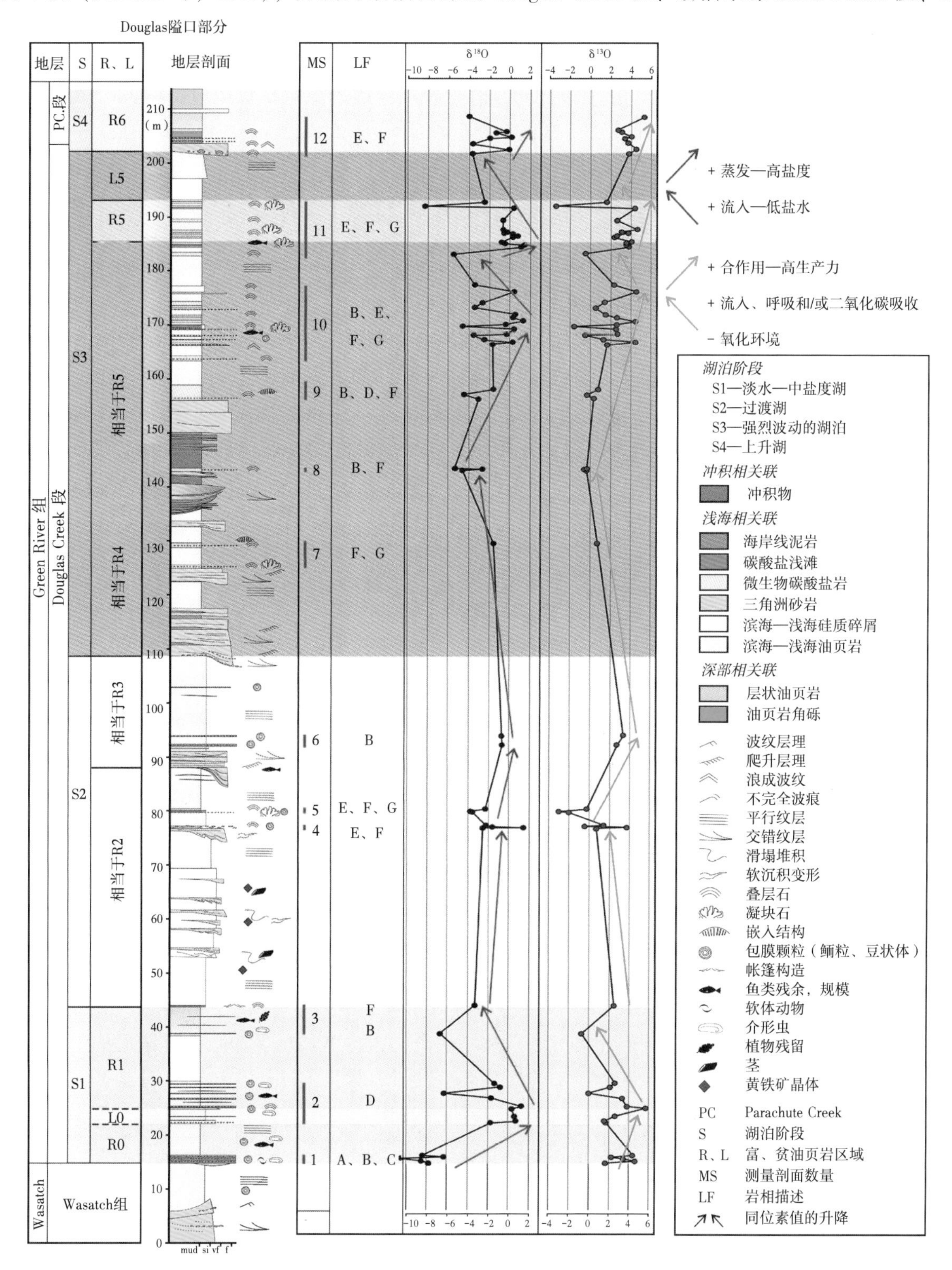

图 5.3 Douglas 隘口地层剖面测量剖面（MS）综合柱状图、富有机质（R）和贫有机质的区域（L）、岩相 A-G 的描述（LF）及沉积构造

本研究中的碳酸盐岩发育在湖泊阶段（据 Tänavsuu-Milkeviciene 和 Sarg，2012）；以及相对于 Douglas 隘口地区地层位置的 $\delta^{18}O$ 和 $\delta^{13}C$ 同位素组成图

Gulch 段、Parachute Creek 段（图 5.2）。Douglas Creek 段和 Anvil Points 段主要为河流相—浪成砂岩与浅水碳酸盐岩、油页岩互层（Roehler，1974；Johnson 等，2010；Tänavsuu-Milkeviciene 和 Sarg，2012）。Garden Gulch 段的岩性主要为纹层状湖相油页岩和泥晶灰岩，含淡水生物化石。Parachute Creek 段由富含有机质的泥晶灰岩、粉砂岩和砂岩、蒸发岩（如石盐、苏打石、片钠铝石）组成。在 Douglas Creek 背斜区仅发育 Douglas Creek 段和 Parachute Creek 段，最大厚度约 400m（1300ft）（Johnson 等，2010）。

5.1.2.3 Uinta 组

中始新统 Uinta 组由厚层—块状、分选很差的河道砂岩及泛滥平原沉积物组成。Uinta 组覆盖在 Green River 组之上并与其最上部呈舌状穿插关系，总厚度大于 490m（1608ft）（Young，1995b；Johnson 等，2010）。

5.2 方法

野外数据从一个 205m（705ft）Green River 组露头剖面（图 5.3）获得。本次研究对 Douglas 剖面碳酸盐岩发育段进行了厘米级尺度的精细描述（图 5.3；MS），总计描述了 12 个碳酸盐岩段，取样 69 块。另外，对每一个碳酸盐岩单元进行了几十至几百米范围的追踪和填图，目的是记录岩相的侧向变化。为了对碳酸盐岩岩相开展对比研究，还观察了 Douglas Pass 地区一口钻井的岩心（岩心保存在 Lakewood USGS 岩心库）并进行了取样。

利用露头样品磨制了 69 片蓝色铸体薄片，并用茜素红染色以区分方解石和白云石。利用标准透射光岩相学方法观察岩石的成岩作用特征。微观照片使用与 LABOPHOT2-POL 尼康透射光显微镜连接的 Leica EC3 型照相机拍摄，并对薄片的矿物学、岩石结构、颗粒类型及成岩作用等岩相学特征进行了记录和精细描述。

根据 Flügel（2004）的定义对主要碳酸盐颗粒、碳酸盐似球粒的成因和识别标志、鲕粒的结构和类型、压溶作用的类型、胶结物的类型和胶结物的组构进行了分类。白云石的结构分类按照 Friedman（1965）定义的晶体结构进行。

在岩石学描述基础上，根据岩相在垂向剖面上的变化选取用于地球化学测试的样品。从岩石薄片样品上利用微钻钻取了 32 件粉末样品。样品的处理和测试在科罗拉多矿业学院稳定同位素实验室进行。

称取 90~120μg 的 $CaCO_3$ 样品进行稳定碳氧同位素分析。将粉末样品置于 GV Instruments MultiPrep 处理装置中，在 90℃条件下与 100%磷酸进行在线反应。反应产生的 CO_2 气体经低温净化后送至 GV Instruments IsoPrime 稳定同位素比质谱仪进行分析。利用 Craig（1957）方法对 ^{17}O 的贡献进行校正，数据以 VPDB 标准表示。碳、氧同位素数据精度分别是 0.01‰和 0.03‰。

5.3 碳酸盐岩岩相分析

基于颗粒类型及结构、中型—宏观组构识别出 7 种碳酸盐岩岩相。根据 Gierlowski-Kordesch（2010）湖相碳酸盐岩相分类方案，上述 7 种岩相可归为两类相组合：根据 Wright（1992）修改后的 Dunham 灰岩分类方案对沉积结构的表述，相组合 1 为湖泊边缘相碳酸盐岩；根据 Riding（2000）分类方案，相组合 2 为湖泊相微生物碳酸盐岩。这里采用 Gierlowski-Kordesch（2010）分类方案的原因在于，它可以对湖泊边缘沉积环境中的微生物碳酸盐岩和非微生物碳酸盐岩进行简单的区分。

5.3.1 相组合 1：湖泊边缘相碳酸盐岩

湖泊边缘相碳酸盐岩由 5 类岩相组成：岩相 A 为生物碎屑—鲕粒—石英颗粒灰岩；岩相 B 为鲕粒—似球粒泥粒灰岩或颗粒灰岩；岩相 C 为生物碎屑颗粒灰岩；岩相 D 为生物碎屑—鲕粒泥粒灰岩；岩相 E 为内碎屑砾岩。

5.3.1.1 岩相 A：生物碎屑—鲕粒—石英颗粒灰岩

岩相 A 位于 Green River 组剖面的下部，并与生物碎屑颗粒灰岩和鲕粒泥粒灰岩或颗粒灰岩伴生

(图 5.4)。该类岩相由灰色—黑色生物碎屑、鲕粒、石英颗粒灰岩层组成，单层厚度通常约 5cm（2in）。生物化石主要为破碎和完整的腹足类（*Turritella* sp.），并有少量双壳类散布于整个单元。破碎的生物碎屑以及鲕粒的存在表明该类岩相形成于高能环境。偶见黑色煤屑，但数量稀少。绝大多数分选好的、紧密排列的鲕粒组成厚约 2cm（0.8in）的薄层，穿插于富石英层之间。多数颗粒的粒径小于 1mm（0.04in），但石英颗粒大小可以从小于 1mm（0.04in）至几毫米。鲕粒呈似球状—球状，石英颗粒为次棱角状—棱角状。孔隙类型以铸模孔和粒间孔为主，总孔隙度低于 5%。岩相 A 与上、下岩相的界线不明显—明显。

薄片下可见大量的非包裹和包裹颗粒。非包裹颗粒包括他形石英颗粒、腹足类、介形虫和双壳类（约 50%；图 5.4），包裹颗粒以鲕粒为主，绝大多数鲕粒的核心为他形石英（约 40%），另有少量（约 10%）鲕粒的核心为介形虫碎屑和似球粒。鲕粒的形态通常为不规则状、拉长状和球状。绝大多数鲕粒遭受过变形和扰动、挤压并连在一起。颗粒接触关系包括微弱接触、凹凸接触和缝合接触。另外，还存在少量（<5%）不规则泥晶颗粒。颗粒分选差，呈紧密排列。包裹颗粒之间为泥晶基质，而非包裹颗粒之间为嵌晶和亮晶胶结物。

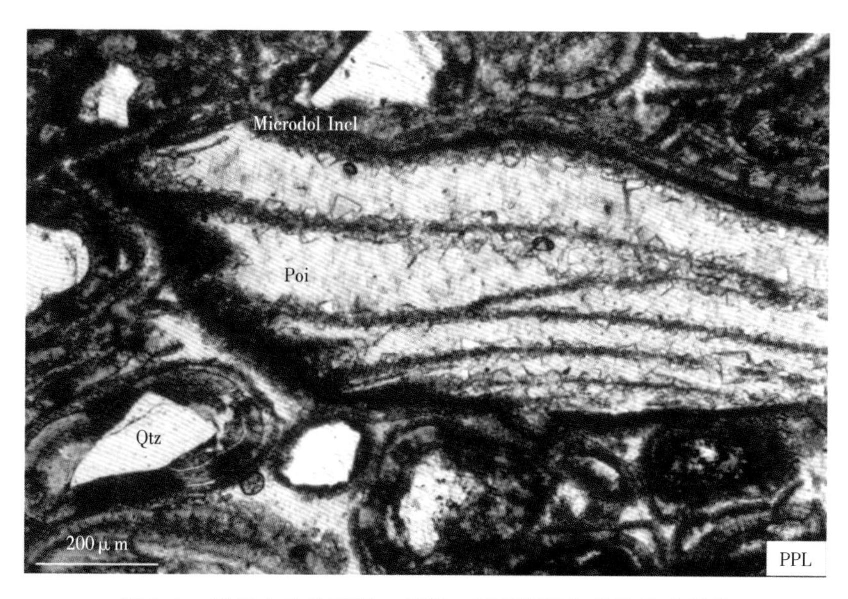

图 5.4　岩相 A 生物碎屑—鲕粒—石英颗粒灰岩的微观照片

双壳类碎屑被溶蚀，后被含微晶白云石包裹体（Microdol Incl）的嵌晶方解石胶结物（Poi）充填；白云石包裹体指示原始矿物相为高镁方解石；注意被包覆的他形石英颗粒（Qtz）；PPL—单偏光

颗粒灰岩指示沉积作用发生于高能水动力条件下，石英颗粒可能是由溪流搬运而来，而后被包裹进鲕粒中。大量次棱角状—棱角状的未被包裹的石英颗粒和煤屑表明沉积作用紧邻靠陆一侧物源区。岩相 A 解释为滨湖带上部（即临滨带上部）沉积，有可能紧邻河流入湖的区域。

5.3.1.2　岩相 B：鲕粒—似球粒泥粒灰岩或颗粒灰岩

岩相 B 分布于 Green River 组中下部，向上数量变少，由深橘黄色、黄白色、淡橘色—浅褐色以及灰色鲕粒泥粒灰岩或颗粒灰岩组成，层厚变化大［4~45cm（1.6~18in）］（图 5.5a）。碳酸盐颗粒主要由似球状—球状鲕粒和表鲕组成，豆粒和似球粒不常见。另外，在一特别的鲕粒泥粒灰岩—颗粒灰岩层中散布腹足类（包括平旋形和圆锥形）化石。鲕粒呈紧密排列，通常具有破碎的核心。鲕粒的大小为小于 1mm 至 2mm（0.02~0.04in），分选中等—好。在某一特别的层中，鲕粒粘结在一起形成复合颗粒（aggregate grain）。在该类岩相中存在少量重荷模（图 5.5c）、交错纹层、泥盖和逆粒序（图 5.5d）。孔隙类型以粒间孔和鲕模孔为主。该类岩相与岩相 A、岩相 C、岩相 D 或岩相 F 具有清晰的界线。

薄片观察显示岩相 B 中存在大量鲕粒、表鲕及似球粒。脑状鲕粒、复合颗粒、泥晶化鲕粒、不对称鲕粒和石英颗粒也存在，但含量低。泥晶灰岩在局部分布。许多鲕粒的核心为腹足类、似球粒或石英颗粒。在许多情况下，鲕粒的同心纹层为交替分布的泥晶方解石和微晶方解石，染色之后可以辨认。具有褶皱的同心纹层为微生物成因（图 5.6a）。在几个地方，鲕粒和腹足类碎屑或鱼齿共生（图 5.6b、c）。分

图 5.5　岩相 B 的照片

(a) 鲕粒灰岩；(b) 鲕粒粘结岩至含有腹足类动物颗粒灰岩（插图为平面螺旋腹足类动物）；(c) 在底面有负荷沉积结构的颗粒灰岩；(d) 泥质披盖（黑色箭头）和反粒序特征（白色箭头）的鲕粒粘结岩或颗粒灰岩

选中等—好的颗粒通常呈似球状—球状，大小为 10μm～2mm（0.08in）。有些情况下，鲕粒的分选形成纹层构造。变形鲕、扰动鲕、纹层变形鲕、破裂鲕也有发育。多数颗粒呈紧密排列，颗粒之间的接触关系为微弱接触、缝合接触和凹凸接触（图 5.6d 至 f）。孔隙类型包括原生孔隙和成岩过程中形成的次生孔隙，孔隙度为 2%～20%。孔隙类型包括粒间孔、铸模孔、裂缝和晶间孔。

逆粒序、交错纹层和泥盖（指示渐弱流）的存在指示了中—高能环境。这类岩相中分选中等—好的鲕粒为高能沉积物。不对称鲕粒和复合颗粒指示了低能、滩后环境，该环境因存在周期性的水体扰动而使微生物粘结作用得以发生（Flügel，2004）。同心纹层褶皱的鲕粒有可能为有机调制成因。根据岩石特征、沉积构造和微观观察，认为岩相 B 沉积于滨湖带上部，与 Cohen 和 Thouin（1987）报道的非洲 Tanganyika 湖实例类似。

5.3.1.3　岩相 C：生物碎屑颗粒灰岩

与岩相 A 类似，岩相 C 仅分布于 Green River 组下部，并与岩相 A 和岩相 B 共生。岩相 C 由一层厚约 20cm（8in）、不具沉积构造、胶结强烈的生物碎屑灰岩层组成，该灰岩层被岩相 B（鲕粒泥粒灰岩或颗粒灰岩）包绕（图 5.7a），含大量腹足类和双壳类壳体化石［平均大小在 2cm（0.8in）以下］。岩相 C 呈灰黑色，指示了还原环境。生物碎屑一般为中等—完全破碎、分选中等、紧密排列。

薄片分析表明，生物碎屑类型以双壳类壳体（<60%）、高螺旋腹足类（<30%）和介形虫为主（<10%）。绝大多数双壳类壳体发生破碎、呈扁平状、焊接接触、平行于层理面。这些生物碎屑呈紧密排列。裂缝未被充填，其孔隙度小于 2%。该类岩相中发育大量嵌晶方解石胶结物。

生物碎屑的磨蚀程度和中等分选性表明这些岩相 C 沉积于适中能量环境中，与 McGlue（2010）报道的现代滨岸相沉积物类似。岩相 C 可能是周期性的再造和搬运、细粒沉积物去除引起的之后浓度这两种因素的双重作用形成的，而不是风暴事件的产物（Cohen 和 Thouin，1987；Flügel，2004）。根据这些特征，将岩相 C 的沉积环境解释为滨湖带上部（即临滨带上部）。

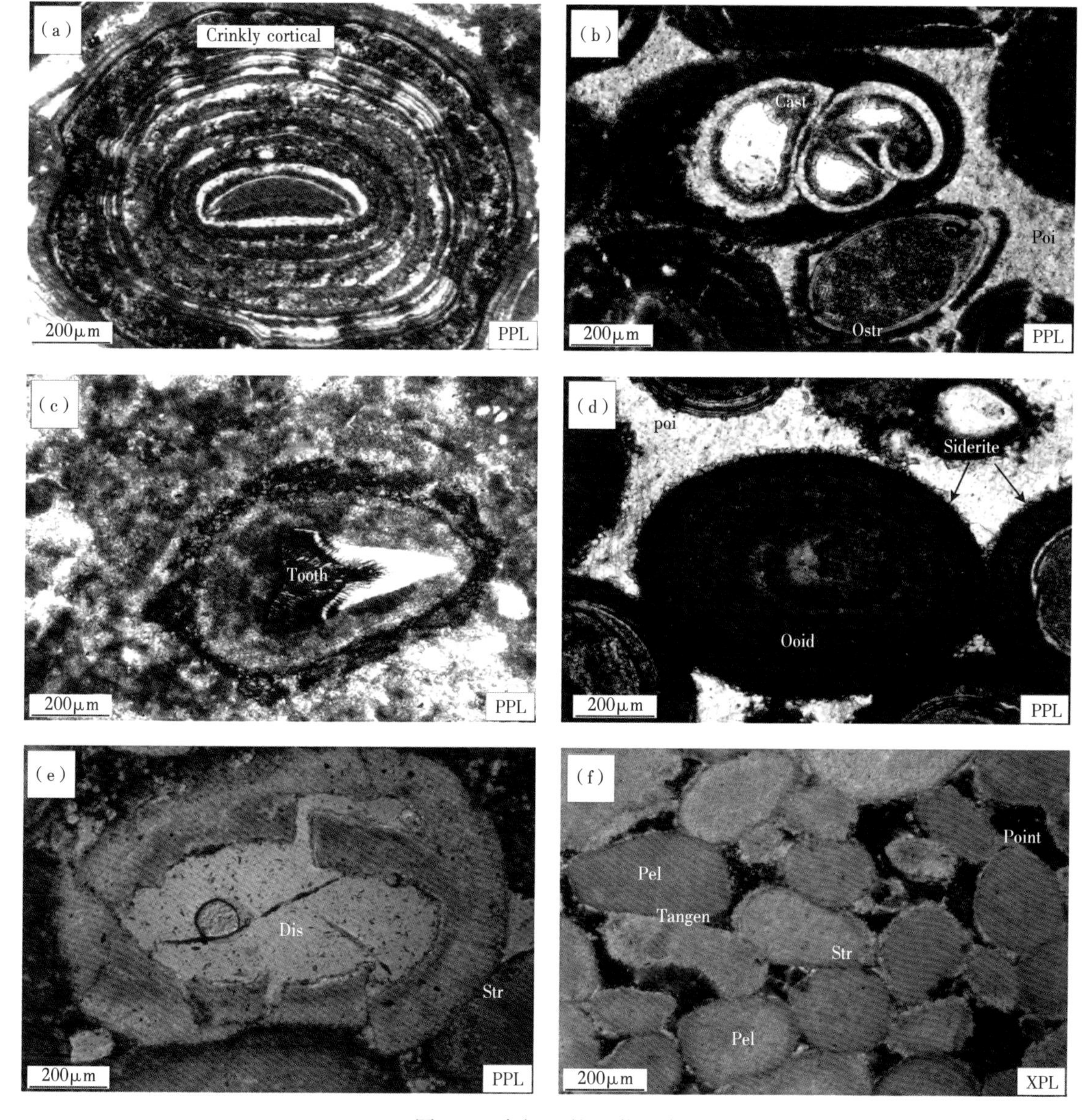

图 5.6 岩相 B 的显微照片

(a) 纹层状，核心位置为介形虫（Ostr）碎屑，需要注意的是一些纹层被点状方解石充填；(b) 溶解的腹足类动物壳（Gast）保存为臼齿孔，注意在生物孔隙和颗粒间孔隙中，发现了针状方解石胶结物（Poi）；(c) 以鱼牙（Tooth）为核心漂浮在微晶基质中的薄层椭圆体，需要注意的是内部结构已显微化了；(d) 带有保存皮质结构痕迹的微粒化类似物（Ooid），注意叶状至菱形菱铁矿胶结物镶边颗粒（黑箭头），多晶方解石胶结物填充颗粒间孔隙 (e) 显微化的类似组织（Dis）的部分溶解，注意缝合接触（Str）和破碎的颗粒表明了这种溶解过程；(f) 压实的胶体（Pel）导致多种类型的颗粒接触，包括缝合线（Str）、切线（Tangen）和点接触（Point）；PPL 为单偏光，XPL 为正交偏光

5.3.1.4 岩相 D：生物碎屑—鲕粒粒泥灰岩

岩相 D 主要分布在 Green River 组的最下部，由浅橘黄色—中黄褐色或淡橘黄色、块状、均一的灰泥组成，含有 5%～15%的似球状鲕粒。单层厚度为 5～30cm（2～12in），发育波痕构造。鲕粒的直径可达 1mm（0.04in）。双壳类碎屑稀少。存在生物（可能为 *Skolithos*）潜穴，但非常稀少（图 5.7b）。与上、下岩层界线明显。

在薄片中，可见中等—极其扁平状介形虫硬壳及泥晶颗粒，含量约 50%，大小可达 0.1mm（0.004in）（图 5.7c、d）。扁平状介形虫颗粒与不规则状灰泥纹层伴生，后者悬垂于颗粒之上形成平行于层理的纹层（图 5.7c）。铸模孔偶有保存。总体上，铸模孔和裂缝孔隙度为 2%～5%。孔隙多数被亮晶方解石胶结物充填。

灰泥基质及平行纹层的存在表明，岩相 D 的沉积发生在比岩相 A、岩相 B、岩相 C 更深的水体环境中，但是波痕表明沉积作用发生在晴天浪基面之上。介形虫和灰泥为岩相 D 中的主要组分，说明沉积作用发生于滨湖带下部（即临滨带下部）。

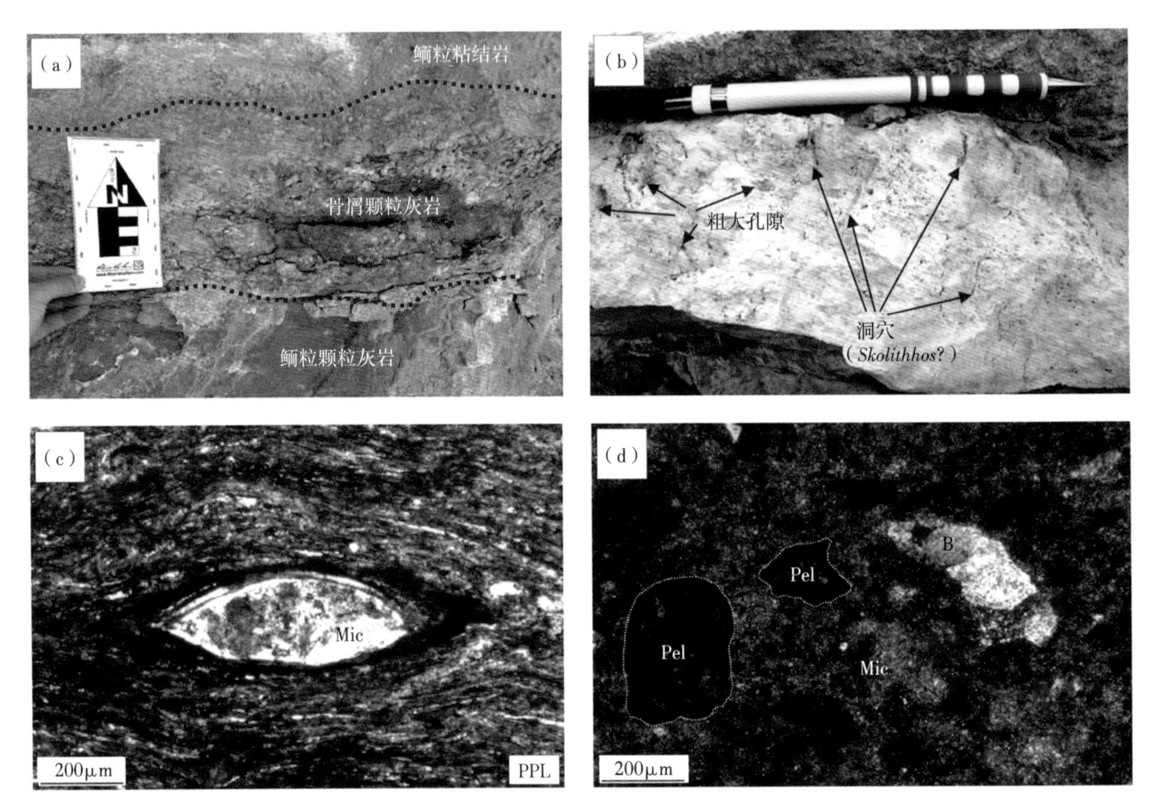

图 5.7　岩相 C 和岩相 D 的显微照片

（a）岩相 C 中碎屑岩的显微照片；（b）生物鲕粒，可能含有 *Skolithos* 洞穴和疏松孔隙；（c）岩相 D 中微晶基质及被变形介形体叠置包裹的显微照片；（d）岩相 D 中，瘤状物附着在微晶基质（Mic）上，可以看到两个作为实例的瘤状物（Pel），它们被勾勒出外形与其他可见的漂浮在基质之上，块状方解石（B）堵塞了孔洞；PPL 为单偏光

5.3.1.5　岩相 E：内碎屑砾岩

岩相 E 分布于 Green River 组的下部、中部和上部，由颗粒支撑的内碎屑砾岩组成［5～20cm（2～8in）；图 5.8a）］，颜色范围为浅橘黄色、深橘黄色、黄白色至浅棕黄色。内碎屑分选差、紧密排列，形状为扁平卵石状至具有锋利边缘的管状。内碎屑以角砾状叠层石、泥岩和砂岩的砾屑为主，粒度为几毫米至几十厘米。该类岩相绝大多数因下列因素变得稳定：沉积于叠层石之上（图 5.8b）、充填于叠层石穹隆之间（图 5.8c）、或者作为叠层石的核心（图 5.8d）。孔隙为粒间孔或铸模孔。该类岩相与硅质碎屑岩之间界线明显，与粘结状叠层石的界线通常也很明显。

该类岩相中的颗粒包括扁平鹅卵石状内碎屑、石英砂、表鲕、似球粒、包粒和泥晶化颗粒。有时存在复合颗粒、不对称鲕粒以及石英砂为核心的鲕粒。这些颗粒的大小从小于 1mm（0.04in）至 2cm（0.8in）。在许多地方，泥晶化颗粒显示了明显的丝状和凝块组构。具有丝状组构的泥晶化颗粒具有不规则的窗格孔，并捕集和粘接细粒石英碎屑。裂缝和晶间孔中充填大量的嵌晶和块状胶结物（图 5.8e 至 h）。具有凝块组构的泥晶化颗粒的溶蚀形成铸模孔和晶洞。另外，白云石化作用期间还形成晶间孔。同时，白云石胶结物充填部分孔隙。

岩相 E 中不同大小的颗粒呈随机排列且层厚不一，因此看上去很杂乱，这是再造沉积物的典型特征，有可能是风暴事件引起的（Flügel，2004）。岩相 E 位于微生物岩的上部，且存在叠层石碎块，表明形成于波浪和风暴影响下的动荡环境。根据上述特征，将岩相 E 解释为风暴浪基面以上、晴天浪基面范围内的沉积（即中—下临滨带）。

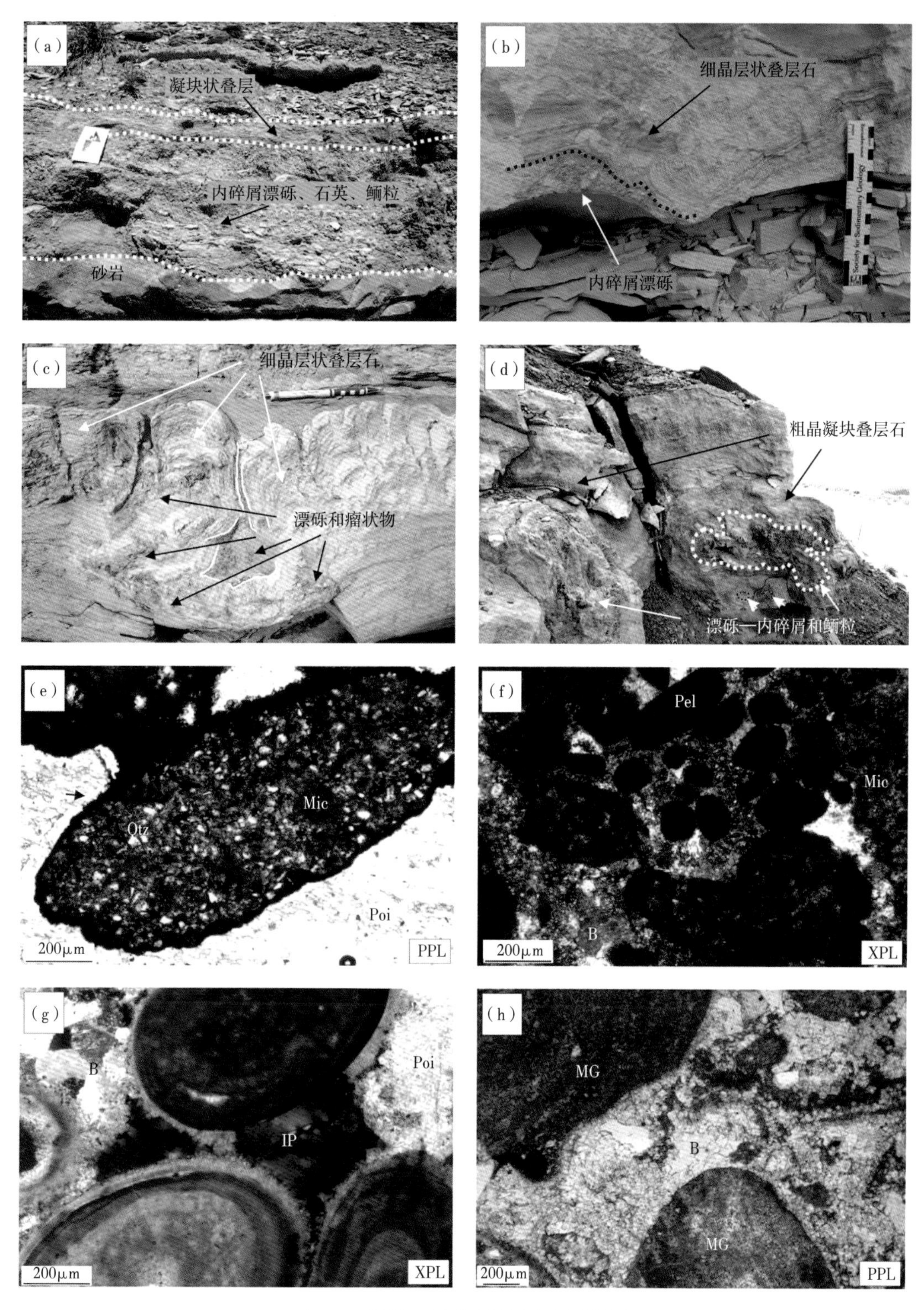

图 5.8　岩相 E 的宏观照片和显微照片

(a) 棱角内碎屑岩，显示出角砾状的漂砾碎屑被粗晶胶结叠层石覆盖，随后是油页岩；(b) 棱角内碎屑岩，由砾石碎屑和小瘤状物组成，并被细晶胶结叠层石覆盖；(c) 叠层石穹顶之间的碎屑充填区域且与上部硅质碎屑泥岩突变接触；(d) 以内碎屑为核心的粗胶质叠层石被油页岩快速覆盖；(e) 扁平状砾石碎屑，由漂浮在微晶基质（Mic）中的细四面体石英（Qtz）组成，注意在颗粒和孔隙中填充的微晶胶结物；(f) 漂浮在微晶基质（Mic）中各种大小的瘤状物，注意内碎屑（B）填充了颗粒间的孔；(g) 微晶化鲕粒保留的皮层结构的痕迹，注意块状和嵌晶胶结物填充了颗粒间的孔；(h) 不规则的晶粒（MG）和块状胶结物（B）充填了粒间孔隙；PPL—单偏光，XPL—正交偏光

5.3.2 相组合 2：湖相微生物碳酸盐岩

微生物碳酸盐岩包括叠层石、凝块石以及其他类型的钙化微生物，自太古宙以来就具有特殊的构造（Riding，2000）。在微生物碳酸盐岩中存在有机沉积构造和微生物调制下的矿化作用（包括生物作用引起的矿化作用和生物作用影响的矿化作用）。微生物碳酸盐岩的形成不仅与生物（包括微生物）作用相关，而且需要适当的 $CaCO_3$ 饱和度（Burne 和 Moore，1987；Riding，2000，2006；Dupraz 等，2009；Perri 和 Spadafora，2011）。相关的微生物包括细菌、藻类和真菌、原生动物（Riding，2000）。这类微生物多数附着于沉积物—水体界面上，并在浅水氧化环境中因光合作用而繁盛。微生物产生的黏液形成碳酸盐沉积物的底基，并可防止后者被水流冲走。微生物碳酸盐岩形成过程中的主要作用包括捕集、粘接和沉淀。Reid 等（2000）的研究表明，在现代海相叠层石中，每期沉积作用都与丝状蓝细菌伴生，蓝细菌活动间断期，细菌发生腐烂并形成微晶碳酸盐薄壳。如果间断期很长，则形成微生物群落，包括球状蓝细菌，后者形成较厚的石化纹层。Dupraz 等（2004）在 Eleuthera 地区（巴哈马）某碱性湖泊中发现，细胞外聚合物生物膜持续被高镁方解石交代，硫酸盐还原反应使水体碱性增加，促进了 $CaCO_3$ 的沉淀。

许多学者对微生物碳酸盐岩这一术语进行了建议（Chafetz 和 Guidry，1999；Riding，2000；Shapiro，2000；Flügel，2004；Bridge 和 Demicco，2008；Rainey 和 Jones，2009）。微生物碳酸盐岩的识别主要基于其中型结构（内部组构）（指示其可能的成因）和宏观结构（微生物的形态，例如纹层状、凝块状、枝状、隐晶质），它们决定了微生物碳酸盐岩的种类（Riding，2000）。本次研究识别出两类微生物碳酸盐岩岩相：岩相 F 为叠层石、岩相 G 为凝块石。

5.3.2.1 岩相 F：叠层石

Bridge 和 Demicco（2008）将叠层石定义为由毫米级向上凸起的整合纹层组成（纹层成分通常为均一的灰泥）并具有可识别边界的复杂原地构造。另外，叠层石还可以简单定义为纹层状的底栖微生物沉积物（Riding，2000）。根据其成因、成分和纹层的特点，本次研究中将叠层石分为骨架叠层石、凝块状叠层石和细粒叠层石三类。骨架叠层石由原地生物（蓝细菌和藻类）的生物化学钙化作用形成，以生物膜、捕集颗粒、早期胶结物、骨架核形石及微体化石的存在为特征（Riding，2000；Flügel，2004）。凝块状叠层石是泥级—砾级沉积物被捕集、粘结和沉淀形成的（Riding，2000；Flügel，2004）。细粒叠层石发育非常明显的纹层，纹层是由于周期性的沉积作用和细粒沉积物的捕集形成的。

岩相 F 由薄层、具有平行且向上凸起的纹层、边界清晰的碳酸盐岩组成［厚度为几毫米至 10mm（0.4in）］。Douglas Pass 地区的叠层石沉积物可分为 3 种类型：（1）凝块状叠层石（图 5.9a），（2）凝块状—枝状叠层石（枝状构造为厘米级的树状或灌木状组构，一般是钙质微生物引起的）（图 5.9b 至 e），（3）细粒叠层石（图 5.10）。

1）亚相 F1：凝块状叠层石

凝块状叠层石由浅灰色、灰色、浅棕黄色、淡橘黄色以及橘黄色的粗粒沉积物组成，并具有不规则的纹层。该类叠层石在侧向上呈相连的半球状排列，具有空的穹隆（LLH-SH，据 Kruger，1969；Flügel，2004）（图 5.9a）。在有些地方，该类叠层石在侧向上逐渐过渡为凝块状—枝状叠层石（图 5.9b）。成分上多为粗砂级内碎屑、似球粒和石英砂。有时能观察到诸如斑驳色之类的成岩特征。孔隙类型以粒间孔、窗格孔和晶洞为主，铸模孔较少见，仅发现于叠层石顶部空间被包覆颗粒充填的区域。粗粒、具不规则纹层的叠层石可能为粗粒沉积物供给的结果（Riding，2000）。另一种解释是，它们为不规则和不一致的生长造成的（Riding，2000）。在有些地方，这类叠层石横向上逐渐过渡为岩相 B 鲕粒泥粒灰岩—颗粒灰岩（图 5.11）。

2）亚相 F2：凝块状—枝状叠层石

凝块状—枝状叠层石由间互分布的枝状和粗粒凝块状的纹层组成（图 5.9b 至 d）。该类叠层石多数呈穹隆状，仅在有些地方呈层状。单个穹隆的高度及直径为 1~1.5m（3.3~5ft）（图 5.9c），颜色为灰色—单黄褐色—淡黄色。枝状叠层石发育毫米级至厘米级厚的灌木状构造（图 5.9b）。叠层石中的枝状组构通常是微生物的钙化作用形成的（Riding，2000）。孔隙度高，以晶洞、粒间孔和窗格孔为主（图 5.9d）。

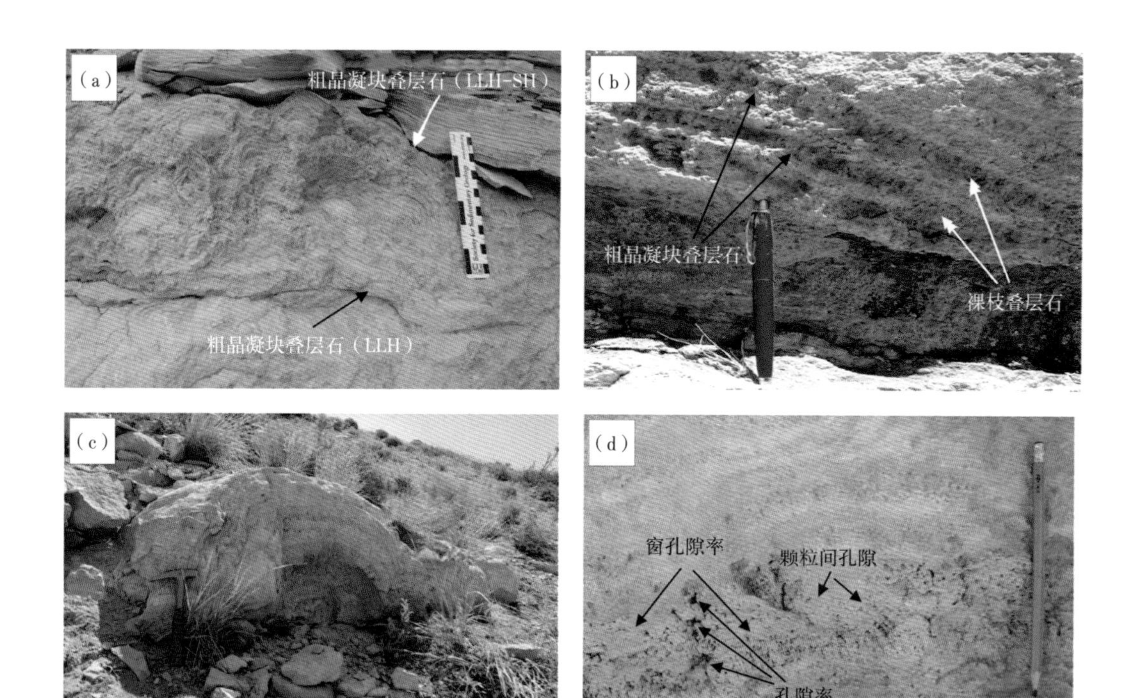

图 5.9　岩相 F 的照片

（a）凝块叠层石（岩相 F1）显示 LLH-SH 的混合几何形态；（b）凝结的树杈状叠层石（岩相 F2）显示出树突石和粗晶凝结的叠层石的交替；（c）球形的叠层石由枝晶状与粗晶凝结的叠层石（岩相 F2）交替而成，并被细晶叠层石覆盖；（d）凝结枝晶叠层石的灌木状组构（岩相 F2）具有粒间、窗孔和溶洞孔隙；（e）在 MS-9 位置发现嵌晶结构和叠层石（照片由 Tänavsuu-Milkeviciene 提供），原地叠层石碎片的斜视图显示了未填充的瓶状埋置腔

某些穹隆状叠层石包含垂直并穿过纹层的“管道”。这类嵌入构造（图 5.9e）与 Lamond 和 Tapanila（2003）报道的怀俄明州 Washakie 盆地 Green River 组以及肯尼亚 Turkana 盆地 Nachukui 组和 Koobi Fora 组湖相叠层石相似，为生物扰动成因或为生物潜穴。

3）亚相 F3：细粒叠层石

细粒叠层石为平直—波状纹层（图 5.10），低起伏、侧向相连、紧密排列的半球状（LLH-C）集合体和侧向相连的半球体与紧密堆积的半球体（SH-C）组成的集合体，其颜色为浅褐色—橘黄色或褐色—淡黄色。纹层呈波状，厚度不足几毫米，单个纹层的横向延伸可达几米至几十米。该类叠层石的顶部较平缓，起伏不足几十厘米。平直的、低起伏的、侧向相连的半球状表明叠层石形成于深水环境（Logan 等，1964；Kruger，1969；Cohen 等，1997；Flügel，2004；Ozkan 等，2010）。一般认为，在深水环境下，随着光照强度减弱和水流速度变缓，微生物发生侧向生长以获得最大的表面积来进行有效的进食和光合作用。在这样的条件下，横向生长速率大于垂向生长速率，从而形成侧向相连的半球状纹层叠层石。相反，加积型半球状叠层石形成于浅水环境，由于充足的光照和营养，垂向生长速率大于横向生长速率（亚相 F1 和亚相 F2）。

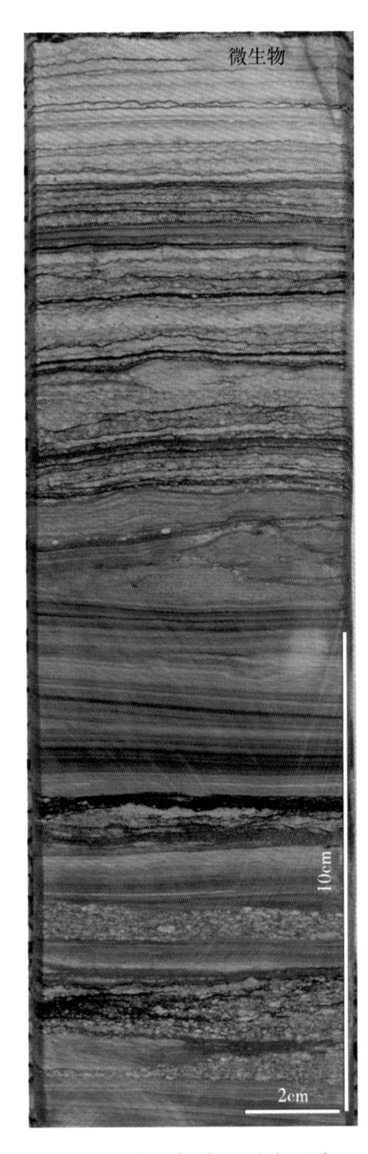

图 5.10 岩心部分显示出近滨至浅—深层细晶叠层石（亚相 F3）

薄片观察发现，两类层状微组构导致了该类岩相中的纹层。（1）纹层状微组构，其以厚度不一的微层为特征，由至少两种在结构和成分上不同的纹层间互分布形成（图 5.12a 至 c）；例如，致密和凝块的微晶、微晶和钙质微晶、微晶层状窗格和钙质微晶的交替，以及深色和浅色薄层的交互。（2）排列良好与排列不良的窗格孔的多次发育（图 5.12d 至 f）。

纹层状窗格构造在镜下可分为 3 个亚类，并与细丝状、致密或斑驳状的泥晶有关。这 3 个亚类是根据 Tebbutt 等（1965）提出的排列和形状划分的。第一亚类 LF-A 通常为泥晶拉长状水平窗格（图 5.12d）；第二亚类 LF-B1 最常见，具有不规则的纹层窗格微组构及最低的碎屑含量（图 5.12e）；第三亚类 LF-B2 为纹层状—不规则纹层状窗格，并具有高的碎屑含量（图 5.12f）。在有些薄片中还发现了枝状生物骨架及指状纹层。枝状纹层之间的区域通常被分选很差的球状似球粒、细—粗粒他形石英颗粒、cortoids 及扁平卵石状砾屑充填，后者漂浮于钙质微晶、去白云石化基质或嵌晶胶结物中。

丝状斑驳微组构及包覆颗粒通常被溶蚀形成铸模孔，若有进一步扩溶则形成晶洞。其他次生孔隙，开放的裂缝及溶沟（channel pore）也存在。局部发育嵌晶、块状及等粒状胶结物。面孔率为 2%～15%。Green River 组上部的叠层石中频繁出现腹足类化石，可能指示了湖水盐度的降低。

叠层石的纹层状特征指示了沉积物供给与微生物生长二者之间的平衡。纹层构造可能是由于丝状微生物群落为主的作用形成的。食草动物的缺乏表明微细纹层的保存潜力高。另一种解释是，它指示了微生物生长的周期性差异、生长模式的频繁变换、周期性的沉积物输入、周期性的无机胶结作用，或者周期性的微生物钙化作用（Reid 等，2000）。这类微生物沉积在湖泊的透光层无处不在（Gierlowski-Kordesch，2010）。该类叠层石与内碎屑砾岩或鲕粒泥粒灰岩—颗粒灰岩的共生表明它们形成于滨湖带高能水动力环境。侧向连接的半球状—平直纹层状叠层石不与上述颗粒共生，而是与泥岩和油页岩呈互层分布，因此可能沉积于较深的浅湖环境甚至深湖带上部。

5.3.2.2 岩相 G：凝块石

岩相 G 以不具纹层的斑驳状中型构造沉积为特征，称为凝块石（Riding，2000；Shapiro，2000）。在 Douglas Pass 附近，凝块石有下列几种产状：侧向不连续的穹隆状（图 5.13a）、侧向连续的水平状（图 5.13b、c）、树状（图 5.13c）。层厚 0.1～1m（0.33～3.3ft）。本次研究中的凝块石通常发育在凝块状叠层石、细粒纹层状叠层石和页岩上，界线清晰。孔隙类型主要是次生晶洞和粒间孔。

薄片显示，岩相 G 中含有灰泥凝块（图 5.14a）、微晶及似球粒—泥晶颗粒。丝状微组构、明暗相间的纹层状微组构、不规则状窗格组构也存在（图 5.14c），但较为少见。存在枝状骨架，可能是蓝细菌的钙化形成的（图 5.14d）（Riding，2000）。在灰泥基质中，局部分布分选较差的鲕粒、似球粒、复合颗粒及石英颗粒，上述颗粒呈球状至似球状，直径为几微米至 0.08mm。鲕粒破碎，具放射状同心纹层，主要为绿色，指示了还原环境。放射鲕的存在表明它们形成于低能环境。孔隙类型以窗格孔、晶洞和裂缝为主，然而上述孔隙多数都被块状嵌晶胶结物充填，面孔率为 2%～10%。

凝块组构被认为是以球状菌为主的微生物群落钙化的产物（Kennard 和 James，1986；Kah 和 Grotz-

图 5.11　凝块状叠层石横向上过渡的岩相

(a) 道格拉斯隘口部分露头未经解释的照片；(b) 显示从鲕粒粒状灰岩（绿色）至粗晶凝结叠层石（含角砾碎屑岩心）（黄色）横向变化的解释性照片

inger, 1992; Flügel, 2004)。本次研究的凝块石与粗粒凝结状叠层石（岩相 F2）和细粒纹层状叠层石（岩相 F3）相伴生，并主要发育在粗粒凝结状叠层石之上并被细粒纹层状叠层石捕集。有些凝块石发育在内碎屑砾岩之上，还有些被粗粒凝结状叠层石覆盖。上述关系表明，凝块石的形成与叠层石同期，沉积作用发生在滨湖带，但可能比细粒纹层状叠层石的沉积水体浅。

5.3.3　碳酸盐岩沉积模式

湖泊边缘相碳酸盐岩由 5 种岩相组成，它们指示了水体逐渐加深、水动力逐渐减弱：生物碎屑—鲕粒—石英颗粒灰岩（图例 A）、鲕粒—似球粒泥粒灰岩至颗粒灰岩（图例 B）、生物碎屑粒状灰岩（图例 C）、生物碎屑—鲕粒粒泥灰岩（图例 D）、内碎屑砾岩（图例 E）（图 5.15a）。湖相微生物碳酸盐岩由 2 种岩相组成：叠层石（图例 F）、凝块石（图例 G）（图 5.15a）。岩相 A 至岩相 G 被解释为沉积于 Piceance 盆地的滨湖—浅湖带（Galloway 和 Hobday，1996），与临滨带—过渡环境相当。Moncure 和 Surdam

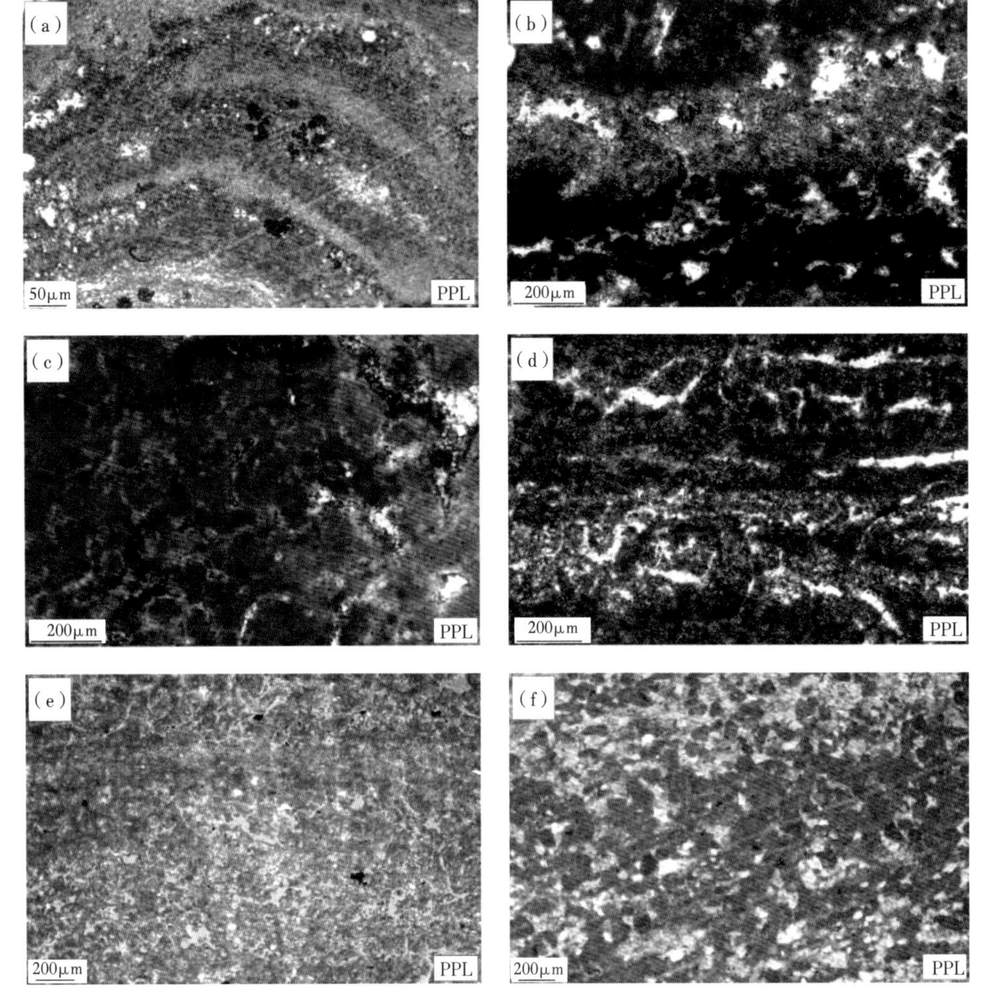

图 5.12　岩相（亚相 F3）显微照片

（a）层状微结构显示方解石和似球粒微晶的重复交替；（b）微晶层（浅色）和似球粒微晶层（深色）的交替出现；（c）弥散的密集凝块状微晶块体；（d）椎板状窗孔微结构，由排列整齐的水平窗孔孔隙（LF-A）构成；（e）椎板样开窗微结构，不规则形状的开窗孔排列不齐（LF-B1）；（f）凝结叠层石，显示融合似球粒体和充满晶石的窗孔，LF-B2 亚型；PPL—单偏光

（1980）及 Cole（1985）对 Douglas Creek 背斜附近的湖相微生物碳酸盐岩进行了报道，他们认为藻灰岩或叠层石为滨湖带浅水沉积。

本次研究基于微生物岩在横向上呈动荡滩相环境中与颗粒灰岩和砾岩伴生的小穹隆状—浅湖带上部的大穹隆状—浅湖带下部较平的、侧向相连的半球状的分布特征（图 5.15b），将岩相 F（叠层石）和岩相 G（凝块石）两类湖相微生物碳酸盐岩解释为滨湖带—浅湖带下部沉积。类似的滨湖带—浅湖带碳酸盐岩沉积在非洲现代 Tanganyika 湖（Cohen 和 Thouin，1987；Cohen 等，1997）、Altai 山上新统 Kyzylgir 组（Krylov，1982）也有发育。Tanganyika 湖中发育全新世叠层石，其沉积水体深度为几米至 26m（Cohen 等，1997），从湖的最浅部到最深部均位于透光区，所观察到的叠层石类型包括短柱和水平状结壳［深度 2~14m（6.6~46ft）］、大型孤立状穹隆和柱［深度 5~15m（16~49ft）］、大型相互连接的柱和穹隆（深度 15~20m（49~66ft）］，以及生物礁建造［深度 15~26m（49~85ft）］。与之类似，Green River 组穹隆状叠层石和凝块石可能沉积于滨湖—浅湖环境（图 5.15a），这些丘状构造逐渐演变为更加平缓的、横向相连的半球状的纹层状叠层石，后者沉积于浅湖带下部，与 Altai 山 Kyzylgir 组发育的叠层石的形态相似（Krylov，1982）。

Douglas Pass 地区 Green River 组碳酸盐岩岩相在垂向上的加积形式以向上变深的米级旋回为主（图 5.16），表现为下部是内碎屑砾岩或鲕粒—似球粒颗粒灰岩，在此之上为粗粒、凝结状叠层石或凝块石，

图 5.13　岩相 G 照片

(a) 显示横向不连续和凝块组构的穹隆状凝块岩，凝块岩被细晶层状油页岩覆盖；(b) 凝块岩显示凝块形成的中间结构；(c) 凝块岩夹粗晶凝结状叠层石；(d) 树枝状凝块岩呈分米级树枝状特征，并被粗糙的凝结状叠层石覆盖

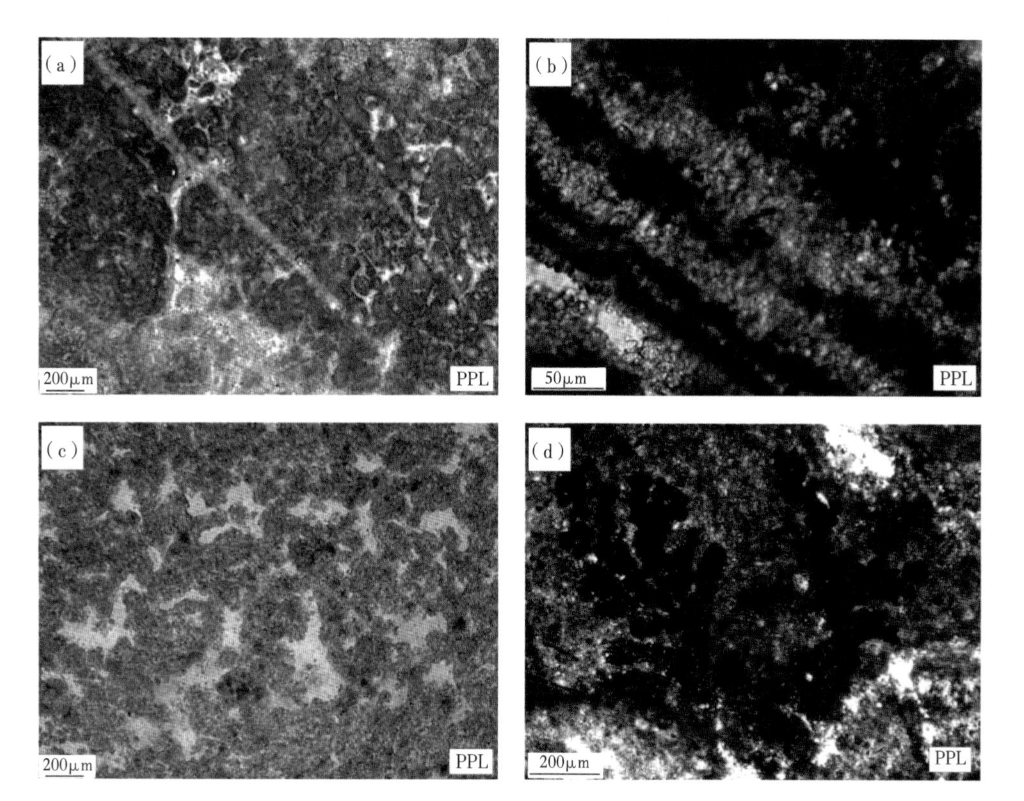

图 5.14　岩相 G 显微照片

(a) 凝块状微晶，与似球粒状微晶共生，注意薄片准备过程中产生的轻微直线缝；(b) 微晶层（浅色）和似球粒微晶层（深色）交替发育，注意层的厚度具有多变性；(c) 与不规则的窗孔孔隙相关的凝块微晶；(d) 可能由钙化蓝藻形成的树枝状骨架；PPL—单偏光

顶部为细粒纹层状叠层石和油页岩（图 5.8a 至 d，图 5.9a、c，图 5.13a）。该层序代表了因基准面上升引起的向上变深的沉积旋回。向上变浅的沉积旋回仅发育在局部地区，以细粒纹层状叠层石被凝块石覆盖为特征。

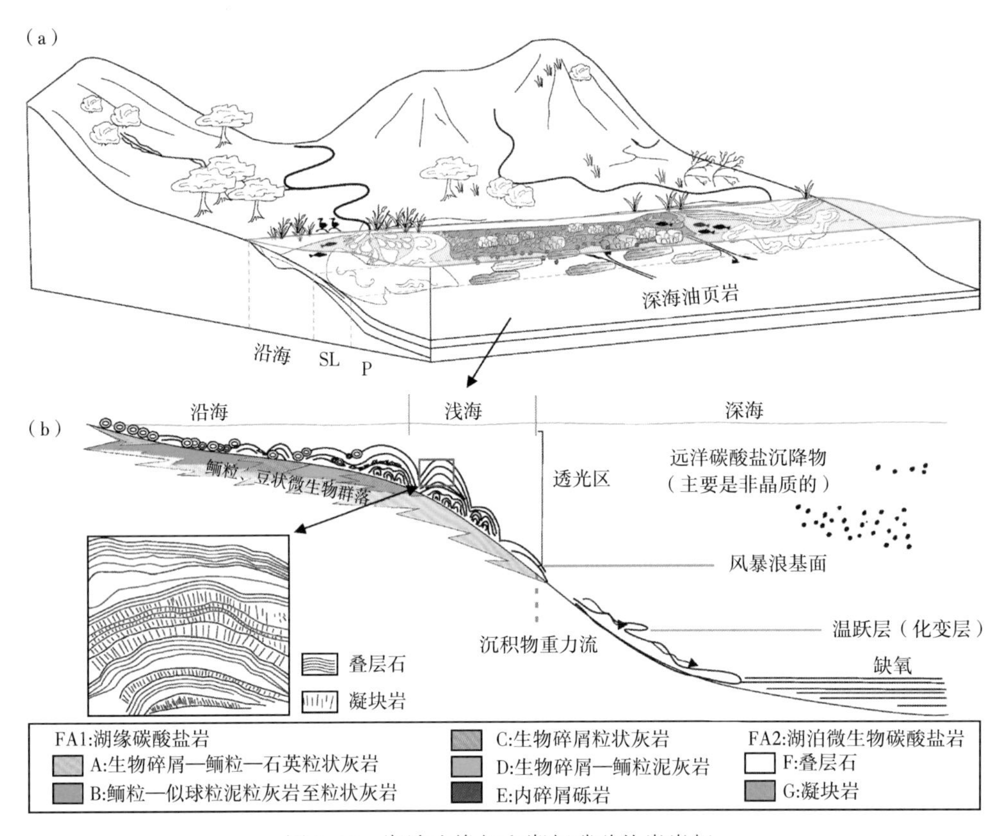

图 5.15　湖泊边缘相和湖相碳酸盐岩岩相

（a）Piceance 盆地 Green River 组所述碳酸盐岩相的一般沉积环境模型和横向岩相关系（由 Tänavsuu Milkevicine 和 Sarg，2012，修改）；（b）微生物岩和伴生碳酸盐岩的特定沉积环境和所描述碳酸盐岩相的大致位置；SL—浅海的，P—深海的

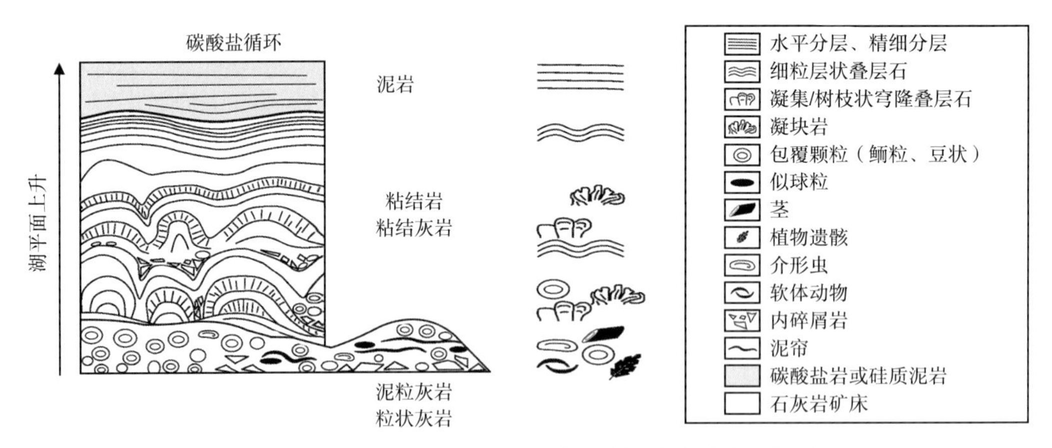

图 5.16　Green River 组理想的向上变深的碳酸盐岩序列

5.4　稳定碳氧同位素分析

$\delta^{18}O$ 和 $\delta^{13}C$ 值散点图显示了湖泊边缘相碳酸盐岩存在同位素的变化（图 5.17）。蓝色线的趋势显示 $\delta^{18}O$ 和 $\delta^{13}C$ 开始为负值，然后逐渐变为正值，表明由开放性湖泊向封闭性湖泊的转变。该趋势还可以说明，古湖泊为碳氧同位素交换的开放系统，并遭受过持续的蒸发作用。黑色线的趋势指示了 $\delta^{13}C$ 值相对

恒定，而 $\delta^{18}O$ 值持续增加，表明湖泊曾经一度封闭并遭受蒸发。Pitman（1996）的原生白云岩和方解石趋势与本次研究一致。不过 Pitman（1996）的研究中包含遭受过强烈成岩改造的样品（红色三角，图 5.17），而本次研究的样品中不包含该类样品。

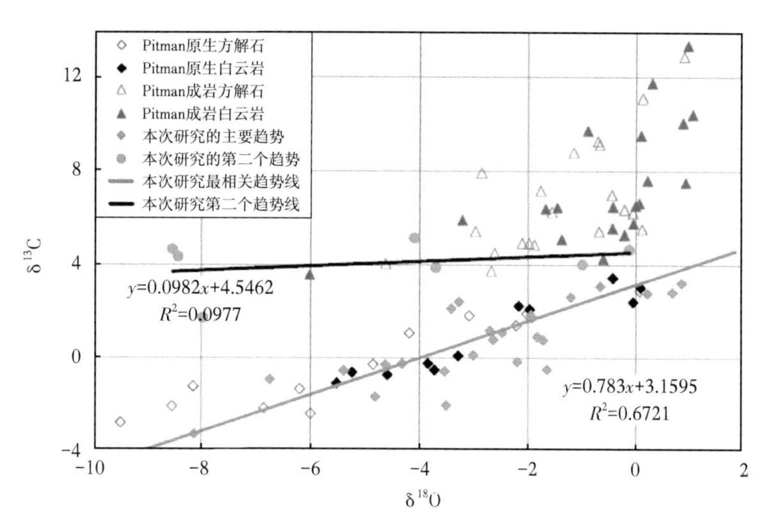

图 5.17　Piceance 盆地 Green River 组碳酸盐岩 $\delta^{18}O$ 与 $\delta^{13}C$ 交会图

通过 $\delta^{18}O$ 值可以对淡水注入量与蒸发量的比例进行解释，淡水注入量越大，$\delta^{18}O$ 值越为负值；相反，蒸发作用引起的盐度升高和同位素分馏可使 $\delta^{18}O$ 值变正。淡水的 $\delta^{18}O$ 值约-8‰，该值对应了最高的淡水注入/蒸发比。随着淡水注入/蒸发比的降低，湖水变咸，同位素组成变重。

Green River 组碳酸盐岩的 $\delta^{18}O$ 值从 MS-1 至 MS-6（图 5.3）整体上呈现升高的趋势，表明淡水注入量小于蒸发量，湖泊初期为淡水湖，晚期为咸水湖。从 MS-6 至 MS-7，湖泊显然一直为咸水湖。在此之上，从 MS-8 至 MS-12，$\delta^{18}O$ 值发生频繁的正、负偏移，反映了淡水湖和咸水湖之间的周期变化。

$\delta^{13}C$ 值记录了溶解无机碳（DIC）的同位素组成，可以用来揭示湖水和沉积物中的古生产力及生物作用水平（Pitman，1996）。负的 $\delta^{13}C$ 值（-3‰~0）可能是由于溶解有来自古老岩石的 CO_2 的水的注入引起的，也可能因植物的呼吸作用或者水圈—大气圈之间 CO_2 的交换而使亏损 ^{13}C 的 CO_2 释放到湖水中，引起沉积碳酸盐岩 $\delta^{13}C$ 值降低。相反，正的 $\delta^{13}C$ 值（0~5‰）指示了长期的盆地封闭和水体滞留期间受光合作用驱动的 ^{13}C 富集。光合作用产生的有机质亏损 ^{13}C，从而使表层水体富集 ^{13}C，然后水体中富集的 ^{13}C 将进入沉积无机碳酸盐中。最可能的一个解释是，Piceance 盆地 Green River 组碳酸盐岩 $\delta^{13}C$ 值的正偏移与光合作用有关，而 $\delta^{13}C$ 值的负偏移与呼吸作用、水流注入期间 ^{12}C 的补充或水圈—大气圈碳同位素的交换有关。

5.5　碳酸盐岩与 Piceance 湖的演化

5.5.1　Piceance 湖盆演化期

根据大尺度相组合分布的变化、油页岩的富集程度、水化学组分、湖泊封闭程度和盐度以及硅质碎屑沉积物的注入，将 Piceance 盆地 Green River 组分为 6 个湖泊演化期（表 5.1）（Tänavsuu-Milkeviciene 和 Sarg，2012）。

第一期（S1）为淡水湖—中等咸水湖，由 Green River 组下部组成，开始为淡水湖环境并沉积了含大量介形虫和鱼类化石的富伊利石油页岩（图 5.3）（Tänavsuu- Milkeviciene 和 Sarg，2012）。

第二期（S2）为过渡湖泊，沿湖泊边缘侧向不连续的三角洲沉积物以及湖盆深部油页岩角砾沉积物明显增加。富伊利石油页岩渐变为富碳酸盐（主要是白云石）油页岩的现象表明，S2 始于深湖区。在湖泊边缘地区，存在滩相碳酸盐岩和微生物碳酸盐岩沉积。矿物相的变化伴随着强烈蒸发作用的开始。在

S2 期间，蒸发盐矿物出现的数量和频率向上增加，开始为片钠铝石沉积，随后为苏打石沉积（Johnson 等，2010）。

第三期（S3）为湖平面高频升降期，以显著的米级沉积旋回为特征（Tänavsuu-Milkeviciene 和 Sarg，2012）。与 S2 期类似，在湖盆西缘，三角洲沉积物被微生物碳酸盐岩覆盖，后者又被滨湖—浅湖相油页岩覆盖。在 S3 期沉积的上部，硅质碎屑输入降低，微生物碳酸盐岩与滨湖—浅湖相油页岩或硅质碎屑岩呈互层分布。微生物碳酸盐岩向上发生岩相上的变化，由穹隆状碳酸盐岩演变为水平纹层状碳酸盐岩，表明总体上水体向上变深。在深湖区，纹层状油页岩与 gravitational 油页岩以及水下苏打石和石盐呈互层分布。

第四期（S4）为湖平面上升期，湖泊开始扩张，纹层状油页岩沉积大面积发育，湖相叠层石和凝块石被薄层纹层状微生物岩所取代，指示了湖平面的上升。

第五期（S5）为湖平面高位期，由厚层、侧向连续的深湖相油页岩沉积组成。

第六期（S6）为湖盆关闭期，以来自北、东北、西北方向的硅质碎屑输入为特征。

表 5.1　Piceance 盆地湖泊演化概要

湖泊演化期	描　述
S1	湖侵，湖泊开始变大；主要为侧向连续的进积—加积沉积单元；沿湖泊边缘发育碳酸盐岩滩相沉积（FA1）和三角洲沉积；在湖盆深部发生油页岩沉积；沉积物（特别是早期沉积物）中富含鱼类碎屑、软体动物和介形虫
S2	湖泊边缘地区硅质碎屑输入量增多，主要为侧向不连续的进积—加积高频旋回沉积物，矿物类型多样；首次出现厚层微生物碳酸盐岩（FA2）；厚层砂岩单元被湖盆边缘形成的厚层滩相碳酸盐岩（FA1）和微生物碳酸盐岩（FA2）覆盖；湖盆深部发育富黏土的油页岩与富碳酸盐的油页岩；蒸发盐沉积数量逐渐增多
S3	加积—退积高频旋回、侧向不连续的沉积单元；厚层砂岩单元被湖盆边缘形成的厚层微生物碳酸盐岩（FA2）覆盖；湖泊边缘地区硅质碎屑的输入量逐渐减少；湖盆深部发育油页岩和蒸发盐（苏打石和石盐）沉积
S4	深湖相叠层石增多，侧向连续的沉积单元；之前的湖泊边缘沉积物被深湖相沉积物覆盖；地表径流的加大造成湖水盐度和蒸发量降低，营养供给升高；碳酸盐沉积物呈薄层水平纹层状，为浅湖—深湖相沉积
S5	高地表径流造成湖平面升高；以侧向连续的深湖相叠层石为主；在盆地南部和西部发育蒸发盐沉积；碳酸盐沉积物呈薄层水平纹层状，为浅湖—深湖相沉积
S6	硅质碎屑自北向南输入、湖盆关闭；在盆地南部某些地方发育蒸发盐沉积

5.5.2　碳酸盐岩与湖泊演化期

根据碳酸盐岩岩相和同位素结果，Douglas Pass 地区的碳酸盐岩可分为 4 段。Piceance 盆地 Douglas Pass 地区碳酸盐岩碳氧同位素数据显示正相关性，具有小尺度—大尺度的正负偏移，记录了氧、碳循环的演化。

第 1 段的范围从 MS-1 至 MS-3，厚度 40m（131ft），以岩相的突变为特征，即从富介形虫的页岩突变为一系列薄层—厚层碳酸盐岩（包括生物碎屑—鲕粒—石英颗粒灰岩、鲕粒—似球粒泥粒灰岩或颗粒灰岩、生物碎屑颗粒灰岩）。该段对应了 Tänavsuu-Milkeviciene 和 Sarg（2012）中的 S1，即淡水湖—中等咸水湖阶段。Douglas Pass 地区第 1 段主要为富含淡水软体动物、腹足类、薄壳双壳类及介形虫的湖泊边缘相碳酸盐岩（Johnson，1981，1984）。$\delta^{18}O$ 和 $\delta^{13}C$ 值分别为-8‰~ -1‰和-1‰~ 4‰（图 5.3）。由于氧同位素组成与流体来源、蒸发分馏和温度有关，因此可以用来重建淡水注入量与蒸发量的比例。-8‰为最低的 $\delta^{18}O$ 负值，可能对应了最大的淡水注入量。

第 2 段的范围从 MS-3 至 MS-6，以 MS-3 顶部首次出现叠层石为特征，并且氧同位素迅速变重（指示了强烈的蒸发作用）。上述现象说明湖水盐度升高。这些变化对应了 Tänavsuu-Milkeviciene 和 Sarg（2012）中的 S2，即过渡湖泊阶段。微生物岩数量增多并成为向上变深的米级旋回的一部分。相反，鲕粒—似球粒泥粒灰岩和颗粒灰岩数量减少。叠层石被油页岩覆盖。

第 3 段的范围从 MS-7 至 MS-12（图 5.3），以微生物碳酸盐岩特别是叠层石为主。该段对应了Tänavsuu-Milkeviciene 和 Sarg（2012）中的 S3，即高频升降湖阶段。由凝块石、凝结状枝状叠层石、凝结状叠层石和细粒叠层石组成的向上变深旋回的厚度变化较大［从小于1m至2m（从小于3.3ft至6.6ft）］，该现象与碳氧同位素值周期性的正负偏移具有对应关系（图3中的绿线和红线），指示了淡水注入作用和蒸发作用控制下的湖平面频繁升降。蒸发作用期间，石盐在湖盆中心发生沉淀（Young，1995a，b）。

第4段由MS-12组成（图5.2），以细粒叠层石为主，说明水体开始加深。$\delta^{18}O$值负偏（-4‰~0），说明湖水盐度相比上一段发生了降低。在此期间，湖泊可能保持为封闭状态，未达到第1期的盐度。这一解释与R5之后湖水中继续沉淀苏打石（Johnson等，2010）是吻合的，并与Tänavsuu-Milkeviciene和Sarg（2012）中的S4（上升湖）相对应。

5.6 成岩作用

根据染色薄片的岩石学分析，碳酸盐岩经历了泥晶化作用、新生变形作用、菱铁矿胶结作用、机械和化学压实作用、白云石胶结作用、破裂作用、早期埋藏白云石化作用、晚期埋藏白云石化作用、去白云石化作用（图5.18）。下面将对成岩作用特征进行概述。上面这些成岩作用多数导致了孔隙的持续丧失，但微生物灰岩例外，它们经历了早期溶蚀和窗格孔的形成，现今仍具有很高的孔隙度。

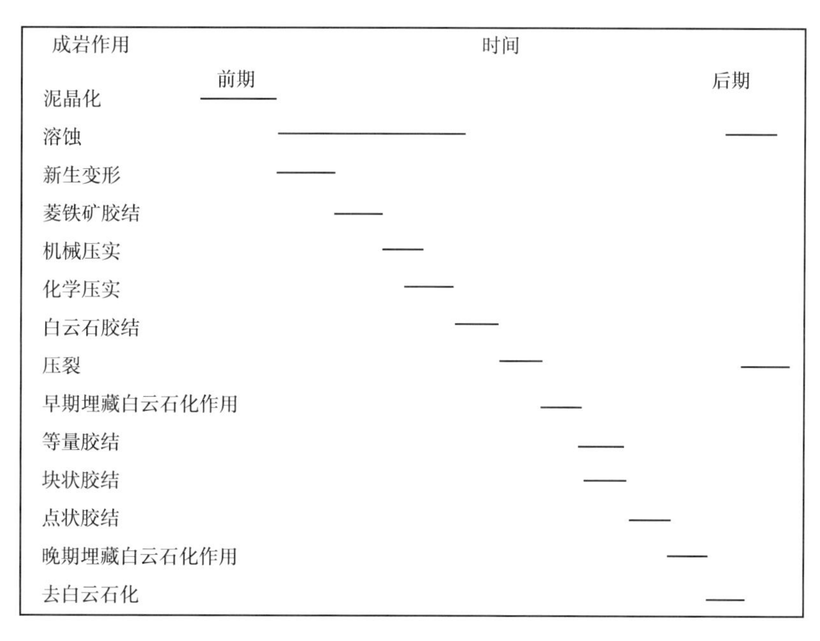

图5.18 推测Green River组碳酸盐岩成岩作用的共生序列

5.6.1 泥晶化作用

在岩相B（鲕粒泥粒灰岩或颗粒灰岩）中，泥晶化作用似乎是主要的早期成岩作用。由于泥晶化作用的存在，鲕粒的同心圈层结构变得模糊（图5.6c、d，图5.8c）。相反，在岩相E（内碎屑砾岩）的某些扁平卵石状砾屑中，泥晶化作用不彻底，仅形成薄的泥晶套（图5.8e，图5.9a）。泥晶套的厚度范围从几微米至小于20μm，在有些情况下呈斑状分布。颗粒表面被石内藻、真菌或细菌钻孔，然后钻井被灰泥充填。泥晶化作用发生在浅湖湖底，钻孔生物在此生活（Flügel，2004）。

5.6.2 溶蚀作用

鲕粒、似球粒、豆粒、凝结状灰泥和其他泥晶化颗粒的溶蚀作用普遍发育，形成次生孔隙，包括鲕模孔（图5.19b）、晶洞和溶沟。在所有岩相中均存在溶蚀作用。

5.6.3 新生变形作用

新生变形作用以具有弯曲和港湾状边界的大小不一的不规则晶体与残余灰泥共生，以及胶结物中漂浮的颗粒为特征。与之不同的是，胶结作用通常在胶结物和孔隙之间形成明显的边界、胶结物之间界线平直并呈贴面接合（Flügel，2004）。在岩相B、岩相E、岩相F、岩相G的薄片中可观察到递进新生变形作用（图5.19c），造成泥晶渐变为微晶。新生变形作用通常发生在大气淡水成岩环境，此处达到$CaCO_3$过饱和的流体缓慢经过成岩体系（Heckel，1983）。

5.6.4 菱铁矿胶结作用

在岩相B和岩相E中存在少量菱铁矿胶结物。菱铁矿呈红—褐色，为粉砂级（大小为几十微米）菱形晶体，主要是似球粒衬边和似球粒铸模孔衬里形式产出。菱铁矿的存在指示了缺氧环境。有机质的降解产生的Fe^{2+}是导致菱铁矿沉淀的重要因素。Armenteros（2010）认为菱铁矿可能在早期成岩作用期间形成于湖底沉积物—水界面上，此处富泥有机质在硫酸盐浓度低的还原环境中聚集。根据薄片中成岩相的切割关系，菱铁矿的形成早于压实作用，颗粒之间的菱铁矿似乎抑制了压实作用。

5.6.5 机械压实和化学压实作用

压实作用在岩相A至岩相E中普遍存在，似乎在碳酸盐胶结物沉淀前影响到了颗粒支撑的石灰岩（图5.6e、f）。压实作用可分为两类，即机械压实作用（图5.19e）和化学压实作用（压溶作用；图5.19f至h）。压实作用导致碳酸盐颗粒具有多种接触关系，包括弱接触、由塑性变形引起的凹凸接触、由压溶作用引起的缝合接触。当应力超过塑性极限时，塑性变形可以在鲕粒或似球粒中形成裂缝。另外，还存在破碎的颗粒、圈层变形的鲕粒、圈层破碎的鲕粒、扁平的颗粒。在灰泥支撑的鲕粒粒泥灰岩中，介形虫的硬壳变平（图5.7c）并形成平行于层面的纹层，可能是由于上覆载荷和脱水作用形成的。

5.6.6 白云石胶结作用

在岩相B、岩相E、岩相F的铸模孔、窗格孔、晶洞或粒间孔中发育少量菱形白云石晶体（图5.19h）。在少数情况下，菱形白云石晶体沿似球粒呈环边分布。根据晶体的纯净程度，白云石胶结物可分为两类：(1) 明亮的菱形白云石晶体，(2) 具有雾心—亮边的菱形白云石晶体。Jones和Luth（2002）认为明亮的晶体可能具有更高的化学计量组分。具雾心—亮边的白云石可能是早期生长速率快（雾心），晚期生长速率慢的缘故。白云石是从具有高Mg/Ca比的碱性湖水中直接发生无机沉淀形成的，为原生成因。

5.6.7 压裂作用

Green River组碳酸盐岩中至少存在两期破裂作用。早期破裂作用切割碳酸盐颗粒和泥晶微生物碳酸盐岩，形成的裂缝多被块状和嵌晶方解石胶结物充填（图5.20b），假如未被完全充填，则可以产生少量孔隙度。现今未被充填的裂缝多为晚期破裂作用的产物（图5.19e），在岩相B至岩相G中可以观察到。

5.6.8 白云石化作用

根据白云石的组构以及白云石跟其他成岩相的切割关系，Douglas Pass附近的Green River组碳酸盐岩中至少存在两期白云石化作用：早期埋藏白云石化作用、晚期埋藏白云石化作用。埋藏白云石化作用通常是埋藏成岩作用期间黏土矿物转化释放Mg^{2+}以及压实脱水导致的（Flügel，2004）。在岩相B至岩相G中存在白云石化作用。早期埋藏白云石化作用形成镶嵌—缝合和镶嵌—筛状组构。镶嵌—缝合组构由紧密堆积的中晶他形白云石构成，而镶嵌—筛状由大小不一（多为粉晶—极细晶）的自形—他形白云石构成（图5.20c）。白云石中有灰泥残留，说明为交代成因。存在少量环带状白云石（图5.20c）。嵌晶方解石胶结物通常显示晚期埋藏白云石化作用现象（图5.4），在嵌晶方解石中白云石晶体大小不一（细晶—粗晶）。

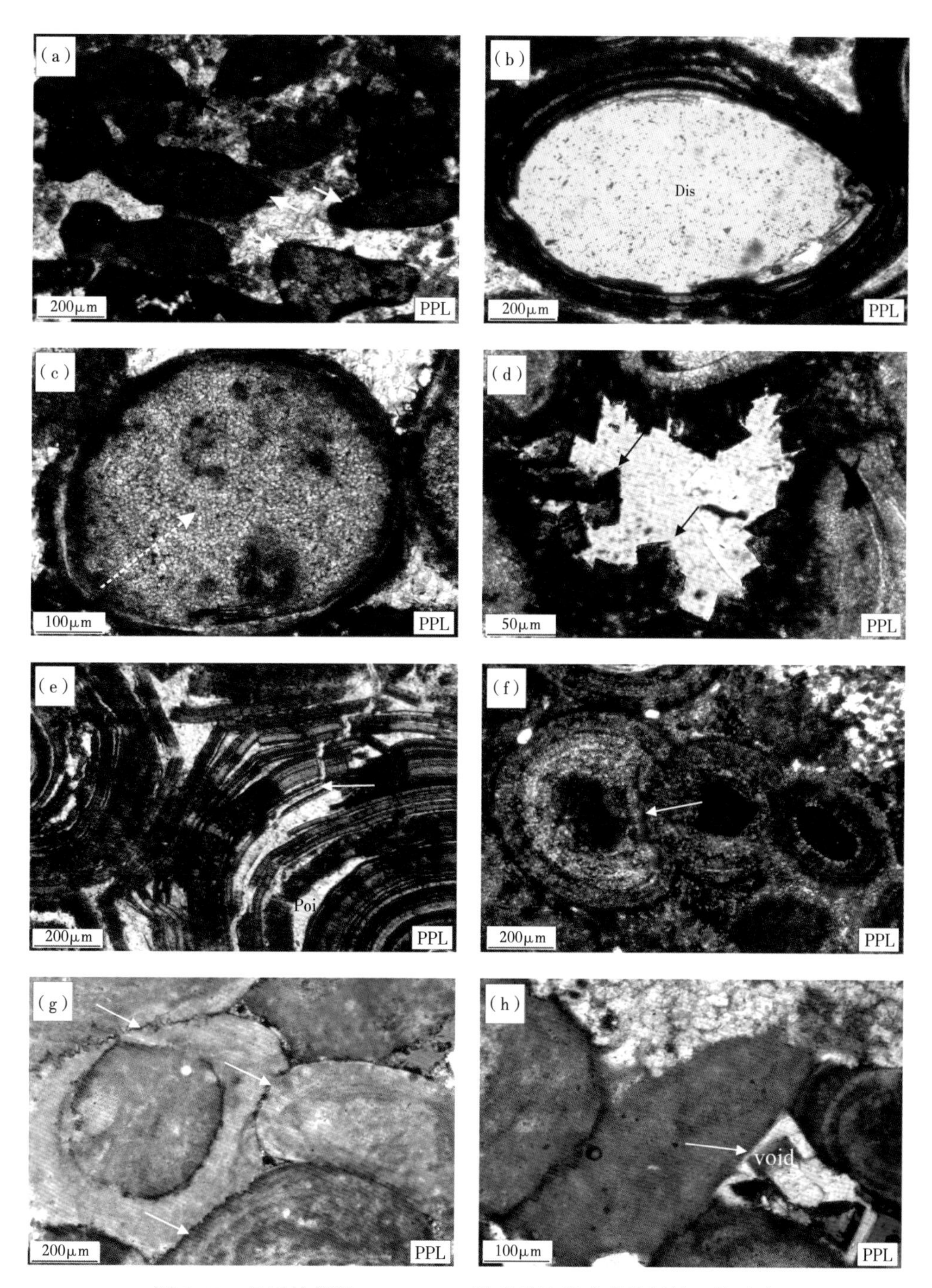

图 5.19 显示始新世 Green River 组碳酸盐岩成岩特征的显微照片

(a) 被薄微晶包层覆盖的似球粒（箭头所示）；(b) 部分溶解的鲕粒保存呈鲕穴状的孔隙；注意颗粒内剩余的嵌晶胶结物，表明胶结后溶解；(c) 从微晶到微亮晶向颗粒中心沉积的新形态；(d) 菱铁矿菱形锈晶体（白色箭头）在似球粒上的生长和部分阻塞的粒间孔隙；(e) 表现为机械压实造成的皮层剥落，以及后期未填充断裂造成的横切（箭头所示）；(f) 凹凸颗粒接触是化学压实的结果；(g) 缝合颗粒接触由压力溶解过程引起；(h) 白云石晶体的组构选择性溶解（箭头）；注意，岩心完全溶解，留下菱形空隙；PPL—单偏光

5.6.9 方解石胶结作用

Douglas Pass 附近的 Green River 组碳酸盐岩中发育多种组构的方解石胶结物，它们指示了胶结作用发生于埋藏成岩环境中。胶结物的组构包括等粒状、块状和嵌晶状（图 5.4a、图 5.6b、图 5.6b 至 d、图 5.8f 至 h）。胶结作用在所有岩相中均有发生。等粒状方解石胶结物通常存在于铸模孔中，粒度为粉砂级

(5~10μm)，该类胶结物洁净明亮，具平直的晶体边界，仅在岩相 B 中有发现。块状方解石胶结物为极细晶—细晶（5~200μm），并充填窗格孔、裂缝、铸模孔和粒间孔（图 5.10b、图 5.11f、图 5.20d），该类胶结物同样洁净明亮并具有平直的晶体边界。嵌晶方解石胶结物粒度大，包裹数个颗粒（图 5.19a 至 c、e，图 5.20a，b）并充填生物碎屑（图 5.4a、图 5.6b），该类胶结物同样洁净明亮并具有平直的晶体边界。胶结物在多数岩相中大量存在，通常完全充填孔隙使孔隙度降低（图 5.4、图 5.6、图 5.8）。根据切割关系，嵌晶胶结物形成于等粒状和块状胶结物之后。

5.6.10 去白云石化作用

岩相 B 至岩相 G 中存在去白云石化作用（图 5.20b）。发生去白云石化以后，原始白云石的组构仍有保留，它们通常粒度大小不一（粉砂—细粒；<30μm），由松散的半自形—自形晶体组成，发育晶间孔。喀斯特证据的缺乏表明去白云石化作用发生在埋藏环境。白云石与高 Ca/Mg 比溶液的作用通常引起去白云石化作用。

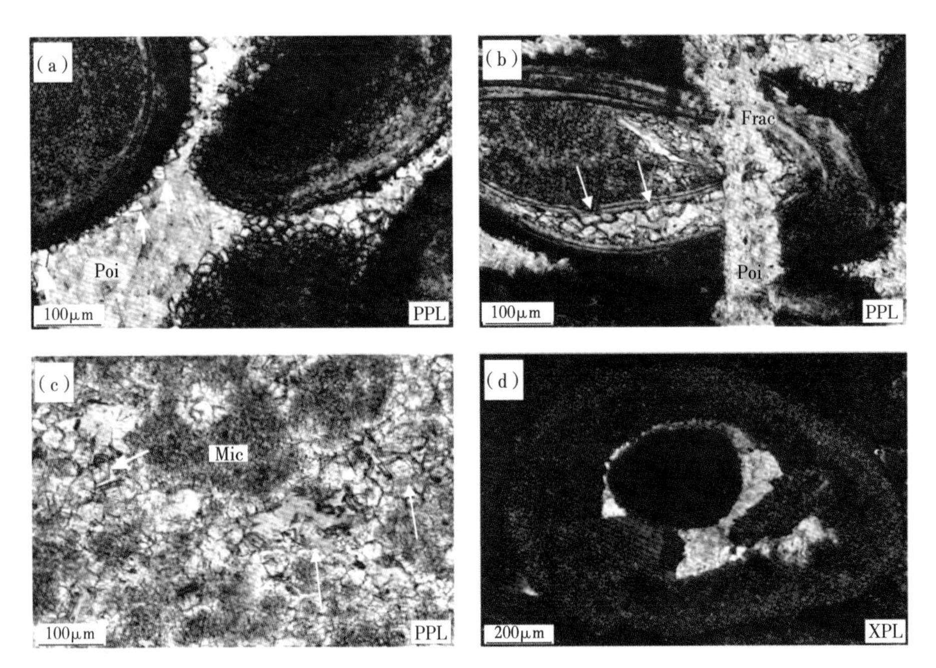

图 5.20 显示在 Green River 组碳酸盐岩中观察到的成岩特征的显微照片

(a) 白云石透明晶体（箭头）在菱铁矿胶结物上的生长，后来被嵌晶方解石（Poi）充填；(b) 嵌晶方解石（Poi）填充第一阶段裂缝（Frac）和粒间孔隙，注意去白云石化作用，表现为染色菱形晶体（箭头）时，受到茜素红-S 影响；(c) 白云岩胶代泥晶（箭头）；(d) 由块状胶结物填充的部分溶解的微晶鲕粒；PPL—单偏光，XPL—正交偏光

5.6.11 Green River 组碳酸盐岩的成岩序列

Green River 组碳酸盐岩的成岩作用始于同沉积环境，并一直持续到埋藏环境（图 5.18）。初期的成岩作用以泥晶化作用为代表，形成泥晶化鲕粒；随后为溶蚀作用和新生变形作用。新生变形作用包括高镁方解石重结晶变成低镁方解石。灰泥、似球粒和鲕粒的溶蚀作用发生于大气淡水潜流带，此处的水体对于方解石不饱和。随后，孔隙水变得对于方解石过饱和，促进了新生变形作用。在溶蚀作用期间，菱铁矿胶结物以颗粒环边和铸模孔衬里的形式发生沉淀。

因上浮载荷增加导致的机械压实作用和压溶作用使颗粒之间呈弱接触、缝合接触和凹凸接触。早期形成的菱铁矿胶结物似乎抑制了压实作用，同时也说明菱铁矿形成于压实作用之前。明亮的菱形白云石胶结物在菱铁矿形成以后同样以颗粒环边和铸模孔衬里的形式沉淀下来。然而，并无证据表明白云石胶结物形成于压实以前。

第一期裂缝切割被溶蚀的颗粒、菱铁矿、被压实的颗粒、白云石胶结物，表明压裂作用发生于白云石胶结后。在此之后，细晶他形—自形白云石交代灰泥（早期埋藏白云石化作用）。

随着进一步的埋藏，溶蚀的颗粒、第一期裂缝、早期埋藏白云石化产生的孔隙被等粒状、块状或嵌晶方解石胶结物充填（图5.20d）。在此之后，细晶—粗晶白云石形成并漂浮于嵌晶方解石胶结物中。在第二期破裂作用发生之前，方解石化作用部分或全部交代了早期埋藏白云石化和晚期埋藏白云石化形成的白云石晶体。

5.7 结论

（1）始新统Green River组碳酸盐岩包含两种岩相组合：（1）湖泊边缘相碳酸盐岩包括生物碎屑—鲕粒—石英颗粒灰岩（岩相A）、鲕粒—似球粒泥粒灰岩至颗粒灰岩（岩相B）、生物碎屑粒状灰岩（岩相C）、生物碎屑—鲕粒泥灰岩（岩相D）、内碎屑砾岩（岩相E）；（2）湖相微生物碳酸盐岩包括叠层石（岩相F）和凝块石（岩相G），其中岩相F可进一步细分为凝结状叠层石（岩相F1）、凝结状枝状叠层石（岩相F2）和细粒叠层石（岩相F3）。

（2）Green River组碳酸盐岩沉积于滨湖—浅湖带，也可能发生在深湖带上部。

（3）单个米级旋回呈向上变深的趋势，旋回底部为内碎屑砾岩或鲕粒—似球粒颗粒灰岩，其上为凝结状叠层石或凝块石，旋回顶部为细粒叠层石和/或油页岩。向上变浅旋回在局部发育，自下而上依次为细粒叠层石、纹层状叠层石和凝块石。

（4）碳酸盐岩的碳氧同位素值具协变关系。$\delta^{18}O$值为-8‰~0.8‰，$\delta^{13}C$值为-3‰~5‰。氧同位素的变化受淡水注入量与蒸发量比值控制，碳同位素旋回受光合作用和植物呼吸作用或大气圈—水之间CO_2交换的控制。碳氧同位素值的协变关系表明，盐度和古生产力的提高跟湖水淡化和含氧量提高之间存在强相关性。

（5）$\delta^{18}O$和$\delta^{13}C$值的偏移与岩相的垂向演化具有很好的对应关系。第1期的淡水湖—中等咸水湖阶段，形成富集生物碎屑和鲕粒的湖泊边缘相颗粒支撑碳酸盐岩（如颗粒灰岩、内碎屑砾岩和泥粒灰岩）；第2期过渡湖泊阶段和第3期湖平面高频升降阶段，形成滨湖相微生物岩（如凝结状叠层石和凝块石）；第4期上升湖阶段和第5期湖平面高位阶段，形成浅湖相微生物岩（如细粒叠层石）。

（6）成岩作用从早到晚依次为泥晶化作用、溶蚀作用、新生变形作用、菱铁矿胶结作用、机械压实和化学压实作用、白云石胶结作用、压裂作用、早期埋藏白云石化作用、（等粒状、块状和嵌晶状）方解石胶结作用、晚期埋藏白云石化作用、去白云石化作用。成岩作用开始于同沉积环境，并一直持续至埋藏环境。

参考文献

Armenteros, I., 2010, Diagenesis of carbonates *in* continental settings, *in* A. Alonso-Zarza and L. H. Tanner, eds., Carbonates in continental settings: Geochemistry, diagenesis and application: London, Elsevier, Developments in Sedimentology, v. 62, p. 61-151.

Boyer, B. W., 1982, Green River laminites: Does the playa-lake model really invalidate the stratified-lake model?: Geology, v. 10, p. 321-324, doi: 10.1130/0091-7613（1982）10<321: GRLDTP>2.0.CO; 2.

Bradley, W. H., and H. P. Eugster, 1963, Geochemistry and paleolimnology of the trona deposits and associated authigenic minerals of the Green River Formation of Wyoming: U.S. Geological Survey Professional Paper 424-D, p. D170-D173.

Bridge, J., and R. Demicco, 2008, Earth surface processes, landforms and sediment deposits: New York, Cambridge University Press, 830 p.

Burne, R. V., and L. S. Moore, 1987, Microbiolithes, organosedimentary deposits of benthic microbial communities: Palaios, v. 2, p. 241, doi: 10.2307/3514674.

Chafetz, H. S., and S. A. Guidry, 1999, Bacterial shrubs, crystal shrubs, and ray-crystal shrubs: Bacterial vs. abiotic precipitation: Sedimentary Geology, v. 126, p. 57-74, doi: 10.1016/S0037-0738（99）00032-9.

Cohen, A. S., 2003, Paleolimnology: New York, Oxford Press, 500 p.

Cohen, A. S., and C. Thouin, 1987, Nearshore carbonate deposits in Lake Tanganyika: Geology, v. 15, p. 414-418, doi: 10.1130/

0091-7613(1987)15<414:NCDILT>2.0.CO; 2.

Cohen, A. S., M. R. Talbot, S. M. Awramik, D. L. Dettman, and P.Abell, 1997, Lake level and paleoenvironmental history of Lake Tanganyika. Africa, as inferred from late Holocene and modern stromatolites: Geological Society of America Bulletin, v. 109, no. 4, p. 444-460, doi: 10.1130/0016-7606(1997)109<0444:LLAPHO>2.3.CO; 2.

Cole, R., 1985, Depositional environments of oil shale in the Green River Formation, Douglas Creek arch, Colorado and Utah, in M. D. Picard, ed., Geology and energy resources, Uinta Basin of Utah: Utah, Utah Geological Association Publication, p. 211-224.

Craig, H., 1957, Isotopic standards for carbon and oxygen and correction factors for mass spectrometric analysis of carbon dioxide: Geochimica Cosmochimica Acta, v. 12, p. 133-149, doi: 10.1016/0016-7037(57)90024-8.

Decelles, P. G., 2004, Late Jurassic to Eocene evolution of the Cordilleran thrust belt and foreland basin system, western U.S.A.: American Journal of Science, v. 304, p. 105-168, doi: 10.2475/ajs.304.2.105.

Desborough, A. G., 1978, A biogenic-chemical stratified lake model for the origin of oil shale of the Green River Formation: An alternative to the playa-lake model: Geological Society of American Bulletin, v. 89, p. 961-971, doi: 10.1130/0016-7606(1978)89<961:ABSLMF>2.0.CO; 2.

Dickinson, W. R., M. A. Klute, M. J. Hayes, S. U. Janecke, E. R. Lundin, M. A. McKittrick, and M. D. Olivares, 1988, Paleogeographic and paleotectonic setting of Laramide sedimentary basins in the central Rocky Mountain region: Geological Society of America Bulletin, v. 100, p.1023-1039, doi: 10.1130/0016-7606(1988)100<1023:PAPSOL>2.3.CO; 2.

Dupraz, C., P. T. Visscher, L. K. Baumgartner, and R. P. Reid, 2004, Microbe-mineral interactions: Early carbonate precipitation in a hypersaline lake (Eleuthera Island, Bahamas): Sedimentology, v. 51, p. 745-765, doi: 10.1111/j.1365-3091.2004.00649.x.

Dupraz, C., R. P. Reid, O. Braissant, A. W. Decho, R. S. Norman, and P. T. Visscher, 2009, Processes of carbonate precipitation in modern microbial mats: Earth Science Reviews, v. 96, p. 141-162, doi: 10.1016/j.earscirev.2008.10.005.

Eugster, H. P., and R. C. Surdam, 1973, Depositional environment of the Green River Formation of Wyoming: A preliminary report: Geological Society of America Bulletin, v. 84, p. 1115-1120, doi: 10.1130/0016-7606(1973)84<1115:DEOTGR>2.0.CO; 2.

Flügel, E., 2004, Microfacies of carbonate rocks: Analysis, interpretation, and application: New York, Springer, 976 p.

Friedman, G. M., 1965, Terminology of crystallization textures and fabrics in sedimentary rocks: Journal of Sedimentary Petrology, v. 35, p. 643-655.

Galloway, W. E., and D. K. Hobday, 1996, Terrigenous clastic depositional systems, 2d ed.: New York, Springer-Verlag, 489 p.

Gierlowski-Kordesch, E. H., 2010, Lacustrine carbonates, *in* A. Alonso-Zarza and L. H. Tanner, eds., Carbonates in continental settings: Processes, facies, and application: Amsterdam, Elsevier, Developments in Sedimentology, v. 61, p. 1-101.

Guidry, S. A., D. Trainor, C. E. Helsing, and A. L. Ritter, 2009, Diagenetic facies in lacustrine carbonate: Implications for Brazilian pre-salt reservoirs (abs.): AAPG 2009 International Conference and Exhibition, Rio de Janeiro, Brazil: AAPG Search and Discovery article 90100, accessed July 2013, http://www.searchanddiscovery.com/abstracts/html/2009/intl/abstracts/guidry.htm.

Heckel, P. H., 1983, Diagenetic model for carbonate rocks in midcontinent Pennsylvanian eustatic cyclothems: Journal of Sedimentary Petrology, v. 53, p. 733-759.

Johnson, R. C., 1981, Stratigraphic evidence for a deep Eocene Lake Uinta, Piceance Creek Basin, Colorado: Geology, v. 9, p. 55-62, doi: 10.1130/0091-7613(1981)9<55:SEFADE>2.0.CO; 2.

Johnson, R. C., 1984, New names for units in the lower part of the Green River Formation, Piceance Creek Basin, Colorado: U.S. Geological Survey Bulletin, v. 1529-I, p. 20.

Johnson, R. C., T. J. Mercier, M. E. Brownfield, M. P. Pantea, and J. G. Self, 2010, An assessment of in-place oil shale resources in the Green River Formation, Piceance Basin, Colorado, in U.S. Geological Survey Oil Shale Assessment Team, oil shale and nahcolite resources of the Piceance Basin, Colorado: U.S. Geological Survey Digital Data Series DDS-69-Y, p. 1-185.

Jones, B., and R. W. Luth, 2002, Dolostone from Grand Cayman, British West Indies: Journal of Sedimentary Research, v. 72, p. 559-569, doi: 10.1306/122001720559.

Kah, L. C., and J. P. Grotzinger, 1992, Early Proterozoic (1.9 Ga) thrombolites of the Rocknest Formation, Northwest Territories, Canada: Palaios, v. 7, p. 305-315, doi: 10.2307/3514975.

Kennard, J. M., and N. P. James, 1986, Thrombolites and stromatolites: Two distinct types of microbial structures: Palaios, v. 1, p. 492-503, doi: 10.2307/3514631.

Kruger, L., 1969, Stromatolites and oncolites in the Otavi series, South West Africa: Journal of Sedimentary Research, v. 39, p. 1046-1056.

Krylov, I. N., 1982, Lacustrine stromatolites from the Kyzylgir Formation (Pliocene), Altai Mountains, USSR: Sedimentary Geology,

v. 32, p. 27-38, doi: 10.1016/0037-0738(82)90012-4.

Lamond, R. E., and L. Tapanila, 2003, Embedment cavities in lacustrine stromatolites: Evidence of animal interactions from Cenozoic carbonates in U.S.A. and Kenya: Palaios, v. 18, p. 445-453, doi: 10.1669/0883-1351(2003)018<0445:ECILSE>2.0.CO; 2.

Logan, B. W., R. Reza, and R. W. Ginsburg, 1964, Classification and environmental significance of algal stromatolites: Journal of Geology, v. 72, p. 68-83, doi: 10.1086/626965.

Lundell, L. L., and R. C. Surdam, 1975, Playa-lake deposition: Green River Formation, Piceance Creek Basin, Colorado: Geology, v. 3, p. 493-497, doi: 10.1130/0091-7613(1975)3<493:PDGRFP>2.0.CO; 2.

McGlue, M. M., et al., 2010, Environmental controls on shell-rich facies in tropical lacustrine rift: A view from Lake Tanganyika's littoral: Palaios, v. 25, p. 426-438, doi: 10.2110/palo.2009.p09-160r.

Moncure, G., and R. C. Surdam, 1980, Depositional environment of the Green River Formation in the vicinity of the Douglas Creek arch, Colorado and Utah: University of Wyoming Contributions to Geology, v. 19, p. 9-24.

Ozkan, A. M., I. Ince, and A. Bozdag, 2010, Facies characteristic of lacustrine stromatolite (Yalitepe Formation-upper Miocene-lower Pliocene) in the Kavak (Hatunsaray-Konya) area: Ozean Journal of Applied Science, v. 3, p. 231-237.

Perri, E., and A. Spadafora, 2011, Evidence of microbial biomineralization in modern and ancient stromatolites, in V. Tewari and J. Seckbach, eds., Stromatolites: Interaction of microbes with sediments: Cellular origin, life in extreme habitats and astrobiology: New York, Springer, p. 633-649.

Pitman, J. K., 1996, Origin of primary and diagenetic carbonates in the lacustrine Green River Formation (Eocene), Colorado and Utah: U.S. Geological Survey Bulletin 2157, 17 p.

Rainey, D. K., and B. Jones, 2009, Abiotic versus biotic controls on the development of the Fairmont Hot Springs carbonate deposit, British Columbia, Canada: Sedimentology, v. 56, p. 1832-1857, doi: 10.1111/j.1365-3091.2009.01059.x.

Reid, R. P., et al., 2000, The role of microbes in accretion, lamination, and early lithification of modern marine stromatolites: Nature, v. 406, p. 989-992, doi: 10.1038/35023158.

Riding, R., 2000, Microbial carbonates: The geological record of calcified bacterial-algal mats and biofilms: Sedimentology, v. 47, p. 179-214, doi: 10.1046/j.1365-3091.2000.00003.x.

Riding, R., 2006, Cyanobacterial calcification, carbon dioxide concentrating mechanisms, and Proterozoic-Cambrian changes in atmospheric composition: Geobiology, v. 4, p. 299-316, doi: 10.1111/j.1472-4669.2006.00087.x.

Roehler, H. W., 1974, Depositional environments of rocks in the Piceance Creek Basin, Colorado, in 25th Annual Field Conference, Rocky Mountain Association of Geologists Guidebook, p. 57-64.

Shapiro, R. S., 2000, A comment on the schematic confusion of thrombolites: Palaios, v. 15, p. 166-169, doi: 10.1669/0883-1351(2000)015<0166:ACOTSC>2.0.CO; 2.

Smith, M. E., A. R. Carroll, and B. S. Singer, 2008, Synoptic reconstruction of a major ancient lake system: Eocene Green River Formation, western United States: Geological Society of America Bulletin, v. 120, p. 54-84, doi: 10.1130/B26073.1.

Tänavsuu-Milkeviciene, K., and J. F. Sarg, 2012, Evolution of an organic-rich lake basin—Stratigraphy, climate and tectonics: Piceance Creek Basin, Eocene Green River Formation: Sedimentology, v. 59, p. 1735-1768, doi: 10.1111/j.1365-3091.2012.01324.x.

Tebbutt, G. E., C. D. Conley, and D. W. Boyd, 1965, Lithogenesis of a distinctive carbonate rock fabric: University of Wyoming Contributions to Geology, v. 4, p. 1-13.

Wright, V. P., 1992, A revised classification of limestones: Sedimentary Geology, v. 76, p. 177-185, doi: 10.1016/0037-0738(92)90082-3.

Wright, V. P., A. M. Alonso-Zarza, M. E. Sanz, and J. P. Calvo, 1997, Diagenesis of late Miocene micritic lacustrine carbonate, Madrid Basin, Spain: Sedimentary Geology, v. 114, p. 81-95, doi: 10.1016/S0037-0738(97)00059-6.

Young, R. G., 1995a, Structural controls of the Piceance Creek Basin, Colorado, *in* W. R. Averett, ed., The Green River Formation in Piceance Creek and eastern Uinta Basin: Grand Janction Geological Society, Field Trip Guidebook, p. 23-29.

Young, R. G., 1995b, Stratigraphy of Green River Formation in Piceance Creek Basin, Colorado, *in* W. R. Averett, ed., The Green River Formation in Piceance Creek and eastern Uinta Basin: Grand Janction Geological Society, Field Trip Guidebook, p. 1-13.

6

爱达荷州中新世热泉灰岩中准层序级别的湖相碳酸盐岩岩相纵横向展布：一种确定储层存在性和质量的类比

Kevin M. Bohacs，Kathryn Lamb-Wozniak，Timothy M. Demko，
Jason Eleson，Orla McLaughlin，Catherine Lash，
David M. Cleveland，Stephen Kaczmarek

摘要：热泉（Hot Spring）灰岩的湖相碳酸盐岩岩相在数米至数十米尺度有序变化，并记录古水深、湖泊条件和古地理的影响。该单元形成于晚中新世复杂张性盆地（与熔岩流、火山碎屑密切相关）的湖泊系统。

沉积学和层序地层学实现了对湖相碳酸盐岩的发育、分布及特征的理解和预测。湖相碳酸盐岩的发育依据湖盆类型，在此情况下，火山活动影响的均衡补偿湖盆包含多种岩相：微生物岩、颗粒灰岩、泥粒灰岩、粒泥灰岩和泥灰岩。岩相分布强烈受控于亚环境和坡度（通过水深、底部能量、流通性和可容纳空间）。微生物岩的内部特征（如类型、大小、孔隙度、垂直和水平渗透率、相关岩性、成岩作用）受层位（准层序尺度）和沉积剖面位置的影响。

沉积储层的品质特征，如微生物岩的孔隙度和厚度、颗粒大小和分选，以及总体碳酸盐岩的连续性与连通性在潮下带内侧达到峰值。相反，次要成岩作用，如溶蚀、碳酸盐或石英胶结及可能的自生黏土沉淀，在湖泊—平原—滨岸带上倾方向最发育而在面向湖泊方向不常见。因此，潮下带内侧有最佳潜力，其主要/原生？沉积特征最发育，不利的次要/次生？成岩作用影响最小。

这些地层与南大西洋白垩纪盐下层系有许多共性，可以为勘探开发提供关于掌控潜在储层特征、分布、连通性方面的认识。

6.1 概况

6.1.1 综述

美国爱达荷州 Snake 河西部平原矿区出露的地层，说明在有火山活动影响的伸展背景下的盆地中，湖泊相碳酸盐的沉积达到了油气储层规模（图 6.1）。这些地层记录了在主要条件与南大西洋盆地白垩纪盐下层系相似的沉积环境下的重要沉积过程（Harris 等，1994；Formigli 等，2009）。爱达荷（Idaho）湖区域面积说明了优质碳酸盐岩储层的聚集可发生在火山活动影响区带［视孔隙度最高可达 40%、厚度可达 17.8m（58.4ft）、延伸数十平方千米的连续地层组］。这项研究加深了对湖相碳酸盐岩储层分布和沉积控制因素的全面理解，有助于储层建模和探井产能预测。

出露的野外露头使我们可以从上倾至下倾方向追踪整个沉积层序，研究在准层序级别（数米到数十米）潜在储层岩相的横纵向变化（图 6.1c）。我们能够标定岩相组合的系统变化和解释数十平方千米的湖相和湖盆平原环境，将滨岸带至潮下带的碳酸盐岩沉积与相对应的潮上带边缘和湖盆平原环境、向湖盆的深水环境关联起来。这让我们无论从垂向到横向上都可以识别出微生物岩及相关碳酸盐岩岩相沉积的最佳区域。此外，可以将微生物岩的沉积形态和其他地貌特征与同沉积期和沉积后的成岩变化联系起来。最

终，将对热泉（Hot Spring）灰岩的观察和解释置于湖相沉积体系和湖盆类型等更大尺度的背景中，有利于寻找更广泛的论题和合理应用成果。

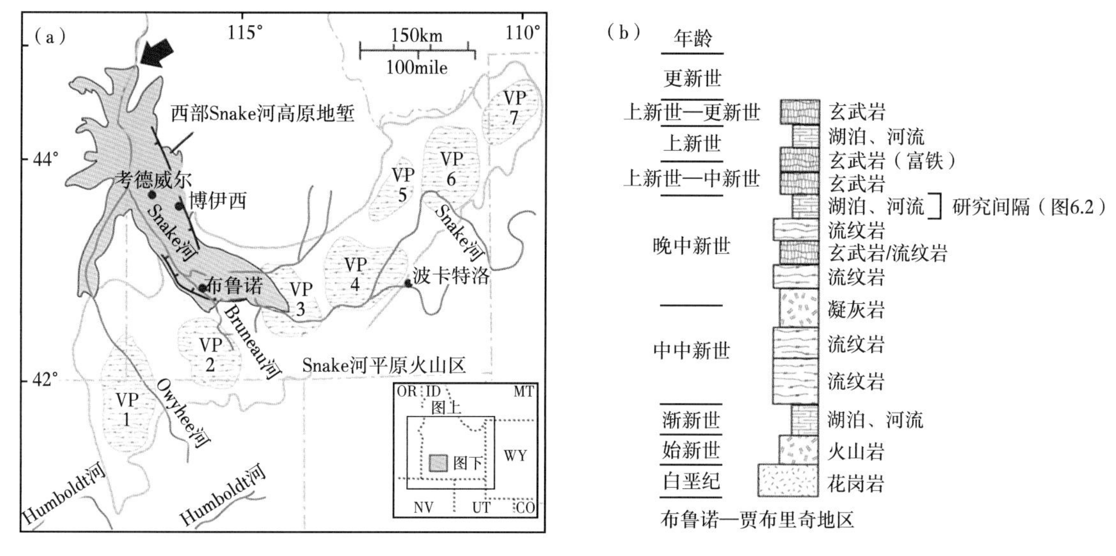

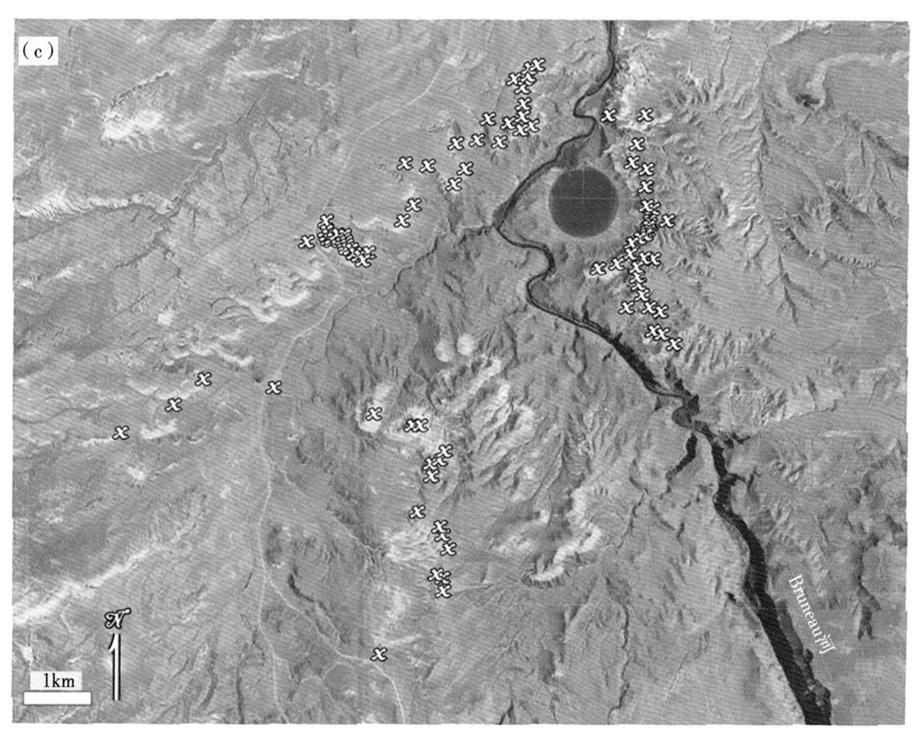

图 6.1 区域位置图和地层柱状图

显示火山活动影响下的河流—湖泊相沉积体系的范围，中新世—上新世爱达荷（Idaho）群为一套湖相、三角洲相、泛滥平原和河流沉积。(a) 爱达荷湖的区域背景（据 Link 和 Mink，2002，修改），包含爱达荷湖的区域地图中标明的火山中心的位置、地堑系统，地堑近北西—南东走向（据 Pierce 和 Morgan，1992，修改）。西北角的箭头指示爱达荷湖溢出点的大概位置（熔岩坝、断块或二者兼有）。深灰色区域为（西部 Snake）河高原地堑，包括了爱达荷湖的大部分，展示了该地堑和 Snake 河流平原火山区（浅灰色区域）的关系。VP—火山区；VP1—奥维希—洪堡（Owyhee-Humboldt）（14—12Ma）；VP2—布鲁诺—贾布里奇（Brureau-Jarbridge）（12.5—11Ma）；VP3—双瀑布（Twin Falls）（12—6.5Ma）；VP4—皮卡博（Picabo）（10.3Ma）；VP5—w. 黑斯（W. Heise）（6—4Ma）；VP6—e. 黑斯（e. Heise）（6-4 Ma）；VP7—黄石（Yellowstone）高原（2.0—1.2Ma）。(b) 简要地层柱状图，反映长期变化的火山岩类型以及河流—湖相地层与熔岩流和火山碎屑岩的 v 密切关系。(c) 区域航拍图像，展示此次工作中所描述的大约 60km^2（23mile^2）内的 72 个详细测量的剖面（x）的出露地形和位置

6.1.2 前人工作

选择热泉灰岩及相关地层作为研究目标，也是因为前人在构造和地貌背景、微生物的特征、该湖泊系统的自然特点方面做过大量工作（Swirydczuk 等，1979；Straccia 等，1990；Jenks 等，1998；Shervais 等，2002）。最初古生物学家根据对脊椎动物化石的观察首先发现这个庞大湖泊系统的存在（Newberry，1869；Meek，1870；Cope，1883a，b），并将其命名为爱达荷湖。之后的绘图成果表明，爱达荷湖在曾经的最大范围时，其面积跟现今的 Nyasa 湖（东非）相当并比安大略湖（北美）或 Balkash 湖（哈萨克斯坦）稍大（Smith 和 Patterson，1994；Bohacs 等，2003）。热泉灰岩首次由 Littleton 和 Crosthwaite 观察到（1957）并将其视为爱达荷群 Chalk Hills 组（中新世）的一个组成单元，对微生物岩及相关碳酸盐岩的主要研究大多集中于局部的垂向序列的岩相特征（Straccia 等，1990）。

6.1.3 现今工作和研究方法

2010 年 6 月，在爱达荷湖地区进行了野外工作，期间由九名地质学家组成的团队在约 56km^2（21.6mile^2）的范围描述了 72 个地层剖面［总计>535 m（>1755ft）］，遍及湖相碳酸盐岩段（图 6.1c）。详细的剖面按照 1:50 的比例进行测量，自然伽马能谱曲线按 30cm（12in）的间距采集（图 6.2）。我们用前人提出的标准规范（Bohacs，1990；Lazar 等，2010）描述了这些剖面，以确定和记录结构、成分及层理属性（如颗粒类型及粒度分布）；物理成因的沉积构造；实体化石及遗迹化石，生物扰动指数；大型化石的埋藏学特征；结核的类型、形态及分布，裂缝和颜色。通过带有合适格架和孔隙形态的标准图版（Terry 和 Chilingar，1955）估算了视孔隙度。此外还采集了 33 个手标本用于岩相、地球化学和物性分析。

6.1.4 地质背景

热泉灰岩形成于晚中新世（在 8.4Ma 后；Armstrong 等，1975）爱达荷湖沉积体系中，分布超过 26000km^2（10030mile^2）。从中新世到更新世中期，Snake 河水系被流动的岩浆、断层或二者限制于平原西缘沿线，形成了河流相—湖相沉积体系，其中爱达荷群发育多种沉积环境，如湖相、三角洲相、泛滥平原以及最终的冲积环境（Wood，1994）（图 6.1）。

湖相碳酸盐岩地层沉积于伸展环境顶部，层间为火山碎屑岩层和熔岩流（Straccia 等，1990；Shervais 等，2002）（图 6.1b）。火山活动为双峰态的且在不同阶段随时间变化由流纹质变为玄武质。最古老的阶段为流纹岩火山活动期，结束于爱达荷湖形成前。玄武质火山活动始于在爱达荷湖形成前，间歇性地持续并越过了爱达荷湖系完全充填期，该地区的玄武质火山活动发生在两个不同且无关的阶段，中间有几百万年的间断，大部分的爱达荷湖相地层在间断期沉积（Shervais 等，2002）。最老的火山活动事件包括西部 Snake 河高原地堑（爱达荷群形成的地点）的形成及高温流纹岩和玄武岩火山熔岩的喷发，主要的玄武岩喷发模式为盾状火山模式，其中八个熔岩流与我们野外考察区北部的特定火山通道有关。这一阶段的所有特征可解释为对黄石（Yellowstone）地幔热柱系统的通道和哥伦比亚（Columbia）河高原热隆起的响应（Shervais 等，2002）。熔岩流的特征及范围受同期湖水和沉积物交互作用的极大影响，常见玻质碎屑岩和枕状熔岩三角洲。在 Boise 和 Caldwell 附近［向西北大约 100km（62mile）］，潜水—岩浆混合作用的火山通道说明在爱达荷湖的静水中存在大型火山的喷发（Godchaux 等，1992）。研究区熔岩流来自一系列相隔 10~30km 的火山口（Jenkset 等，1998）。其后较新的一期玄武质火山活动的喷发模式主要是熔岩喷泉伴随大量由相关的细粒火山灰［1~2mm（0.04~0.08in）］形成的溅射物，这一时期显然是对该区域盆岭构造主要阶段的响应（Shervais 等，2002）。

爱达荷州热泉灰岩代表了盆地级别的沉积，对应于裂谷到凹陷的过渡阶段（记录了从局部扩张到广泛沉陷的变化），可以解释为沉积在一个均衡补偿湖盆系统中（sensu Carroll 和 Bohacs，1999；Bohacs 等，2000；Bohacs 和 Carroll，2001）。爱达荷湖泊体系的流域范围包括一系列的基岩类型：前寒武纪至中生代的碳酸盐岩和碎屑岩、白垩纪花岗岩［爱达荷（Idaho）岩基］以及新生代碎屑岩和火山岩。按含量依次减少，新生代火山岩包括安山岩熔岩流和凝灰角砾岩、英安岩熔岩流、流状角砾岩、火山碎屑岩、非火山

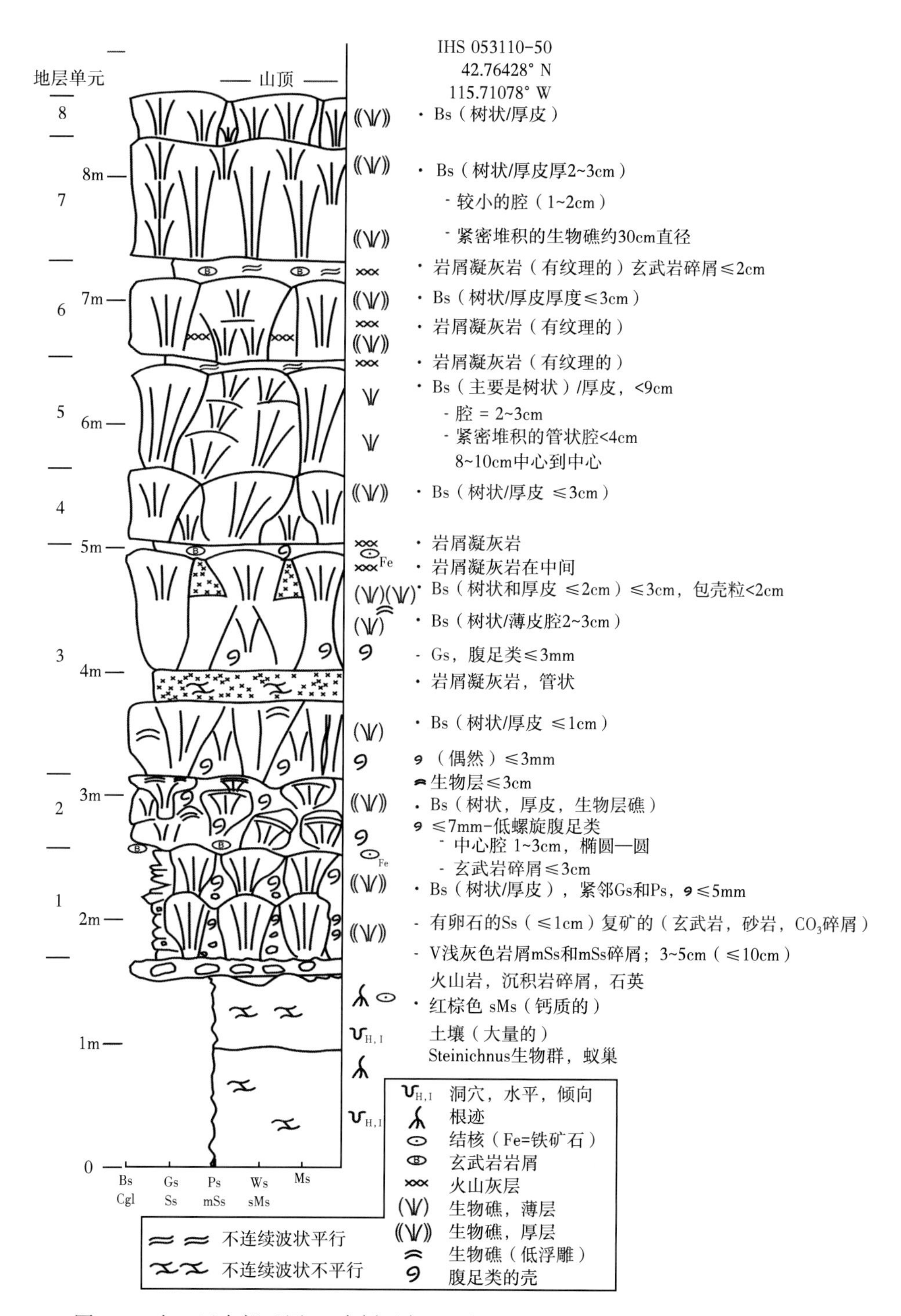

图 6.2　在工区中部［图 12 中剖面点 5 以北 70m（230ft）处］测得的剖面实例

精细的剖面按 1∶50 测量，用统一的标准规范确定和记录结构、成分及层理属性（如颗粒类型及粒度分布）；物理成因的沉积构造；实体化石和遗迹化石，生物扰动指数；大型化石的埋藏学特征；结核的类型、形态及分布，裂缝和颜色。Bs—粘结灰岩；Cgl—砾岩；Gs—颗粒灰岩；Ss—砂岩；Ps—泥粒灰岩；mSs—泥质砂岩；Ws—粒泥灰岩；sMs—砂质泥岩；Ms—泥岩；lumen—开放生物丘的中轴

成因的砾岩、流纹岩岩脉（Sanford，2005）。研究区最主要和持久的河流系统可能是 Bruneau 河，它是 Snake 河水系的一个支流（Jenks 等，1998），它对爱达荷湖这部分的影响被记录在现今 Bruneau 河流域独特的三角洲和滨线特定岩性混杂的砾石中。

湖中的条件通常有利于一个高度多样化、有活力的生态系统（均衡补偿湖盆体系的特性）（Gierlowski-Kordesch 和 Park，2004）。鱼类化石包括冷水性和暖水性类群，显示此处的生物多样性比现今任何北美西部的湖泊都要高（Smith，1975；Smith 等，1982），冷暖水性种群的共存，以及对鱼类化石的同位素分析结果，明确了气温很稳定，凉爽的夏季（32℃以上天气少于 30d）和漫长的无霜期（结冰期间隔 150~250d；Smith 和 Patterson，1994）。根据对鱼类化石和一个陆地哺乳动物群组合的研究，该组合包括如温暖气候形式的 *Felis lacustris*、鬣狗、巨獭（地獭）、野猪和三种骆驼（Hibbard，1972），说明在 Chalk Hills 组沉积末期，气温变冷但仍保持相对稳定。

热泉灰岩首次是被 Littleton 和 Crosthwaite（1957 年）将其视为中新世爱达荷群 Chalk Hills 组的一个组成部分进行描述，包括微生物碳酸盐岩、骨架碳酸盐岩和火山碎屑沉积物，夹火山熔岩流。与下伏 Chalk Hills 玄武岩层（8.4Ma 前；Armstrong 等，1975）以 30m（98ft）厚的棕色至褐绿色含虫类和蚯蚓潜穴的泥岩，夹孤立的砂岩透镜体（河流泛滥平原到过补偿湖阶段）所分隔，且与上覆 Glenns Ferry 组（上新世；过补偿湖泊—盆地阶段；Swirydczuk 等，1979）不整合接触。在近似椭圆形的横跨 $80km^2$（$31mile^2$）的区域内，这一地层单元沿 Snake 河平原的东南缘出露，在该地区中心厚度最大达 17.8m（58.4ft），在现今的侧向边界厚度减薄到少于 0.25m（0.8ft），表明现今展布范围与原始平面分布范围相近（Straccia 等，1990）。

6.2 观测结果

6.2.1 岩相组合

我们在热泉灰岩内和其紧邻下伏的地层中观测到五种碳酸盐岩为主的岩相组合（图 6.3）。

6.2.1.1 岩相组合 1

碳酸盐结核支撑粉砂质泥岩到泥质细粒砂岩见于微生物碳酸盐岩单元之下在整个研究区很普遍。这个区域含有两个层段：下部为红褐色单元，上部为灰绿色单元。下部的红褐色段常见遗迹化石：*Edaphicnium*，*Steinichnus*，蚁痕（*Parowanichnus*?，cf. *Daimoniobarax*），*Scoyenia*（常见），*Termitichnus*（少见）和其他无脊椎或脊椎动物的遗迹（图 6.3c 至 e），说明潜水面相对比较低（相对湿度范围 27%~37%；Hasiotis，2002）。在泥岩的不同层发现有钙质结核［直径<7cm（<5.3in）］、根状结核［长度<45cm（<17.7in）］以及钙结砾岩层。上覆的灰绿色砂质泥岩至粉砂质泥岩段夹有碳质植物根遗迹、大型偶蹄动物足迹［宽度<27cm（<10.6in）］和少量的渗透性无脊椎动物遗迹。一种复矿碎屑岩（碎屑岩—碳酸盐岩）砾岩常发育于该区域的顶部，在微生物碳酸盐岩层之下。在首个广泛分布的微生物碳酸盐岩段下伏的灰绿色砂质泥岩的破碎带里，我们在两个位置观察到了 1.5m（4.9ft）厚的钙华（也可能是泉沉积）（图 6.3a 至 e）。

6.2.1.2 岩相组合 2

包括砾状灰岩、复矿含砾颗粒灰岩、由 7cm（2.7in）长的生物层礁冲裂碎屑物、鲕粒、包壳粒和漂砾［长度<66cm（<26in）］、葡萄石和似核形石［0.1 至<2cm（0.04 至<0.8in）］组成的颗粒灰岩—砂岩混杂物。这种岩相组合同样也包含大部分的锥螺类［*Elimia*（*Goniabasis*）*taylori*，*E. taylori* var. *calkinsi*］，而它们不同于在生物丘复合体内部发现的腹足类混合物、散布的鱼脊椎、结核状钙质胶结含砾砂岩、浑圆的燧石砾石［<3cm（<1.2in）］、玄武岩碎屑［<5cm（<2in）］和硅化木碎片［长<12cm（<4.7in）］，铁质浸染和泥铁矿胶结物常见。层理可以明显或者相当模糊，纹层的几何形态包括水平或倾斜的连续的平直平行层理（顶平）、连续弯曲非平行的（槽状和 S 形交错层理）、非连续弯曲非平行的（流痕和浪成波痕）和非连续波状的以及平行层理。冲刷构造宽、浅且相对常见（图 6.3f、g）。

6.2.1.3 岩相组合 3

生物碎屑颗粒灰岩侧向紧邻微生物岩生物丘发育并与之密切相关，包含多种由腹足类和介形类形成的混合物，以及鲕粒、似核形石和更大的藻包壳颗粒及碎屑［长度<9cm（<3.5in）］。腹足类为主的颗粒灰岩（图 6.4b、d）大部分出现在生物丘内和上倾方向，然而介形虫为主的颗粒灰岩到泥粒灰岩（图 6.4a、c）在生物丘的下倾方向最发育。紧邻高的生物丘复合体的颗粒灰岩腹足类大多低螺旋和相对厚壁（图 6.4b、d），主要为 *Lithoglyphuscolumbianus* 和 *Lithoglyphus campbelli*，最厚可达 11mm（0.4in）（现今发现的大部分处于高能清水环境中），以及偶见的高度锥形的锥螺类型［*Elimia*（*Goniabasis*）sp.；直径<8mm

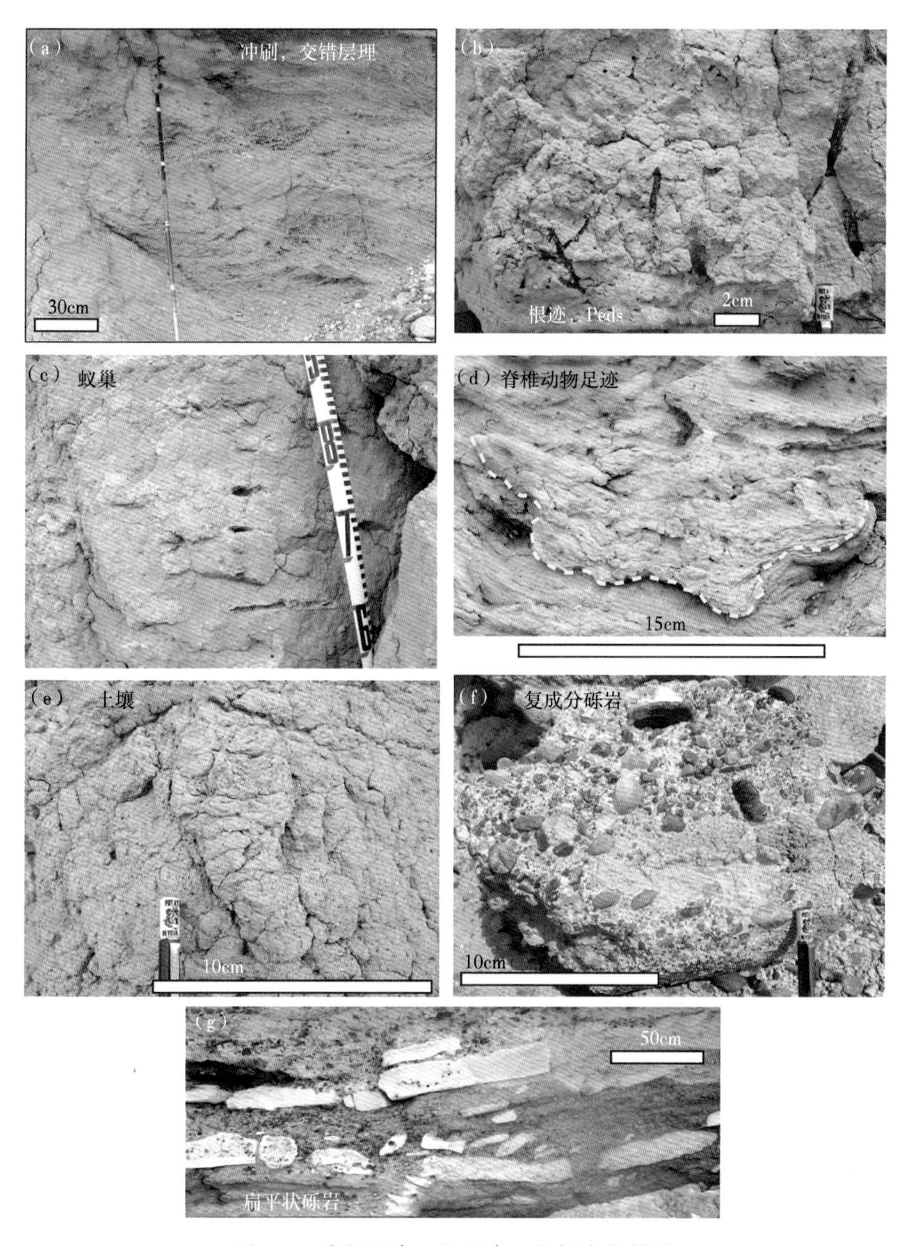

图 6.3 岩相组合 1 和组合 2 的标志性特征

岩相组合 1 包括含碳酸盐结核的粉砂质泥岩到泥质细粒砂岩，该组合发育多种沉积构造，如含砾砂岩中的冲刷构造和交错层理（图 a）；砂质泥岩中的 peds 根状结核和挤压的植物根化石（图 b）；无脊椎动物遗迹，例如蚁巢（图 c）和蚯蚓潜穴（非特定状态）（图 e），以及脊椎动物（偶蹄类）的足迹化石（斜向横截面）（图 d）。岩相组合 2 包括复成分砾岩、砾屑灰岩及颗粒灰岩—砂岩混杂物（图 f），由生物层礁撕裂碎屑物（图 g）、鲕粒、包壳粒和漂砾、土壤和似核形石组成，同时还有锥螺类、鱼脊椎、浑圆的燧石砾石和硅化木碎片，铁质浸染和铁质胶结物常见

（<0.3in）]，它们的埋藏状态从磨损到粉碎都有，这些与少见的珠蚌瓣鳃类有关（脱节的、破碎的）。丰度次之的异化颗粒是藻屑［原地来源，直径<12cm（4.7in）]，其他颗粒类型包括鲕粒和火山碎屑。介形虫颗粒灰岩中既有粗壮的、植物的类群也有柔弱的泥栖类群（图 6.4c），以及钙质海绵骨针和多种底栖羽纹纲硅藻。在生物丘内部地层，Straccia 等（1990）曾发现过一种含有极少大型中心类群的与众不同的硅藻（*Melosira* sp.，*Cyclostephanos* sp.），主要为羽纹类、非浮游属的（*Achnanthes*，*Amphora*，*Caloneis*，*Cocconeis*，*Cymbella*，*Diatoma*，*Diploneis*，*Epithemia*，*Eunotia*，*Gomphoneis*，*Gomphonema*，*Navicula*，*Neidium*，*Rhopalodia*，*Surirella*）；大部分物种是浅水底栖类，只有少数浮游类的，部分地区发现了轮藻碎片和藏卵器。层理普遍发育较好，冲刷和粒序层理常见，纹层的几何形态包括连续弯曲非平行的（槽状交错

层理）、非连续弯曲非平行的（流痕和浪成波痕）和非连续的波状的及平行的（图 6.4a 至 d）。

6.2.1.4 岩相组合 4

碳酸盐粘结岩，根据形态和微生物岩生物丘的内部纹理结构特征分为两种主要类型：

（1）向上凸圆的微生物岩，形态包括孤立至侧向连续的生物丘，通常较薄并且构成微生物岩全体的

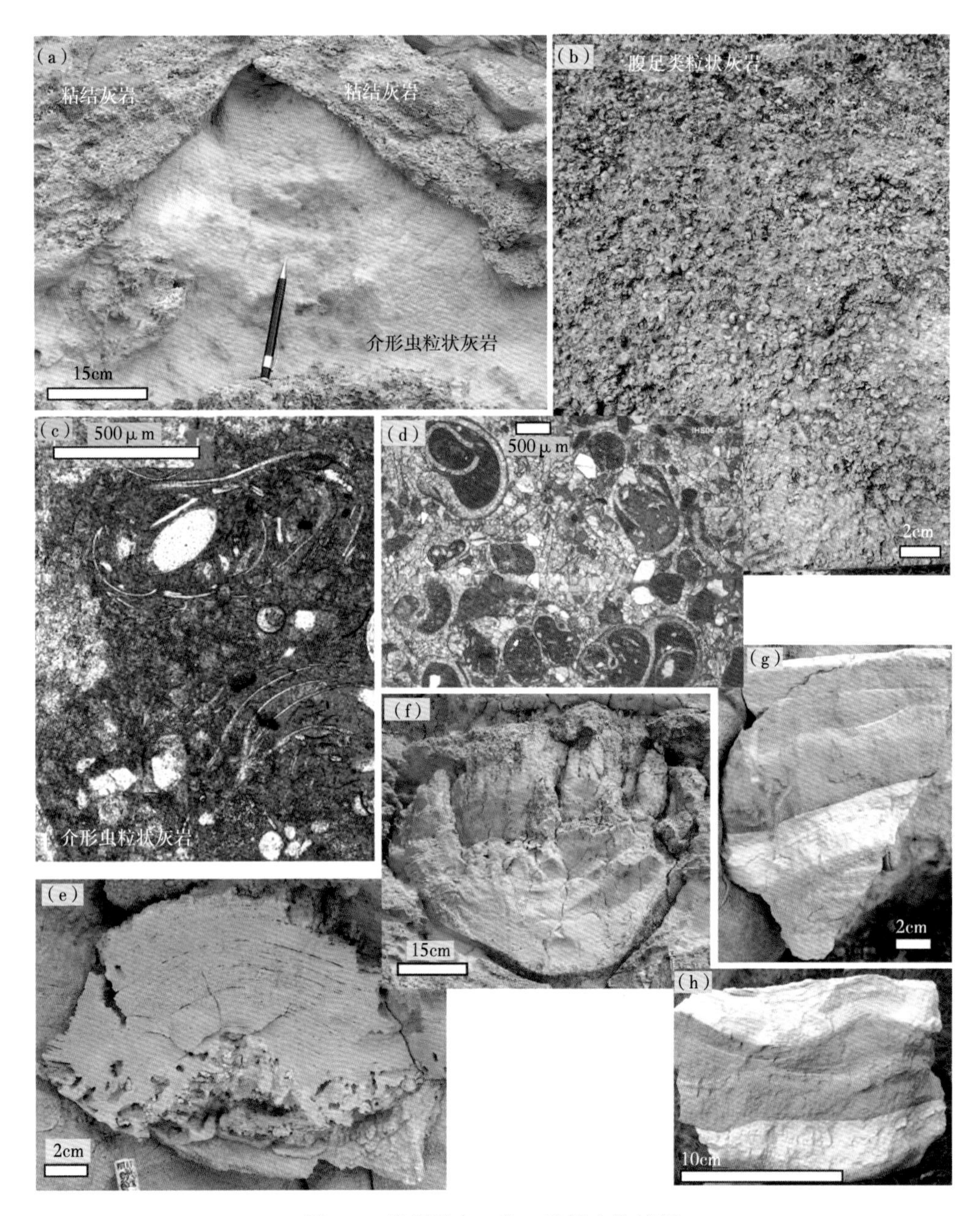

图 6.4　岩相组合 3 和 4 的标志性特征

岩相组合 3 包括含腹足类、介形虫、瓣鳃类的生物碎屑颗粒灰岩（图 a 至 d）。该岩相侧向紧邻微生物岩生物丘发育并与之密切相关（图 a），包含多种由腹足类和介形虫的混合物，以及鲕粒、似核形石和更大的藻包壳颗粒及碎屑。腹足类为主的颗粒灰岩（图 b、d）主要出现在生物丘内和上倾方向，然而介形虫为主的颗粒灰岩到泥粒灰岩（图 a、c）在生物丘的下倾方向最发育。紧邻高地生物丘复合体的颗粒灰岩，腹足类大多为低螺旋和相对厚壁，主要为 *Lithoglyphuscolumbianus* 和 *Lithoglyphus campbelli* [图 d 视域约 10mm（0.4 in）]。岩相组合 4 包括多种形态的碳酸盐粘结岩，在横向和地层层位有序变化，根据形态和存在的内部纹理结构特征分为两种主要类型：（1）向上凸圆的微生物岩（图 e），孤立至侧向连续的生物丘，相对薄并且构成微生物岩全体的一小部分。它们呈孤立展布、内卷、“迷宫状”至侧向相连的形态。（2）向上凹面的微生物岩（图 f）代表了在露头观察到的大约 90% 的微生物岩形态。管形削顶的弯锥状或者不同纵横比的瓶状是微生物岩体的主要部分，而乳状至梨状或者葡萄状的外形也常观察到。岩相组合 5 包括泥质粒泥灰岩、泥质泥晶灰岩和硅藻岩（图 g、h—浪成波痕），以及脱节的鱼骨碎片、介形虫和稀少的薄壁低螺旋腹足类在这一时期最常见，尤其是在工区北部的粘结灰岩占主导的区域和低突起生物丘之间

一小部分（图 6.4e）。这些向上凸圆的微生物岩在其纵横比（1∶0.26 至 1∶1.66，平均为 1∶0.68）和侧向关系上变化，孤立分布，内卷的、“迷宫状”的（没有皮质，内部全部树木状的）形态至侧向相连（同轴到半球状层或者薄层，密集，内部没有树木状）的形态。

（2）向上凹面的微生物岩，代表了在露头观察到的大约 90%的微生物岩形态（图 6.4f）。管形削顶的弯锥状或者不同纵横比的瓶状（变化范围 1∶0.86 至 1∶8.66，平均 = 1∶3.67）是微生物岩体的主要部分，而乳状至梨状或者葡萄状的外形也常被观察到。以下章节提供了关于这些微生物岩的更多细节，更多详细描述参见 Straccia 等（1990）。

一些生物丘侧向紧邻生屑颗粒灰岩（岩相组合 3），部分生物丘紧邻泥质粒泥灰岩或硅藻岩（岩相组合 5），这种侧向组合在垂向和横向上有序变化，如下面章节所述。

6.2.1.5 岩相组合 5（图 6.4g、h）

泥质粒泥灰岩、泥质泥晶灰岩、硅藻岩和脱节的鱼骨碎片、介形虫以及稀少的薄壁低螺旋腹足类在这一时期最常见，尤其是工区北部（解释为最远端下倾和末端）的粘结灰岩占主导的区域和低突起生物丘间。

6.2.2 微生物岩生物丘

6.2.2.1 组分

向上凹面的瓶状微生物岩是生物丘最常见的形态学表现。这些“瓶子”包括三种组分，此处同心地从外向内进行描述（图 6.5）：

（1）外皮（或外壳）围绕着瓶体外部和轴腔（图 6.5b 至 e）。具有以下特征：①内卷的生物层礁的粘结灰岩；②密集，向外生长；③厚度在 1~21cm（0.4~8.3in）间变化。

（2）内瓶和边缘粘结灰岩包括：①树状状、向上、指状生长；②分枝趋于圆柱形（图 6.5a 至 d）。

（3）轴腔（生物丘的中心轴）的特征为：①开放的、直径为厘米级，圆形至椭圆形的管状［0.5~7cm（0.2~2.7in），大部分 1~2cm（0.4~0.8in）］；②通常轴向为数分米长，偶尔能达到瓶体的全高度（图 6.5b、c）。

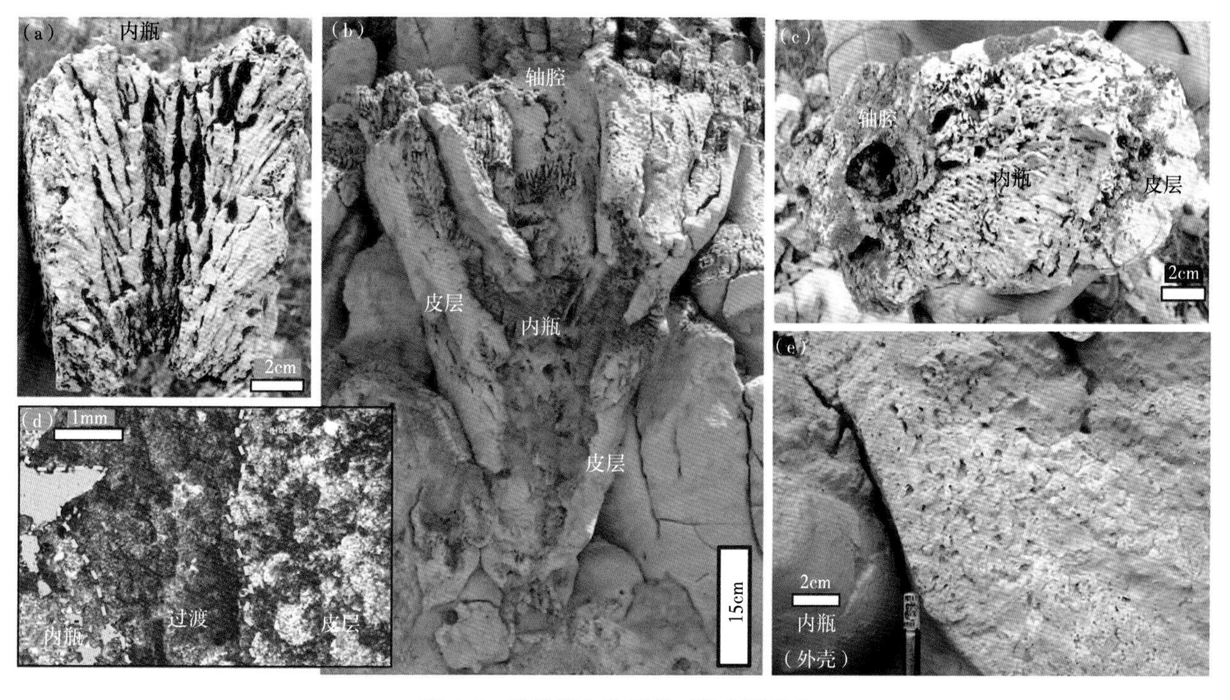

图 6.5 粘结微生物岩的三种主要组分

同心地从外向内为：（1）外皮（或外壳）围绕着腔体外部和轴腔（图 b 至 e）；（2）内瓶和边缘粘结灰岩（图 a 至 d）；（3）轴腔（生物丘的中心轴）（图 b、c）。薄片（图 d）展示了从内瓶（高孔隙度）到外皮（低孔隙度）小尺度的过渡区域，出现在一套相对清晰的视野中（单偏光）

在宏观上，根据外形和上述三种组分的相对发育情况，生物丘个体的形态明显且有序地变化。这些外形从尖瓶（外皮薄，内部为树枝状）到球根状瓶（外皮厚，内部为极小的树枝状），大部分的瓶体显示出相似的生长模式（图 6.6）。表 6.1 详细列出各种形态、其厚度分布及地层位置。

图 6.6 基于外形各种微生物的形态学特征、纵横比以及外皮、生物丘内部和轴腔的相对发育情况

除（图 f）和（图 g）为平面，其他均为垂向剖面。这些外形从尖瓶（外皮薄，内部为树枝状）到球根状瓶（外皮厚，内部为极小的树枝状）。V1—高的薄外皮瓶（图 a），V2—短的厚外皮瓶（图 b），V3—高的厚外皮瓶（图 c），V4—梨形瓶、相对厚外皮（图 d），B—葡萄状瓶、厚外皮（图 e），S—球形瓶、外皮相对薄（图 f），L—高的薄外皮瓶、轴腔发育良好（图 g）。微生物的形态变化详细描述见表 6.1

表 6.1 热泉灰岩中生物丘类型、厚度分布和地层位置

生物礁类型		厚度（cm）0 100 200 300 400	地层单元中的分布 1 2 3 4 5 6 7 8 9 10	渗透率 低 中 高
V1	中等—高纵横比、内部树枝状、薄壁的生物丘			K_v
V2	短粗型、低纵横比的、厚壁的微生物丘			
V3	高大的、高纵横比的、厚壁的生物丘			
V4	梨形向上—锥形的生物丘			
B	葡萄状的、低到中等纵横比的、厚壁的生物丘			
S	球状的、非常低纵横比的生物丘	平均值；最小值；最大值；25% 75%		
L	中等—高纵横比，具有发育良好的中心轴腔的生物丘			md's　d's

■ 最丰富的　■ 普通的　■ 现在的　□ 未观察到的　K_v=垂直的渗透率　K_h=水平的渗透率

在微观级别可见很多薄层已重结晶（沉积后）成假亮晶和无结构的泥晶碳酸盐岩。最常见地保存下来的微观结构包括暗色富有机质的灰泥和浅色放射状—层状微晶方解石的薄互层（图 6.7a、b）。暗色的

泥晶薄层趋于具有凝块结构。这种互层结构可以推断为微生物影响的沉积（Awramik，2008）。

其他常见结构是被长达 60μm 的放射扇状微晶方解石包围的小孔（大约<25μm）（图 6.7b）。微生物岩岩相中较大的孔洞中含有介形虫、海绵骨针、羽纹硅藻等外源化石以及陆源砂、粉砂和黏土（图 6.4c、图 6.7c）。

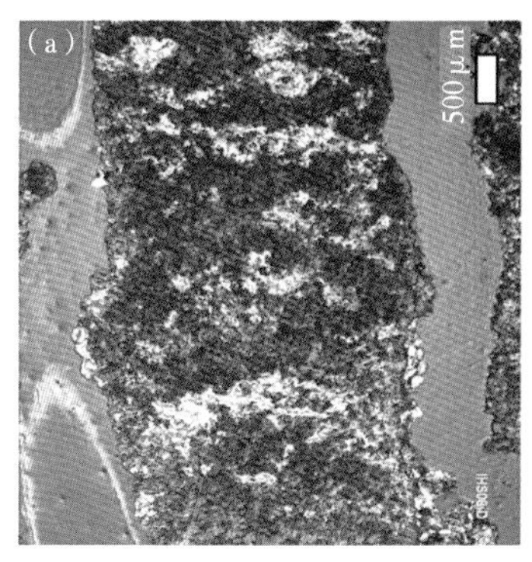

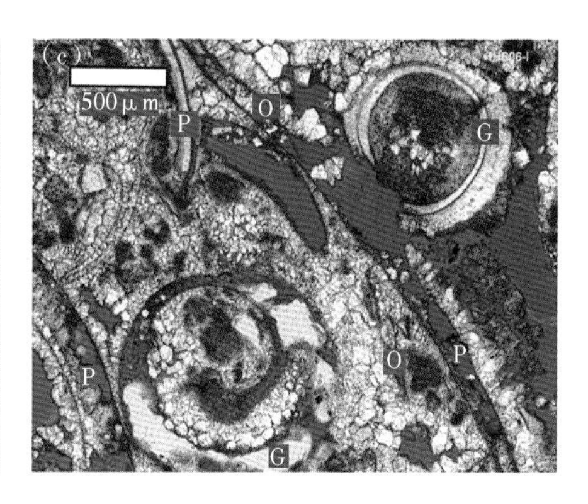

图 6.7　微生物粘结岩的显微照片

（a）很多薄层已重结晶（沉积后）成假亮晶和无结构的泥晶碳酸盐岩；目测该沉积相的总体孔隙度在 25%~30%。（b）最常见地保存下来的微观结构包括暗色富有机质的灰泥和浅色放射状—层状微晶方解石的薄互层，目测该岩相的总体孔隙度在 10%~15%。（c）微生物丘内部粘结岩的骨架颗粒，包括腹足类、介形虫和瓣鳃类碎片的显微照片，目测该岩相的总体孔隙度在 15%~25%。G—腹足类的壳；O—介形虫壳；P—瓣鳃类的壳

6.2.2.2　生物丘复合体——纵向和横向分布

孤立的生物丘倾向于出现在紧密的群体或高 6.1（20ft）宽 11.3m（37ft）的生物丘复合体里（图 6.8a）。这些生物丘复合体从上倾至下倾呈现差异性，并且通常在沉积剖面的中部发育最好。有些出现在单一的米级地层单元中，但是大部分常持续并扩展到热泉灰岩的多级地层单元中（这些单元将会在更大尺度的地层模式中进行描述）。该区域的少数生物丘复合体从地层底部延伸，但大部分开始于第 2 套地层单元，在底部以上 14~202cm 的范围内。

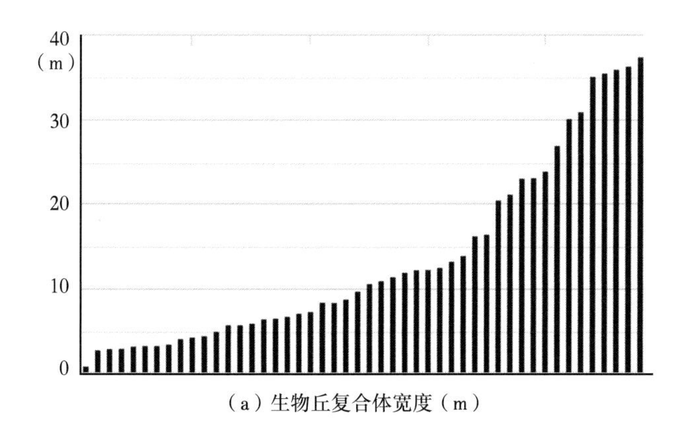

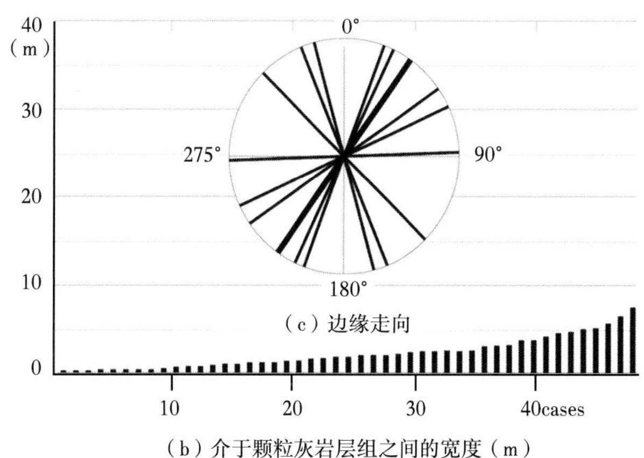

图 6.8　(a) 生物丘复合体和 (b) 介于颗粒灰岩层组之间的规模累积分布

每条代表在一个位置观测的生物丘单体的横截面或颗粒灰岩层组观测的宽度。注意到最宽的生物礁复合体是最宽颗粒灰岩层组的 3 倍以上。(c) 微生物丘复合体边缘的走向分布范围广，表明没有优势方位，说明高大生物礁复合体之间的剩余空间基本被颗粒灰岩充填

在中部，生物丘复合体通常向上扩增，纵横比整体下降（高度/直径）。相邻生物丘复合体的侧向聚合是该中部区域的特征。通过新的生物丘的加入和已有生物丘的扩增实现在整个碳酸盐岩单元中的扩增（图 6.9），但是每一种机制的相对重要性在系统地变化。在下部的层段中（单元 2—单元 5），这些生物丘复合体大部分通过在现存复合体的边缘加入新的生物丘进行扩增，这一过程通常在较低部位的地层单元的边界开始。在下部层段中生物丘复合体的侧向边缘趋于相对薄壁，横向上紧邻颗粒灰岩或者砾屑灰岩层

组，很少会显著发育厚的内卷或者“迷宫状”的外壁。在上部层段中（单元6—单元10），扩增主要表现为已有生物丘向上分支的增加（在单元6—单元8尤其发育）。上部单元的复合体侧向边缘倾向于形成相当厚的外壁，内卷到“迷宫状”，尤其是现今紧邻细粒岩相的位置，被解释为稍晚时期沉积于更深水条件(图6.9b)。生物丘复合体外外皮的相对厚度与沉积时是否存在与之相邻的粗粒沉积有关。因此，我们认为生物丘复合体的发育程度和内卷或“迷宫状”外壁的厚度是它们沉积时对波浪和水流能量的响应：暴露时厚度更大，而被颗粒灰岩遮挡时更薄（Straccia 等，1990）。

图6.9 中间区带的生物丘复合体的外部形态和横向展布特征，该区带最高大、最发育和最密集（靠近图6.2中实测剖面和图6.12中实测剖面5的位置）

(a) 排列紧密的生物丘复合体（边缘以黑线标记），高10m（32.8ft），横跨多个地层单元；(b) 颗粒灰岩岩层（槽）主要发育于丘间，注意层面由生物丘复合体延伸至颗粒灰岩层；(c) 密集的生物丘复合体说明由已有生物丘的扩增和复合体边缘生物丘的新增实现了向上扩展，参见图6.2的符号说明

在上述发育良好的接合生物丘复合体所在区域附近，不管是在上倾还是下倾方向，生物丘复合体都向上逐渐呈锥状并在横向上保持分离。通过跨多套地层单元的向上减少和缩小现存生物丘（增加纵横比），生物丘复合体直径的缩小是由于向上多套地层单元生物丘个体的损失和已有生物丘的缩小。总体而言，在一些例子中这些生物丘复合体纵横比的增加，侧向边界趋于发育相对较厚的、发育较好的外壁，以至于能够包裹整个复合体（图6.10）。

我们将生物丘复合体两个主要表现解释为记录它们相对稳固的生长；在中间区域扩增朝上的复合体，可能反映了碳酸盐岩沉积速率能够保持并稍微超过盆地沉积速率的最佳条件，导致生物丘复合体的横向扩增。临近区域的上倾和下倾方向记录了不那么有利的条件，在相应条件下生物丘复合体难以达到，碳酸盐岩生长率等于或低于沉积速率（Sarg，1988）。

按沉积剖面上的位置，生物丘复合体之间的充填了多种岩相：近端和中部区域一般为生物碎屑和包粒颗粒灰岩的厚层沉积（岩相组合3），主要是低螺旋的腹足类。而远端区域的生物丘内部充填含有以介形虫骨架为主的粒泥灰岩至泥粒灰岩以及泥质粒泥灰岩到硅藻为主的泥晶灰岩（岩相组合3和5）。在中部区域，颗粒灰岩沉积岩体厚度范围为0.14~2.02m，宽0.1~7.7m（图6.8）。（介于之间的生物丘复合体组合厚度为0.44~17.8m，0.7~37.4m宽，平均13.5m）。颗粒灰岩岩体很像通道，但是对它们平面形态、范围和方向（图6.8c）的观测揭示了他们占据了相对均等至稍微多于在较高的生物丘复合体间的剩余可

图 6.10 近岸区带（微生物层礁、向上凸起、密集层状）俯视图（图 b）和远端区带（图 a、c）的生物丘复合体的外部形态和横向展布特征

在远端区带，生物丘复合体趋于向上变窄（图 a）、横向展布更广泛和形成厚的外皮（图 c）；生物丘复合体被富硅藻泥晶灰岩和粒泥灰岩包围；在这两个区带，生物丘复合体相对更短、更窄，分布更广泛

容纳空间（图 6.8b）。层面在生物丘复合体之间是连续的，因为它们可以在颗粒灰岩单元之间追踪。

6.2.3 更大尺度的地层模式

碳酸盐生物丘复合体和颗粒灰岩出现在包括多套层组的横向连续的地层单元中。该区域有十个单独的地层单元，以薄层结构、粘结灰岩类型和组分的变化作为顶底界面的标志（图 6.9）。这些地层单元厚度范围为 0.14～3.87m（0.5～12.7 ft），覆盖了从上倾到下倾方向最大 6.8km，沿走向最长 9.9km（图 6.11）。如表 6.1 所示，生物丘的形态和范围在地层单元中有序变化。总之，基底单元中的生物丘较短、相对呈圆球状、间隔大（单元 1）。在上覆的单元 2—单元 5 它们的高度和纵横比增加，发育相对较薄和不发达的外皮（或外壳）的“迷宫状”粘结灰岩，其中大部分侧向紧靠以腹足类为主的生物碎屑颗粒灰岩。单元 6—单元 10 倾向于含有稍短的密集的生物丘，具有更低纵横比和相对厚的、广泛的外壳，尤其是在横向上不紧邻腹足类颗粒灰岩的地区。在上倾方向发育复矿的、塔螺为主的颗粒灰岩，中部生物丘中发育骨架—似核形石颗粒灰岩，在远端发育以介形虫为主的颗粒灰岩和泥粒灰岩。

这些米级尺度的地层单元由横向上广泛分布的被薄层上覆的界面所分隔，这些薄层［<10cm(<3.9in)］以水平的生物层礁粘结灰岩、泥岩或腹足类颗粒灰岩为主，界面下部是早期成岩改造区或者生物丘复合体上方的短而窄小［小于 10cm×5cm（3.9in×2in）］的生物丘，或二者皆有（图 6.9a、c）。早期成岩改造为

明显的大气水溶解作用，提高了生物丘和颗粒灰岩相的铸模孔。胶结物包括块状潜流带大气水的方解石胶结物（少量、不均一分布），零散的白云石（交代和胶结）和玉髓质石英。铁质侵染在小排生物丘边缘比较常见。

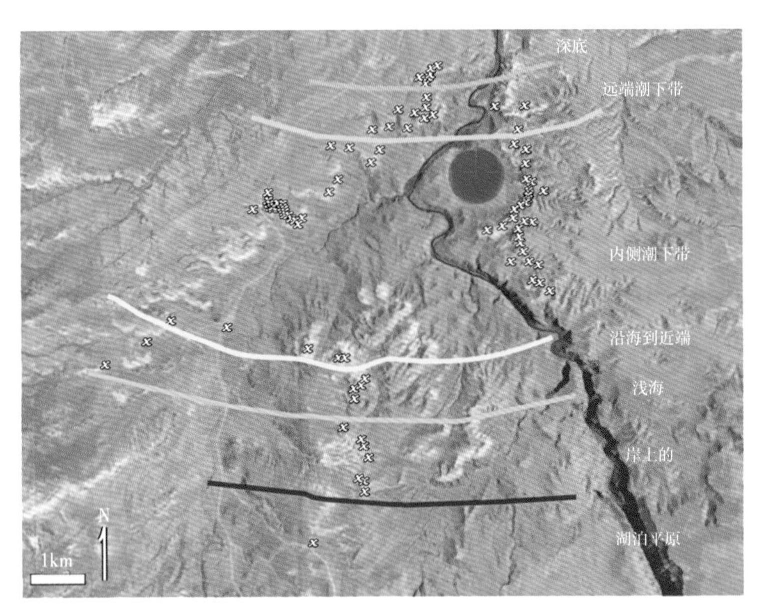

图 6.11 工区内详细的沉积环境平面展布图

这些单元厚度为 0.14~3.87m（0.5~12.7ft），覆盖了从上倾到下倾方向最大 6.8km；沿走向最长 9.9km；彩色线条表示沉积环境之间的界限，湖中心在东北部以北

这些地层单元的横向范围同样是有序变化：基部的单元 1 的横向范围相对有限，生物丘不均匀发育，颗粒灰岩岩体极少。这些地层单元在横向范围由下往上增加，沿沉积倾向单元 4 和单元 5 范围最大（图 6.12）。上覆单元与远端上倾方向重叠，在逐渐更向下倾的位置叠覆或尖灭。

在热泉灰岩下面的地层（在较大的生物丘复合体以及伴生的颗粒灰岩沉积中碳酸盐沉积的主要区域在图 6.12a 灰线以上）包含两个不同的层段，之间被 3.5m（11.5 ft）起伏的侵蚀面（图 6.12a 的黑色实线）分隔。下部的层段有岩相组合 1 为主的超过 3m（9.8ft）厚的板状—透镜状单元。下部层段的颜色自下而上从红褐色变为灰绿色。横向上至岩相组合 1 是透镜状泥质砂岩层（极细粒到中粒），具有 45cm（17.7in）局部起伏、宽 9m 厚 2m 的底部冲刷。这些泥质砂岩层向上变细，含有冲刷面、交错层理、流痕、爬升波痕和包卷层理。这一层段还有在厚 5m、宽 3m 的垂向区域中孤立出现的两个泉华，具有破裂层、泉华包覆的块体和两个块体之间等厚沉积的泉华。泉华为主的个别层段不超过 1.5m（4.9ft）厚。一些地层块体［宽度达 40cm（15.7in）］与原始的垂直方向呈 45°。这些区域一般出现在沿从南到北的沉积剖面中部、厚的生物丘复合体之下。但在泉华区域与上覆的生物丘复合体不直接接触。

下部的红褐色层段在较低能量的河流和冲积平原环境中沉积形成，上部的绿灰色层段为低部湖泊平原环境。从红褐色到灰绿色泥岩的垂向演化可能记录了潜水面的上升以及水系相对发育—水系贫乏的古土壤条件变化，预示了平静湖水的湖侵和微生物碳酸盐的广泛沉积。泉华区域似乎与碳酸盐岩为主层段底部的初始湖侵期的地下水流量有关。

在下部层段的顶端是厚度变化的［10~350cm（3.9~137.8in）］区域，有一个明显的下界面（图 6.12a 中黑实线所示），上覆中粒至粗粒的亚岩屑砂岩和复矿砾岩（图 6.12a，实测剖面 3、4、5、7、8）。砾岩包括圆至浑圆的石英碎屑岩、玄武岩、花岗岩和胶结砂岩［厚 10~20cm（3.9~7.9in）、长 15~40cm（5.9~15.7in）］，层面上分布丰富的黑云母。这些岩相出现在向上变细的层组中，厚 19~84cm（7.5~33in），通常具有被槽状交错层理、平行层理、流痕层理覆盖的底部冲刷。在宽度达 442m 的透镜状和楔状岩体中，该层段的厚度变化非常大；在大部分的研究区里，地层厚度小于 30cm，只有在剖面的中部厚度能达到 3.5m（图 6.12a）。这个层段可解释为一次广泛的侵蚀事件之后更高能的河流环境沉积。

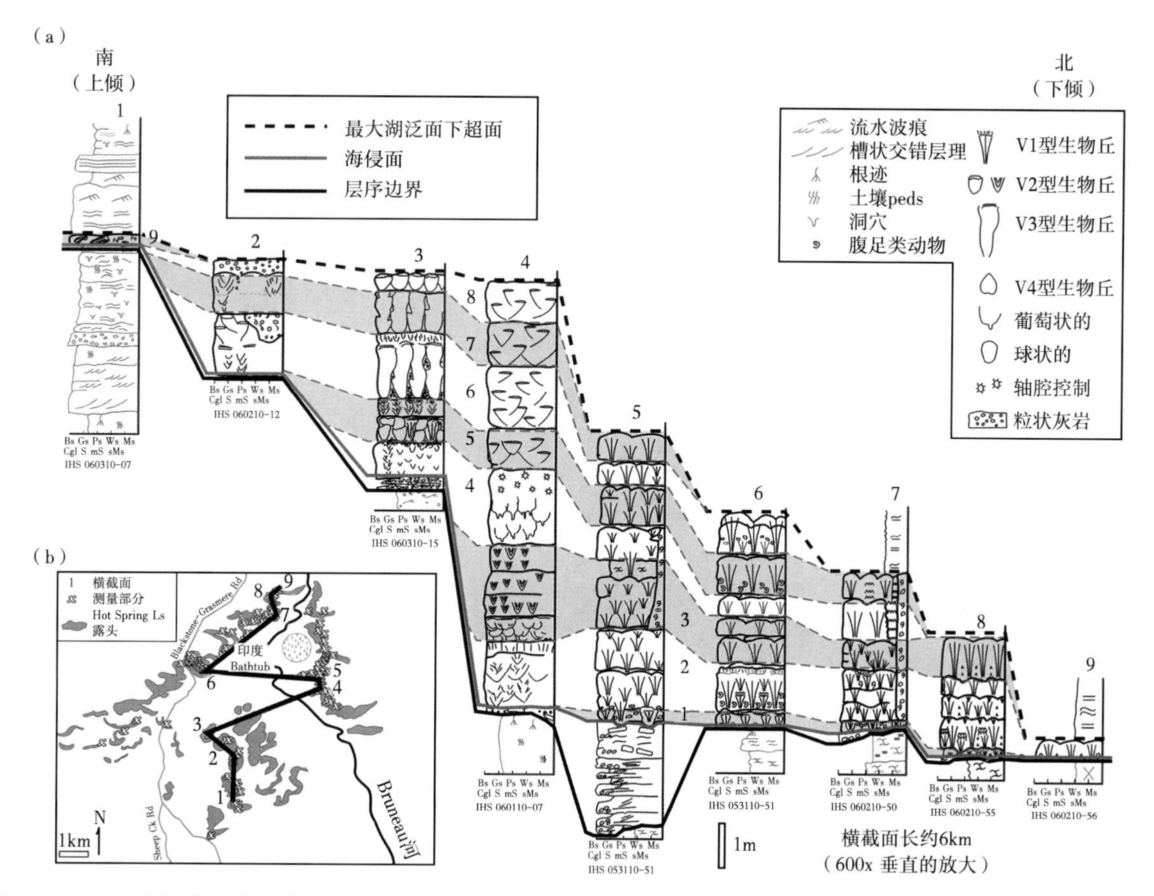

图 6.12 (a) 沿沉积倾向的横剖面，大约长 6km (3.7mile)(图中实测剖面间隔基本均等，展示地层单元的横向范围及其几何形态的关系，以及生物丘类型的分布)；微生物碳酸盐岩地层单元的横向范围有序变化：基底单元 1 (灰线以上) 的横向范围相对有限，生物丘不均匀发育，颗粒灰岩岩体极少；这些地层单元的横向范围由下往上增加，沿沉积倾向单元 4 和单元 5 范围最大；上覆单元与远端上倾方向重叠，在逐渐更向下倾的位置叠覆或尖灭 (额外的符号参见图 6.2 和图 6.15，灰色多边形强调准层序的横向范围)。(b) 展示热泉灰岩中测线和露头的位置图

在热泉灰岩上部的层段中 (碳酸盐沉积的主要区域——黑色虚线以上) 包含多种岩相组合，其中很多在碳酸盐岩为主的层段中不存在 (图 6.12a)。这些岩相组合通常颗粒更细，在下倾区域有更多生物成因的组分，它们为 (1) 略粗的泥岩、砂质泥岩和泥质砂岩，含根系遗迹、植物压型化石、硅化木、陆生脊椎动物骨骼、昆虫遗迹、富铁岩石和碳酸盐胶结物；(2) 岩屑砂岩、泥质砂岩，含冲痕、粒序层理、平行层理、流痕层理、鱼骨和 Planolites (漫游迹?) 潜穴；(3) 钙质泥粒灰岩到颗粒灰岩，含破碎 Elimia (Goniabasis) 的颗粒灰岩，粗壮的介形虫，轮藻藏卵器，鲕粒和直径达 1cm 的包壳粒；(4) 层组中厚度达 40cm 的粗粒到中粒的硅藻泥岩，具有流痕和平行层理。这些岩相组合可解释为 (1) 湖—平原；(2) 三角洲前缘；(3) 三角洲间滨线；(4) 前三角洲—深湖环境，这些都显然处于一个水体条件不利于碳酸盐生物丘沉积的湖相体系中。

6.3 解释

6.3.1 沉积剖面和地图视图

个别碳酸盐岩地层组合横向上连续 (千米级或米级)，大部分可在几乎整个 $56km^2$ ($21.6mile^2$) 的研究区追踪到 (图 6.1c、图 6.12)。生物丘复合体展现了生物丘形态、尺寸、间距、碎屑颗粒和碳酸盐颗粒类型的相对比例等各种属性的系统变化，从而能够划分出四个主要的岩性组合区。我们将这些区域解释为四种沉积环境。在滨海带、潮下带近端、潮下带中部和潮下带远端发现的微生物岩的内部和外部特征如

图 6.13 所示。总之，生物丘在潮下带中部相对更连通也更厚，而在该区域两侧更近端或远端的位置可见更孤立的生物丘。

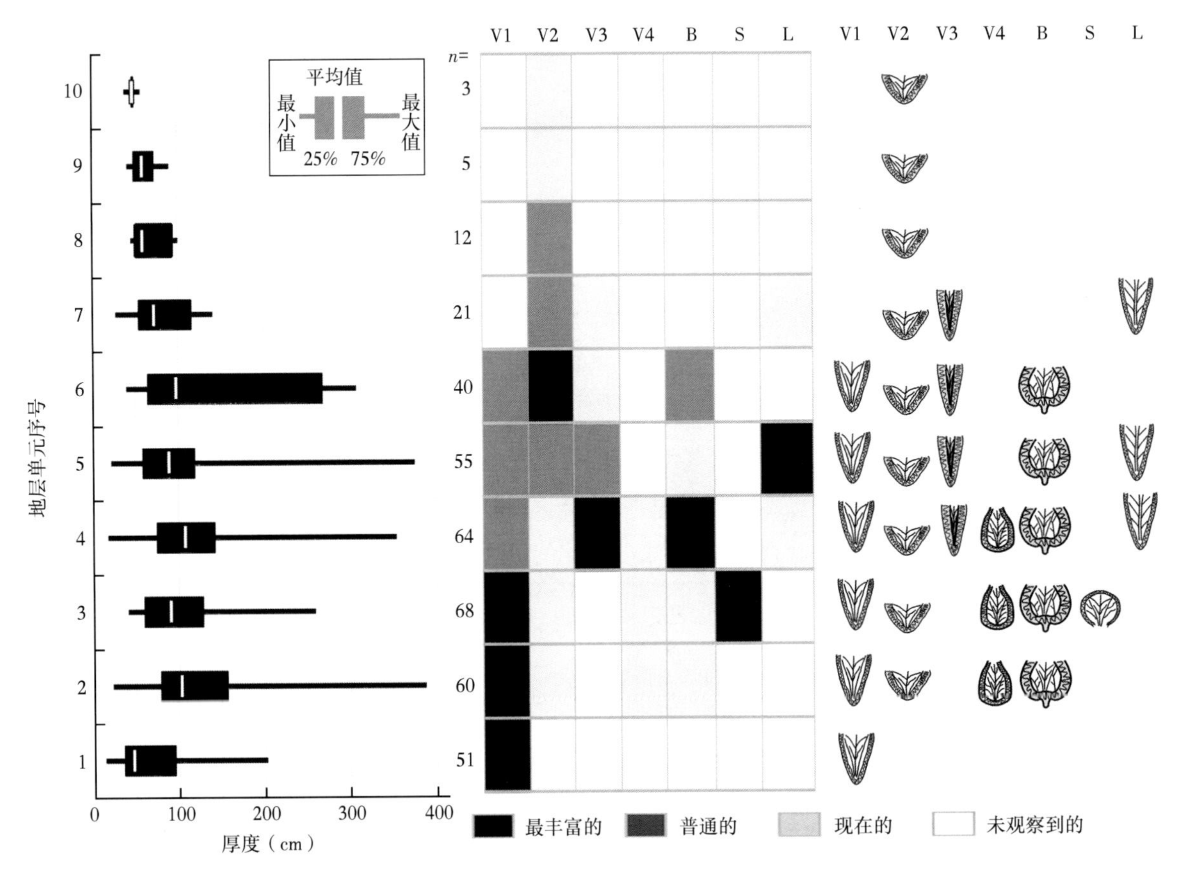

图 6.13 每个实测剖面中地层单元的厚度分布，在各地层单元中粘结灰岩形态类型的相对丰度（以图片和表格中的阴影单元格表明形态类型）

注意厚的地层单元多样性低的粘结灰岩类型（地层单元 1、8、9、10），地层单元 4 多样性最强，地层单元 2 具有最厚的层段，地层单元 4 和地层单元 5 次之，而地层单元 6 具有最多的厚层段。丰度术语是实测剖面中该生物丘类型出现次数之和："最常见" 为 21 或更多的出现次数；"常见" 为 11 至 22 次出现；"存在" 为 1 至 10 次出现

根据岩相组合的横向分布和垂向叠置以及层序地层格架内部特征建立了生物丘为主的地层单元（准层序 2—准层序 10）的简要沉积剖面，如图 6.14 所归纳［基底地层单元 1 很薄，大部分小于 50cm（<19.7in）］，记录了在初始湖侵时湖泊条件的确立，可能因为湖水成分和能量级别变化太大，当时微生物生物丘并没有很好地发育或横向广泛分布。

在上倾区域，河漫滩沉积环境主要包括岩相组合 1。红褐色地层记录了在泛滥区水系相对发达的古土壤堆积，侧向为河道充填砂层组。湖泊—平原到潮上带的沉积环境（图 6.3a 至 e）大部分由岩相组合 1 的绿色—灰色部分组成，间歇性地被水淹没或洪泛，导致某些地区形成沼泽。从红褐色到灰绿色泥岩的垂向演化可能记录了潜水面的上升以及从相对水系发育较好到发育差的古土壤条件的变化，预示了平静湖水的湖侵以及广泛的微生物碳酸盐岩沉积。长期的高潜水面使树根物质、浅褐色的着色和大部分底栖生物遗迹化石得以保存。这个遗迹化石组合在其他湖—平原相地层中也可被观察到并表现出均衡补偿湖盆的特征（Bohacs 等，2007b）。这里发现的泉华沉积物可能与地下水系统同期湖水的影响有关。近岸潮下带类似潟湖的水中稍微更浓的溶解物可能产生向陆延伸一段距离的盐水楔，在潮上带至湖—平原区的底部使地下水流量在该区域局部化。

在滨岸线，滨岸带包括大部分的岩相组合 2，有大量对频繁的高能（裂开的碎屑，交错层理）和更多胁迫条件（低多样性的腹足类组合；图 6.3f、g）的指示。

近岸潮下带沉积环境跨越滨线和作为礁或者障碍物的大型生物丘复合体之间的区域。低能和轻微的胁迫条件可能导致动物群体多样性较低（*Elimia*、介形虫、稀疏轮藻）及相对短小［<33cm（<13in）］且间距大的生物丘（图 6.10b）。

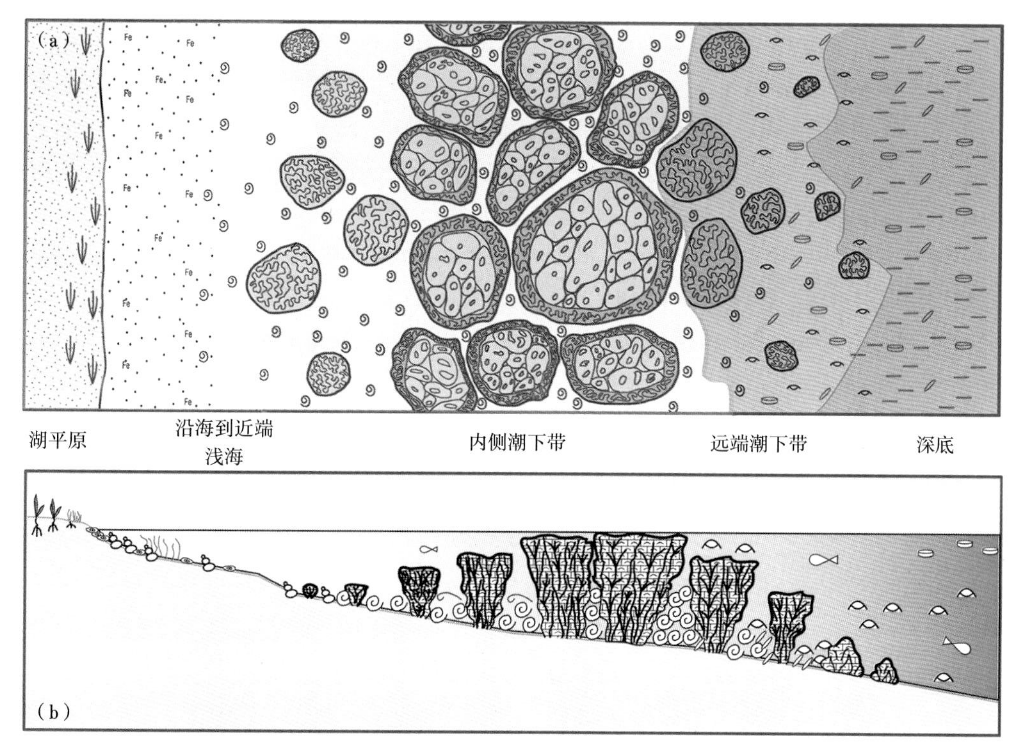

高螺旋腹足类动物　低螺旋腹足类动物　瓣鳃动物　鱼　介形虫　以硅藻为中心的三角洲
铁矿石结核　包衣谷物、核形石　陆地植物　单子叶植物　双子叶植物　硅迹

图 6.14　重建沉积环境的简要示意图（a）及沉积剖面显示生物丘在高度、宽度、形态和间距的有序变化，连同相应的骨架颗粒类型（b）

生物丘在潮下带中部倾向于变成最大、最紧密并向上扩展；主要骨架颗粒类型有序变化，从近岸的高螺旋的腹足类、潮下带中部的低螺旋腹足类，到深水区的介形虫和硅藻。色块中的模式指示一般碎屑沉积物的颗粒大小：细粒的用连接号表示；粗粒的用圆点表示

潮下带中部（图 6.8）包括岩相组合 3 和岩相组合 4，为更大、更高［<387cm（<152.6in）］、间隔更小、横向连续的生物丘复合体（图 6.9），并被生物碎屑颗粒灰岩分隔。这一区域具有最高的水底能量和混合条件，含对碳酸盐形成有益的湖水成分。这大致与前人的研究成果一致（Swirydczuk 等，1979；Straccia 等，1990）。在生物丘复合体被颗粒灰岩围绕的位置，它们只有薄的、薄片状至内卷状的外皮，可能因为颗粒灰岩在波浪作用中保护了生物丘。与之相反的，未被颗粒灰岩围绕的生物丘复合体则具有可以提供保护的厚的、内卷状或迷宫状外皮。

向湖中心的更远处，在潮下带远端沉积环境（图 6.10），生物丘更加孤立，相对短小［从 66cm 至小于 20cm（从 26in 至小于 8in）］，复杂度低，间隔更宽。较低能的水体条件使颗粒灰岩以泥栖介形虫和低螺旋腹足类为主（岩相组合 3），有更常见和多样的硅藻组合，总碳酸盐岩厚度中等到薄。

在深水环境中（图 6.4g、h），岩相组合 5 的粒泥灰岩和泥岩以硅藻泥的多种混合物为主；这里的地层包含非常薄的骨架碳酸盐和在波痕、粒序层理以及悬浮沉降层里的硅藻泥。该区域水体环境整体更平静，以在陆源碎屑输入的远端和通常超过底栖植物出现的水深为特征。

我们的古环境重建与今天湖相微生物以及 Cohen 和 Thouin（1987）在 Tanganyika 湖被发现的其他碳酸盐岩岩石类型的分布相吻合。它们描述了一个类似的宽范围的碳酸盐岩相，包括近岸鲕粒滩、生物扰动的钙质粉砂中的轮藻层、腹足类的壳和贝壳灰岩覆盖层，以及大量的凝块叠层石微生物礁，这些都是在水深小于 50m（164ft）的范围内。

了解了这个沉积剖面和横向上沉积环境的关系，我们现在可以根据 Waltherian 序列进一步解释叠置的岩相组合的垂向序列（如准层序）了。

6.3.2 准层序（垂向剖面的总结）

在前文“更大尺度的地层模式”这一部分中描述了米级的地层单元，我们将其解释为准层序，准层序是一个相对整合的连续地层和地层序列，它们通常以侵蚀面、非沉积作用面或者与之相关的整合面为边界，因此也称之为“准层序边界”（van Wagoner，1985；Bohacs，1990）。准层序边界包含有洪泛面、废弃面、再沉积面以及与之相关的整合面。准层序 1（基部的碳酸盐岩单元）在湖平原初始泛滥时开始沉积，这是一个冲积体系，在岩相的分布上，相比于微生物成因的碳酸盐岩有细微的差别。在这一准层序中所展现出来的岩相主要以以下几种类型为主：在滩坝以及潮间带的小型三角洲中所具有的含砾砂岩和颗粒灰岩；在潮下带近端所具有的扁平状砾岩、似核型石以及包壳粒；在潮下带中部为低起伏的生物丘块体（V1 型）；在潮下带远端主要为起伏非常低而且分散的生物礁。由于这一准层序的厚度、多样的沉积条件和有限的进积作用等因素影响，在大部分地区，其垂向叠置序列中仅有一至两种亚环境（图 6.14）。

对于潮下带中部（medial zones）的第 2 单元至第 10 单元，我们通常研究的准层序模式（具有管状构造的微生物岩）有一个更加普适的纵剖面，这一剖面是在对爱达荷湖的碳酸盐岩及相关的沉积单元进行全面研究之后所建立起来的（图 6.15）。如图 6.16 所示，微生物从准层序边界开始生长，向上和向外扩展。在基部，孤立的、凹面向上的锥状树形生物礁被以生物骨骼为主的颗粒灰岩所分割。然而在生物礁复合体的中部

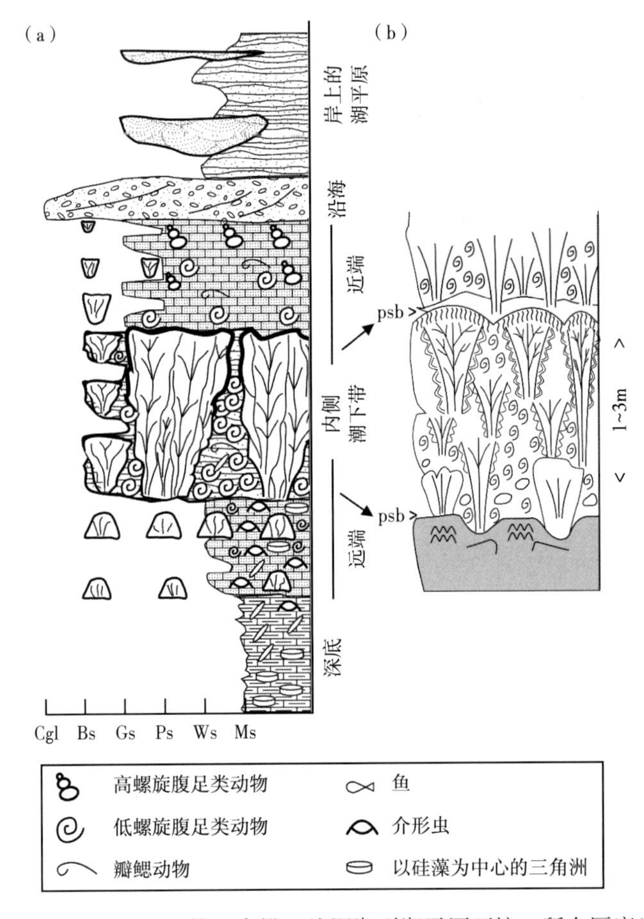

图 6.15 （a）热泉灰岩中全部准层序响应的简要素描，从深湖到湖平原环境。所有厚度为 5~15m（16~49 ft）。生物丘形态的变化（图中所示）记录了图 6.14 中显示外滨—滨岸的趋势。需注意这个完整的序列是一个复合的，很少完整的出现在任何一个位置，图 6.12 中所见也是如此。在许多其他沉积背景中这种例子也常见。Cgl—砾岩；Bs—粘结灰岩；Gs—颗粒灰岩；Ps—泥粒灰岩；Ws—粒泥灰岩；Ms—泥晶灰岩；其他符号参见图 6.2。（b）微生物碳酸盐岩最发育的潮下带中部典型准层序响应的细节，代表潮下带主体部分的叠加方式。微生物生长从准层序边界开始生长，向上和向外扩展（参见图 6.9 和图 6.16 中的示例）。在顶部，由于大规模扩展而形成内部相连的树状生物礁被厚层内卷状、迷宫状的或者生物层礁粘结灰岩包围（参见图 6.5、图 6.6 中的示例）。psb—准层序界面

观察到由少量生物层礁粘结灰岩包围的向上扩展增长的树状的生物礁。在顶部，由于大规模扩展而形成内部相连的树状生物礁被厚层内卷状、迷宫状的或者生物层礁粘结灰岩包围。生物丘生长的中断可能是由于出露湖平面（证据为暴露面）所造成，或者当水深由深水变为浅水时，生物丘顶部向腹足类颗粒灰岩相（上倾）转变。这些单独的准层序叠置组成了生物丘复合体，在其内部的被明显的准层序边界分开，从而表现为准层序组。

这些管状的生物礁复合体被水平形态的生物层礁粘结灰岩薄层分隔开，其底部为早期成岩变化区，我们认为这一区域的底部为准层序的边界（湖泛面及与它们对应的整合面）。底部的成岩变化区记录了潮间带沉积物（仅在长期湖平面上方聚积，但由于湖平面周期性的短暂下降而间歇出露）在正常陆上暴露条件下的成岩作用过程。在湖泛面上方的薄层生物层礁粘结灰岩同样记录了初始湖侵阶段这一过程；这些湖侵作用在准层序2和准层序3中发育最好，大部分（79%）发育在V1型生物丘之上。

热泉灰岩中准层序边界的表现形式与其他均衡补偿湖盆的准层序非常相似，然而微生物碳酸盐岩的相对发育以更宽的横向展布及更大的起伏、更多的生物层礁、微生物岩连通更好为特征（Gierlowski - Kordesch 和 Kelts，1994；Bohacs 等，2000，2007a）。

图 6.16　潮下带中部一个典型的发育良好的生物丘复合体的外部形态

微生物的生长始于准层序界面并向上扩展，通过已有生物丘［主要在基部 2m（6.6ft）］和边缘生物丘的生长（主要在上层）及生物丘复合体内部（黑线指示生物丘复合体的边缘）进行扩展

6.3.3　层序地层框架

在这个部分，我们根据地层组合和界面、垂向叠置模式和这个湖相体系的横向几何构型，依据层序地层学将该剖面的观测结果放在更大尺度的地层模式中去解释（图 6.12）。

研究层段包括一个完整的沉积层序和下伏沉积层序的高位域部分（Mitchum 和 Vail，1977；或者称为加积—进积—退积体系域［APD］；sensu Neal 和 Abreu，2009）（为便于读者关联前人论文，我们同时使用 Mitchum 和 Vail 及 Abreu 和 Neal 的术语）。底部层段的河流相泛滥平原地层在明显的侵蚀面之下（就在碳酸盐岩沉积的主要区域下面），代表了下伏的高位域。泉华区带和从红褐色到绿灰色的颜色变化，可能是由沉积后的水进体系域时的湖侵作用引起的。

上覆的厚度变化［10~350cm（3.9~137.8in）］的区域以一个明显的侵蚀面（层序界面）为下界，上覆为亚岩屑砂岩和复矿砾岩，可以解释为在一次广泛的侵蚀事件后的更高能的河流环境中沉积形成，代表了热泉灰岩沉积层序的低位域［或者进积—加积体系域（PA）］。

碳酸盐岩沉积的主要区域（厚度最大 17.8m，水进面以上）包括 10 个准层序，总体以退积方式堆积，沿边缘上超，记录了湖水的整体相对上升，代表了水进体系域［retrogradational（R）］（图 6.9、图 6.12、图 6.16）。湖泊的水文条件可能仍然是封闭的，导致溶解物的浓缩，湖水条件有利于碳酸盐沉积。

上面的地层包括在湖—平原、三角洲前缘、三角洲间滨线和前三角洲环境中聚集的多种岩相组合，但是主要是在深水层作为下超面的富含硅藻的粗—细粒泥岩。所有这些岩相显然是在一个水条件不利于碳酸盐生物丘聚集的湖体系中形成的，可能是开放的水文条件的建立和湖水更干净的原因造成的。这个地层有一个整体的加积到进积的堆积模式，代表的是高位体系域（APD）。

这种相对薄且多变的低位域和厚的水进体系域在大多数均衡补偿湖盆都比较典型（Bohacs 等，2000，2007a）。

6.3.4 厚度和分布的有序变化及微生物碳酸盐岩特征

各类微生物丘的特点和分布在热泉灰岩的准层序和准层序组中有序的变化（表 6.1）。在此次讨论中，先讨论分布最广的和最丰富的微生物丘类型，然后根据在该地区分布和丰度大小的按顺序进行讨论。

（1）V2 型：短粗型、低纵横比的、厚壁的微生物丘是地层中分布最广泛的微生物丘类型。除准层序 1 外，其他准层序中均有出现（图 6.6b）。在准层序中上部（准层序 5—准层序 8）最丰富，一般在潮下带中部的中间至向陆的部分。它们在这些准层序中分布相对均匀，尤其在准层序 6 中最常见，其次是准层序 7、准层序 8 和准层序 5，在准层序 2、准层序 3、准层序 9 和准层序 10 中较少。在每一个层序的底部层段中都很丰富，说明记录了微生物生长的初始阶段。

（2）V1 型：向上扩展的树枝状的生物丘（中等—高纵横比的生物丘，内部树枝状，薄壁）是形态最常见的，在上倾和下倾方向广泛分布（仅限准层序 2—准层序 6 中）（图 6.6a）。它们在准层序 3 最常见（36%），然后按顺序依次递减为准层序 2（20%）>准层序 4（16%）>准层序 1（12%）>准层序 5（9%）>准层序 6（7%）。

（3）V3 型：高大的、高纵横比的、厚壁的生物丘（图 6.6c），只在准层序 4—准层序 7 中发现，在准层序 4 中的丰度是准层序 5 中的两倍，在准层序 6 和准层序 7 中少量。在潮下带中部的向陆部分最常见，尤其是在实测剖面 2 和剖面 3 之间的湖侵面（水进体系域的底部）沿上倾方向梯度增加的。

（4）L 型：有轴腔的生物丘（中等—高纵横比，具有发育良好的中心轴腔的生物丘；图 6.6g）在工区中部几乎只出现的准层序 5 中，且碳酸盐岩发育最厚，在准层序 4 和准层序 7 孤立发育。在大型生物丘复合体中这些生物丘密集到互相接触。它们与高大的、高纵横比的生物丘发育在同一地区，都在潮下带中部的向陆区域，尤其是在基底坡度增加的上倾方向。这些区域生物丘发育有利的条件持续时间最长，轴腔的直径和高度是根据准层序的厚度。

（5）B 型：葡萄状的、低—中等纵横比的、厚壁的生物丘见于下部的准层序（准层序 2—准层序 6）中，在准层序 4 的下部最常见。它们窄的基茎可能代表了生物丘出现的地点（图 6.6e）。它们通常出现在潮下带中部的中间到向陆的部分。

（6）S 型：球状的、非常低纵横比的生物丘只在准层序 3 的最下面的地层相对近端的区域才观察到（图 6.6f）。它们通常发生在准层序边界以上，下部的特征发育良好，成岩作用变化指示陆面暴露。因此，这个生物丘形态可能记录了湖泊条件的重新建立和在较向陆位置微生物生物丘的重新生长情况。

（7）V4 型：梨形向上—锥形的生物丘（图 6.6d）少见，仅出现在准层序 2、准层序 3 和准层序 4 底部，并且在各个准层序里的丰度相当。只有在潮下带远端的才能观察到，间隔数米到数十米。这些生物丘大多被迷宫状厚 5~21cm（2~8.3in）的外皮完全包围。

粘结灰岩最厚、连接最好的层段出现在研究区中部（图 6.12a），此处准层序在水进体系域以加积—进积方式堆积，可能为向陆沉积坡度局部增大导致的［从远端平均 0.43m/km（0.025°）到局部 1.54m/km（0.088°）］。使得微生物的最佳生长条件局限化，以及发育出高的、强壮的生物丘复合体。

横向的潜在连通性也受厚度和生物丘外皮（外壳）范围的影响。在潮下带中部的外皮最薄最少，向陆和向湖方向厚度和长度都增加，最厚的外皮见于潮下带的近端［<21cm（<8.3in）；图 6.10b］，其次是在潮下带远端［<13cm（<5.1in）；图 6.10a、c］。

6.3.5 湖的特点、过程、湖盆类型和碳酸盐岩发育

这部分将我们对热泉灰岩的观察和解释置于更大尺度的背景中，即湖泊体系和湖盆类型，这能使更多的主题得到认可，并合理地应用到类似环境中。

尽管现代湖泊体系差异巨大，对寒武纪—全新世的湖相地层的大量观测表明通常只有三种主要的岩相

组合、沉积构造、有机质、地球化学和地层叠置模式在米级至十米级尺度反复出现。Carroll 和 Bohacs（1999）、Bohacs 和 Carroll（2001）将这些主要的相组合总结为河流—湖泊相、波动深湖相、蒸发相。湖相地层记录了可能的可容纳空间和沉积物+水的体积相互作用所控制的湖泊水文条件整合的历史。三个主要的岩相组合可归因于这两个控制因素在沉积层序到层序组级别（尤其是在层序 tongue 到小层规模）的特有变化。

我们认为热泉灰岩形成于均衡补偿湖盆中，是由于它拥有大部分以下特征（总结自 Bohacs 等，2000）。一个间歇性开放水文条件的湖泊，湖水在盐碱性和淡水之间典型变化，与均衡补偿湖盆模式的特征相符。如在热泉灰岩中所见，其地层记录是碎屑岩和生物化学岩的进积、加积和退积的混合，并在湖泊系统的封闭的水文条件阶段通过溶解质的浓缩加强（波动深湖相组合；Bohacs 和 Carroll，2001）。藻类的生物多样性中—低，非脊椎动物的多样性中等，脊椎动物的多样性相对较强（Newberry，1869；Meek，1870；Cope，1883a，b；Hibbard，1972；Smith，1975；Smith 等，1982；Straccia 等，1990；Bohacs 等，2000；Gierlowski-Kordesch 和 Park，2004）。其潜水面的标志性变化被记录在成岩作用的变化和泉水沉积物中。碎屑沉积和含有大量物理和生物沉积构造的碳酸盐化学沉淀的混杂在均衡补偿的湖相地层中也比较典型。均衡补偿湖盆在全球都有发育最好的微生物粘结岩，它们以孤立的或横向扩展的生物丘形式出现在较浅的潮下带地区。在热泉灰岩中所见的颗粒灰岩与波浪改造的微生物岩、鲕粒、似核形石有关。潮间带沉积的颗粒灰岩包含了从潮上带剥蚀来的似球粒或云质外壳的碎片。泉华常出现在潮上带至潮间带的区域，因为由均衡补偿湖盆湖水产生的局部地下水流量超过地下的盐水楔（Freeze 和 Cherry，1979）。热泉灰岩说明这些特征以及透镜状的相对薄的河流泛滥平原地层的低位域，碳酸盐岩为主的厚的水进体系域和有滨岸颗粒灰岩、三角洲、深水硅藻泥的前积的高位体系域。

在爱达荷湖，潜在的可容纳空间主要被熔岩坝控制，该熔岩坝在西北部的溢出点以 Snake River 地堑为界（Wood，1994）（图 6.1）；潜在可容纳空间横向分布随时间变化，从正断层（裂缝）导致的更局限至凹陷（下沉）的热组分导致的更广泛的分布。水和沉积物供给速率主要受控于相对稳定的当地气候，以及熔岩流形成的汇水盆地的变化、局部抬升和河流袭夺。在世界范围来看，均衡补偿湖盆中储层的沉积相包括低位域（PA）的湖底扇、深切河谷充填，水进域（R）和高位域（APD）的滨岸碎屑岩或碳酸盐岩（Bohacs，2012）。均衡补偿湖盆的储层一般具有最小的平面范围和三种湖泊相组合中最低的平均采收率（根据储层和流体性质），但在水进和高位域却有较好的垂向和水平渗透率（Kh）和所有湖盆类型中最好的垂向渗透率（Kv）（Bohacs，2012）。碳酸盐岩储层的地层被认为主要是微生物岩、颗粒灰岩到泥粒灰岩（贝壳灰岩）以及一些泉华或者石灰华（Formigli 等，2009；Mello 等，2011）。

每一种湖盆类型都有反映它们关键控制因素的不同岩相组合：水文状态历史、汇水盆地的物源区岩性和盆地形态，这些因素影响水体的成分化学和稳定性，湖平面变化史和滨线稳定性，以及波浪对指定滨线段的作用量和效果。随着生物的演化，它们同样可以影响生态系统结构和食物链的复杂程度。我们发现湖盆类型可以为在各种沉积盆地和环境中总结具体实例和传输经验提供有用的框架。

6.4 启示与应用

6.4.1 储层质量的启示

爱达荷湖岩相的储层质量，在颗粒灰岩和微生物粘结岩中主要为好—中等，其他岩相中偶尔发育较差的储层（图 6.17）。发育在生物丘内部和上倾方向的腹足类颗粒灰岩因其原始沉积组构和次生溶蚀作用（铸模和粒间的）而具有良好的孔渗相关性，但某些部位可被胶结。目测面孔率介于 5%~30%，准层序准层序 1 和 2 准层序中为 15%，准层序 3 和准层序 4 中增至 25%~30%，准层序 5 递减至 5%~10%。介形虫颗粒灰岩至泥粒灰岩发育于生物丘内部和下倾方向（朝湖中心方向），同样有良好的孔渗相关性，但与腹足类颗粒灰岩相比较差。

微生物岩具有总体良好的孔隙潜力是因其原始沉积组构和溶蚀作用增大了丘间和丘内孔隙度。碳酸盐岩中原生孔隙的发育由大的生物丘内部轴腔［<7cm（<2.7in）］中最发育，到薄壁高瓶（V1 型）、颗粒

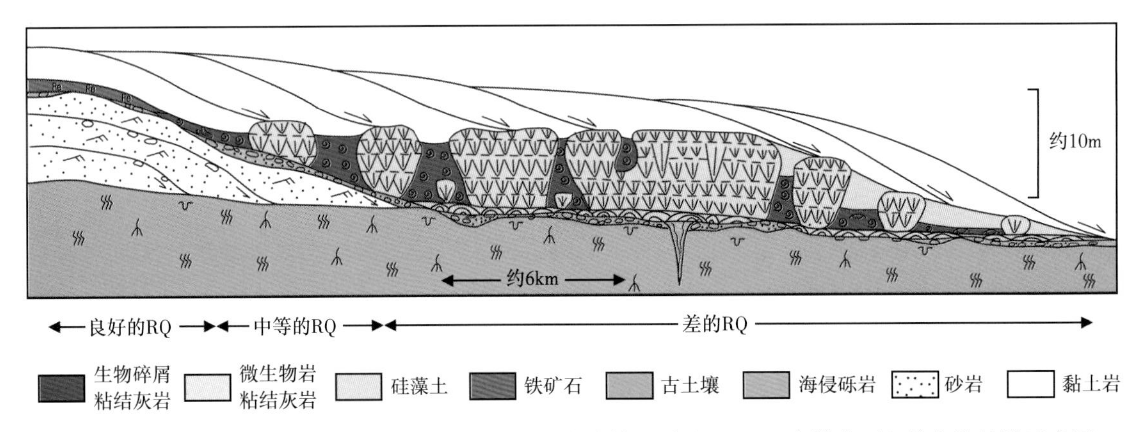

图 6.17　根据主要的沉积和次要的改造，沉积环境中储层质量（RQ）在横截面上分布的总结示意图

最好的储层质量为与微生物丘同沉积的生屑颗粒灰岩；腹足类颗粒灰岩，发育在生物丘内部和上倾方向，因为原始的沉积组构和次生溶蚀（铸模和粒间的）而具有很好的物性，但某些部位可被胶结。介形虫颗粒灰岩至泥粒灰岩发育于生物丘内部和下倾方向（朝湖中心方向），同样有良好的孔渗相关性，但比腹足类颗粒灰岩差。因为溶蚀作用增大了中间的孔隙度，微生物丘总体具有良好的孔隙潜力，垂向的渗透率可能很高，但存在外壳时则横向渗透率差。其他岩相的储层质量差：硅藻泥非常细粒，孔隙度和渗透率低；富铁岩石靠近滨岸线沉积，是暴露和胶结的证据；古土壤为再沉积的泥岩—粉砂岩，将潜水面的波动记录于钙质结核和胶结物中；水进期的砾岩分选差，极细粒至中砾，导致低—中等孔隙度和低的渗透率。无遮挡的下超地层在碳酸盐岩为主的层段之上（高位体系域），包括远端区域的硅藻泥和泥岩，近岸端区域的硅质碎屑砂岩和粉砂岩，孔隙度和渗透率均最低

灰岩、厚壁短瓶（V2 型）和厚壁高瓶（V3 型）到葡萄状瓶（表 6.1）。在垂直剖面上，水进体系域的瓶内孔隙度趋于向上增大，从准层序 2 和准层序 3 的不大于 15%至准层序 4、准层序 5 和其他更新准层序的 30%~35%，而瓶间的孔隙度向上减小，从准层序 1 和准层序 2 的 30%~40%减小至准层序 4、准层序 5 和其他更新准层序的 10%~15%。如前文所讨论，这些碳酸盐岩类型的横向展布是规则变化，表明的更厚更多孔的薄外皮生物丘发育在水进体系域内沉积剖面的中部。

垂向的渗透率可能很好（几达西），但出现致密的外皮则横向渗透率差（数十毫达西）。在轻微退积的中部地区薄外皮的生物丘相对更连续、更连通。这可能是生物丘在一个条件稳定的地区长期生长，形成更大、更长的中轴腔和更庞大的生物丘复合体。相反，在潮下带的近端和远端区，生物丘的 K_v 和 K_h 更差，变得间距更大和更孤立，外皮更厚且侧向扩展。远离潮下带中部的全部层段中生物丘复合体也很细小。

观察到的硅藻泥、富铁岩石、古土壤、砾岩和湖侵滞留物的储层质量都较差，因为原始分选差、生物扰动作用弱以及同沉积的早期胶结和湖内的埋藏胶结而整体缺乏孔隙。

图 6.18 总结了爱达荷湖体系的总体储层质量。原生的沉积特征如微生物岩厚度、颗粒灰岩比例和沉积物的连续性向潮下带中部方向递增，在上倾和下倾方向递减。相反，碳酸盐胶结和石英胶结等次生成岩作用在滨盆—平原—滨岸带上倾方向最强，但在下倾方向较弱。因此，潮间带中部存在一个储层质量最好的区带，这里原生沉积特征发育最好，受次生成岩作用影响最弱的地区。

6.4.2　勘探、开发、生产中的应用

爱达荷湖区为南大西洋盐下油气储层的若干方面提供了有效的类比，因为在某种程度上它为储层沉积相的地质体展布提供了思路。它说明了优质碳酸盐岩储层的沉积可发生在火山活动影响的地带。尽管软体动物的差异性可在 Chalk Hills 组和盐下颗粒灰岩［Lagoa Feia 组（巴西）、Toca 组（安哥拉）；Harris 等，1994；Carvalho 等，2000］之间比较，它们均含有瓣鳃类与腹足类的不同比例。尽管不能直接类推到盐下体系的各方面，但爱达荷湖区所提供的类比在油藏分布（非均质性和流体单元的纵横向分布）、沉积物控制、井动态（连通性和隔挡层）和储层建模（地质体规模）方面推动了对湖相碳酸盐岩体系的全面认识。

仅依靠地震资料和少量探井来指导新探区的解释，研究上倾和下倾方向岩相的相关性，根据岩心上所见的依据来推测微生物丘潜在的横向连续性，为勘探规模下的解释提供重要见解。在爱达荷湖，微生物的横向展布显示了平行滨线的区带是微生物岩发育最理想。更小的、更加孤立的生物丘发育在上倾和下倾方

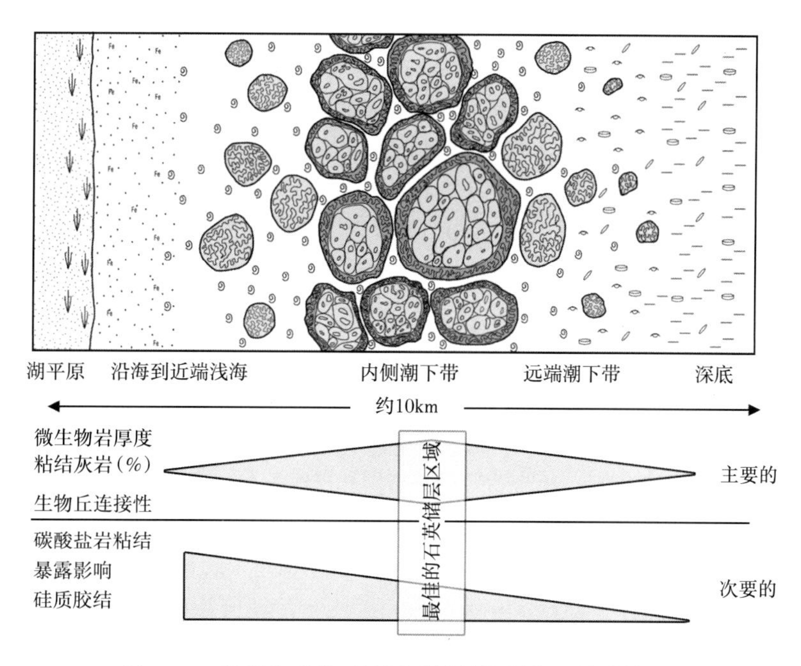

图 6.18　沉积和成岩对储层质量的控制作用的总结图

沉积储层质量特征如微生物岩孔隙度和厚度、颗粒灰岩规模和分选性、碳酸盐岩总体的连续性和连通性，在向潮下带中部方向递增，在上倾和下倾方向递减。相反，碳酸盐胶结、硅质胶结以及可能的自生黏土等次生成岩作用在滨盆—平原—滨岸带上倾方向最强，但在下倾方向不常见。因此，潮间带中部趋向于发育质量最好的储层，这里原生沉积特征发育最好，受次生成岩作用的影响最弱

向，然而，仍然可以观察到储层的陡然尖灭。重要的是，在体系中可观察到同期且相邻发育的颗粒灰岩和生物丘岩相，这种相似岩相的并列发育暗示了南大西洋盐下层系可能有潜在的更好的储层质量区。前人研究认为粘结灰岩和颗粒灰岩层组是相互独立的，发育在横向上广泛叠置的区带，该区带岩相交互是受湖泊条件急剧变化的影响（图 6.19a）。而我们的研究成果认为，在岩心上观察到层间紧密的微生物岩和颗粒灰岩层组，表明这些岩相在横向上几乎是同期的（图 6.19b），这说明相对稳定且广泛分布的更好的储层潜力区带可能平行于古岸线。稳定的环境（根据层序地层、古水深测量和沉积坡度）是热泉灰岩的开发和确

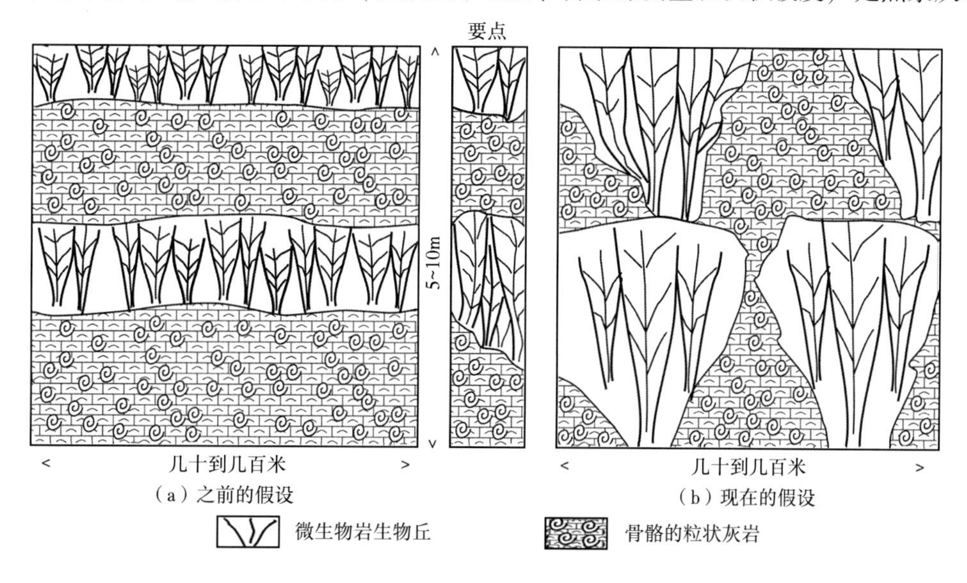

图 6.19　假设岩心中部所见地层序列选择性解释的概要图解

前人的解释认为粘结灰岩和颗粒灰岩层组是相互独立的，发育在横向上广泛叠置的区带，该区带岩相叠置是受湖泊条件急剧变化的影响（a）。本文的研究成果认为，在岩心上观察到层间紧密的微生物岩和颗粒灰岩层组，表明这些岩相在横向上几乎是同期的（b），这说明相对稳定且广泛分布的更好的储层潜力区带可能平行于古岸线

定最好的储层潜力的一个重要控制因素。爱达荷湖观察到的现象表明储层质量最终受控于后生成岩作用，在盐下层系勘探中应对其重点考虑。对于储层成岩作用，虽然二者的途径可能有差异，但也十分关键。

6.5 结论

热泉灰岩中的湖相碳酸盐岩岩相范围广，从砾屑碳酸盐岩和粘结灰岩到泥晶灰岩均有。这些岩相的重复叠置模式出现在分米级—米级尺度。一个典型的序列有孤立的向上凹的圆锥形树枝状生物丘底部被骨架颗粒灰岩隔开；上面为向上扩展的、渐增的树枝状生物丘，周围是小型的微生物层粘结岩；顶部为广泛扩展至相互连接的树木状生物丘，被厚的内卷的微生物层粘结岩环绕形成一个生物丘复合体。这些准层序级别的序列被腹足类颗粒灰岩、泥晶灰岩或水平的微生物粘结灰岩为主的薄层，在早成岩作用改造的下部区域，我们认为记录了湖泛面。

在 56km^2（21.6mile^2）的区域中岩相也在千米级横向有序变化，湖平原和潮上带主要为分选差的硅质碎屑岩相，含丰富的根系、无脊椎动物化石、脊椎动物遗迹。潮间带含有分选差的硅质碎屑岩、藻架颗粒灰岩、粒泥灰岩和泥晶灰岩，另外潮下带近端区域发育间隔远的、短的［<33cm(<13in)］生物丘。沿潮下带中部远离滨岸处生物丘更高大［<387cm(<152.4in)］、间隔更小，似核形石颗粒灰岩在生物丘复合体之间较常见。向湖更远处，在潮下带远端，生物丘矮小［<20cm(<7.9in)］、复杂程度低、间隔更大。深湖区的岩相有粒泥灰岩和泥晶灰岩，以及硅藻泥的各种混合物。

热泉灰岩中的微生物岩沉积在一个总体为水进体系域的均衡补偿湖盆体系中，横向连续地横穿数十平方千米。微生物碳酸盐岩的形态可以是高度多变的，甚至是在一个单一的湖泊体系中，有潜力去转化为可变的储层质量。此外，微生物丘和颗粒灰岩之间的连通性的变化取决于厚实的微生物外皮的存在性和发育程度（根据沉积环境和层序地层位置）。

在最远端和最近端的区域所有微生物碳酸盐岩组合中似乎有机沉积物少，可能是由于因古湖泊条件（能源、混浊度、湖底液流）形成的可能的压力引起的。初始的沉积物在高度上稍微有限，但一旦沉积体系建立了，其后的准层序逐渐强大，此外，准层序的沉积角度（趋陡）和厚度随时间增加。深湖区的微生物岩准层序停止发育并转变为硅藻泥的沉积可解释为水体化学条件剧烈变化的标志，这可能是由于湖水体积的变化（影响碳酸盐饱和度、盐度等）。该碳酸盐岩体被观测到其总体良好的储层质量是由于：（1）初始沉积的孔隙度和渗透率高；（2）较浅的埋藏史；（3）最低的胶结作用，（4）溶解作用增加孔隙度。

在更大的尺度，火山地带的古湖泊体系，如那些南大西洋地区的盐下层段，原本有潜力成为高产油气系统的一部分。关于这些系统的碳酸盐岩储层存在性的预测、孔隙演化和层序地层响应，仍有很多工作要做。尽管不全是与盐下系统的类比，爱达荷地区的类比成果增进了我们对湖相碳酸盐岩体系以下方面的理解：

（1）储层分布：非均质性，流动性的横纵向展布，沉积的控制因素，测井曲线，地震响应；

（2）储层性能：连通性和隔层的深刻理解；

（3）储层模型：地质体规模，横向和纵向的。

参考文献

Armstrong, R. L., W. P. Leeman, and H. E. Malde, 1975, K-Ar dating, Quaternary and Neogene volcanic rocks of the Snake River plain: American Journal of Science, v. 275, p. 225-251, doi: 10.2475/ajs.275.3.225.

Awramik, S. M., 1981, Precambrian columnar stromatolite diversity—Reflections of metazoan appearances: Science, v. 174, p. 8253-8256.

Awramik, S. M., 2008, The quest for perfection; biogenicity and the early fossil record: Geological Society of Australia, v. 89, p. 45-46.

Bohacs, K. M., 1990, Sequence stratigraphy of the Monterey Formation, Santa Barbara County; integration of physical, chemical, and biofacies data from outcrop and subsurface: SEPM Core Workshop, v. 14, p. 139-200.

Bohacs, K. M., 2012, Relation of hydrocarbon reservoir potential to lake-basin type: An integrated approach to unraveling complex genetic relations among fluvial, lake-plain, lake-margin, and lakecenter strata, *in* O. W. Baganz, Y. Bartov, K. M. Bohacs, and D. Nummedal, eds., Lacustrine sandstone reservoirs and hydrocarbon systems: AAPG Memoir 95, p. 1-24.

Bohacs, K. M., and A. R. Carroll, 2001, Lake type controls on hydrocarbon source potential in nonmarine basin: AAPG Bulletin, v. 85, p. 1033-1053.

Bohacs, K. M., A. R. Carroll, J. E. Neal, and P. J. Mankiewicz, 2000, Lake-basin type, source potential, and hydrocarbon character: An integrated sequence-stratigraphic-geochemical framework, *in* E. H. Gierlowski-Kordesch and K. Kelts, eds., Lake basins through space and time: AAPG Studies in Geology 46, p. 3-37.

Bohacs, K. M., A. R. Carroll, and J. E. Neal, 2003, Lessons from large lake systems—Thresholds, nonlinearity, and strange attractors, *in* M. A. Chan and A. W. Archer, eds., Extreme depositional environments: Mega end members in geologic time: Geological Society of America Special Paper 370, p. 75-90.

Bohacs, K. M., G. J. Grabowski Jr., A. R. Carroll, K. J. Miskell-Gerhardt, and K. Glaser, 2007a, Lithofacies architecture and sequence stratigraphy of the Green River Formation, greater Green River Basin, Wyoming and Colorado: Mountain Geologist, v. 44, p. 39-60.

Bohacs, K. M., S. T. Hasiotis, and T. M. Demko, 2007b, Continental ichnofossils of the Green River and Wasatch Formations, Eocene, Wyoming: A preliminary survey and proposed relation to lakebasin type: Mountain Geologist, v. 44, p. 79-108.

Carroll, A. R., and K. M. Bohacs, 1999, Stratigraphic classification of ancient lakes: Balancing tectonic and climatic controls: Geology, v. 27, p. 99-102, doi: 10.1130/0091-7613(1999)027<0099:SCOALB>2.3.CO; 2.

Carvalho, M. D., U. M. Praça, A. C. Silva-Telles, R. J. Jahnert, and J. L. Dias, 2000, Bioclastic carbonate lacustrine facies models in the Campos Basin (Lower Cretaceous), Brazil, *in* E. H. GierlowskiKordesch and K. R. Kelts, eds., Lake basins through space and time: AAPG Studies in Geology 46, p. 245-256.

Cohen, A. S., and C. Thouin, 1987, Nearshore carbonate deposits in Lake Tanganyika: Geology, v. 15, p. 414-418, doi: 10.1130/0091-7613(1987)15<414: NCDILT>2.0.CO; 2.

Cope, E. D., 1883a, On the fishes of the recent and Pliocene lakes of the western part of the Great Basin and of the Idaho Pliocene lake: Academy of Natural Sciences, Philadelphia Proceedings, p. 134-166.

Cope, E. D., 1883b, A new Pliocene formation in the Snake River valley: American Naturalist, v. 17, p. 867-868.

Formigli, J. M. Jr., A. C. C. Pinto, and A. S. de Almeida, 2009, Santos Basin's pre-salt reservoirs development: The way ahead: Houston, Texas, Offshore Technology Conference, Document 19953-MS, 10 p.

Freeze, R. A., and J. A. Cherry, 1979, Groundwater: Englewood Cliffs, New Jersey, Prentice-Hall, 604 p.

Gierlowski-Kordesch, E., and K. Kelts, 1994, Global geological record of lake basins: Cambridge, Cambridge University Press, v. 1, 542 p.

Gierlowski-Kordesch, E. H., and L. E. Park, 2004, Comparing lake species diversity in the modern and fossil record: Journal of Geology, v. 112, p. 703-717, doi: 10.1086/424578.

Godchaux, M. M., B. Bonnichsen, and M. D. Jenks, 1992, Types of phreatomagmatic volcanoes in the western Snake River plain, Idaho, U.S.A.: Journal of Volcanology and Geothermal Resources, v. 52, p. 1-25, doi: 10.1016/0377-0273(92)90130-6.

Harris, N. B., P. Sorriaux, and D. F. Toomey, 1994, Geology of the Lower Cretaceous Viodo carbonate, Congo Basin: A lacustrine carbonate in the South Atlantic Rift, *in* A. J. Lomando, B. C. Schreiber, and P. M. Harris, eds., Lacustrine reservoirs and depositional systems: SEPM Core Workshop 19, p. 143-172.

Hasiotis, S. T., 2002, Continental trace fossils: SEPM Short Course Notes 51, 132 p.

Hibbard, C. W., 1972, Class Mammalia, *in* M. F. Skinner and C. W. Hibbard, eds., Early Pleistocene pre-glacial and glacial rocks and faunas of north-central Nebraska: American Museum of Natural History Bulletin, v. 148, p. 77-130.

Jenks, M. D., B. Bonnichsen, and M. M. Godchaux, 1998, Geologic map of the Grand View-Bruneau area, Owyhee County, Idaho: Idaho Geological Survey Technical Report 98-1, scale 1:100,000, 3 sheets.

Lazar, O. R., K. M. Bohacs, J. H. S. MacQuaker, and J. Schieber, 2010, Fine-grained rocks in outcrops: Classification and description guidelines: SEPM Field Trip Guide, Annual Meeting 2010, p. 23-42.

Link, P. K., and L. L. Mink, 2002, Geology, hydrogeology, and environmental remediation; Idaho National Engineering and Environmental Laboratory, eastern Snake River plain, Idaho: Geological Society of America Special Paper 353, 311 p.

Littleton, R. T., and E. G. Crosthwaite, 1957, Ground-water geology of the Bruneau-Grandview area, Owyhee County, Idaho: U.S. Geological Survey Water Supply Paper, v. 1460-D, p. 147-198.

Meek, F. B., 1870, Descriptions of fossils collected by the U.S. Geological Survey under the charge of Clarence King, esq.: Academy of Natural Sciences, Philadelphia Proceedings, v. 22, p. 56-64.

Mello, M. R., A. A. Bender, N. C. Azambujo Filho, and E. de Mio, 2011, Giant sub-salt hydrocarbon province of the greater Campos Basin, Brazil: Rio de Janeiro, Brazil, Offshore Technology Conference, Document 22818-MS.

Mitchum, R. M. Jr., and P. R. Vail, 1977, Seismic stratigraphy and global changes of sea level, Part 7: Seismic stratigraphic interpretation procedure, *in* C. E. Payton, ed., Seismic stratigraphy: Applications to hydrocarbon exploration: AAPG Memoir 26, p. 135-143.

Neal, J. E., and V. Abreu, 2009, Sequence stratigraphy hierarchy and the accommodation succession method: Geology, v. 37, p. 779-782.

Newberry, J. S., 1869, On the flora and fauna of the Miocene Tertiary beds of Oregon and Idaho: American Naturalist, v. 3, p. 446-447.

Pierce, K. L., and L. A. Morgan, 1992, The track of the Yellowstone hot spot; volcanism, faulting, and uplift, *in* P. K. Link, M. A. Kuntz, and L. B. Platt, eds., Regional geology of eastern Idaho and western Wyoming: Geological Society of America Memoir 179, p. 1-53.

Sanford, R. F., 2005, Geology and stratigraphy of the Challis Volcanic Group: U.S. Geological Survey Bulletin, v. 2064-II, 22 p.

Sarg, J. F., 1988, Carbonate sequence stratigraphy, *in* C. K.Wilgus, B. J.Hastings, H. Posamentier, J. C. VanWagoner, C. A. Ross, and C. G.St. C. Kendall, eds., Sea level changes: SEPM Special Publication 42, p. 155-181.

Shervais, J. W., S. K. Gaurav Shroff, S. M. Vetter, B. B. Hanan, and J. J.McGee, 2002, Origin and evolution of the western Snake River plain: Implications from stratigraphy, faulting, and the geochemistry of basalts near Mountain Home, Idaho, *in* B. Bonnichsen, C.M.White, andM. McCurry, eds., Tectonic and magmatic evolution of the Snake River plateau volcanic province: Idaho Geological Survey Bulletin 30, p. 343-361.

Smith, G. R., 1975, Fishes of the Pliocene Glenns Ferry Formation southwest Idaho: University of Michigan Museum of Paleontology Paper, v. 14, p. 1-68.

Smith, G. R., and W. P. Patterson, 1994, Mio-Pliocene seasonality on the Snake River plain: Comparison of faunal and oxygen isotopic evidence: Palaeogeography, Palaeoclimatology, Palaeoecology, v. 107, p. 291-302.

Smith, G. R., K. Swirydczuk, P. Kirmnel, and B. H. Wilkinson, 1982, Fish biostratigraphy of late Miocene to Pleistocene sediments of the western Snake River plain, Idaho, *in* W. Bonnecksen and R.M. Brechenridge, eds., Cenozoic geology of Idaho: Idaho Bureau of Mines and Geology, v. 26, p. 519-542.

Straccia, F. G., B. H. Wilkinson, and G. R. Smith, 1990, Miocene lacustrine algal reefs southwestern Snake River plain, Idaho: Sedimentary Geology, v. 67, p. 7-23, doi: 10.1016/0037-0738(90)90024-N.

Swirydczuk, K., B. H. Wilkinson, and G. R. Smith, 1979, The Pliocene Glenns Ferry oolite: Lake-margin carbonate deposition in the southwestern Snake River plain: Journal of Sedimentary Petrology, v. 49, p. 995-1004.

Terry, R. D., and G. V. Chilingar, 1955, Summary of "Concerning some additional aids in studying sedimentary formations", *in* M. S. Shvetsov, ed.: Journal of Sedimentary Petrology, v. 25, p. 229-234.

Van Wagoner, J. C., 1985, Reservoir facies distribution as controlled by sea-level change (abs.): SEPM Mid-Year Meeting, Golden, Colorado, August 11-14, p. 91-92.

Wood, S. H., 1994, Seismic expression and geological significance of a lacustrine delta in Neogene deposits of the western Snake River plain, Idaho: AAPG Bulletin, v. 78, p. 102-121.

7

地形和海平面控制鲕粒岩—微生物岩—珊瑚礁层序：西班牙东南部的末端碳酸盐岩复合体

Robert H. Goldstein, Evan K. Franseen, Christopher J. Lipinski

摘要：西班牙东南部的末端碳酸盐岩复合体是新近系中新统墨西拿（Messinian）阶与冰川性海平面升降和蒸发性水位下降相关的鲕粒岩、微生物岩和珊瑚礁沉积单元。古地形与海平面历史之间的关系对于地下的微生物岩和鲕粒岩储层相的预测是很有用的。

四套层序记录了最小幅度为32~77m（105~253ft）的海平面变化。层序通常包括原地沉积的叠层石，上覆原地沉积的凝块叠层石、鲕粒颗粒灰岩、富火山碎屑且平坦层状分布的鲕粒颗粒灰岩以及窗格构造的鲕粒颗粒灰岩。

在较低地形位置，凝块叠层石粘结岩要比较高部位更厚且具有更好的横向连续性。在中间地形位置（相对于海平面历史），层序具有建造—填充的结构。可通过一个地形起伏建造阶段和一个地形起伏充填阶段来辨别，同时具有薄层层序超覆古地形的特征。

在相对海平面上升期间，微生物岩占主导地位并且会产生地形上的起伏。在相对海平面下降期间，鲕粒岩占主导并且会填充地形起伏。在较高地形位置，接近高水位期，层序变厚并且形成与建造—充填模式不一致的地层学特征。

很明显，在快速海平面变化期间，建造—充填模式需要一个中等高度的地形位置以及非最佳的碳酸盐岩生产率。层序逐渐显示出了增加的多样性和更常态的海洋生物，这可能是由于干旱程度的降低引起的。La Molata 地区与 La Rellana-Ricardillo 地区的岩相相比，显示为更加局限的环境，可能因为 La Molata 曾经是一个海湾。

这些结果表明，当知道海平面、沉积表面（基底）的古地形和海岸线形态的相互作用时，鲕粒岩、微生物岩和礁相的分布是可预测的。

7.1 概述

西班牙中新统末端的碳酸盐岩复合体（TCC）是一个可用于预测鲕粒岩和微生物岩储层相分布非常有用的类比露头。20 世纪 70 年代，Esteban（1979）和合作研究者共同将 TCC 定义为一个分布在地中海周围与墨西拿（Messinian）阶高盐度危机相关的有特色的上中新统单元。

在研究区域，TCC 由四个包括鲕粒岩、微生物岩（凝块叠层石和叠层石）和较小珊瑚礁的地形超覆层序组成，并且沉积作用与地中海的大规模周期性冰川性海面升降及蒸发性水位下降相关（Franseen 等，1993，1998；Goldstein 和 Franseen，1995；Franseen 和 Goldstein，1996；Bourillot 等，2010）。

作为地下的类比露头，由于在 Cabo de Gata 地区 TCC 的全方位暴露和保存的古地形，TCC 对于理解鲕粒岩和微生物岩相分布的控制条件都是很有用的。

微生物岩和鲕粒岩在古代和现代都是一个十分常见的组合（Riding 等，1991；Sami 和 James，1994；Braga 等，1995；Aurell 和 Badenas，1997；Feldmann 和 McKenzie，1997；Mancini 等，1998，2004，2008；Grotzinger 等，2000；Mancini 和 Parcell，2001；Adams 等，2004，2005；Batten 等，2004；Heydari 和 Baria，2005；Feldmann 和 McKenzie，1998；Reid 等，2003；Planavsky 和 Ginsburg，2009；Duguid 等，2010）。

TCC 层序具有层序地层学的特征（例如地层和层序几何学、岩相分布），这些都至少是部分依赖于沉积表面（基底）的古地形和相对海平面历史的相互作用的（Franseen 等，1993；Goldstein 和 Franseen，1995；Franseen 等，1997a，2007；Franseen 和 Goldstein，2004；Bourillot 等，2010）。在该研究中，估测的变化包括底部地形、海平面、气候和局部的海岸线地貌。

研究提供了海底是在高水位和低水位之间的中部位置区域关于层序地层模型的新资料，且该地区的碳酸盐岩工厂的生产无法跟上相对海平面上升的进度。

这为层序地层模型加入了新的概念，主要集中在高水位和低水位位置的预测（Read，1985；Handford 和 Loucks，1993）。新增部分包括相对海平面变化幅度相关的薄层序的构造—填充层序模型，并包括一个地形起伏建造阶段和一个地形起伏充填阶段（McKirahan 等，2003；Franseen 和 Goldstein，2004；Franseen 等，2007）。

该研究结果将会提供一个对于鲕粒岩和微生物岩储层有用的类比。鲕粒岩在全世界范围对于油和气都是十分重要的储层（Ibe，1985；Longacre 和 Ginger，1988；Honda 等，1989；Granier，1995；Marçal 等，1998；Eichenseer 等，1999；Al Suwaidi 等，2000；Ayoub 和 En Nadi，2000；Bishop，2000；Davies 等，2000；Al-Saad 和 Sadooni，2001；Llinas，2002，2003；Qi 和 Carr，2003；Holail 等，2006；Srinivasan 和 Sen，2009；He 等，2012）。在过去微生物岩储层一直大规模的产层（Hitzman，1996；Tucker 等，1997；Mancini 等，1998，2004，2008；Mancini 和 Parcell，2001；Heydari 和 Baria，2005；Buchheim，2009）且由于近期巴西近海的发现而更加受到关注（Terra 等，2010；Wright，2011，2012）。

该项研究评价了在西班牙东南部 Cabo de Gata 地区内的两个油气田区域（La Molata 和 La Rellana-Ricardillo）处的基底位置、相对海平面、古地形和古地理是如何控制 TCC 的层序地层特征的。这样，定义了新的鲕粒岩—微生物岩—珊瑚礁层序的过程—响应模型，并且评价了建造—填充假设这一观点。

7.2 地质背景

7.2.1 构造背景

La Molata 和 La Rellana-Ricardillo 油气田区位于西班牙东南部的 Cabo de Gata 火山区域的西北部（图 7.1）。Betic 山脉至 Cabo de Gat 地区的西北部是在阿尔卑斯造山作用中形成的，并且 Cabo de Gata 地区的火山高地是由于新近纪与非洲和伊比利亚板块之间的转换拉伸相关的火山活动造成（Rehault 等，1985；Sanz de Galdeano 和 Vera，1992）。

Cabo de Gata 地区的新近纪火山基底是通过 Carboneras 断层从 Betic 山脉的中生代—古生代变质岩基底中分离出来的，直至西北部。Carboneras 断层是一个主体为左旋的走滑断层系统（Platt 和 Vissers，1989；Montenant 和 Ott d'Estevou，1990；Fernandez-Soler，1996；Martin 等，2003）。

遍布于 Cabo de Gata 地区的新生代钙质碱性火山岩测年是在 17—6Ma 之间（Lopez-Ruiz 和 Rodriguez-Badiola，1980；Serrano，1992）。一系列突现的高地、具有相互连通海峡的小型海底盆地以及由于火山岩引起的剥蚀和断裂作用而形成的通道均是 Cabo de Gata 地区中—晚中新世的特征（Esteban，1979，1996；Esteban 和 Giner，1980；Sanz de Galdeano 和 Vera，1992；Franseen 和 Goldstein，1996；Franseen 等，1998）。

7.2.2 地层背景

紧随 Heterozoan 碳酸盐岩组合其后的是 Photozoan 碳酸盐岩组合。最终，TCC 地层（图 7.2）在晚中新世沉积于新近纪火山高地的侧翼，并且成为诸多研究的焦点（Dabrio 等，1981；Franseen 和 Mankiewicz，1991；Franseen 等，1993，1997a，1997b，1998；Goldstein 和 Franseen，1995；Franseen 和 Goldstein，1996；Martin 等，2004；Johnson 等，2005；Bourillot 等，2010）。

Photozoan 礁的台地被一个不整合面覆盖，它很可能类似于在墨西拿阶的高盐度危机期间形成的地中海盆地的下墨西拿阶蒸发岩单元。以 Las Negras 地区形成的年代地层学以及附近的其他工作为基础（Braga 和 Martin，1996；Franseen 等，1998；Krigjsman 等，2001；Montgomery 等，2001；Sierro 等，2001；Fortuin 和 Krijgsman，2003；Warrlich 等，2005；Rouchy 和 Caruso，2006；Bourillot 等，2010），推测 TCC 的底部地层年龄约为 5.6Ma，顶部地层年龄约为 5.45Ma。

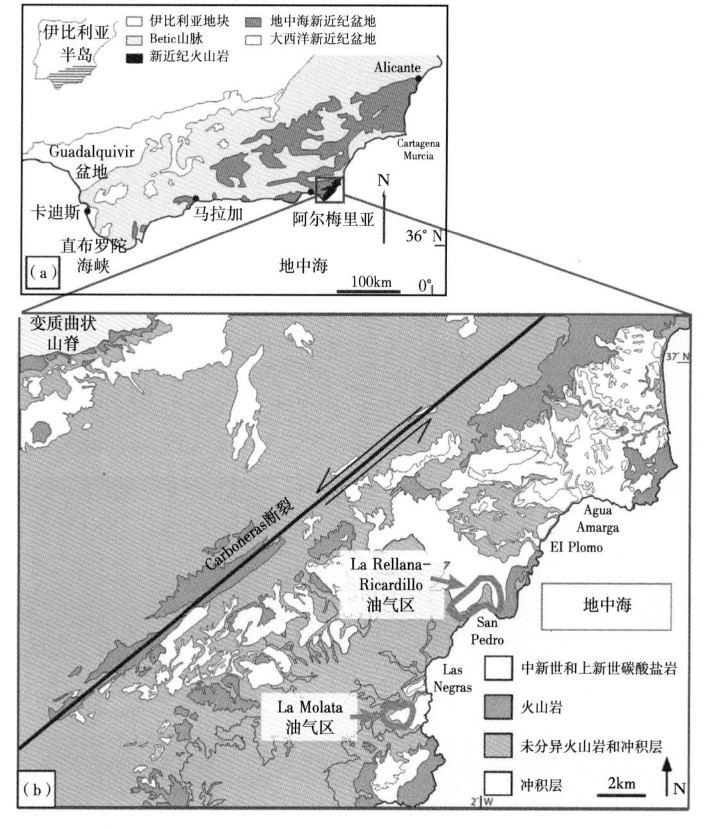

图 7.1 (a) 西班牙南部 Betic 山脉中新近系盆地位置图(据 Gibbons 和 Moreno, 2003, 修改);(b) Cabo de Gata 地区的广义地质图以及西部为 Carboneras 断裂的 La Molata 和 La Rellana-Ricardillo 油气区位置图(据 Dvoretsky, 2009, 修改)。

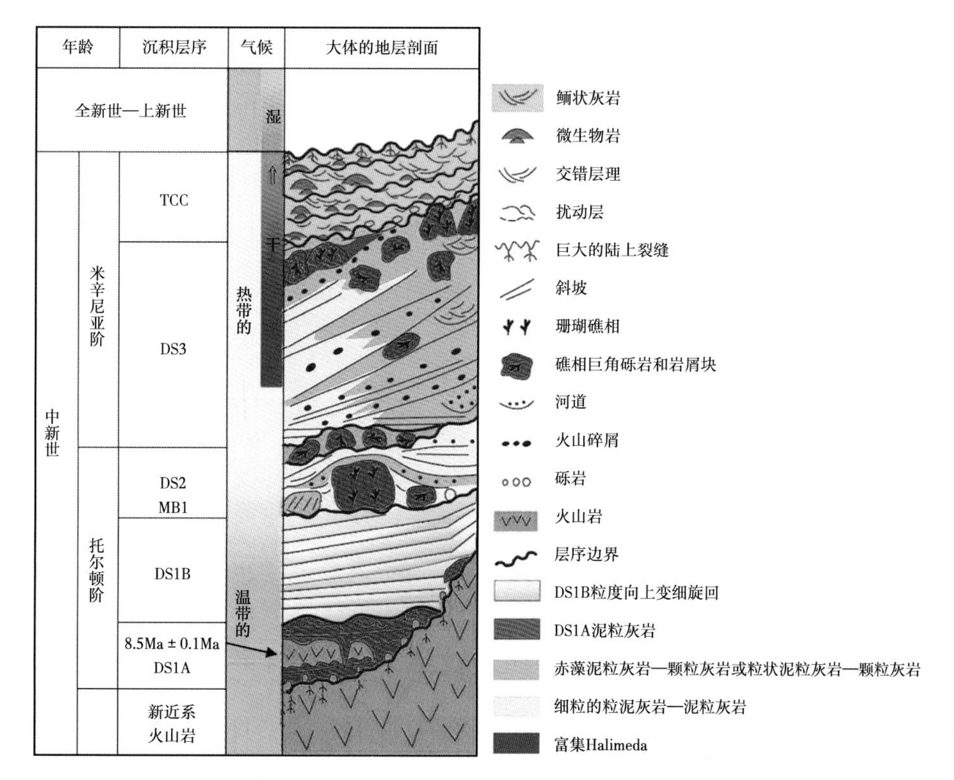

图 7.2 Las Negras 地区中新统碳酸盐岩综合地层柱状图

DS—沉积层序;TCC—末端碳酸盐岩复合体;MB—巨型角砾岩

地中海在墨西拿阶沉积期间，Hsu 等（1973，1977）推测在地中海盆地的一个高盐度危机导致了在地中海附近的盆地产生了较厚的蒸发岩沉积（较低和较高的蒸发岩单元）（Dronkert，1976；Montadert 等，1978；Esteban，1979；Esteban 和 Giner，1980；Dabrio 等，1981；Riding 等，1991；Rouchy 和 Saint Martin，1992；Braga 等，1995）。

TCC 是在盆地再次发生淹没之后沉积在盆地的边缘，再次水淹延后了蒸发性水位下降的时间。基于地层关系、多样生物群的缺失以及可能的叠层石内的蒸发铸模，TCC 碳酸盐岩可能部分与地中海盆地的上墨西拿阶蒸发岩组合是相同的（Montadert 等，1978；Esteban，1979；Esteban 和 Giner，1980；Dabrio 等，1981；Rouchy 和 Saint Martin，1992；Martin 和 Braga，1994）。

贯穿整个地中海的上部蒸发性沉积的旋回特征（Dronkert，1976；Valles Roca，1986；Rouchy 和 Saint-Martin，1992）以及 TCC 碳酸盐岩的旋回特征同样也支持可能等时的这一观点。

7.2.3 古底形的保存

在这个区域的大多数的碳酸盐岩地层几乎没有发生过变形，同时古地形几乎都被保存了下来。

Las Negras 地区（Esteban 和 Giner，1980；Franseen 和 Mankiewicz，1991；Franseen 等，1993，1997a，1998；Franseen 和 Goldstein，1996；Toomey，2003；Johnson 等，2005）、Nijar 盆地（Dabrio 等，1981；Mankiewicz，1996）、Nijar 盆地（Dabrio 等，1981；Mankiewicz，1996）、Agua Amarga 盆地（Franseen 等，1997b；Dvoretsky，2009）以及 Carboneras 盆地（Dillett，2004）的中新统碳酸盐岩露头进行的详细研究也都说明了这一点。

然而，有一些研究证明了在西班牙东南部盆地的前墨西拿期的构造变形（Braga 和 Martin，1988；Calvo 等，1994；Cornee 等，1994；Martin 和 Braga，1994；Martin 等，1996）。普遍接受的观点是，在上新世期间 Betic 山脉发生了抬升，与海岸带地区相比，西班牙东南部的内陆部分发生了更多的抬升（Sanz de Galdeano 和 Vera，1992）。

在 Las Negras 地区，以前的研究表明等时的层序边界都是在相对连续的抬升中形成的。在墨西拿期没有角度不整合，整个地层中的各种示顶底组构均与现代向上的方向相一致，同时大多数截切墨西拿阶碳酸盐岩的断层都有最大只有几米的断层位移（Esteban 和 Giner，1980；Franseen 和 Mankiewicz，1991；Franseen 等，1993）。

在 Agua Amarga 盆地（图 7.1），上新统海洋夷平面编图成果表明局部中新统后地层以东北方向倾角为 0.3°倾斜（Hess 等，2010）。如果这个倾斜包含了 Rellana-Ricardillo 地区但是没有包含 La Molata 地区，那么 Rellana-Ricardillo 应该比 LaMolata 地区要多抬升 20~29m（66~95ft）。

7.2.4 近末端碳酸盐岩复合体的不整合

Las Negras 地区（Goldstein 和 Franseen，1995）具有区域意义的近地表暴露面（SB5）覆盖并侵蚀性截断了（大概有几十米）DS3 单元（礁复合体）（Franseen 和 Mankiewicz，1991），这样形成了 TCC 沉积物的表层古地形（Franseen 和 Goldstein，1996）。

前面的研究已经充分给出了近地表暴露的证据，包括白垩的交代、原地破碎的角砾岩化、泥晶化、根管石、薄层钙质结壳壳体、可能的土壤层化、钙质结核、垂向裂缝、颗粒周围的破裂、半月形胶结物以及窗格构造（Esteban 和 Giner，1980；Dabrio 等，1981；Franseen 和 Mankiewicz，1991；Whitesell，1995；Franseen 和 Goldstein，1996）。

总体来说，最终表面主要向海方向倾斜，并且呈现出非常规的丘状起伏的形态，这可能反映了局部稳定的下部岩性（Dabrio 等，1981）。在一些例子中，表面形态反映了具有波蚀凹壁的海洋阶梯状构造（Dabrio 等，1981）。

7.2.5 研究区域

研究区域为两个相距 5km（3mile）的油气田，位于 Las Negras 地区。La Molata 油气田研究区包含了一个独立山丘顶端的 TCC 露头，面积 0.86km×0.43 km（0.53mile× 0.27mile），位于 Rodalquilar 火山口的东侧（Arribas 等，1995），向南、向西和向北有火山高地，向东为地中海（图 7.3）。

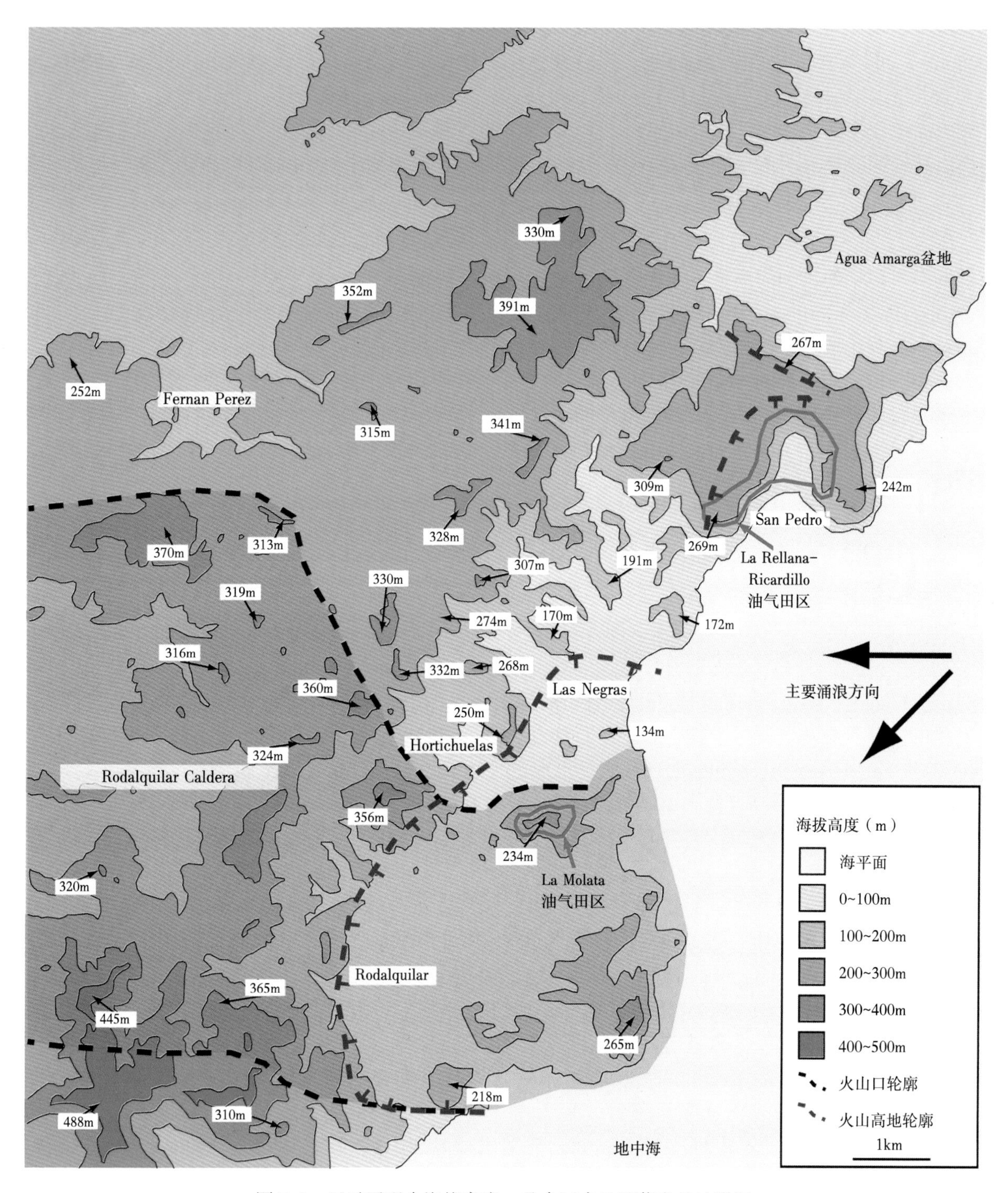

图 7.3　显示了现今海拔高度，叠合了古地理信息的地形图

古地理信息包括火山口轮廓以及最高的火山岩丘陵的边界。La Molata 油气田面积 0.86km×0.43km（0.53mile×0.27mile）。TCC 最低的海拔高度为距离现今海平面以上 175m（574ft）。底部的不整合面从 175m 至 208m（574~682ft）。TCC 最高的暴露面出露达 234m（768ft）。La Molata 位于 Rodalquilar 火山口东北部，并且在北部、西部、西南部、南部和东南部被火山岩高地围绕，向东为地中海。围绕火山口的火山高地形成了一个保护 La Molata 的港湾，形成了东—东南方向的隆起。这就在海湾中形成了稍微局限的海相环境。La Rellana-Ricardillo 油气田区包含一个长条形的区域，到最宽区域的面积为 1.63km×0.93km（1.01mile×0.58mile）。TCC 的基底面出露在 181~257m 海拔之间（594~843ft），最高的 TCC 出露在 269m（883ft）。火山高地位于西北和西部。Agua Amarga 盆地位于北部，地中海位于南部和东部。La Rellana-Ricardillo 面向地中海盆地主体的东部和北部。这就导致了从东部—东北部可能的隆起区直接暴露，这是由于最高波浪能量形成的暴露。据 Mapa Excursionisy Turistico：Cabo de Gata NijarParque Natural 修改；Rodalquilar Caldera 位置图据 Arribas 等（1995）修改；主要的隆起方向为现代地中海（Lionello 和 Sanna，2005）

当从底部横向追踪不整合面时，La Molata 油气田的 TCC 厚度范围在 4～28.2m（13～92.5ft）之间，覆盖和超覆 33m（108ft）的地势起伏。La Rellana- Ricardillo 油气田区包含一个细长区域，长 1.63km（1.025mile），最宽 0.93km（0.58mile）。当沿着基底不整合面侧向追踪时，发现在 La Rellana-Ricardillo 的 TCC 厚度范围为 3.5～21.1m（11.5～69.2 ft）并且覆盖和超覆 76m（249 ft）的古地形起伏。

火山高地位于西北方向，在 La Rellana-Ricardillo 的西部，并且地中海位于南部和东部（图 7.3）。周围的火山高地的分布表明 La Molata 是在海岸带海湾内部，同时 Rellana-Ricardillo 面向广海。

7.2.6 方法

现场工作包括地层剖面测量、地表绘图、岩相和照相拼接几何形态，并且采集手标本。La Molata 的 15 个地层剖面以及 Rellana- Ricardillo 的 29 个地层剖面为 TCC 提供了详细的三维岩相构架。

当可能或利用照相拼接相关时，研究区的接触面、岩相和几何形态可以通过人工追踪出来。87 个薄片用来岩相分析。将测量的 44 个地层剖面得到的井以及根据照相拼接、地形图以及记录的 UTM（通用的横向麦卡托投影）坐标得到的 125 口模拟井的数据导入了 Petrel™。

做了地层拾取，并关联了 TCC DS3 接触带的钻井，同时运用一个会聚型插入算法的地层拾取得到了一个表面（参见 Lipinski 等，2013，本期）。

7.3 古地形

7.3.1 观察

在 La Molata 和 La Rellana-Ricardillo，有小的断层穿过 TCC。在油气田区所有的断层都是在 TCC 沉积之后发生的，并且在油气区由于较小的位移而在古地形重建时被忽略了。图 7.4 所示的古地形地图展示了 La Molata 和 La Rellana-Ricardillo 的 TCC 底部形成的地面高程（高于现今海平面几米以内）。

在 La Molata，古地形高点位于 208m（682ft）的中心高点的北侧。表面从中心高地整体向西、向南、向东倾斜，倾角在 2°～5°之间，且伴随或多或少由于下部稳定的岩性导致的局部不规则性。西侧下降高度 201m（659 ft），而东侧下降了 175m（574ft）。

发现了两个小型古山谷，一个在东边，另一个在东北边（图 7.4a），其影响了随后 TCC 沉积的岩性。La Rellana-Ricardillo 油气田区的古地形的高点是在 Cerro de Ricardillo 的西北部，海拔为 257m（843ft），而低点在近 La Rellana 南部边缘的 181m（593ft）海拔处。

古山谷位于 Cerro de Ricardillo 西南部。在 La Rellana 地区，该表面整体向南和东南倾斜，具有两个古山谷，一个位于中央，另一个靠近南部边缘。

总体来说，在 Cerro de Ricardillo，表面整体从高点向东方和东南方微微倾斜（通常 1°～9°）。在 Rellana，表面向南和向东南方向微微倾斜（通常 1°～6°），在南部边缘斜坡的明显坡折的南部倾斜角度变大（高达 11°）。在 La Rellana-Ricardillo 油气田观察到的古峡谷影响了随后的 TCC 沉积（图 7.4b）。在 Cerro de Ricardillo 的西北部有一个古峡谷，而在 La Rellana 有两个，其中一个在中部，还有一个靠近南部边缘。

7.3.2 解释

TCC 沉积在其上的地表的古地形是由地表侵蚀造成的。由于下伏的礁体形成了地表的古高点（Mol N5 和 Rell 04），这些古高点可能是由于礁相比其他相带具有更强的抗地表侵蚀形成的。地表的古谷可能保存了在地表侵蚀过程中形成的古水系统。

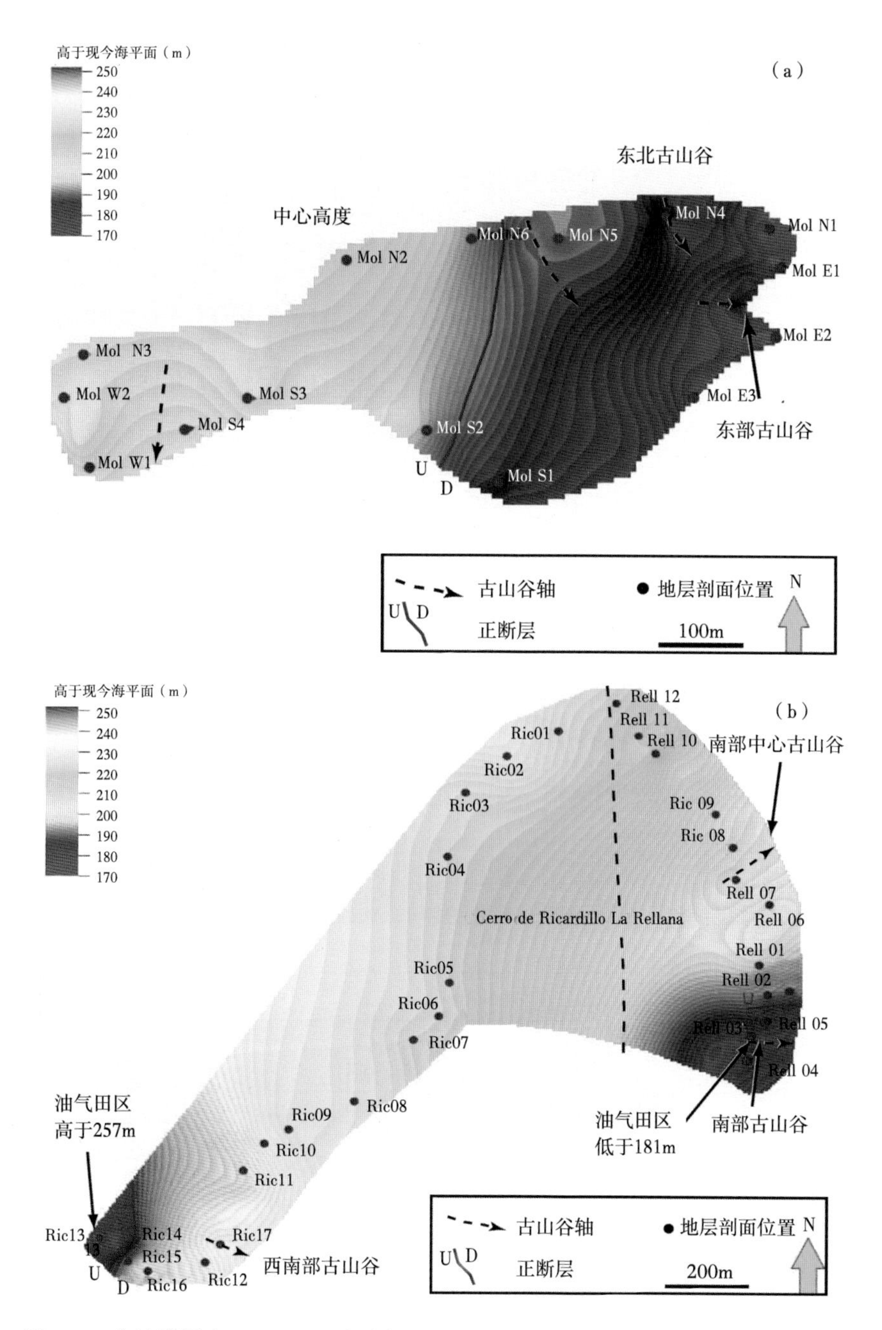

图 7.4　古地形图中 La Molata 地区和 La Rellana-Ricardillo 地区 TCC 沉积前的界面

(a) 古地形图中所示 La Molata 地区 TCC 沉积前的界面；古地形的高点位于山中央的北部，处于现今海平面之上 208m（682ft）；该界面整体从中央高地向东、向南和向西倾斜，局部有些变化；两个主要的古山谷影响沉积，一个在东侧，另一个靠近东北边缘。
(b) 古地形图中所示 La Rellana-Ricardillo 地区 TCC 沉积前的界面；高点位于 Cerro de Ricardillo 西北边缘 257m（843 ft）海拔处；低点位于 La Rellana 南部边缘；Cerro de Ricardillo 地区该界面整体从高点向东和东南倾斜

7.4　岩相

TCC 由四个层序构成，指定为层序 1—层序 4。总体来说，每一个层序在垂向上从底部到顶部由重复出现的岩相组成，但是在古地形的高低位置表现出差异。

图 7.5 和图 7.6 展示了在 La Molata 和 La Rellana-Ricardillo 油气田区与基底位置相关的 TCC 的简要地层。对于较低的位置，一个典型的层序中有被原地凝块叠层石粘结灰岩覆盖的原地底部叠层石，凝块叠层石粘结灰岩向上变成与槽状交错层理鲕粒灰岩互层，并最终被槽状交错层理鲕粒灰岩覆盖。

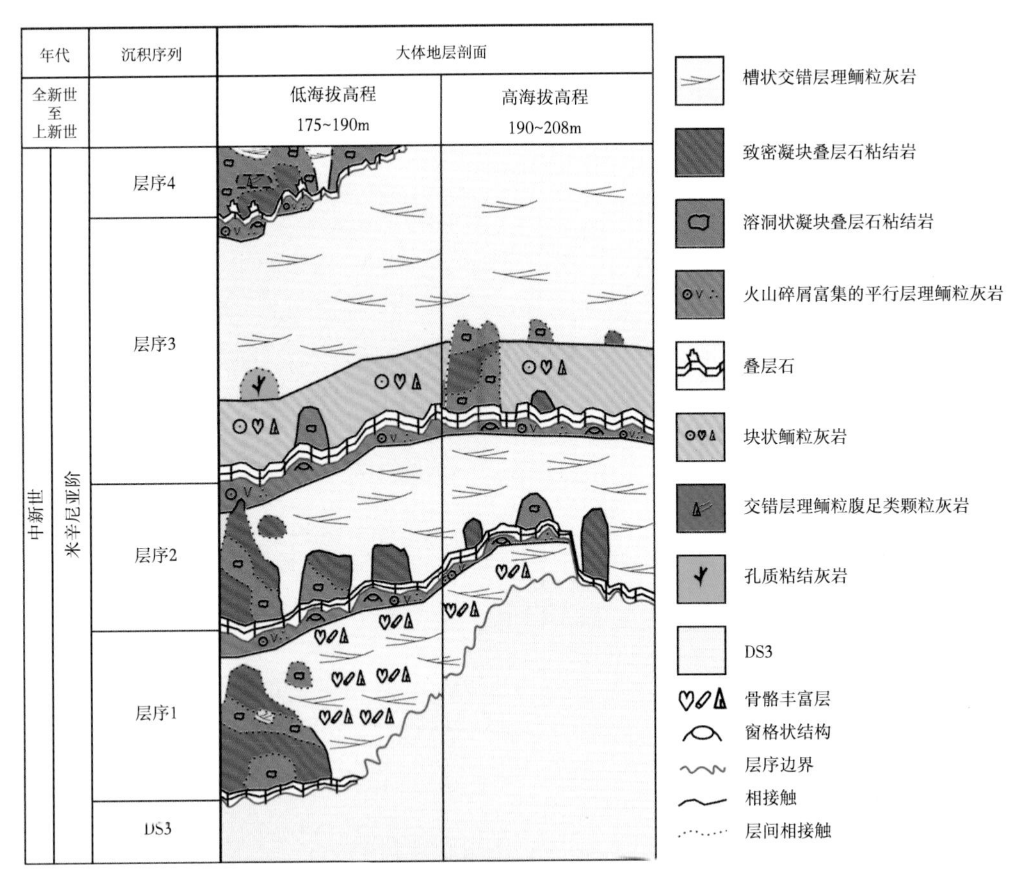

图 7.5　与沉积表层高低古地形位置相关的 La Molata TCC 的大体地层和岩相分布

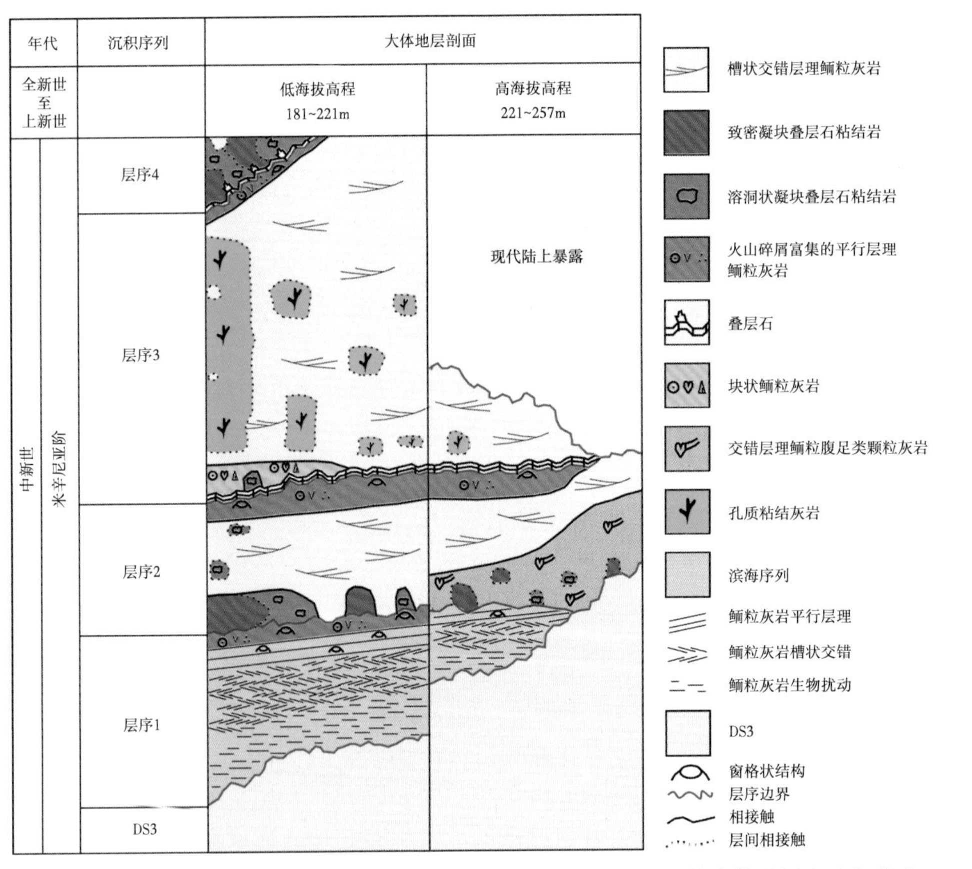

图 7.6　与沉积表层高低古地形位置相关的 La Rellana- Ricardillo 的大体地层和岩相分布

槽状交错层理鲕粒灰岩向上逐渐变成被窗格构造鲕粒灰岩覆盖的火山碎屑富集的平行层理鲕粒灰岩。对于更高的位置，一个典型的层序中有被原地凝块叠层石粘结灰岩覆盖的原地底部叠层石，凝块叠层石粘结灰岩被槽状交错层理鲕粒灰岩覆盖。叠层石和凝块叠层石粘结灰岩缺失的地方，槽状交错层理鲕粒灰岩为基本的岩相类型。槽状交错层理鲕粒灰岩向上逐渐变成被窗格构造鲕粒灰岩覆盖的火山碎屑富集的平行层理鲕粒灰岩。

7.4.1 槽状交错层理鲕粒灰岩

7.4.1.1 观察

槽状交错鲕粒粒状灰岩（图 7.7、7.8a 至 c；表 7.1）在两个油气田区域都是最主要的岩相，并且累积厚度范围从 0.66m 至 11.1m（2.17~36.4ft）（在层序 3 中最厚）。这类岩相在两个区域的所有层序中都存在。主要的地层都是米级规模，并且覆盖或者超覆在古地形上（图 7.7a 至 c）。

图 7.7 槽状交错层理鲕粒灰岩照片和显微照片

锤子长度 32cm（12.6in），同时比例尺用黑色和白色条状以厘米为间隔标记。(a) 槽状交错层特征，通常为米级。(b) 板状交错层理在层序的较高部位更为常见。(c) 槽状交错层理鲕粒灰岩覆盖在凝块叠层石粘结灰岩上，突变接触关系并且局部遭受侵蚀。(d) 常见的鲕粒铸模孔显微照片；大多数空间被蓝色环氧基树脂注入充填，一些未被环氧基树脂填充满，表现为白色；鲕粒通常大小为 0.4~0.8mm（0.016~0.032in）；底栖有孔虫从少见到常见

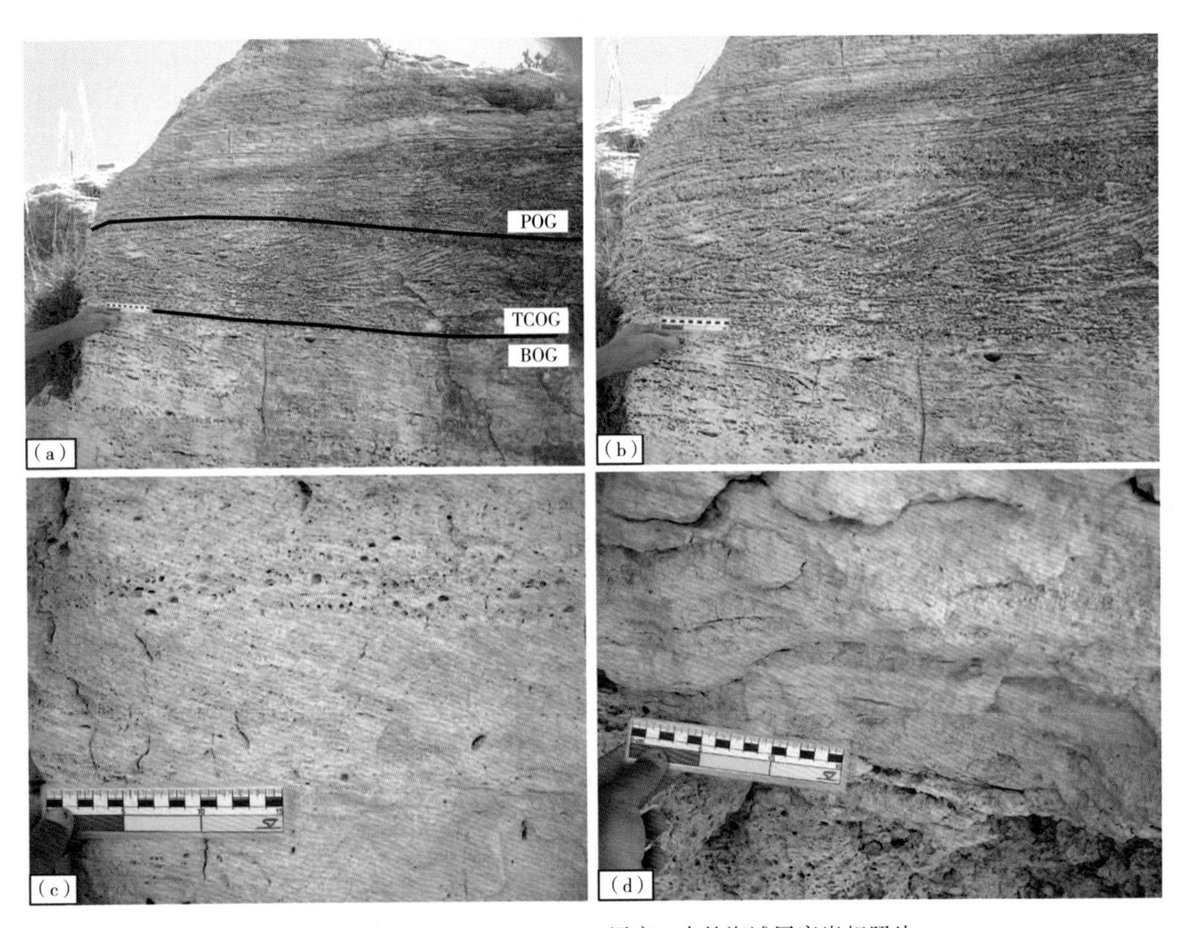

图 7.8　在 La Rellana-Ricardillo 层序 1 中的海滩层序岩相照片

比例尺用黑色和白色条状以厘米为间隔标记。(a) 海滩层序，从下往上为生物扰动鲕粒粒状灰岩（BOG）、槽状交错层理鲕粒灰岩（TCOG）和平行层理鲕粒灰岩（POG）；BOG 有不连续的薄层和常见的孔洞；所有岩相中都含有薄的骨架富集夹层［通常 1~3cm (0.4~1.2in)］。(b) 滨岸层序展示 BOG 中不连续薄层、TCOG 的槽状交错层理和 POG 中轻微倾斜的平行层。(c) 所有包含了腹足类、双壳类和龙介虫碎片夹层的海滩层序岩相；照片来自 TCOG，展示了递变的粗粒和较粗粒的薄层。(d) 在 BOG 中递变的粗粒和较粗颗粒的薄层被较深和较浅的颜色突显出来

槽状交错层呈米级规模［通常宽<2m（<6.6ft)］，同时交错层都很薄（图 7.7a)。鲕粒是主要的颗粒类型，占 80%~99%（图 7.7d)。骨架颗粒的总量和火山碎屑颗粒数量根据层序和油气田位置不同有变化。主要的骨架颗粒是腹足类和双壳类，还有少量的底栖有孔虫和龙介虫。

骨架颗粒是高度磨损的，并且通常都是以碎片状保存而很少有完整的颗粒。火山碎屑颗粒从稀少至常见的范围变化，并且球状粒是很少的。颗粒分选良好。在两个油气田的层序 1 中，互层厚度为 1~3cm (0.4~1.2in)，并且含有大量的腹足类、双壳类和龙介虫碎片。在 La Rellana-Ricardillo 的层序 2 和层序 3 中，骨架颗粒比在 La Molata 要常见。在 La Rellana-Ricardillo 的层序 3 中通常含有虫孔。

7.4.1.2　解释

现代的鲕粒都通常在水深小于 10m（33ft）的高能环境中沉积，鲕粒最主要生产于 2m（6.6ft）或者更浅的水深（Ball，1967；Loreau 和 Purser，1973；Hine，1977；Flugel，1982；Harris，1983，2010；Lloyd 等，1987；Tucker 和 Wright，1990；Burchette 和 Wright，1992；Major 等，1996；Rankey 等，2006；Reeder 和 Rankey，2008；Harris 和 Ellis，2009；Rankey 和 Reeder，2009，2011)。

槽状交错层理是一个晴天浪基面以上常见的沉积构造（Burchette 和 Wright，1992；Boggs，1995；Wright 和 Burchette，1996)。在现代地中海，晴天浪基面通常在 8m（26ft）水深以上（Fornos 和 Ahr，1997)。现代沉积可以和地中海中新世良好类比，并且晴天浪基面水深可能相同。泥质的缺失、大量的鲕粒、高度磨蚀的颗粒和良好的分选都表明了岩相是在高能环境下沉积的。

表 7.1 研究区岩相特征总结

岩相分类	关键特征	典型颗粒类型	主要结构、层理和厚度	沉积环境
槽状交错层理鲕粒灰岩	槽状交错层理	80%~99%鲕粒［0.4~0.8mm（0.016~0.032in）］，腹足类（20%~90%互层），双壳类（5%~15%互层），龙介虫（35%~95%互层）	槽状主要方向为 N-S 或者 S-N；S1 互层厚 1~3cm（0.4~1.2in）；单元厚度 0.66~11.1m（2.16~36.4ft）	高能，水深<10m（<33ft），近岸海滩环境
生物扰动鲕粒灰岩	不连续层理和生物洞穴	80%~99%鲕粒［0.15~0.75mm（0.005~0.03in）］，腹足类（20%~60%互层），双壳类（10%~20%互层），龙介虫（10%~95%互层）	常见的不连续薄层；互层通常 1~4cm（0.4~1.2in）；常见的生物洞穴；单元厚度 0.2~1.4m（0.66~4.6ft）	低—中能，外滨环境，厚度>10m（>33ft）
平行层理鲕粒灰岩	平行层理；<5%火山碎屑颗粒	81%~99%鲕粒［0.2~1.2mm（0.007~0.047in）］，腹足类（1%~10%互层），双壳类（5%~15%互层），龙介虫（45%~95%互层）0~5%火山碎屑	分米级平行层理微倾斜 1°~11°；交互的粗粒状/细粒很薄的层理；单元厚度 0.28~0.93m（0.92~3.05ft）；窗格构造	中—高能，水深<2m（<6.6ft）前滩环境
块状鲕粒灰岩	层理缺失	79%~99%鲕粒［0.15~2mm（0.005~0.08in）］，豆粒至 3mm（0.12in），双壳类，腹足类，龙介虫	常见的洞穴；大颗粒；较差的分选；单元厚度 0.83~2.11m（272~6.92ft）	低—中能能量，厚度>10m（>33ft）
火山碎屑富集的平行层理鲕粒灰岩	平行层理；>5%火山碎屑颗粒	75%~95%鲕粒［0.16~1.2mm（0.006~0.47in）］，5%~16%火山颗粒［0.4~12mm（0.015-0.47in）］	分米级平行层理微倾斜 2°~7°，在该段窗格较丰富，单元厚度 0.24~3.1m（0.79~10.2ft）	中等—高能，水深<3m（<10ft），前岸环境
窗格构造鲕粒灰岩	主要的窗格构造	75%~99%鲕粒［0.2~1.1mm（0.007~0.043in）］，火山颗粒	窗格构造；根管石；半月形胶结物；单元厚度 0.1~0.4m（0.33~1.32ft）	地表暴露
交错层理鲕粒腹足类颗粒灰岩	丰富的腹足类；交错层	17%-72%鲕粒（通常 30%~60%），腹足类，球粒	扁平的互层；可能的微生物影响，单元厚度 0.47~1.3m（1.54~4.27ft）	中—高能，浅水，近岸环境
槽状交错层理鲕粒双壳类颗粒灰岩	丰富的双壳类；槽状交错层理	50%~75%鲕粒［0.15~0.65mm（0.006~0.025in）］，15%~30%（在基底局部高达 90%）双壳类，4%~12%火山碎屑颗粒	有凝块叠层石生物粘结灰岩的槽状交错层理；单元厚度 0.71~5.2m(2.33~17.06ft)	高能，水深<10m（<33ft），近岸环境
凝块叠层石粘结灰岩	深色凝结结构	通常 15%~60%球粒，腹足类，双壳类，鲕粒，方解石，红色藻类，龙介虫	球粒组成的凝结结构；单元厚度 0.27~5m（0.89~16.4ft）	高能，较浅，近岸环境
叠层石	细粒平面薄层；少见指状结构（S4）；泥晶灰岩	多至 60%球粒，鲕粒，5%~15%火山颗粒	细粒薄层；凝结结构；变化的粗粒/细粒薄层；单元厚度 0.05~0.7m（0.16~2.3ft）	低—高能，浅水，近岸环境
滨珊瑚属生物粘结灰岩	丰富的滨珊瑚属泥晶灰岩	滨珊瑚属，富足类，双壳类，龙介虫，鲕粒，方解石，红色藻类，穿贝海绵，球粒	大型珊瑚头宽 1~3m（3.3~10ft），同时厚 2~3m（6.6~10ft）；单元厚度 0.64~6.2m（2.1~20.3ft）	高能，水深<10m（<33ft）

槽状交错层理常见于海滩环境的滨面，鲕粒包覆层通常在滨面是最厚的（Inden 和 Moore，1983）。

在 La Rellana-Ricardillo，层序 1 常见板状交错层理以及冲刷进入底部地层的槽状交错层理。在互层中，交替发育的较粗和较细的非常薄的地层以及 Inden 和 Moore（1983）描述的表示在海滩环境下的沉积物特征很像。基于这些特征，同时还有火山碎屑富集平行层理的鲕粒颗粒灰岩岩相为向上倾方向的同期地层的这一个事实，这类岩相被认为是在晴天浪基面控制下的一个海滩环境下的滨面内沉积的［应该小于 10m（33ft）］（Inden 和 Moore，1983）。

7.4.2 生物扰动鲕粒灰岩

7.4.2.1 观察

生物扰动鲕粒灰岩（图7.8a、b、d；表7.1）是LaRellana-Ricardillo的层序1中的基本岩相，厚度在0.2~1.4m（0.66~4.6ft）范围。由于生物扰动，纹理常见但不连续（图7.8b）。鲕粒是主要的颗粒类型，含量在80%~99%之间。骨架颗粒含有丰富的腹足类、双壳类和龙介虫碎片，伴有少量的底栖有孔虫。

骨架颗粒被完整保存或者是以中等磨蚀的碎片形式保存。火山碎屑颗粒和球状粒少见。生物扰动岩相含有厚1~3cm的富集了骨架颗粒的夹层（0.4~1.2in），与层序1的槽状交错层理岩相类似。在该岩相中的颗粒中等或良好分选。

7.4.2.2 解释

生物扰动鲕粒灰岩是槽状交错层理鲕粒灰岩向下倾方向的同期沉积，表明为一个较深的沉积环境。平行纹层表明鲕粒是被搬运过来的。鲕粒的大量存在表明鲕粒最初是在一个附近的环境中形成的。

生物扰动代表在晴天浪基面之下相对低能的环境（Inden和Moore，1983）。考虑到地层的位置，在层序1的槽状层理鲕粒灰岩相似的生物群落，大量的鲕粒、缺乏泥质以及生物扰动，这些岩相被认为是在中等到低能的近岸海滩环境［水深>10m（>33ft）］中沉积的（Inden和Moore，1983）。

7.4.3 平行层理鲕粒灰岩

7.4.3.1 观察

平行层理鲕粒灰岩岩相（图7.8a、b；表7.1）仅在La Rellana-Ricardillo的层序1中出现，并且厚度范围在0.28 ~0.93m之间（0.92~3.05ft）。平行层都是分米级别并且略向东南倾斜（1°~11°）。鲕粒是主要的颗粒类型，含量在80%~99%之间。骨架颗粒包括大量的腹足类、双壳类以及龙介虫碎片，还有少量的底栖有孔虫。

骨架颗粒很少有完整保存的，并高度磨圆。平行层理鲕粒灰岩岩相有厚度为1~3cm（0.4~1.2in）的非常薄的夹层，夹层含有大量的龙介虫碎片。颗粒分选性非常好到好。由鲕粒和骨架颗粒形成的互层状粗粒和较粗粒的非常薄的地层常见（图7.8c）。交错层理少见。海滩气泡窗格构造从少见到常见，在层序高部位变得更加常见。

7.4.3.2 解释

平行层理鲕粒灰岩是槽状交错层理鲕粒灰岩向上倾方向的同期沉积，表明在相对浅水环境下沉积的。大量的鲕粒、缺少泥质、高度磨蚀的颗粒以及窗格孔均说明沉积于浅水中等—高能的环境［可能<2m（<6.6ft）］。向上坡方向的槽状交错层理鲕粒灰岩、低角度平行层（向现代地中海方向倾斜）、少量交错层以及交互的粗—较粗的非常薄的夹层均表明位于近岸海滩沉积环境的冲洗带内（Ball，1967；Inden和Moore，1983）。

7.4.4 块状鲕粒灰岩

7.4.4.1 观察

块状鲕粒灰岩岩相（图7.9a、b；表7.1）仅在层序3中出现，厚度在0.83~2.11m（2.72~6.92ft）之间。岩相特征是缺少层理。细微的平行纹层是非常稀少的，且一般出现在La Rellana-Ricardillo油气田区域。在岩相中孔洞常见。块状鲕粒灰岩分选中等—好。鲕粒含量在80%~99%之间，是主要的颗粒类型（图7.9b）。

与其他的鲕粒岩相相比，鲕粒更大一些［通常0.6~2mm（0.024~0.078in）］，部分豆粒达3mm（0.12in）。与其他的鲕粒相比（图7.9b），腹足类和双壳类颗粒都更常见，并且颗粒更大［通常6%~20%，3~14mm（0.12~0.55in）］。龙介虫、底栖有孔虫、火山碎屑颗粒以及豆粒都是从少见至常见。单体珊瑚、滨珊瑚属（*Porites*）粘结灰岩以及*Tarbellastrea*少见。骨架颗粒被完整保存或者碎片状保存，中等磨圆。

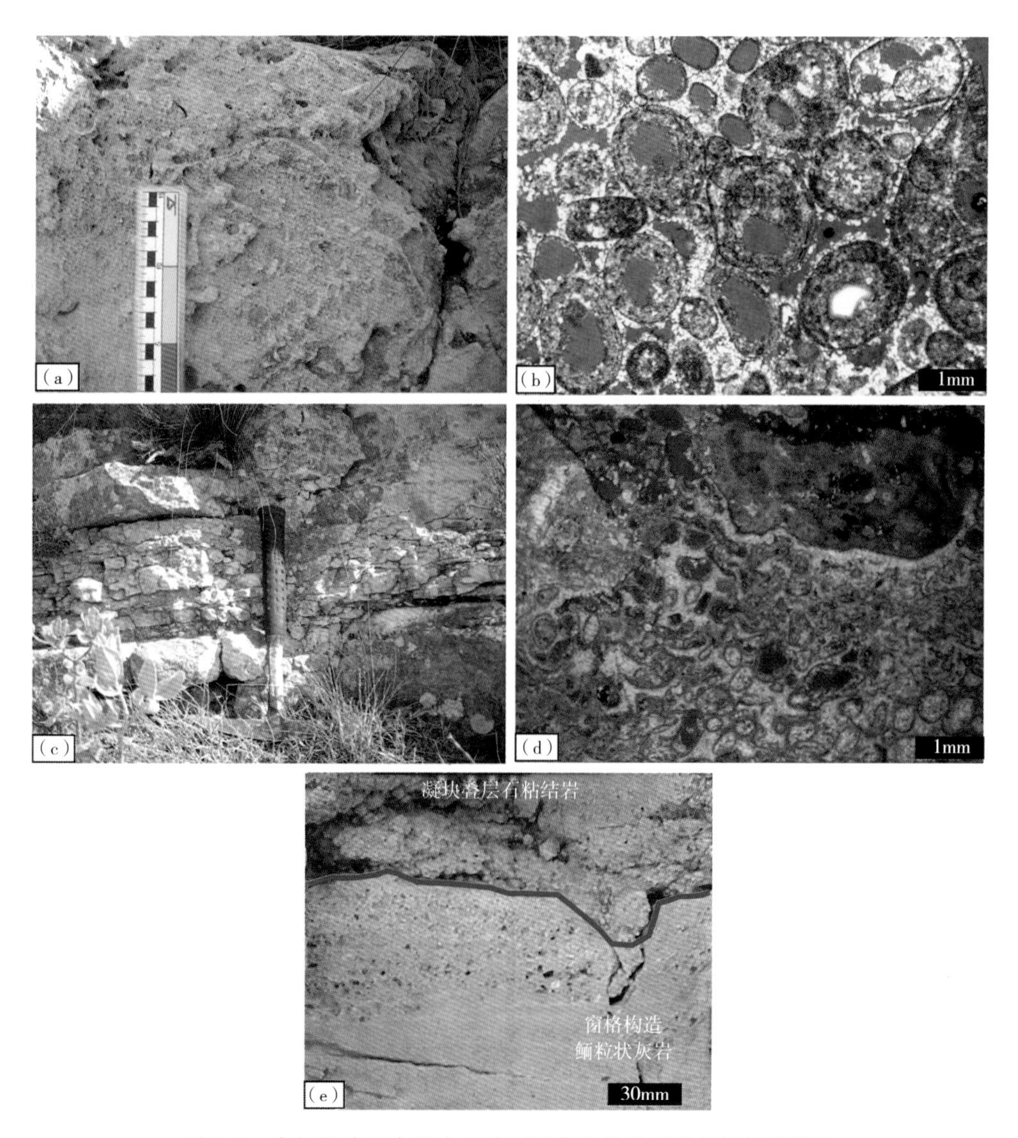

图 7.9　岩相照片和大型火山碎屑及窗格构造鲕粒灰岩显微照片

锤子长度为 32cm（12.5in），比例尺用黑色和白色条状以厘米为间隔标记；(a) 缺少层理特征的大型鲕粒灰岩（MOG），垂向和水平向的孔洞常见；(b) MOG 岩相的显微照片展示了含有少量达 3mm（0.12in）豆粒和大量大型鲕粒［通常 1.2~2.0mm（0.04~0.08in）］，复合颗粒和鲕模孔常见；(c) 火山碎屑颗粒富集的平行层理鲕粒灰岩（VPOG）展示了分米级轻微倾斜的平行层；(d) 有大量火山碎屑颗粒的 VPOG 的显微照片；(e) 局部覆盖层序的窗格构造鲕粒灰岩（FOG）岩相，红线标注了层序边界

7.4.4.2　解释

块状鲕粒灰岩是槽状交错层理鲕粒灰岩岩相向下倾方向的同期沉积，因此表明为一个更深的沉积环境。原地保存的弱平行纹层表明了鲕粒是搬运过来的，大量的鲕粒表明了鲕粒是在附近形成的。大量的孔洞表明了在晴天浪基面之下相对低能环境下沉积的（Inden 和 Moore，1983）。这些证据结合与槽状交错层理鲕粒灰岩相比缺少泥质以及分选较差的特征，认为沉积于水深大于 10m（33ft）的低能—中等能量的环境。

7.4.5　火山碎屑富集的平行层理鲕粒灰岩

7.4.5.1　观察

火山碎屑富集的平行层理鲕粒灰岩岩相（图 7.9c、d；表 7.1）厚度 0.24~3.7m（0.79~12.1ft），在两个油气田的层序 1—层序 3 中均存在。

岩相以平缓倾斜（2°~7°，至多达 15°）、分米级尺度、平行层理（少量交错层理）以及大于 5% 的火山碎屑颗粒为特征。颗粒分选中等—好。

鲕粒是主要的颗粒类型，含量在75%~95%之间。表鲕比在槽状交错层理鲕粒灰岩岩相的鲕粒更常见。这些岩相包含了比其他鲕粒岩相更大量的、更大尺度的火山碎屑颗粒［5%~25%和0.4~12mm(0.02~0.48in)］(图7.9d)。

相比在其他鲕粒岩相中，火山碎屑颗粒作为鲕粒的内核更加常见。球状粒以及骨架颗粒，包括腹足类、双壳类、龙介虫以及底栖有孔虫均少见。层序中的火山碎屑颗粒随地层的升高逐渐变多并且颗粒更大。窗格构造少见，但是在层序的高部位而变得更加常见。

7.4.5.2 解释

火山碎屑颗粒富集的平行层理鲕粒灰岩是槽状交错层理鲕粒灰岩向下倾方向的同期沉积，表明沉积水深更浅［<3m(<10ft)］。火山碎屑颗粒的更加富集表明在近岸环境中最浅的水深中的沉积。在一个近岸环境中最浅的水深中沉积的岩相可能更靠近侵蚀和暴露的火山高地。

这些岩相被认为有更高的火山碎屑颗粒的百分含量。平缓倾斜的平行层、平行层理还有少量的交错层理、大量的表鲕以及缺少泥质都显示为在海滩前滩环境内的中等—高能量的沉积(Ball，1967；Inden和Moore，1983)。窗格构造的存在表明这些可能是保存的海滩加积层(Inden和Moore，1983)。

7.4.6 窗格构造鲕粒灰岩

7.4.6.1 观察

窗格构造鲕粒灰岩(图7.9e；表7.1)，厚度从0.1m至0.4m(0.33~1.3ft)，且局部覆盖这些层序。岩相以窗格构造为特征(图7.9e)。尽管大部分露头较差，特征不甚明显，但地层一般表现为平行层理，交错层理少见。

鲕粒是主要的颗粒类型，含量在75%~99%之间。火山碎屑颗粒从少见至常见。球状粒以及骨架颗粒，包括腹足类、双壳类、龙介虫以及底栖有孔虫均少见。岩相通常白垩化易碎，且在层序顶部附近含有大量窗格构造，少见根管石、半月形状胶结物、可能的钙质豆粒以及铁染色颗粒。

7.4.6.2 解释

窗格构造、白垩化、根管石、钙质豆粒、铁染色颗粒以及半月形胶结物都可以认为是地表暴露的证据(Esteban和Klappa，1983)。大量的窗格构造、常见的平行层理和少量的交错层理以及缺少泥质都表明是在海滩环境的近前滩和可能后滨沉积的(Ball，1967；Inden和Moore，1983)。岩相被认为是被地表暴露过程中海滩环境经过蚀变造成的。

7.4.7 交错层理鲕粒腹足类颗粒灰岩

7.4.7.1 观察

交错层理鲕粒腹足类颗粒灰岩(表7.1)厚度在0.47~1.3 m之间(1.54~4.3ft)，且仅在La Molata的层序4中出现。槽状交错层占主导的板状交错层少见。交错层理主要是分米级的。岩相以大量的腹足类颗粒为特征(通常为30%~60%)。腹足类通常被完整保存并且中度磨圆，其中少于5%的有鲕粒包覆层。大量的鲕粒和球状粒常见。在薄片中，球状粒的粘结组构组成了岩相的部分。

7.4.7.2 解释

交错层理鲕粒腹足类颗粒灰岩与凝块叠层石生物粘结灰岩互层。凝结球粒结构被认为是微生物作用的结果，这一点也被密切相关的凝块叠层石生物粘结灰岩证实。互层和丰富的鲕粒表明沉积水体较浅［<10m(<33ft)］，能量中等到高。

或者，形成生物胶相关的凝块叠层石生物粘结灰岩，可能表现为将生物礁间水流的能量集中，并最终导致水深大于10m(33ft)的能量增强。大量没有鲕粒包覆的腹足类颗粒以及与其他鲕粒岩相相比鲕粒含量变少也许说明了这些颗粒是从浅水区搬运过来的。因此，这些交错层理的鲕粒腹足类颗粒被认为是在水深为10m(33ft)或更深处沉积的。

7.4.8 槽状交错层理鲕粒双壳类颗粒灰岩

7.4.8.1 观察

槽状交错层理鲕粒双壳类颗粒灰岩（表 7.1）厚度变化从 0.71m 至 5.2m（2.33～17.06ft），在 La Rellana-Ricardillo 的最高海拔处出现了最厚的沉积，并且仅出现在层序 2 中。

主要层理厚度为米级。槽状交错层理为米级［主要<2m（<6.6ft）］（图 7.10a）。整体来说，鲕粒是最丰富的颗粒类型，含量在 50%～75%之间。双壳类是这个岩相的主要特征，含量平均在 15%～30%之间。

图 7.10 岩相照片和槽状交错层理鲕粒双壳类颗粒灰岩和微生物岩的显微照片

锤子的长度是 32cm（12.5in），比例尺用黑色和白色条状以厘米为间隔标记；（a）槽状交错层理鲕粒双壳类颗粒灰岩（TCOBG），以大量显示米级槽状的双壳类为特征；（b）凝块叠层石生物粘结灰岩岩相，这些照片展示了凝块叠层石生物粘结灰岩在 La Molata 的西边层序 2 中与 TCOG 互层，可以识别出深色凝块和形态；（c）深色的凝块叠层石生物粘结灰岩的显微照片（Td），展示了在球状粒凝块基质内的球状粒和鲕粒；（d）多孔凝块叠层石显微照片（Tv），展示了粘结结构和大量的孔洞；（e）叠层石岩相的显微照片，展示了细粒薄层和粗粒薄层互层，并含有常见的火山碎屑颗粒和窗格构造；（f）层序 4 细粒的平行层理叠层石，向上变成指状；（g）La Rellana 的最低海拔处的滨珊瑚生物粘结灰岩岩相，该处岩相是侧向延展并增厚，大量珊瑚丘主要由滨珊瑚属组成，通常宽 1～3m（3.3～10ft），厚 2～3m（6.6～10ft）

双壳类在层序2中的更低的层位含量更多且形态更大［0.5~20mm（0.020~0.79in）］，并且可以在岩相内占到90%的颗粒含量。双壳类通常是以单个的壳瓣保存，且中等磨圆。火山碎屑颗粒常见，比其他交错层理鲕粒岩相中的含量更多，并且在层序中地层较低的层位要更集中（4%~12%）。火山碎屑颗粒同样也是和鲕粒核心一样比在其他交错层理鲕粒岩相中更常见。腹足类和球状粒很少见。

7.4.8.2 解释

槽状交错层理、缺少泥质、丰富的鲕粒以及颗粒上厚层的鲕粒包覆层说明能量较高且水体较浅［<10m（<33ft）；Ball，1967；Inden 和 Moore，1983］。作为鲕粒核心的大量火山碎屑颗粒表面在近岸环境很浅的水深沉积。双壳类的中等磨圆表明近岸最高能环境的外部沉积。

7.4.9 凝块叠层石粘结岩

7.4.9.1 观察

凝块叠层石粘结岩（表7.1）厚度0.27~5m（0.89~16ft），在低海拔有最厚的堆积物，存在于La Molata的层序1、层序2、层序3、层序4中以及La Rellana-Ricardillo的层序2和层序4中。这些岩相以结构为基础被分为两个亚相：（1）厚层凝块叠层石粘结岩（Td），以少于15%的孔洞为特征；（2）孔洞凝块叠层石（Tv），以大于15%的孔洞为特征。截至目前还没有一条用来识别为什么和哪里的孔洞会更多地基本原则，因此基于本次研究的目的，本文将Td和Tv作为一个地层单元研究。

凝块叠层石粘结岩岩相造就了地形的起伏。在较低的海拔位置，岩相横向延展［6m（20ft）至多达几十米］，并且在层序中低部位地层最厚［多达5m（16ft）］。在最低的海拔为止，凝块叠层石粘结岩局部横向延展［<1m（<3.3ft）至多达几十米］，且层序的高部位地层厚度要少于2m（6.6ft）。

在高海拔位置，岩相变成孤立的生物礁［宽1~2m（3.3~6.6ft）］，并且更薄［通常<2m（<6.6ft）］。该类岩相以深色的粘结结构为特征。在野外可以观察到，并且在薄片中可以确定为在薄段中的凝结（球状粒）结构（图7.10b至d）。该岩相由含量变化的腹足类、双壳类、龙介虫碎片、钙质红藻类、底栖有孔虫、鲕粒和球状粒组成，含少量的火山碎屑颗粒、滨珊瑚属、*Tarbellastrea*以及孤立的珊瑚礁出现。珊瑚礁仅出现在序列3中。钙质红色藻类在La Molata层序2的凝块叠层石粘结岩中含量最高。龙介虫碎片在层序4中的凝块叠层石粘结岩中含量最高。

7.4.9.2 解释

以前关于凝块叠层石的研究认为其是在各种不同深度中沉积的。在以前的研究中，地层的解释深度一般被认为是很难确定的，推测范围从相对深水［50~200m（164-660ft）］到浅水深度［<10m（<33ft）］（Braga 等，1995；Mancini 等，1998，2004，2008；Grotzinger 等，2000；Mancini 和 Parcell，2001；Whalen 等，2002；Adams 等，2004，2005；Batten 等，2004；Heydari 和 Baria，2005；Planavsky 和 Ginsburg，2009）。

对本次研究，凝块叠层石粘结岩与其他岩相相伴的产状提供了一些限制条件。凝块叠层石粘结岩与鲕粒砾屑灰岩互层的地方深度被认为小于10m（33ft）。其他的产状可能更难限制，比如凝块叠层石粘结岩在层序中处于更低的地层位置。在这些产状中，粘结基质中的小粟虫属有孔虫以及鲕粒的内含物表明为附近的浅水环境。

同时，许多凝块叠层石粘结岩与高能岩相的组合，比如槽状交错层理鲕粒灰岩、槽状交错鲕粒双壳类砾屑灰岩以及交错层理鲕粒腹足类砾屑灰岩表明凝块叠层石沉积于高能环境。包含了很多凝块叠层石粘结岩的多样生物群落代表了相对正常的海洋环境。

7.4.10 叠层石

7.4.10.1 观察

叠层石岩相（图7.10e、f；表7.1）厚度从0.05m至0.7m（0.16~2.30ft），且几乎都作为层序的底部岩相沉积。叠层石同样在滨珊瑚属粘结岩岩相内出现，并且很少出现在凝块叠层石粘结岩岩相中。凝块叠层石被分为两种基本类型，细粒的平行层理叠层石和分指状叠层石（图 7. 10f）。

岩相为具有球粒和凝块结构的细纹层（图 7. 10e）。纹层由细粒—粗粒的颗粒交互沉积。叠层石主要由大量的泥晶灰岩和伴有常见火山碎屑岩的球粒组成，很少见到鲕粒是主要的颗粒类型。在层序 2 中的高海拔处，叠层石更厚［0. 2～ 0. 7m（0. 66～2. 30ft）］，并且由大量的鲕粒组成。在层序 4 中，叠层石在地层较高位置形态变成指状（图 7. 10f）。

7. 4. 10. 2　解释

叠层石形态受环境因素影响，比如水深、水流能量、沉积流入量还有成岩作用（Grotzinger 和 Knoll，1999）。细粒的平行层、大量的球粒、泥晶灰岩和火山碎屑颗粒表明这种类型的叠层石在浅水低能环境中沉积［<10m（<33ft）］。

平行层、大量的鲕粒、球粒、泥晶灰岩以及火山碎屑颗粒表示其他类型的叠层石是在中等—高能的浅水环境中形成的［<10m（<33ft）］（Hoffman，1967）。从细粒平行层状叠层石向指状叠层石的转变被认为是显示了一个向高能量场沉积的转变以及可能的水深的增加（Hoffman，1967）。除了微生物以外，动物群的缺失可能指示了一个局限的海洋环境。

7. 4. 11　滨珊瑚属生物粘结岩

7. 4. 11. 1　观察

滨珊瑚属（Porites）生物粘结岩（表 7. 1）在两个地方都只在层序 3 中被发现。在 La Molata，此类岩相较少见，规模较小［通常宽 1～2m（3. 3～6. 6ft），厚 2m（6. 6ft）］，位于原地生长位置或者生长位置外的点礁。在 La Rellana-Ricardillo，此类岩相以在生长位置的点礁出现，一般宽 1～2m（3. 3～6. 6ft）、厚 2～3m（6. 6～10ft）。

在最低的海拔［181～200m（594～660ft），生物礁侧向延伸>10m（>33ft）］厚度达 6m（20ft）（图 7. 10g）。岩相由格架结构的滨珊瑚属生物，条状、瘤状 *Tarbellastrea* 珊瑚以及数量不等的腹足类、双壳类、龙介虫、钙质红藻（包壳、碎片、红藻石属）、叠层石、clionid 海绵、鲕粒、球粒以及泥晶灰岩组成。

7. 4. 11. 2　解释

在地中海分布的上中新统珊瑚礁被广泛研究（Esteban 等，1978，1996；Esteban，1979，1996；Esteban 和 Giner，1980；Dabrio 等，1981；Franseen 和 Mankiewicz，1991；Martin 和 Braga，1994；Goldstein 和 Franseen，1995；Esteban，1996；Franseen 和 Goldstein，1996；Toomey，2003）。

层状和条状外形的滨珊瑚属粘结岩夹原地槽状交错层理鲕粒灰岩，表明在水深小于 10m（33ft）沉积的。滨珊瑚属的形态、鲕粒以及与槽状交错层理鲕粒灰岩夹层表明滨珊瑚属生物粘结岩在浅水［<10m（<33ft）］高能的环境中沉积的。多样的动物群表明了一个在沉积过程相对正常的海洋环境。

7. 5　层序地层

La Molata 和 La Rellana-Ricardillo 两个野外露头区域沉积地层特征已在前文岩相部分中简要介绍（图 7. 5、图 7. 6）。在接下来章节，将更加详细的阐述每一个露头区域的层序地层特征及相互关系。

7. 5. 1　La Molata TCC 层序

利用栅状图展示了 La Molata 区域的层序地层特征、相互关系及其岩相分布（图 7. 11），并选取 La Molata北部剖面作为该区域代表性剖面（图 7. 12）。表 7. 2 总结了高程及岩相分布的特征。

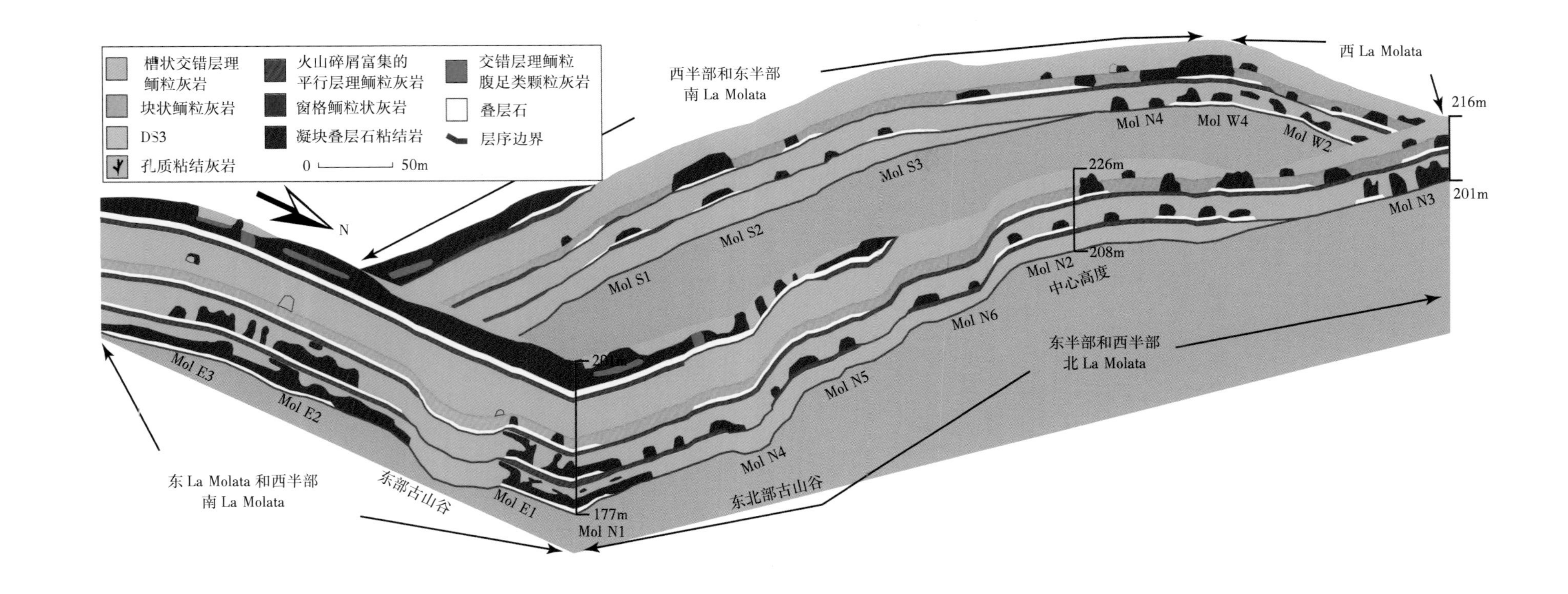

图 7.11　展示了岩相几何特征和 La Molata 油气田区分布的栅状图

层序覆盖并且局部超覆古地形之上，同时一些地区在整个区域内保持了相对一致的厚度；鲕粒岩是体积比例最大的岩相；凝块叠层石生物粘结灰岩是侧向扩展的并且在最低海拔处是较厚的；在低海拔区叠层石是侧向扩展的

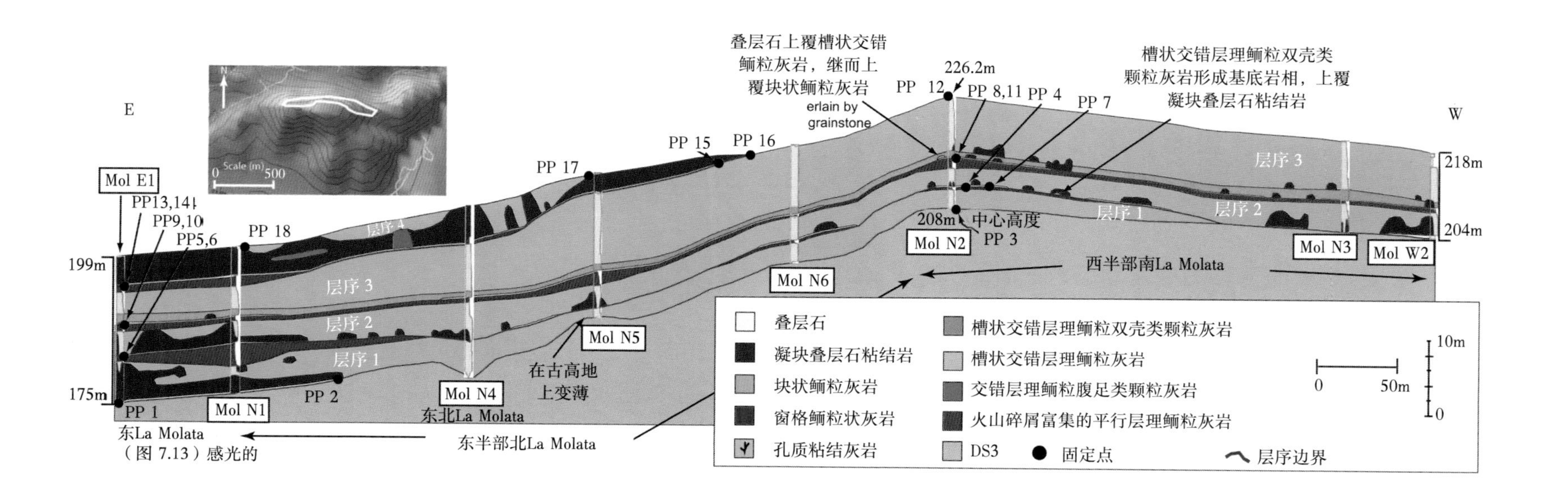

图 7.12　La Molata 油气田区域北部的横剖面

插图展示了地形图，白色轮廓圈定了地层剖面被测量用以形成横剖面的区域；钉扎点（PP）被用来绘制图 17 的相对海平面变化曲线；叠层石生物粘结灰岩形成了在相对海平面上升期间的于剖面底层较低处的地形起伏；鲕粒灰岩在相对海平面下降期间填充了地形起伏；中心高地持续作为跨越 TCC 沉积的沉积表层的最高点；注意由复杂的岩相分布和几何特征导致的非均质性

表 7.2 两个油田岩相分布

岩相	海拔（m）		意 义
	La Molata	La Rellana—Ricardillo	
块状鲕粒灰岩	175~208	181~217	只在层序 3 中
凝块叠层石生物粘结灰岩	175~180	181~200	较厚，在较低海拔处侧向连续；在底层较高处有鲕粒互层
层序 1 鲕粒	175~208	181~242.4	与层序 1 中出现有更丰富的骨骼颗粒的互层
滨属珊瑚生物粘结灰岩	175~208	181~246.7	只在层序 3 中
指状叠层石	175~199	181~197	只在层序 4 中

注：表中所用高程取自 TCC 基底地形表面。

7.5.1.1 层序 1

层序 1 在 La Molata 区域横向延伸 0.6km（0.37mile）并且在西部边缘缺失。该层序覆盖在古地形之上，厚度变化范围为 1.35~8.5m（4.43~27.9ft）。主体地层向西、向南和向东微倾，倾角 2°~5°，远离中心高点。

在最低高程［170~180m（558~591ft）］处发育了局部侧向延伸较远的叠层石，其上覆盖大量发育的凝块粘结岩，凝块粘结岩与槽状交错层理鲕粒颗粒岩互层，并随之被槽状交错层理鲕粒颗粒岩完全取代。叠层石及凝块粘结岩缺失的地方，槽状交错层理鲕粒颗粒岩构成了基底岩相主要类型。这些槽状交错层理鲕粒颗粒向上局部过渡为富火山碎屑板状交错层理鲕粒颗粒岩，并以窗格状鲕粒颗粒岩作为层序的结束。

在大于 180m（591ft）的高程处，槽状交错层理鲕粒颗粒岩成为层序底部主要岩石类型，局部地区向上逐渐过渡为富火山碎屑板状交错层理鲕粒颗粒岩，与低海拔位置相类似，也是以窗格状鲕粒颗粒岩作为层序的结束。

7.5.1.2 层序 2

层序 2 在整个 La Molata 地区所有古地形要素位置均有发育，厚度变化范围为 3.9~7.1m（12.8~23.3ft）。作为一个沉积地层单元，该层序覆盖在前期古地形之上。地层主体由中部高地向西、南、东部微倾，倾角在 2°~5°之间；在西部边界的南部末端则呈现出较大的地层倾角，在 15°~23°之间。在低海拔区域［170~190m（558~623ft）］层序 2 发育有局部侧向延伸较远的叠层石，其上覆盖大量发育的凝块粘结岩，凝块粘结岩与槽状交错层理鲕粒颗粒岩互层，并随之被其完全取代。叠层石及凝块粘结岩缺失的地方，槽状交错层理鲕粒颗粒岩构成了基底岩相主要类型。这些槽状交错层理鲕粒颗粒向上局部过渡为富火山碎屑板状交错层理鲕粒颗粒岩，并以窗格状鲕粒颗粒岩作为层序的结束。

其中，凝块粘结岩是发育厚度最大的岩性（最厚达 5m（16ft）］并且在最低海拔处具备侧向连续性高的特征（多达几十米），在高于 180m（591ft）海拔则相对孤立［宽度多小于 3m 宽（<10ft）、厚度<2m（<6.6ft）］。

在高海拔区域［190~208m（623~682ft）］，层序 2 可见局部发育上覆相对孤立凝块粘结岩［宽 1~2m（3.3~6.6ft）、厚 1~3m（3.3~10ft）］的叠层石，凝块粘结岩之上则发育槽状交错层理鲕粒颗粒岩。槽状交错层理鲕粒颗粒岩之上逐渐过渡为富火山碎屑板状交错层理鲕粒颗粒岩，最后以窗格构造鲕粒颗粒岩的沉积结束层序的发育。

中心高地西部的一个小范围区域发育槽状交错层理鲕粒双壳颗粒岩［侧向宽度 1m（3.3ft）、厚度<1m（3.3ft）］，其上覆凝块粘结岩，整体处于层序底部位置（图 7.12）。在 La Molata 地区西部边缘［201~204m（659~669ft）］层序内部较高位置地层发育凝块粘结岩，与槽状交错层理鲕粒颗粒岩互层。

7.5.1.3 层序 3

层序 3 在整个 La Molata 区域均有发育，厚度从 6.3m 至 12.8m（20.7~42ft），覆盖前期古地形之上。地层的主要产状表现为向西、向南及东部靠近中央高地微倾（2°~5°），在西部边缘的南部末端则相对陡峭（8°~15°）。

在层序 3 较低海拔位置［170~190m（557~623ft）］发育局部侧向连续性较高的叠层石，上覆厚层块状鲕粒颗粒岩。同时可见少量孤立的凝块粘结岩［宽 1m（3.3ft）、厚 1m（3.3ft）］上覆于叠层石沉积之上，与块状鲕粒颗粒岩上部和侧缘呈现突变接触关系。块状鲕粒颗粒岩向上逐渐过渡为槽状交错层理鲕粒颗粒岩，槽状交错层理鲕粒颗粒岩局部向上过渡为富火山碎屑板状交错层理鲕粒颗粒岩，层序最上部则发育窗格状鲕粒颗粒岩。少量孤立［宽 0.5~2m（1.6~6.6ft）、厚 0.5~3m（1.6~10ft）］珊瑚粘结岩点礁发育于槽状交错层理鲕粒颗粒岩之内，点礁之上几乎不发育凝块粘结岩。

层序 3 在高海拔区域［190~208m（623~682ft）］局部发育侧向连续较高的叠层石，上覆块状鲕粒颗粒岩，这些块状鲕粒颗粒岩与凝块粘结岩互层或局部被其覆盖。块状鲕粒颗粒岩与凝块粘结岩之间存在突变或渐变接触关系。块状厚层鲕粒颗粒岩向上过渡为槽状交错层理鲕粒颗粒岩，这些槽状交错层理鲕粒颗粒岩在局部与层序底部凝块粘结岩互层。少量孤立［宽 1m（3.3ft）、厚 1m（3.3ft）］滨珊瑚粘结岩点礁与槽状交错层理鲕粒颗粒岩互层，但其上覆地层几乎不发育凝块粘结岩。在中央高地的东部，底部叠层石局部被槽状交错层理鲕粒颗粒岩所覆盖，其上覆块状厚层鲕粒颗粒岩。由于出露较少导致详尽的描述有限。

7.5.1.4 层序 4

层序 4 以侵蚀残余的形式保存下来，仅仅出露在 La Molata 东部长 0.22km（0.14mile）范围内［海拔 170~197m（557~646ft）］。层序厚度为 1.7~6.2m（5.6~20.3ft）［6.2m（20.3ft）是被现代侵蚀引起的上部厚度限制］，覆盖在前期古地形之上。层序 4 发育层序地层叠层石，上覆与交错层理鲕粒腹足类颗粒岩互层的凝块粘结岩，这些凝块岩粘结岩之上为槽状交错层理鲕粒颗粒岩（图 7.13）。交错层理鲕粒腹足类颗粒岩与凝块叠层石粘结岩之间的接触关系是渐变的。

7.5.2 La Rellana-Ricardillo 末端碳酸盐岩地层

图 7.14 利用栅状图展示了整个 La Rellana- Ricardillo 地区地层接触关系及岩相分布（图 7.14）。并优选代表性剖面（图 7.15）作为相对厚度及几何参数计算的参照。La Rellana- Ricardillo 露头海拔及岩相发育分布特征见表 7.2。

7.5.2.1 层序 1

La Rellana-Ricardillo 地区的层序 1 在研究区沿着 2.65 km（1.65mile）长的线性露头被保存；在 Cerro de Ricardillo 的东部边缘是缺失的。层序厚度变化为 1.6~5.9m（5.25~19.4ft）并且覆盖在古底形上。整体来说，层序中的地层主要向南至南东微微倾斜（1°~11°）（向现代地中海），局部受古地形的影响而发生改变。

贯穿整个暴露过程，层序 1 发育有生物扰动鲕粒颗粒岩，向上及上倾方向逐渐过渡为槽状交错层理鲕粒颗粒岩。槽状交错层理鲕粒颗粒岩则向上及上倾再逐渐过渡为板状交错层理鲕粒颗粒岩。板状交错层理向上过渡为富火山碎屑板状交错层理鲕粒。一般而言，板状交错层理颗粒岩或生物扰动鲕粒颗粒岩均有发育。

7.5.2.2 层序 2

层序 2 在整个 La Rellana- Ricardillo 露头区域均有发育［海拔 181~257m（593~843ft）］。层序发育厚度 1.2~5.9m（3.9~19.4ft）［5.9m（19.4ft）是最小的一个受沉积后侵蚀残留的地层厚度］并且覆盖在前期古地形之上。地层主体向南倾斜（2°~9°），受局部古地形的高低影响导致局部发生一定的变化。

在低海拔位置［181~221m（594~725ft）］发育局部凝块粘结岩，上覆槽状交错层理鲕粒颗粒岩。再向上局部逐渐过渡为富火山碎屑板状交错层理鲕粒颗粒岩，最后以窗格状鲕粒颗粒岩作为层序的结束。在最低海拔位置［181~200m（594~656ft）］，凝块粘结岩侧向连续性强，演化至层序发育中晚期，与槽状交错层理鲕粒颗粒岩呈互层状发育（图 7.16）。较为少见的、孤立的［厚<0.5m（<1.6ft）］、连续性<2m（<6.6ft）］槽状交错层理鲕粒双壳颗粒岩被凝块粘结岩所覆盖，并构成了层序 2 底部岩性组合。

在层序 2 高海拔位置［221~257m（725~843ft）］发育槽状交错层理鲕粒双壳颗粒岩与凝块粘结岩互层，后期被槽状交错层理鲕粒颗粒岩所覆盖。槽状交错层理双壳颗粒岩与槽状交错层理鲕粒颗粒岩之间的

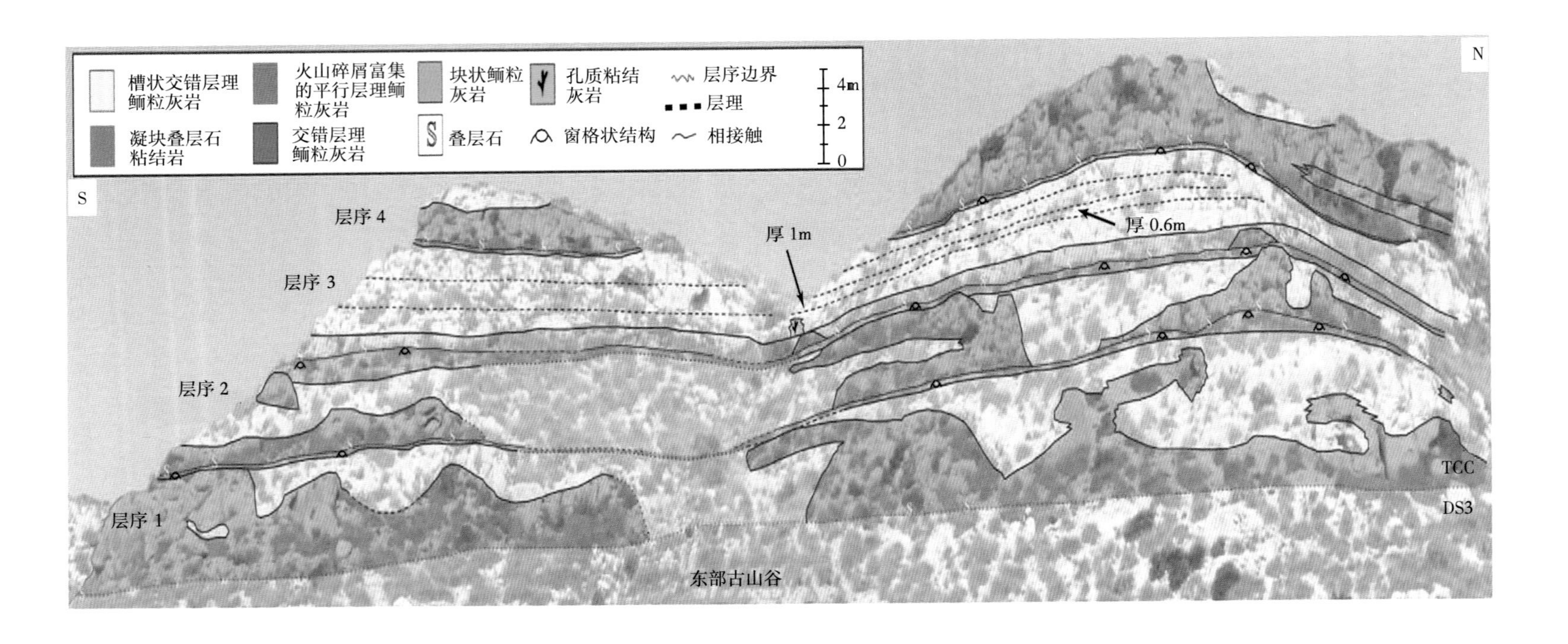

图 7.13　La Molata 东部的照相拼接

凝块叠层石生物粘结灰岩在层序 1 和层序 2 的高部位与槽状交错层理鲕粒灰岩互层；在层序中的较高部位凝块叠层石与层序中较低部位凝块叠层石相比横向沉积比垂向沉积要多；在层序 3 中的层变厚，同时向东部古峡谷的中心部分倾斜

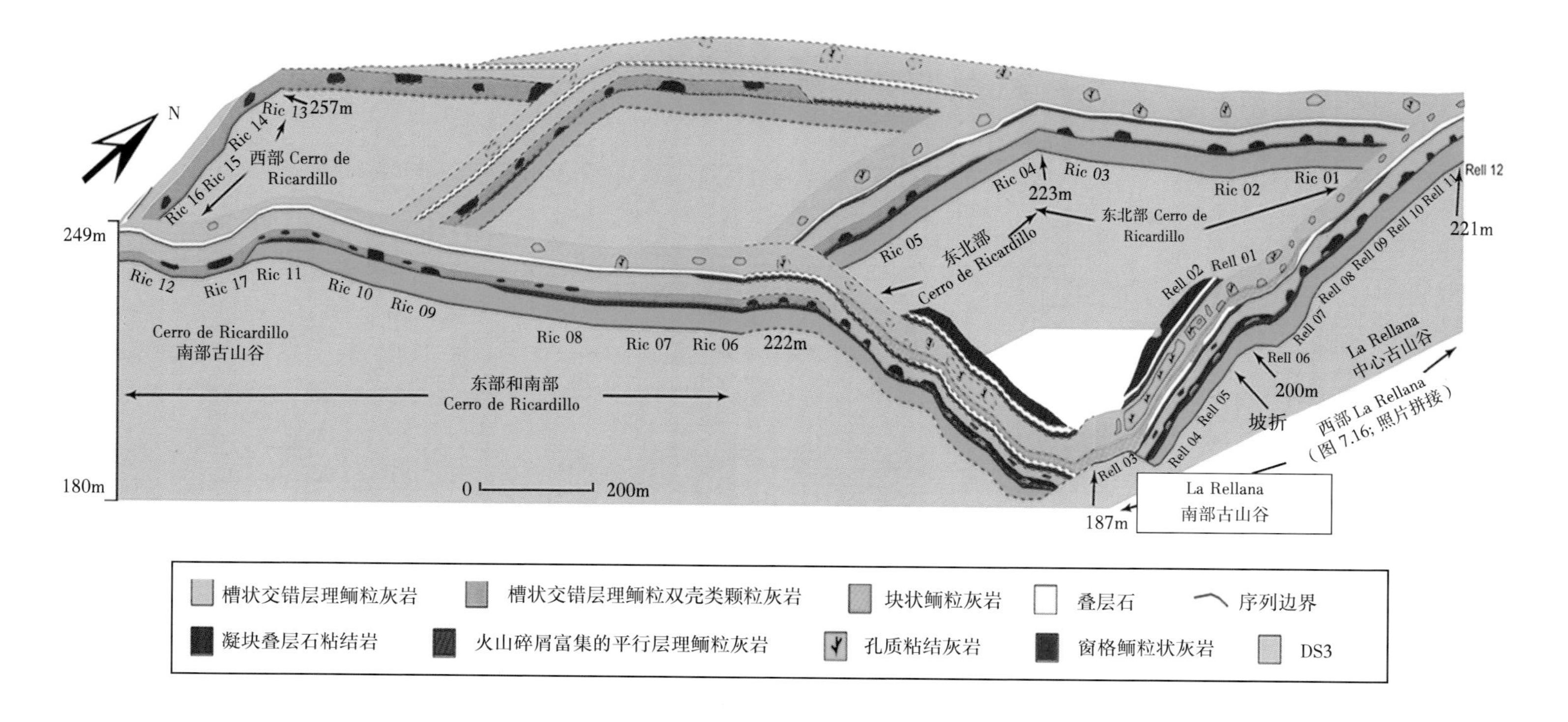

图 7.14　La Rellana-Ricardillo 油气田区的栅状图展示岩相的分布和几何特征

以鲕粒灰岩为主的层序覆盖了古地形并且整个区域的厚度相差不多；层序 3 中的滨珊瑚属粘结灰岩侧向扩展并且在最低处海拔较厚，同时与 La Molata 相比在整个油气田区域都更加丰富；La Rellana-Ricardillo 的层序 1 和层序 2 没有叠层石

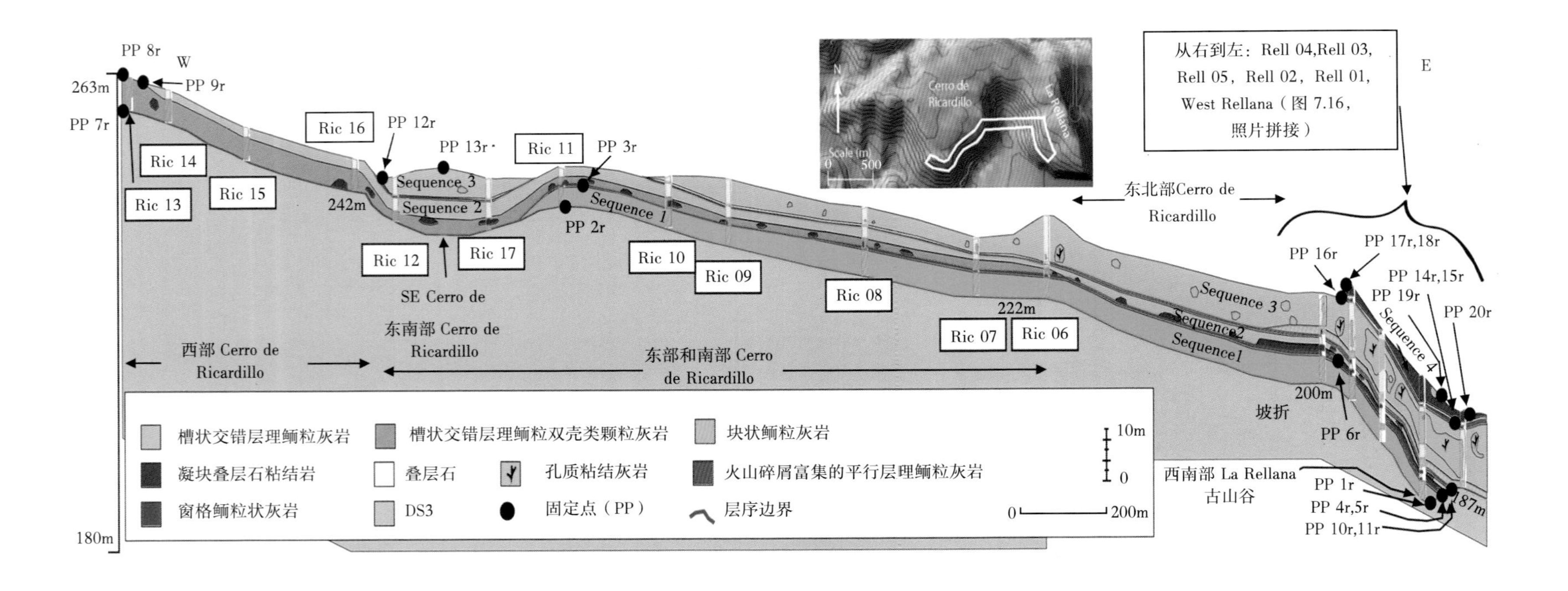

图 7.15　La Rellana-Ricardillo 油气田区域的横剖面

插图展示了地形图，白色轮廓圈定显示剖面的位置及轮廓；固定点（PP）被用来绘制图 7.18 中的海平面曲线；凝块叠层石生物粘结灰岩在低海拔处更厚且侧向扩展，并且在层序 2 高海拔处变成不连续；在最低的海拔处，层序 2 中凝块叠层石生物粘结灰岩与槽状交错层理鲕粒灰岩互层；层序 3 中的滨珊瑚属生物粘结灰岩侧向扩展并且在最低海拔处很厚，在坡上有一个很明显的坡折下倾；大型鲕粒灰岩仅仅在低于 217m（712 ft）基底海拔的层序 3 中出现

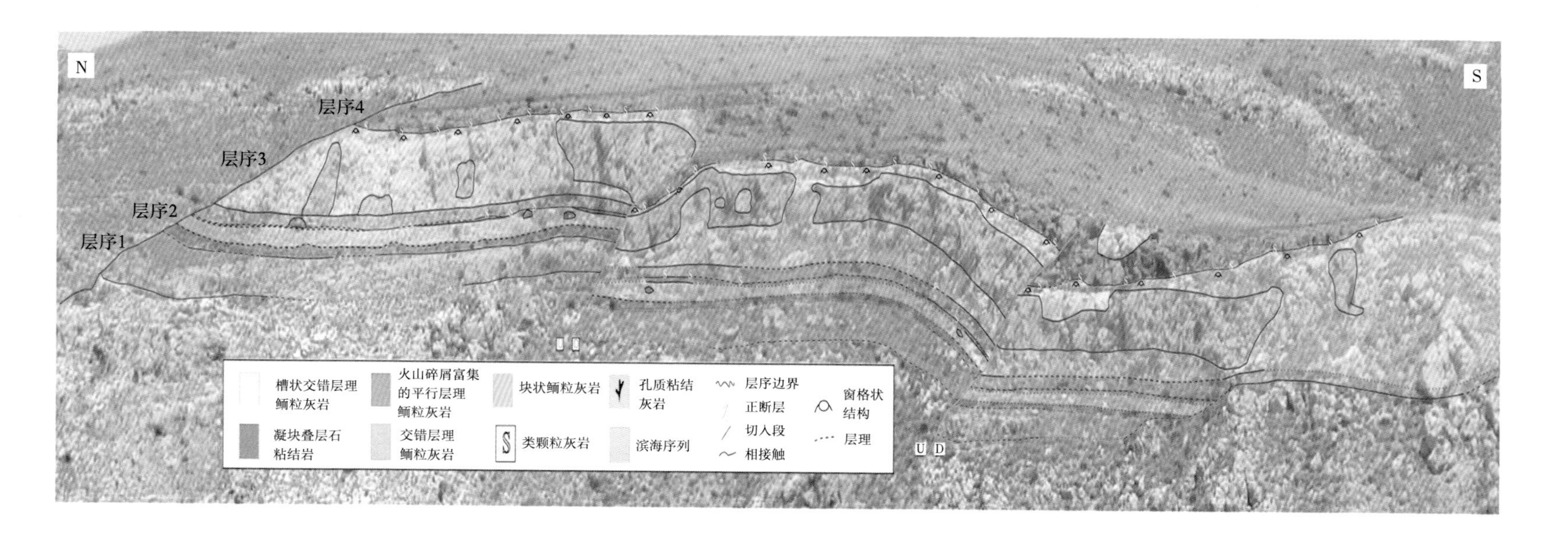

图7.16　La Rellana 的南部边缘的照片拼接图

图7.14、图7.15标出了照片拼接的位置；凝块叠层石生物粘结灰岩是侧向扩展的，它们与层序2中的地层较高位置的槽状交错层理鲕粒灰岩互层；层序3有大量叠层石之上的鲕粒灰岩以及滨珊瑚属生物粘结灰岩是侧向延展的，且很厚；层序1和层序2超覆于南部古峡谷（右边）的DS3

接触关系多为突变，但局部表现为渐变接触关系。槽状交错层理鲕粒颗粒岩局部向上渐变为富火山碎屑板状交错层理鲕粒颗粒岩，并以窗格状鲕粒颗粒岩的出现结束层序的发育。同时在最大海拔的位置，仅仅发育槽状交错层理鲕粒双壳颗粒岩（较低海拔处要厚）及少量凝块粘结岩［242~257m（794~843ft）］。

7.5.2.3 层序 3

层序 3 在整个 La Rellana- Ricardillo 露头区域均有发育，除了在最大海拔位置［240~257m（787~843ft）］。在层序完整保存的区域，层序厚度为 10.3~11.8m（33.8~38.7ft），而受现代侵蚀区域则为 1.1~10.3m（3.6~33.8ft），并覆盖在前期古地形之上。尽管很难识别，层序 3 主要地层呈现出向南微倾的特征（2°~9°），局部受古地形的影响产生一定的变化。

层序 3 在低海拔［181~217m（594~712ft）］局部发育侧向延伸远的叠层石，上覆块状厚层鲕粒颗粒岩，并向上过渡为滨珊瑚属生物粘结岩互层的槽状交错层理鲕粒颗粒岩。在最低海拔的位置［181~200m（594~657ft）］滨珊瑚属生物粘结岩沉积厚度大［厚度达 6m（20ft）］，侧向延伸（数十米）。在这些海拔范围内，较低部位的槽状交错层理颗粒岩向上逐渐过渡为富火山碎屑板状交错层理鲕粒颗粒岩，最后则以窗格状鲕粒颗粒岩结束层序的充填（图 7.16）。在 200m（657ft）以上海拔区域，滨珊瑚属生物粘结岩则相对孤立［一般厚<3m（<10ft），宽<2m（<6.6ft）］。在高海拔位置，层序 3 则发育了侧向连续性强的叠层石，上覆槽状交错层理鲕粒颗粒岩，与孤立的滨珊瑚属生物粘结岩互层。

7.5.2.4 层序 4

层序 4 出露于横向 0.3km（0.18mile）区域，在高于 200m（657ft）以上缺失该地层。地层厚度变化在 0.4m 至 5.1m（1.3~16.7ft）［5.1m（16.7ft）为受现代侵蚀残留最大厚度中最小值］。作为一个沉积单元，层序 4 覆盖在前期古地形之上。层序 4 底部发育了上覆凝块粘结岩的叠层石，其上又覆盖少量的槽状交错层理鲕粒颗粒岩（图 7.16）。

7.6 沉积控制作用

两个地区之间相同海拔的相似地层表明海平面和古地形是 TCC 的岩相分布和几何形态的主要控制因素。两个地区的地层差异表明局部的古地理和海流为次要的控制因素。

7.6.1 相对海平面

对两个油气田区运用 Goldstein 和 Franseen（1995）的固定点（Pinning point）方法得到了定量相对海平面曲线。这些作者将固定点定义为“相对随机定义的地质用途基底海拔的古代海平面位置的定量控制点”（Goldstein 和 Franseen，1995，第 2 页）。

由于古地形在各个区域被最大限度地保存，本文将现代基底海拔被用作地质用途起始海拔。固定点方法的现代海拔差异可以最大限度地代表在墨西拿阶海平面的相对差异。岩相和特征指示海平面位置（固定点方法）以及通过古地形恢复这些岩相的能力，为 La Molata（图 7.17）和 La Rellana-Ricardillo（图 7.18）提供了相对海平面曲线构建的基础。

直线被用在固定点之间，作为数据点之间的最简单的海平面样本。曲线在升降之间是开放的，此处没有任何证据说明海平面在这个海拔发生变化。大多数固定点位于地表暴露的海侵阶段，以及海洋沉积物的地表暴露阶段。槽状交错层理鲕粒岩相，沉积在小于 10m（33ft）的深度，被用作指示古代海平面位置，误差范围为 10m（33ft）。特定的固定点被指定在露头的上坡或下坡范围，作为证明海平面应该已经通过这个位置的证据。

用于建造海平面曲线的数据以及对两个地区的每一个固定点都是有用的（Lipinski，2009）。图 7.12 展示了在图 7.17 中每个被用来构建海平面曲线的固定点的 La Molata 剖面。图 7.15 展示了在图 7.18 中每个被用来构建海平面曲线的固定点的 La Rellana-Ricardillo 剖面。表 7.3 总结了在两个油气田区域的最小的海平面上升和下降幅度。最小的海平面上升和下降幅度在 32~77m（105~253ft）之间变化。层序 4 的幅度没有被采用是由于受到侵蚀而只被部分保留。

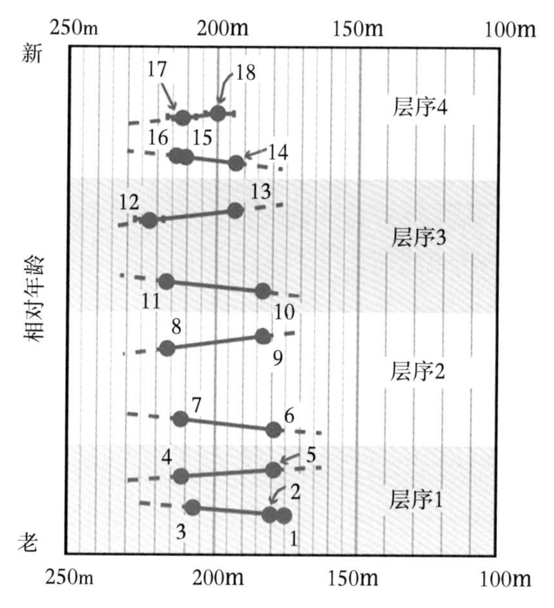

图 7.17　基于固定点方法绘制的 La Molata 油气田区定量的相对海平面变化曲线

固定点的位置参见图 7.12，La Molata 的海平面波动范围在 32.3~43.1m（106.0~141.4ft）

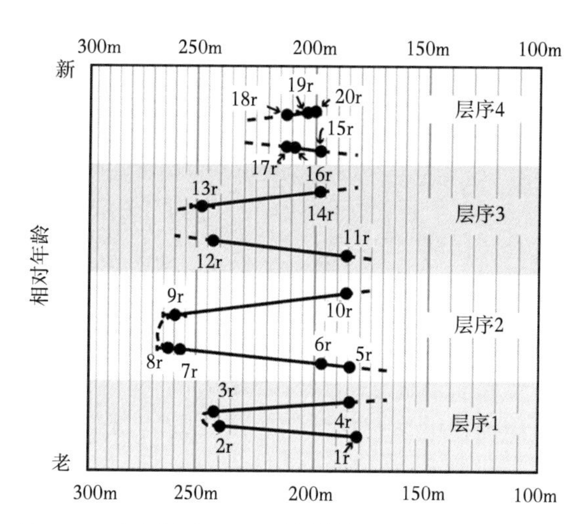

图 7.18　基于固定点方法绘制的 La Rellana-Ricardillo 油气田定量的相对海平面变化曲线

固定点的位置参见图 7.15；La Rellana-Ricardillo 油气田区最小的幅度变化范围在 57.8~76.6m（189.6~251.3ft）之间

讨论：由于多种因素，在两个区域的海平面曲线之间的精细对比是很重要的。它表示了两个研究区具有同样的海平面变化历史并且海平面即使不是全球性的也至少是区域的。在西部地中海局部出现的 TCC 支持了这个观点并且通常由四个层序组成（Calvet 等，1996；Esteban，1996；Bourillot 等，2010）。两个研究区保存了同样数量的层序还有相同的厚度，同时还有相似的岩相分布。

表 7.3　研究区最低海平面升降幅度

层序	海平面上升最小幅度（m）		海平面下降最小幅度（m）	
	La Molata	La Rellana—Ricardillo	La Molata	La Rellana—Ricardillo
1	36.5	61.4	32.3	57.8
2	37.1	76.6	33.2	76.2
3	43.1	60.2	33.1	49.7
4	20.6	14.5	13.7	11.5

然而，两个区域的区别表明了局部古地形和古地理同样是很重要的。结果表明高位期转变点在 Rellana-Ricardillo 约 243m（797ft）的层序 1 和 263m（863ft）的层序 2 中保存。层序在横向分布广泛，覆盖在古地形上（部分超覆），与海平面的升降幅度相比相对较薄，分布厚度也相对一致，少量例外。

7.6.2　古地形

四个 TCC 层序被认为在两个研究区内是等时的，这是由于相对海平面曲线的相近匹配，在相同的基底高度的层序内具有相似的岩相分布和几何学特征。以下内容以及在接下来的建造—填充部分，讨论了在古地形和古地理对于两个研究区的相似和差异性的控制。

每个研究区的局部古地形会影响 TCC 内的岩相类型、分布和几何特征。四个例子说明下伏不整合面上的古峡谷地形有影响。(1) 在 La Molata 的东南角的古峡谷保留在了层序 1 和层序 2 的沉积中，但是后来在层序 3 沉积的时间段中被填充（图 7.12）；在层序 1 中的槽状交错层理鲕粒灰岩向古地形低点中心倾斜并加厚，层序 2 的槽状交错层理鲕粒灰岩在古峡谷中加厚同时火山碎屑富集的平行层理鲕粒灰岩填充了古峡谷。(2) La Molata 的东部古峡谷在整个层序 3 沉积中存在，在层序 1、层序 2 和层序 3 的鲕粒中的地层向古峡谷中心倾斜并加厚（图 7.13）。（3）La Rellana 的北部古峡谷在层序 3 沉积中存在，层序 1 中的地层向古峡谷中心倾斜并变厚（图 7.14）。（4）La Rellana 的南部古峡谷在层序 1 和层序 2 的沉积中存在，这些层序覆盖在古峡谷的南部边缘，同时层序 3 沉积填充在残留的起伏中（图 7.16）。

在层序沉积在局部古地形高点处，地层变薄，同时层序的整体厚度减小（图 7.12）。在 La Rellana 南部边缘的斜坡坡折处有一个明显的逐渐变陡峭的趋势存在，古地形坡度变化从 2°～5° 到多于 11°（图 7.15）。在这个陡峭的边缘，滨珊瑚属粘结岩变厚［多达 6m（20ft）］，同时侧向连续性变好（数十米）。变陡峭的趋势可能使水流集中在该位置，同时加大了有助于滨珊瑚属产量增加的条件的能量。

7.6.3 建造和填充

理解与海平面位置相关的基底古地形位置有利于岩相分布和地层几何学的预测。McKirahan 等（2003）以及 Franseen 和 Goldstein（2004）引进了建造—填充层序的概念用来整合这一概念。一个建造—填充层序是一个保持了均匀厚度的侧向扩展层序，相对于海平面变化幅度是比较薄的，容易作为一个整体单元覆盖在古地形上，被地表出露的表面覆盖，同时有一个复杂的内部结构，这是由于一个地形建造相和一个地形填充相造成的。

Franseen 和 Goldstein（2004）表明建造—填充层序在碳酸盐岩产生不佳的时候容易形成，尤其是在冰期表现为高频和高振幅海平面变化。在冰期缓坡—陆棚体系中，建造—填充层序在位于高水域和低位域之间的中央或者中部古地形位置上形成。与高位域和低位域位置对比，这些点都是会受到最快速度相对海平面升降影响的位置。地形起伏—建造阶段被认为在海平面上升期间是更常见的，但地形起伏—填充阶段在相对海平面下降时更常见。

Franseen 和 Goldstein（2004）将 TCC 用作建造—填充层序形成的例子，记录了墨西拿期有冰川作用的特征，因此产生了高频和相对大幅度的海平面波动（Ehrmann 等，1991；Larsen 等，1994；Hodell 等，2001；Vidal 等，2001；Miller 等，2005，2011；Bourillot 等，2010）同时地中海地区是一个局限的盆地。TCC 层序是在主盆地和次盆地中的蒸发沉积发生后开始沉积的，或者和它交替沉积。蒸发可能导致了碳酸盐岩生产率不佳。这个研究对于检验建造—填充假设是有用的，这是因为它提供了对于古地形、层序建造和相对海平面变化历史的控制条件。

在 La Molata 的观察被用于建立一个在下列情况下产生的层序的预测模型：（1）微生物岩—鲕粒层序；（2）大幅度和高频海平面波动；（3）伴随着不利的碳酸盐岩生产率以及（4）在一个中部的与海平面转变点相关的基底古地形位置（图 7.19）。这些模型的变化可以被认为是古地形控制因素引起的。这些对于在图 7.19 中绘制的相分布的控制因素在整个序列中形成，但由于其例外的图 7.18 而并没有在最合适匹配的层序 2 中形成。

7.6.3.1 层序厚度、海平面变化和基底古地形

固定点曲线显示了最小的海平面升降幅度变化范围为 32～77m（105～253ft），因此层序厚度变化范围为 1.7～12.8m（5.6～42ft）。由于与海平面变化幅度比较层序厚度很薄，在沉积过程中可容纳空间未被填充。因此，显示出在 TCC 沉积过程中碳酸盐岩生产率非常低并且不能赶上相对海平面上升的速度。不像其他的层序，层序 2 显示了更加完整的保存，具有极少的侵蚀搬运。

它捕捉到了 La Rellana-Ricardillo 的高位域转折点［海拔约 263m（863ft）］；因为 La Molata 的最高基底海拔［211.8m（694.9ft）］太低而不能提供一个在高位域转折点的浅水基底，甚至当考虑到在 La Rellana-Ricardillo 的可能的 20～29m（66～95ft）的晚中新世的差异抬升。没有地区保存了在低位域转折点时的层序。在 La Molata，层序 2 甚至或多或少保存了跨越其横向范围的厚度［3.8～6.7m（12.5～22.0ft）］。

在层序 2 中海平面的最高位置，La Molata 的最浅的部分的水深应该是 54m（177ft）［考虑到差异抬升可能为 25～39m（82～128ft）］。因此 La Molata 的基底是在高位域和低位域之间的中间古地形位置。在 La Rellana-Ricardillo，层序 2 突然在高位域转折点海拔处［242～257m（794～843ft）］增厚至 5.9m（19.4ft）。在该海拔以下，层序 2 更薄［1.2～3m（3.9～10ft）］，保存了跨越其横向范围相对常见的厚度，并且覆盖了 61m（200ft）的古地形。

这些观察提供了对于建造—填充模型的强有力的支持。在高位域转折浅水基底处，层序加厚。基底在高位域和低位域之间的中间古地形位置，层序很薄，覆盖在古地形上，同时保持了跨越其整个横向范围的常见厚度。这些都支持了在高位域和低位域之间的中间古地形位置处的建造—填充区域这一观点。

7.6.3.2 相对海平面上升

层序 1 的沉积作用过后的相对海平面上升和下降使该地区完全暴露在表面（图 7.19a），同时提供了层序 2 沉积作用的基底地形。在最低海拔的海平面上升［179.2~190m（587.9~623.4ft）］以浅海淹没了该地区并且沉积产生了叠层石（图 7.19b）。叠层石是初始海侵岩相，同时还沉积在水体小于 10m（33ft）的浅水环境中。连续的海平面上升以及浅海和后续的叠层石沉积（图 7.19b）淹没了 La Molata 的中部海拔［190~200m（623~656ft）］。在叠层石沉积处，连续的海平面上升以浅海淹没了 La Molata 的最高海拔［200~211.8m（656~695ft）］。在恢复成正常海洋环境后，凝块叠层石沉积开始贯穿整个区域（图 7.19c）。

叠层石和上覆凝块叠层石生物粘结岩之间的接触应该是渐变的，在层序 4 中少见这样的情况，岩相在层序的地层较低位置互层。更小的鲕粒被认为是在海平面相对上升期间沉积的。在低的基底位置，凝块叠层石生物粘结岩沉积的水深应该至少是 33m（108.3ft）。有凝块叠层石凝结基质的常见的鲕粒颗粒表明有一个附近的鲕粒生产源存在，也许是在上坡位置。在最低古地形位置凝块叠层石生物粘结岩是侧向延伸的［6m（20ft）至数十米宽］同时厚度至多 5m（16ft）。

海平面上升形成的可容纳空间导致的凝块叠层石生物粘结岩垂向生长并且形成结构上的起伏。连续的海平面上升使 La Molata 的最高古地形位置位于水深 54m（177ft）以下（差异抬升未被修正；在 La Rellana-Ricardillo 被高位域位置校准）。由于海平面向高位域点上升，凝块叠层石生物粘结岩在 La Molata 的沉积可能会与凝块叠层石沉积产生的地形起伏连续沉积（图 7.19c）。

在中部和高部古地形位置的凝块叠层石生物粘结岩更不连续［宽<3m（<10ft）］且更薄［<2m（<6.6ft）］，可能反映出了更加有限的垂直发育的可容纳空间。随着海平面上升至其最高点位置，我们认为水体很深，以致在 La Molata（图 7.19 中未标出）有很少的甚至是没有沉积的，然而这个假设并不能被确认。在 La Rellana-Ricardillo 的高海拔处相同的高位域，沉积的岩相是不连续的叠层石生物粘结岩与槽状交错层理鲕粒双壳类生物粘结岩的互层（图 7.15）。

槽状交错层理鲕粒双壳类生物粘结岩被认为是在小于 10m（33ft）的水深位置沉积的，表明叠层石生物粘结岩在小于 10m（33ft）水深的 La Rellana- Ricardillo 的高海拔处沉积。在 La Rellana-Ricardillo 的层序 2 的低海拔处有附加的观察，少见槽状交错层理鲕粒双壳类颗粒灰岩形成基底岩相。在 La Molata 层序 2 有一个位置形成层序基底的槽状交错层理鲕粒双壳类颗粒灰岩，表明一个下伏叠层石岩相的侵蚀（图 7.12）。

在这些槽状交错层理以基底岩相出现的位置，凝块叠层石粘结岩覆盖在其上。在 La Molata 的中心高地的东部边缘，层序 3 有上覆槽状交错状鲕粒粘结岩的交错叠层石，槽状交错鲕粒粘结灰岩其上覆盖向上逐渐变成槽状交错层理鲕粒粘结灰岩的大型鲕粒粘结灰岩（图 7.12）。叠层石上的槽状交错层理鲕粒粘结灰岩可能在相对海平面上升期间发生了沉积。然而整体来说，海平面相对上升是被形成地形起伏的微生物岩控制的。

7.6.3.3 相对海平面下降

在层序 2 中从海平面高水位期［263m（863ft），未对差异抬升作修正］，海平面下降了至少 41m（135ft），在 La Molata 的最高基底位置再生的浅水沉积以及作为海退岩相沉积的槽状交错鲕粒（图 7.19d）。槽状交错层理鲕粒灰岩填充了在叠层石颗粒灰岩和与其相对的不整合盖层之间的地形起伏。在凝块叠层石颗粒灰岩和槽状交错层理鲕粒灰岩之间的接触是突变的，在某些地方为侵蚀接触。

由于海平面持续下降，槽状交错层理鲕粒灰岩沉积向下倾迁移。上倾方向的沉积物被浅水火山碎屑富集的平行层理鲕粒灰岩覆盖，以及窗格构造，表明了一个地表暴露。连续的海平面下降至中部位置（图 7.19e）导致了火山碎屑富集的平行层理鲕粒灰岩沉积以及后续的地表暴露。下倾方向的槽状交错层理鲕粒灰岩与凝块叠层石颗粒灰岩一起沉积（图 7.19e）。

由于有限可容纳空间（图 7.13），在相对海平面下降的过程中沉积的凝块叠层石粘结灰岩横向沉积［通常厚 1m（3.3ft）］及少量垂向沉积［1m（3.3ft）至数十米］。槽状交错层理鲕粒灰岩在古地形低点变

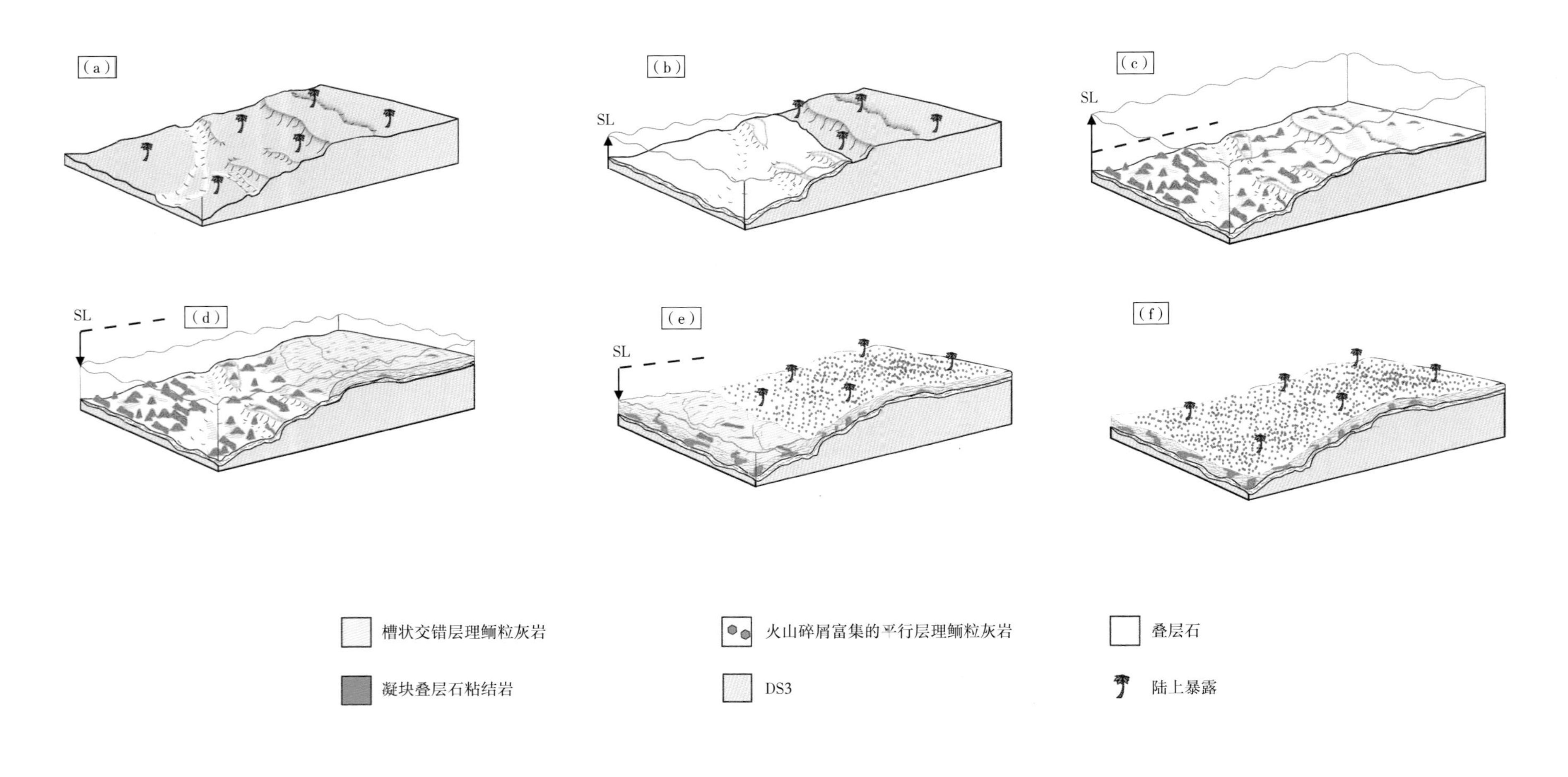

图 7.19　说明 La Molata 地区 TCC 的微生物鲕粒沉积体系的古地形、海平面和岩相分布之间关系的示意图

该过程综合作用形成了主要覆盖古地形的薄层序。沉积过程产生了一个地形建造相和一个地形填充相，从而产生一个建造—填充层序。（a）表面是在地表暴露的同时也是被侵蚀过程冲刷形成，同时被大气水和土壤改造。（b）叠层石代表了蒸发岩水位降低的初始海侵岩相。沉积很薄，覆盖了古地形，同时在小于10m（<33ft）的水深沉积。叠层石沉积与海平面上升一起迁移并且覆盖在表面上。（c）连续的海平面上升导致了更加正常的海洋环境。叠层石生物粘结灰岩沉积代表了后期在深水中的海侵岩相沉积。叠层石生物粘结灰岩是侧向延展的，在低海拔处较厚，同时也是更加不连续，在中部和高海拔处较薄。鲕粒可能是在附近的浅水区域产生的。在连续的海平面相对上升和高水位期间（没有标注），La Molata地区最高部位的水深达到25~54m（82~177ft）。水体如此之深，我们认为在高水位期少量或者没有沉积发生，凝块叠层石垂向建造可能没有产生。（d）在相对海平面下降的中间阶段，海退岩相是在最高海拔处的槽状交错层理鲕粒灰岩（TCOG），沉积于水深小于10m（<33ft）的环境。叠层石表现为向下倾方向更加发育的趋势。（e）连续的海平面下降将TCOG沉积向下倾方向迁移。一些凝块叠层石在这种下倾的背景下保留与TCOG活跃性相关，但是凝块叠层石倾向于横向生长而非垂向生长。火山碎屑富集的平行层理鲕粒灰岩［VPOG，水深<3m（<10ft）］由于海平面下降沉积在TCOG，同时一次海滩沉积迁移到表层之上。表层暴露处紧随形成海滩VPOG沉积。（f）随着连续的海平面相对下降，整个层序最终暴露。在地表暴露期间，侵蚀和土壤化过程改变了暴露的表层

厚并在古地形高点变薄，这是由于有限的可容纳空间（图 7.14）。海平面的持续下降导致火山碎屑富集的平行层理鲕粒灰岩、窗格鲕粒状灰岩以及地表暴露的沉积（图 7.19f）。

相对海平面下降受通常作为初始海退沉积的槽状交错层理鲕粒灰岩的鲕粒沉积控制。附加的观察发现在层序 3 中的大型鲕粒灰岩是主要的海退岩相，在 La Rellana-Ricardillo 的层序 1 中，生物扰动鲕粒灰岩是初始的海退岩相。鲕粒岩覆盖了一些古地形并且在相对海平面下降过程中填充了有限的可容纳空间。同时，较小的凝块叠层石粘结灰岩和滨珊瑚属粘结灰岩在相对海平面下降过程中沉积。在 La Molata 的层序 1 和层序 2 中的最低的古地形位置以及在 La Rellana-Ricardillo 的层序 2，凝块叠层石粘结灰岩与槽状交错层理鲕粒灰岩在层序的底层较高位置互层。

在 La Molata 的层序 3 中地形较低位置有与大型鲕粒粘结灰岩互层的凝块叠层石颗粒灰岩并且还和大型鲕粒灰岩上的槽状交错层理鲕粒粘结灰岩互层。在两个位置的层序 3 有与槽状交错层理鲕粒粘结灰岩互层的滨珊瑚属颗粒灰岩。这些凝块叠层石粘结灰岩和滨珊瑚属生物粘结岩在相对海平面下降期间形成了较小的地形起伏。然而整体来说，在地形起伏中的鲕粒填充主导了相对海平面下降。

7.6.4 气候、古地形和水流

7.6.4.1 气候对生物群落控制

La Molata 及 La Rellana- Ricardillo 两个露头区层序的岩性及生物群落构成表明从层序 1 至层序 3（由于仅局部保存，层序 4 被排除在外），区域古海洋由较局限演化至较正常的环境。古海洋由较局限演化为较正常被该区域以下特征所证实。钙化红藻类在 La Molata 露头区层序 2 的凝块粘结岩的含量较在层序 1 凝块粘结岩中（0~10%）更加丰富（最多高达 70%，一般为 20%~50%），这表明在层序 2 沉积过程中海水条件逐渐转变为较正常。

整体而言，在 La Rellana-Ricardillo 层序 2 的鲕粒岩相比层序 1（通常 5%~15%）的鲕粒岩有更加丰富的骨骼颗粒（通常 10%~20%）。滨珊瑚属生物粘结岩岩相仅在两个露头区域的层序 3 内有所发现，并且由能够指示在 TCC 沉积过程中海水环境更加正常化的生物组合构成。可以假设认为随着各个层序演化序列的发育，广海海水循环能力增强合理解释这个生物群落序列构成。这一认识可由区域构造影响较深的峡谷逐渐向地中海延伸推测得到（Rouchy 和 Saint Martin，1992；Esteban，1996），但仍未得到证实。

另一个方面，每个连续海平面高位期的生物多样性比前一个逐渐增加。层序 2 高位阶段的生物多样性确实大于层序 1，但层序 3 的高位体系域发育位置尚未得知。如果生物多样性是与海平面位置存在联系，然而，是可以推测层序的海退阶段生物多样性减少及海水环境局限性增加。但各层序海退期生物多样性保存情况而言，这些解释存在不可能性。另外一种解释来解释逐渐增加的生物多样性是随着时间的推移干旱气候影响的降低（Rouchy 和 Caruso，2006）。

众所周知，TCC 是紧跟地中海蒸发岩沉积之后发育的（Esteban，1979；Esteban 和 Giner，1980；Dabrio 等，1981；Rouchy 和 Saint Martin，1992；Martin 和 Braga，1994）。同时，我们也知道地中海墨西拿阶最早阶段是以 Lago Mared 淡水—微咸水沉积为主。干旱气候影响的长期减弱可以清晰地反映在 TCC 逐渐增加的生物多样性的特征。

7.6.4.2 古地形控制

La Molata 和 La Rellana- Ricardillo 两个露头区四类主要生物、岩性类型及沉积单元构型的差异性反映出局部古地形及古水流是控制层序发育特征的重要因素。

（1）两个露头区的凝块粘结岩岩相在分布、保存及层序内部发育形态上存在变化。在 La Molata 地区层序 1（图 7.12）最低海拔位置［175~180m（574~591ft）］发育侧向连续性强的叠层石沉积，但在 La Rellana-Ricardillo（图 7.15）地区的层序 1 最低海拔位置却未见叠层石发育。在 La Molata 地区层序 2 低海拔的位置发育侧向连续好的叠层石，同时在靠近高海拔的位置局部位置也有发育，但在 La Rellana-Ricardillo 地区整个层序 2 发育过程中均未见叠层石。

（2）层序 3 的岩相在两个露头区域表现出明显的差异，清晰的表明了两个区域沉积期海水循环特征的差异。相比较而言，La Molata 地区层序 3 中的凝块粘结岩较 La Rellana 处更加丰富。虽然滨珊瑚属生物粘结岩在两个露头区的层序 3 内均有发育，且仅发育在层序 3 内，但是发育程度及存在特征存在明显的差异性。在 La Molata，仅有 4 个孤立的［至多宽 1.7m（5.6ft）和厚 2m（6.6ft）］滨珊瑚属生物粘结岩点礁发育。与之相反，在 La Rellana-Ricardillo 地区滨珊瑚属生物粘结岩发育程度较高。在最低海拔的位置，表现出侧向连续性强厚度大的特征［宽达数十米、厚 6.2m（20.3ft）］；在靠近高海拔时则以孤立点礁形式出现［通常宽<3m［<10ft］、厚 2m（6.6ft）］。

（3）同样在最低高程的部位，在 La Molata 地区层序 1 发育侧向连续的凝块粘结岩，并与层序较高位置的槽状交错层理鲕粒颗粒岩互层，在 La Rellana-Ricardillo 则没有凝块粘结岩的发育。另外，仅存的海滩岩相发育于 La Rellana-Ricardillo 最低海拔位置。

（4）相比较 La Molata，在 La Rellana-Ricardillo 几个层序内均可见丰富的生物骨骼颗粒表明在 La Rellana-Ricardillo 存在更正常海水环境。双壳类和腹足类生物碎屑在 La Molata 的层序 2 的槽状交错层理鲕粒颗粒岩中较少发育（0~5%）。而在 La Rellana-Ricardill，这些生物骨骼碎屑在层序 2 的槽状交错层理鲕粒颗粒岩中较为常见（3%-37%）。在 La Molata 的层序 3 中的槽状交错层理鲕粒颗粒岩中较为少见（0~8%），而在 La Rellana-Ricardillo 地区，双壳类、腹足类、龙介虫等生物骨骼颗粒发育程度则为常见—丰富（2%~44%）。

整体而言，两个露头区域古地形的差异导致了 La Molata 的更加局限的环境及 La Rellana-Ricardillo 相对更加开放的古海洋环境。La Molata 发育程度较高的叠层石沉积可能指示了该区更加局限的环境，正如 La Rellana-Ricardillo 地区海滩岩相的出现，代表着与广海的连通。与 La Molata 区域凝块粘结岩相比较，更加丰富的、更厚的及横向连续性强的滨珊瑚属生物粘结岩表明 La Rellana-Ricardillo 地区古海水环境更加适宜珊瑚的生长发育。

这可能是因为在 La Rellana- Ricardillo 为较为正常的海洋环境，存在较高的波浪能量，这一特征在 La Molata 更加相对局限水体是不存在的。通过区域地质研究及推测主要从东部和东北部的与现代体系相类似的涌浪方向，可以认为古地貌导致了 La Rellana-Ricardillo 地区广海环境与较高波浪能量及 La Molata 地区更加局限的海水环境。La Rellana-Ricardillo 地区碳酸盐岩地层朝向向东，古高地向西和向西北方向存在。一个由 Rodalquilar 火山口地形导致的海湾向西突出至该地区南部的海岸线。La Molata 位于这个海湾凹角北部边缘附近，大部分来自东—南东方向的波浪受到遮挡（图 7.13）。

7.7 结论

（1）在两个西班牙东南部研究区内晚中新世微生物的（凝块岩、叠层石）、鲕粒岩的、珊瑚礁及生物碎屑碳酸盐岩层序的发育与高幅海平面变化及干旱蒸发影响降低有关。两个区域均保存了古地形，La Molata 在 0.86km（0.53mile）范围内存在 33m（108ft）古地貌高差，同时在 La Rellana-Ricardillo 1.63km（1.01mile）范围内则存在超过 76m 的高程差。

（2）每个研究区均保存在了四个沉积层序，这些层序具有侧向连续性，同时部分保存了统一的厚度。在 LaMolata 和 La Rellana-Ricardillo 两个地区的四个层序被认为是等时的。

（3）在层序底部位置，发育有底部叠层石，上覆局部侧向连续的凝块粘结岩，这些凝块粘结岩与槽状交错层理鲕粒颗粒岩互层并最终被其替代。槽状交错层理鲕粒颗粒岩向上过渡为富火山碎屑板状交错层理鲕粒颗粒岩，并以窗格状鲕粒颗粒岩结束层序的发育。

（4）在层序的高部位，层序则局部发育叠层石，上覆相对孤立的凝块粘结岩，其上覆盖槽状交错层理鲕粒颗粒岩。槽状交错层理鲕粒颗粒岩向上过渡为富火山碎屑板状交错层理鲕粒颗粒岩，并以窗格状鲕粒颗粒岩结束层序的发育。

（5）两个区域的定量相对海平面变化曲线对比表明二者具有相类似的变化历史。最小振幅的海平面上升和下降幅度范围为 32~77m（105~253ft），是受冰川影响产生的海平面升降。在海平面上升期间，微生物岩覆盖在古地形之上并产生地貌的起伏变化。在海平面下降期间，鲕粒岩填充了地貌的低洼区域。受可容纳空间影响，较小的凝块粘结岩在海平面下降期间侧向发育情况好于垂向叠置情况。一些滨珊瑚属珊珊瑚礁在一个相对海平面下降的过程中形成并且产生了较小的地形起伏。

（6）古地形基底在高水位期的浅水区，层序加厚。向斜坡位置，在基底位置位于高水位及低水位之间的阶段，层序是较薄的且存在相等的厚度。因此，大多数基底位置是在古地形中间位置的建造—充填区域，这一观点由 Franseen 和 Goldstein（2004）提出来。

（7）层序的发育是不对称的，大多数沉积发生在海平面相对下降期间。本文提出一个在高幅高频海平面升降波动背景下，位于中部基底位置形成的处于海平面平衡转换点的鲕粒微生物岩体系的建造—充填模型。利用这个模型可预测岩相分布及其几何形态体现在以下几点：

①叠层石是层序中初始的海进岩相。它们在古地形的较低位置的基底处侧向更加连续，后期通常被凝块粘结岩所覆盖。

②凝块粘结岩是随后海侵阶段沉积，在古地形较低位置具有厚度更大、侧向连续性更好的特征。从地形中部位至高的位置，凝块粘结岩变得相对孤立。

③槽状交错层理鲕粒颗粒岩往往是海退初始阶段岩相类型，充填了前期地形的低洼处，覆盖古地形之上（部分超覆）。

④ 在古地形较低位置的基底处，海退凝块粘结岩与槽状交错层理鲕粒颗粒岩互层，侧向连续性强于垂向加积特征。

⑤富火山碎屑板状交错层理鲕粒颗粒岩石是海退最晚期沉积，保存了层序最终发育的岩相。层序顶部往往是以窗格状鲕粒颗粒岩代表着地表暴露。

（8）随着时间推移生物多样性的增加很好的解释了墨西拿阶晚期古气候干燥程度逐渐降低的特征。

（9）在海湾内的区域被保护不被波浪影响并且比向东和向东北方向开放的区域更加被局限。开放区域保存了更多的珊瑚礁鲕粒岩，而被限制的区域则发育较多的叠层石和凝块粘结岩。

（10）这个研究结果可以用来预测野外露头及地下的鲕粒—微生物岩—珊瑚礁层序的岩相分布及其几何特征。

参考文献

Adams, E. W., S. Schroder, J. P. Grotzinger, and D. S. McCormick, 2004, Digital reconstruction and stratigraphic evolution of a microbial-dominated, isolated carbonated platform (terminal Proterozoic, Nama Group, Namibia): Journal of Sedimentary Research, v. 74, p. 479-497, doi: 10.1306/122903740479.

Adams, E. W., J. P. Grotzinger, W. A. Watters, S. Schroder, D. S. McCormick, and H. A. Al-Siyabi, 2005, Digital characterization of thrombolite-stromatolite reef distribution in a carbonate ramp system [terminal Proterozoic, Nama Group, Namibia]: AAPG Bulletin, v. 89, p. 1293-1318, doi: 10.1306/06160505005.

Al-Saad, H., and F. N. Sadooni, 2001, A new depositional model and sequence stratigraphic interpretation for the Upper Jurassic Arab "D" reservoir in Qatar: Journal of Petroleum Geology, v. 24, p. 243-264, doi: 10.1111/j.1747-5457.2001.tb00674.x.

Al-Suwaidi, A. S., A. K. Taher, A. S. Alsharhan, and M. G. Salah, 2000, Stratigraphy and geochemistry of Upper Jurassic Diyab Formation, Abu Dhabi, U.A.E.: Society for Sedimentary Geology Special Publication 69, p. 249-271.

Arribas, A. Jr., C. G. Cunningham, J. J. Rytuba, R. O. Rye, W. C. Kelly, M. H. Podwysock, E. H. McKee, and R. M. Tosdal, 1995, Geology, geochronology, fluid inclusions, and isotope geochemistry of the Rodalquilar gold alunite deposit, Spain: Economic Geology, v. 90, p. 795-822, doi: 10.2113/gsecongeo.90.4.795.

Aurell, M., and B. Badenas, 1997, The pinnacle reefs of Jabaloyas (late Kimmeridgian, NE Spain): Vertical zonation and associated facies related to sea level changes: Cuadernos de Geologia Iberia, v. 22, p. 37-64.

Ayoub, M. R., and I. M. En Nadi, 2000, Stratigraphic framework and reservoir development of the Upper Jurassic in Abu Dhabi area, U.A.E.: *in* A. S. Alsharhan and R. W. Scott, eds., Middle East models of Jurassic/Cretaceous carbonate system: SEPM Special Publication 69, p. 229-248.

Ball, M. M., 1967, Carbonate sand bodies of Florida and the Bahamas: Journal of Sedimentary Petrology, v. 37, p. 556-571.

Batten, K. L., G. M. Narbonne, and N. P. James, 2004, Paleoenvironments and growth of early Neoproterozoic calcimicrobial reefs: Platformal Little Dal Group, northwestern Canada: Precambrian Research, v. 133, p. 249-269, doi: 10.1016/j.precamres.2004.05.003.

Bishop, M. G., 2000, Petroleum systems of the northwest Java province, Java and southeast offshore Sumatra, Indonesia: OpenFile Report 99-50R, 49 p.

Boggs, S. Jr., 1995, Principles of sedimentology and stratigraphy, 2d ed.: Englewood Cliffs, New Jersey, Prentice Hall, 774 p.

Bourillot, R., E. Vennin, J.-M. Rouchy, M.-M. Blanc-Valleron, A. Caruso, and C. Durlet, 2010, The end of the Messinian salinity crisis in the western Mediterranean: Insights from the carbonate platforms of south-eastern Spain: Sedimentary Geology, v. 229, p. 224-253, doi: 10.1016/j.sedgeo.2010.06.010.

Braga, J. C., and J. M. Martin, 1988, Neogene coralline-algal growthforms and their paleoenvironments in the Almanzora river valley (Almeria, SE Spain): Paleogeography, Paleoclimate, and Paleoecology, v. 67, p. 285-303, doi: 10.1016/0031-0182(88)90157-5.

Braga, J. C., and J. M. Martin, 1992, Messinian carbonates of the Sorbas Basin: Sequence stratigraphy, cyclicity, and facies, *in* E. K. Franseen, M. Esteban, W. C. Ward, and J.-M. Rouchy, eds., Models for carbonate stratigraphy from Miocene reef complexes of the Mediterranean regions: SEPM Concepts in Sedimentology and Paleontology Series 5, p. 78-108.

Braga, J. C., and J. M. Martin, 1996, Geometries of reef advance in response to relative sea level changes in a Messinian (uppermost Miocene) fringing reef (Cariatiz reef, Sorbas Basin, SE Spain): Sedimentary Geology v. 107, p. 61-81, doi: 10.1016/S0037-0738(96)00019-X.

Braga, J. C., J. M. Martin, and R. Riding, 1995, Controls on microbial dome fabric development along a carbonate-siliciclastic shelfbasin transect, Miocene, SE Spain: Palaios, v. 10, p. 347-361, doi: 10.2307/3515160.

Buchheim, P. H., 2009, Pale environmental factors controlling microbialite bioherm deposition and distribution in the Green River Formation: Geological Society of America Abstracts with Programs, v. 41, p. 511.

Burchette, T. P., and V. P. Wright, 1992, Carbonate ramp depositional systems: Sedimentary Geology, v. 79, p. 87-115, doi: 10.1016/0037-0738(92)90003-A.

Calvet, F., I. Zamarreno, and D. Valles, 1996, Late Miocene reefs of the Alicante-Elche Basin, southeast Spain, *in* E. K. Franseen, M. Esteban, W. C. Ward, and J.-M. Rouchy, eds., Models for carbonate stratigraphy from Miocene reef complexes of the Mediterranean regions: SEPM Concepts in Sedimentology and Paleontology 5, p. 177-190.

Calvo, M., M. L. Osete, and R. Vegas, 1994, Paleomagnetic rotations in opposite senses in southeastern Spain: Geophysical Research Letters, v. 21, p. 761-764, doi: 10.1029/94GL00191.

Cornee, J. J., J. P. Saint Martin, G. Conesa, and J. Muller, 1994, Geometry, palaeoenvironments and relative sea level (accommodation space) changes in the Messinian Murdjado carbonate platform (Oran, western Algeria): Consequences: Sedimentary Geology, v. 89, p. 143-158, doi: 10.1016/0037-0738(94)90087-6.

Dabrio, C. J., M. Esteban, and J. M. Martin, 1981, The coral reef of Nijar, Messinian (uppermost Miocene), Almeria province, SE Spain: Journal of Sedimentary Petrology, v. 51, p. 521-439.

Davies, R., C. Hoolis, C. Bishop, R. Guar, and A. A. Haider, 2000, Reservoir geology of the middle Minagish Member (Minagish oolite), Umm Gudair field, Kuwait: Society for Sedimentary Geology Special Publication 69, p. 273-286.

Dillett, P. M., 2004, Paleotopographic and sea level controls on the sequence stratigraphic character of a heterozoan carbonate succession: Pliocene, Carboneras Basin, southeast Spain: M.S. thesis, University of Kansas, Lawrence, Kansas, 116p.

Dronkert, H., 1976, Late Miocene evaporites in the Sorbas Basin and adjoining areas: Memorie della Societa Geologica Italiana, v. 16, p. 341-361.

Duguid, S. M. A., K. Kyser, N. P. James, and E. C. Rankey, 2010, Microbes and ooids: Journal of Sedimentary Research, v. 80, p. 236-251, doi: 10.2110/jsr.2010.027.

Dvoretsky, R. A., 2009, Stratigraphy and reservoir-analog modeling of upper Miocene shallow-water and deep-water carbonate deposits: Agua Amarga Basin, southeast Spain: M.S. thesis, University of Kansas, Lawrence, Kansas, 138 p.

Ehrmann, W. U., H. Grobe, and D. Fütterer, 1991, Late Miocene to Holocene glacial history of east Antarctica revealed by sediments from sites 745 and 746, *in* J. Barron et al., eds., Proceedings of the Ocean Drilling Program, v. 119, p. 239-251.

Eichenseer, H. T., F. R. Walgenwitz, and P. J. Biondi, 1999, Stratigraphic control on facies and diagenesis of dolomitized oolitic siliciclastic ramp sequences (Pinda Group, Albian, offshore Angola): AAPG Bulletin, v. 83, p. 1729-1758.

Esteban, M., 1979, Significance of the upper Miocene coral reefs of the western Mediterranean: Palaeogeography, Palaeoclimatology, Palaeoecology, v. 29, p. 169-188.

Esteban, M., 1996, An overview of Miocene reefs from Mediterranean areas: General trends and facies models, *in* E. K. Franseen, M. Esteban, W. C. Ward, and J.-M. Rouchy, eds., Models for carbonate stratigraphy from Miocene reef complexes of the Mediterranean regions: SEPM Concepts in Sedimentology and Paleontology, v. 5, p. 3-54.

Esteban, M., and J. Giner, 1980, Messinian coral reefs and erosion surfaces *in* Cabo de Gata (Almeria, SE Spain): Acta Geologica Hispanica, v. 15, p. 97-104.

Esteban, M., and C. F. Klappa, 1983, Subaerial exposure environments, *in* P. A. Scholle, D. G. Bebout, and C. H. Moore, eds., Carbonate depositional environments: AAPG Memoir 33, p. 2-54.

Esteban, M., F. Calvet, C. Dabrio, A. Baron, J. Giner, L. Pomar, R. Salas, and A. Permanyer, 1978, Aberrant features of the Messinian coral reefs, Spain: Acta Geologica, v. 13, p. 20-22.

Esteban, M., J. C. Braga, J. Martin, and C. Santisteban, 1996, Western Mediterranean reef complexes, *in* E. K. Franseen, M. Esteban, W. C. Ward, and J.-M. Rouchy, eds., Models for carbonates stratigraphy from Miocene reef complexes of Mediterranean regions: SEPM Concepts in Sedimentology and Paleontology, v. 5, p. 55-72.

Feldmann, M., and J. A. McKenzie, 1997, Messinian stromatolitethrombolite associations, Santa Pola, SE Spain: An analogue for the Palaeozoic?: Sedimentology, v. 44, p. 893-914, doi: 10.1046/j.1365-3091.1997.d01-53.x.

Feldmann, M., and J. A. McKenzie, 1998, Stromatolite-thrombolite associations in a modern environment, Lee Stocking Island, Bahamas: Palaios, v. 13, p. 201-212, doi: 10.2307/3515490.

Fernandez-Soler, J. M., 1996, Volcanics of the Almeria province, *in* A. E. Mather, J. M. Martin, A. M. Harvey, and J. C. Braga, eds., A field guide to the geology and geomorphology of the Neogene sedimentary basins of the Almeria province, SE Spain: Oxford, Blackwell, p. 58-88.

Flugel, E., 1982, Microfacies analysis of limestones: New York, Springer-Verlag, p. 106-129.

Fornos, J. J., and W. M. Ahr, 1997, Temperate carbonates on a modern, low-energy, isolated ramp; the Belearic Platform, Spain: Journal of Sedimentary Research, v. 67, p. 364-373.

Fortuin, A. R., and W. Krijgsman, 2003, The Messinian of the Nijar Basin (SE Spain): Sedimentation, depositional environments and paleogeographic evolution: Sedimentary Geology, v. 160, no. 1-3, p. 213-242, doi: 10.1016/S0037-0738(02)00377-9.

Franseen, E. K., and R. H. Goldstein, 1996, Paleoslope, sea-level and climate controls on upper Miocene platform evolution, Las Negras area, southeastern Spain, *in* E. K. Franseen, M. Esteban, W. C. Ward, and J.-M. Rouchy, eds., Models for carbonates stratigraphy from Miocene reef complexes of Mediterraneanregions: SEPM Concepts in Sedimentology and Paleontology, v. 5, p. 159-176.

Franseen, E. K., and R. H. Goldstein, 2004, Build-and-fill: A stratigraphic pattern induced in cyclic sequences by sea level and paleotopography: Geological Society of America Abstracts with Programs, v. 36, p. 377.

Franseen, E. K., and C. Mankiewicz, 1991, Depositional sequences and correlation of middle (?) to late Miocene carbonate complexes, Las Negras and Nijar areas, southeastern Spain: Sedimentology, v. 38, p. 871-898, doi: 10.1111/j.1365-3091.1991.tb01877.x.

Franseen, E. K., R. H. Goldstein, and T. E. Whitesell, 1993, Sequence stratigraphy of Miocene carbonate complexes, Las Negras area, southeastern Spain: Implications for quantification of changes in relative sea level, *in* R. G. Loucks and J. F. Sarg, eds., Carbonate sequence stratigraphy: Recent developments and applications: AAPG Memoir 57, p. 409-434.

Franseen, E. K., R. H. Goldstein, and M. Esteban, 1997a, Controls on porosity types and distribution in carbonate reservoirs: A guidebook for Miocene carbonate complexes of the Cabo de Gata area, SE Spain: AAPG Education Program, Field Seminar on Play Concepts and Controls on Porosity in Carbonate Reservoir Analogs, 150 p.

Franseen, E. K., R. H. Goldstein, and M. R. Farr, 1997b, Substrateslope and temperature controls on carbonate ramps: Revelations from upper Miocene outcrops, SE Spain, *in* N. P. James and A. D. Clarke, eds., Cool-water carbonates: SEPM Special Publication No. 56, p. 271-290.

Franseen, E. K., R. H. Goldstein, and M. R. Farr, 1998, Quantitative controls on location and architecture of carbonate depositional sequences: Upper Miocene, Cabo de Gata region, SE Spain: Journal of Sedimentary Research, v. 68, p. 283-298, doi: 10.2110/jsr.68.283.

Franseen, E. K., R. H. Goldstein, and M. Minzoni, 2007, Build-andfill sequences in carbonate systems—An emerging picture: AAPG Annual Convention Abstracts, v. 16, p. 48.

Gibbons, W., and M. T. Moreno, eds., 2003, The geology of Spain: Geological Society (London), p. 649.

Goldstein, R. H., and E. K. Franseen, 1995, Pinning points: A method providing quantitative constraints on relative sea level history: Sedimentary Geology, v. 95, p. 1-10, doi: 10.1016/0037-0738(94)00115-B.

Granier, B., 1995, A sedimentological model of the Callovian oolite reservoir of the Villeperdue oil field, Paris Basin (France): Petroleum Geoscience, v. 1, p. 145-150, doi: 10.1144/petgeo.1.2.145.

Grotzinger, J. P., and A. H. Knoll, 1999, Stromatolites in Precambrian carbonates: Evolutionary mileposts or environmental dipsticks?: Annual Review of Earth and Planetary Sciences, v. 27,p. 313–358, doi: 10.1146/annurev.earth.27.1.313.

Grotzinger, J. P., W. A. Watters, and A. H. Knoll, 2000, Calcified metazoans in thrombolite–stromatolite reefs of the terminal Proterozoic Nama Group, Namibia: Paleobiology, v. 26, p. 334–359, doi: 10.1666/0094–8373(2000)026<0334: CMITSR>2.0.CO; 2.

Handford, C. R., and R. G. Loucks, 1993, Carbonate depositional sequences and systems tracts; responses of carbonate platforms to relative sea level changes, *in* R. G. Loucks and J. F. Sarg, eds., Carbonate sequence stratigraphy; recent developments and application: AAPG Memoir 57, p. 3–41.

Harris, P. M., 1983, The Joulters ooid shoal, Great Bahama Bank, *in* T. M. Peryt, ed., Coated grains: New York, Springer–Verlag, p. 132–141.

Harris, P. M., 2010, Delineating and quantifying depositional facies patterns in carbonate reservoirs: Insight from modern analogs: AAPG Bulletin, v. 94, p. 61–86, doi: 10.1306/07060909014.

Harris, P. M., and J. M. Ellis, 2009, Satellite imagery, visualization and geological interpretation of the Exumas, Great Bahama Bank—An analog for carbonate sand reservoirs: SEPM Short Course Notes 53 (2 DVDs), p. 1–49.

He, Y., X. Fu, B. Liu, M. Zhou, X. Zhang, J. Gao, Y. Yang, and K. Shi, 2012, Control of oolitic beaches sedimentation and diagenesis on the reservoirs in Feixianguan Formation, northeastern Sichuan Basin: Petroleum Exploration and Development, v. 39, p. 466–475, doi: 10.1016/S1876–3804(12)60063–9.

Hess, A. V., R. H. Goldstein, and E. K. Franseen, 2010, Antecedent topography as a control on facies heterogeneity in a shallow heterozoan carbonate system, SE Spain: AAPG Search and Discovery article 50360, accessed June 21, 2013, http://www.searchanddiscovery.com/documents/2010/50360hess/ndxhess.pdf.

Heydari, E., and L. Baria, 2005, A microbial Smackover Formation and the dual reservoir–seal system at the Little Cedar Creek field in Conecuh county of Alabama: Gulf Coast Association of Geological Societies Transactions, v. 55, p. 294–320.

Hine, A. C., 1977, Lily Bank, Bahamas; history of an active oolite shoal: Journal of Sedimentary Petrology, v. 47, p. 1554–1581.

Hitzman, D., 1996, Microbial reservoir characterization; and integration of surface geochemistry and development geology data:AAPG Annual Meeting Expanded Abstracts, v. 5, p. 65.

Hodell, D. A., J. H. Curtis, F. J. Sierro, and M. E. Raymo, 2001, Correlation of late Miocene to early Pliocene sequences between the Mediterranean and North Atlantic: Paleoceanography,v. 16, p. 164–178, doi: 10.1029/1999PA000487.

Hoffman, P., 1967, Algal stromatolites: Use in stratigraphic correlation and paleocurrent determination: Science, v. 157, p. 1043–1045, doi: 10.1126/science.157.3792.1043.

Holail, H. M., M. M. Kolkas, and G. M. Friedman, 2006, Facies analysis and petrophysical properties of the lithologies of the North gas field, Qatar: Carbonates and Evaporites, v. 21, p. 40–50,doi: 10.1007/BF03175467.

Honda, N., Y. Obata, and M. K. M. Abouelenein, 1989, Petrology and diagenetic effects of carbonate rocks: Jurassic Arab C oil reservoir in El Bundug field, offshore Abu Dhabi and Qatar: Society of Petroleum Engineers 6th Middle East Oil Show, p. 787–796.

Hsu, K. J., W. B. Ryan, and M. B. Cita, 1973, Late Miocene desiccation of the Mediterranean: Nature, v. 242, p. 240–244, doi: 10.1038/242240a0.

Hsu, K. J., L. Montadert, D. Beroulli, M. B. Cita, A. Erickson, R. E.Garrison, R. B. Kidd, F. Melieres, C. Muller, and R. Wright,1977, History of the Mediterranean salinity crisis: Nature,v. 267, p. 399–403, doi: 10.1038/267399a0.

Ibe, A. C., 1985, In situ formation of petroleum in oolites—II: A case study of the Arab Formation oolite reservoirs: Journal of Petroleum Geology, v. 8, p. 331–341, doi: 10.1111/j.1747–5457.1985.tb00274.x.

Inden, R. F., and C. H. Moore, 1983, Beach environment, in P. A. Scholle, D. G. Bebout, and C. H. Moore, eds., Carbonate depositional systems: AAPG Memoir 33, p. 212–265.

Johnson, C. L., E. K. Franseen, and R. H. Goldstein, 2005, The effects of sea level and paleotopography on lithofacies distribution and geometries in heterozoan carbonates, south–eastern Spain: Sedimentology, v. 52, p. 513–536, doi: 10.1111/j.1365–3091.2005.00708.x.

Krijgsman, W., A. R. Fortuin, F. J. Hilgen, and F. J. Sierro, 2001, Astrochronology for the Messinian Sorbas Basin (SE Spain) and orbital (precessional) forcing for evaporite cyclicity: Sedimentary Geology, v. 140, p. 43–60, doi: 10.1016/S0037–0738(00)00171–8.

Larsen, H. C., A. D. Saunders, P. D. Clift, J. Beget, W. Wei, S.Spezzaferi, and O. D. P. Leg 152 Scientific Party, 1994, Seven million years of glaciation in Greenland: Science, v. 264, p. 952–955, doi: 10.1126/science.264.5161.952.

Lionello, P., and A. Sanna, 2005, Mediterranean wave climate variability and its links with NAO and Indian monsoon: Climate Dynamics, v. 25, p. 611-623, doi: 10.1007/s00382-005-0025-4.

Lipinski, C. J., 2009, Stratigraphy of upper Miocene oolite-microbialitecoralgal reef sequences of the terminal carbonate complex: southeast Spain: M.S. thesis, Department of Geology, University of Kansas, Lawrence, Kansas, 116 p.

Lipinski, C. J., E. K. Franseen, and R. H. Goldstein, 2013, Reservoir analog model for oolite-microbialite sequences, Miocene terminal carbonate complex, Spain: AAPG Bulletin, v. 97, no. 11, p. 2035-2057, doi: 10.1306/06261312182.

Llinas, J. C., 2002, Diagenetic history of the Upper Jurassic Smackover Formation and its effects on reservoir properties; Vocation field, Manila Sub Basin, eastern Gulf Coastal Plain: Gulf Coast Association of Geological Societies and Gulf Coast Section SEPM, Technical Papers and Abstracts, v. 52, p. 631-644.

Llinas, J. C., 2003, Petroleum exploration for Upper Jurassic Smackover carbonate shoal and microbial reefal lithofacies associated with paleohighs, southwest Alabama: Gulf Coast Association of Geological Societies, v. 53, p. 462-474.

Lloyd, R. M., R. D. Perkins, and S. D. Kerr, 1987, Beach and shoreface ooid deposition on shallow interior banks, Turks and Caicos Islands, British West Indies: Journal of Sedimentary Petrology, v. 57, p. 976-982.

Longacre, S. A., and E. P. Ginger, 1988, Evolution of the Lower Cretaceous Ratawi oolite reservoir, Wafra field, Kuwait-Saudi Arabia partitioned neutral zone, *in* A. J. Lomando and P. M. Harris, eds., Giant oil and gas fields: SEPM Core Workshop 12, p. 273-331.

Lopez-Ruiz, J., and E. Rodriguez-Badiola, 1980, La region Volcanica Neogena del Sureste de Espana: Estudios Geologicos, v. 36, p. 5-63.

Loreau, J. P., and B. H. Purser, 1973, Distribution and ultrastructure of Holocene ooids in the Persian Gulf, *in* B. H. Purser, ed., The Persian Gulf, Holocene carbonate sedimentation in a shallow epicontinental sea: New York, Springer-Verlag, p. 279-328.

Major, R. P., D. G. Bebout, and P. M. Harris, 1996, Recent evolution of a Bahamian ooid shoal; effects of Hurricane Andrew: Geological Society of America Bulletin, v. 108, p. 168-180, doi: 10.1130/0016-7606 (1996) 108<0168:REOABO>2.3.CO; 2.

Mancini, E. A., and W. C. Parcell, 2001, Outcrop analogs for reservoir characterization and modeling of Smackover microbial reefs in the northeastern Gulf of Mexico area: Gulf Coast Association of Geological Societies Transactions, v. 51, p. 207-218.

Mancini, E. A., W. C. Parcell, J. D. Benson, H. Chen, and W.-T. Yang, 1998, Geological and computer modeling of Upper Jurassic Smackover reef and carbonate shoal lithofacies, eastern Gulf coastal plain: Gulf Coast Association of Geological Societies Transactions, v. 48, p. 225-234.

Mancini, E. A., J. C. Llinas, W. C. Parcell, M. Aurell, B. Badenas, R. R. Leinfelder, and J. D. Benson, 2004, Upper Jurassic thrombolite reservoir play, northeastern Gulf of Mexico: AAPG Bulletin, v. 88, p. 1573-1602, doi: 10.1306/06210404017.

Mancini, E. A., W. C. Parcell, W. M. Ahr, V. O. Ramirez, J. C. Llinas, and M. Cameron, 2008, Upper Jurassic updip stratigraphic trap and associated Smackover microbial and nearshore carbonate facies, eastern Gulf coastal plain: AAPG Bulletin, v. 92, p. 417-442, doi: 10.1306/11140707076.

Mankiewicz, C., 1996, The middle to upper Miocene carbonate complex of Nijar, Almeria province, southeastern Spain, *in* E. K. Franseen, M. Esteban, W. C. Ward, and J.-M. Rouchy, eds., Models for carbonates stratigraphy from Miocene reef complexes of Mediterranean regions: SEPM Concepts in Sedimentology and Paleontology, v. 5, p. 141-157.

Mapa Excursionis Y Turistico, 2001, Cabo de Gata Nijar Parque Natural: Editorial Alpina, 1 sheet.

Mapa Topografico Nacional de Espana, 1998, 1046-4, Las Negras: Ministerio de Fomento, Instituto Geografico Nacional, scale 1:25000, 1 sheet.

Marçal, R. A., R. A. Spadini, and R. A. Rodriguez, 1998, Influence of sedimentation and early diagenesis on the permoporosity of carbonate reservoirs of Macae Formation, Campos Basin, Brazil (abs.): AAPG Bulletin, v. 82, p. 1938.

Martin, J. M., and J. C. Braga, 1994, Messinian events in the Sorbas Basin in southeastern Spain and their implications in the recent history of the Mediterranean: Sedimentary Geology, v. 90, p. 257-268, doi: 10.1016/0037-0738(94)90042-6.

Martin, J. M., J. C. Braga, C. Betzler, and T. Brachert, 1996, Sedimentary model and high-frequency cyclicity in a Mediterranean, shallow-shelf, temperate-carbonate environment (uppermost Miocene, Agua Amarga Basin, southern Spain): Sedimentology, v. 43, p. 263-277, doi: 10.1046/j.1365-3091.1996.d01-4.x.

Martin, J. M., J. C. Braga, and C. Betzler, 2003, Late Neogene—Recent uplift of the Cabo de Gata volcanic province, Almeria, SE Spain: Geomorphology, v. 50, p. 27-42, doi: 10.1016/S0169-555X (02) 00206-4.

Martin, J. M., J. C. Braga, J. Aguirre, and C. Betzler, 2004, Contrasting models of temperate carbonate sedimentation in a small Mediterranean embayment: The Pliocene Carboneras Basin, SE Spain: Journal of the Geological Society (London), v. 161, p. 387-

399, doi: 10.1144/0016-764903-044.

McKirahan, J. R., R. H. Goldstein, and E. K. Franseen, 2003, Buildand-fill sequences: How subtle paleotopography affects 3-D heterogeneity of potential reservoir facies: SEPM Special Publication 78 and AAPG Memoir 83, p. 97-116.

Miller, K. G., M. A. Kominz, J. V. Browning, J. D. Wright, G. S.Mountain, M. E. Katz, P. J. Sugarman, B. S. Cramer, N. Christie-Blick, and S. F. Pekar, 2005, The Phanerozoic record of global sea level change: Science, v. 310, p. 1293-1298, doi: 10.1126/science.1116412.

Miller, K. G., G. S. Mountain, J. D. Wright, and J. V. Browning, 2011, A 180-million-year record of sea level and ice volume variations from continental margin and deep-sea isotopic records: Oceanography, v. 24, p. 40-53, doi: 10.5670/oceanog.2011.26.

Montadert, L., D. G. Roberts,G. A. Auffret,W. Bock, P. A. DuPeuble,E. A. Hailwood, W. Harrison, J. Letouzey, and A. Mauffret, 1978, Messinian events: Seismic evidence, *in* K. J. Hsu and L. Montadert, eds., Initial reports of the deep sea drilling: Washington, U.S. Government PrintingOffice, v. 42, p. 1037-1050.

Montenant, C., and P. Ott d'Estevou, 1990, Le basin de NijarCarboneras et le couloir de Bas-Andarax, *in* C. Montenant, ed.,Les Bassins Neogenes Du Domaine Betique Oriental (Espagne):Paris, Institut Geologique Albert-de-Lapparent, Documents et Travaux Institut Geologique Albert-de-Lapparent, p. 129-164.

Montgomery, P., M. R. Farr, E. K. Franseen, and R. H. Goldstein, 2001, Constraining controls on carbonate sequences with highresolution chronostratigraphy: Upper Miocene, Cabo de Gata region, SE Spain: Palaeogeography, Palaeoclimatology, Palaeoecology, v. 176, no. 1-4, p. 11-45, doi: 10.1016/S0031-0182(01)00324-8.

Planavsky, N., and R. N. Ginsburg, 2009, Taphonomy of modern marine Bahamian microbialites: Palaios, v. 24, p. 5-17, doi: 10.2110/palo.2008.p08-001r.

Platt, J. P., and R. L. M. Vissers, 1989, Extensional collapse of thickened continental lithosphere: A working hypothesis for the Alboran sea and Gibraltar arc: Geology, v. 17, p. 540-543,doi: 10.1130/0091-7613(1989)017<0540:ECOTCL>2.3.CO;2.

Qi, L., and T. R. Carr, 2003, Reservoir characterization of Mississippian St. Louis carbonate reservoir systems in Kansas: Stratigraphic and facies architecture modeling: AAPG Annual Meeting Expanded Abstracts, v. 12, p. 141.

Rankey, E. C., and S. L. Reeder, 2009, Holocene ooids of Aitutaki atoll, Cook Islands, South Pacific: Geology, v. 37, p. 971-974, doi: 10.1130/G30332A.1.

Rankey, E. C., and S. L. Reeder, 2011, Holocene oolitic marine sand complexes of the Bahamas: Journal of Sedimentary Research, v. 81, p. 97-117, doi: 10.2110/jsr.2011.10.

Rankey, E. C., B. Riegl, and K. Steffen, 2006, Form, function and feedbacks in a tidally dominated ooid shoal, Bahamas: Sedimentology,v. 53, p. 1191-2010, doi: 10.1111/j.1365-3091.2006.00807.x.

Read, J. F., 1985, Carbonate platform facies models: AAPG Bulletin,v. 69, p. 1-21.

Reeder, S. L., and E. C. Rankey, 2008, Relations between sediments and tidal flows in ooid shoals, Bahamas: Journal of Sedimentary Research, v. 78, p. 175-186, doi: 10.2110/jsr.2008.020.

Rehault, J. P., G. Boillot, and A. Mauffret, 1985, The western Mediterranean Basin, *in* D. J. Stanley and F. C. Wezel, eds., Geologic evolution of the Mediterranean Basin: New York, Springer Verlag, p. 101-130.

Reid, R. P., N. P. James, I. G. Kingston, I. G. Macintyre, C. P. Dupraz, and R. V. Burne, 2003, Shark Bay stromatolites: Microfacies and reinterpretation of origins: Facies, v. 49, p. 45-53.

Riding, R., J. M. Martin, and J. C. Braga, 1991, Coral-stromatolite reef framework, upper Miocene, Almeria, Spain: Sedimentology, v. 38,p. 799-818, doi: 10.1111/j.1365-3091.1991.tb01873.x.

Rouchy, J. M., and A. Caruso, 2006, The Messinian salinity crisis in the Mediterranean Basin: A reassessment of the data and an integrated scenario: Sedimentary Geology, v. 188-189, p. 35-67,doi: 10.1016/j.sedgeo.2006.02.005.

Rouchy, J.-M., and J.-P. Saint Martin, 1992, Late Miocene events in the Mediterranean as recorded by carbonate-evaporite relations:Geology, v. 20, p. 629-632, doi: 10.1130/0091-7613(1992)020<0629:LMEITM>2.3.CO;2.

Sami, T. T., and N. P. James, 1994, Peritidal carbonate growth and cyclicity in an Early Proterozoic foreland basin, upper Pethei Group, northwest Canada: Journal of Sedimentary Research,v. B64, p. 111-131.

Sanz de Galdeano, C., and J. A. Vera, 1992, Stratigraphic record and palaeogeographical context of the Neogene basins in the Betic Cordilleran, Spain: Basins Research, v. 4, p. 21-36, doi: 10.1111/j.1365-2117.1992.tb00040.x.

Serrano, F., 1992, Biostratigraphic control of Neogene volcanism in Sierra De Gata (southeast Spain): Geologie en Mijnbouw,v. 71, p. 3-14.

Sierro, F. J., F. J. Hilgen, W. Krijgsman, and J. A. Flores, 2001, The Abad composite (SE Spain): A Messinian reference section for the Mediterranean and the APTS: Palaeogeography, Palaeoclimatology, Palaeoecology, v. 168, no. 1-2, p. 141-169, doi: 10.1016/S0031-0182 (00) 00253-4.

Srinivasan, S., and M. Sen, 2009, Stochastic modeling of facies distribution in a carbonate reservoir in the Gulf of Mexico: Geohorizons, v. 14, p. 54-67.

Terra, G. G. S., et al., 2010, Classificacao de rochas carbonaticas aplicavel as bacias sedimentares brasileiras: Boletin Geociencias Petrobras, v. 18, p. 9-29.

Toomey, N., 2003, Controls on sequence stratigraphy in upper Miocene carbonates of Cerro de Ricardillo, southeastern Spain: M.S. thesis, University of Kansas, Lawrence, Kansas, 114 p.

Tucker, M. E., and V. P. Wright, 1990, Carbonate sedimentology: Oxford, Blackwell Scientific Publications, 482 p.

Tucker, J. D., D. C. Hitzman, and B. A. Rountree, 1997, Detailed microbial reservoir characterization identifies reservoir heterogeneities within a mature field in Oklahoma: AAPG Annual Meeting Abstracts, v. 6, p. A117.

Valles Roca, D., 1986, Carbonate facies and depositional cycles in the upper Miocene of Santa Pola (Alicante, SE Spain): Revista d'Investigacions Geologiques, v. 42-43, p. 45-66.

Vidal, L., T. Bickert, G. Wefer, and U. Röhl, 2002, Late Miocene stable isotope stratigraphy of SE Atlantic ODP Site 1085: Relation to Messinian events: Marine Geology, v. 180, p. 71-85, doi: 10.1016/S0025-3227(01)00206-7.

Warrlich, G., D. W. J. Bosence, and D. Waltham, 2005, 3D and 4D controls on carbonate depositional systems: Sedimentological and sequence stratigraphic analysis of an attached carbonate platform and atoll (Miocene, Nijar Basin, SE Spain): Sedimentology, v. 52, no. 2, p. 363-389, doi: 10.1111/j.1365-3091.2005.00702.x.

Whalen, M. T., J. Day, G. P. Eberli, and P. W. Homewood, 2002, Microbial carbonates as indicators of environmental change and biotic crises in carbonate systems: Examples from the Late Devonian, Alberta Basin, Canada: Palaeogeography, Palaeoclimatology, Palaeoecology, v. 181, p. 127-151, doi: 10.1016/S0031-0182(01)00476-X.

Whitesell, T. C., 1995, Diagenetic features associated with sequence boundaries in upper Miocene carbonate strata, Las Negras, Spain: Master's thesis, University of Kansas, Lawrence, Kansas, 292 p.

Wright, V. P., 2011, Reservoir architectures in non-marine carbonates: AAPG Search and Discovery article 40801, accessed June 21, 2013, http://www.searchanddiscovery.com/documents/2011/40801wright/ndx_wright.pdf.

Wright, V. P., 2012, Lacustrine carbonates in rift settings: The interaction of volcanic and microbial processes on carbonate deposition, *in* J. Garland, J. E. Neilson, S. E. Laubach, and K. J. Whidden, eds., Advances in carbonate exploration and reservoir analysis: Geological Society (London) Special Publication 370, doi: 10.1144/SP370.2.

Wright, V. P., and T. P. Burchette, 1996, Shallow-water carbonate environments, *in* H. G. Reading, ed., Sedimentary environments: Processes, facies, and stratigraphy, 3d ed.: Oxford, England, Blackwell Science, p. 325-394.

8

西班牙中新世末碳酸盐岩复合体鲕粒岩—微生物岩层序的储层类比模型

Christopher J. Lipinski, Evan K. Franseen, Robert H. Goldstein

摘要：建立了西班牙东南部中新世末碳酸盐岩复合体（TCC）的静态三维储层类比模型。该模型利用了来自两个地区的具三维出露特征的野外数据（La Molata；La Rellana-Ricardillo）。每个地区的四个 TCC 层序都由沉积在高差为 33～76m（108～249ft）古地形上的鲕粒岩、微生物岩（凝块石、叠层石）、生屑颗粒及珊瑚礁等构成。该模型将野外、实验室及岩石物理数据与分析结果相结合，提供了一个建模流程和储层类比模型，可应用于评估鲕粒岩和微生物岩储层特征及其与古地理和海平面变化的关系。

该研究成果揭示了多种岩相的有效储层质量值。根据厚度、侧向分布、孔隙度和渗透率值，模型中区分了流动相和隔挡相。槽状交错层理鲕粒灰岩是两个模型中最发育的岩相类型，整个层序中侧向分布广，具有非常大的储集和渗透能力，并且与其他流动岩相也具有较好的连通性。该相代表了最优质储层相，是油气勘探的首要目标。微生物岩既是储层相也是隔挡相。特别的是，凝块石集中发育于斜坡下部以及更为受限的海湾，它可以是孔隙相也可以是非孔隙相。叠层石和窗格孔鲕粒灰岩集中发育在层序边界，并且构成了层序边界处厚度较大且侧向连续的隔挡相。

海平面与古地形和古地理一起被认为是层序演化和储层非均质性的主控因素。这些控制因素的认识可以辅助鲕粒岩—微生物岩层序的勘探和识别。

8.1 概述

展现三维复杂地层关系的储层模型对于优选勘探策略非常重要。尽管经常用到，但是这样的地质模型仍缺乏井筒外储层非均质性的充分认识（Tinker，1996；Janson 等，2007）。露头储层类比可用于储层模型进行地下模拟（Borgomano 等，2002，2008；Adams 等，2005；Dutton 等，2005；Janson 等，2007；Pranter 等，2007）。

本研究专注于西班牙东南部 Cabo de Gata 地区出露的四个上中新统微生物、鲕粒、珊瑚礁和生屑碳酸盐岩层序构成的末端碳酸盐岩复合体（TCC；Esteban，1979）。三维空间的出露条件和地层的复杂性使其成为建立三维静态地层模型的理想地区。本次研究的成果可应用于世界范围内普遍发育的鲕粒岩和微生物岩储层（Honda 等，1989；Hitzman，1996；Tucker 等，1997；Mancini 等，1998，2004，2008；Marcal 等，1998；Al-suwaidi 等，2000；Bishop，2000；Davies 等，2000；Al-Saad 和 Sadooni，2001；Mancini 和 Parcel，2001；Llinas，2002，2003；Qi 和 Carr，2003；Heydari 和 Baria，2005；Holail 等，2006；Buchheim，2009）。近年来在巴西近海微生物岩中的发现（Terra 等，2010；Wright，2011，2012）使得本研究更显时宜。微生物岩和鲕粒岩组合沉积通常具有复杂的岩相几何形态和分布特征，不论在古代（Riding 等，1991；Sami 和 James，1994；Braga 等，1995；Aurell 和 Badenas，1997；Feldmann 和 McKenzie，1997；Mancini 等，1998，2004，2008；Grotzinger 等，2000；Mancini 和 Parcell，2001；Adams 等，2004，2005；Batten 等，2004；Heydari 和 Baria，2005）还是在现代（Feldmann 和 McKenzie，1998；Reid 等，2003；Planavsky 和 Ginsburg，2009）。

研究区内（La Molata，La Rellana-Ricardillo），TCC 由四个地形倾斜的层序构成，各层序由鲕粒岩、微生物岩（凝块石和叠层石）和小型的珊瑚礁构成，其沉积和高振幅冰川性海平面变化旋回与地中海盆地蒸发收缩相关（Franseen 等，1993，1996，1998；Goldstein 和 Franseen，1995）。本书中另一篇文章记录了该地区沉积和地层对沉积相的控制作用（Goldstein 等，2013，本书）。

本次研究发展了一个建立具恰当小尺度相变的地质模型的流程，这对于沉积于冰川性海平面变化期间的鲕粒岩—微生物岩层序是非常必要的。该流程包含了野外观察到的相分布（Goldstein 等，2013，本书），并且综合了孔隙度和渗透率的新数据。

8.2 地质背景

La Molata 和 La Rellana-Ricardillo 野外区位于西班牙东北部 Cabo de Gata 火山省东北部（图 8.1）。Cabo de Gata 地区中—晚中新世以一个出露的海岛及由火山沉积的剥蚀作用和断裂作用形成的海峡连通的一些小型水下盆地为特征（Esteban，1979，1996；Esteban 和 Giner，1980；Sanz de Galdeano 和 Vera，1992；Franseen 和 Goldstein，1996；Franseen 等，1998）。研究区上中新统碳酸盐岩大多晚于火山活动，发育于火山高地的侧翼（图 8.2）。TCC 代表最上面的海相中新世单元，并且仅沉积于地中海盆地边缘。TCC 晚于且部分可能与 Messinian 盐度危机期间在地中海盆地深部沉积的上蒸发岩单元等时（Esteban，1996）。研究区及 Cabo de Gata 附件的填图显示变形作用基本未影响 TCC。因此，局部古地形大多得以保存（Esteban 和 Giner，1980；Franseen 和 Mankiewicz，1991；Franseen 等，1993，1997，1998；Franseen 和 Goldstein，1996；Toomy，2003；Johnson 等，2005）。

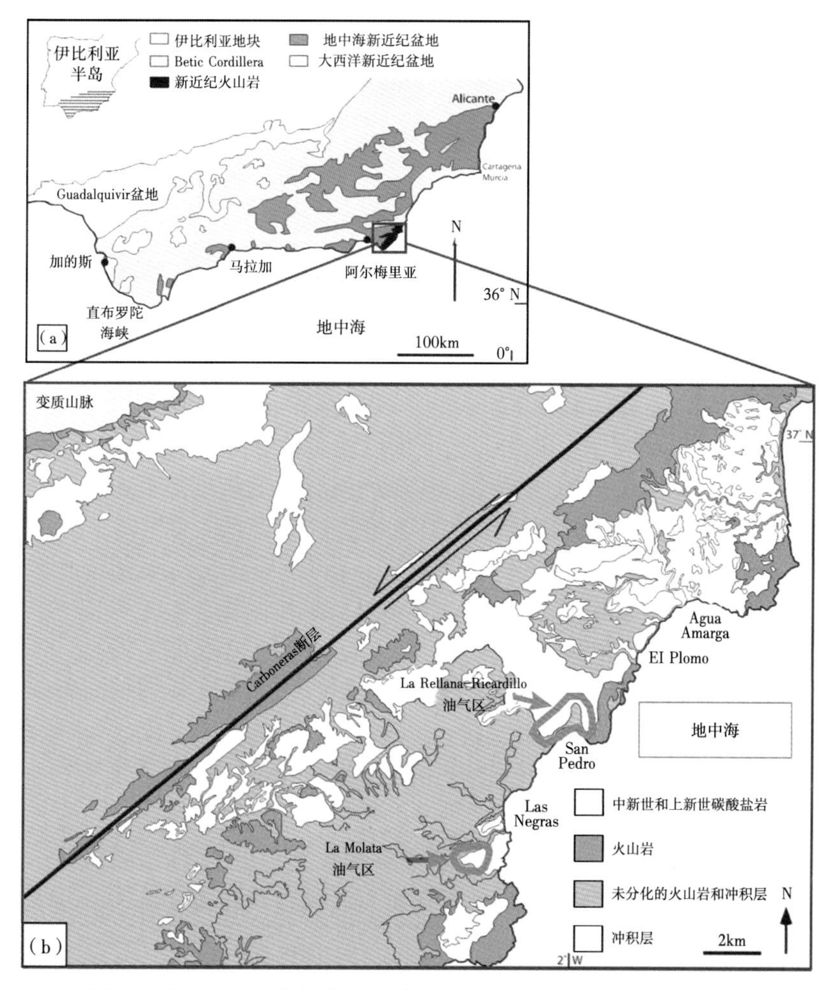

图 8.1 （a）西班牙南部 Betic 山脉新古近纪盆地地理位置，红色小方框为 Cabo de Gata 火山区（据 Gibbons 和 Moreno，2003，修改）；（b）Cabo de Gata 地区地质简图及 La Molata 地区和 La Rellana-Ricardillo 地区地理位置包括西面的碳酸盐岩断层（据 Dvoretsky，2009，修改）

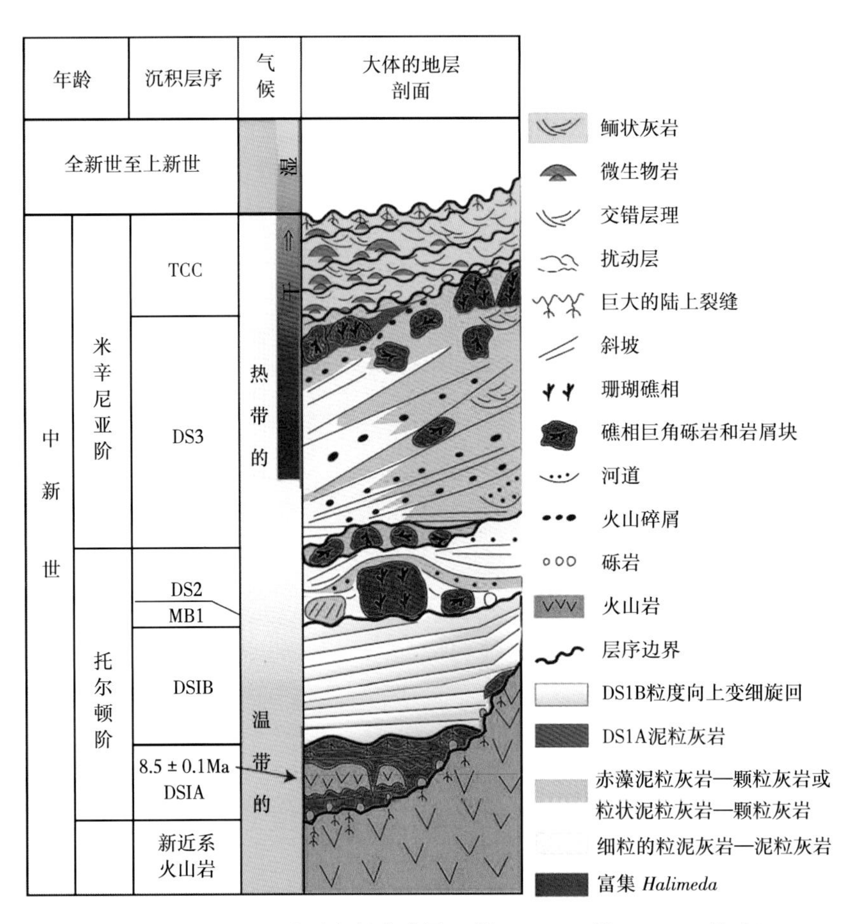

图 8.2 Las Negras 地区中新世地层（据 Franseen 等，1998，修改）

DS—沉积层序；TCC—碳酸盐岩复合体；MB—巨型角砾岩

对两个相距 5km（3mile）的露头区开展了研究。La Molata 地区在一个孤立小山顶部出露 TCC，范围为 0. 86km×0. 43km（0. 53mile×0. 27mile），位于 Rodalquilar caldera 东北侧（Arribas 等，1995）。La Molata 南、西、北向邻近于火山高地，并且露头向东面向地中海（图 8. 1；Goldstein 等，2013；本文图 8. 3）。两个地区的 TCC 发育于具剥蚀地形的层序界面之上，下伏礁复合体地层。在 La Molata 地区，TCC 地层沉积的底面沿其倾向方向具有 33m（109ft）的地形差。TCC 沉积底面的古地形高点位于中央高地的背侧，海拔 208m（682ft）（图 8. 3a）。总体上，底部层序界面自中央高地向西、南和东向缓慢倾斜，角度为 2°~5°。西侧降低到海拔 201m（659ft），东侧降低到 175m（574ft）。因此，La Molata 上的 TCC 倾斜发育并上超在 33m（109ft）的古地形上。

La Rellana-Ricardillo 露头区是一个长条形区域，长 1. 63km（1. 01mile），最宽处 0. 93km（0. 58mile）（图 8. 1；Goldstein 等，2013，本文图 8. 3）。该地区 TCC 地层沉积的界面沿倾向存在 76m（249ft）的高差。TCC 沉积底面的古地形高点在 Cerro de Ricardillo 西南部海拔 257m（843ft）处（图 8. 3b），而低点在 La Rellana 南缘附近的海拔 181m（594ft）处。总体上，该界面在 Cerro de Ricardillo 地区自高点向东和东南方向缓慢倾斜（角度为 1°~5°）。在 La Rellana 地区，该界面向南和东南方向缓慢倾斜（一般为 1°~6°），在南缘斜坡上明显的破折带以南倾角明显增加（最大达 11°）。在 La Rellana-Ricardillo 地区 TCC 披覆在 76m 的古地形上。La Rellana-Ricardillo 在北西向和西向邻近火山高点，并且向南和向东面面向地中海（图 8. 1；Goldstein 等，2013，本文图 8. 3）。

在两个地区 33m 和 76m（108 和 249ft）高差的地形上表现所观察到的上超和下倾的几何形态以及正确的岩相分布是发展恰当建模流程的关键挑战（后面讨论）。

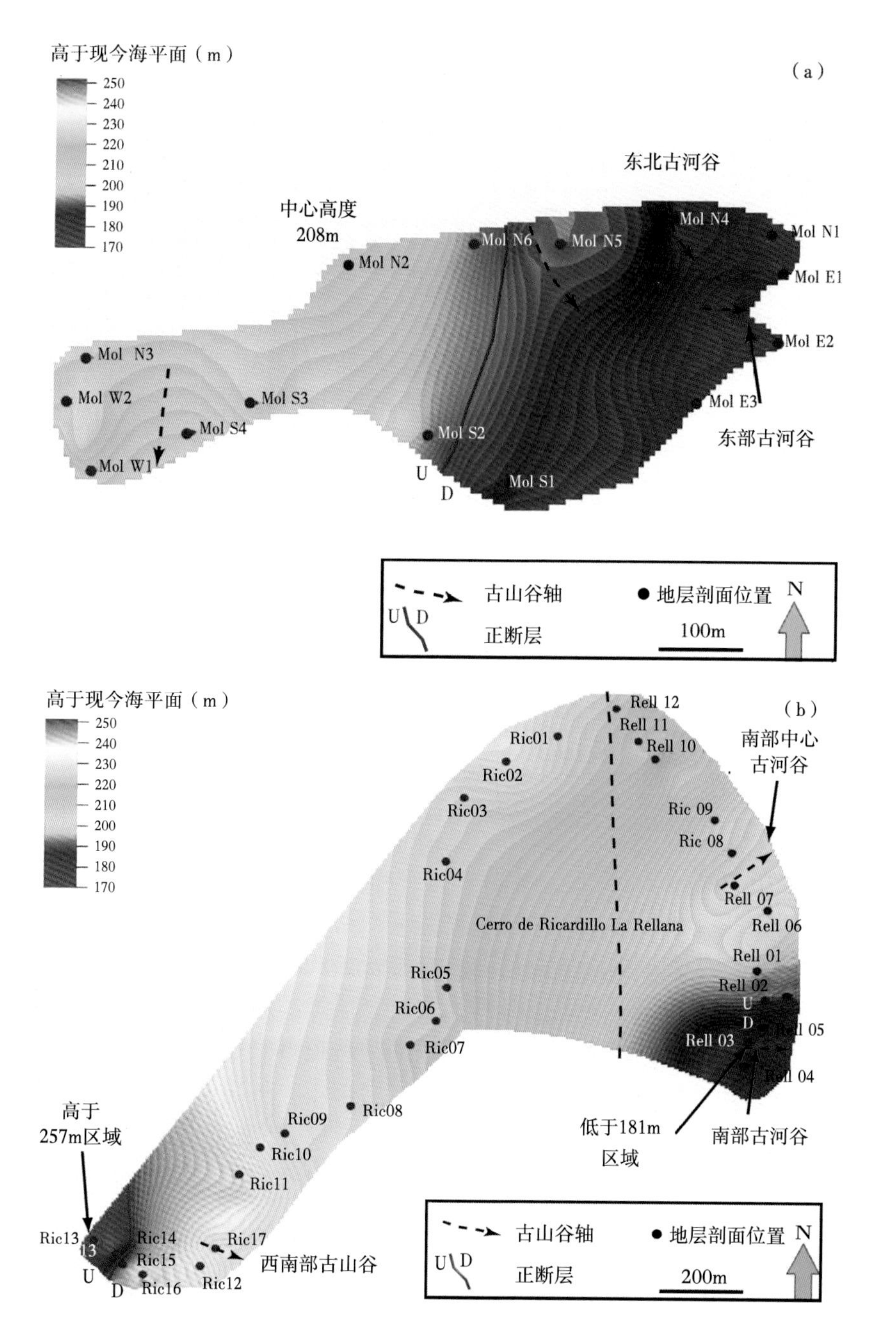

图 8.3　古地形图中 La Molata 地区和 La Rellana-Ricardillo 地区 TCC 沉积时期的古地形平面图

（a）La Molata 地区碳酸盐岩复合体沉积时期的古地形平面图，古地形的高点位于山丘中心的北部，高度为海拔 208m；古地形由中央高点平缓地向东、向南和向西倾斜。（b）La Rellana-Ricardillo 地区碳酸盐岩复合体沉积时期的古地形平面图，其高点位于 Cerro de Ricardillo 的西南部，海拔高度达 257m；低点位于 La Rellana 的北部，海拔高度为 181m；总体上，Cerro de Ricardillo 的古沉积地形由高点向东、向东南平缓倾斜（1°~9°）；La Rellana 地区，古沉积地形向南、向东南平缓倾斜（1°~6°）

8.3　岩相和地层

TCC 之下发育一个区域性的重要暴露面（图 8.2；Franseen 和 Goldstein，1996）。该界面的形成与 Messinian 盐度危机期间地中海的蒸发萎缩有关。其可能与地中海盆地的下蒸发岩单元对等（Bourillot 等，2010）。基于 Franseen 等（1998）在 Las Negras 地区建立的年代地层和其他学者的工作，TCC 的年代为 5.8—5.3Ma。两个研究区的 TCC 由四个旋回层序构成，此处定义为层序 1、层序 2、层序 3 和层序 4。两个地区的每个层序都认为是时间上对等的，且与四期冰川性海平面升降事件相关（Goldstein 等，2013，本书）。图 8.4 显示了 La Molata 和 La Rellana-Ricardillo 野外区的地层结构。

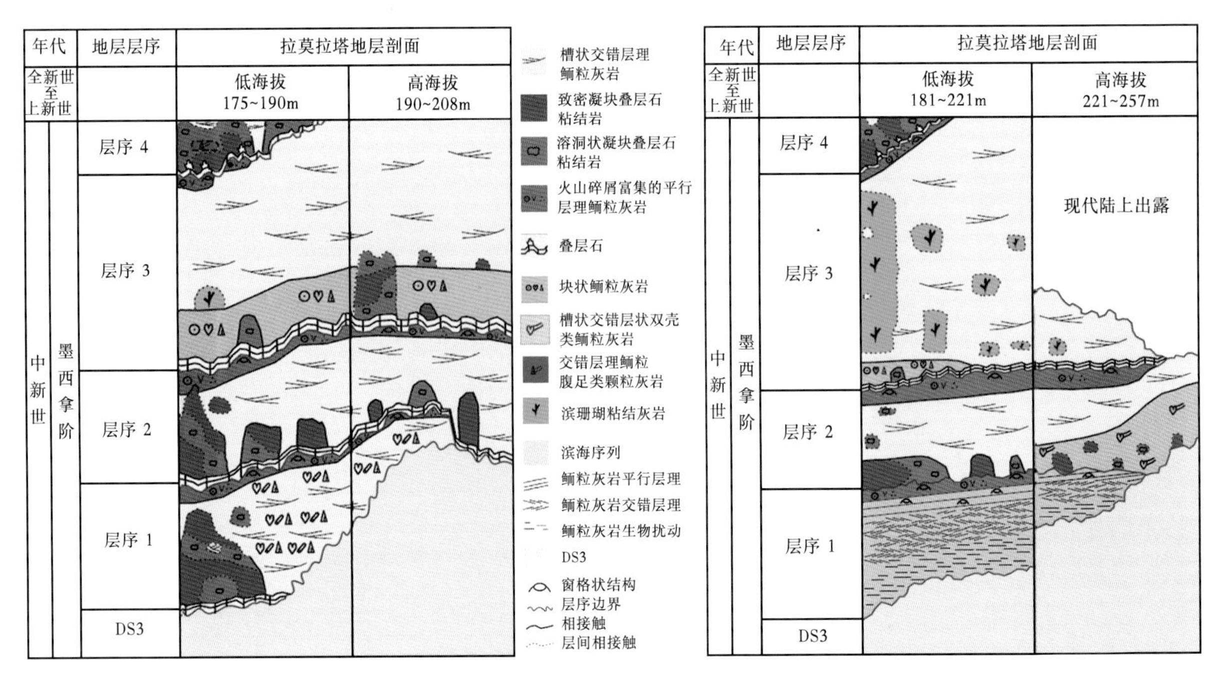

图 8.4　La Molata 和 La Rellana-Ricardillo 研究区碳酸盐岩复合体在不同海拔的分布图

La Molata 的低部位位于东部，高部位位于中央山丘区的北部，其碳酸盐岩复合体沉积厚度 4~28.2m。La Rellana-Ricardillo 的低部位位于 Cerro de Ricardillo 的西南部，碳酸盐岩复合体的沉积厚度 3.5~21.1m；虚线为指状交错的沉积相

Lipinski（2009）和 Goldstein 等（2013，本书）详细描述了 TCC 的岩相特征、结构、分布、层序地层关系以及相应的解释。针对本文的目的，一个理想化的沉积层序对四个层序都是具有代表性的。首先，局部叠层石发育在暴露面之上，代表海平面上升期间的海侵初始沉积。然后，局部的凝块石发育在叠层石之上，代表随后的海侵沉积。随着海平面继续上升到最高点，连续的凝块石沉积或者无沉积作用发生。接下来，在海退和海平面下降期间沉积槽状交错层理鲕粒灰岩，覆盖凝块石上或与其间互。随着海平面进一步下降，火山碎屑富集的平行层理鲕粒灰岩沉积于槽状交错层理鲕粒灰岩之上。最终窗格孔鲕粒灰岩覆盖了该层序，代表水上暴露。

四个层序的 TCC 都下倾并上超在古地形上。研究区内各沉积层序与以上理想化层序之间细节上的相似性和差异性，及其沉积作用的控制作用的详细讨论见 Lipinski（2009）和 Goldstein 等（2013，本书）。重要的是，三维地质模型展现了这两个地区每个层序的详细岩相分布、地层几何形态以及孔隙度和渗透率数据。

8.4　方法

8.4.1　野外数据

露头区详细的地层分析包括实测地层剖面、照片上勾绘层面、岩相、几何形态，以及收集手标本进行钻样，分析岩石物理和岩相特征。

该模型利用了 La Molata 的 15 个实测地层剖面和 La Rellana-Ricardillo 的 29 条剖面。剖面位置由手持 GPS 定位，海拔由地形图上定点确定。接触关系、岩相及几何形态在野外进行实地追踪确定。结果在照片上进行了标定。采集了大约 450 个手标本，来自所有具代表性的岩相，并对柱塞样进行了岩石物理分析。

8.4.2　实验分析

所收集的 450 个手标本中，399 个直径 1in（2.54cm）、长 0.5~2in（1.3~5cm）的柱塞样是平行层理取样。这些柱塞样在 Kansas Geological Survey 进行了校正，并送去 CoreLabs 测试氦气孔隙度、气体渗透率

（Kair）和液体渗透率（Klinkenberg）和颗粒密度。来自珊瑚礁的孔隙度和渗透率数据在属性模拟期间未被使用。珊瑚礁相中大尺度孔隙的发育导致取样自基质的数据不能准确地代表格架的孔隙度和渗透率值。代替的是，根据观察、野外测量以及 J. M. Dawans 提供的未出版数据（1985，个人交流）对珊瑚礁格架相的孔隙度和渗透率值进行了估计。对全部岩相的手标本和柱塞样磨制了 87 个薄片以开展岩相分析。

8.5 数据准备

野外和实验室数据被数字化并输入 Petrel 建模软件。44 条实测地层剖面作为钻井被输入 Petrel 建模软件。此外，126 条虚拟剖面（La Molata 73 条，La Rellana-Ricardillo 53 条）被创建并输入 Petrel 建模软件中以精确地描绘岩相分布、几何形态及照片上勾绘的接触关系。虚拟剖面的间隔不超 10m（33ft）以恰当地表现野外观察到的侧向非均质性。在微软 Excel 2007 中合成了实测和虚拟剖面的测量深度（MD）、岩相、沉积环境、孔隙度、预测渗透率和实测渗透率曲线。

MD 曲线通过将实测和虚拟剖面顶部的海拔减去 TCC 底面的海拔而建立。TCC 的厚度是从实测和虚拟剖面的顶（0MD）向下到剖面底部的厚度。测深曲线标记间隔为 10cm（4in）以代表野外观察到的垂向相变。这对于叠层石和窗格孔鲕粒灰岩尤其重要，它们的厚度通常小于 30cm（12in）。

通过给每个岩相赋予离散整数值，自实测剖面合成了岩相曲线。表 8.1 列出了两个地区的岩相对应的整数值。一些岩相需要设定两个整数值，原因将在储层建模流程部分中解释。岩相整数值被植入曲线中，并被推广到最靠近的 10cm 处，以使每个测深仅有一个岩相。

表 8.1 岩相

岩　相	整数值	
	La Molata	La Rellana-Ricardillo
叠层石	0、1	0、1
致密凝块叠层石粘结灰岩	2	2
溶洞凝块叠层石粘结灰岩	3	3
厚层鲕粒灰岩	4	4
槽状交错层理鲕粒灰岩	5	5
火山碎屑富集的水平层理鲕粒灰岩	6、8	6、8
滨海沉积序列	7	7、9
窗格鲕粒灰岩	9、15	15、16
槽状交错层理含双壳颗粒灰岩	10	10
交错层理含鲕粒的颗粒灰岩	11	11
含珊瑚粘结灰岩	12	12
DS3 生物礁	13	13
DS3 生物礁角砾	14	14

注：岩相所赋的整数值用于合成曲线的生成。

离散整数值还被用于创建沉积环境的合成曲线（表 8.2）。这些沉积环境整数值是基于水深、海平面变化史，考虑了沉积期间影响沉积物的物理、生物和化学过程（Lipinski，2009；Goldstein 等，2013；本书，详细介绍了如何确定水深和相对海平面位置）。对每个层序都设定六个整数值代表不同的沉积环境。整数值都被推广到最靠近的 10cm（4in）处，以与岩相匹配。沉积环境的设定将在储层建模流程部分中进一步讨论。

表 8.2 沉积环境

沉积环境	整数值	
	La Molata	La Rellana-Ricardillo
浅水早期抬升	1	1
浅水晚期抬升	2	2
深水沉降	3	3
浅水沉降	4	4
滨岸沉降	5	5
地表暴露	6	6

注：沉积环境所赋的整数值用于合成曲线的生成，其中的深、浅代表古水深和古海平面。

柱塞样实测的孔隙度和渗透率值被赋予它们在合成地层剖面上对应的深度。在没有样品值的深度，根据建模目的以-9999 代表无效值。最初的孔隙度和渗透率分析在微软 Excel 2007 中进行，以找出特定岩相的孔渗关系。对不同岩相计算了孔隙度—渗透率曲线（图 8.5），表现为指数关系

$$K = A\phi^{b}$$

其中，k 为液体渗透率，mD；ϕ 为氦气孔隙度，%；A 和 b 为岩相常数。利用该相关关系计算了实测孔隙度值对应的渗透率值，然后在合成剖面中植入为预测渗透率。鉴于数据分散，研究区中无法对单一岩相建立可靠的孔渗关系。结果，预测渗透率值和相关曲线未被用于属性建模。

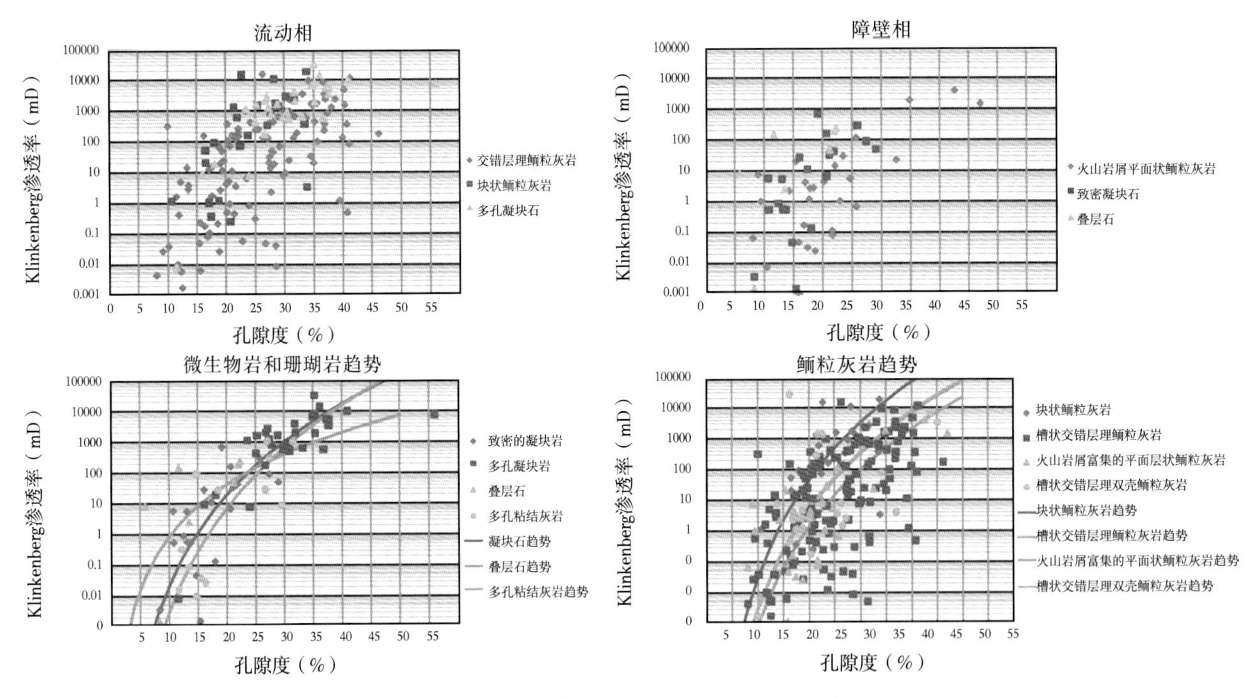

图 8.5 孔隙度与渗透率相关关系交会图

最佳拟合曲线并没有应用于孔隙度模型中，因为其不能反映相关的异常数据

8.6 储层建模流程

建立了两个 TCC 的静态三维储层类比模型，一个代表 La Molata 露头，另一个代表 La Rellana-Ricardillo 露头区。这些储层类比展示了关于海平面拐点处的旋回性鲕粒灰岩—微生物岩层序。利用 Petrel 建模软件综合野外和实验室数据建立模型。两个模型的创建流程一致。

8.6.1 三维网格创建

170 条实测和虚拟地层剖面被作为钻井输入 Petrel 建模软件中，并且利用野外采集的统一横轴墨卡托（mercator）投影坐标进行定位（图 8.6）。补心海拔设定于剖面顶部，通过将剖面厚度和 TCC 底面海拔相加得到。数字化地层剖面的 . Tiff 文件也被加载进来，与 44 条实测剖面一起，用作对比期间的质量控制。

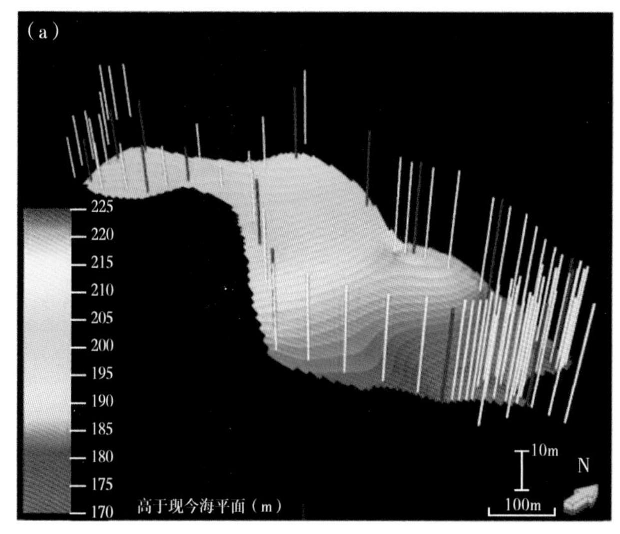

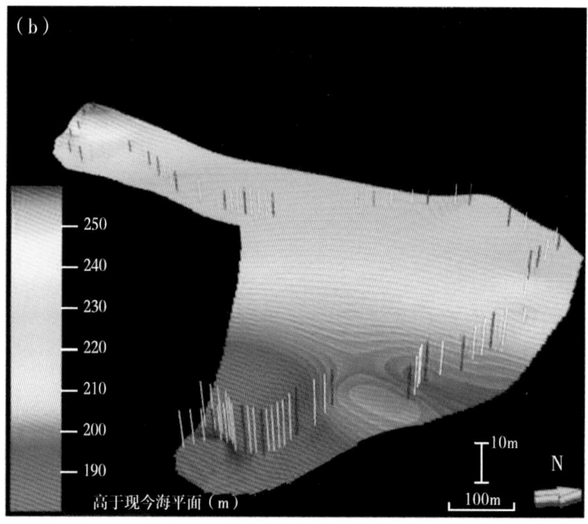

图 8.6　模型中形成碳酸盐岩复合体表面的基底

（a）为 La Molata 地区；（b）为 La Rellana-Ricardillo 地区，包含了实际的部分（红色柱子所示）和虚拟部分（白色柱子所示），它们相互之间以 10m 间隔对区域中复合体的几何形态及分布进行约束

根据岩相和沉积环境建立的关系在连井剖面中进行了沉积环境对比（Lipinski，2009；Goldstein 等，2013，本书）。选择对比沉积环境而不是岩相或层序界面的原因是，这样可以更好地表现野外观察到的岩相几何形态和分布。

模型中创建的层面有 TCC 底面，层序 1、层序 2、层序 3 和层序 4 的底面，层序 2 中沉积环境变浅的界面及 TCC 的顶面，层面创建方法是收敛插值算法。挑出层序 2 沉积环境变浅的界面是非常有意义的，因为它在两个露头的每个剖面中都有发育，并且位于 TCC 底面和顶之间地层的中间位置。

然后从 TCC 底面到层序 2 变浅界面，再到 TCC 顶面创建了单元网格，X 和 Y 方向网格大小为 5m（16ft）。小尺度的网格对于再现露头观察到的岩相分布非均质性是必要的。网格中，对两个模型都从 TCC 底面、层序 2 变浅界面，到 TCC 顶面创建了层面（horizon）。La Molata 模型中层序 2 的底面在西缘部分削截层序 1。根据沉积环境范围创建层段（zone），以相关的界面为额外的限定条件，然后在限定 Z 值的层面（horizon）中进行推广。层段（zones）中不同数量的小层（layers）被创建，以实现对每个层段的理想垂向分辨率。小层数量为 2～14，与层段（zones）的厚度和这些层段内发育的岩相有关。浅水的早期抬升暴露的层段要求厚 0. 1～0. 3m 的层段才能精确地模拟岩相、孔隙度和渗透率。相反，浅水下降的层段只需要厚 0. 5～2m 就可以精确地模拟孔隙度变化。每个模型的平面范围由 TCC 露头出露范围确定的多边形限定。

8.6.2 岩相模拟

对 170 条剖面的岩相、孔隙度和渗透率值在模型内进行了粗化，并且利用随机方法进行插值。岩相粗化数据的数据分析在 Petrel 建模软件中完成。每个层段中岩相的相对比例被计算，然后，利用序贯指数模拟方法（SIS）随机地将岩相从剖面向外推广（Deutsch 和 Journel，1998）。一些情况中，在某一层段中只有一种岩相出现；浅水早期海侵的层段仅由叠层石构成，水上暴露段只由窗孔状鲕粒灰岩构成。另外一个整数值被赋予这些岩相，这样 SIS 才能推广到这些层段。

SIS 利用数据的变差函数将离散岩相值之间的递增方差描述为它们之间距离的增加。然而，来自野外露头观察的对岩相分布的深入认识有利于在岩相模拟过程中更好地控制模拟。为了在模型中更好地控制岩相分布，创建了一些概率图以赋予模型中特定区域中各岩相发育的可能性。层序 2 的浅水下降段最明显地显示了概率图的意义。凝块石只发育在层序 2 浅水下降段的最底部。在最初模拟试验期间，凝块石被错误地模拟在了高部位。为了解决这一问题，为层序 2 浅水下降段建立了一张概率图（图 8.7），并且在 SIS 计算期间得以应用。

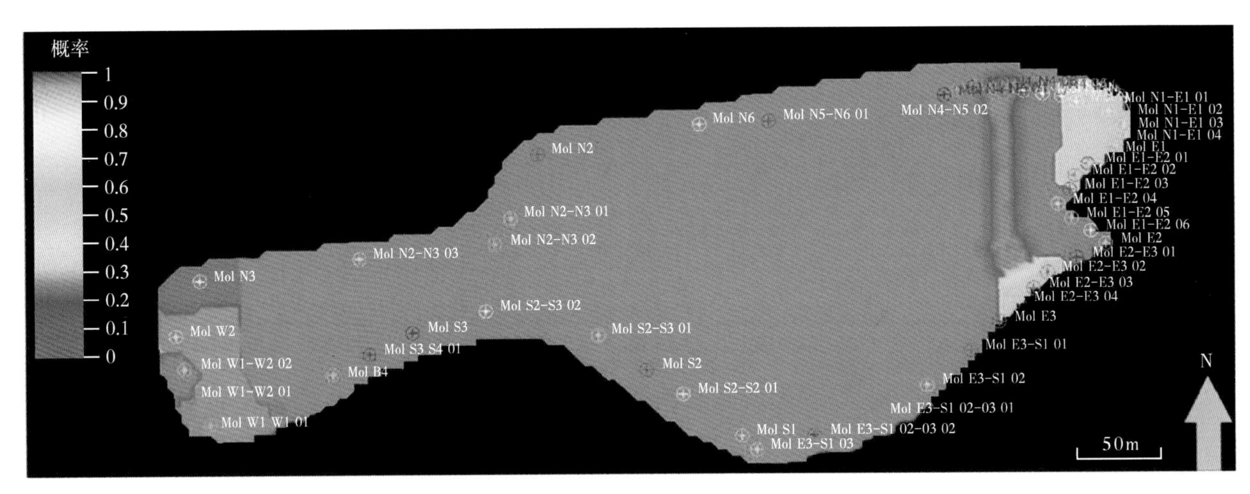

图 8.7　为建模过程中用以约束岩相分布的概率图实例

图示为 La Molata 地区层序 2 中缓坡沉积环境中的凝块叠层石概率图，颜色由粉红到红色，代表概率由 0 到 1

8.6.3　岩石物理模拟

对于大多数层段，都对实测剖面粗化的孔隙度和渗透率值在 Petrel 建模软件中进行了数据分析。每个沉积环境中每个岩相都分别进行了孔隙度和渗透率分析。由于样品太小的原因，叠层石孔隙度和渗透率分析包括了来自所有沉积环境中的叠层石样品。分析中应用了正态分数转换，并且分布曲线被拟合为转换数据。应用了分布拟合，而不是正态或平均拟合，为了更好地描述某种岩相的孔隙度和渗透率值范围。

利用随机方法在整个模型中将各岩相的孔隙度和渗透率值进行了插值，由于前述原因珊瑚礁除外。利用序贯高斯模拟方法（Sequential Gaussian Simulation，SGS）从剖面上的孔隙度和渗透率值随机地进行了插值（Corvi 等，1992；Deutsch 和 Journel，1998）。SGS 利用数据变差函数将离散孔隙度和渗透率值之间的递增方差描述为它们之间距离的增加。对于那些需要给一种岩相设定第二个整数值的层段，为第一个整数值设定的数据转换和变量同时被应用于第二个整数值的孔隙度和渗透率插值。对层段中渗透率插值的过程中，为了给指定岩相的孔隙度值赋予合适的渗透率值，孔隙度值被用作了第二变量。

对珊瑚礁孔隙度和渗透率值的插值指定了一个整数值，而未用转换数据。该方法的应用是由于在柱塞样里获取对珊瑚礁具有代表性的值基本是不可能的。考虑到层序 3 浅水下降段中珊瑚礁相在地层中的位置、侧向分布及相对小的体积质量（体积计算部分进行了定量计算），该方法并不影响储层模型的完整性。

8.7　模型结果

8.7.1　岩相模型

露头上观察到的复杂的岩相几何形态和分布在模型中实现了重建（图 8.8）。模拟的凝块石在模型下部侧向更连续、更厚，向上变得更为孤立、更薄。在模型下部，凝块石在层序上部与鲕粒岩间互，侧向沉积多于垂向。La Rellana-Ricardillo 地区层序 3 的珊瑚礁（*Porites* 粘结岩岩相）也是在模型下部侧向更连续、更厚，上部更孤立、更薄。密集的剖面、概率图、5m 的单元网格以及小到 0.1cm 的垂向分辨率足以精确地重建野外露头观察到的岩相非均质性。

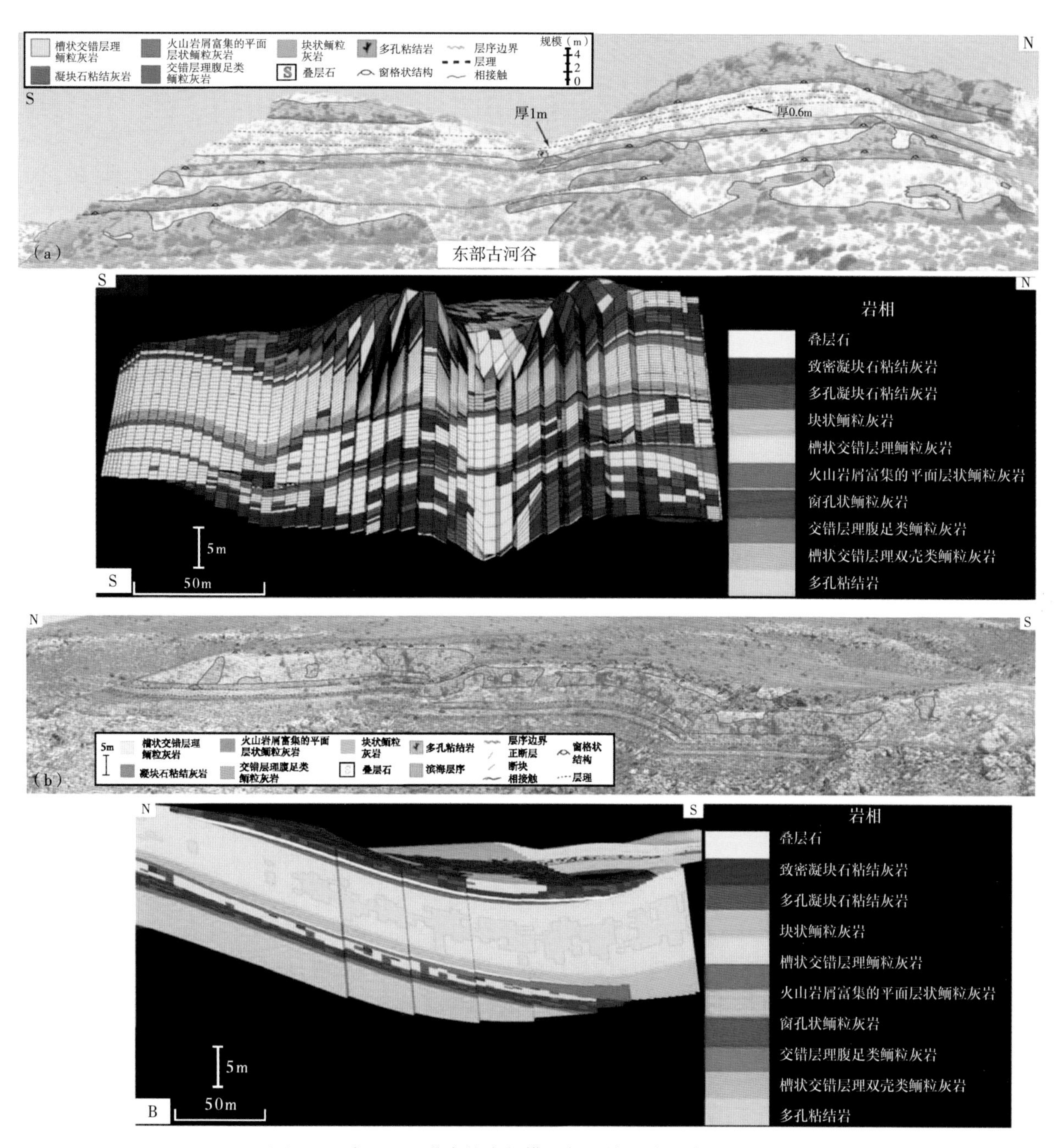

图 8.8　为 Petrel 形成的岩相模型与区域照片镶嵌图的对比

模型之所以能重建复杂的岩相模式，是由于精细的网格化和层位的划分；（a）中 La Molata 地区的东部，有研究区最低海拔的碳酸盐岩复合体的露头。而且，凝块叠层石横向连续，其互层中的鲕粒含量更高。因为可容纳空间及鲕粒的关系，凝块叠层石的横向分布相对于垂向来说更加广泛。（b）中 La Rellana-Ricardillo 南缘处于层序 3 的最低海拔处，其珊瑚礁横向分布连续，而且较厚。层序 2 的凝块叠层石横向分布很广，而且互层中鲕粒含量高。可以看到层序 1 中只含有关滩沉积的岩相，而不含微生物岩

利用岩石物理分析得到的平均孔隙度和渗透率值（表 8.3）以及岩相模型结果，区分了流动相和隔挡相。野外露头的流动相具有侧向范围广、厚度大、储集能力大，并且高渗透性的特点。流动相由槽状交错层理鲕粒灰岩、块状鲕粒灰岩、滨岸相、槽状交错层理鲕粒双壳灰岩、交错层理鲕粒腹足颗粒灰岩、孔洞凝块石粘结岩、火山碎屑富集的平行层理鲕粒灰岩和腹足粘结岩构成。所有的流动相都有比较好的储集性能。

表 8.3　各岩相孔隙度及渗透率平均值

岩　相	平均孔隙度（%）	平均渗透率（mD）
滨海沉积序列（BS）	25.000	1106.897
滨海序列中的槽状交错层理鲕粒灰岩	26.300	1605.825
滨海序列中的生物扰动鲕粒灰岩	24.970	863.000
滨海序列中的水平层理鲕粒灰岩	21.100	126.782
槽状交错层理鲕粒灰岩	25.200	602.138
鲕粒互层的含腹足类颗粒灰岩	33.000	2220.00
槽状交错层理含鲕粒和双壳类颗粒灰岩	23.400	1613.280
火山碎屑富集的水平层理鲕粒灰岩	21.200	273.137
窗孔状鲕粒灰岩	17.116	11.039
厚层鲕粒灰岩	24.300	2330.000
珊瑚类粘结灰岩	12.5*	1500*
叠层石	17.000	70.500
致密凝块叠层石粘结灰岩	19.100	68.910
孔洞凝块叠层石粘结灰岩	31.800	4201.000

注：表中数值由数据分析得到，红色代表隔挡相，其余为流动相；带＊的数据来自 J. M. Dawans。

野外的隔挡相侧向分布范围变化较大，并且由于孔隙度值低、厚度小，且渗透率低导致储集性能差。隔挡相包括叠层石、致密凝块石粘结岩、窗孔状鲕粒灰岩。其中一些局部具有较高的储层质量；然而，放在整个体系中考虑的话，它们被当作非储层相。隔挡相的渗透率值相较流动相低一至两个数量级。这种差异将可能会延缓或完全阻止储层中的流体通过这些岩相。

8.7.2　岩石物理模型

La Molata 和 La Rellana-Ricardillo 研究区生成的孔隙度和渗透率模型如图 8.9 的栅状图；岩相模型展示便于描述。两个地区的孔隙度值表现为斑状分布，与野外观察一致。这种非均质的分布特征部分是由于岩相分布的影响结果，但是也可能是由于成岩作用的影响（见讨论部分）。表面上看，渗透率值表现为类似孔隙度值的斑状分布，但是详细的分析可识别出了一些趋势性的现象。低渗透率的层段，通常非常薄（几十厘米），集中发育于层序边界处。这些低渗透性薄层与层序底部的叠层石和层序顶部的窗孔状鲕粒灰岩有关。在 La Molata，隔挡相集中发育在层序 1—层序 2、层序 2—层序 3 及层序 3—层序 4 的边界处，构成了侧向分布广、具足够厚度，并可能阻止流体在层序间运移的小层。在 La Rellana-Ricardillo，层序 1—层序 2 界面处的隔挡层并不像在 La Molata 那样连续。然而，一个薄的、侧向连续且低渗透的小层在层序 2—层序 3 边界处出现，将可能影响层序间的流体流动。如果不是模型中采用了足够小的网格和足够薄的小层，这些低渗透层将可能是模糊或甚至不存在的。

8.7.3　体积计算

模型中计算了总体积和孔隙体积来定量分析岩相非均质性和烃类储集能力。利用净毛比为 1 对每个区块计算了总体积值。然后将总体积乘以孔隙度值计算了孔隙度体积（表 8.4）。利用软件中的过滤方法对每个岩相的总体积和孔隙体积都进行了计算。

两个地区的模型都揭示了高的储层质量和潜在储集潜力。La Molata 和 La Rellana-Ricardillo 地区的储层岩相分别具有 450287m^3 和 2716195m^3 的总孔隙体积。两个模型中，槽状交错层理鲕粒灰岩都是体积上最大的储集岩相，所有层序中侧向分布最广，并且表现出非常大的储集能力和高渗透性。它占流动单元中孔隙体积的 86%。该岩相还与其他流动相具有较高的连通性。因此，槽状交错层理鲕粒灰岩代表最优质的储集相，应是油气勘探的首要目标。

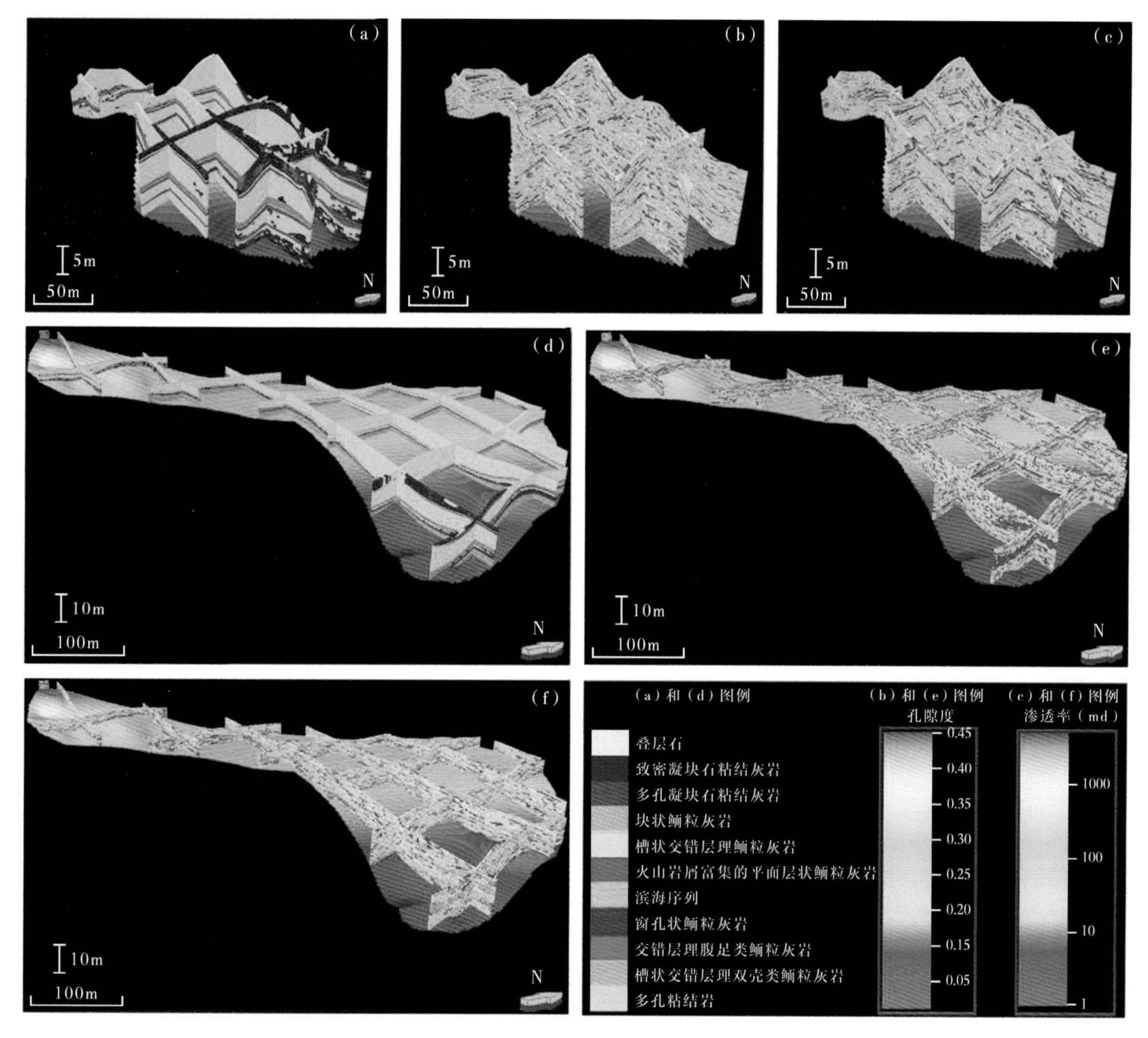

图 8.9　油藏模拟模型栅状图

(a) 至 (c) 为 La Molata 地区的油藏模拟模型栅状图，(d) 至 (f) 为 La Rellana-Ricardillo 地区的油藏模拟模型栅状图。(a) 为 La Molata 地区岩相分布图，层序中海拔较高处的凝块叠层石分布不连续，而且较薄。(b) 为 La Molata 地区的孔隙度分布图，工区孔隙度变化复杂，部分是由于沉积相造成，也可能是成岩作用造成的。(c) 为 La Molata 地区渗透率分布图，同样的，沉积相及成岩作用造成工区渗透率的复杂变化；地层中低渗透率部位难以识别，因为地层较薄；但是在层序边界处的横向连续的网格状鲕粒灰岩及叠层石地层中，通常都会存在低渗透率部位。(d) 为 La Rellana-Ricardillo 地区的岩相分布图，层序 2 中的凝块叠层石在高海拔处分布不连续，而且较薄；层序 3 中 La Rellana 边缘的南部，珊瑚礁横向分布广泛而且较厚，但在高海拔处，其分布很少而且较薄。(e) 为 La Rellana-Ricardillo 地区孔隙度分布图，工区中孔隙度变化非常大，其可能是沉积相造成的，也可能是成岩作用造成的；在 La Rellana 边缘的南部，层序 3 中的低孔隙度通常存在于的珊瑚礁中。(f) 为 La Rellana-Ricardillo 地区渗透率分布图，同样的，沉积相和成岩作用使得整个工区的渗透率复杂变化；低渗透率通常存在于层序 2 及层序 3 的边缘部位，因为在这些地方网格状的鲕粒灰岩及叠层石地层横向连续，厚度却很薄

微生物岩（凝块石、叠层石）在 La Molata 和 La Rellana-Ricardillo 模型中分别占总体积的 15% 和 7%。凝块石岩相中，孔洞凝块石占 38%，致密凝块石占 62%。对于流体流动有贡献的孔洞凝块石集中发育于古地貌低部位，主要沉积于层序底部。La Molata 相对于 La Rellana-Ricardillo 发育更多的孔洞凝块石。然而，孔洞凝块石侧向发育不连续，与低渗透性致密凝块石指状交错。此外，致密凝块石与孔洞凝块石的平面分布和地层中的垂向分布并未观察到有何规律，导致流动单元中不可预测性的非均质性，特别是由于致密凝块石较孔洞凝块石更多。总体上，孔洞凝块石只占模型中孔隙度的 3%，因此在整个 TCC 体系中并不重要。然而，La Molata 的层序 2 中孔洞凝块石占流动相的 17%，是储层的重要组成部分。

由叠层石、致密凝块石和窗孔状鲕粒灰岩构成的隔挡相将是地下类比储层中如何进行油气开发的重要影响因素。致密凝块石在 La Molata 和 La Rellana-Ricardillo 分别占总体积的 8%和 3%。只考虑 La Molata 的层序 2 的话，致密凝块石占层序的 21%，将可能严重影响该层序中的流动特征。致密凝块石集中发育于低部位可能形成局部的隔挡层，需要进一步研究以提升采收率。叠层石和窗孔状鲕粒灰岩岩相在两个模型中所占总体积的均不大于 2%，致密凝块石平均占 5%。尽管叠层石相体积上小，但是在紧挨层序界面之上的部分连续分布特征有利于它们作为隔挡单元的效果。同样地，窗格孔鲕粒灰岩也沿层序顶面侧向连续发育。叠层石和窗孔状鲕粒灰岩一起将构成流体流动的有效隔挡层。

8.8 讨论

理解建模的目的是一项重要的工作，对于储层建模者来说是理所当然的（Borgomano 等，2008）。本项目的最终目标是形成一些露头储层类比模型，通过综合野外、实验室及岩石物理数据来评估与古地形相关的储层特征，并定量表征储层非均质性。本文建立的露头储层类比模型仅是简单化的储层类比，对成岩相的详细空间分布未予以考虑。尽管详细的成岩控制不在本研究范围内，但为孔隙度和渗透率值采集的岩石样品包含了成岩产物。此外，来自柱塞样的孔隙度和渗透率值被粗化到了模型中的实测地层剖面上，与其野外收集的位置一致。因此，本模型的确包含了全方位的成岩作用。本次研究中的建模结果，展示了岩相对孔隙度和渗透率的控制作用，形成了下一步在岩相分布基础上叠加成岩相的基础。下面对储层勘探的讨论是基于岩相分布是储层的主控因素开展的。

表 8.4 体积计算表

相	体积（m^3）				体积（bbl）					
	体积		孔隙空间		体积		孔隙空间		体积（%）	
	地区		地区		地区		地区		地区	
	LM	LRR	LM	LRR	LM	LRR	LM	LRR	LM	LRR
合计	2047667	11619973	490591	2837902	12879	73087	3086	17850		
叠层石	55039	229511	9099	43253	346	1444	57	272	2	2
致密凝块叠层石粘结灰岩	159334	355107	31204	78454	1002	2234	196	493	8	3
溶洞凝块叠层石粘结灰岩	83451	245635	21124	78861	525	1545	133	496	3	2
厚层鲕粒灰岩	132172	278735	33616	67414	831	1753	211	424	6	2
槽状交错层理鲕粒灰岩	1449389	6826996	358741	1703122	9116	42941	2256	10712	71	59
滨海沉积序列	0	2489179	0	637784	0	15656	0	4012	0	21
槽状交错层理含鲕粒和双壳类颗粒灰岩	0	525590	0	116380	0	3306	0	732	0	5
交错层理含鲕粒腹足类颗粒灰岩	12410	0	3017	0	78	0	19	0	1	0
含珊瑚粘结灰岩	216	234637	61	29337	1	1470	0	185	<1	2
火山碎屑富集的水平层理鲕粒灰岩	129419	349122	29149	68978	814	2196	183	434	6	3
网格鲕粒灰岩	26247	85460	4579	14319	165	538	29	90	1	1

注：油藏类比模型里不同相的体积与孔隙空间体积表；LM—La Molata 地区，LRR—La Rellana-Ricardillo 地区。

8.8.1 地下勘探

对 La Molata 和 La Rellana-Ricardillo 的 TCC 开展储层类比建模对于地下相似油气目标的勘探是非常有意义的。针对这两个储层类比的勘探策略有所差异，下面分开讨论。两个储层类比的层序 4 均未作考虑，由于露头顶部严重的剥蚀导致保存程度有限。对两个地区都做了同样的假设，即烃类将能够运移进入储层类比，并且有盖层存在。

8.8.1.1 La Molata 石油储层类比

La Molata 储层有三个层序作为彼此分割的储层单元。顶部覆盖层序的窗孔状鲕粒灰岩和层序底部的叠层石一起构成了层序间侧向连续的隔挡层。槽状交错层理鲕粒灰岩具有优质储层质量，平均孔隙度25.2%、平均渗透率值602mD。每个层序中都是以槽状交错层理鲕粒灰岩体积最大，层序内侧向分布广，并且与其他大多数流动相连通。还有，高渗透性和大储集性使其成为主要目标。位于露头北部的中央高地在TCC整个沉积过程中都是地形高点。烃类将通过流动相运移，并在中央高地的这些岩相中成藏。中央高地可以是一口井的钻探目标（图8.10），该井可以钻穿三个层序，开发每个层序中的槽状交错层理鲕粒灰岩。

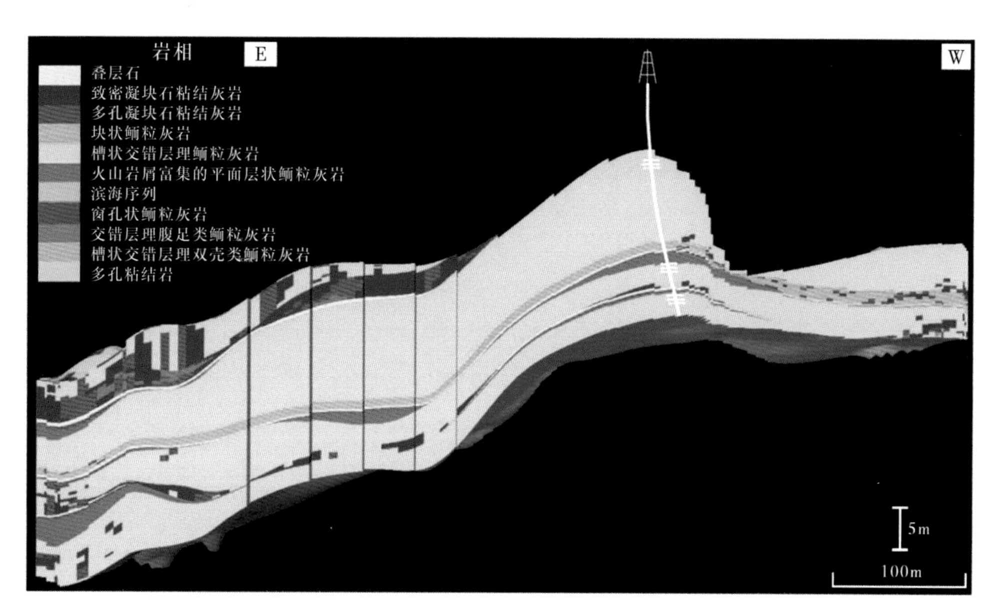

图8.10 La Molata北视角的岩相模型

中央高部位被碳酸盐岩复合体沉积所覆盖；中央高部位的槽状交错层理鲕粒灰岩，钻井发现其蕴藏油藏大部分的储量；从更大的范围来看，层序1及层序2低海拔部位的凝块叠层石，将是第二远景区带

在中央高地钻探的一口井将可以开采La Molata储层中的大部分储量，并且可能是该尺度储层仅需的一口井。然而，对于更大尺度的储层来说，在模型最底部的孔洞凝块石如果足够多且连通的话也可以作为第二目标。孔洞凝块石平均孔隙度31.8%、平均渗透率达4201mD。孔洞凝块石的沉积和发育与致密凝块石关系密切。致密凝块石作为隔挡相可能分割储层。尽管渗透率低，致密凝块石具有比孔洞凝块石更大的储集性，在强化采收率措施的作用下也可作为目标，如酸化压裂。

8.1.1.2 La Rellana-Ricardillo 石油储层类比

La Rellana-Ricardillo储层有两个流动单元。层序1和层序2组合为一个单元，层序3作为一个单元。层序1顶部覆盖的窗孔状鲕粒灰岩和层序2底部叠层石的不均衡发育导致这两个层序相互连通。槽状交错层理鲕粒灰岩具有好的储层质量，是各层序中体积最大的岩相，并且与其他大多数流动相连通。高渗透性和大储集性使其成为主要目标。要勘探La Rellana-Ricardillo储层的油气，需要两口井。对于层序1—层序2目标，需要一口井钻在层序2的263m海拔处（图8.11）。对于层序3目标，钻井应定在槽状交错层理鲕粒灰岩的最高海拔处（图8.11）。

像La Molata储层那样，尺度明显更大的La Rellana-Ricardillo储层可能会有额外的目标。层序2底部的孔洞凝块石可能作为第二目标。孔洞凝块石具有优质储层质量，但是与导致储层分割的致密凝块石一起斑状分布。致密凝块石具有低渗透性，但是具有大约与孔洞凝块石相同的孔隙体积。因此，在酸化压裂的改造下，它们也可作为储层单元。层序3最底部的珊瑚礁相可能是另一个目标，如果足够的礁格架相互连接。珊瑚礁相具有中等储层质量，孔隙度为12.5%，渗透率为1500mD，但是只有29337m^3的孔隙体积。因此，需要更大的体系才可能使礁体成为现实目标。珊瑚礁基质相对致密（33mD），并且对大尺度孔隙网络的侧向连通性不清楚。如果大尺度孔隙被致密基质分割，也可能导致储层的分割。

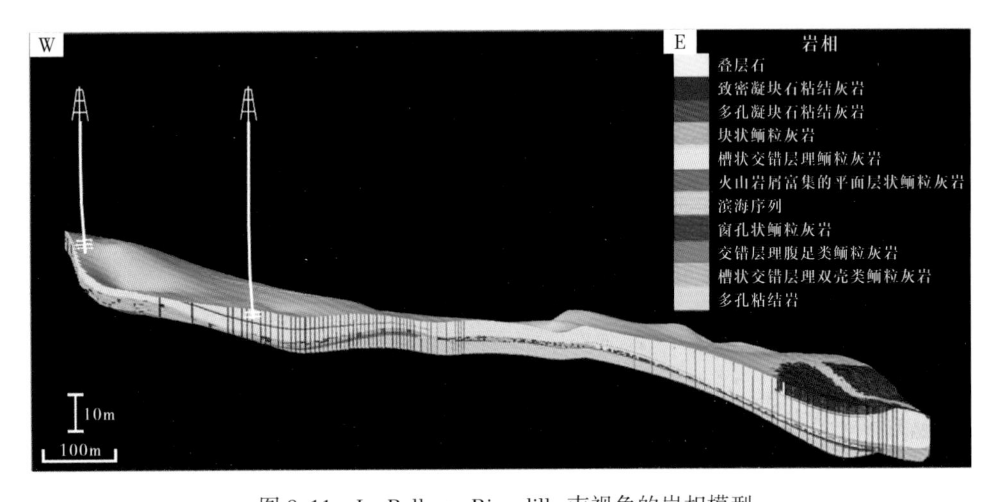

图 8.11　La Rellana-Ricardillo 南视角的岩相模型

油藏开发需要的两口钻井，其中一口井位于层序 2 的上倾部位，另一口井位于层序 3 的上倾部位；从更大范围来看，层序 2 低海拔部位的凝块叠层石和层序 3 的珊瑚礁将分别是第二和第三远景区带

8.8.2　储层非均质性的控制因素

鲕粒岩—微生物岩储层类比的特征主要与冰川性海平面波动期间古地形对沉积作用的控制作用有关（Goldstein 等，2013，本书）。在较浅海水海侵初期越过底面期间，现在作为隔挡相的叠层石发生沉积。如果这些叠层石能得以保存，这些隔挡相可以覆盖底面，隔绝流体与下伏地层的交流。在更深、更开阔的海水中，现在作为流动相和隔挡相（孔洞凝块石和致密凝块石）的凝块石发生沉积，并造成地形高点。凝块石在模型下部侧向发育更广、更厚，并且可以造成局部的非均质性。海平面持续上升到转折点，然后开始下降。槽状交错层理鲕粒灰岩在相对海平面下降到浅海期间发生沉积。槽状交错层理鲕粒灰岩代表流动相，具有巨大的储集能力。槽状交错层理鲕粒灰岩填齐了之前形成的地形差。在此期间，部分先期沉积的微生物岩可能已遭受剥蚀，这对于储层非均质性具有严重的影响。剥蚀的叠层石沉积在层序底部，可能造成与下伏地层的连通。在模型最底部，相对海平面下降期间沉积的凝块石可能发育在层序上部。由于海平面下降过程中有限的可容纳空间以及与鲕粒沉积的竞争，这些凝块石以侧向聚集多于垂向聚集。间互发育的致密凝块石和鲕粒岩造成了隔挡相和流动相复杂的空间分布特征。在致密凝块石加积到层序顶部的地方，它们可能阻止了层序内流动相的连通。在海平面下降期间，现在作为流动相的浅水火山碎屑平行层理鲕粒灰岩发生沉积。随着接下来的暴露，窗格孔鲕粒灰岩发生沉积，并且覆盖其下层序作为隔挡相。在其发育的部位，可以阻止与上覆地层的连通。总体上，相对海平面上升以建造地形差的微生物岩沉积为特征，即可形成隔挡相也可形成流动相。相对海平面下降主要以鲕粒岩沉积为主，填齐先期地形差，形成侧向分布广泛，并且厚的流动相组合。层序顶部的暴露形成了薄隔挡层，可分割层序。层序内的沉积速率并不稳定，大部分沉积作用发生于海平面下降期间。

古地理是导致两个露头区储层特征存在差异的另一个因素。La Rellena-Ricardillo 向地中海开口，受到波浪的直接影响；而 La Molata 处于海湾中，水体更为受限（Goldstein 等，2013，本书）。两个地区的四个主要差异如下：（1）La Molata 层序 1 的叠层石侧向连续，但是在 La Rellana-Ricardillo 则缺失；同样，La Molata 层序 2 的叠层石在底部侧向连续，在中部和上部局部发育叠层石；而在 La Rellana-Ricardillo 只在下部局部发育。（2）在 La Molata，层序 1 最底部的凝块石侧向连续，并且与鲕粒岩在剖面上部间互；在 La Rellana-Ricardillo，层序 1 则只发育滨岸相。（3）凝块石在 La Molata 地区的层序 3 中更发育（总体积的 4%），相比之下，在 La Rellana-Ricardillo 更少（总体积的 0.2%）；相反地，La Molata 的珊瑚礁是孤立发育，体积较小（总体积的 0.02%），而在 La Rellana-Ricardillo 地区，它们在模型下部侧向连续且厚度大，在中部和上部孤立发育，并且体积更大（总体积 5%）。（4）总体上，La Molata 地区槽状交错层理鲕粒灰岩中的生屑颗粒通常为 0~5%，而在 La Rellana-Ricardillo 地区，槽状交错层状鲕粒岩的生屑颗粒在

10%以上，在2%~44%之间。

地理环境的差异导致 La Molata 地区层序间具有比 La Rellana-Ricardillo 地区更大的储层非均质性。在 La Molata 地区更为发育的微生物岩还分割了层序1和层序2。在 La Rellana-Ricardillo 地区，微生物岩隔挡相在层序1—层序2界面处不甚发育，因此，这些层序被考虑为一个流动单元。

8.8.3 地下类比

本文建立的模型可以辅助进行目标识别，为预测相似碳酸盐岩储层体系中鲕粒岩和微生物岩的几何形态、结构和分布提供指导，该沉积体系处于倾斜古地形背景并沉积于高振幅震荡的冰川性海平面变化期间。部分模型可应用于沉积作用发生在高水位与低水位海平面变化转折点中下段的体系中。其他部分的模型更适用于高水位体系。该模型提供了微生物岩岩石物理方面的新数据，并且将其置于地层框架内进行预测。

所建立的模型可广泛应用于下面重点介绍的几个地下实例。

苏门答腊地区下 Batu Raja 组和 Gumai 组的碳酸盐岩油气体系与 TCC 储层类比模型相似（Bishop，2000）。下 Batu Raja 组由围绕火山岛的碳酸盐岩建隆构成，Gumani 组发育含碳酸盐岩建造的四个旋回（Bishop，2000）。在这些领域里具有巨大的发现储层的潜力（Bishop，2000）。

TCC 储层类比模型中描述的微生物建造的分布和几何形态可以辅助现有领域的目标识别和进一步的开发。TCC 露头储层类比模型还可以用于墨西哥湾东北部上侏罗统 Smackover 组的开发。Smackover 组油气产自微生物建造和鲕粒岩油藏（Mancini 等，1998，2004，2008；Mancini 和 Parcell，2001）。其他一些微生物露头类比被用于帮助建立 Smackover 组的地质和计算机模型（Mancini 等，1998，2004，2008；Mancini 和 Parcell，2001）。这些模型可以通过综合 TCC 模型结果和用于建模的流程进一步得到强化。

8.9 结论

（1）综合露头、实验室及岩石物理数据建立了西班牙东南部 La Molata 和 La Rellana-Ricardillo 两个地区的 TCC 露头储层类比模型。这些模型为沉积于高水位和低水位转折点中部的和沉积于高位体系域的旋回性鲕粒灰岩—微生物岩相提供了预测依据。

（2）末端碳酸盐岩复合体（TCC）露头储层类比模型再现了露头观察到的复杂岩相几何形态和分布。X 和 Y 方向 5m 的网格单元与达 0.1cm 的垂向分辨率足以精确地模拟岩相非均质性。建模开发的流程特别适用于冰川性海平面波动期间沉积的薄且倾斜的层序。

（3）根据厚度、侧向分布、孔隙度和渗透率值对流动相和隔挡相进行了区分。岩石物理模拟模仿了野外观察结果，并且半定量地计算了 TCC 露头储层类比中的储层非均质性。

①露头区的流动相侧向分布广、厚度大、储能大、渗透性好，具有很好的侧向连续性。流动相由槽状交错层理鲕粒灰岩、块状鲕粒灰岩、滨岸相、槽状交错层理鲕粒双壳颗粒灰岩、交错层理鲕粒腹足颗粒灰岩、孔洞凝块石粘结岩、火山碎屑富集的平行层理鲕粒灰岩和 *Porites* 粘结岩构成。

②隔挡相的侧向范围变化较大，由于孔隙体积小且通常较薄导致储能比较低，并且侧向连续性差导致渗透率低。隔挡相由叠层石、致密凝块石粘结岩和窗孔状鲕粒灰岩构成。其中一些岩相具有中等储层质量，然而，在整个体系中，它们仍被视为非储层相。

③隔挡相通常具有比流动相低两个数量级的渗透率，将很可能阻挡流体流动。

（4）几个隔挡相集中发育于层序界面处，其中窗孔状鲕粒灰岩覆盖在层序之上，而叠层石发育于层序底部。这些薄层，通常几十厘米厚，将可能阻挡流体在层序间运移。如果不是网格小且纵向小层薄，这些重要的低渗透层将无法在模型中得以表现。

（5）体积分析揭示两个 TCC 露头储层类比均具有较高的储层质量和烃类储集潜力。估计出了 La Molata 的储能为 2.8×10^6bbl，La Rellana-Ricardillo 为 17.1×10^6bbl。

①槽状交错层理鲕粒灰岩在两个模型中的所有层序中都是体积最大的岩相。

②微生物岩在 La Molata 和 La Rellana-Ricardillo 分别占总体积的 15% 和 7%。

③叠层石和窗孔状鲕粒灰岩（隔挡相）在两个模型中所占体积均不大于 2%。

（6）要开发 La Molata 油藏的大部分储量，只需钻于中央高地并钻穿每个层序的槽状交错层理鲕粒灰岩的一口钻井就足够。

（7）在更大尺度的 La Molata 储集体中，最底部的孔洞凝块石以及可能的致密凝块石都可能具生产能力，可作为第二目标。

（8）要使 La Rellana-Ricardillo 油藏开发效果最好，需要两口钻井。位于层序 2 槽状交错层理鲕粒灰岩出露最高点的一口钻井可以同时开发层序 1 和层序 2 的储量，由于这两个层序界面处隔挡层侧向分布范围有限。另一口井需要钻于层序 3 槽状交错层理鲕粒灰岩的最高部位，由于层序 2—层序 3 界面处发育侧向分布广泛且连续的隔挡相。

（9）更大尺度的 La Rellana-Ricardillo 储集体也可能从以下目标中产出：层序 2 的凝块石和层序 3 最底部的珊瑚礁。

（10）与海平面相关的古地理是储层非均质性的主控因素。

①相对海平面上升以微生物岩的沉积作用为特点。微生物岩可造成地形差，形成隔挡相和流动相组合。层序底部的叠层石在可以保存的地方，可能作为层序间有效的流体隔挡层。

②相对海平面下降以鲕粒岩沉积为主，可填齐先期的古地形差，形成侧向分布广泛并且厚度大的流动相组合。

③层序顶部暴露形成了可以将各层序与上覆地层分割的薄隔挡层。

④相对海平面下降期间的沉积速率高于上升期间。

（11）La Molata 的古地理位置处于海湾中而 La Rellana-Ricardillo 面向广海，导致了两个储层类比的差异。相比于 La Rellana-Ricardillo，La Molata 具有更高的非均质性，并且在 La Molta 层序 1—层序 2 界面处更发育隔挡相。在 La Rellana-Ricardillo，层序 1—层序 2 边界处发育更少的微生物岩、更多的生屑颗粒灰岩，并且缺失隔挡相。

（12）本次研究建立的 TCC 露头储层类比模型可被用于相似的鲕粒灰岩、微生物岩和鲕粒灰岩—微生物岩储层中，以识别新的勘探目标，提升新的和已有的油田开发水平，并且辅助储层模拟。

参考文献

Adams, E. W., S. Schroder, J. P. Grotzinger, and D. S. McCormick, 2004, Digital reconstruction and stratigraphic evolution of a microbial- dominated, isolated carbonated platform (terminal Proterozoic, Nama Group, Namibia): Journal of Sedimentary Research, v. 74, p. 479-497, doi: 10.1306/122903740479.

Adams, E. W., J. P. Grotzinger, W. A. Watters, S. Schroder, D. S. McCormick, and H. A. Al - Siyabi, 2005, Digital characterization of thrombolite - stromatolite reef distribution in a carbonate ramp system [terminal Proterozoic, Nama Group, Namibia]: AAPG Bulletin, v. 89, p. 1293-1318, doi: 10.1306/06160505005.

Al-Saad, H., and F. N. Sadooni, 2001, A new depositional model and sequence stratigraphic interpretation for the Upper Jurassic Arab "D" reservoir in Qatar: Journal of Petroleum Geology, v. 24, p. 243-264, doi: 10.1111/j.1747-5457.2001.tb00674.x.

Al-Suwaidi, A. S., A. K. Taher, A. S. Alsharhan, and M. G. Salah, 2000, Stratigraphy and geochemistry of Upper Jurassic Diyab Formation, Abu Dhabi, U.A.E.: Society for Sedimentary Geology Special Publication 69, p. 249-271.

Arribas, A. Jr., C. G. Cunningham, J. J. Rytuba, R. O. Rye, W. C. Kelly, M. H. Podwysocki, E. H. McKee, and R. M. Tosdal, 1995, Geology, geochronology, fluid inclusions, and isotope geochemistry of the Rodalquilar gold alunite deposit, Spain: Economic Geology, v. 90, p. 795-822, doi: 10.2113/gsecongeo.90.4.795.

Aurell, M., and B. Badenas, 1997, The pinnacle reefs of Jabaloyas(late Kinmmeridgian, NE Spain): Vertical zonation and associated facies related to sea level changes: Cuadernos de Geologia Iberia, v. 22, p. 37-64.

Batten, K. L., G.M. Narbonne, and N. P. James, 2004, Paleoenvironments and growth of early Neoproterozoic calcimicrobial reefs: Platformal Little Dal Group, northwestern Canada: Precambrian Research, v. 133, p. 249-269, doi: 10.1016/j.precamres.2004.05.003.

Bishop, M. G. 2000, Petroleum systems of the northwest Java province, Java and southeast offshore Sumatra, Indonesia: U.S.

Geological Survey, Open-File Report 99-50R.

Borgomano, J., J. P. Masse, and S. Al Maskiry, 2002, The lower Aptian Shuaiba carbonate outcrops in Jebel Akhdar, northernOman: Impact on static modeling for Shuaiba petroleumreservoirs: AAPG Bulletin, v. 86, p. 1513-1529.

Borgomano, J., F. Fournier, S. Viseur, and L. Rijkels, 2008, Stratigraphic well correlations for 3-D static modeling of carbonate reservoirs: AAPG Bulletin, v. 92, p. 789-824, doi: 10.1306/02210807078.

Bourillot, R., E.Vennin, J. M. Rouchy, M.M.Blanc-Valleron, A. Caruso, and C.Durlet, 2010, The end of theMessinian salinity crisis in the western Mediterranean: Insights from the carbonate platforms of south-eastern Spain: Sedimentary Geology, v. 229, p. 224-253, doi: 10.1016/j.sedgeo.2010.06.010.

Braga, J. C., J. M. Martin, and R. Riding, 1995, Controls on microbial dome fabric development along a carbonate-siliciclastic shelfbasin transect, Miocene, SE Spain: Palaios, v. 10, p. 347-361, doi: 10.2307/3515160.

Buchheim, P. H., 2009, Paleoenvironmental factors controlling microbialite bioherm deposition and distribution in the Green River Formation (abs.): Geological Society of America Abstracts with Programs, v. 41, p. 511.

Cornee, J. J., J. P. Saint Martin, G. Conesa, and J. Muller, 1994, Geometry, palaeoenvironments and relative sea-level (accommodation space) changes in the Messinian Murdjado carbonate platform (Oran, western Algeria): Consequences: Sedimentary Geology, v. 89, p. 143-158, doi: 10.1016/0037-0738(94)90087-6.

Corvi, P., K. Heffer, P. King, S. Tyson, and G. Verly, 1992, Reservoir characterization using expert knowledge, data and statistics: Schlumberger, Oilfield Review, v. 4, p. 25-39.

Davies, R., C. Hoolis, C. Bishop, R. Guar, and A. A. Haider, 2000, Reservoir geology of themiddleMinagishMember (Minagish oolite), Umm Gudair field, Kuwait: Society for Sedimentary Geology Special Publication 69, p. 273-286.

Deutsch, C. V., and A.G. Journel, 1998, GSLIB: Geostatistical software library and user´s guide, 2d ed.: New York, Oxford University Press, 369 p.

Dutton, S. P., E. M. Kim, R. F. Broadhead, W. D. Raatz, C. L. Breton, S. C. Ruppel, and C. Kerans, 2005, Play analysis and leadingedge oil-reservoir development methods in the Permian Basin: Increased recovery through advanced technologies: AAPG Bulletin, v. 89, p. 553-576, doi: 10.1306/12070404093.

Dvoretsky, R. A., 2009, Stratigraphy and reservoir-analog modeling of upper Miocene shallow-water and deep-water carbonate deposits: Agua Amarga Basin, southeast Spain: Master´s thesis, University of Kansas, Lawrence, Kansas, 138 p.

Esteban, M., 1979, Significance of the upper Miocene coral reefs of the western Mediterranean: Palaeogeography, Palaeoclimatology, Palaeoecology, v. 29, p. 169-188, doi: 10.1016/0031-0182(79)90080-4.

Esteban, M., 1996, An overview of Miocene reefs from Mediterranean areas: General trends and facies models, *in* M. Esteban, E. K. Franseen, W. C. Ward, and J. M. Rouchy, eds., Models for carbonate stratigraphy from Miocene reef complexes of the Mediterranean regions: SEPM Concepts in Sedimentology and Paleontology Series 5, p. 3-54.

Esteban, M., and J. Giner, 1980, Messinian coral reefs and erosion surfaces in Cabo de Gata (Almeria, SE Spain): Acta Geologica Hispanica, v. 15, p. 97-104.

Feldmann, M., and J. A. McKenzie, 1997, Messinian stromatolitethrombolite associations, Santa Pola, SE Spain: An analogue for the Palaeozoic?: Sedimentology, v. 44, p. 893-914, doi: 10.1046/j.1365-3091.1997.d01-53.x.

Feldmann, M., and J. A. McKenzie, 1998, Stromatolite-thrombolite associations in a modern environment, Lee Stocking Island, Bahamas: Palaios, v. 13, p. 201-212, doi: 10.2307/3515490.

Franseen, E. K., and R.H.Goldstein, 1996, Paleoslope, sea-level and climate controls on upper Miocene platform evolution, Las Negras area, southeastern Spain, *in* E. K. Franseen, M. Esteban, W. C. Ward, and J. M. Rouchy, eds., Models for carbonates stratigraphy from Miocene reef complexes of Mediterranean regions: SEPM Concepts in Sedimentology and Paleontology, v. 5, p. 159-176.

Franseen, E. K., and C. Mankiewicz, 1991, Depositional sequences and correlation of middle (?) to late Miocene carbonate complexes, Las Negras and Nijar areas, southeastern Spain: Sedimentology, v. 38, p. 871-898, doi: 10.1111/j.1365-3091.1991.tb01877.x.

Franseen, E. K., R. H. Goldstein, and T. E. Whitesell, 1993, Sequence stratigraphy of Miocene carbonate complexes, Las Negras area, southeastern Spain: Implications for quantification of changes in relative sea-level, *in* R. G. Loucks and J. F. Sarg, eds., Carbonate sequence stratigraphy: Recent developments and applications: AAPG Memoir 57, p. 409-434.

Franseen, E. K., R. H. Goldstein, and M. Esteban, 1997, Controls on porosity types and distribution in carbonate reservoirs: A guidebook for Miocene carbonate complexes of the Cabo de Gata area, SE Spain: AAPG Education Program, Field Seminar on Play

Concepts and Controls on Porosity in Carbonate Reservoir Analogs, 150 p.

Franseen, E. K., R. H. Goldstein, and M. R. Farr, 1998, Quantitative controls on location and architecture of carbonate depositional sequences: Upper Miocene, Cabo de Gata region, SE Spain: Journal of Sedimentary Research, v. 68, p. 283-298, doi: 10.2110/jsr.68.283.

Gibbons, W., and M. T. Moreno, eds., 2003, The geology of Spain:Geological Society (London), 649 p.

Goldstein, R. H., and E. K. Franseen, 1995, Pinning points: A method providing quantitative constraints on relative sea-level history: Sedimentary Geology, v. 95, p. 1-10, doi: 10.1016/0037-0738(94)00115-B.

Goldstein, R. H., E. K. Franseen, and C. J. Lipinski, 2013, Topographic and sea level controls on oolite-microbialite-coralgal reef sequences:The terminal carbonate complex of southeast Spain: AAPG Bulletin, v. 97, no. 11, p. 1997-2034, doi: 10.1306/06191312170.

Grotzinger, J. P., W. A. Watters, and A. H. Knoll, 2000, Calcified metazoans in thrombolite-stromatolite reefs of the terminal Proterozoic Nama Group, Namibia: Paleobiology, v. 26, p. 334-359, doi: 10.1666/0094-8373(2000)026<0334:CMITSR>2.0.CO;2.

Heydari, E., and L. Baria, 2005, A microbial Smackover Formation and the dual reservoir-seal system at the Little Cedar Creek field in Conecuh County of Alabama:GulfCoast Association of Geological Societies Transactions, v. 55, p. 294-320.

Hitzman, D. 1996, Microbial reservoir characterization; and integration of surface geochemistry and development geology data(abs.): AAPG Annual Meeting Expanded Abstracts, v. 5, p. 65.

Holail, H. M., M. M. Kolkas, and G. M. Friedman 2006, Facies analysis and petrophysical properties of the lithologies of the North gas field, Qatar: Carbonates and Evaporites, v. 21, p. 40-50, doi: 10.1007/BF03175467.

Honda, N., Y. Obata, and M. K. M. Abouelenein, 1989, Petrology and diagenetic effects of carbonate rocks: Jurassic Arab C oil reservoir in El Bundug field, offshore Abu Dhabi and Qatar: Society of Petroleum Engineers 6th Middle East Oil Show, p. 787-796.

Janson, X., C. Kerans, J. A. Bellian, and W. Fitchen, 2007, Threedimensional geological and synthetic seismic model of Early Permian redeposited basinal carbonate deposits, Victorio Canyon, west Texas: AAPG Bulletin, v. 91, p. 1405-1436.

Johnson, C. L., E. K. Franseen, and R. H. Goldstein, 2005, The effects of sea level and paleotopography on lithofacies distribution and geometries in heterozoan carbonates, south-eastern Spain: Sedimentology, v. 52, p. 513-536, doi: 10.1111/j.1365-3091.2005.00708.x.

Lipinski, C. J., 2009, Stratigraphy of upperMiocene oolite-microbialitecoralgal reef sequences of the terminal carbonate complex: Southeast Spain: Master's thesis, University of Kansas, Lawrence, Kansas, 86 p.

Llinas, J. C., 2002, Diagenetic history of the Upper Jurassic Smackover Formation and its effects on reservoir properties; Vocation field, Manila Sub-basin, eastern Gulf coastal plain: Gulf Coast Association of Geological Societies and Gulf Coast Section SEPM Technical Papers and Abstracts, v. 52, p. 631-644.

Llinas, J. C. 2003, Petroleum exploration for Upper Jurassic Smackover carbonate shoal and microbial reefal lithofacies associated with paleohighs, southwest Alabama: Gulf Coast Association of Geological Societies Transactions, v. 53, p. 462-474.

Mancini, E. A., and W. C. Parcell, 2001, Outcrop analogs for reservoir characterization and modeling of Smackover microbial reefs in the northeastern Gulf of Mexico area: Gulf Coast Association of Geological Societies Transactions, v. 51, p. 207-218.

Mancini, E.A., W. C. Parcell, J. D. Benson, H.Chen, and W.-T. Yang, 1998, Geological and computer modeling of Upper Jurassic Smackover reef and carbonate shoal lithofacies, eastern Gulf coastal plain: Gulf Coast Association of Geological Societies Transactions, v. 48, p. 225-234.

Mancini, E.A., J. C. Llinas, W.C. Parcell, M. Aurell, B. Badenas, R. R. Leinfelder, and J. D. Benson, 2004, Upper Jurassic thrombolite reservoir play, northeastern Gulf of Mexico: AAPG Bulletin, v. 88, p. 1573-1602, doi: 10.1306/06210404017.

Mancini, E. A., W. C. Parcell, W. M. Ahr, V. O. Ramirez, J. C. Llinas, and M. Cameron, 2008, Upper Jurassic updip stratigraphic trap and associated Smackover microbial and nearshore carbonate facies, eastern Gulf coastal plain: AAPG Bulletin, v. 92, p. 417-442, doi: 10.1306/11140707076.

Marcal, R. A., R. A. Spadini, and R. A. Rodriguez, 1998, Influence of sedimentation and early diagenesis on the permoporosity of carbonate reservoirs of Macae Formation, Campos Basin, Brazil: AAPG Bulletin, v. 82, p. 1938.

Planavsky, N., and R. N. Ginsburg, 2009, Taphonomy of modern marine Bahamian microbialites: Palaios, v. 24, p. 5-17, doi: 10.2110/palo.2008.p08-001r.

Pranter, M. J., A. I. Ellison, R. D. Cole, and P. E. Patterson, 2007, Analysis and modeling of intermediate-scale reservoir heterogeneity based on a fluvial point-bar outcrop analog, Williams Fork Formation, Piceance Basin, Colorado: AAPG Bulletin, v.

91, p. 1025-1051, doi: 10.1306/02010706102.

Qi, L., and T. R. Carr, 2003, Reservoir characterization of Mississippian St. Louis carbonate reservoir systems in Kansas: Stratigraphic and facies architecture modeling (abs.): AAPG Annual Meeting Expanded Abstracts, v. 12, p. 141.

Reid, R. P., N. P. James, I.G. Kingston, I. G. Macintyre, C. P.Dupraz, and R. V. Burne, 2003, Shark Bay stomatolites: Microfacies and reinterpretation of origins: Facies, v. 49, p. 45-53.

Riding, R., J. M. Martin, and J. C. Braga, 1991, Coral - stromatolite reef framework, upper Miocene, Almeria, Spain: Sedimentology, v. 38, p. 799-818, doi: 10.1111/j.1365-3091.1991.tb01873.x.

Sami, T. T., andN. P. James, 1994, Peritidal carbonate growthand cyclicity in an Early Proterozoic foreland basin, upper Pethei Group, northwest Canada: Journal of Sedimentary Research, v. B64, p. 111-131.

Sanz de Galdeano, C., and J. A. Vera, 1992, Stratigraphic record and palaeogeographical context of the Neogene basins in the BeticCordilleran, Spain: Basins Research, v. 4, p. 21-36, doi: 10.1111/j.1365-2117.1992.tb00040.x.

Terra, G. G. S., et al., 2010, Classificacao de rochas carbonaticas aplicavel as bacias sedimentares brasileiras: Boletin Geociencias Petrobras, v. 18, p. 9-29.

Tinker, S. W., 1996, Sequence stratigraphy to 3-D reservoir characterization, Permian Basin: AAPG Bulletin, v. 80, p. 460-485.

Toomey, N., 2003, Controls on sequence stratigraphy in upper Miocene carbonates of Cerro de Ricardillo, southeastern Spain: Master's thesis, University of Kansas, Lawrence, Kansas, 114 p.

Tucker, J. D., D. C. Hitzman, and B. A. Rountree, 1997, Detailed microbial reservoir characterization identifies reservoir heterogeneities within amature field inOklahoma (abs.): AAPGAnnual Meeting Abstracts, v. 6, p. A117.

Wright, V. P., 2011, Reservoir architectures in non-marine carbonates: AAPG Search and Discovery article 40801, accessed August 11, 2012, http://www.searchanddiscovery.com/documents/2011/40801wright/ndx_wright.pdf.

Wright, V. P., 2012, Lacustrine carbonates in rift settings: The interaction of volcanic and microbial processes on carbonate deposition, *in* J. Garland, J. E. Neilson, S. E. Laubach, and K. J. Whidden, eds., Advances in carbonate exploration and reservoir analysis: Geological Society (London) Special Publication 370, p. 39-47, doi: 10.1144/SP370.2.

9

美国东部 Gulf 海岸平原 Little Cedar Creek 油田上侏罗统 Smackover 组微生物碳酸盐岩储层表征、建模与评价及相关沉积相分析

Sharbel Al Haddad，Ernest A. Mancini

摘要：对美国东 Gulf 海岸平原西南亚拉巴马州 Little Cedar Creek 油田的微生物碳酸盐岩及其储层进行了系统研究，很好地展示了微生物岩储层的沉积、岩石物理和发育趋势的空间分布特征。研究表征了微生物岩的沉积、岩石物理和生烃特征，建立了三维储层模型，评价了生烃潜力。下段储层由潮下带与微生物建隆相关粘结灰岩构成，其从西南至东北延伸面积超过 $32mile^2$（$83km^2$）。这些微生物建隆在研究区的西部、中部和北部呈簇状发育，厚度为 43ft（13m）。这些簇状建隆被 7~9ft（2~3m）厚的微生物隆间分隔，隆间上覆具有一定厚度的受微生物影响的泥晶灰岩和粒泥灰岩。微生物储层的孔隙包括沉积构造孔（格架孔）、成岩溶蚀扩大孔和溶蚀孔洞，该孔隙系统在储层具有高渗透率和连通性，渗透率高达 7953mD，孔隙度高达 20%。微生物粘结岩层是潜在的烃类流动单元，但是微生物建隆区被具有一定厚度的低渗透率非储层隆间所分隔，阻碍了流体的流动。17.2×10^6bbl 原油主要产自微生物岩相区。Little Cedar Creek 油田的研究成果，可以应用于其他微生物碳酸盐岩产油区的开发方案的设计。

9.1 概述

随着近期沿南大西洋边缘微生物碳酸盐岩储层的发现，微生物建隆的起源和发展、微生物建隆与沉积相之间的联系以及相模式中微生物碳酸盐岩储层特征是我们下一步研究的重点。生产上对储集相带及其沉积环境、岩石物理、碳氢化合物的生产率特征的空间展布以及建立储层非均质性趋势模型的可预测性尤为感兴趣。在这方面，美国墨西哥湾东部沿岸平原上侏罗统（牛津阶）Smackover 组（图 9.1）微生物岩建隆是已建产的油气藏。Baria 等（1982）和 Harris（1984）首先发现油气藏可以存在于微生物碳酸盐岩相带。Markland（1992）、Benson 等（1996）、Kopaska－Merkel（1998）、Hart 和 Balch（2000）、Parcell（2000）、Mancini 和 Parcell（2001）、Llinas（2004）、Mancini 等（2004b）、Mancini 等（2008）、Ridgway（2010）、Al Haddad（2012）及 Mostafa（2013）对沉积物的沉积储层特征进行了描述。

系	统	群	组
白垩系	下统	Cotton群	Schuler组
侏罗系	上统	Louark群	haynesville组
			Buckner段
			Smackover组
			Norphlet组
	中统		Louann盐岩
			Werner组

图 9.1　东海湾滨海平原（亚拉巴马州南西部侏罗系）

Mancini 等（2004b）认为 Smackover 组微生物建隆通常发育于隆起的古生代结晶质（火成岩和变质岩）的古地貌中。高能、滨岸和浅滩相形成的 Smackover 组粘结—颗粒灰岩和泥粒灰岩储层通常覆盖这些微生物岩，但它们又被 Haynesville 组 Buckner

膏岩层所覆盖（Benson 等，1996）。硬石膏作为这些构造—地层圈闭的盖层，圈闭中的烃源于 Smackover 组盆内富非晶质和微生物干酪根薄层（Mancini 等，2004b）。

寻找和界定这些微生物建隆的策略已经集中于古地貌高点，并认为其与微生物岩成核和发育之上的古生界结晶基底有关（Mancini，2004b）。三维（3D）地震反射数据可识别出作为勘探对象的古地貌异常（Hart 和 Balch，2000）。这些数据进一步用于预测潜在储集相带或翼部上一个特定的古隆起。不幸的是，虽然使用这种策略发现了储层，如 Appleton 油田和 Vocation 油田（图 9.2），但每个油田从 10 个或更少的井中只产出了小于 3×10^6bbl 原油［Mancini 等，2004b；美国亚拉巴马州石油和天然气董事会（SOGBA），2013a］。因此，对研究在微生物中储层性质的变化和相关相带具有局限性。

然而，亚拉巴马州西南部 Conecuh 县 Little Cedar Creek 油田的发现和后续的持续开发为研究微生物碳酸盐岩储层的空间沉积分布、岩石物性、非均质性和产能趋势提供了一个极好的机会。Little Cedar Creek 气田包括 32mile^2 的区域（83km^2）。研究区 112 口井的测井数据和大多数岩心资料可用于此项研究。

该油田于 1994 年被 Hunt 石油公司发现，并钻探和测试了 Hunt 石油公司的 30-1 Cedar Creek 区块和 Timber 公司的井（SOGBA 许可证 10560）。该井的射孔测试段在 Smackover 组上部储层 11870～11883ft（3618～3622m）的位置，其产量为 108bbl/d，原油重度 45° API。SOGBA 于 1995 年建立了该油田。MIDROC 石油公司 19-5 Cedar Creek 区块与 Timber 公司（11963）直到 2000 年才钻探第二口井，试油 250bbl/d。第三口井，MIDROC 20-12 Cedar Creek 区块和 Timber 公司（12872）于 2003 年完钻，并进行

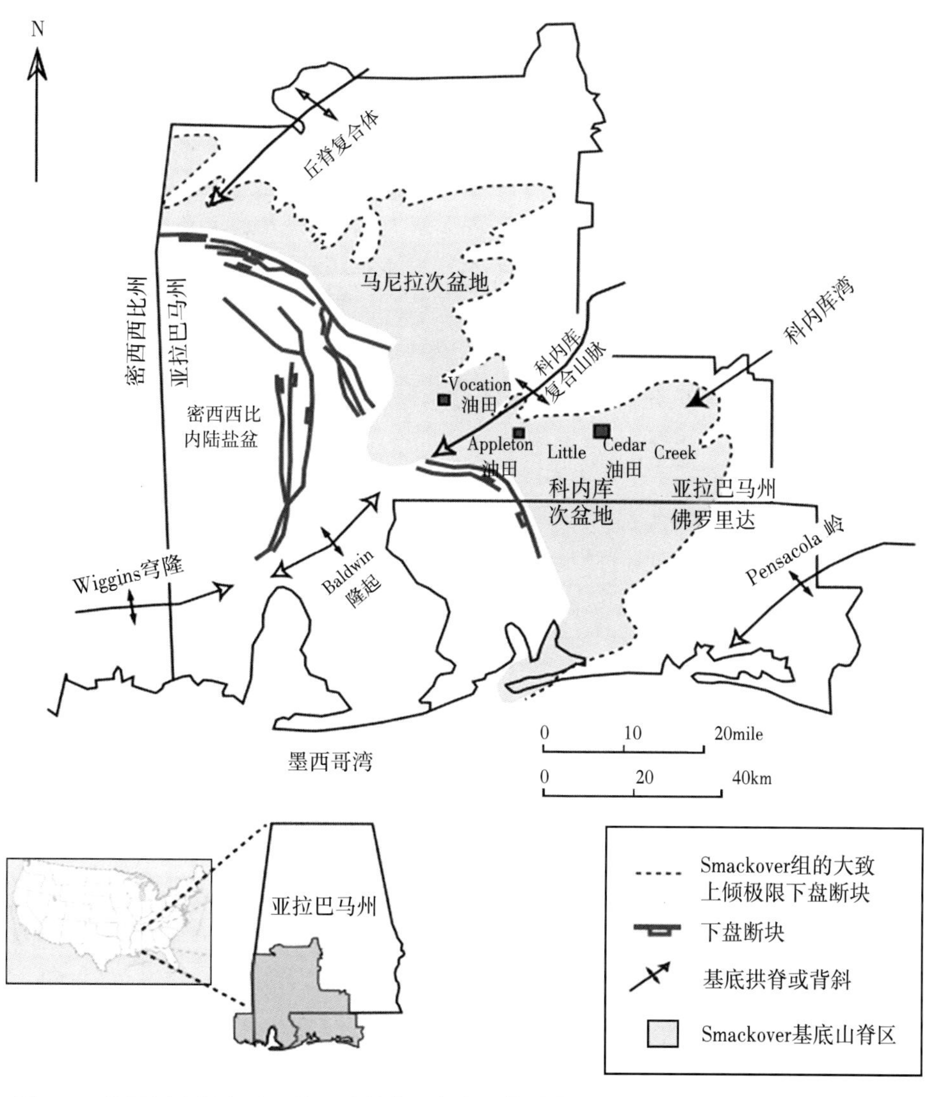

图 9.2 位置图上标出了亚拉巴马州南西部主要构造特征（据 Mancini 等，2008，修改）
沿 Smackover 组沉积方向近乎上倾；图中标出了 Appleton，Vocation 和 Little Cedar Creek 油田位置

了取心和试油（365bbl/d）。2004年12月，Little Cedar Creek油田西部部分区域统一二次注水开发，并于2005年1月1日投入生产。MIDROC联合Pruet公司于2011年承包该井区。2013年1月，按照SOGBA井区的生产记录，Little Cedar Creek油田产量达到17.2×10^6bbl原油和18.8×10^6ft天然气的井中有92口来自较浅部和较深部的储层。

MIDROC提供的证据表明，通过对岩心进行储层描述和表征发现Smackover组的微生物岩（较深部储层）和碳酸盐岩滩体（较浅部储层）受Smackover组沉积的上倾方向的控制。区域地质研究表明，这些沉积物没有直接沉积在古生界基底的古高地上（Mancini等，2008）。

本文的目的是根据微生物碳酸盐岩储层领域的研究成果和Little Cedar Creek油田有关的储层特征进一步深化对微生物碳酸盐岩相沉积特征空间分布的认识、对微生物岩储层岩石物理性质的理解和理解微生物储层非均质性的变化特征、连通性和产能等。本次研究描述了储层的沉积、岩石物理和油气产能的特征，建立了三维地质储层模型，并评估了这些储层的油气潜力，提高了油气产量。

9.2 沉积背景

Little Cedar Creek油田的地质历史直接受控于Conecuh湾和Conecuh复合山脉的演化（图9.2）。这些古生代的山脉与阿巴拉契亚构造方向有关，构成了Smackover组沉积时期的古高地（Mancini等，2004b）。这些山脉阻挡洋流和海浪能量，同时限制Conecuh湾区北部Smackover组海岸线的范围。

在Conecuh湾地区，Smackover组碳酸盐岩沉积于其碳酸盐岩内缓坡，多数情况下，沉积稳定的海湾和潟湖会受到淡水、陆相植物及陆源黏土和粉砂的注入（图9.4）。Tew等（1993）对亚拉巴马近海地区到Wiggins穹隆南部的Smackover组碳酸盐岩缓坡末端进行了研究。

在Little Cedar Creek油田，晚期牛津阶Smackover组沉积起始于海侵体系域（图9.5、图9.6），导致了潮下带泥晶灰岩和粒泥灰岩沉积，并与上覆Norphlet组冲积和冲刷角砾岩、砾岩和砂岩呈平行不整合接触（Mancini等，2008）。微生物碳酸盐岩建隆发育于海侵体系域的早期，微生物成核作用形成在与粒泥灰岩—泥粒灰岩沉积相关的坚硬面之上。在Little Cedar Creek油田，微生物（凝块，具有似球凝结结构）灰岩建隆呈南西—北东向，并集中在该地区的三个主要区域：西部（范围大约在R12E-R13E线西部），中部（范围大约在R12E-R13E线东部和上面一套储层北部的南边区域），北部（上面一套储层的北部区域）（图9.3）。微生物建隆规模最大的区域分布于西部地区（图9.6b、图9.7）。区域内沉积物累计厚度为43ft（13m），内部建隆区域特征为一些厚7~9ft（2~3m）的生物岩。随着海平面上升，淡水流入，黏土和泥沙的流入速度下降，微生物生长速度减慢。在该地区的西部，石灰岩层封盖是影响微生物建隆的主要因素。受厚层生物建隆的影响，分布广泛的泥晶灰岩和粒泥灰岩上覆于生物扰动发育的泥粒灰岩。在北部，受微生物作用的灰质泥岩层超覆于生物建造石灰岩之上（图9.7）。潮下带继续沉积粘结灰岩和泥晶灰岩。潮下带粒泥灰岩—泥粒灰岩—颗粒灰岩沉积序列覆盖在泥晶灰岩和粒泥灰岩之上，说明了海湾地区Smackover组沉积由海侵转变为海退进积（Mancini等，2008）。随着可容纳空间的减少，海平面上升速率下降，潮下带的水深降至当地的洋流、潮汐和风力作用范围内，可在碳酸盐岩滩相环境中形成一系列鲕滩和似球粒滩。这些海相碳酸盐岩滩建隆包括6个粒泥灰岩—泥粒灰岩—颗粒灰岩沉积序列（图9.5）。总体特征为上部到中部为鲕粒和似球粒颗粒灰岩及泥粒灰岩建隆，下部为似球粒泥粒灰岩和隆间粒泥灰岩。碳酸盐岩滩复合体沿南西—北东向由西缘向中央延伸。建隆地层发育在西部和中南部地区（图9.6a、图9.7），最大厚度可达26ft（8m）。建隆之间区域厚度为4~8ft（1~2m）的石灰岩，被厚层粒泥灰岩覆盖。碳酸盐岩滩相沉积在区域北部没有发现，说明该地区沉积条件不利于滩体堆积或保存（图9.7）。碳酸盐岩滩被海湾和潟湖环境中形成的潮缘泥晶泥岩所覆盖。潮汐水道由砾状灰岩和浮石组成，代表与潮缘相关的沉积环境（Ridgway，2010）。潮缘碳酸盐岩的Smackover组被Haynesville组泥质和膏岩层覆盖（Mancini，2008）。

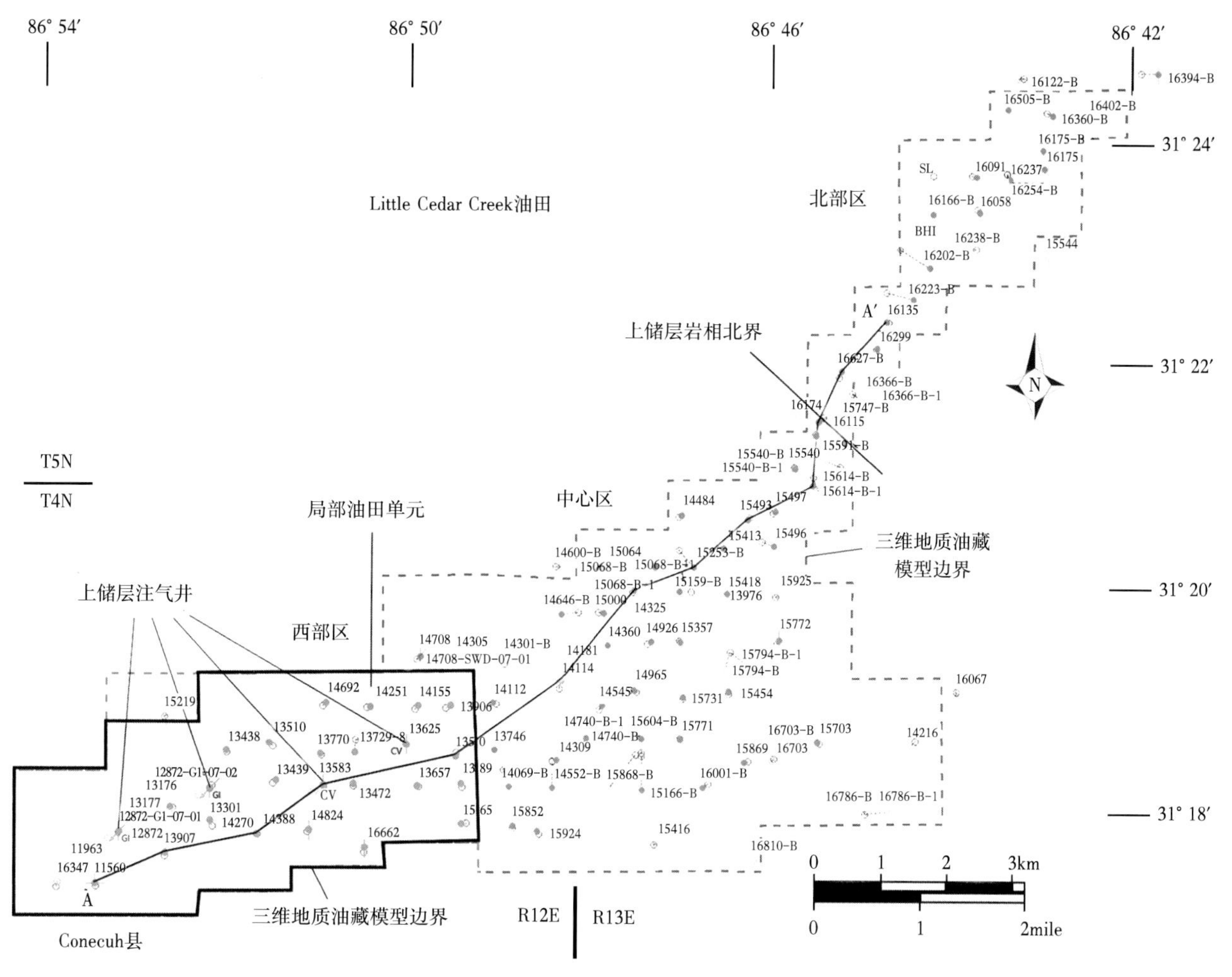

图 9.3 Little Cedar Creek 油田位置图

局部油田单元、地质模型和油田边界线（根据美国亚拉巴马州石油与天然气董事会的 Little Cedar Creek 油田地质图修改，2013b）；三维地质储层模型边界与油田边界大致吻合（虚线），其中包括与油田边界一致的局部油田单元边界（实线）；美国亚拉巴马州石油与天然气董事会认证通过该油田，如 Midroc 22-2 Pugh 井；注意画线部分为 AA′横截面地层，13472 井近似储层岩相上部边界的位置和储层上部注气井的位置（S-3）；GI—注气井，CV—注气转换井，SWD—盐—水处理井，SL—井的地表位置（无流通），BHL—井底位置

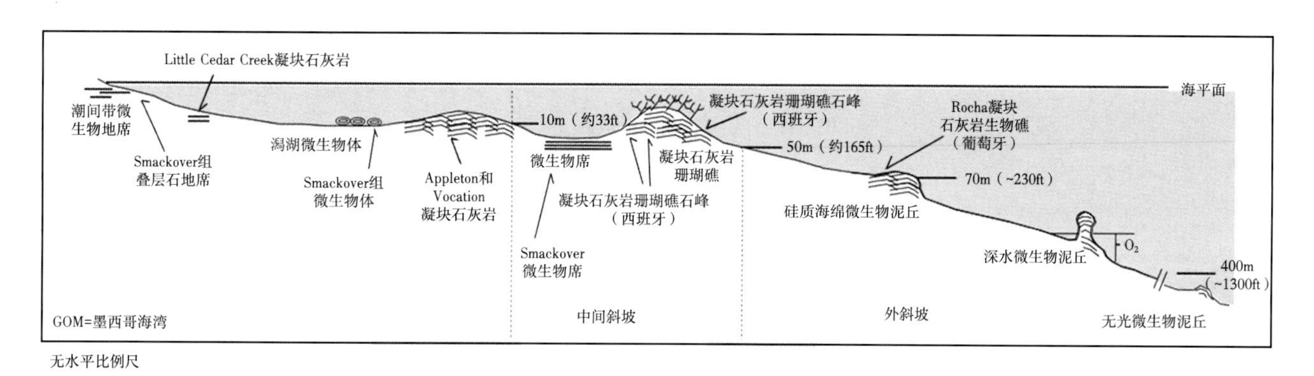

图 9.4 剖面示意图展示了微生物建隆在碳酸盐岩缓坡面的展布（据 Mancini 等，2004b，修改）

注意墨西哥湾东北部上侏罗统 Smackover 组内中缓坡环境下微生物的生长和发育

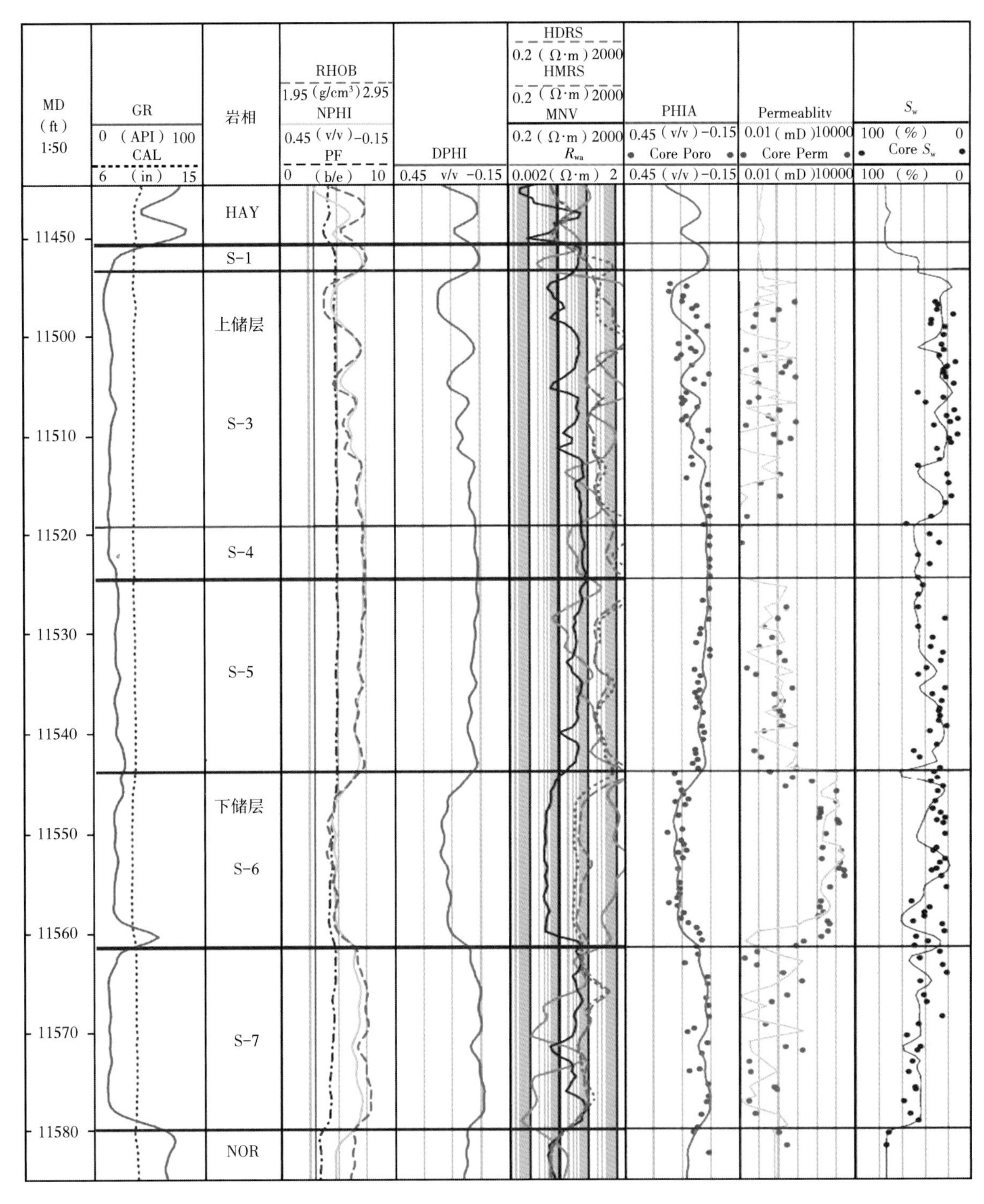

图 9.5 Little Cedar Creek 油田 Midroc 22-2 Pugh 井测井数据

解释了 Haynesville 组（HAY）和 Smackover 组岩相，从 S-1 到 S-7 和 Norphlet 组（NOR）；将岩心孔隙度和测井解释对比；并且应用神经网络将渗透率和岩心分析对比。S-1—潮缘泥晶灰岩—白云质泥晶灰岩和粒泥灰岩；S-2—潮汐水道的砾屑灰岩和浮石；S-3—近岸碳酸盐岩颗粒灰岩、泥状灰岩滩和隆间粒泥灰岩；S-4—潮下带的粒泥灰岩和泥晶灰岩；S-5—潮下带受微生物影响的泥粒灰岩、粒泥灰岩和泥晶灰岩；S-6—微生物（凝块石）粘结灰岩；S-7—海进泥晶灰岩—白云质泥晶灰岩和及粒泥灰岩。GR—伽马射线；CALI—井径；RHOB—密度，NPHI—中子孔隙度；PF—光电吸收截面指数；DPHI—密度孔隙度；HDRS—深感应电阻率；HMRS—中感应电阻率；MINV—微梯度电阻率；R_{wa}—水电阻率；PHIA—平均孔隙度；S_w—含水饱和度。注意在上部储层的碳酸盐岩砂体的垂向层序（S-3）中沉积和岩石物理性质的垂向非均质性。井位置如图 9.3 所示

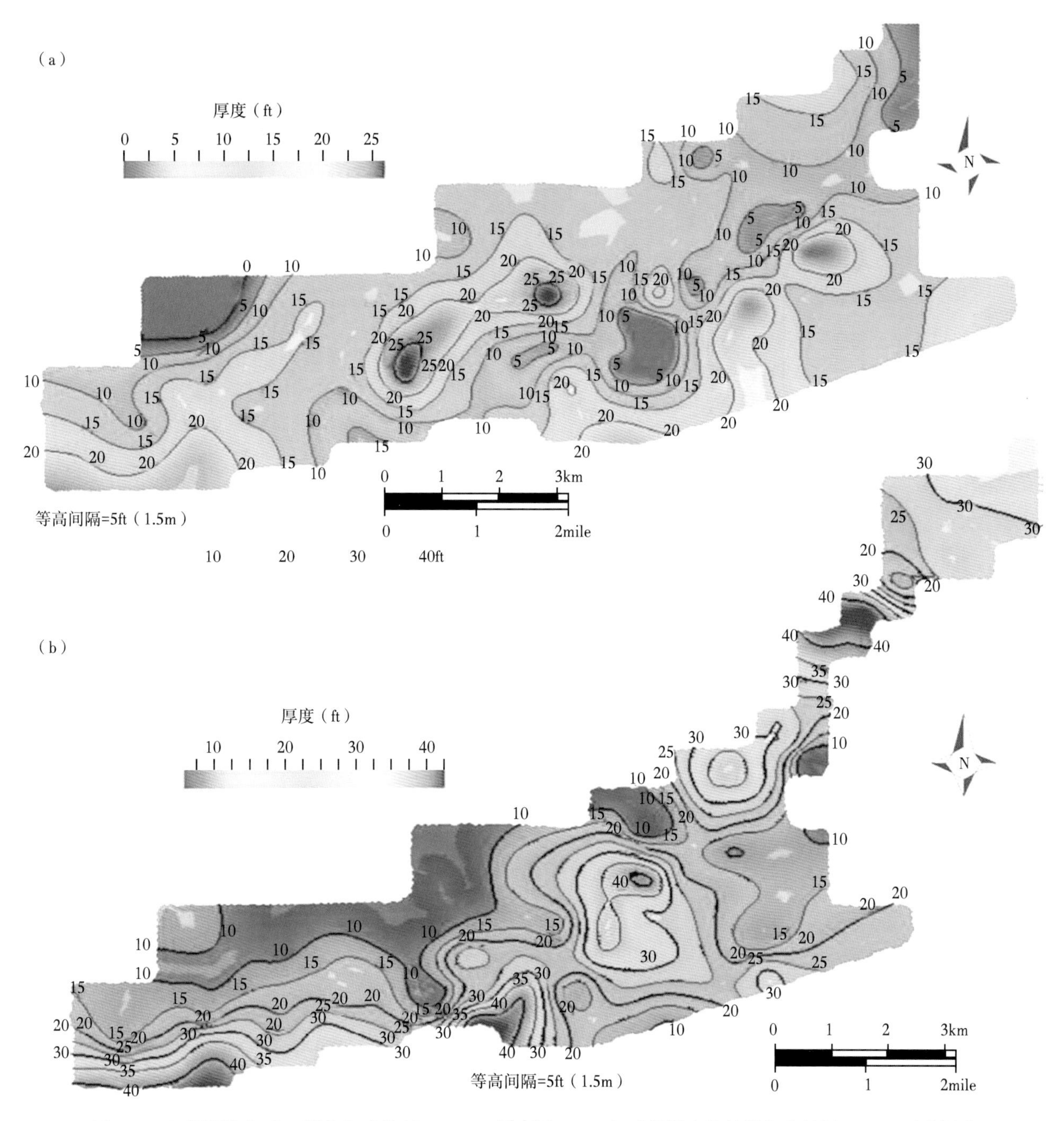

图 9.6　上部颗粒灰岩—泥粒灰岩储层（S-3）厚度图（a）和下部微生物粘结灰岩储层（S-6）厚度图（b）注意北东—南西向的 S-6 储层，微生物（凝块石）粘结灰岩建隆发育于西部、中部和北部三个地区，微生物建隆地区的厚度约 43ft（13m）；S-3 储层方向为一系列海侵时期南西—北东向的由西部到中部碳酸盐岩滩的颗粒灰岩—泥粒灰岩滩，厚度约为 26ft（8m），发育于海相碳酸盐岩滩体建隆区

9.3　研究方法

本研究中应用了 SOGBA 数据库中的测井、方位测量、岩心样品、岩心分析数据和生产数据等资料。由于地震分辨率的缘故，油田的研究者主要根据岩心资料来确定开发方案，从而摒弃了大量的地震数据。Little Cedar Creek 油田的岩相表征主要根据岩心、薄片描述结合自然伽马、孔隙度、渗透率及密度和中子孔隙度测井值（图 9.5）。

地震评价结果和储层表征研究成果被应用到静态地震建模中，同时生成能表示沉积和成岩过程岩相和岩石物理网格。地层网格的建立是为了描述油田数据信息中观察到的地质特征。垂相的相趋势曲线和岩石物理数据（包括孔隙度、渗透率、含水饱和度）通常用于属性建模。

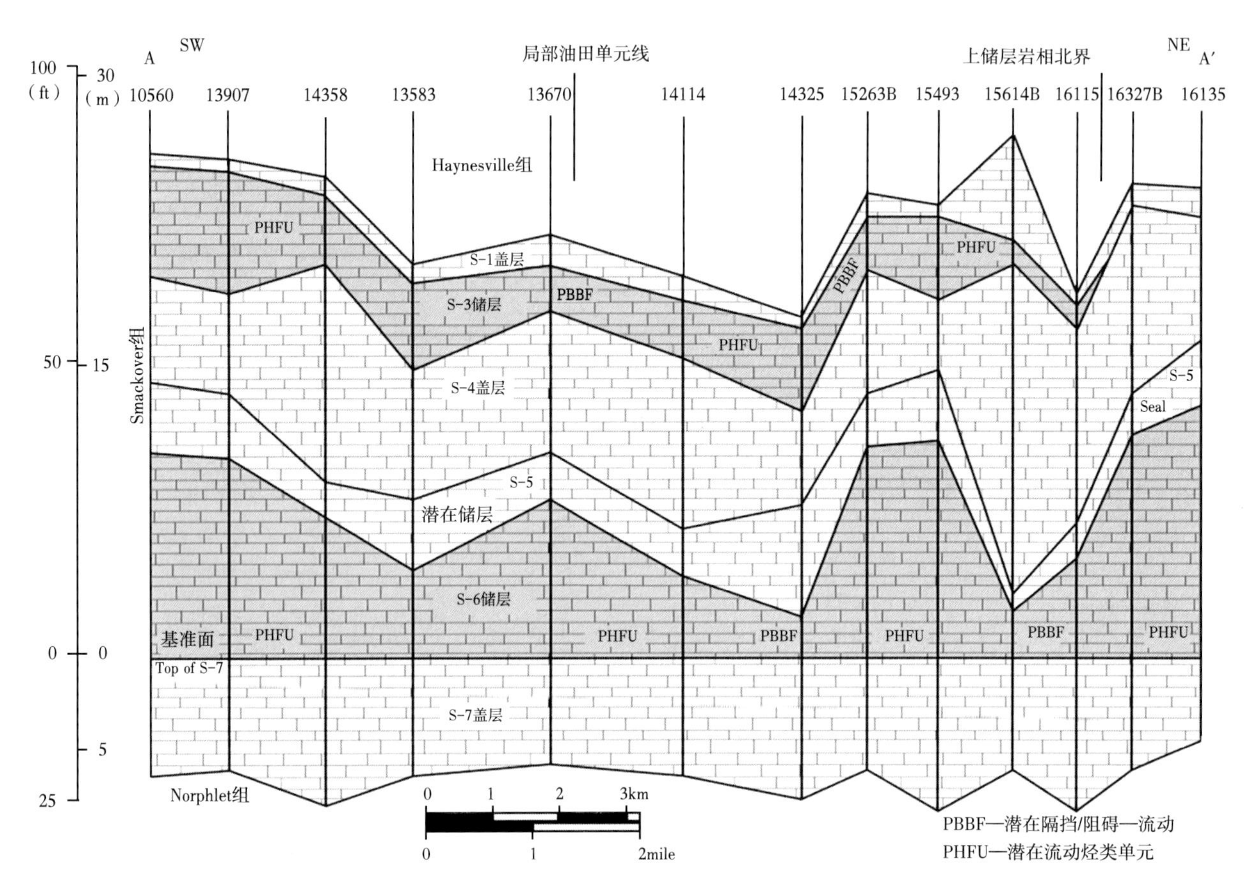

图 9.7　AA′地层横剖面展示了最大区域的海相碳酸盐岩滩建隆和隆间区域，微生物建隆和隆间区域和潜在烃类流动单元和在上部（S-3）和下部（S-6）储层的隔挡层的位置

S-1—潮缘泥晶灰岩—白云质泥晶灰岩和粒泥灰岩；S-2—潮汐水道的砾屑灰岩和颗粒泥晶灰岩；S-3—近岸碳酸盐岩颗粒灰岩、泥状灰岩滩和隆间粒泥灰岩；S-4—潮下带的粒泥灰岩和泥晶灰岩；S-5—潮下带受微生物影响的泥粒灰岩、粒泥灰岩和泥晶灰岩；S-6—微生物（凝块石）粘结灰岩；S-7—海进泥晶灰岩—白云质泥晶灰岩和及粒泥灰岩。10560—Hunt 30-1 Cedar Creek Land 和 Timber Company 井；13907—Midroc 20-15 Oliver 井；14358—Midroc 21-10 Cedar Creek Land 和 Timber Company 井；13583—Midroc 22-3 Pugh 井；13670—Midroc 14-16 Tisdale 井；14114—Midroc 13-1 McCreary 井；14325—Sklar Exploration Company 7-2 Craft-Mack 井；15263B—Sklar 5-14 Craft-Ralls 井；15493—Sklar 5-8 Craft-Ralls 井；15614B—Sklar 4-2 Craft-Rolls 井；16115—Sklar 33-7 Craft-Ralls 井；16327B—Sklar 28-16 Craft-Ralls 井；16135—Sklar 27-6 Craft-Soterra LLC 井。横剖面中的井点位置如图 3 所示

9.4　地层评价

Little Cedar Creek 油田地层评价的目的是计算具有代表性的储层岩石物理属性（孔隙度、渗透率和含水饱和度），其参数用于三维地质储层建模。与研究最相关的测井曲线为自然伽马、电阻率、中子、密度、光电吸收截面指数和自然电位。有效的常规岩心分析数据（孔隙度、透气性和含水饱和度）也被用于该项研究。油田的一些测井解释技术和模型也可以应用到研究者（Asquith 和 Krygowski，2004）。模型的选择取决于多种因素如储层的主要岩性、孔隙中的烃类型和可利用的数据类型。

9.4.1　岩性识别

建立三维模型所需要储层的岩性是通过中子密度交会图来确定的。这些交会图表明，Little Cedar Creek 油田的 Smackover 组主要岩性是石灰岩。然而，交会图表明，西部地区的 S-5 和 S-7 岩相都已白云岩化（MIDROC 16-14 Cedar Creek Land 和 Timber 井，13438）。此外，该地区的中部和北部的岩相中是不

含白云岩的（Midroc 18-6 McCreary 井，14545 及 Sklar 27-6 Craft-Soterra LLC 井，16135）。这种岩性的变化与相的变化相对应，而相变是沉积过程（粒泥灰岩—泥晶灰岩）及后来泥粒灰岩的白云石化作用的结果。

地层中页岩的出现不利于测井仪器的测量，尤其不利于孔隙度测井仪器（Asquith 和 Krygowski，2004）。页岩也对渗透率和含水饱和度的计算有很大影响。然而，本研究中对 Smackover 组所进行的岩性评价表明，Little Cedar Creek 油田的 Smackover 组并不含页岩。因此，不需要利用测井资料计算该区的页岩体积和校正测井孔隙度值。算术平均孔隙度（PHIA）定义为由中子和密度测井得到的孔隙度的平均值，其可以很好地与岩心实测孔隙度进行类比（图 9.5）。因此，PHIA 测井孔隙度值可以代表 Little Cedar Creek 油田 Smackover 组的孔隙度。

9.4.2 渗透率计算

岩心的渗透率通常在实验室中使用空气作为流体。Little Cedar Creek 油田的岩心分析报告表明，其渗透率是用空气测定的。Klinkenberg（1941）的研究表明以空气作为流体所测渗透率值总是高于液体所测的渗透率值。Klinkenberg 提出了一个用空气渗透率来计算液体渗透率的公式。然而，Klinkenberg 的空气渗透率校正参数不适用于本研究。根据 Halliburton 公司的裸眼井测井分析和地层评价结果（2004 年），Klinkenberg 校正参数不会对 Little Cedar Creek 油田的渗透率值产生重大影响，因为研究区内大部分的渗透率值都很低。

在非取心井，渗透率值主要根据测井中使用的经验公式或线性回归公司来计算。在碎屑岩储层中，孔隙度和渗透率的对数交会图中存在典型的线性关系。这是因为砂岩的孔隙类型主要为粒间孔，其渗透率与孔隙度密切相关。然而，在碳酸盐岩中，成岩作用、粒度分布、胶结作用和孔隙类型的分布使这种关系发生变化，从而增加渗透率预测的难度。在过去的几年中，参数（多线性和非线性模型）和非参数统计回归方法被用来解决这个问题（Avila 等，2002；Lee 等，2002；Mathisen 等，2003；Mancini 等，2004a）。然而参数回归技术首先需要假设函数形式和非参数方法，如交换条件数学期望（ACE）和人工神经网络（ANN），来克服传统的多线性回归方法的局限性（Avila 等，2002；Lee 等，2002；Mathisen 等，2003；Mancini 等，2004a）。此外，一些方法（Abbaszadeh 等，1996）利用了岩心中的岩相信息来识别水文流动单元（HFUS）。其他还有一些利用孔隙类型表征方法和孔渗交会预测渗透率的方法被用于复合碳酸盐岩储层中（Lonoy，2006）。在 Little Cedar Creek 油田，由于储层的非均质性和孔隙度不匹配渗透率的特征（如高孔低渗或低孔高渗），传统的线性回归方法不能准确地预测渗透率。因此，在本研究中利用神经网络方法来预测渗透率。

9.4.3 神经网络

Rogers 等（1995）提出利用 ANN 预测亚拉巴马州南部的 Big Escambia Creek 油田 Smackover 组的渗透率。他们使用反向传播人工神经网络（BPANNs），根据少量的数据就准确地预测了渗透率。Little Cedar Creek 油田的大量的岩心和测井数据非常有利于通过人工神经网络方法估计渗透率。Bhatt（2002，第 7 页）将神经网络形容为“大量并行分布的处理器组成了一个称为神经元的简单的处理单元”。即这些神经元就像人的大脑一样，不但可以存储经验知识，并且在适当的时候应用这些经验知识（Bhatt，2002）。神经网络应用于各种学科，它能解决诸如分类、特征提取、诊断、函数逼近及最优化等问题。神经网络在以下情况下优于其他方法：（1）其结论是建立在不明确的数据基础上；（2）需要决定的重要部分是细微的或不可发现的；（3）数据中有显著不可预知的非线性；（4）数据是混乱的（在数学意义上）。Little Cedar Creek 油田复合上述多数情况。本研究应用了多层感知器（MLP）网络的方法（附 BPANN 的变体）。多层感知网络是目前使用最广泛的神经网络，其特征在于它们对具有非线性可分离边界（Bhatt，2002）具有很好的分类能力。MLP 方法就是通过反向传播进行监督学习的例子。网络由一个输入层，一个隐神经元的内部层和一个输出层组成。给网络提供已知的输入和输出来训练和验证数据集。在学习阶段，加入随机权重到隐藏的输入变量中，同时网络会调节验证数据集中的最小收敛误差（均方根误差）和训练数据集中的最小收敛误差。一旦网络完成学习，并进入训练过程时，中间隐藏层的权重值能通过对比输出结果与期望来进行调整，并通过反向传播，更新权重值，从而得到更好的输出值（Rogers 等，1995；Bhatt，2002）。这也是一个迭代的过程。当然，还需要考虑一些其他因素来使得网络不会过度训练。验证数据集和训练数据集的收敛误差达到最小时，就获得了最优的输出结果。MLP 的优点是网络具有解决随机的、非线性的输入和输出数据之间关系的能力。此外，该方法不需要事先做假设或建立数据关系。

9.4.4 渗透率预测

为了根据 Little Cedar Creek 油田的测井数据预测渗透率，需要取心井用于构建训练和验证数据体。自然伽马（GR）、深浅电阻率（ILD 或 HDRS）、平均孔隙度（PHIA）、自然电位（SP）和光电效应（PEF）测井数据作为输入变量（图 9.5）。渗透率神经网络的最佳隐藏层数量应限于 8~12 这个范围内，这可以使方差和偏差保持最小值（Bhatt，2002）。此外，训练模式的最佳数量应在超过 100，以确保可以忽略中度噪声引起的数据误差（Bhatt，2002）。

在 Little Cedar Creek 油田，使用了 10 个隐藏层，并且迭代的过程获得了最小的收敛值。渗透率模型（输出）如图 9.5 所示。渗透率输出值和岩心实测数据非常匹配，因为原始数据存在测量条件、分辨率、空间采样和各向异性方面的误差，所以不可能完全吻合。（Bhatt，2002）。通过油田大量岩心资料可以构建渗透率测井曲线，并可以预测非取心段的渗透率值。这一过程可以减少神经网络预测结果的不确定性并改进该地区的渗漏率模型。模拟（预测）的渗透率值可作为非取心井的训练和验证数据。总之，通过对 112 口井中 80 口井进行研究发现，使用人工神经网络方法预测渗透率具有较高的可信度。

9.4.5 含水饱和度预测

特殊的岩心分析数据（SCAL）和岩电参数（m 为胶结岩石的指数，n 为饱和度指数，a 为岩性系数）不适用本次研究。因此，MLP 网络方法被用来预测和建立油田的含水饱和度模型。本实例中输入的测井曲线为自然伽马（GR）、深浅电阻率（ILD 或 HDRS）、平均孔隙度（PHIA）和孔隙水视电阻率（RWA）。孔隙水视电阻率是储层中独一无二的信息，可以很好地用于训练和建立含水饱和度模型（图 9.5）。利用 MLP 方法，可以以取心井的含水饱和度模型作为训练和验证数据来预测非取心井的含水饱和度。含水饱和度测井模型通过神经网络的训练，其结果与岩心实测数据吻合度非常好。通过油田大量岩心资料可以构建含水饱和度测井曲线，并可以预测非取心段的含水饱和度值。这一过程可以减少神经网络预测结果的不确定性并改进该地区的含水饱和度模型。

9.5 储层表征

9.5.1 沉积特征

在 Little Cedar Creek 油田区域内，Smackover 组的厚度为 40~148ft（12~45m）。整个 Smackover 组被划分出七种不同的岩相（Mancini 等，2008；Ridgway，2010）。从 Smackover 组顶部开始，（S-1）为潮缘泥晶灰岩、云质泥晶灰岩和粒泥灰岩；（S-2）为潮汐水道砾屑灰岩和漂浮砾岩；（S-3）为滨岸碳酸盐岩颗粒滩以及由鲕粒、球粒、微生物包壳颗粒和内碎屑及建隆间的粒泥灰岩构成的泥粒灰岩滩（图 9.8a 至 d、图 9.9a、b）；（S-4）为潮下带粒泥灰岩和泥晶灰岩；（S-5）为潮下带受生物扰动和微生物影响的泥粒灰岩和泥晶灰岩（图 9.8e、图 9.9c）；（S-6）为微生物（凝块叠层石）粘结灰岩（图 9.8f、i，图 9.9d）；（S-7）为海侵泥晶灰岩、云质泥晶云岩和粒泥灰岩。碳酸盐岩滩颗滩和泥粒灰岩相（S-3）构成了上部储层，微生物粘结岩相（S-6）构成了下部储层。生物扰动泥粒灰岩和受微生物影响的岩相（S-5）在油田西部也具有发育储层的潜力。然而，泥粒灰岩的分布具有局限性和不连续性，因此，很难进行预测和建模。Haynesville 组泥质膏岩和 Smackover 组上部泥晶云岩和粒泥灰岩（S-1）可作为顶部盖层（图 9.5、图 9.7）。Smackover 组中部粒泥灰岩和泥晶灰岩（S-4）可作为下部微生物储层的顶部盖层，或

图 9.8　Little Cedar Creek 油田 Smackover 组岩相岩心照片

(a) S-3 受大气淡水淋滤的颗粒灰岩，海相碳酸盐岩滩带建隆中上部，Midroc 勘探公司 12-16 McCreary 井，14181，11238ft (3425m)；(b) S-3 横截面处颗粒灰岩，建隆中上部，Midroc 12-16 McCreary 井，14181，11237ft (3425m)；(c) S-3 鲕粒颗粒灰岩，建隆中上部，Midroc 22-2 Pugh 井，13472，11495ft (3504m)；(d) 球粒泥粒灰岩，下部隆起边缘，Midroc 22-2 Pugh 井，13472，11512ft (3509m)；(e) S-5 受生物作用的泥粒灰岩，生物扰动相超覆于微生物建隆；Midroc 22-2 Pugh 井，13472，11540ft (3517m)；(f) S-6 凝块状叠层石粘结灰岩，微生物建隆相，Midroc 12-16 McCreary 井，14181，11282ft (3439m)；(g) S-6 受大气淡水淋滤的粘结灰岩，微生物建隆相，Midroc 20-12 Cedar Creek Land 和 Timber 20-12 井，12872，11881ft (3621m)；(h) S-6 受大气淡水淋滤的粘结灰岩，微生物建隆相，Midroc 20-12 Cedar Creek Land 和 Timber 20-12 井，12872，11880ft (3621m)；(i) S-6 受大气淡水淋滤的球粒粘结灰岩，微生物建隆相，Midroc 22-2 Pugh 井，13472，11553ft (3521m)。硬币的直径为 18mm (0.71in)。取心井位如图 9.3 所示。岩心照片除了 (d) 均来自 Mancini 等 (2006, 2008)。岩心照片 (a)—(c)，(f)—(g) 和 (i) 由墨西哥湾海岸地质协会授权长期使用

作为上下两套具有不同压力储层段的流体流动的隔挡层。Smackover 组下部泥晶白云岩和粒泥灰岩可作为底部盖层。Mancini 等（2006）、Ridgway（2010）和 Breeden（2013）详细描述了 Little Cedar Creek 油田 Smackover 组的岩相。

该地区油的气圈闭是一个上倾（靠近 Smackover 组碳酸盐岩沉积边界）地层圈闭，其岩相有潮下带微生物粘结灰岩、碳酸盐岩滩相颗粒灰岩及泥粒灰岩、潟湖内泥晶灰岩和 Smackover 海岸线附近北东向展布的粒泥灰岩（图 9.2）。构造图显示在 Smackover 组的顶部（图 9.10）和 Norphlet 组（图 9.11）具有均一的沿南西向倾斜率为 150~200ft/mile（46~61m/km）的倾角。迄今为止，在 Little Cedar Creek 油田还未观察到断层、构造圈闭或局部古地形高点，这意味着在该油田没有与 Appleton 油田或 Vocation 油田类似的古地貌高地作为有效的圈闭组合。根据 SOGBA 中 Midroc 21-1 McCreary 井（13439 号）的感应测井资料，该油田油—水界面或最高已知含油饱和度深度为海底 11365ft（3464m）。Little Cedar Creek 油田的油气圈闭可能并非来自泥晶灰岩，而是来自油田南部 Smackover 盆地富含无定形和微生物干酪根的薄纹层（Mancini，2008）。

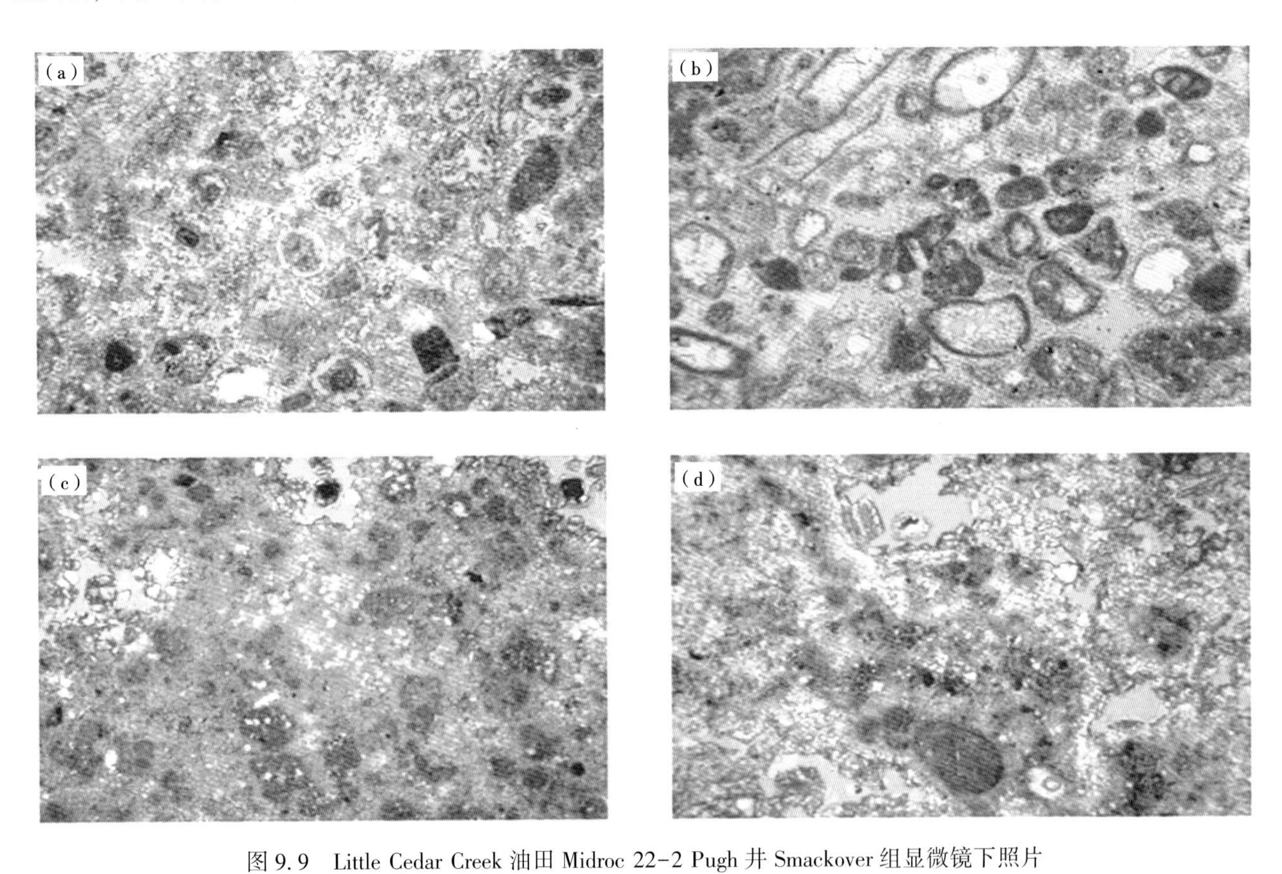

图 9.9　Little Cedar Creek 油田 Midroc 22-2 Pugh 井 Smackover 组显微镜下照片

（a）S-3 淋滤鲕粒灰岩可见颗粒铸模孔，11495ft（3504m）；（b）S-3 淋滤球粒泥粒灰岩可见颗粒铸模孔，11512ft（3509m）；（c）S-5 生物扰动作用的泥粒灰岩可见似球粒和溶洞，11542ft（3518m）；（d）淋滤凝块状粘结灰岩可见溶洞，11553ft（3521m）。样品（a）、（c）、（d）被茜素红染色。显微照片位置如图 9.5 所示。除（b）外的所有显微照片均来自 Mancini 等（2006，2008）；显微照片（a）、（c）、（d）由墨西哥湾海岸地质协会授权长期使用

9.5.2　岩石物理特征

在 Little Cedar Creek 油田，控制储层结构的主要因素是储层的沉积组构选择性溶蚀作用和一定程度的白云石化作用，白云石化作用能使原生粒间孔扩大，并能产生新的孔隙（与微生物生长组构相关）、改变孔隙类型，形成扩大的次生粒内孔、颗粒铸模孔和溶蚀孔洞。对比其他地区的微生物碳酸盐岩及储层，如 Appleton 地区和 Vocation 地区（Mancini 等，2000，2004b），该油田白云石化作用和晶间孔并不发育，但储层的部分白云石化作用能使储层岩性更稳定，并减少后期由于压实作用导致的孔隙的损失（Benson，1985）。溶解过程能扩大先存孔隙喉道，并提高渗透性（Benson，1985）。

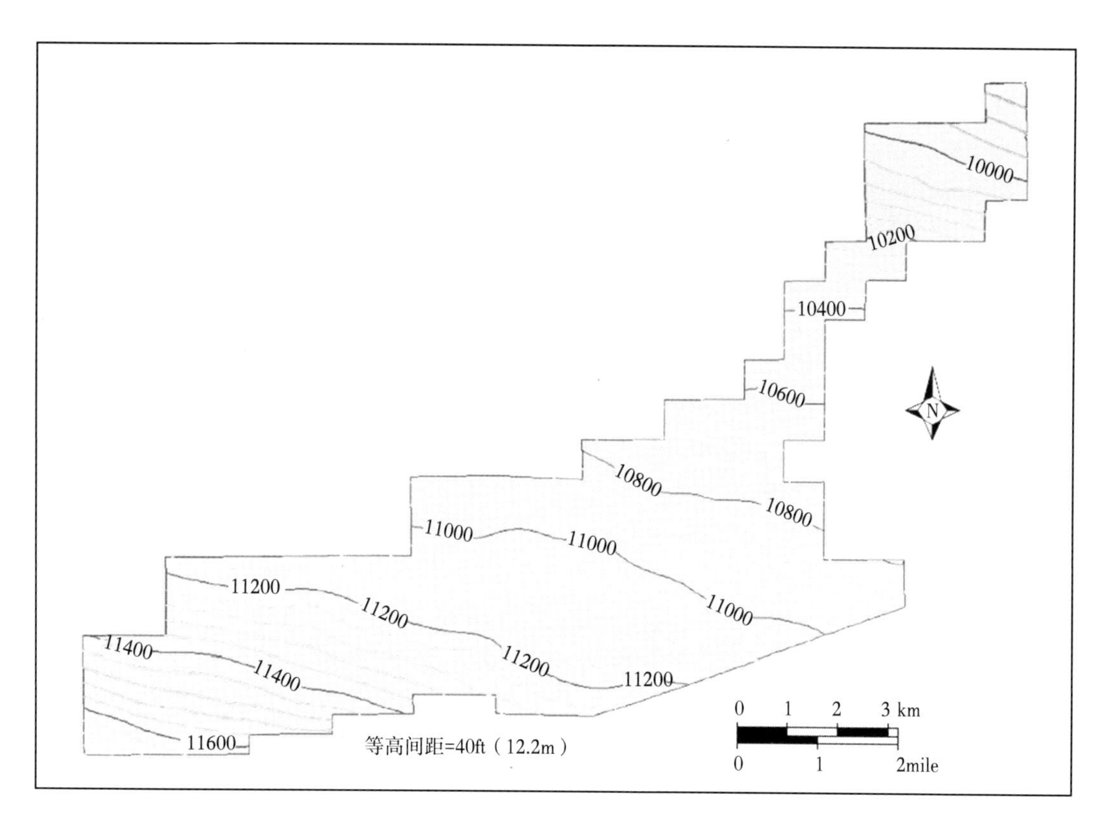

图 9.10 Little Cedar Creek 油田 Smackover 组顶面构造图

注意南西部有统一的、为 150~200ft/mile（46~61m/km）的沉降速率

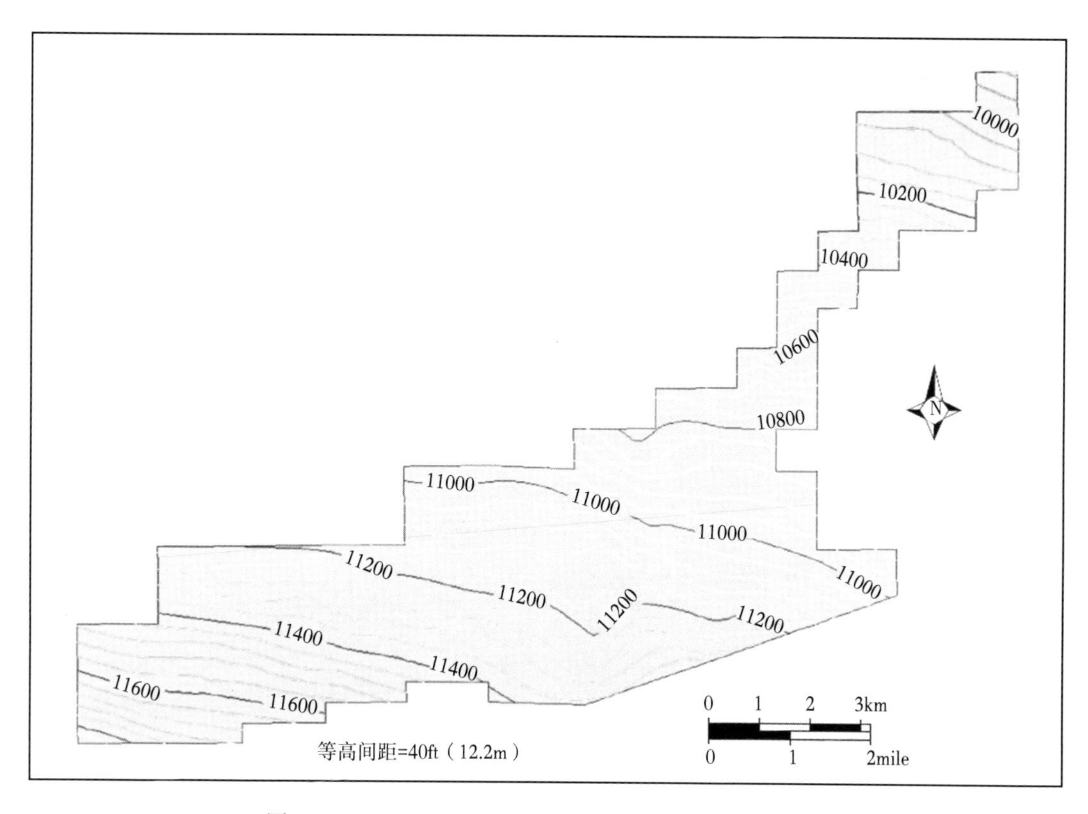

图 9.11 Little Cedar Creek 油田 Norphlet 组顶面构造图

注意南西部有统一的、为 150~200ft/mile（46~61m/km）的沉降速率

上部颗粒灰岩—泥粒灰岩储层相（S-3）的孔隙主要为原生粒间孔和次生粒间溶孔、晶间溶孔、溶蚀孔洞和颗粒铸模孔（Ridgway，2010；Breeden，2013）。储层向上鲕粒含量增加，微生物影响程度减小，形成了上部主要为富含鲕粒的颗粒灰岩；中部主要为鲕粒、球粒、微生物包壳颗粒和内碎屑散布的颗粒灰岩；下部主要为含有球粒和大量微生物包壳颗粒的泥粒灰岩—粒泥灰岩层。这种结构差异反映了碳酸盐岩滩相环境中海相碳酸盐岩滩和建隆的亚环境：上部富含鲕粒的颗粒灰岩建隆的顶部易收到大气水的淋滤作用，并发生部分白云石化作用从而产生溶蚀孔洞；中部混了鲕粒、球粒、微生物包壳颗粒和内碎屑的颗粒滩建隆及泥粒灰岩层；下部含有球粒和大量微生物包壳颗粒的建隆边缘的泥粒灰岩层（图 9.9a、b）。根据 Ahr（2008）的碳酸盐岩孔隙成因分类，这些储层的相可归类为混合型 1 类，因为它们既包含了沉积成因孔隙又包含了成岩成因孔隙。

下部微生物粘结灰岩（S-6）中的孔隙类型主要为与微生物生长格架相关的原生格架孔和次生溶蚀孔洞（图 9.9d）。微生物扰动影响的泥粒灰岩（S-5）中的孔隙类型包括粒间孔、颗粒铸模孔和溶蚀孔洞（图 9.9c）。微生物粘结（凝块）灰岩中主要为淋滤作用和部分白云岩作用产生的溶蚀孔洞。根据 Ahr（2008）的碳酸盐岩孔隙成因分类，这些储层的相也归为混合型 1 类，因为它们也既包含了沉积成因孔隙又包含了成岩成因孔隙。

储层结构的基本构成单元四孔隙系统，包括孔隙拓扑结构、几何形状和孔喉大小分布（Ahr 和 Hammel，1999）。因此，储层非均质空间的数量、种类和空间分布是孔隙演化、几何形状和分布的函数。根据 Kopaska-Merkel 和 Hall（1993）的研究，孔隙系统不仅影响烃类的储存和流动，也影响储层的产量和流动单元的质量。因此，Little Cedar Creek 油田储层间的孔隙系统及其特征非常重要。孔喉大小分布是控制渗透率的一个关键因素，因为最小孔喉可视为一个瓶颈，影响流体可以穿过岩石的速率（AhrandHammel，1999）。根据 Mancini 等（2000）的研究，渗透性直接关系到 Smackover 组储层孔隙系统和非均质程度。这些笔者发现，通常储层越均质（储层结构和孔隙系统基本不变），其油气储存能力也越大。

尽管一些颗粒灰岩层具有较大比例的粒间孔或溶蚀孔洞，但上部颗粒灰岩—泥粒灰岩储层的孔隙系统主要为颗粒铸模孔、溶蚀扩大的粒间孔。上部储层的孔隙系统总体具有孔隙大小变化大、喉道狭窄连通性差的特点。孔径大小取决于被淋滤的碳酸盐颗粒大小。然而，下部微生物储层的孔隙体系主要由溶蚀孔隙孔洞构成，其特征是更多大孔洞被更大和更均匀的喉道相连通。因此，这种孔隙系统能提高碳酸盐岩储层的连通性和渗透率（Lucia，1999；Jennings 和 Lucia，2001；Mancini 等，2004）。在 Little Cedar Creek 油田，下部微生物储层（S-6）中的烃流动单元（储层具有高孔隙度、高渗透性和高连通性）主要由溶蚀孔洞构成，根据 SOGBA 对 Little Cedar Creek 油田生产记录中每口井 2 年累计产油能力证明了其为高产储层。对于油田三个部分的井，最高 2 年单井总数累计产油量如下：北部，Sklar 27-6 Craft-Soterra LLC 井，16135，产量为 271524bbl；中部，Midroc 18-6 McCreary 井，14545，产量为 265159bbl；西部，Midroc 24-3 Tisdale 井，14069B，产量为 229306bbl。储层之所以能高产主要因为其具有一个大孔隙含量高，并且孔隙被更大和更均匀的喉道连通的孔隙体系。当时，上部储集空间（S-3）的 2 年内单井累计产油量小于下部储集空间（SOGBA，2013a）。油田中该类储层 2 年内最高单井累计产油量为油田西部 Midroc 20-7 Cedar CreekLand 和 Timber 井，13177 的 95921bbl（提前注气）。储层的低油气产量主要因为它的孔隙系统，其具有小孔隙比例高，喉道狭窄且不均匀，连通性差的特征。此外，潜在的盖层（非储层致密岩石）和隔挡层（低渗透性和低连通性的连接层）在上下两套储层中都有发育。潜在的横向盖层和隔挡层主要在 S-6 储层段发育。建隆之间区域主要发育受微生物影响泥晶灰岩和粒泥灰岩（图 9.7）。S-3 储层段，存在一套厚层状的粒泥灰岩，其主要发育于建隆之间，可作为盖层和隔挡层。上部粒泥灰岩—泥粒灰岩—颗粒灰岩序列在垂向上具有非均质性，一个序列的侧翼，不连续的范围、有限的特殊层段也可能导致 S-3 储层段在垂直和侧向上的隔挡（图 9.5、图 9.7）。

9.6 三维地层储层模型

在三维地层储层建模中，我们使用 SOGBA 的地理边界（图 9.3）并结合干井或非生产井的沉积和成岩作用导致的储层变化特征来构建边界。

因此，油田和模型在西部和沿着北西、南东向的边界由没有经济开采价值井的储层岩相所限定。

9.6.1 地层模型

为了构建地层网格，先将井位、井数据和井头导入 Paradigm 公司的 SKUA© 建模软件中。根据地层表征研究（测井，岩心、薄片分析、剖面和厚度图资料）获得的地层和沉积信息也包含在三维地质储层模型中。模型的最终网格见图 3。网格包括 6 个近水平的地层界线，并排除了 S-2 的岩相界面，因为整个油田中只有两口井具有该界面（表 9.1）。岩相之间的垂直分层具有一致性，但 S-3 岩相界面除外，因岩相的沉积变化，油田北东方向地层中因底超而被截断（尖灭）。垂向上网格的数量和厚度见表 9.1。横向上，网格的宽度为 250ft×250ft（76m×76m）。模型的方位为北东向 65°，反映了该油田的沉积走向和在 S-3 和 S-6 岩相厚度图中看到的沉积模式（图 9.6）。

表 9.1 用于构建 Little Cedar Creek 油田三维地质储层模型的地层网格的参数

	地层单元	层	建造单元	垂直单元数量	垂直单元厚度 ft
Smackover 组顶板	S-1	整合	有	10	2（0.6m）
	S-3	底超	有	27	2（0.6m）
	S-4	整合	有	10	7（2.1m）
	S-5	整合	有	12	2（0.6m）
	S-6	整合	有	25	2（0.6m）
	S-7	整合	有	10	5.5（1.7m）
Smckover 组基底	Norphlet	整合	无		

9.6.2 岩相模型

在 Little Cedar Creek 油田的岩相建模中应用了截断高斯模拟。基于像素模拟［序贯指示模拟（SIS）和截断高斯模拟（TGS）］的方法是碳酸盐岩建模的常用方法。运行 TGS 的主要输入数据为：（1）把高大的岩相测井资料加载到网格中；（2）模型或垂向岩相序列中的岩相顺序；（3）用于所以岩相的一种变差函数；（4）总体分数和各岩相的趋势。其次要输入的数据包括垂向岩相比例曲线（VPCs）和三维、二维趋势图。在 Little Cedar Creek 油田，从（S-1 和 S-7）岩相的测井数据中提出的岩相数据结合每种岩相的岩心观察结果，将其进行编码从而生成了离散测井曲线。根据相曲线生成的变差函数，然后根据水平和垂直方向上的岩相对变差函数模型进行调整。球状均质变差函数模型的 R1（最大）和 R2（最小）量程为 5300ft（1615m），垂向量程为 21ft（6.4m）。虽然在变差函数中未得到应用，但是水平变差函数模型适合 0°、60°、90°和 120°方向上的实验来获取可能存在的微生物建隆方向和数据中观察到的成岩作用趋势。根据数据分析获得垂向沉积相比例曲线可用于模型的约束。

总之，在具有高产可能性的地方已经进行了钻井（已优先优质储层的岩心）。这种采集数据方式最为经济，所以在该油田以最经济的方式获得了最多的数据。因此，特定地区的密集采样和其他地区的非密集采样会导致随后的偏差。在分析实验过程中，我们用析散技术来移除采样偏差，以此建立无偏差统计。然后运用 TGS 技术通过十次模拟来建立岩相模型。

9.6.3 孔隙度模型

在 Little Cedar Creek 油田，沉积相控制着孔隙度分布，并且控制着成岩作用（Ridgway，2010）。因此，Little Cedar Creek 油田的孔隙度模型受岩相制约。序贯高斯模拟（SGS）是一种用于模拟该区域孔隙度的地质统计模拟技术。SGS 模拟技术用于插入井间数据来获得更多的认识。SGS 模拟需要一个变差函数。基于实验的变差函数在垂向上展示了循环性。该循环是微生物建隆、发育及多相作用的产物。球状均质变差函数模型 R1 和 R2 量程为 7962ft（2427m），纵向量程为 25ft（7.6m）。虽然在变差函数中未得到应用，但在水平变差函数模型中适合 0°、60°、90°及 120°方向上的实验数据。平均孔隙度测井（PHIA）代替了算数均值在网格中的应用，运用 SGS 技术通过对每种岩性进行 10 次模拟来建立孔隙度模型（图 9.12a、图 9.13a）。测井分析和建模技术表明上部储层孔隙度范围在 0~33%，平均为 7.6%（图 9.14a），下部储层的孔隙度范围为 1%~20%，平均为 5.7%（图 9.14c）。基于储层的可生产性，依据 SOGBA（2004），将上部储层的孔隙度减少 10%，同时将下部储层的孔隙度减少 6%来分析油气储集空间的配置关系以达到开发的目的。

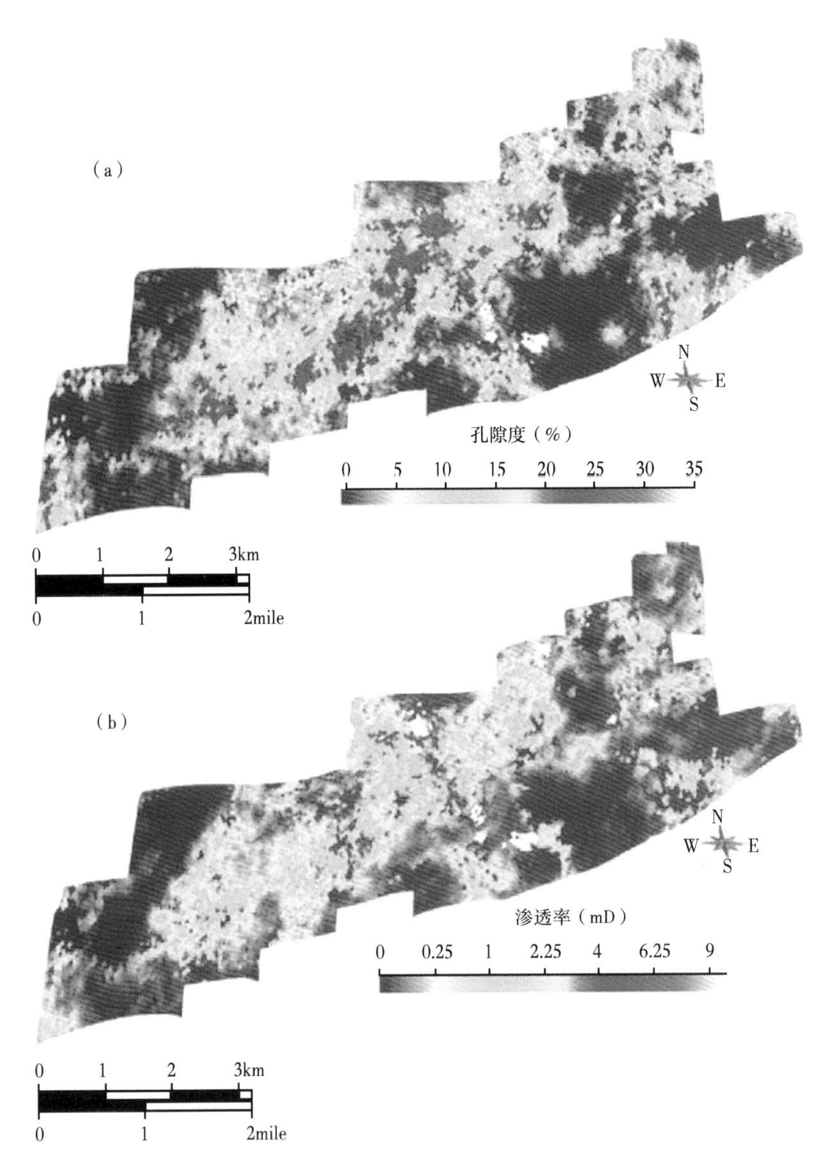

图 9.12 Little Cedar Creek 油田三维地质储层模型中 S-3 储层顶部的孔隙度和渗透率的空间展布

注意的是从油田的西部到中部的孔隙度和渗透率具有从南西到北东逐渐非均质的趋势；相比于之前的趋势，该趋势在走向和在图 9.6a 中观察到的 S-3 岩相厚度图中微生物碳酸盐岩建隆的分布更有优势；内部孔隙度和渗透率的变化趋势对应区域的微生物建隆和内部建隆区域，表明建隆区域代表了潜在的油气流动单元（高渗透率值），而内部建隆区域代表了流体单元潜在的障碍或者隔挡层；图 7 中也可以看到该关系

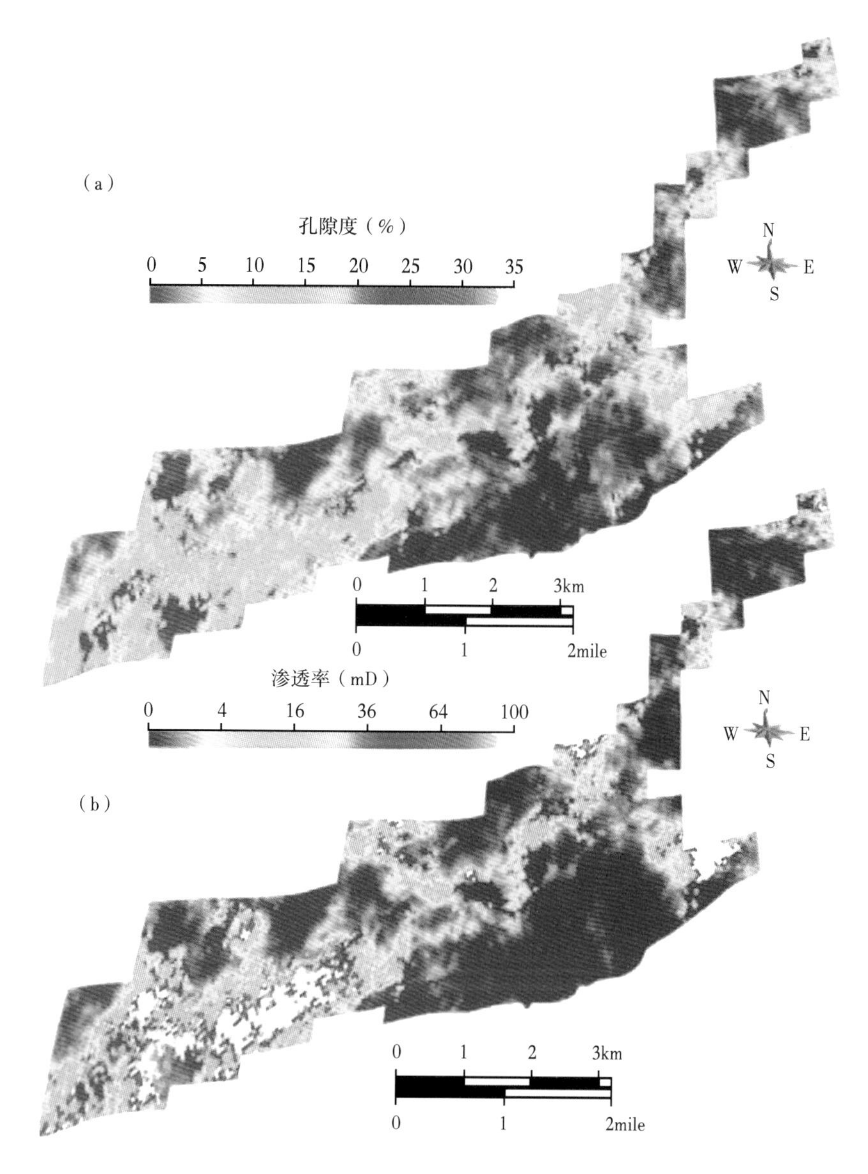

图 9.13 Little Cedar Creek 油田三维地质储层模型中 S-6 储层顶部的孔隙度和渗透率的空间展布

注意的是从油田西部到中部再到北部的孔隙度和渗透率具有由南西向北东逐渐非均质的趋势；相比于之前的趋势，该趋势在走向和在图 9.6b 中观察到的 S-6 岩相厚度图中微生物碳酸盐岩建隆的分布也更有优势；内部孔隙度和渗透率的变化趋势对应了区域的微生物建隆和内部建隆区域，表明建隆区域代表了潜在的油气流动单元（高渗透率值），而内部建隆区域代表了流体单元潜在的障碍或者隔挡层；图 9.7 中也可以看到该关系

9.6.4 渗透率模型

渗透率因其高变化率和极值特征成为储层建模中的一项困难参数。岩相中的极低值可能导致流体流动受阻，而极高值可能有利于流体流动并成为流动通道。流体的流向以及该区域的压力情况同样也是重要的参数。在直方图当中，渗透率的总体分布不规律，因此，很难进行线性回归处理。但因为渗透率在直方图中具有对数正态的特点，所以多数情况下使用渗透率的对数值。此外，渗透率模型也用于思考与孔隙度之间的关系。基于克里金法（Cokriging）的序贯高斯模拟是一种能够模拟孔隙度和渗透率之间变化关系的方法。孔隙度和渗透率对数之间是一种统计学关系。在 Little Cedar Creek 油田，通过在半对数图上投影预测的渗透率与岩心孔隙度交会得到了孔渗之间的半对数关系。然而，在该区域我们应当谨慎地使用储层中的相关值，因为在具有非均质性但内部连通的孔隙系统网络中，孔渗关系变化快且孔喉弯曲不规则。推荐使用几何学和能量平均的方法来提高井网中井的渗透率的精度。几何均方根法被用于该研究，因为该方法对

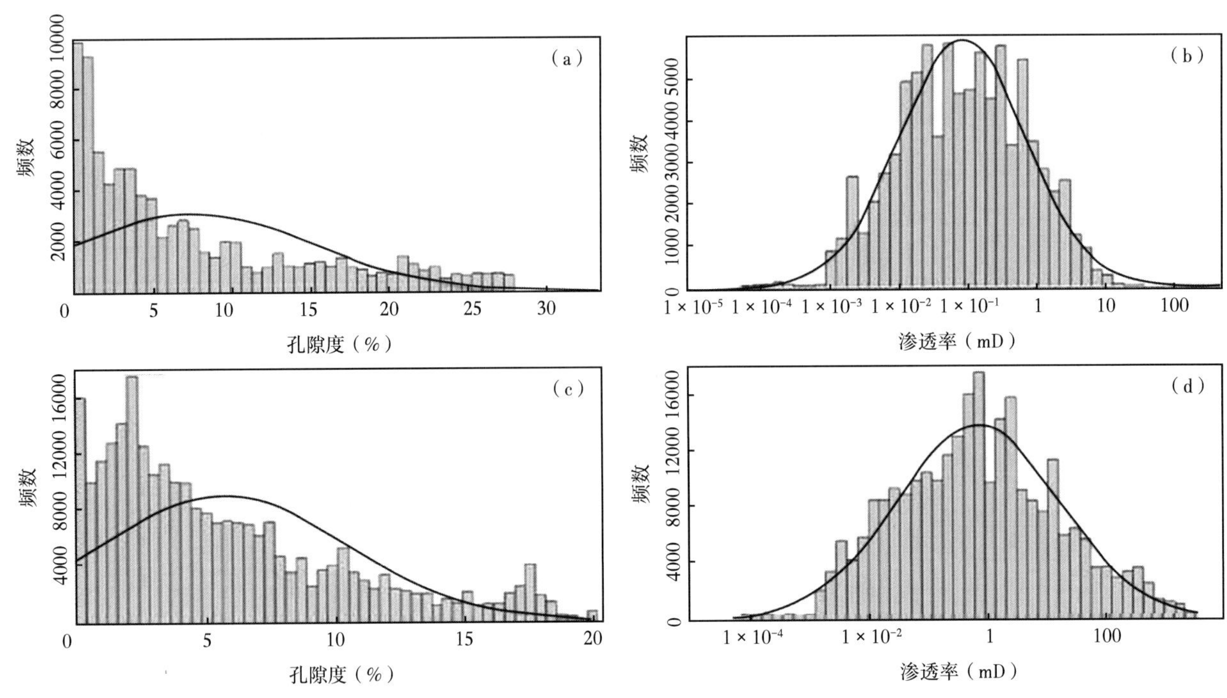

图 9.14　通过测井分析和 Little Cedar Creek 油田的模型数据获得的直方图

该图指出了上部储层（S-3）和下部储层（S-6）的岩石物理属性：(a) S-3 孔隙度，88334 个样品；(b) S-3 渗透率；(c) S-6 孔隙度，267425 个样品；(d) S-6 的渗透率

于低渗透率储层有很好的效果。运用克里金法的 SGS 技术通过 10 次嵌套（孔隙度和岩相）模拟来建立渗透率模型。模型取决于变差函数，可观察与孔隙度的相关性及与井的渗透率的吻合性。测井分析和模型表明上部储层的渗透率范围在 0~452mD 之间，平均值为 1mD（图 9.14b），下部储层的渗透率在 0~7952mD 之间，平均值为 1mD（图 9.14d）。

上下两套储层的走向都为南西—北东向，与上侏罗统形成的 Smackover 组的沉积地形趋向一致（图 9.10、图 9.11）。该油气藏包括了多个潜在的流体（碳氢化合物）单元，表现为高渗透率（图 9.12b、9.13b）。上部储层的潜在流体单元沿南西到北东向延伸，因岩变在该地区的 S-3 岩相被截断（岩性尖灭）。在该区域的西部到中心部分，潜在的油气流动单元被低孔隙度和渗透率隔开，这表明建隆之间可能形成潜在隔挡层（图 9.12b）。拥有更低储层空间的 S-6 地层在渗透率图上识别出了一个位于该地区西部的潜在油气流动单元，而其他的潜在油气流体单元则位于中部或北部局部地区。这些潜在油气流动单元主要由微生物建隆形成（图 9.6b、图 9.7）。潜在油气流体单元被更低的渗透率区域隔开，这表明了建隆之间可能形成潜在隔挡层。

9.7　储层评价

储层表征、地层评价、三维地质储层模型以及产能数据分析结果用于 Little Cedar Creek 油田微生物碳酸盐岩及其储层生烃潜力评价并有助于油田开发方案的设计。系统的油田研究有助于油田的决策和管理，如钻井、加密井间距以及二次开发（包括相关注入井井点的选择）方案设计。我们研究的成果认识涵盖了均质储层及其相关岩相、孔隙系统性质、流动单元、潜在隔挡层，以及这些属性在垂向和侧向上的沉积模式和岩石物理特征，这些对于 Little Cedar Creek 油田的高效运行有着重要的作用。

该地区的两套储层可根据不同的流体组合和不同的最大测量储层压力（其中上部储层可达 5391psig，而下部储层为 5122psig）（SOGBA，2004）严格区分开。油田的决策者因此根据溶解气驱动机制制订西部统一化的在二次注水方案。统一化的提高采收率方案增加油气资源的最终采收率，同时单位计算消耗预计不会超过该地区的额外油气资源开采量。该策略也使钻井井点的选择得到了优化。在 2007 年 10 月，

Midroc Operating 公司实施了一个二次开采项目，其中包括了根据模拟建模结果对油田进行统一注气（SOGBA，2007）。该增产项目只针对该油田的上部储层，下部微生物储层并不是该项目的一部分。

9.7.1 上段颗粒灰岩—泥粒灰岩储层

上部的颗粒灰岩—泥粒灰岩储层（S-3）由一系列的前积鲕粒和球状滩组成（图 9.8a 至 d），从油田西部向中心展布，走向为南西—北东向。该储层在油田北部缺失。该碳酸盐岩滩带建隆由 6 个粒泥灰岩—泥粒灰岩—颗粒灰岩沉积序列组成（图 9.5），其厚度大约为 26ft（8m）（图 9.6a）。建隆之间区域的滩体厚度为 4~8ft（1~2m），被厚层粒泥灰岩覆盖（图 9.7）。孔隙类型主要为粒间孔和次生粒间溶孔、粒内孔、溶蚀孔洞和颗粒铸模孔（图 9.9a），孔隙度范围在 0~33%，平均值为 7.6%。渗透率是造成该储层低产能的关键，其渗透率范围在 0~452mD，平均值为 1mD（图 9.14c）。

在两口注入井（Midroc 20-12 Cedar Creek Land 和 Timber 井及 Midroc 21-4 Cedar Creek Land 和 Timber 井）中对上部储层注入天然气的二次开采项目已经取得成功。根据 SOGBA（2007）的记录，由于该储层的低渗透率和溶解气驱替的性质，注气方案代替原来注水方案达到上部储层增产的效果。决策者在局部地区单元将两个额外的井转变为注入井（Midroc 22-3 Pugh 井及 Midroc 14-12 Price 井）。

通过我们的研究支持了油田决策者对上部储层进行注气来开采未被采出的油气。S-3 储层的沉积、岩石物理特征和受颗粒铸模孔和粒间溶孔控制的孔隙系统共同导致了储层具有高孔隙度（图 9.14a），但是其渗透率（图 9.14c）、连通性（图 9.12b）和油气产能较差。该储层内部在纵向（图 9.5）和横向（图 9.6a、图 9.12）上具有高非均质性，从而可能导致一个复合的流动单元被隔挡层分开（图 9.7）。

上部储层的碳酸盐岩滩建隆被认为是潜在的非均质油气流动单元，建隆之间区域包含了低渗厚层，被认为是潜在流体隔挡层（图 9.7）。在 S-3 储层内部，作为沉积和岩石物性高分异性的结果，地层流动单元及相关排水区域的连通性逐步减少。虽然 SOGBA 的生产记录表明，注气项目使 S-3 储层的产量得到了增加，但是井网加密项目的实施将使未连通的油气资源更容易地被开发出来。因此，在碳酸盐岩滩建隆区域钻井的策略运用在油田西部以及南中部。由于储层的划分方法导致了其具有低渗透率和低连通性，在储层中进行新钻井时井间距应小于 160ac（53ha）（图 9.7、图 9.12b）。

9.7.2 下段微生物粘结岩储层

下部的粘结岩储层（S-6）由潮下带粘结岩（图 9.8f 至 i）和南西—北东向的微生物建隆组成。这些微生物建隆在研究区的西部、中部和北部呈簇状发育，厚度为 43ft（13m）（图 9.6b）。这些簇状建隆被厚 7~9ft（2~3m）的微生物隆间分隔，隆间上覆具有一定厚度的受微生物影响的泥晶灰岩和粒泥灰岩（图 9.7）。微生物储层的孔隙包括沉积构造孔（格架孔）、成岩溶蚀扩大孔和溶蚀孔洞（图 9.9d）。该孔隙系统使储层具有高渗透率和连通性（图 9.13b）。渗透率值高达 7953mD（图 9.14d），孔隙度值高达 20%（图 9.14b）。

下部微生物粘结岩储层（S-6）是 Little Cedar Creek 油田为增加最终的油气产量而准备二次开发的备选对象（SOGBA，2004）。然而，根据沉积、岩石物理性质以及产能的特征，S-6 储层相比于 S-3 储层来说更适合开采。与微生物建隆有关的粘结岩流动单元主要由溶蚀孔洞构成，形成了具有一定厚度且连续的、高孔隙度（图 9.14b）、高渗透率（图 9.14d）和高连通性（图 9.7、图 9.13b）的储层段。对比上部储层中完钻的井，在该储层中完钻的井的产能更高。因此，应该进行模拟建模，来指导下部储层的二次开采、注水注气方案。

高渗透率和高连通性的微生物建隆的 S-6 储层拥有高产能的油气流动单元；但是微生物建隆区被具有一定厚度的低渗透率非储层隆间所分隔（图 9.7、图 9.13）。因此，由溶蚀孔洞构成的孔隙系统的微生物粘结岩储层具有与微生物建隆相关的井间剩余油开采潜力（图 9.6b）。在某种程度上，这些未开采完的油气资源可能能够通过一个新的钻井项目可以被部分开采出来。微生物建隆区域的新井钻井方案在整个油区是可行的，油田西部、中部和北部的高产能井就是最好的证明。由于 S-6 拥有更高的渗透率、连通性和产能，新完钻井的井间距要大于上部储层的井间距。

9.8 结论

（1）这是一份美国东 Gulf 海岸平原亚拉巴马州西南部的 Little Cedar Creek 油田关于微生物碳酸盐岩及其相关储层的综合研究报告，其可作为今后理解微生物储层的沉积、岩石物理性质和油气产能空间分布预测的参考。

（2）该地区油的气圈闭是一个上倾地层圈闭，由上侏罗统 Smackover 组的不同的岩相组成，其岩相有潮下带微生物粘结灰岩、碳酸盐岩滩相颗粒灰岩及泥粒灰岩、潟湖内泥晶灰岩和 Smackover 海岸线附近北东向展布的粒泥灰岩。构造图显示在 Smackover 组和 Norphlet 组顶部具有均一的沿南西向倾斜率为 150~200ft/mile（46~61m/km）的倾角。迄今为止，在 Little Cedar Creek 油田还未观察到断层、构造圈闭或局部古地形高点。Little Cedar Creek 油田的油气圈闭可能并非来自泥晶灰岩，而是来自油田南部 Smackover 盆地富含无定形和微生物干酪根的薄纹层。

（3）根据 Smackover 组的岩相可分为 2 个储层段和 3 个盖层段。从 Smackover 组顶部开始，（S-1）为潮缘泥晶灰岩、云质泥晶灰岩和粒泥灰岩；（S-2）为潮汐水道砾屑灰岩和漂浮砾岩；（S-3）为滨岸碳酸盐岩颗粒滩和由鲕粒、球粒、微生物包壳颗粒和内碎屑及建隆间的粒泥灰岩构成的泥粒灰岩滩；（S-4）为潮下带粒泥灰岩和泥晶灰岩；（S-5）为潮下带受生物扰动和微生物影响的泥粒灰岩和泥晶灰岩；（S-6）为微生物（凝块叠层石）粘结灰岩；（S-7）为海侵泥晶灰岩、云质泥晶云岩和粒泥灰岩。

（4）上部储层是由一系列碳酸盐岩滩相环境中形成的进积的鲕滩和似球粒滩组成的。碳酸盐岩滩复合体沿南西—北东向由西缘向中央延伸。这些海相碳酸盐岩滩建隆包括 6 个粒泥灰岩—泥粒灰岩—颗粒灰岩沉积序列，厚度大约为 26ft（8m）。建隆之间区域的滩体厚度为 4~8ft（1~2m），被厚层粒泥灰岩覆盖。孔隙类型主要为粒间孔和次生粒间溶孔、粒内孔、溶蚀孔洞及颗粒铸模孔，孔隙度范围在 0~33%，平均值为 7.6%。渗透率是造成该储层低产能的关键，其渗透率范围在 0~452mD，平均值为 1mD。碳酸盐岩滩带建隆区域是潜在的非均质的油气流动单元，而建隆之间包含了一个具有一定厚度的低渗透率非储集岩，其可视为潜在的流体的隔挡层或盖层。

（5）下段储层由潮下带与微生物建隆相关粘结灰岩构成，其从西南至东北延伸面积超过 $32mile^2$（$83km^2$）。这些微生物建隆在研究区的西部、中部和北部呈簇状发育，厚度为 43ft（13m）。这些簇状建隆被 7~9ft（2~3m）厚的微生物隆间分隔，隆间上覆具有一定厚度的受微生物影响的泥晶灰岩和粒泥灰岩。微生物储层的孔隙包括沉积构造孔（格架孔）、成岩溶蚀扩大孔和溶蚀孔洞，该孔隙系统使储层具有高渗透率和连通性，渗透率高达 7953mD，孔隙度高达 20%。微生物粘结岩层是潜在的烃类流动单元，但是微生物建隆区被具有一定厚度的低渗透率非储层隆间所分隔，阻碍了流体的流动。微生物岩是该油田主要的储集岩。

（6）为了提高 Little Cedar Creek 油田最终的油气开采量，需要综合考虑沉积、岩石物理性质和油气产能等参数，如与微生物建隆有关的粘结灰岩的流动单元表现为一个具有一定厚度且连续的，具有高孔隙度、高渗透率和高连通性的储层段。非均质储层中完钻的井具有较高的油气产能。而与碳酸盐岩滩有关的颗粒灰岩—泥粒灰岩流体单元则表现为一个更薄的、高孔隙度但低渗透率和连通性的，更多变（侧向和垂向）的储层段。强非均质储层中完钻的井具有较低的油气产能。因此，在设计油田加密井方案时要求上部储层的钻井间距小于下部储层，因为与上部储层有关的流动单元更具有于局部性和区块性。

（7）Little Cedar Creek 油田的研究成果可以应用于其他油田微生物碳酸盐岩储层开发方案的设计。

参 考 文 献

Abbaszadeh, M., H. Fujii, and F. Fujimoto, 1996, Permeability prediction by hydraulic flow units: Theory and applications: Society of Petroleum Engineers Formation Evaluation, v. 2, p. 263-271.

Ahr, W. M., 2008, Geology of carbonate reservoirs: New York, Wiley and Sons, 277 p.

Ahr, W. M., and B. S. Hammel, 1999, Identification and mapping of flow units in carbonate reservoirs: An example from the Happy Spraberry (Permian) field, Garza County, Texas, U.S.A.: Energy Exploration and Exploitation, v. 17, p. 311-334.

Al Haddad, S. S., 2012, Reservoir characterization, formation evaluation, and 3D geologic modeling of the Upper Jurassic Smackover microbial carbonate reservoir and associated reservoir facies at Little Cedar Creek field, northeastern Gulf of Mexico: Master's thesis, Texas A&M University, College Station, Texas, 97 p.

Asquith, G. B., and D. Krygowski, 2004, Basic well log analysis, 2d ed.: Tulsa, Oklahoma, AAPG Methods in Exploration 16, 244 p.

Avila, J. C., R. A. Archer, E. A.Mancini, and T. A. Blasingame, 2002, A petrophysics and reservoir performance-based reservoir characterization of the Womack Hill (Smackover) field (Alabama): Society of PetroleumEngineers Paper 77758, Annual SPE Technical Conference and Exhibition, San Antonio, Texas, 16 p.

Baria, L. R., D. L. Stoudt, P. M. Harris, and P. D. Crevello, 1982, Upper Jurassic reefs of Smackover Formation, United StatesGulf Coast: AAPG Bulletin, v. 66, p. 1449-1482.

Benson, D. J., 1985, Diagenetic controls on reservoir development and quality, Smackover Formation of southwest Alabama: Gulf Coast Association of Geological Societies Transactions, v. 35, p. 317-326.

Benson, D. J., M. Pultz, and D. D. Bruner, 1996, The influence of paleotopography, sea level fluctuation, and carbonate productivity on deposition of the Smackover and Buckner Formations, Appleton field, Escambia County, Alabama: Gulf Coast Association of Geological Societies Transactions, v. 46, p. 15-23.

Bhatt, A., 2002, Reservoir properties from well logs using neural networks: Ph.D. dissertation, Norwegian University of Science and Technology, Trondheim, Norway, 173 p.

Breeden, L., 2013, Petrophysical interpretation of the Oxfordian Smackover Formation grainstone unit in Little CedarCreek field, Conecuh County, southwestern Alabama:Master's thesis, Texas A&M University, College Station, Texas, 101 p.

Crevello, P. D., and P. M. Harris, 1984, Depositional models in Jurassic reefal buildups, *in* W. P. S. Ventress, D. G. Bebout, B. F. Perkins, and C. H. Moore, eds., The Jurassic of the Gulf rim: SEPM, Gulf Coast Section, Proceedings of the Third Annual Research Conference, p. 57-102.

Hart, B. S., and R. S. Balch, 2000, Approaches to defining reservoir physical properties from 3-D seismic attributes with limited well control: An example from the Jurassic Smackover Formation, Alabama: Geophysics, v. 65, p. 368-376, doi: 10.1190/1.1444732.

Jennings, J. W., and F. J. Lucia, 2001, Predicting permeability from well logs in carbonates with a link to geology for interwell permeability mapping: Society of Petroleum Engineers Paper 71336, 16 p.

Klinkenberg, L. J., 1941, The permeability of porous media to liquids and gases: Drilling and Production Practice, v. 2, p. 200-213.

Kopaska-Merkel, D. C., 1998, Jurassic reefs of the Smackover Formation in south Alabama: Geological Survey of Alabama Circular 195, 28 p.

Kopaska-Merkel, D. C., and D. R. Hall, 1993, Reservoir characterization of the Smackover Formation in southwest Alabama: Alabama Geological Survey Bulletin, v. 153, 111 p.

Lee, S. H., K. Arun, and A. Datta-Gupta, 2002, Electrofacies characterization and permeability predictions in complex reservoirs: Society of Petroleum Engineers, Reservoir Evaluation and Engineering, v. 5, p. 237-248.

Llinas, J. C., 2004, Identification, characterization and modeling of Upper Jurassic Smackover carbonate depositional facies and reservoirs associated with basement paleohighs: Vocation field, Appleton field and Northwest Appleton field areas, Alabama: Ph.D. dissertation, University of Alabama, Tuscaloosa, Alabama, 300 p.

Lonoy, A., 2006, Making sense of carbonate pore systems: AAPG Bulletin, v. 90, p. 1381-1405, doi: 10.1306/03130605104.

Lucia, F. J., 1999, Carbonate reservoir characterization: New York, Springer, 226 p.

Mancini, E. A., and W. C. Parcell, 2001, Outcrop analogs for reservoir characterization and modeling of Smackover microbial reefs in the northeastern Gulf of Mexico: Gulf Coast Association of Geological Societies Transaction, v. 51, p. 207-218.

Mancini, E. A., D. J. Benson, B. S. Hart, R. S. Balch, W. C. Parcell, and B. J. Panetta, 2000, Appleton field case study (eastern Gulf coastal plain): Field development model for Upper Jurassic microbial reef reservoirs associated with paleotopographic basement structures: AAPG Bulletin, v. 84, p. 1699-1717.

Mancini, E. A., T. A. Blasingame, R. Archer, B. J. Panetta, C. D. Haynes, and D. J. Benson, 2004a, Improving hydrocarbon recovery from mature oil fields producing from carbonate facies through integrated geoscientific and engineering reservoir characterization and modeling studies, Upper Jurassic Smackover Formation, Womack Hill field (eastern Gulf Coast, U.S.A.): AAPG Bulletin, v. 88, p. 1629-1651, doi: 10.1306/06210404037.

Mancini, E. A., J. C. Llinas, W. C. Parcell, M. Aurell, B. Badenas, R. R. Leinfelder, and D. J. Benson, 2004b, Upper Jurassic thrombolite reservoir play, northeastern Gulf of Mexico: AAPG Bulletin, v. 88, no. 11, p. 1573-1602, doi: 10.1306/06210404017.

Mancini, E. A., W. C. Parcell, and W. M. Ahr, 2006, Upper Jurassic Smackover thrombolite buildups and associated nearshore facies, southwest Alabama: Gulf Coast Association of Geological Transactions, v. 56, p. 551-563.

Mancini, E. A., W. C. Parcell, W. M. Ahr, V. O. Ramirez, J. C. Llinas, and M. Cameron, 2008, Upper Jurassic updip stratigraphic trap and associated Smackover microbial and nearshore carbonate facies, eastern Gulf coastal plain: AAPG Bulletin, v. 88, p. 409-434.

Markland, L. A., 1992, Depositional history of the Smackover Formation, Appleton field, Escambia County, Alabama: Master's thesis, University of Alabama, Tuscaloosa, Alabama, 156 p.

Mathisen, T., S. H. Lee, and A. Datta-Gupta, 2003, Improved permeability estimates in carbonate reservoirs using electrofacies characterization: A case study of the North Robertson unit, west Texas: Society of Petroleum Engineers Reservoir Evaluation and Engineering, v. 6, p. 176-184.

Mostafa, M. Y., 2013, Reservoir simulation and evaluation of the Upper Jurassic Smackover microbial carbonate and grainstonepackstone reservoirs in Little Cedar Creek field, Conecuh County, Alabama: Master's thesis, Texas A&M University, College Station, Texas, 98 p.

Openhole Log Analysis and Formation Evaluation, 2004, Halliburton training manual.

Parcell, W. C., 2000, Controls on the development and distribution of reefs and carbonate facies in the Late Jurassic (Oxfordian) of the eastern Gulf Coast, United States and eastern Paris Basin, France: Ph.D. dissertation, University of Alabama, Tuscaloosa, Alabama, 226 p.

Ridgway, J. G., 2010, Upper Jurassic (Oxfordian) Smackover facies characterization at Little Cedar Creek field, Conecuh County, Alabama: Master's thesis, University of Alabama, Tuscaloosa, Alabama, 128 p.

Rogers, S. J., H. C. Chen, D. C. Kopaska-Merkel, and J. H. Fang, 1995, Predicting permeability from porosity using artificial neural networks: AAPG Bulletin, v. 79, p. 1786-1796.

State Oil and Gas Board of Alabama (SOGBA), 2004, Hearings: File Docket No. 9-29-04-4, 5, 6, and 12-3-04-1: accessed July 29, 2013, http://www.ogb.state.al.us.

State Oil and Gas Board of Alabama (SOGBA), 2007, Hearing: File Docket No. 9-5-07-15: accessed July 29, 2013, http://www.ogb.state.al.us.

State Oil and Gas Board of Alabama (SOGBA), 2013a, Field production records.

State Oil and Gas Board of Alabama (SOGBA), 2013b, Little Cedar Creek field map, scale 1 in.:2 mi, 1 sheet.

Tew, B. H., R. M. Mink, E. A. Mancini, S. D. Mann, and D. C. Kopaska-Merkel, 1993, Geologic framework of the Jurassic (Oxfordian) Smackover Formation, Alabama and panhandle Florida coastal waters area and adjacent federal waters area: Gulf Coast Association of Geological Societies Transactions, v. 43, p. 399-411.

10

全新统和侏罗系微生物岩建造的三维孔隙连通性评价

Marcelo F. Rezende, Sandra N. Tonietto, Michael C. Pope

摘要：微生物成因碳酸盐岩因具有生物生长格架而形成复杂的孔隙网络结构，在沉积后会经历成岩作用改造。为了更好地表征微生物碳酸盐岩储层，对孔隙介质特征及其演化过程的准确评价是必要的。然而，描述基本的岩石学特征的常规表征方法不能清晰地刻画此类储层的孔隙网络结构以及沉积结构的非均质性。X 射线计算机层析扫描技术（X-Ray CT）可以更好地评价该类储层岩石的基本特征，将此技术与层序地层分析相结合，可以提升对不同微生物结构中孔隙网络结构体积和连通性的认识。

对巴西全新统微生物岩的三维研究揭示了微生物岩序列中结构上的变化如何影响原生孔隙网络结构，在古沉积岩中孔隙网络结构可能因成岩作用而增加或减少。将计算机层析扫描图像（CT 图像）和三维显示与传统的岩相学研究、碳氧稳定同位素分析以及孔渗性实验分析相结合，可以得到该微生物岩中孔隙度和渗透率的高分辨率演化史。孔隙网络结构的差异与环境改变导致的微生物结构演化过程具有相关性。沉积结构，如结构大小、堆积方式和格架组构，控制着基于基本岩石学特征的岩石物理性质。这些基本特征影响孔隙体积以及喉道数量。大结构、松散堆积以及杂乱格架组构有利于发育连通性好的孔隙网络结构。反之，小结构、紧密堆积以及有序的组构会形成连通性不好的孔隙网络结构。对比上侏罗统 Smackover 组的微生物凝块岩孔隙结构研究发现，该类沉积结构的原生孔隙度也很高。假如微生物结构和岩石物理性质受环境控制，它们在地下的分布预测于精细沉积模式指导下将成为可能。

10.1 概述

储层表征的主要目的是构建岩石物理性质的三维（3D）图像（Lucia, 2007）。孔隙介质的评价和量化是构建过程中的必要步骤（Bowers 等，1995）。在碳酸盐岩储层中，对孔隙介质演化的分析也非常重要，因为其记录了结构的转变，而这些结构易受成岩作用的改造。这些步骤对于微生物碳酸盐岩研究工作至关重要，因为生物格架中的孔隙通常有着复杂的几何结构和空间连通性。

碳酸盐岩储层受沉积作用和成岩作用影响，这些作用控制了结构、组构和孔隙的几何形状（Choquette 和 Pray, 1970；Tucker 和 Wright, 1990；Moore, 2001）。与微生物结构有关的孔隙特征反映的是生物过程而不是松散颗粒的机械沉积过程（Ahr, 2008）。为了准确评价岩石物理性质，需要详细描述岩石的基本特征，如结构和组构（Verwer 等，2011）。基于基本岩石特征描述的常规方法不足以阐明微生物碳酸盐岩孔隙网络结构体系的非均质性。相对于常规方法，计算机层析扫描（CT）体技术是一个强大手段，能够在一定程度上识别基本岩石特征和孔隙网络结构单元。二维和三维重建更好地解决了孔隙和孔喉几何形状的非均质性问题，以及它们如何影响常规和复杂储层中孔隙网络结构变化的问题（Ehrlich 等，1991；Anselmetti 等，1998；Xu 等，1999；Akin 和 Kovscek, 2003；Ashbridge 等，2003；Hidajat 等，2004；Okabe, 2004；Ketcham 和 Iturrino, 2005；Glemser, 2007；Okabe 和 Blunt, 2007；Padhy 等，2007；Al-Kharusi 和 Blunt, 2008；Čapek 等，2009）。

全新统微生物岩建造的成岩作用是次要的，并且不影响沉积模式，该建造的三维重建结果揭示了孔隙网络结构在沉积格架演化过程中是如何演变的。本次研究将 CT 扫描图像分析和三维显示与传统的岩相学研究、碳氧稳定同位素以及孔渗性的实验研究相结合，可以得到该微生物岩中孔隙度和渗透率的高分辨率演化史。

本次研究的结果与上侏罗统 Smackover 组凝块石孔隙网络结构的阴极发光岩石学研究进行对比，表明凝块石的原生孔隙网络结构也具有被沉积结构控制的类似特征。上侏罗统 Smackover 组凝块石估算的沉积孔隙度非常高，约 59%。然而后期的成岩作用事件使 Smackover 组凝块石的最终孔隙度减少了 6%～12%。岩石格架的成岩作用变化可能被微生物结构控制的原生孔隙几何结构和孔隙连通性（Morse 和 Mackenzie，1990）所影响。理解微生物结构在不同的环境条件下如何控制原生孔隙网络结构特征是非常重要的。

10.2 地质背景

10.2.1 Lagoa Salgada 微生物岩

全系统微生物岩（图 10.1）矗立在位于巴西里约热内卢州 Campos dos Goytacazes 中 Paraíba do Sul 三角洲复合体内的孤立海岸潟湖（Lagoa Salgada）的西侧（Srivastava，1999；Silva e Silva 等，2007）。该潟湖由于海平面上升而形成于距今（3850±200）a，沿岸的障壁形成于海岬的进积作用（Dias 和 Kjerfve，2009；Dominguez，2009）。潟湖形成于季节气候，水体盐度由于二月到四月低降水率从正常到超咸之间波动变化。这种情况持续到 20 世纪 80 年代，该时期由于农业生产该潟湖与附近的河流连接（Srivastava，1999）。

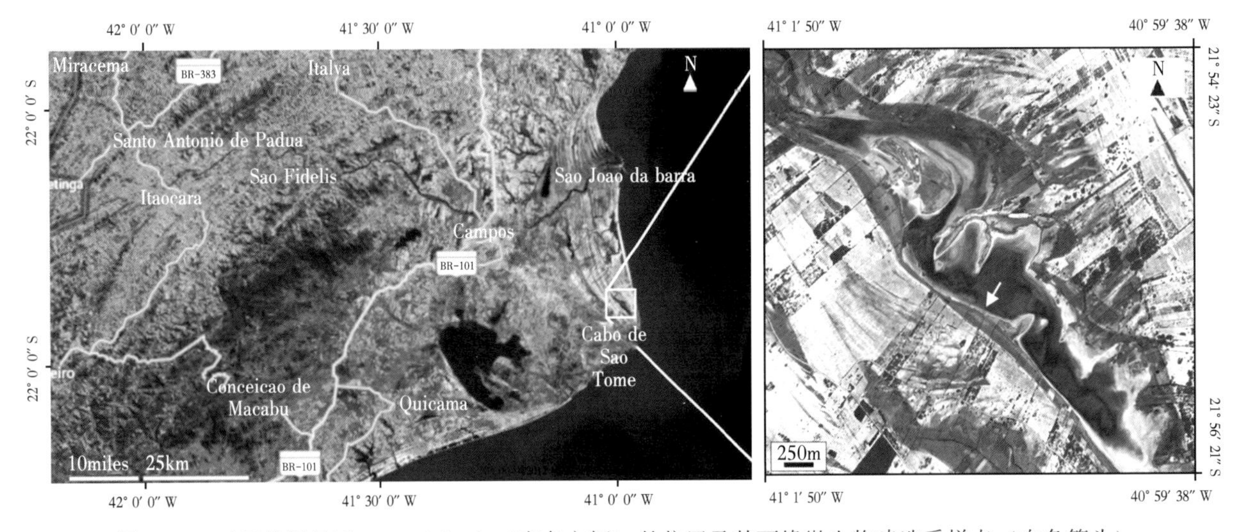

图 10.1 卫星地图显示 Lagoa Salgada（亮色方框）的位置及其西缘微生物建造采样点（白色箭头）

三角洲（图 10.2）沉积在新近系 Barreiras 组陆相砂岩不整合面之上，向上由中粒到粗粒海相砂岩变为前三角洲泥岩，上面覆盖细粒—中粒的三角洲和滩坝砂岩（Lemos，1995；Dias 和 Kjerfve，2009）。

潟湖沉积物包括骨架颗粒、微生物岩建造、微生物席和泥岩（Srivastava，1999）。微生物岩（图 10.1）以侧向连续、宽度不一的环带状生物礁的形式，仅发育在潟湖的西侧。微生物岩厚度范围和形态从薄层状外壳到厚 0.6m（1.97ft）的并生建造（Srivastava，1999）。本次研究的微生物岩最初在距今（2260±80）a，生长在富含盐和海相化石砂岩的胶结硬质表面上（Dias，1981；Srivastava，1999；Iespa 等，2008），并在距今（290±80）a 停止生长（Coimbra 等，2000）。

微生物岩生长速率随着气候和好氧条件的季节变化而变化（Vasconcelos 和 McKenzie，1997；Coimbra 等，2000）。这些改变与格架结构的主体差异有关（Coimbra 等，2000）。微生物格架的结构大小、组构和堆积方式等结构性质造成沉积结构差异。灰质泥岩以及微生物、腹足类、双壳类、介壳类和脊椎动物碎屑的堆积，一般都与微生物岩有关（Srivastava，1999），并普遍发育在微生物建造之间。这些微生物岩的成岩作用过程包括早期的碳酸盐岩环带胶结和大气淡水溶蚀（Iespa 等，2008）。

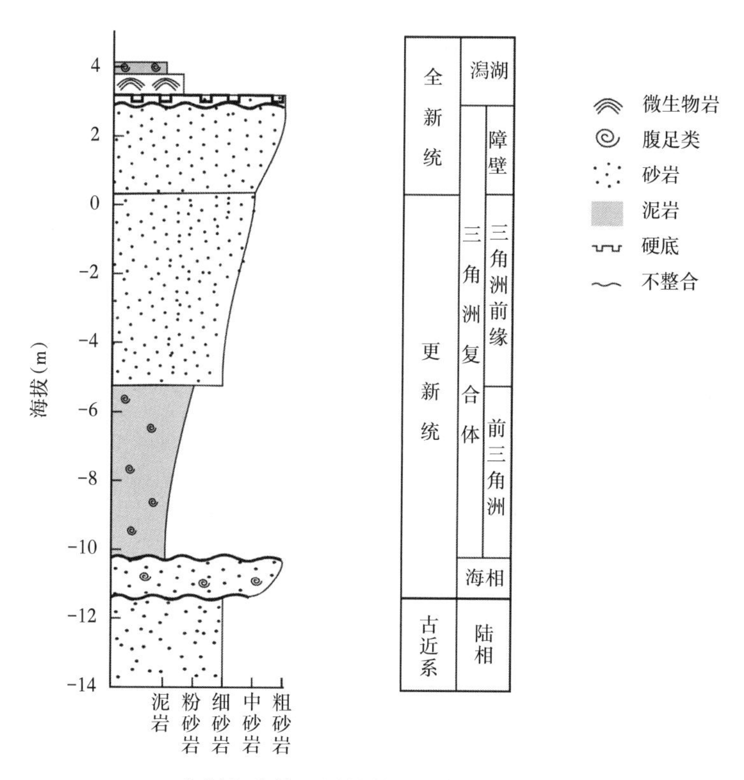

图 10.2 Paraíba do Sul 三角洲复合体地层柱状图。各段厚度沿着三角洲复合体横向变化（据 Dias 和 Kjerfve，2009；Lemos，1995，修改）

10.2.2 晚侏罗世 Smackover 组沉积时期微生物岩

上侏罗统 Smackover 组记录了墨西哥湾洋壳形成期间，一个大的海侵期在碳酸盐岩斜坡上形成的碳酸盐岩沉积（Ahr，1973）和冷却导致的热沉降（Nunn 等，1984；Mancini 等，1999）。Smackover 组礁体由蓝藻（微生物岩建造）或更多不同的珊瑚藻群落组成（Baria 等，1982）。在 Alabama 州东南部的 Little Cedar Creek 地区，Smackover 组微生物岩建造由底部的微生物席和顶部的凝块石（储层沉积相）组成。凝块石主要由球粒和少量骨架颗粒（来自底栖有孔虫和绿藻）组成。

10.3 方法

利用 CT 扫描、岩相学取样、稳定同位素、孔隙度和水平渗透率等手段研究了 Lagoa Salgada 的一个高 25cm（9.84in）、宽 30cm（11.81in）的微生物建造（图 10.3）。综合所有资料可以深化对不同尺度孔隙网络结构的地质解释。

10.3.1 X 射线计算机层析扫描技术

X 射线 CT 用于扫描岩石样品和显示立体单元体（Ketcham 和 Carlson，2001；Mees 等，2003；van Geet 等，2003；Ketcham 和 Iturrino，2005）。该技术的主要目的是预测岩石物理参数和模拟结果（Akin 和 Kovscek，2003；van Geet 等，2003；Hidajat 等，2004；Glemser，2007；Okabe 和 Blunt，2007），这也是储层表征的主要目的。然而，地质信息的应用被简化为岩石学和孔隙类型分类。增加地质信息可以建立更好的沉积和成岩环境的预测模型（Grochau 等，2010）。

利用 16 道 BrightSpeed GE CT 扫描仪，X 射线电压设定在 130kV，电流 100mA，图像分辨率为 0.5mm×0.5mm（0.02in×0.02in），获得了一组 1.25mm（0.05in）间隔的 384 个水平切片数据。数据是由位于里约热内卢的巴西石油公司研究中心的 CT 扫描仪提供的，这些数据通过内部计算，被转化为国际石油勘探地球物理协会标准 Y 文件格式，以便在商业和内部开发商的地震数据解释软件中应用。这使得孔隙网络

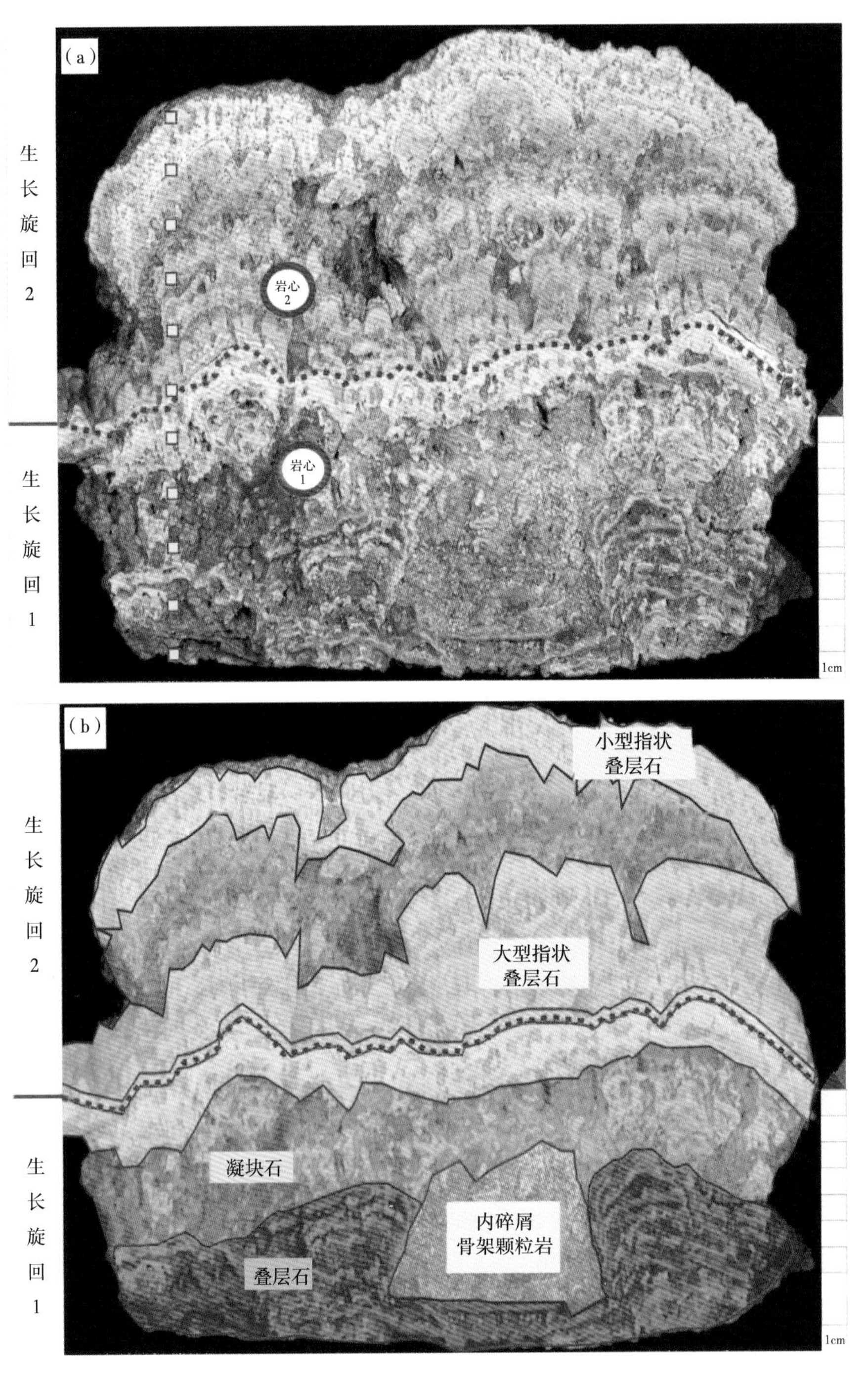

图 10.3 (a) 微生物岩建造照片，示意其生长周期、侵蚀面（红色虚线）以及岩心（红色轮廓圆环和白色填充区域）和稳定同位素（黄色方框区域）取样点；(b) 标注的不同沉积结构解释剖面（叠层石、凝块石、指状叠层石和颗粒岩），绿色为薄层藻类覆盖区域样品的表面颜色

结构和岩石格架体在数值上清晰地分割开。

一旦数据被分割、显示，整个样品感兴趣部分的总孔隙度便被量化。众所周知，用 CT 切片计算孔隙度的方法，是基于岩石和流体具有不同的衰减系数（Withjack，1988；Ketcham 和 Iturrino，2005）。由于扫描仪分辨率，孔隙体的精度限制在毫米级。

CT 扫描得到的衰减量三维矩阵被重建成（水平方向）矢量化切片。这些切片水平横切样品，生成模拟的时间—切片图像。这些图像能有效地解释沉积单元和孔隙网络结构的垂向演化。进而，应用矢量面（水平）、圆柱面（垂向）和轴向面（垂向），描述、测量基本的岩石性质，如微生物体大小、内部形状和堆积方式，并与孔隙介质性质的变化相关联。

10.3.2 碳氧稳定同位素

陆相碳酸盐岩沉积受沉积环境影响较大。气候条件和水体化学条件的微小变化，导致两个连续沉积体之间发生很大变化（Alonso-Zarza 和 Tanner，2010）。因此，陆相碳酸盐岩沉积的层序地层解释必须评估所有环境变量，这项工作由于大气淡水、海水、埋藏成岩作用的叠加改造而变得复杂。

碳酸盐岩中，孔隙介质来源于沉积结构，以及成岩作用过程中形成的后期溶蚀和胶结作用（Lucia，2007；Ahr，2008），更不必说影响孔隙系统性质的矿物转化和变形。由于对环境变化具有高度敏感性，陆相碳酸盐岩可能也具有大量的垂向非均质性。因此，用该类岩石的 $\delta^{13}C$ 和 $\delta^{18}O$ 分析方法，来约束对孔隙介质具有沉积控制作用的环境解释是必不可少的。

沿着该微生物建造剖面在垂直方向上等间距［每个约 2cm（0.8in）］采集了 11 个全岩样品（图 10.1）。样品分析是在巴西石油研究中心稳定同位素设备上进行的，应用自动化碳酸盐岩设备（KIEL IV）链接到一个双接口的 Delta V Plus 热电同位素比质谱仪。结果与 Vienna Pee Dee Belemnite（VPDB）对比，以数值方式呈现。这套样品的分析精度是 $\delta^{13}C$ 为 0.05‰（VPDB）、$\delta^{18}O$ 为 0.10‰（VPDB）。

10.3.3 岩石学

两个长 3.8cm（1.5in）、宽 2.5cm（1in）同一水平层的岩心样品，在巴西石油研究中心，应用 Corelab Ultrapore-300 p300 孔隙度仪和 Corelab Ultra-perm 400 渗透率仪，在 500psi（3.4mPa）压力下做了测试。这两个岩心样品钻自均质的沉积结构部位，来确保测量值符合结构和孔隙几何形状差异。相同沉积结构经历成岩作用后可以导致截然不同的岩石学特征。这种现象在 Smackover 组非常普遍。

10.3.4 岩相学和阴极发光

标准的岩相学和阴极发光分析用于表征微观组构、成岩作用特征、Smackover 组凝块石典型样品孔隙度。阴极发光测试应用 8200 MK II 型 Technosyn 冷阴极发光设备进行。该测试的操作条件为 10KeV 加速电压、300mA 电流。以胶结形态及阴极发光颜色和亮度的不同为标准，来重现侏罗系凝块石的原始孔隙网络结构体系。

10.4 结果

10.4.1 Lagoa Salgada 微生物岩沉积结构

Lagoa Salgada 微生物岩划分了四种微生物沉积结构，层状叠层石、凝块石、小型指状叠层石和大型指状叠层石（图 10.3）。虽然这四种沉积结构在这个测点具有代表性，但在其他微生物岩沉积中也可能出现不同结构。微生物岩结构由微晶球粒、束缚骨骼碎片、核形石、石英颗粒、同沉积方解石胶结物组成。凝块石具有块状的内部结构，叠层石是层状的（图 10.4）。层状叠层石特征为褶皱层状、发育水平组构、松散堆积及小于 5mm（0.2in）的结构大小。层状叠层石结构的孔隙是具有简单几何结构的窗格孔，孔隙直径平均值小于 1.5mm（0.05in），孔喉数量少（0~2）。凝块石由相互连通的不规则形状的分支组成，特征为杂乱组构、松散堆积及大于 2cm（0.8in）的结构大小（图 10.3、图 10.4）。凝块石段中的孔隙几何形状很复杂，孔隙直径平均高于 5mm（0.2in），孔喉数量多（2~6）。指状叠层石发育垂向分散接触的指状物，内部紧密堆积（图 10.3、图 10.4）。结构大小从高度小于 1cm（0.39in）的小型指状到高度大于 1cm（0.39in）的大型指状。孔隙结构简单，孔喉数量低到中等（0~4）。小型指状叠层石平均孔隙直径 1.5mm（0.05in），大型指状叠层石平均孔隙直径 3mm（0.12in）。数据在表 10.1 中概括。

这些微生物岩建造中，早期碳酸盐环边胶结和大气水溶蚀是最明显的成岩作用改造。然而，这些事件实际上并没有改造沉积结构，因为没有在薄片上看到，微生物格架边缘被很好保存（图 10.4）。

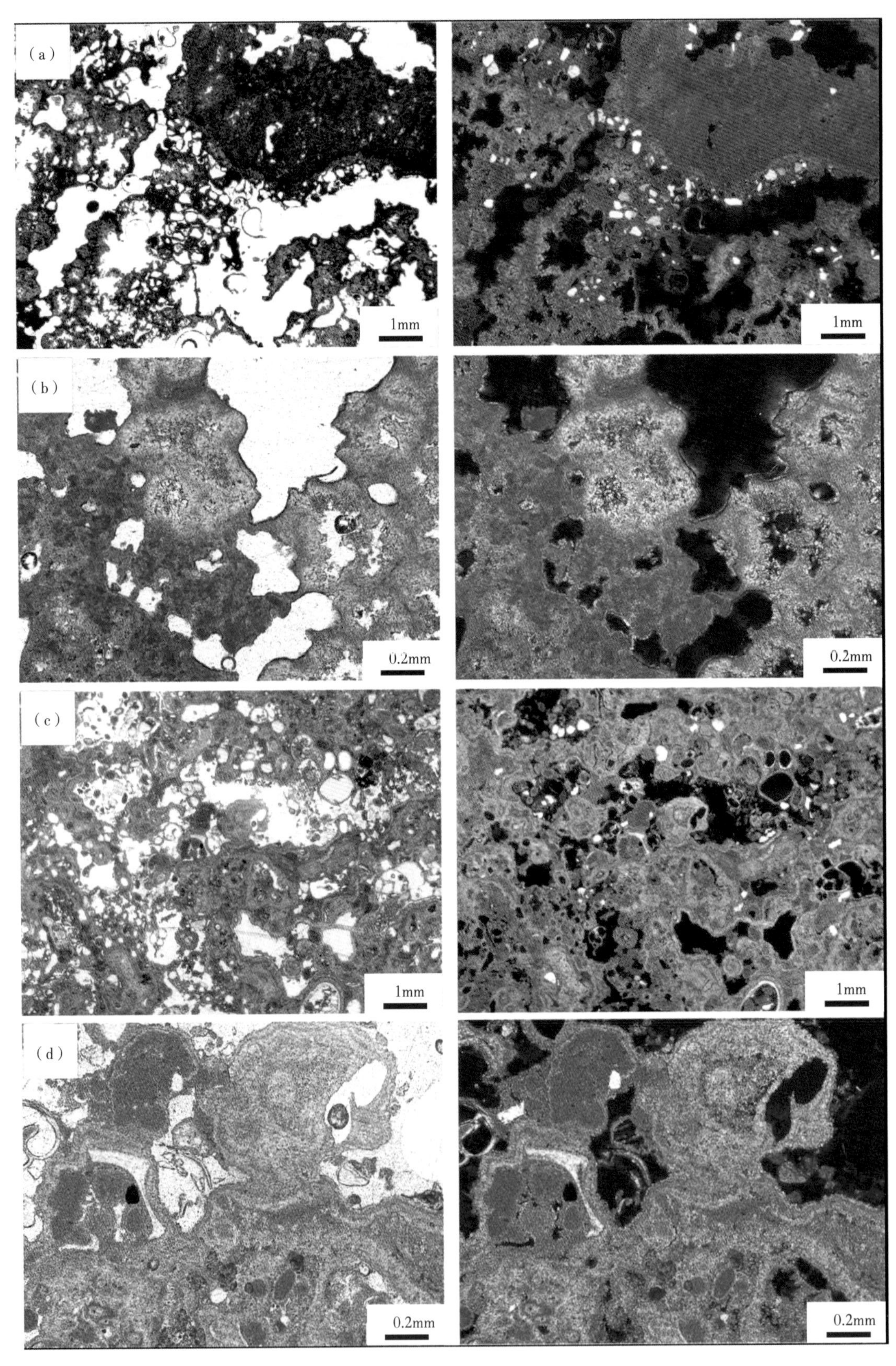

图 10.4　凝块岩（a、b）和叠层石（c、d）结构的显微照片（左侧为单偏光，右侧为正交光）

凝块岩结构为块状，具有杂乱生长模式；叠层石为层状，有序生长模式；微晶灰泥是两类结构的主要组成部分，泥质颗粒以碳酸钙胶结物为界；非碳酸盐岩颗粒包括石英和未区分的长石

表 10.1 每个层段堆积的沉积结构和孔隙网络特征描述*

生长旋回	沉积结构	组构	堆积方式	结构尺寸（cm）	孔隙几何结构	平均孔径（mm）	孔喉数量	孔隙网络连通性
1	层状	水平	松散	小（<0.5）	简单	1.5	0~2	低
1	凝块石	杂乱	松散	大（>2）	复杂	>5	2~6	高
1	小型指状叠层石	垂直	非常紧密	小（<1）	简单	1.5	0~2	低
2	大型指状叠层石	垂直	紧密	大（>1）	简单	>3	0~4	中
2	凝块岩	杂乱	松散	大（>2）	复杂	>5	2~6	高
2	小型指状叠层石	垂直	非常紧密	小（<1）	简单	1.5	0~2	低

注：*结构数量测自样品；孔径和孔喉数量测自CT显示体；组构、堆积方式、孔隙网络连通性为属性特征。

10.4.2 稳定同位素

全新统微生物岩建造全岩碳、氧同位素值范围分别是 $\delta^{13}C_{VPDB}$ 为 7.7‰~18.7‰、$\delta^{18}O_{VPDB}$ 为-0.8‰~-3‰，$\delta^{13}C_{VPDB}$ 平均 14.7‰、$\delta^{18}O_{VPDB}$ 平均-1.8‰（图 10.5）。这些丰富的 ^{13}C 值说明碳酸盐岩沉积形成于细菌的甲烷生成作用（Talbot 和 Kelts，1990）。通过红外光谱学鉴定，这类微生物岩的矿物组成是方解石，样品底部附件伴生少量文石。

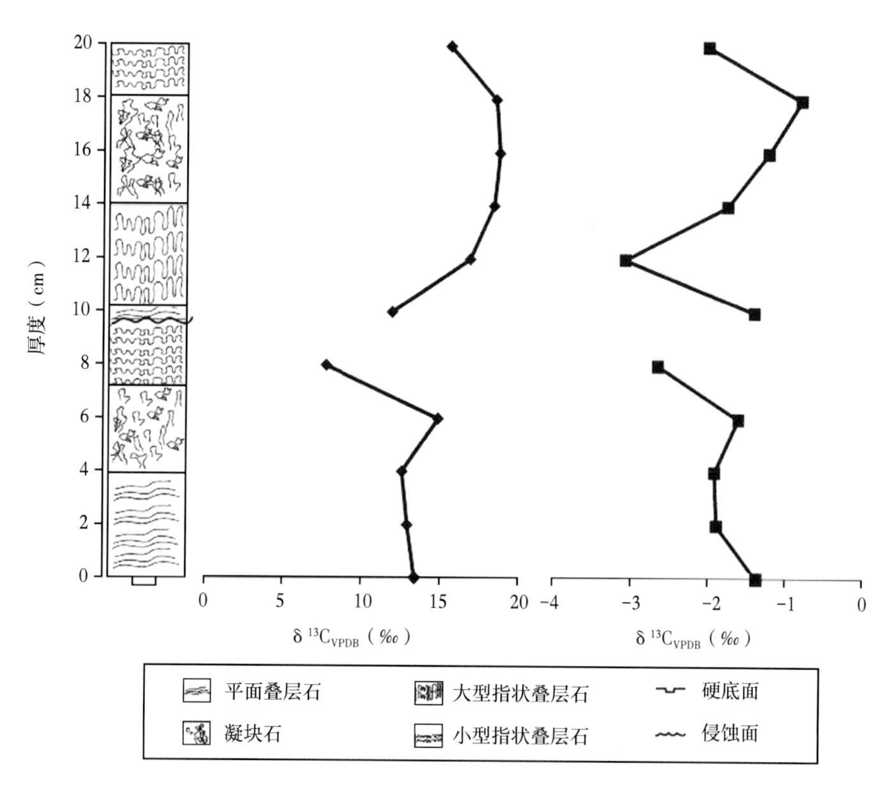

图 10.5 微生物建造层序地层剖面

$\delta^{13}C_{VPDB}$ 和 $\delta^{18}O_{VPDB}$ 同位素值在凝块石段增长，在叠层石段下降，表明凝块石段具有更高的甲烷生成速率；横切间断面的 $\delta^{13}C_{VPDB}$ 和 $\delta^{18}O_{VPDB}$ 值的强烈变化是由于较潮湿气候使得富 ^{16}O 大气水进入潟湖，底层水在偏氧化环境下，蒸发能力降低，甲烷生成减少；VPDB—Vienna Pee Dee Belemnite（维也纳皮迪河箭石标准）

10.4.3 Smackover 组凝块岩原生孔隙恢复

通过分析 Smackover 组凝块岩样品岩相学和阴极发光图像估算，其最初的孔隙空间是 40%（图 10.6），与全新统凝块岩近似。第一期胶结是纤维状方解石胶结，减少了最初孔隙度达 6%。最后一期胶结是块状方解石胶结，减少了最初孔隙度达 27%。结果，经过胶结作用阶段，有 33%的最初孔隙空间被充填，最终孔隙度为 7%。

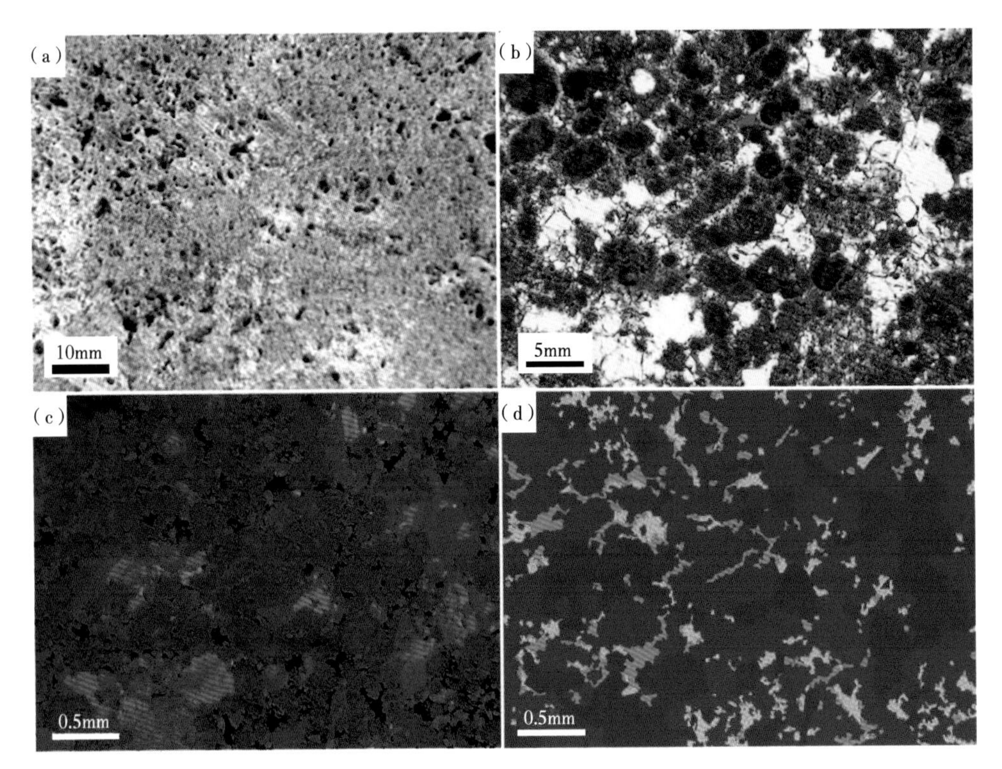

图 10.6 (a) 亚拉巴马州 Little Cedar Creek 地区上侏罗统 Smackover 组凝块岩；浅灰色为微生物结构，褐色为成岩胶结物。(b) 薄片图像显示微生物结构由同沉积球粒（黑色部分）、马牙状和块状方解石成岩胶结物（亮黄色）和孔隙（蓝色）构成。(c) 阴极发光薄片图像；微生物结构为暗色，马牙状方解石胶结为弱亮棕色，块状方解石胶结为呈现低亮棕色到亮黄色的区间。(d) 原始微生物格架和后期胶结；微生物结构显示为棕色，马牙状方解石胶结为粉色，块状方解石胶结为紫色，孔隙呈浅蓝色

10.5 讨论

10.5.1 Lagoa Salgada 微生物岩建造的演化

Lagoa Salg 的微生物在封闭水体获得高盐度和低溶解氧时开始生长。这些环境条件通过微生物代谢作用，促使甲烷生成和碳酸盐岩沉积（Kelts 和 Talbot，1990；Vasconcelos 和 McKenzie，1997；Konhauser，2007；Pueyo 等，2011）。环境条件的变化控制了微生物生长速率、沉积结构和碳氧稳定同位素值（Coimbra 等，2000）。

强蒸发条件和缺氧底层水在枯水期发育，微生物生长和甲烷生成增多，导致快速的碳酸盐岩沉积，并具有高 $\delta^{13}C$ 和 $\delta^{18}O$ 值。快速的碳酸盐岩沉积通过紊乱的增生过程形成更加杂乱的组构，凝块结构（Konhauser，2007）。随着环境回到潮湿条件，大气水的混入减少了甲烷生成的潜力，导致较慢的生长速率（Coimbra 等，2000）、低 $\delta^{13}C$、$\delta^{18}O$ 值和有序的组构，包括界限清楚的薄层和紧密堆积，即叠层石结构的特征。层状叠层石在最开始的生长阶段，当环境条件到达能够固着微生物群落的合适水平时形成。

由于环境波动，由一个侵蚀面分开的两个生长周期，形成该微生物岩建造。两个旋回在连续的沉积结构和段厚度方面都有各自的特征。

第一个旋回（图 10.3）始于一个发育在碳酸钙胶结形成的硬底面之上的层状叠层石阶段。这些叠层石在硬底面上的地貌高部位（例如波纹和双壳类贝壳）开始向上生长，形成圆柱状外形。圆柱之间形成流体通道（图 10.3、图 10.7），并逐渐被骨架颗粒充填（例如腹足类）。$\delta^{13}C$ 和 $\delta^{18}O$ 值低且向上减小（图 10.5），这可能记录了在该沉积阶段中湿润程度相对增加。

第二个生长阶段以具有块状内部结构，杂乱的枝状凝块岩为特征（图 10.3、图 10.4、图 10.7）。这些枝状结构以非常疏松堆积方式生长，产生一个大的连通性强的孔隙网络结构。这个阶段以前解释是由于摄取有机质破坏了原始薄层结构（Srivastava，1999；Silva e Silva 等，2007；Iespa 等，2008）。然而，$\delta^{13}C$ 和 $\delta^{18}O$ 的最高值（图 10.5）表明该阶段高甲烷生成速率、较大的微生物生产率和快速的碳酸盐岩沉积（Sumner，2001；Konhauser，2007；Conrad 等，2011），产生杂乱的凝块结构。低湿度环境条件也可由这种高生产率（Coimbra 等，2000）和凝块石中骨架颗粒的缺乏来说明（图 10.4）。

小型指状叠层石记录了第一个旋回的最后一个阶段（图 10.3）。指状叠层石在紧密的垂向生长格架中互相接触。它们侧向分布并覆盖早期凝块结构，使得独立的建造联合在一起（图 10.7）。这种生长现象表明这段时间为微生物群落比较紧张的环境条件，以 $\delta^{13}C_{VPDB}$7.7‰和 $\delta^{18}O_{VPDB}$-2.6‰的低值为代表的甲烷生成速率降低（图 10.5）。这个微生物生长旋回是间断的，该体系经历了侵蚀过程。内碎屑和骨架颗粒在盆内的沉积物和沿结构发育的孔洞内沉积。

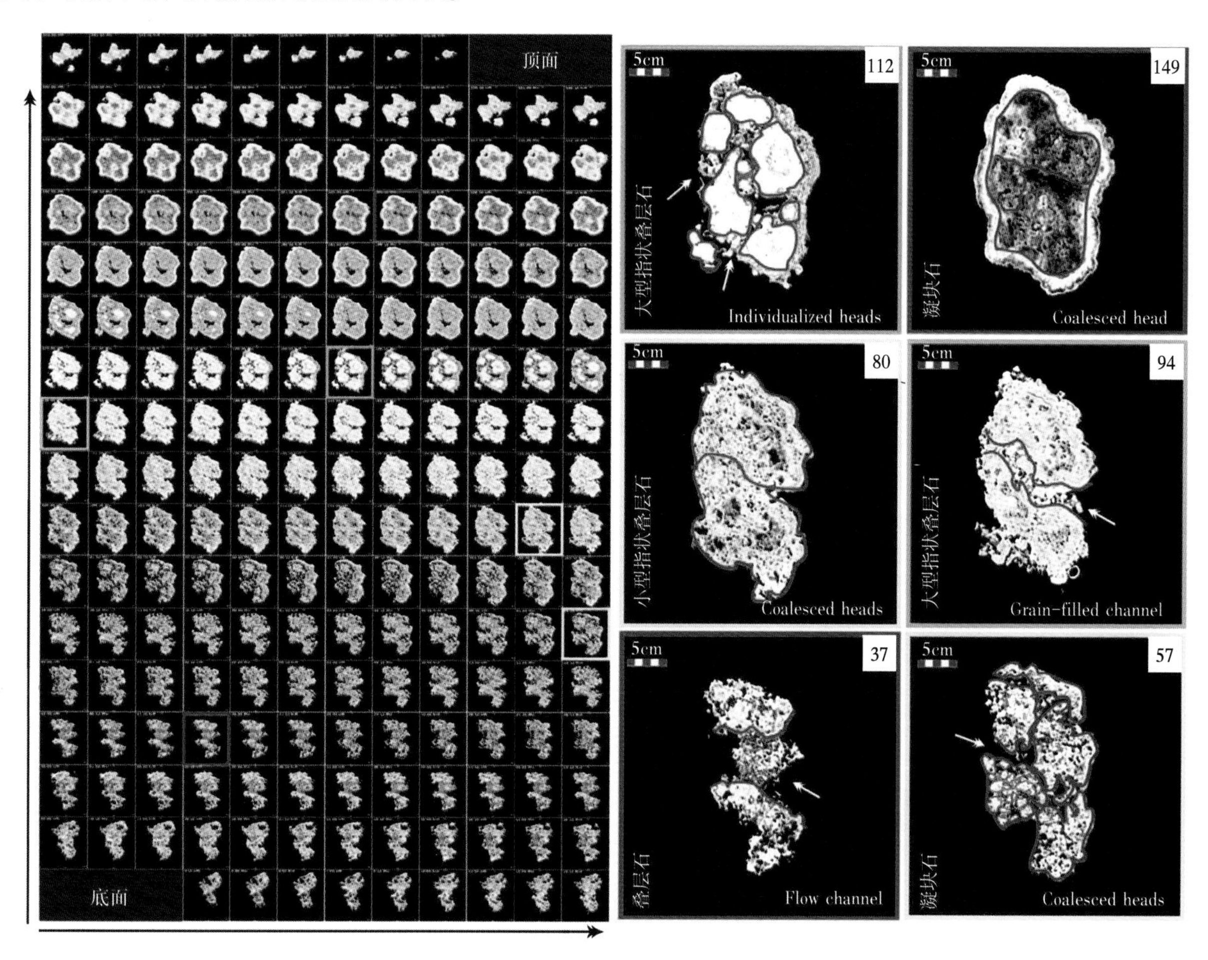

图 10.7　微生物岩建造的时间切片系列

在左侧图像中，如箭头所示，切片系列按行由左至右、按列由下到上代表高度增加；切片之间间隔 1.22mm；这张图呈现了该建造的演化过程，显示了从独立到并生的头部特征，内部沉积结构向上变化、横向分布和外部形态变化；切片系列显示，一个主要流动通道和几个次级通道部分被颗粒充填；右侧图像为挑选出来的切片，用来显示特定的特征（红色轮廓），如通道（白箭头）、头部独立和并生阶段以及各沉积结构；这些挑选出来的切片有限，在切片系列中以着色边缘来区分；前三个切片在生长旋回 1 上，后三个在生长旋回 2 上；切片 37 位于层状叠层石段中，两个独立的头部被由颗粒充填的一个流体通道明显分开；切片 57 位于第一个凝块岩段，松散堆积的几个圆形分枝明确了沉积结构的主要形貌，这个阶段头部开始并生；切片 80 位于小型指状叠层石，头部完全并生，头部之间的通道关闭；堆积紧密，形成小的孤立孔隙（黑点）；切片 94 位于旋回 2 大型指状叠层石段的底部，生长始于孤立的头部，头部中间发育颗粒充填的一个大的通道；切片 112 位于大型指状叠层石段的顶部；独立的头部明显具有一个连通性好的通道系统；紧密堆积和垂向孔隙网络结构方向孤立了骨架孔隙，它们在各头部显示为黑色圆形区域；切片 149 位于第二个叠层石段，该段以圆形分枝和松散堆积为特征，该阶段头部围绕通道系统并生；该微生物岩建造的小型指状叠层石在切片 112 至 149 表现为一个围绕着该建造的环边形状

第二个生长旋回始于一层薄层状叠层石，成为覆盖在侵蚀面和颗粒沉积物上的一层。初始阶段之后，环境转变为偏酸性条件，形成了大型指状叠层石。每套指状形成一个独立的建造，它们之间为流体通道（图 10.7）。在甲烷生成作用和蒸发条件加剧情况下，$\delta^{13}C$ 和 $\delta^{18}O$ 值向上增加（图 10.5）。$\delta^{18}O$ 剖面在旋回底部附近有一个 $\delta^{18}O_{VPDB}$从-1.4‰到-3.0‰相对高值到低值的转变（图 10.5），这种转变与富^{16}O 大气水混入有关。

指状叠层石向上递变为具有块状内部结构和非定向生长类型的凝块岩（图 10.3、图 10.4）。在第三个阶段发育独立建造和连通性好的流体通道（图 10.7）。结构变化与稳定同位素中偏向正值（$\delta^{13}C_{VPDB}$ 18.7‰~18.5‰、$\delta^{18}O_{VPDB}$-1.2‰~-0.8‰）的较窄范围是一致的（图 10.5）。小型指状叠层石记录了最后的生长阶段，与第一个旋回的最后阶段与紧密堆积、垂向生长的小型指状叠层石类似。在该阶段，独立建造的合并形成了建造外部的穹顶形态。

10.5.2 Lagoa Salgada 微生物岩孔隙介质演化

各段结构和组分造成各段中生长格架孔隙几何形状和孔隙连通类型的差异，这在 CT 扫描体中能得到最好的评价。然而，诸如流体通道等沉积单元连通了不同孔隙区域和结构段。第一个旋回的层状叠层石和凝块石，第二个旋回的大型指状叠层石和小型指状叠层石，在扫描体中被孤立开。连通性最好的孔隙网络结构发生在凝块石段，原因是，尽管具有更加复杂的孔隙几何结构，但是它还是有更多数量的连通孔隙，这是由杂乱组构和松散堆积造成的。具有定向组构和紧密堆积的叠层石段具有最差的孔隙连通类型，其水平方向呈层状，垂直方向呈指状。在这些段中，结构的大小和堆积方式也控制了孔隙连通性。在具有小结构和紧密堆积特征的小型指状叠层石中，孔隙体积和连通孔隙数量与该建造其他叠层石段相比非常低（图 10.8）。

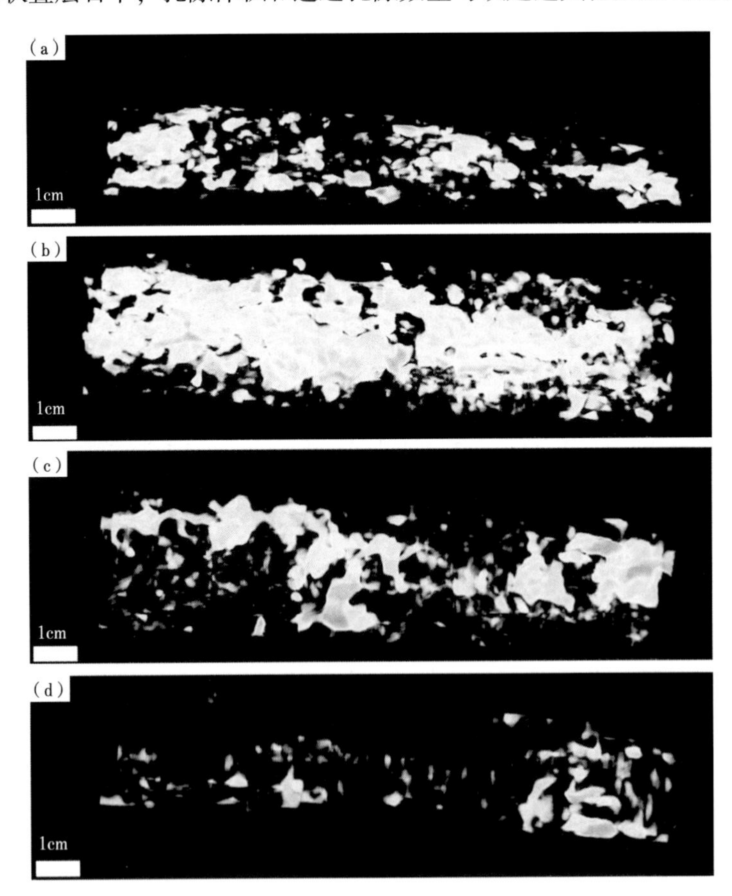

图 10.8 CT 扫描显示的不同沉积结构的孔隙网络结构

（a）层状叠层石具有水平方向定向的孔隙网络结构，垂向上连通差；（b）凝块岩段具有大的孔隙体积和杂乱的孔隙网络结构，形成于快生长速率和非选择性生长类型；（c）大型指状叠层石具有由开放生长类型产生的大的垂向定向孔隙，一些孔隙是由在该段中不同头部合并过程中流体通道的封闭造成的；（d）小型指状叠层石具有垂向定向孔隙，由于紧密堆积导致连通性变差

10.5.3 叠层石

平面叠层石具有简单的水平孔隙几何形状，干扰了该层间孔隙层之间的垂直连接（图 10.8a）。孔隙也呈横向分段状或孔喉狭窄且很少。在此沉积结构上定义的 2cm×16cm（0.8in×6.3in）CT 扫描体积的孔隙度估计为 11%。

10.5.4 凝块石

凝块石段具有最高孔隙度，孔隙网络结构连通性强，这是由于它们具有混杂沉积组构和高生长速率（图 10.8b）。

孔隙网络结构在流体通道连通分枝间孔隙的地方被加强。孔隙几何形状不规则，没有优势方向，通常具有四个或更多的孔隙喉道。孔隙喉道宽度也有变化，一组孔隙除了具有宽孔喉之外，也有窄孔喉（图 10.9）。第一个凝块石段的一个柱塞，孔隙度和渗透率值分别为 40.6%和 6.9D。来自 3cm×16cm（1.18in×6.3in）CT 扫描体的孔隙度值是 31.5%。高渗透率—弱压实和胶结是由于该沉积结构连通性强的孔隙网络结构。

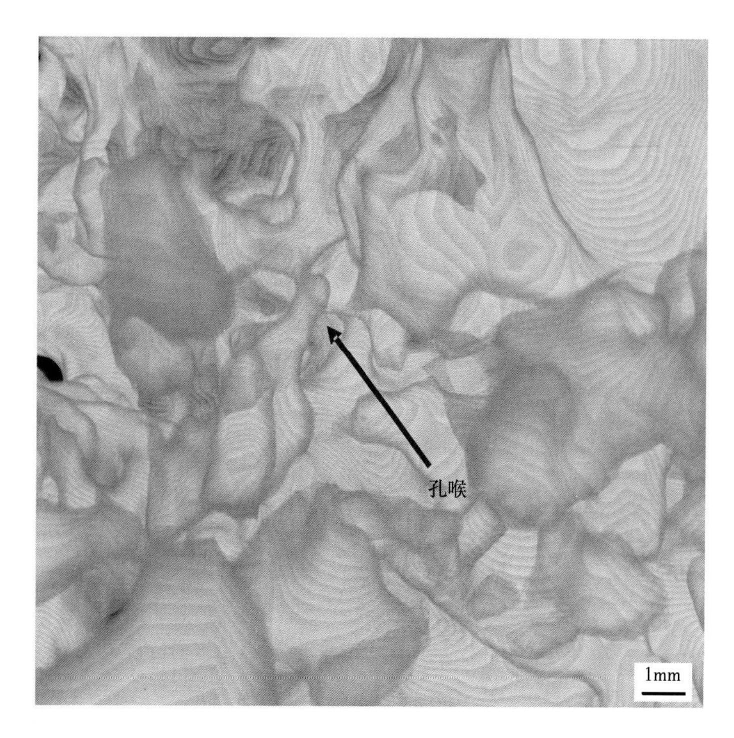

图 10.9 孔隙几何形状和凝块岩结构孔喉详细特征

孔隙具有非常不规则的几何形状，分布范围较宽，因此，简单的小孔隙出现在大而复杂的孔隙旁边，孔隙喉道也具有不规则分布和不同直径；一组孔隙可以被窄的或宽的孔喉（黑色箭头）连通

10.5.5 大型指状叠层石

大型指状叠层石段具有垂向定向和侧向不连通的孔隙网络结构（图 10.8c）。孔隙一般较大，在大套堆积的指状体之间形成孔隙。然而孔隙喉道数量少，通常较窄，降低了连通性。这种结构的柱塞测得孔隙度和渗透率值分别为 30.7%和 92.1mD。来自取得柱塞样同一区域的一个 3cm×16cm（1.18in×6.3in）的 CT 扫描体法的孔隙度为 12.1%。这些不同的值表明由于结构非均质性而导致的微生物孔隙网络结构的复杂性。该段与凝块石段水平渗透率的差异反映从一个不规则且连通性好的孔隙网络结构到垂向定向且连通性差的孔隙网络结构的变化。

10.5.6 小型指状叠层石

小型指状叠层石具有少量垂向定向孔隙，由于紧密堆积几乎不连通（图 10.8a）。指状体小且窄的尺度，以及它们之间缺乏空间，使其比其他结构产生更少的孔隙空间。在该段中的一个 2cm×16cm（0.8in×6.3in）的 CT 扫描体中得到的孔隙度为 2.1%。然而，正如整个 CT 扫描体显示，该段中独立建造之间的通道和具有较多孔隙的区域可能将这种较为孤立的孔隙与连通性好的孔隙网络结构连接（图 10.10、图 10.11）。

对整个建造孔隙网络结构如何演化也做了评价，揭示了沉积单元作为通道如何将不同区域、段与不同沉积结构和孔隙网络结构相连通（图 10.6、图 10.10，图 10.11）。在整个样品的 CT 扫描体中得到的孔隙度是 25%。该值同时考虑了流体通道和其他结构，如分散在一些通道之中的松散骨架颗粒。虽然凝块石段具有更高孔隙度和大且杂乱的连通性好的孔隙，但它们本身并不代表样品的整体和孔隙连通性。指状叠层石和层状叠层石结构减小了整体的孔隙度值，并且由于其差连通性和强定向性的孔隙网络结构，会减小整个样品的平均渗透率。表 10.1 给出了整个样品的结构和孔隙网络结构特征。由于这些结构是从不同环境条件下演化而来，这使得评价原生孔隙度、预测孔隙连通性和模拟岩石物理性质成为可能。

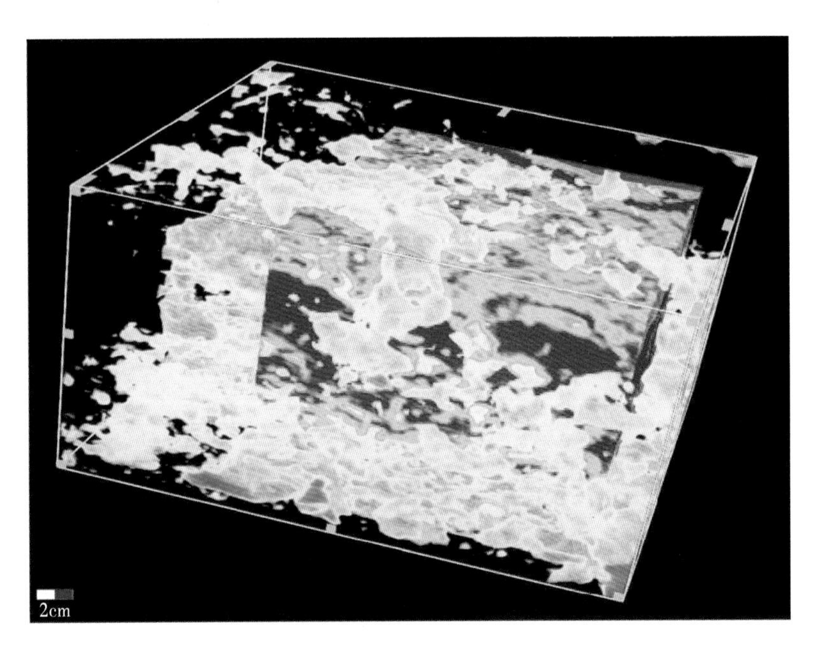

图 10.10 微生物建造计算机层析（CT）扫描体

孔隙显示为蓝色，岩石成分显示为绿色（高衰减系数）和红色（低衰减系数）；高衰减系数是由致密碳酸盐岩区域（粘结）造成，低衰减系数是由富含灰泥区域的微孔隙造成；并生的头部之间的流体通道连接不同的孔隙段和顺向建造区域

10.5.7 与上侏罗统 Smackover 组凝块岩的对比

古代和现代微生物岩可以阐明微生物礁成岩作用演化一些方面。沉积于古墨西哥湾（Baria 等，1982）的上侏罗统上部 Smackover 组凝块石的分析与 Lagoa Salgada 微生物岩全新统凝块石段对比。侏罗纪 Smackover 组凝块石样品具有由不规则分枝、杂乱组构和松散堆积的微生物结构，这与全新统凝块石类似（图 10.3、图 10.4、图 10.6a）。侏罗系 Smackover 组凝块岩原始格架组分和全新统建造是灰泥和同沉积胶结。

全新统凝块岩段孔隙度值为 40.6%，然而 Smackover 组凝块石孔隙度范围从 6%到 12%。分析侏罗系凝块石样品岩石学和阴极发光图片（图 10.6b、c），重建了该样品中成岩作用史和孔隙度演化（图 10.6d）。观察每个成岩作用事件如何改造原生孔隙网络成为可能（图 10.6d）。全新统凝块石和 Smackover 组凝块石的最初孔隙度是相似的（40%），不规则的孔隙几何形状继承于凝块石沉积结构、杂乱组分和松散堆积。

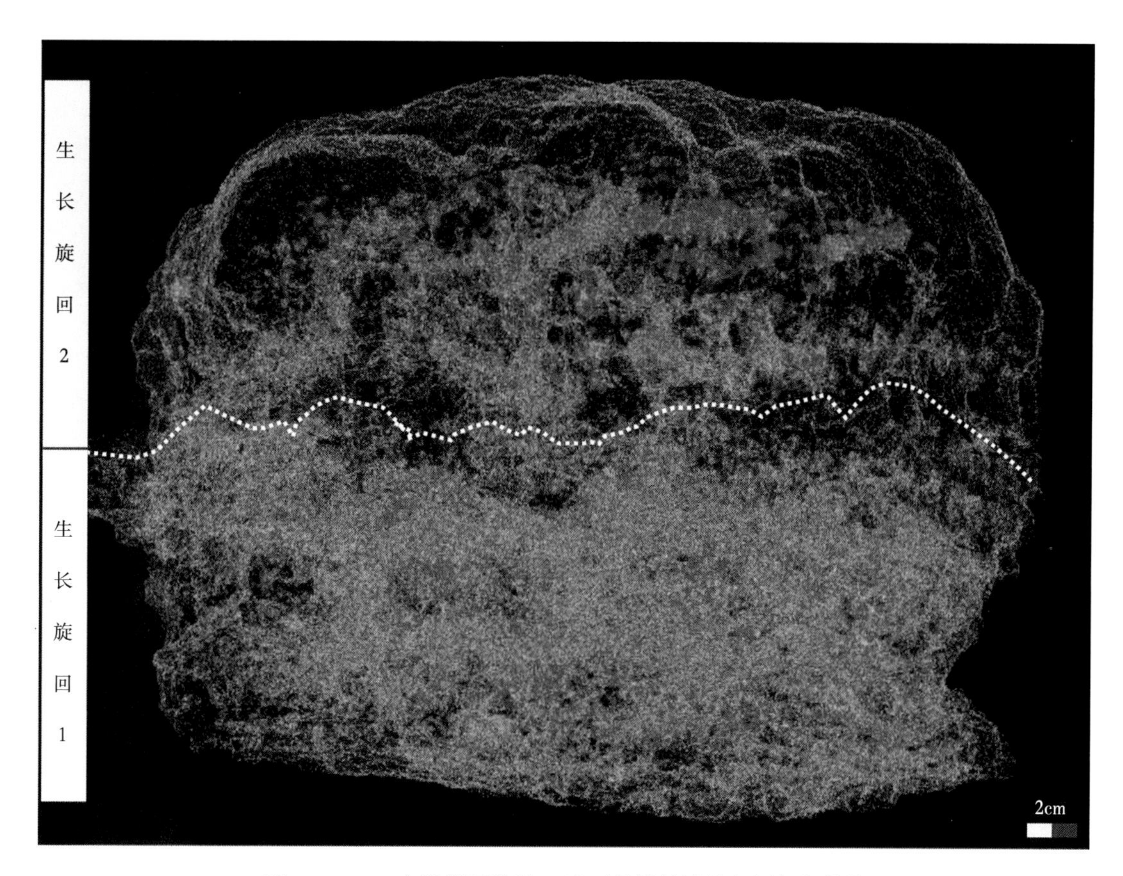

图 10.11　一个提供了孔隙—岩石界线的计算机层析扫描体

层状叠层石出现在具有窄而水平的孔隙几何形状建造的底部；凝块石另一个明显结构，以杂乱明亮段为特征，杂乱结构是由一个大量的连通性好的孔隙和杂乱组分造成的；小型指状叠层石表现为凝块石之后孤立黑色段中的小的垂向孔隙；这三段定义为生长旋回1。建造的上部表明生长旋回2与生长旋回1相比具有较少量的孔隙，两个旋回之间的界线显示为白色点状线，上段的大型指状叠层石表现为比较大且垂向定向的亮色区域。生长旋回2中的凝块岩在大型指状叠层石之上，为一个杂乱的明亮段；头部之间的通道在建造中部的图像上表现为宽且高的垂向特征；这些通道将大型指状叠层石与凝块石段和两个生长旋回连接；顶部的黑色段是含少量孔隙的小型指状叠层石，盖在建造之上

10.5.8　数据的生产应用

微生物岩孔隙介质非常复杂，应用传统方法（例如一般属性和岩相学）描述困难，所以应用如CT扫描这种定量技术来充分了解三维孔隙介质是必需的。另外，孔隙体能揭示连通和不连通孔隙总量以及孔隙孔喉比，并且在油藏模拟时粗化这些结果。

结构大小、结构堆积方式和格架组构等基本特征有助于预测岩石学性质的主要变化。凝块石、大型指状叠层石、小型指状叠层石和层状叠层石中计算孔隙度和测量孔隙度的差异表明精确定义孔隙介质研究中基本特征的重要性。凝块岩和大型指状叠层石中渗透率的差异也与结构变化相关。因此，结构越大、组构越杂乱，发育高孔隙度、渗透率概率越大，而微生物组构的紧密堆积减少了孔隙度和渗透率。

一旦了解沉积结构和外部形状的控制作用，计算机模拟可以逐渐为微生物岩和它们孔隙介质演化建立三维模型。储层表征工程期间，建立沉积相、层序地层和岩石物理模型做了很多工作，但是对于如微生物岩般的复杂储层，这些工作必须综合起来，以增加旨在更加彻底开发储集资源的工程质量。

10.6　结论

微生物建造孔隙网络结构是在环境和微生物影响下形成，导致了复杂的孔隙孔喉关系，这被沉积结构的改变控制。在这种情况下，沉积孔隙网络结构随着微生物结构演化而改变。基于结构大小、结构堆积方

式和格架组构等属性，诸如孔隙几何形状和连通性等的沉积结构可以揭示孔隙网络结构特征。因此，精确的沉积模型对于微生物储层表征非常重要，并且可以为岩石学评价增加有价值的信息。

两个生长旋回生长在 Lagoa Salgada 微生物岩建造形成期间。沉积结构的垂向继承性显示微生物生产和碳酸盐岩沉积的逐渐增加，它们从有序向杂乱组分转变，结构也向变大、堆积方式向更加松散转变。$\delta^{13}C$ 和 $\delta^{18}O$ 剖面记录了环境改变，它们基底叠层石的低值向上变为中间凝块石段的高值，并在两个旋回的顶部都回到低值。

内部流体通道生长在建造之间，它们沿微生物岩建造形成侧向和垂向连通性通道。这些通道在微生物岩储层中在减少流动阻力和加强垂向渗透率方面可能是有效的。

全新统凝块石和侏罗系凝块石的对比表明它们具有可对比的孔隙网络结构，孔隙度值相似，这是受相似沉积结构控制的。因此，微生物岩沉积结构的识别以及与环境变化的关系深入揭示了一些原生孔隙网络结构特征，例如孔隙几何结构和孔隙连通性。当这些信息与岩石格架的成岩作用改造相关联时，能够提高基本岩石特征和岩石学性质的相关性，这对岩石类型划分、地层分析和油藏模拟是非常有用的。

计算机层析扫描体提供了关于孔隙网络结构的重要细节，相对于基本描述方法和岩相学方法，这项技术很大程度上提高了识别基本岩石特征和孔隙介质性质的能力。这种扫描技术应用于微生物岩的地质描述，获得高度好评，可以更好地开发这类复杂储层。

参 考 文 献

Ahr, W. M., 1973, The carbonate ramp: An alternative to the shelf model: Gulf Coast Association of Geological Societies Transactions, v. 23, p. 221-225.

Ahr, W. M., 2008, Geology of carbonate reservoirs: The identification, description, and characterization of hydrocarbon reservoirs in carbonate rocks: Hoboken, Wiley, 277 p.

Akin, S., and A. R. Kovscek, 2003, Computed tomography in petroleumengineering research, *in* F. Mees, R. Swennen, M. vanGeet, and P. Jacobs, eds., Applications of x-ray computed tomography in the geosciences: Geological Society (London) Special Publication 215, p. 23-38.

Al-Kharusi, A. S., and M. J. Blunt, 2008, Multiphase flow predictions from carbonate pore space images using extracted network models: Water Resources Research, v. 44, p. 1-14.

Alonso-Zarza, A. M., and L. H. Tanner, 2010, Carbonates in continental settings: Facies, environments, and processes: Developments in Sedimentology: Amsterdam, Netherlands, Elsevier, 378 p.

Anselmetti, F. S., S. Luthi, and G. P. Eberli, 1998, Quantitative characterization of carbonate pore systems by digital image analysis: AAPG Bulletin, v. 82, p. 1815-1836.

Ashbridge, D. A.,M. S. Thorne, M. L. Rivers, J. C. Muccino, and P. A. O' Day, 2003, Image optimization and analysis of synchrotron x-ray computed microtomography (C mu T) data: Computers &Geosciences, v. 29, p. 823-836, doi: 10.1016/S0098-3004(03)00081-5.

Baria, L. R., D. L. Stoudt, P. M. Harris, and P. D. Crevello, 1982, Upper Jurassic reefs of Smackover Formation, United States Gulf Coast: AAPG Bulletin, v. 66, p. 1449-1482.

Bowers, M. C., R. Ehrlich, J. J. Howard, and W. E. Kenyon, 1995, Determination of porosity types from NMR data and their relationship to porosity types derived from thin section: Journal of Petroleum Science and Engineering, v. 13, p. 1-14, doi: 10.1016/0920-4105(94)00056-A.

Čapek, P., V. Hejtmánek, L. Brabec, A. Zikánová, and M. Kočiřík, 2009, Stochastic reconstruction of particulate media using simulated annealing: Improving pore connectivity: Transport in Porous Media, v. 76, p. 179-198, doi: 10.1007/s11242-008-9242-8.

Choquette, P. W., and L. C. Pray, 1970, Geologic nomenclature and classification of porosity in sedimentary carbonates: AAPG Bulletin, v. 54, p. 207-250.

Coimbra, M. M., C. G. Silva, C. F. Barbosa, and K. A. Mueller, 2000, Radiocarbon measurements of stromatolite heads and crusts at the Salgada Lagoon, Rio de Janeiro State, Brazil: Nuclear Instruments & Methods in Physics Research Section B—Beam Interactions with Materials and Atoms, v. 172, p. 592-596, doi: 10.1016/S0168-583X(00)00391-8.

Conrad, R., M. Noll, P. Claus, M. Klose, W. R. Bastos, and A. Enrich-Prast, 2011, Stable carbon isotope discrimination and microbiology of methane formation in tropical anoxic lake sediments: Biogeosciences, v. 8, p. 795-814, doi: 10.5194/bg-8-795-2011.

Dias, G. T. M., 1981, Complexo deltaico do Rio Paraíba do Sul: Simpósio Sobre o Quaternário do Brasil, p. 58-79.

Dias, G. T.M., and B. Kjerfve, 2009, Barriers and beach ridge systems of the Rio de Janeiro coast, *in* S. Dillemburg and P. Hesp, eds., Geology and geomorphology of Holocene coastal barriers of Brazil: Berlin, Germany, Springer, p. 225-252.

Dominguez, J. M. L., 2009, The coastal zone of Brazil, *in* S.Dillemburg and P. Hesp, eds., Geology and geomorphology of Holocene coastal barriers of Brazil: Berlin, Germany, Springer, p. 17-30.

Ehrlich,R., S. J. Crabtree,K.O.Horkowitz, and J. P. Horkowitz, 1991, Petrography and reservoir physics I: Objective classification of reservoir porosity (1): AAPG Bulletin, v. 75, p. 1547-1562.

Glemser, C. T., 2007, Petrophysical and geochemical characterization of Midale carbonates from the Weyburn oil field using synchrotron x-ray computed microtomography: Master's thesis, University of Saskatchewan, Saskatoon, Canada, 103 p.

Grochau, M. H., E. Campos, D. Nadri, T. M. Müller, B. Clennell, and B. Gurevich, 2010, Sedimentary cyclicity from x-ray CT images in Campos Basin, offshore Brazil: The Leading Edge, v. 29, p. 808-813, doi: 10.1190/1.3462783.

Hidajat, I., K. K. Mohanty, M. Flaum, and G. Hirasaki, 2004, Study of vuggy carbonates using NMR and x-ray CT scanning: Society of Petroleum Engineers Reservoir Evaluation and Engineering, v. 7, p. 365-377.

Iespa, A. A. C., C. M. Damazio-Iespa, and L. B. F. Almeida, 2008, Microestratigrafia do complexo estromatólito, trombólito e oncoide Holocênico da lagoa salgada, Estado do Rio de Janeiro, Brasil: Revista de Geologia—Universidade Federal do Ceará, v. 22, p. 7-14.

Kelts, K., and M. Talbot, 1990, Lacustrine carbonates as geochemical archives of environmental change and biotic/abiotic interactions, *in* M. M. Tilzer and C. Serruya, eds., Large lakes: Ecological structure and function: Berlin, Germany, Spring-Verlag, v. 1, p. 288-315.

Ketcham, R. A., and W. D. Carlson, 2001, Acquisition, optimization and interpretation of x-ray computed tomographic imagery: Applications to the geosciences: Computers and Geosciences, v. 27, p. 381-400, doi: 10.1016/S0098-3004(00)00116-3.

Ketcham, R. A., and G. J. Iturrino, 2005, Nondestructive highresolution visualization and measurement of anisotropic effective porosity in complex lithologies using high-resolution x-ray computed tomography: Journal of Hydrology, v. 302, p. 92-106,doi: 10.1016/j.jhydrol.2004.06.037.

Konhauser, K., 2007, Introduction to geomicrobiology: Malden, Wiley-Blackwell, 425 p.

Lemos, R. M. T., 1995, Estudo das fácies deposicionais e das estruturas estromatolíticas da Lagoa Salgada-Rio de Janeiro: Master's thesis, Universidade Federal Fluminense, Niterói, Rio de Janeiro Brazil, 122 p.

Lucia, F. J., 2007, Carbonate reservoir characterization: An integrated approach: Berlin, Germany, Springer, 336 p.

Mancini, E. A., T. M. Puckett, and W. C. Parcell, 1999, Modeling of the burial and thermal histories of strata in the Mississippi Interior Salt Basin: Gulf Coast Association of Geological Societies Transactions, v. 49, p. 332-341.

Mees, F., R. Swennen, M. van Geet, and P. Jacobs, 2003, Applications of x-ray computed tomography in the geosciences, *in* F. Mees, R. Swennen, M. van Geet, and P. Jacobs, eds., Applications of x-ray computed tomography in the geosciences: Geological Society Special Publication 215, p. 1-6.

Moore, C. H., 2001, Carbonate reservoirs: Porosity evolution and diagenesis in a sequence-stratigraphic framework: Developments in Sedimentology: Amsterdam, Netherlands, Elsevier, 444 p.

Morse, J. W., and F. T. Mackenzie, 1990,Geochemistry of sedimentary carbonates: Developments in sedimentology 48: Netherlands, Elsevier Science Publishers B.V., 705 p.

Nunn, J. A., A. D. Scardina, and R. H. Pilger, 1984, Thermal evolution of the north-central Gulf Coast: Tectonics, v. 3, p. 723-740,doi: 10.1029/TC003i007p00723.

Okabe, H., 2004, Pore-scale modeling of carbonates: Ph. D. and D. I. C. thesis, Imperial College London, London, United Kingdom, 142 p.

Okabe, H., and M. J. Blunt, 2007, Pore space reconstruction of vuggy carbonates using microtomography andmultiple-point statistics: Water Resources Research, v. 43, p. 5.

Padhy,G. S., C. Lemaire, E. S.Amirtharaj, andM. A. Ioannidis, 2007, Size distribution in multiscale porous media as revealed by DDIF-NMR, mercury porosimetry and statistical image analysis: Colloids and Surfaces A—Physicochemical and Engineering Aspects, v. 300, p. 222-234, doi: 10.1016/j.colsurfa.2006.12.039.

Pueyo, J. J.,A. Sáez, S. Giralt, B.L.Valero-Garcés,A.Moreno, R. Bao, A. Schwalb, C. Herrera, B. Klosowska, and C. Taberner,

2011, Carbonate and organic matter sedimentation and isotopic signatures in Lake Chungará, Chilean Altiplano, during the last 12.3 kyr: Palaeogeography, Palaeoclimatology, Palaeoecology, v. 307, p. 339-355, doi: 10.1016/j.palaeo.2011.05.036.

Silva e Silva, L. H., A. A. C. Iespa, and C. M. Damazio-Iespa, 2007, Considerações sobre estromatólito do tipo domal da lagoa salgada, Estado do Rio de Janeiro, Brasil: Anuário do Instituto de Geociências—UFRJ, v. 30, p. 50-57.

Srivastava, N. K., 1999, Lagoa salgada (Rio de Janeiro): Estromatólitos recentes, *in* C. Schobbenhaus, D. A. Campos, E. T. Queiroz, M. Winge, and M. Berbert-Born, eds., Sítios geológicos e paleontológicos do Brasil: Brasília, DNPM/CPRM—Comissão Brasileira de Sítios Geológicos e Paleobiológicos (SIGEP), v. 1, p. 203-209.

Sumner, D. Y., 2001, Microbial influences on local carbon isotopic rations and their preservation in carbonates: Astrobiology, v. 1, p. 57-70, doi: 10.1089/153110701750137431.

Talbot, M. R., and K. Kelts, 1990, Paleolimnological signatures from carbon and oxygen isotopic ratios in carbonates, from organic carbon-rich lacustrine sediments, *in* B. J. Katz and B. R. Rosendahl, eds., Lacustrine basin exploration: Case studies and modern analogs: AAPG Studies in Geology 50, p. 99-112.

Tucker, M. E., and V. P. Wright, 1990, Carbonate sedimentology: Oxford, United Kingdom, Blackwell Scientific Publications, 482 p.

Van Geet, M., D. Lagrou, and R. Swennen, 2003, Porosity measurements of sedimentary rocks by means of microfocus x-ray computed tomography (~CT), *in* M. vanGeet, F. Mees, R. Swennen, and P. Jacobs, eds., Applications of x-ray computed tomography in the geosciences: Geological Society Special Publication 215, p. 51-60.

Vasconcelos, C., and J. A. McKenzie, 1997, Microbial mediation of modern dolomite precipitation and diagenesis under anoxic conditions (Lagoa Vermelha, Rio de Janeiro, Brazil): Journal of Sedimentary Research, v. 67, p. 378-390.

Verwer, K., G. P. Eberli, and R. J. Weger, 2011, Effect of pore structure on electrical resistivity in carbonates: AAPG Bulletin, v. 95, p. 175-190, doi: 10.1306/06301010047.

Withjack, E. M., 1988, Computed tomography for rock-property determination and fluid-flow visualization: Society of Petroleum Engineers Formation Evaluation, v. 3, p. 696-704.

Xu, B., J. Kamath, Y. C. Yortsos, and S. H. Lee, 1999, Use of porenetwork models to simulate laboratory core floods in a heterogeneous carbonate sample: Society of Petroleum Engineers Journal, v. 4, p. 178-186.

11

细菌作用生成的碳酸盐岩孔隙：聚焦微孔隙

Henry S. Chafetz

摘要：细菌可使某些重要碳酸盐岩沉积物发生沉淀析出以及累聚过程，温泉钙华累聚便是典型的例子。细菌诱因的碳酸盐矿物沉淀物直接包围其细胞壁，并埋在晶体。随后，非生物生成物常沉淀亮晶胶结的细胞集落，以及初始细菌诱因的碳酸盐。因此，细菌化石快速腐烂过程，可导致局部大量的不连通微孔。这种亚微米级—微米级孔隙不能用常规孔隙度来评价。此类孔隙系统，特别是在温泉钙华沉积物中的大量存在，可影响密度测量，因此密度计算是一个因素。不同细菌诱因的特征存在大量的孔隙，如菌落、球粒及核形石。温泉钙华中其他常见的孔隙形式有遮盖孔隙、浮石，以及因陆相水大量流经岩石造成的某些碳酸盐高度不规则的早期溶蚀孔。

11.1 概述

由底栖生物群落与碎屑沉积物或生物与（或）非生物沉积物相互作用形成的微生物孔隙（Burne 和 Moore，1987），表现出各种形状与大小，容易用 Choquette 和 Pray（1970）建立的经典方案分类。然而，微生物内微米级孔隙这个重要课题未被太多关注，尤其是岩石内真菌腐烂造成的微孔隙。这种微孔隙在一些微生物内很常见，特别是钙华。钙华是一种陆相碳酸盐岩，是由生物和（或）非生物在泉水作用过程中的沉淀物（由 Chafetz 和 Folk，1984 定义，第 290 页；地质术语表，Neuendorf 等，2005，第 683 页）。微孔隙的存在对于岩石物理学家来说特别棘手，因为它们并未相互连通，因此常规的孔隙检测分析难以评价。然而，这些微米级的孔隙可以影响岩石的密度，从而导致计算的岩石密度是一个变量。本文的主要目的是证明微孔隙的存在，并且在某些微生物沉积物中相当发育。

Choquette 和 Pray（1970）建立了一套有效的关于碳酸盐岩孔隙描述与分类的方案，现今仍被广泛应用着，作为这方面的一个指示，这套方案被各类碳酸盐岩书籍引用为碳酸盐岩孔隙的主要分类系统（Moore，2001；Scholle 和 Ulmer-Scholle，2003；Pentecost，2005）。然而，Choquette 和 Pray（1970）把所有小于 0.06mm 孔隙统称为微孔。本质上，不需要考虑微米孔因太小而不能被标准的微观分析检测出并和渗透网络无关。在 Choquette 和 Pray（1970）分类方案中，微孔中缺失包裹体事实上很好理解，因为微孔只有通过扫描电镜观察才能发现存在。而在钙华中存在各种不同类型的孔隙，如遮蔽物和颗粒间，且它们中的一些将在下面讨论。下文讨论中强调的孔隙分为亚微米级和微米级，以及扫描电镜下观察到的众多孤立孔。这些孔隙可为岩石的实质成分，如意大利 Bagni di Tivoli 内横向广泛分布的厚层钙华沉积物。

11.2 细菌诱发碳酸盐沉淀

细菌可诱发方解石和文石沉淀的详细记载已有百年（Kellerman 和 Smith，1914；Gerundo 和 Schwartz，1949；Lalou，1957；Oppenheimer，1961；Boquet 等，1973；Krumbein 1979a；Morita，1980；Buczynski 和 Chafetz，1991；Ehrlich，1996；Castanier 等，1999；Chekroun 等，2004；Bosak 和 Newman，2005；Bundeleva 等，2012），且实验已经证明，生物更易比非生物发生沉淀（Chafetz 和 Buczynski，1992）。Boquet 等（1973）证实在实验室条件下，210 种从土壤分离出来的及实验室培养的细菌，可容易的诱发方解石沉淀。

他们得出的结论是，晶体的形成“仅是使用培养基的成分的函数”（Boquet 等，1973，第528页）。由于不同种类细菌易诱发此类沉淀，不同菌落、核形石、球粒的细菌的形态各异，它们造成的微孔有很大不同。例如，Chafetz 等（1998）证明杆状菌与球状菌都能形成菌落，因此，他们的微孔差异颇大。细菌在地表和近地表环境极其丰富，其繁盛的温度高达117℃，这与位于海底扩张中心的黑烟囱相关，现存于冰内。因此，考虑到细菌极其丰富和广泛，当它们不能形成非生物时，可以诱导碳酸盐沉淀，即媒介的化学反应物被过度稀释，克服了对生理化学沉淀的抑制，所以对于存在一些大型的细菌引起的碳酸盐堆积也就不足为奇了（意大利 Bagni di Tivoli 的温泉钙华及怀俄明州黄石国家公园的猛犸温泉）。

石灰华内常见的由细菌引起的成分包括菌落、球粒及核形石。这些细菌成因的组分很早前就有记录（Chafetz 和 Folk，1984），且在后面将更详细的讨论，包括展示菌落不同形的态几张显微照片（Chafetz 和 Guidry，1999）。灌木丛的细菌起因的解释是基于以下的证据。生长培养基内细菌的纯培养已被证明是按乔木状样式生长的菌落（Ben-Jacob，1997；Ben-Jacob 等，1998），本质上与钙华灌木相同（图 11.1）。如上所述，细菌具有诱发碳酸盐岩沉积在其细胞壁上的倾向（Morita，1980）。钙华沉积物内，细菌介导形式的整体外形最常见的为无任何结晶习性，也就是说，它们既不具有规则的重复模式，也非特定角度的生长，更无晶形［对于有关菌落结晶习性的讨论见 Chafetz 和 Guidry（1999）］。菌落的灌木形态是由其生长习性以及碳酸盐包裹细胞封装造成的。“菌落”一词被应用到这些特点，是因为它们类似于花园中的各种灌木丛（Chafetz 和 Folk，1984）。观察认为菌落形成于恶劣环境中，也就是说，环境中高阶类群不存在（图 11.2a）。作为一个典型例子，它们是富 H_2S 温泉钙华沉积物中的一种常见成分（Chafetz 和 Folk，1984；Koban 和 Schweigert，1993；Chafetz 和 Guidry，1999；Fraiser 和 Corsetti，2003；Kele 等，2008）。菌落的扫描电镜分析显示，其具有大量的菌体（图 11.2b）和/或孔隙（亚微米级和微米级孔隙，即微孔），这些孔隙是菌体曾居住的地方；但明显缺乏细菌化石，而且亮晶中的孔隙包围着菌落。薄片显微荧光下，菌落具有亮黄荧光，而周围亮晶无荧光（图 11.2c）。因此，即使菌体已经腐烂，并留下微米级的孔隙，即细菌铸模孔隙度，有些有机质常会保留荧光性。然后，菌落被非生物沉淀的碳酸盐胶结物包裹，亮晶是最常见的。总之，菌体化石或它们之前存在的证据仅发现在细菌灌丛内，而不是周围的亮晶。菌落的纯培养构建形式与菌落相同，因此 Chafetz 和 Folk（1984）及其他几人（Koban 和 Schweigert，1993；Chafetz 和 Guidry，1999；Fraiser 和 Corsetti，2003；Kele 等，2008）都认为这些特征是细菌介导的构造。

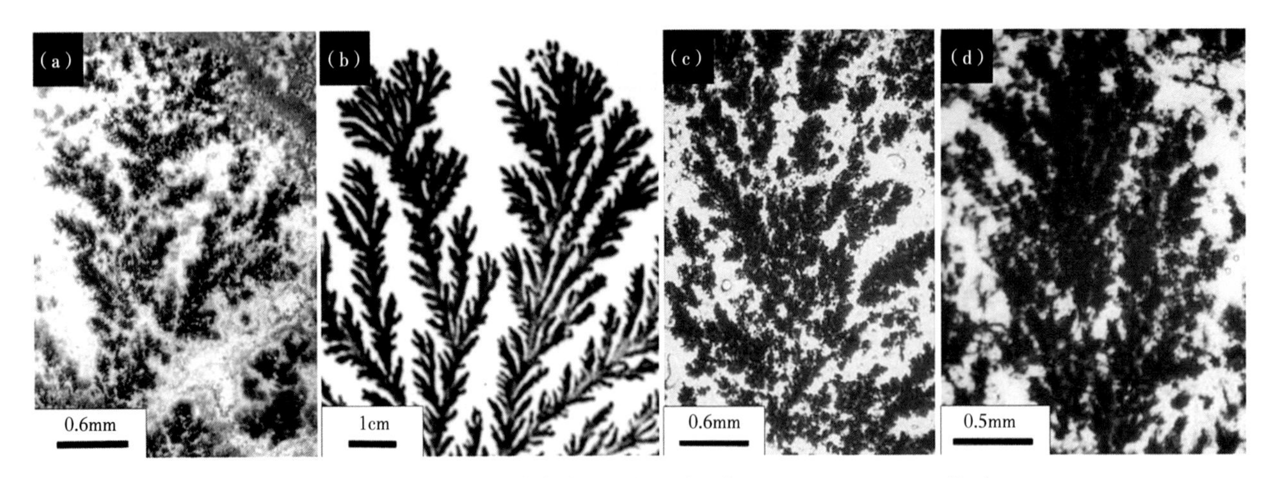

图 11.1　钙华中细菌菌落单偏光显微照片（据 Ben-Jacob，1997，修改）

怀俄明州，黄石国家公园猛犸象温泉（a，c 和 d），本质上与陪氏培养皿（b）内培养生长的细菌具有大致相同形态；因含细菌菌体且被亮晶方解石包裹，菌落呈模糊云状，但也不能表示任何细菌存在的证据

除了细菌介导灌丛，常见的是致密泥晶外观纹层，为菌落间的夹层（图 11.3a、图 11.3b）。这些“泥晶”层实际上由球粒组成（图 11.3c）。球粒为粉砂—砂级，并具菌落相同的内部组成，即在细菌居住区，球粒含有细菌化石或微孔。在显微荧光下，球粒发明亮黄色荧光，周围亮晶不发光（图 11.3d）。此外，一些球粒的聚集方式可指示它们为初期的细菌灌丛（图 11.3c）。

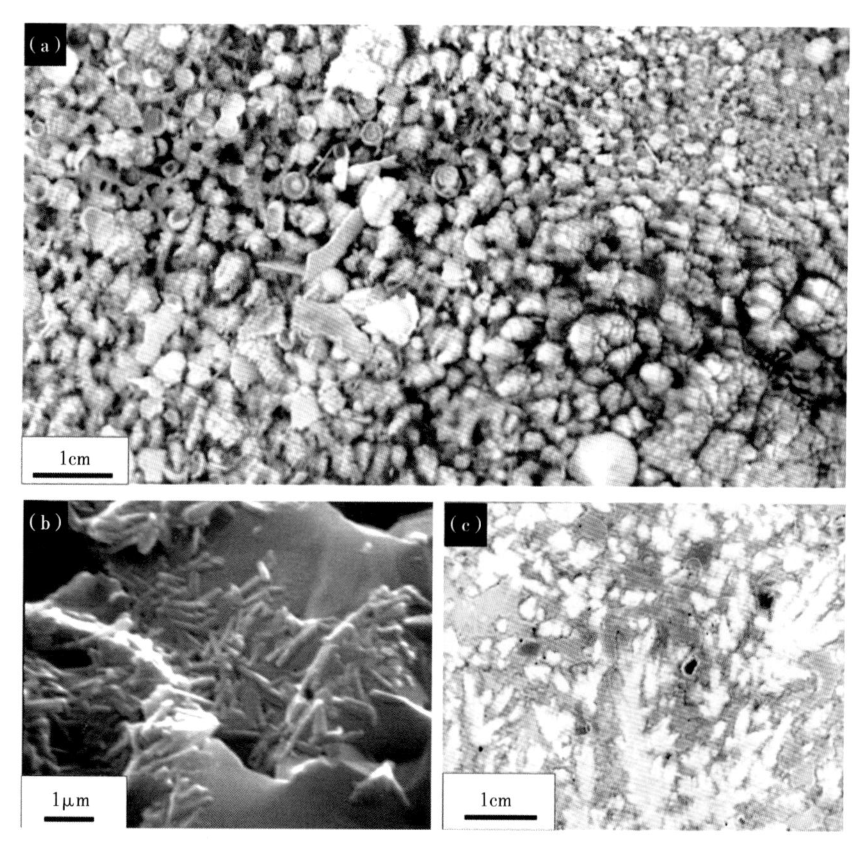

图 11.2 （a）细菌菌落为亮棕黄色不规则锥形，白色薄片是小块的水下碳酸盐筏，半球形为外覆的碳酸盐岩气泡（图片左上方），全部在边石坝之后的 1cm 深的阶状丘坑（猛犸温泉，黄石国家森林公园）；水温约 60℃ 且具硫黄味。（b）少量盐酸蚀刻菌落杆状菌体的扫描电镜照片；晶体中无证据表明菌落被包裹，意大利 Bagni di Tivoli。（c）猛犸温泉，黄石国家森林公园菌落显微荧光薄片，菌落有荧光，包络晶石无荧光

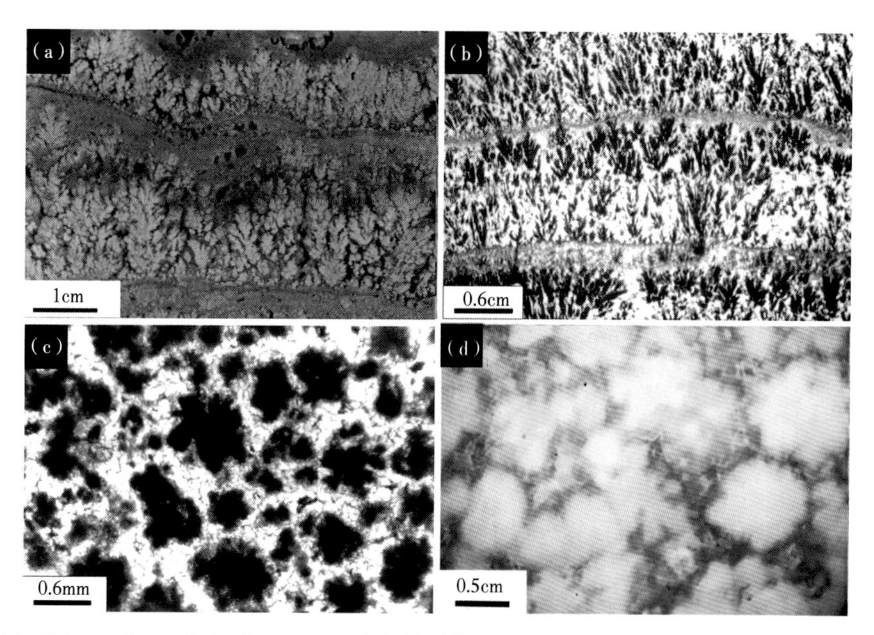

图 11.3 意大利 Bagni di Tivoli 切片（a）、单偏光显微照片（b、c）及荧光显微照片（样品来自猛犸温泉，黄石国家森林公园），a、b 显示菌落与细粒球粒层规则互层；（c、d）球粒显微镜下，可观察到球粒因荧光变亮（d），球粒间的晶石无荧光显示

菌落被解释为生长季节细菌诱发的沉淀的产物（Chafetz 和 Folk，1984），而球粒则认为是非生长季节的产物。因此，菌落与球粒层粗细相间的沉积物代表年复一年的聚集过程。

与菌落和球粒层相比，细菌核形石是温泉钙华沉积物中不常见的成分。它们初期形式直径变化范围为毫米级至个别砾级大小。它们成层出现，一般 1m 至数十米长，仅有几层厚。异化颗粒由被放射状定向排列的菌落包裹的核部组成。核形石上放射状灌丛显示与菌落的相同属性，菌落组成菌落层。唯一的不同是核形石内菌落以核部为中心，向周围呈椭圆形—球形形式生长。

菌落层厚度范围有初期的毫米级，也有超过 6cm（2.3in）的，一般厚为 2~4cm（0.8~1.6in），而球粒夹层厚度常为 1cm 或不及 1cm。在广泛分布的厚层钙华内（Bagni di Tivoli，意大利），野外露头上这些粗细相间的沉积物侧向连续（图 11.4）。尽管未做仔细研究，但在黄石国家公园 Terrace 山上能观察到类似连续菌落纹层的沉积物。在 Bagni di Tivoli 地区，沿着采石场存在广阔、长期侧向暴露，似乎在几十到数百米的范围内保持恒定厚度。据 Chafetz 和 Folk（1984）研究，它们形成于浅湖底部。在单层内，单个菌落无任何剥蚀迹象，也就是说，菌落顶部沉积物既无夷平作用，也无剥蚀作用。与此相反，Bagni di Tivoli 采石场壁上存在大型倾斜侵蚀面，可切割数米的堆积物，并可侧向追溯几十米。这些侵蚀面由菌落起因的湖泊体系水位下降造成的，可能是湖泊形成后堤坝断裂的结果。然而，需要重申的是，单个菌落和球粒层无纹层侵蚀的迹象。

图 11.4　Bagni di Tivoli 采石场样品菌落与球粒层规则重复出现，推测细菌引起的菌落与粗层球粒互层构成了大部分的沉积地层剖面，剖面厚达 85m（279ft）；照片中心（圆圈）的长镜头尺寸为 8cm（3in）

菌落和球粒的累积层地层厚度包含了意大利 Bagni di Tivoli 与其他地方多数的湖相钙华。Fraiser 和 Corsetti（2003，第 381 页）报道了加利福尼亚州西部和内华达州东部新元古界下部 Noonday 白云岩中的菌落相，厚约 15m（49ft），并且侧向展布至少 40km。Bagni di Tivoli 沉积物厚约 85m（279ft），开采区侧向展布见谷歌地球航拍照片，仅 3.5km（52.8mile）。钙华进一步延伸相对于开采区在谷歌地球航拍照片上更明显，这似乎是合理的。因此，Bagni di Tivoli 区域细菌起因的沉积物总体积还尚未确定，但似乎是储层规模。

11.3　微米孔

菌落、核形石和球粒常见大量微孔（图 11.5）。微孔占据位置与在其他样品中菌体化石所占位置相同。菌体腐烂作用引起的微米孔并不直接出现在相邻亮晶包围的生物沉淀物，如菌落、球粒与核形石。实际上细菌化石代表岩石中的孔隙空间是可以预料的。已有记载，超过 30 年细菌可把化石保存条件变差（Krumbein 等，1977；Krumbein，1979a；Chafetz 和 Meredith，1983）。细菌诱因的碳酸盐沉淀直接围绕其细胞壁，当被方解石埋藏后，细菌会很快衰减。Krumbein 等（1977）研究表明，细菌被碳酸盐包裹后，其细胞会发生萎陷，荚膜会皱缩，而且短期内将被破坏。实验室控制条件下，这个现象在实验开始运行后4d内可被观察到（Krumbein，1979），并且最终碳酸盐的积累不显示任何细胞结构，仅有亚微米级—微米级孔隙。在一组很有启发性观察后，Bosak等（2004）建立了相关实验方案，证明一些方解石既有非生物沉淀析出的，也有生物成因的。Bosak等（Bosak等，2004，第782页）4天内还观察到在细菌起因的方解石中，“是否存在大量微孔是生物和非生物样品之间的差异”。类似的观察结果笔者先前已在休斯敦大学实验室取得。

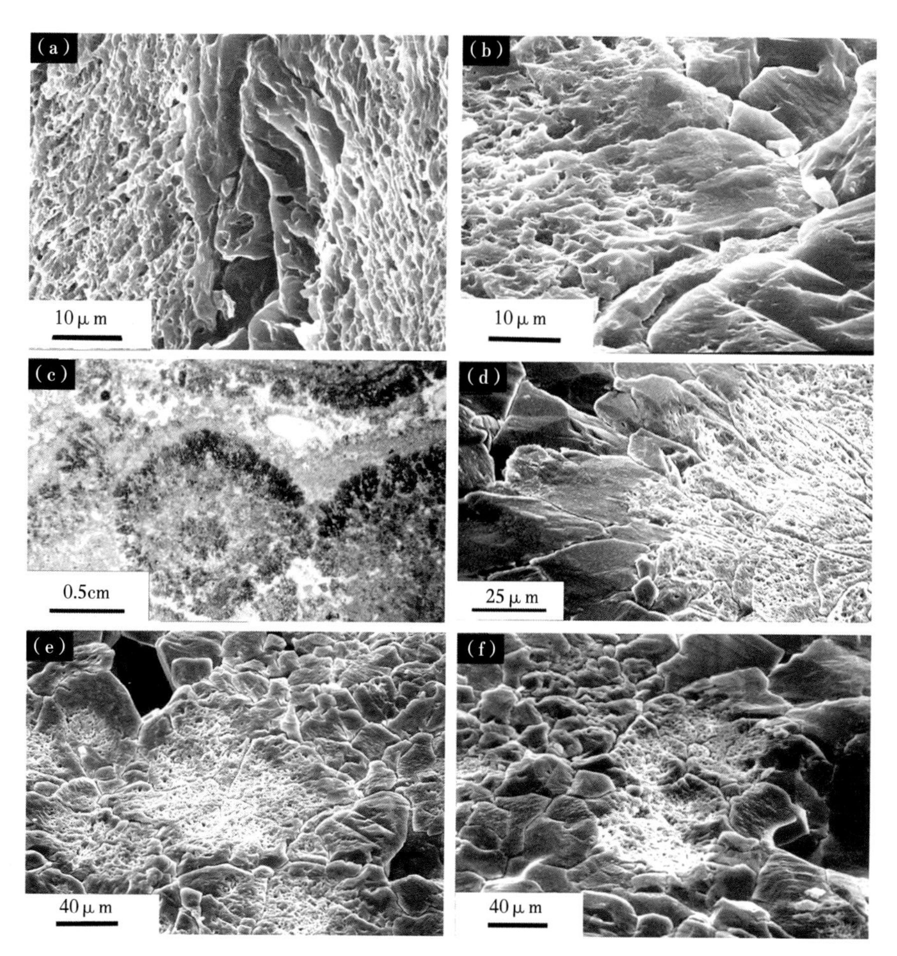

图11.5　扫描电镜下（a、b、d至f）菌落（a、b）、细菌球粒微孔隙空间（c至f）。(c) 显微镜下球粒。样品均来自意大利Bagni di Tivoli。大量微孔隙仅出现在菌落（a、b）和球粒组分中（d至f），而周缘的晶石无任何微孔（古菌体位置），菌体也无孔（图11.2b）。粉砂级球粒表现为具初期放射状菌落（c），类似细菌核形石

鉴于菌落层、球粒夹层包含了绝大多数的温泉的沉积物，例如，意大利Bagni di Tivoli与怀俄明州黄石国家公园Terrace山，微孔是这些岩石内的显著组分。

11.4　钙华沉积物中的巨孔隙

除了上述讨论的微米级孔隙，另有一些明显的大孔常见于钙华沉积物中。两种孔隙类型在钙华中相当常见，但在与筏和浮石伴生的典型海相碳酸盐岩中要少得多。筏，也称垢物或冰块，通常形成于高度饱和的方解石和文石水体表面（图11.6a）。这些碳酸盐沉淀析出的薄浮层常见于气水接触面、阶地丘堤的顶部、顺堤坡而流的细流中或洞穴环境的封盖池内，以及其他一些这样的地方。相对较短时间内，因矿物沉淀物的累聚变重和雨水或其他扰动，垢物从气水接触面下降至水下沉积界面。当浮层静止在水下沉积界面先前沉积物的不规则面上时，其下面通常形成遮盖孔隙（图11.6b）。此过程可以导致相当客观的、大的、主要水平向的窗格状孔隙空间。露头上，因薄浮层封盖水平定向孔隙特征，而很容易识别。

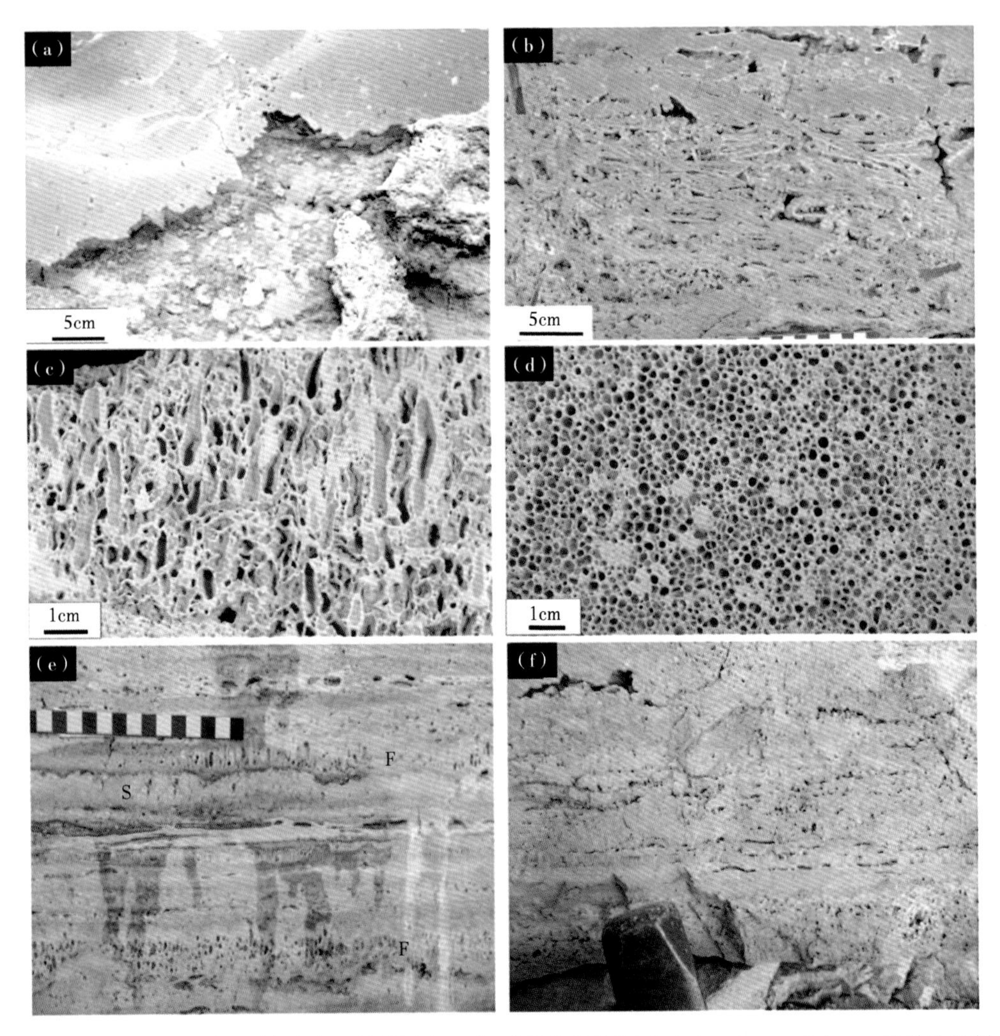

图 11.6　钙华沉积物野外照片［猛犸温泉，黄石国家森林公园（a）；Lyman Lakes，亚利桑那州（b、e 和 f）；Bagni di Tivoli，意大利（c、d）］

（a）碳酸盐岩薄层沉淀物（方解石或文石筏）浮于几厘米深的热泉，位于猛犸温泉的这个小水池形成于边石坝后侧，并作为阶状丘坑一部分；镜下观察到薄片已破碎并滑落至底部，初始遮盖孔隙位于水下筏底部，类似于第四纪露头（b）。（c 至 e）浮石的垂向（c 和 e）与顺层理视觉图（d），孔隙由气体经过湖底微生物席上升，并向上拖动黏性席形成；镜下观察到顺层面具有大量的浮石管孔（d），而且浮石构造与细菌菌落层密切相关（F—浮石构造、S—菌落层），二者生物诱因的沉淀物皆位于沉积物表面。图（e）中比例尺为 1cm（0.39in），（f）钙华露头常见窗格孔，锤头宽 4.5cm（1.8in）

1984 年，在 Bagnidi Tivoli area 地区，形成于温泉钙华沉积物中的浮石被首次描述（Chafetz 和 Folk，1984），它构成了钙华中另一多变的大规模孔隙形式（图 11.6c 至 e）。这种构造可能是钙华沉积物中所独有的，并且已在某些地方被确认（如怀俄明州黄石国家猛犸温泉；亚利桑那州 Lyman 湖，新墨西哥州贝伦落基山脉采石场）。浮石由垂向中空圆管组成，一般直径 2～3mm，高 2～4cm（0.8～1.6in）。管孔可密集紧凑出现（图 11.6d），也可侧向相隔几毫米至数厘米出现。这些结构可解释为通过上升气流推动并拖动微生物席到垂直方向形成，即代表借助黏液席向上运动的气体（Chafetz 和 Folk，1984）。管孔的出现与细菌菌落紧密相关（图 11.6e）。这种与细菌的关联是菌落在浮石结构附近的丰度指示，并支持它们是扰动微生物席产物的解释。浮石成层一般侧向展布不及几米，厚 2～4cm（0.8～1.6in）。

除了上文所述两种大型孔，筏和浮石之下的遮盖孔隙也可观察到，浮石可作为钙华中其他产物的围岩，遮盖孔隙一般也会出现在碳酸盐岩地层中。由于带有热的、高化学活性的水沉积物的遍处冲刷，岩石中常见微型—巨型溶蚀特征（图 11.7）。许多孔隙类型依据 Choquette 和 Pray（1970）的方案很容易分类，类似于那些存在于多种常规海相石灰岩中的孔隙类型。这里不再赘述，本文的主要目的是探讨一些不常见的孔隙类型（钙华中常见）。

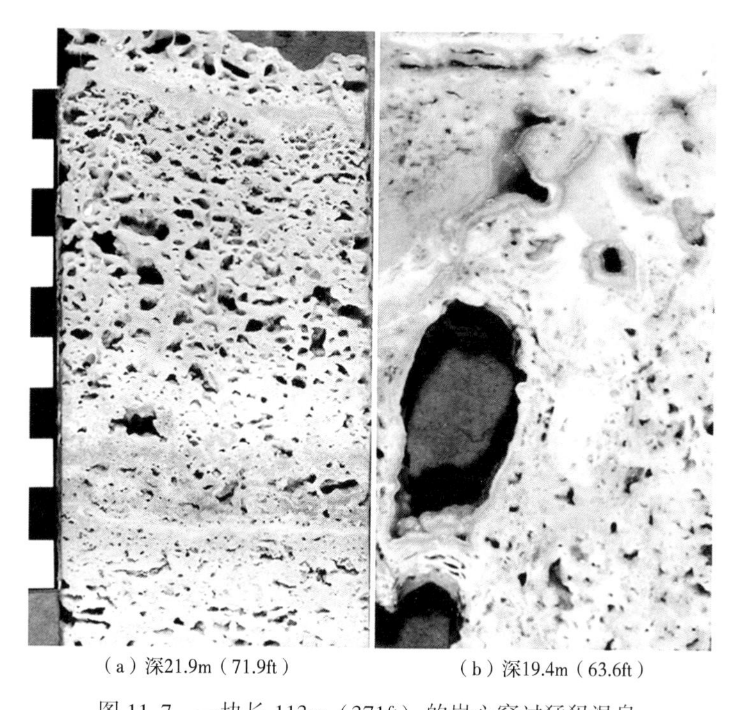

（a）深21.9m（71.9ft）　　（b）深19.4m（63.6ft）

图 11.7　一块长 113m（371ft）的岩心穿过猛犸温泉

揭示了温泉钙华中沉积期与溶蚀期孔隙出现的一些变化；（a）和（b）的比例尺一样，每根杆长 1cm（0.39in）

11.5　结论

钙华沉积物通常是由大量的细菌引起的碳酸盐沉淀物。最初的碳酸盐沉淀析出是在细菌细胞壁上形成。随后，亮晶胶结物的非生物固体晶体形成了第二期碳酸盐沉淀析出物，并包围着细菌诱因成分及初始的碳酸盐沉淀析出物。成分包括细菌菌落、球粒与核形石。细菌化石易腐烂，并在细菌诱因成分里生成区域性密集分布的亚微米—微米孔。微孔多在第一期形成的方解石内（包含菌落、球粒与核形石），且被非生物固体析出物形成的亮晶胶结物所包裹。因此，微孔不是钙华内互连孔隙的一部分。推测细菌诱因的成分组成了绝大多数的沉积物，例如厚 85m（279ft）、长 3.5km（52.8mile）的意大利 Bagni di Tivoli 钙华物。因而，细菌腐烂造成的微孔隙是这类岩石中的显著组分。

除了细菌古部位存在的微孔，另外两种常见于钙华，但在常规海相碳酸盐岩中少见的类型是筏和浮石之下的遮盖孔隙。筏下的遮盖孔隙相当常见，它是碳酸盐岩薄层造成的，碳酸盐岩薄层起初形成于气—水接触面，接着下沉至水下沉积物界面。遮盖孔隙可在平层碳酸盐岩层下形成显著的窗孔状孔洞。另一种可能仅出现在钙华中的孔隙类型是浮石。这些垂直取向的中空管孔是由气体逃逸通过微生物席，向上拖动黏稠席造成的构造。此外，大口径的溶蚀孔洞在温泉钙华堆积物中相当明显。

菌落、球粒与核形石内的微孔隙空间，以及浮石内相当大的孔隙空间，代表了比较少见的孔隙类型，此类孔隙形成于细菌主要诱因的钙华沉积物中。因此，微生物岩的这类特征，可以产生大量的微孔与相当大的孔隙系统。

参考文献

Ben-Jacob, E., 1997, From snowflake formation to growth of bacterial colonies II: Cooperative formation of complex colonial patterns: Contemporary Physics, v. 38, p. 205-241, doi: 10.1080/001075197182405.

Ben-Jacob, E., I. Cohen, and D. L. Gutnick, 1998, Cooperative organization of bacterial colonies: From genotype to morphotype: Annual Reviews ofMicrobiology, v. 52, p. 779-806, doi: 10.1146/annurev.micro.52.1.779.

Boquet, E., A. Boronat, and A. Ramos-Cormenzana, 1973, Production of calcite (calcium carbonate) crystals by soil bacteria is a general phenomenon: Nature, v. 246, p. 527-528, doi: 10.1038/246527a0.

Bosak, T., and D. K. Newman, 2005, Microbial kinetic controls on calcite morphology in supersaturated solutions: Journal of Sedimentary Research, v. 75, p. 190-199, doi: 10.2110/jsr. 2005.015.

Bosak, T., V. Souza-Egipsy, F. A. Corsetti, and D. K. Newman, 2004, Micrometer-scale porosity as a biosignature in carbonate crusts:Geology, v. 32, p. 781-784, doi: 10.1130/G20681.1.

Buczynski, C., and H. S. Chafetz, 1991, Habit of bacterially induced precipitates of calcium carbonate and the influence of medium viscosity on mineralogy: Journal of Sedimentary Research, v. 61, p. 226 - 233, doi: 10. 1306/D42676DB - 2B26 - 11D7 - 8648000102C1865D.

Bundeleva, I. A., L. S. Shirokova, P. Benezeth, O. S. Pokrovsky, E. I. Kompantseva, and S. Balor, 2012, Calcium carbonate precipitation by anoxygenic phototrophic bacteria: Chemical Geology, v. 291, p. 116-131, doi: 10.1016/j.chemgeo.2011.10.003.

Burne, R. V., and L. S. Moore, 1987, Microbialites: Organosedimentary deposits of benthic microbial communities: Palaios, v. 2, p. 241-254, doi: 10.2307/3514674.

Castanier, S., L. Matayer - Levrel, and J. P. Perthuisot, 1999, Cacarbonates precipitation and limestone genesis: The microbiogeologist point of view: Sedimentary Geology, v. 126, p. 9-23, doi: 10.1016/S0037-0738 (99) 00028-7.

Chafetz, H. S., and C. Buczynski, 1992, Bacterially induced lithification of microbial mats: Palaios, v. 7, p. 277-293, doi: 10. 2307/3514973.

Chafetz, H. S., and R. L. Folk, 1984, Travertines: Depositional morphology and the bacterially constructed constituents: Journal of Sedimentary Petrology, v. 54, p. 289-316.

Chafetz, H. S., and S. A. Guidry, 1999, Bacterial shrubs, crystal shrubs, and ray-crystal crusts: Bacterially induced vs. abiotic mineral precipitation: Sedimentary Geology, v. 126, p. 57-74,doi: 10.1016/S0037-0738 (99) 00032-9.

Chafetz, H. S., and J. C. Meredith, 1983, Recent travertine pisoliths (pisoids) from southeastern Idaho, U.S.A., *in* T. M. Peryt, ed., Coated grains: Berlin, Springer-Verlag, p. 450-455.

Chafetz, H. S., B. Akdim, R. Julia, and A. Reid, 1998, Mn-and Fe-rich black travertine shrubs: Bacterially (and nanobacterially) induced precipitates: Journal of Sedimentary Research, v. 68,p. 404-412, doi: 10.2110/jsr.68.404.

Chekroun, K. B., C. Rodríguez-Navarro, M. T. González-Muñoz, J. M. Arias, G. Cultrone, and M. Rodríguez-Gallego, 2004, Precipitation and growth morphology of calcium carbonate induced by *Myxococcus xanthus*: Implications for recognition of bacterial carbonates: Journal of Sedimentary Research, v. 74, p. 868-876,doi: 10.1306/050504740868.

Choquette, P. W., and L. C. Pray, 1970, Geologic nomenclature and classification of porosity in sedimentary carbonates: AAPG Bulletin, v. 54, p. 207-250.

Ehrlich, H. L., 1996, How microbes influence mineral growth and dissolution: Chemical Geology, v. 132, p. 5-9, doi: 10.1016/S0009-2541 (96) 00035-6.

Fraiser, M. L., and F. A. Corsetti, 2003, Neoproterozoic carbonate shrubs: Interplay of microbial activity and unusual environmental conditions in post-snowball Earth oceans: Palaios, v. 18,p. 378-387, doi: 10.1669/0883-1351 (2003) 018<0378:NCSIOM>2.0.CO;2.

Gerundo, M., and G. L. Schwartz, 1949, The role of denitrifying bacteria in the genesis of formations found in the Carlsbad Caverns: Texas Journal of Science, v. 1, p. 58-61.

Kele, S., A. Demeny, Z. Siklosy, T. Nemeth, M. Toth, and M. B. Kovacs, 2008, Chemical and stable isotope composition of recent hot- water travertines and associated thermal waters, from Egerszalok, Hungary: Depositional facies and nonequilibrium fractionation: Sedimentary Geology, v. 211, p. 53-72, doi: 10.1016/j. sedgeo.2008.08.004.

Kellerman, K. F., and N. R. Smith, 1914, Bacterial precipitation of calcium carbonate: Journal of the Washington Academy of Science, v. 4, p. 400-402.

Koban, C. G., and G. Schweigert, 1993, Microbial origin of travertine fabrics: Two examples from southern Germany (Pleistocene Stuttgart travertines and Miocene Riedoschingen travertine): Facies, v. 29, p. 251-264, doi: 10.1007/BF02536931.

Krumbein,W. E., 1979a, Photolithotrophic and chemoorganotrophic activity of bacteria and algae as related to Beachrock formation and degradation (Gulf of Aqaba, Sinai): Geomicrobiology Journal, v. 1, p. 139-203, doi: 10.1080/01490457909377729.

Krumbein, W. E., 1979b, Calcification by bacteria and algae, *in* P. A. Trudinger and D. J. Swaine, eds., Biogeochemical cycling of mineral-forming elements: New York, Elsevier, Studies in Environmental Science 3, p. 47-68.

Krumbein, W. E., Y. Cohen, and M. Shilo, 1977, Solar Lake (Sinai): 4. Stromatolitic cyanobacterial mats: Limnology and Oceanography, v. 22 p. 635-656, doi: 10.4319/lo.1977.22.4.0635.

Lalou, C., 1957, Studies on bacterial precipitation of carbonates in sea water: Journal of Sedimentary Petrology, v. 27, p. 190-195.

Moore, C. H., 2001, Carbonate reservoirs: Porosity evolution and diagenesis in a sequence-stratigraphic framework: Developments in Sedimentology, v. 55, 444 p.

Morita, R. Y., 1980, Calcite precipitation by marine bacteria: Geomicrobiology Journal, v. 2, p. 63,082.

Neuendorf, K. K. E., J. P. Mehl Jr., and J. A. Jackson, 2005, Glossary of geology, 5th ed.: Alexandria, American Geological Institute, 779 p.

Oppenheimer, C. H., 1961, Note on the formation of spherical aragonite bodies in the presence of bacteria from the Bahama Bank: Geochimica et Cosmochimica Acta, v. 23, p. 295-296, doi: 10.1016/0016-7037 (61) 90048-5.

Pentecost, A., 2005, Travertine: London, Springer-Verlag, 445 p. Scholle, P. A., and D. S. Ulmer-Scholle, 2003, A color guide to the petrography of carbonate rocks: Grains, textures, porosity, diagenesis: AAPG Memoir 77, 474 p.

12

微生物细胞壁的羧基团密度介导的有序低温白云石成因研究

Paul A. Kenward, David A. Fowle, Robert H. Goldstein, Masato Ueshima, Luis A. González, Jennifer A. Roberts

摘要：在丰富的古代岩石记录中，现代沉积体系的低温白云石（<50℃）在早期体系仍然是稀少的，即使是白云石过饱和的体系。这种现象主要归因于动力学的抑制作用，包括水和硫酸根对 Mg^{2+} 的络合作用、碳酸盐活性以及 Mg∶Ca 比率。最近的研究指向了在微生物代谢官能团和表面形成无序相白云石。我们发现，在 Mg∶Ca 比率为 1∶1、5∶1 和 10∶1 的生理盐水条件下，完全依靠两个停止代谢的古细菌细胞壁的促进，原生有序白云石在 30℃发生沉淀，并且相对于白云石略微饱和。而利用细菌和功能化微球的对照实验则未沉淀白云石。在这项研究中，古细菌细胞壁功能组沉淀数量约高于细菌和微球一个数量级。基于以上结果，提出了一种机理模型：与细胞壁生物物质和聚合物质相关联的羧基团使镁离子脱水，并进一步促进碳酸盐的形成和白云石的成核作用。研究数据显示：低温白云石的形成与众多微生物代谢集团——细菌、古细菌有关，与聚合物质和细胞壁表面有密切联系，并确立了一种关键和广泛的无序白云石和有序原白云石的低温形成机制。重要的是，死亡并停止代谢的生物官能团才是低温白云石沉淀的关键，而不是活跃的微生物代谢活动。这些观察结果可能形成一种新的白云石分布预测模型。

12.1 概述

原白云石在低温条件下的形成会受到动力学的抑制作用（McKenzie, 1991；Land, 1998）。动力学的反应较慢主要归因于低的 Mg∶Ca 比率、离子络合作用、微球水合作用，以及中性配合硫酸盐的产生（Goldsmith 和 Graf, 1958；Kitano, 1962；Folk, 1974；Folk 和 Land, 1975；Katz 和 Matthews, 1977；Baker 和 Kastner, 1981；Land, 1985；González 和 Lohmann, 1985；Hardie, 1987；Sibley 等，1987；Zhong 和 Mucci, 1989；Slaughter 和 Hill, 1991；Arvidson 和 Mackenzie, 1997；Wright 和 Wacey, 2004）。最近的研究已经确定，微生物在特定环境下的低温白云石形成过程中发挥了基础性作用，它们极有可能通过改变溶液的化学特性或提供成核表面来促进反应的进行（Vasconcelos 等，1995）。

我们在野外和实验室环境都已经确认了微生物白云石的存在，最常见的就是无序（如原白云石；Moreira 等，2004）和有序相（Roberts 等，2004；Kenward 等，2009）白云石。以往的研究多集中在硫酸盐还原细菌（SRB）（Vasconcelos 和 McKenzie, 1997；Warthmann 等，2000；van Lith 等，2003；Wright 和 Wacey, 2005）、硫化物氧化剂（Moreira 等，2004）、中度嗜盐好氧异养细菌（Sánchez-Román 等，2008）以及甲烷（Roberts 等，2004；Kenward 等，2009）。所有这些生理类型通过改变溶液的化学特性促进白云石的饱和，并在实验室实验的情况下，微生物的活动可以沉淀白云石。此外，Zhang 等（2012）发现溶解的多糖—类似有机质降解物—吸附到 Ca-Mg 碳酸盐表面，并潜在的弱化 Mg^{2+}—水连结，抑制碳酸盐，从而促进无序白云石的形成。

多项微生物方面的研究发现白云石的形成与细胞壁或细胞体外多聚物（EPS）有直接关系（Roberts 等，2004；Vasconcelos 等，2006；Sánchez-Román 等，2008；Kenward 等，2009）。虽然 EPS 和生物膜可能导致集中溶解微环境的产生（Dupraz 等，2009），但微生物表面通常被大量的磷酰基、氢基和羧基等官能团充填（Fortin 等，1997；Douglas 和 Beveridge，1998；Daughney 等，2001）。金属和这些官能团之间的关系被证明是一些生物成因矿物成核作用的初始步骤（Chan 等，2004）。例如，Krause 等（2012）发现 EPS 作用可以在硫酸盐还原条件下的海水中形成富镁白云石，并且通过 Ca 同位素研究证明，白云石成核作用的初始步骤即是 EPS 对 Ca^{2+}的吸附。

这里，我们研究了不同种类的古细菌（甲酸甲烷杆菌和嗜盐古菌）和细菌（枯草芽孢杆菌和腐败希瓦氏菌）的细胞表面在沉淀有序白云岩方面的影响，以及与 Mg∶Ca 比和硫酸盐的关系。所有实验都是在微过饱和的盐水溶液中进行的重复批量反应。大量包括提取的细胞壁、完整的代谢细胞、完整的停止代谢的细胞以及功能化聚苯乙烯微球等物质的表面，用来分离可能的表面介导的白云岩沉淀机制。

12.2 方法

我们选择了两种古细菌和两种细菌进行对比试验，它们分别具有不同的新陈代谢活动和细胞壁成分。重复批量试验使用密闭的 60mL 溶液瓶，分别装入代谢细胞、细胞壁、完整的停止代谢的细胞和功能化聚苯乙烯微球（直径 1.1μm；Bangs 实验室，Inc），并用不同 Mg∶Ca 比和硫酸盐浓度的盐水溶液进行试验。

12.2.1 溶液化学

模拟海水成分的溶液由蒸馏水、NaCl、Na_2CO_3、$MgCl_2$ 和 $CaCl_2$ 组成（溶液成分见表 12.1），并分为 10∶1、5∶1、1∶1 三种不同的 Mg∶Ca 比率。重复试验的溶液与表 12.1 所列溶液的地球化学成分一致，此外还加入了 0.028mol 的 Na_2SO_4，用来测试海水成分中的硫酸盐对于白云岩形成的影响。为了获得 $\Omega_{dolomite}$ [饱和状态=IAP/Ksp（离子活积度/白云石容积度平衡常数）] 范围为 3.4~4.7（利用 Geochemists Workbench 计算；Bethke 和 Yeakel，2009；表 12.1）的白云岩，溶液最终的 pH 值设置为 7.2~7.4。在不同的地球化学条件下，保持其他碳酸岩矿物不饱和的情况下，沉淀出了一系列的 $\Omega_{dolomite}$。所有反应中的方解石、文石、菱铁矿和菱镁矿都仍然是欠饱和的。为了模拟海洋条件（离子浓度约 0.7mol/kg），除了高度嗜盐古细菌以外，所有实验系统溶液离子浓度被设置成 0.66mol/kg。高度嗜盐古细菌的代谢溶液离子浓度设为 0.99mol/kg，以保持其细胞的完整性。

表 12.1　实验中白云石反应的地球化学和沉淀结果

反应物	$\Omega_{白云石}$*	Mg∶Ca	pH**	SO_4^{2-}（mmol）	离子强度
形成白云石处理					
甲酸甲烷杆菌（细胞壁）	3.4-4.7	5∶1	7.4	0	0.66
甲酸甲烷杆菌（不代谢）	3.4-4.7	10∶1	7.4	0	0.66
硫泉富盐菌（细胞壁）	3.7-3.9	5∶1 和 10∶1	7.2	0	0.99
硫泉富盐菌（不代谢）	3.7-3.9	1∶1，5∶1，和 10∶1	7.2	0	0.99
未形成白云石处理					
硫泉富盐菌、甲酸甲烷杆菌（代谢）	3.4-4.7	1∶1	7.4/8.1；7.2	0 和 28	0.66 和 0.99
甲酸甲烷杆菌（细胞壁）	3.4-4.7	1∶1 和 10∶1	7.4	0 和 28	0.66
硫泉富盐菌（细胞壁）	3.7-3.9	1∶1	7.2	0 和 28	0.99
甲酸甲烷杆菌（不代谢）	3.4-4.7	1∶1 和 5∶1	7.4	0 和 28	0.66
微球（$R-COO^-$）、希瓦氏菌和枯草杆菌	3.4-4.7	None	7.2	0 和 28	0.66 和 0.99
非生物	3.4-4.7	None	7.2	0 和 28	0.66 和 0.99

注：* Ω 为离子活积度 K_{sp}^{-1}；

** 每个系统的地球化学，包括 pH 水平和离子强度，在 6 周的间隔中保持不变，除了代谢的甲酸甲烷杆菌 pH 值升高到 8.1。

12.2.2 微生物生长条件和实验处理

批量实验反应包括一种简单的古细菌——甲酸甲烷杆菌［美国标准菌种库（ATCC）33274］或者嗜

盐古菌（ATCC BAA897）]，以及一种细菌（枯草芽孢杆菌或者腐败希瓦氏菌）和包裹羧基、R-COO 官能团的聚苯乙烯微球，细胞（或微球）的浓度为 105 个/mL。微生物培养物在以下条件下生长到稳定阶段：腐败希瓦氏菌和枯草芽孢杆菌使用胰酪胨大豆肉汤培养基，加入 0.5%浓度酵母，在 37℃的水浴槽中进行有氧培养（Liu 等，2001；Matias 和 Beveridge，2005）。甲酸甲烷杆菌用甲烷菌培养基（ATCC 1045 培养基），在 80%H_2 和 20%CO_2 大气条件下，于 30℃的无氧恒温箱中培养。嗜盐古菌在适当盐度的 37℃无氧培养基（ATCC 2448 培养基）上进行培养。当培养到稳定阶段的时候，通过离心分离对古细菌和细菌细胞进行取样，并根据溶液的离子浓度分别用浓度为 0.66mol 或 0.99mol 的 NaCl 溶液清洗 5 次。之后，微生物培养物在被注入准备好的白云石反应器之前，需要分别准备三种类型：正在代谢的细胞、细胞壁和完整的停止代谢的细胞。对于正在代谢的细胞实验，浓缩细胞未经处理直接注入白云石反应器。而细胞壁实验，则通过 3 次弗氏压碎器（Garen 和 Echols，1962）离心分离培养物来萃取细胞壁。对于完整的停止代谢的细胞实验，加入强力的线粒体解偶联剂、羟基氰氯苯腙，使细胞失去代谢活动的同时保持完整性（Heytler，1980）。代谢细胞和停止代谢的完整细胞被分别注入反应器，最后细胞浓度达到 10^5 个/mL。细胞壁碎片则直接从与活细胞相同浓度的溶解细胞中获取。聚苯乙烯微球作为模拟带电细胞表面的替代，加入反应器时，使用与其他微生物材料一样（细胞壁碎片处理除外）的溶液条件（包括离子浓度、温度、羟基氰氯苯腙以及白云石饱和度）。此外，创建了没有加入细胞、细胞壁碎片或者微球的同等地球化学条件的对照反应实验。

为了监视导致白云石生成的地球化学条件的变化，包含甲酸甲烷杆菌细胞（代谢细胞或停止代谢的细胞）或细胞壁碎片的批量反应在 42d 恒温 30℃的周期里每 7d 被舍弃一次。因为只在平衡完整 6 周时间的实验反应里发现了白云石，其余所有的之前的结果都是舍弃处理。

12.2.3　地球化学、矿物学和成像分析

6 周以后，在无氧条件下打开反应器以获得沉淀相的物质。30mL 的溶液经过 0.2mm 过滤器过滤，然后经过无氧箱风干，最后进行粉末 X 射线衍射分析。仪器选用 Bruker AXS D8 高级 X 射线衍射仪，分析光束为 Cu-Kα。过滤剩余的溶液保留用作阳离子、碱度和 pH 值检测。通过对酸化（100μL 的 pH 值低于 3 的高纯度硝酸）样品使用 PerkinElmer Optima 5300 DV 电感耦合等离子体发射光谱仪进行阳离子检测，分析误差为 5%。碱度测定，通过手工滴定法将 pH 值为 3 的样品终点判定为未酸化的样品。过滤后立即测量 pH 值。溶液的形态分析和矿物的饱和状态计算通过 Geochemists Workbench 8.0（Bethke 和 Yeakel，2009）完成。对 5mL 的未过滤溶液运用 2%的戊二醛处理，以保存透射电子显微镜（TEM）观察所需的样本。运用 TEM 对样品进行可视化整装网格表征，并识别出白云石沉淀物及其与细胞表面的关系。保存的碎片以及任何相关沉淀物都用超纯水冲洗两次，然后在 17000g，20℃的条件下，离心分离 30min。离心分离后，菌丝球直接沉淀到聚醋酸甲基乙烯酯覆盖的 200 目的 Cu 网格。剩余的水分通过除菌过滤纸去除，然后网格被放置到通风橱 1h 进行风干。透射电子显微镜观察的参数条件为 200kV 加速电压，仪器为装备了双倾载物台的 TECNAI X-Twin G2 透射电子显微镜。所选区域的电子衍射旨在理解附着在细胞表面的矿物的晶体形态。元素分析通过 EDAX FEI Tecnai F20 X-Twin 场发射透射电子显微镜，运用扫描 TEM 模式分析大小为 300nm 的点，该仪器同时装备了能量弥散 X 射线探测器（工作电压 200 kV）。

12.2.4　古细菌细胞壁表征

细胞表面的去质子化常数和表面测点浓度通过酸碱滴定法测定：以电解质浓度为 0.01mol 的 NaCl 溶液作为背景离子缓冲溶液，在 298K（Fein 等，2001）的 N_2 气体环境下，对甲酸甲烷杆菌悬浊液进行测定。测点的羧基官能团密度通过 PROTOFIT2.1 分析软件的数据完成测定（Turner 和 Fein 2006）。枯草芽孢杆菌（Daughney 等，2001）、腐败希瓦氏菌（Sokolov 等，2001）、嗜盐古菌（Kinnebrew，2012）以及 EPS（脱硫弧菌）（Braissant 等，2007；Baker 等，2010）的测点羧基官能团浓度测定参见文献。聚苯乙烯微球的测点羧基官能团浓度为 1.40×10^{-4}mol/g（Bangs 实验室）。文献中使用平均表面区域法，通过浓度计算羧基官能团的密度（van der Wal 等，1997）。

通过添加 $MgCl_2$ 和 $CaCl_2$ 制造出一式三份同批次的不同初始浓度的 Mg^{2+} 和 Ca^{2+} 溶液，然后分别进行阳离子竞争吸附实验。这些批量溶液的初始 Mg∶Ca 比率分别设为 0.1∶1、0.5∶1、1∶1、2∶1、3∶1 和 5∶1，并且与停止代谢的甲酸甲烷杆菌细胞进行 2h 的再平衡。动态吸附实验表明：这些物种的细胞壁对 Mg^{2+} 和 Ca^{2+} 的快速吸附作用在 30min 后达到平衡。在此之后，用 0.2μm 的过滤器过滤掉溶液中的微生物以及微生物细胞壁上附着的阳离子。然后用 100μL 浓度为 10%的超纯 HNO_3 对滤液进行酸化处理，使其 pH 值达 3 以下。最后用 PerkinElmer Optima 5300 DV 电感耦合等离子体发射光谱仪对各等份的阳离子浓度进行分析，仪器分析误差为 5%。通过这些数据，可以计算残留吸附在细胞壁上的阳离子的浓度，并测定细胞表面新的 Mg∶Ca 比率。

12.3 实验结果

大部分反应实验的溶液化学都没有明显变化，只有代谢甲酸甲烷杆菌细胞反应实验的 pH 值从 7.2 增长到 8.1，白云石饱和度大约增加了 20 倍。尽管饱和度有增加，但反应并没有沉淀白云石。只有在细胞壁反应实验和完整停止代谢的嗜盐古菌及甲酸甲烷杆菌反应实验中，检测到了白云石的存在。而经过 42d 的培养，并没有在枯草芽孢杆菌和腐败希瓦氏菌以及聚苯乙烯微球（表 12.1）反应中发现白云石。那些不含细胞、细胞壁碎片以及聚苯乙烯微球的对照组实验则沉淀出了方解石，某些情况下沉淀出了石盐。后续的冲洗以及烘干去除了石盐，但保留了碳酸盐矿物。停止代谢的嗜盐古菌细胞在所有 Mg∶Ca 比率的溶液中都沉淀出了有序白云石，而嗜盐古菌的细胞壁只在 Mg∶Ca 比率为 10∶1 和 5∶1 的溶液中沉淀了白云石，在Mg∶Ca比率为 1∶1 的溶液中沉淀了高镁方解石。加入硫酸盐以后的前述任何实验都没有检测到白云石（图 12.1）。

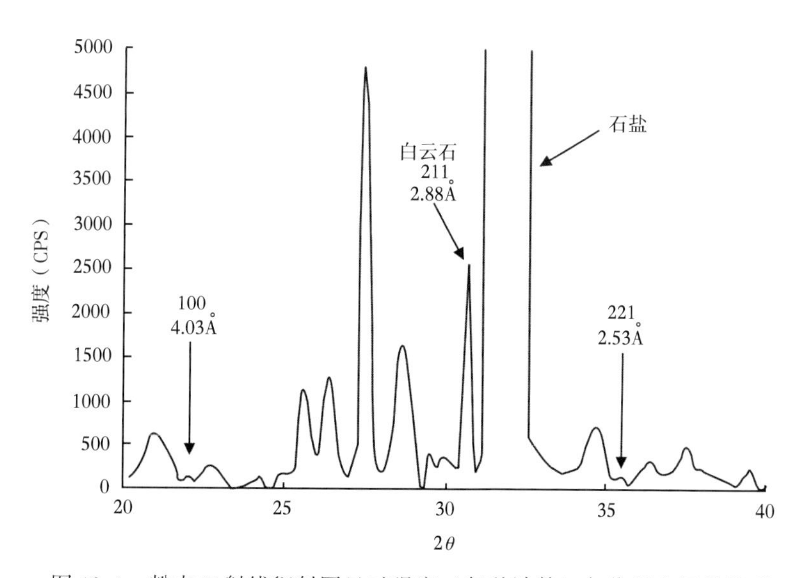

图 12.1 粉末 X 射线衍射图显示强度（每秒计数）与位置之间的关系

2θ：根据布拉格定律，θ 为入射 X 射线与散射面之间的角度；在 42d 的平衡期之后，对代谢不活跃的硫泉富盐菌细胞进行扫描；箭头指示的是有序白云石［2θ 为 30.89、间距（d-spacing）为 2.88］；白云石序峰主要在 4.03Å 和 2.53Å 处被识别；在 2θ 为 33.10 处的突出峰为石盐

可以观察到，细胞壁和停止代谢的细胞在沉淀矿物方面有区别。在嗜盐古菌细胞壁溶液中，Mg∶Ca 比率为 1 的情况下沉淀高镁方解石，Mg∶Ca 比率为 5 和 10 时则有沉淀有序白云石的趋势。与此相比，完整的停止代谢的细胞在所有的 Mg∶Ca 比率下都沉淀了有序白云石。粉末 X 射线衍射分析表明，沉淀的有序白云石具有一个 2.89Å 的 d-spacing 主峰，以及 4.03Å 和 2.53Å 的有序峰（图 12.1）。而在甲酸甲烷杆菌的两组反应中——停止代谢的细胞（仅限溶液 Mg∶Ca 比率为 10∶1）和细胞壁（仅限溶液 Mg∶Ca 比率为5∶1，图 12.2）——识别出了无序白云石。在这些反应中同样识别出了方解石和高镁方解石。

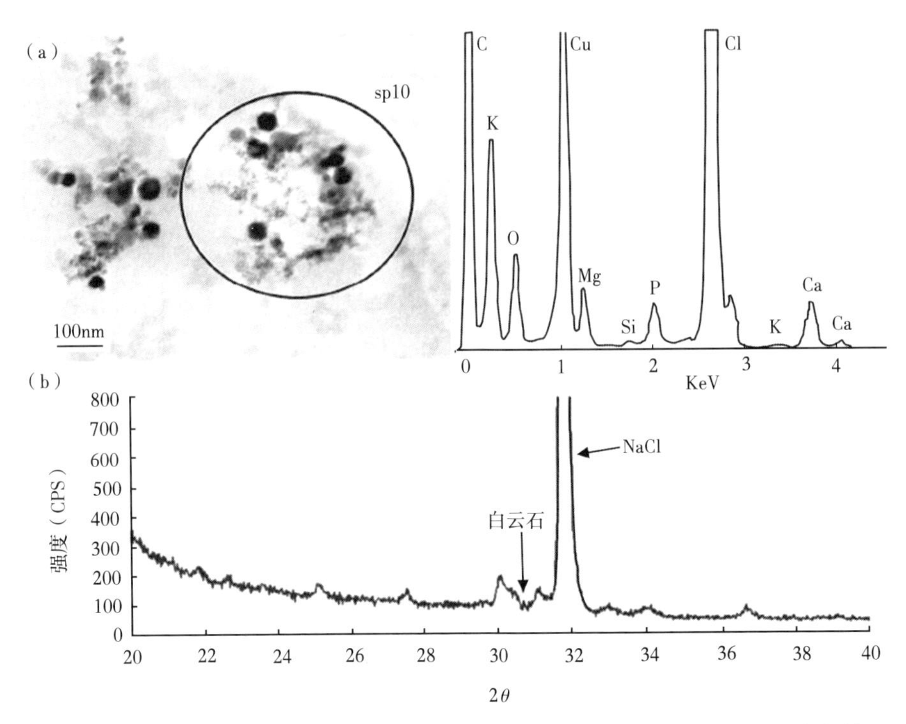

图 12.2 Mg∶Ca 比为 5∶1 的溶液中白云石与甲酸甲烷杆菌细胞壁碎片一起沉淀

(a) 高分辨率透射电子显微镜照片显示，甲酸甲烷杆菌细胞壁碎片上附着的球状或六边形的纳米级矿物，右侧为黑色圆圈区域相关的元素光谱图（keV—千伏特）。(b) 粉末 X 射线衍射强度（每秒计数）与位置之间的关系（2θ：根据布拉格定律，θ 为入射 X 射线与散射面之间的角度）；从反应器中分离出的高分辨率透射电子显微镜样品，如图所示，白云石主峰间距（d-spacing）为 2.89，2θ 为 33.10 的突出峰是岩盐

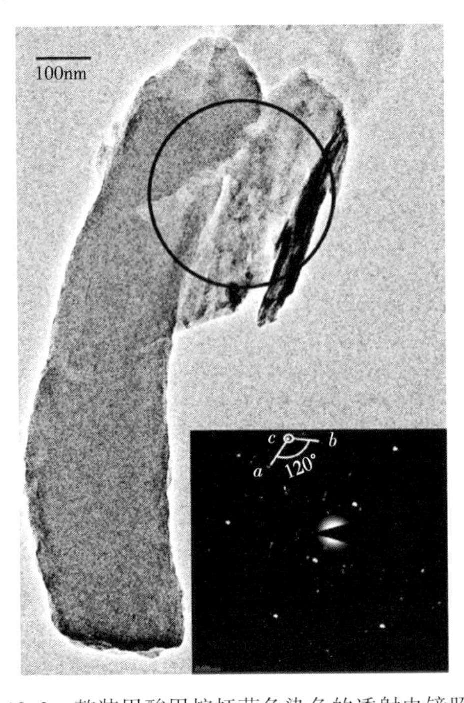

图 12.3 整装甲酸甲烷杆菌负染色的透射电镜照片

插图为选定区域的表面沉淀物的电子衍射，显示为有序白云石；沿 c 轴方向观察，a、b 面为 4.9Å，γ 为 120°，对应白云石（a、b 为 4.84Å，γ 为 120°），比例尺为 200nm

透射电子显微镜分析分别在两种古细菌的细胞壁接触位置识别出了矿物的晶体。这些沉淀物可以形成纳米级的晶体，如直径 10～20nm 的圆形或六边形颗粒（图 12.2a），以及更大的长度达 500 nm 的多边形颗粒（图 12.3）。能谱仪分析表明，与细胞表面物质有关的矿物中 C、O、Mg 和 Ca 元素的组成与白云石的矿物组成一致，这一点已经过 X 射线衍射分析验证（图 12.2）。其余能谱仪检测到的元素（如 K 和 P）是有机质的影响，Cu 元素是受 TEM（透射电子显微镜）准备过程的影响。虽然部分反应中检测到了高镁方解石的存在，但是选定区域的电子衍射分析表明，黏附在细胞壁上的沉淀物为无序白云石（图 12.3；Zhang 等，2012），这与粉末 X 射线衍射分析的结果一致。

（本次研究的）甲酸甲烷杆菌和嗜盐古菌（Kinnebrew，2012）的表面滴定实验（表 12.2）的结果，产生了双向可逆吸附数据（图 12.4a）。PROTOFIT 2.1 软件（Turner 和 Fein，2006）模型分别提供的羧基浓度为 8.1×10^{-4}mol/g 和 1.6×10^{-3}mol/g（Kinnebrew，2012）。这些浓度高于聚苯乙烯微球的羧基浓度（1.4×10^{-4}mol/g）以及枯草芽孢杆菌和腐败希瓦氏菌文献中的值，其分别为 1.2×10^{-4}mol/g 和 4.5×10^{-4}mol/g（Daughney 等，2001；Sokolov

等，2001）。嗜盐古菌和脱硫弧菌 EPS 的羧基官能团浓度（分别为 1.6×10^{-3} mol/g，1.6×10^{-3} mol/g ~ 2.4×10^{-3} mol/g；Braissant 等，2007）大于所观察到的甲酸甲烷杆菌的浓度。Hymenobacter aerophilus 细胞外物质同样含有较高的羧基官能团浓度（2.4×10^{-3} mol/g；Baker 等，2010）。但是，对于其促进碳酸盐尤其是白云石沉淀的能力，从来没有被研究过。溶液中 Mg 和 Ca 的竞争吸附作用，使甲酸甲烷杆菌细胞壁上的 Mg∶Ca 比率明显高于原始溶液中的比值（图 12.4b）。在相对较低的 Mg∶Ca 比率1∶1的溶液中，细胞壁能够导致 Mg∶Ca 比率有 25%的增加（1.25∶1）。在更高 Mg∶Ca 比率的溶液中，Mg 的优先吸附作用被放大。Mg∶Ca 比率 2∶1 的溶液中，细胞壁上的 Mg∶Ca 比率为 5∶1；Mg∶Ca 比率 5∶1 的溶液中，细胞壁上的 Mg∶Ca 比率为 14∶1。

表 12.2　微生物和胞外聚合物（EPS）的羧基团密度

基质	羧基团浓度（mol/g）	羧基团密度（羧基 Å^{-2}）	矿物沉淀
枯草芽孢杆菌	1.2×10^{-4}（Daughney 等，2001）	0.01	无白云石*
腐败希瓦菌	4.5×10^{-4}（Sokolov 等，2001）	0.03	无白云石*
微球	1.4×10^{-4}（本文）	0.02	无白云石*
甲酸甲烷杆菌	8.1×10^{-4}（本文）	0.06	无序白云石和镁方解石*
硫泉富盐菌	1.6×10^{-3}（Kinnebrew，2012）	0.10	有序白云石*
胞外聚合物（脱硫弧菌属）	1.6×10^{-3} ~ 2.4×10^{-3}（Braissant 等，2007）	0.02~0.03	无序白云石、镁方解石和钙白云石**
胞外聚合物（嗜气薄层菌）	2.4×10^{-3}（Baker 等，2010）	0.03	未知体积

注：* 本研究结果；

** Bontognali 等（2008）和 Vasconcelos 等（2006）的研究结果。

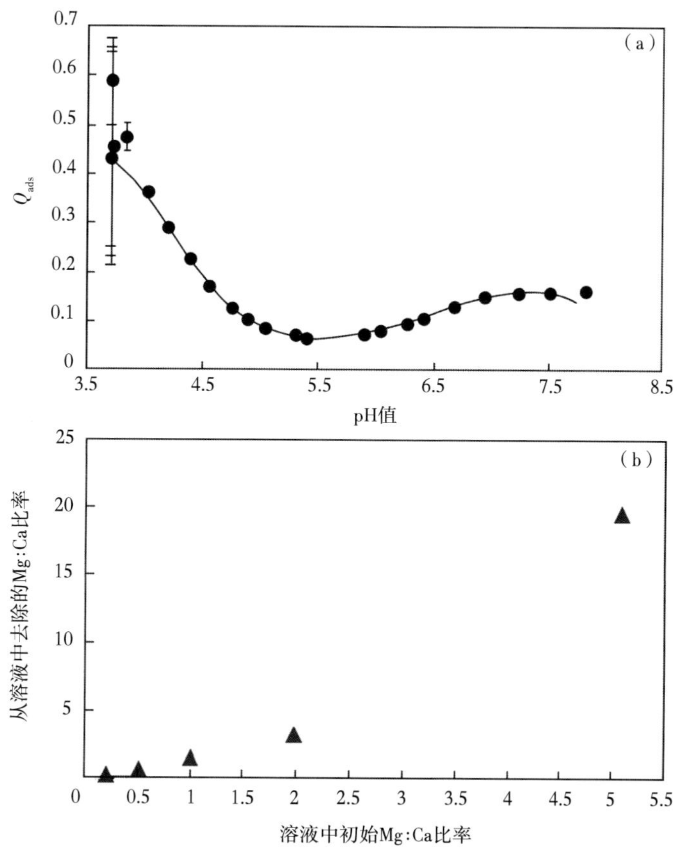

图 12.4　(a) 甲酸甲烷杆菌细胞的滴定 Q_{ads}（与吸附剂交换的质子数，按吸附剂质量均一化）与 pH 值的关系（黑色圆圈）根据 PROTOFIT 2.1（Turner 和 Fein，2006）软件模拟的数据，绘制了 Q_{ads} 的平均值模型（灰色虚线）；(b) 甲酸甲烷杆菌细胞表面吸附的 Mg∶Ca 比（三角形）与原始溶液的 Mg∶Ca 比之间的关系，在 25℃下吸附作用持续 2h

12.4 讨论

此项研究中，无论是完整停止代谢的或者破碎的古细菌细胞壁，都可以作为白云石形成的反应面。甲酸甲烷杆菌表面的无序白云石的成核作用需要较高的 Mg:Ca 比率——细胞壁为 5:1，停止代谢的细胞为 10:1。停止代谢的嗜盐古菌细胞的三种 Mg:Ca 比率溶液中，都发现了有序白云石的成核作用。Mg:Ca 比率为 5:1 和 10:1 时，白云石沉淀于细胞壁上；Mg:Ca 比率为 1:1 时，沉淀物为高镁方解石。而缺少古细菌物质的超饱和溶液则未沉淀白云石。考虑到所有反应都是白云石适度过饱和溶液（（$\Omega_{dolomite}$ 为 3.4~4.7)，但只有部分沉淀了白云石，我们推断，是古细菌物质通过克服动力学障碍促进了白云石的形成。低温条件下，这些障碍有如下例子：白云石过饱和、低 Mg:Ca 比率、离子络合作用以及水合球体作用（Baker 和 Kastner, 1981；Hardie, 1987；Zhong 和 Mucci, 1989；Slaughter 和 Hill, 1991；Arvidson 和 Mackenzie, 1997；Wright 和 Wacey, 2004)。

白云石的过饱和溶液是沉淀白云石的必要条件，并且许多实验研究已经注意到了微生物在驱动白云石过饱和方面的潜力（Vasconcelos 和 McKenzie, 1997；Warthmann 等, 2000；van Lith 等, 2003；Roberts 等, 2004；Wright 和 Wacey, 2005；Kenward 等, 2009)。但是在此次实验中，那些达到饱和状态的白云石溶液，因为不含古细菌遗体而没有沉淀白云石。在死亡或腐烂的微生物物质上，却观察到了阳离子的聚集以及随后的碳酸盐矿物的沉淀（Bronner 和 Freund, 1972；Kobluk 和 Risk, 1977；Chafetz 和 Buczynski, 1992；Kandianis 等, 2008)。包含代谢甲酸甲烷杆菌的反应中，微生物活动增加了溶液饱和度，但没有观察到白云石的沉淀。代谢细胞表面缺少白云石，某种程度上有可能是由活跃的质子动力势导致的。这种动力势可以在细胞表面产生并聚集 H^+离子，从而降低局部的饱和度（Koch, 1986)，并导致细胞表面相对带正电荷（此现象已经在枯草芽孢杆菌细胞上得到验证)，最终导致细胞吸附阳离子（如 Ca^{2+} 和 Mg^{2+}）的能力降低（Kemper 等, 1993)。

我们的数据表明，不论是完整的或部分溶解的，只要是停止代谢的古细菌细胞壁都可以作为白云石形成的反应面。在典型的革兰氏阳性或阴性细菌表面，以及模拟带电细胞的聚苯乙烯微球表面都没有白云石的沉淀（Harvey 等, 1993)。这说明，仅带电表面还不足以沉淀白云石。停止代谢的甲酸甲烷杆菌细胞的竞争吸附实验指出，相对于 Ca 其更易吸附 Mg（图 12.4b)。这些发现表明细胞壁的 Mg:Ca 比率高于溶液，从而削弱了溶液中低 Mg:Ca 比率所导致的动力学抑制作用。大多数的研究，尤其是在高盐度体系中，都把低 Mg:Ca 比率作为一个白云石形成的抑制因素来引用。这些研究认为只有 Mg:Ca 比率达到 5 或 10 以上才能沉淀白云石（Land, 1985)。前人的研究（Roberts 等, 2004；Kenward 等, 2009）证明，在甲烷细菌的作用下，白云石可以在 Mg:Ca 比率接近于 1 的淡水中沉淀。此次研究中新的吸附数据表明，有必要修正以往白云石沉淀需要较高的 Mg:Ca 比率的模型。我们的实验结果表明，在适当的微生物物质参与下，白云石沉淀所需的 Mg:Ca 比率可能远低于以往猜想的值。

因为硫酸根与 Mg^{2+}易形成电中性络合物（$MgSO_4$)，硫酸盐的存在会阻碍低温白云石的沉淀（Baker 和 Kastner, 1981)。这些研究认为适当浓度的硫酸盐（如接近海水浓度）在热液系统或推测的低温系统都是抑制白云石沉淀的。然而低温试验表明，硫酸盐的抑制作用只在中等浓度起作用，浓度过高或过低都不起作用（如 200 倍海水浓度或高蒸发环境；Siegel, 1961；Jones, 1966；Brady 等, 1996)。虽然早期关于硫酸盐还原（SRB）沉淀白云石的研究提出，代谢去除硫酸根限制了硫酸盐的抑制作用（Vasconcelos 和 McKenzie, 1997)，但最近的研究表明，在 25~35℃ 的温度，有硫酸盐存在的情况下（浓度为 0mmol、14mmol、28mmol 和 56mmol SO_4^{2-})，嗜盐需氧菌可以沉淀白云石（Sánchez-Román 等, 2009)。总之，这些研究表明，硫酸盐是否抑制白云石沉淀是有分歧的。本次研究中，含有浓度 28mmol SO_4^{2-}的实验溶液没有沉淀白云石，而没有硫酸盐的溶液则沉淀了白云石。这与岩石记录是相符的，即白云石—方解石海向文石海的转变与 SO_4^{2-}含量的增长一致，尽管伴随着 Mg:Ca 比率的同步增长（Mackenzie 等, 1983)。这一结果也得到了大量研究的支持。这些研究表明，SRB 通过降低还原环境下硫酸根的浓度（Warthmann 等, 2000；Wright 和 Wacey, 2005)，形成低硫酸根溶液，促进白云石的沉淀，可以作为甲烷细菌沉淀白云石的证据（Mazullo，2000；Roberts 等，2004；Kenward 等，2009）。

而硫酸盐对白云石沉淀的抑制作用可能主要发生在海水类型的溶液中，在所有白云石形成的环境中，Mg 离子的水合作用都是一种重要的动力学抑制作用（Lippmann，1973）。前人针对有机大分子的研究表明，它们可以通过破坏二价阳离子（如 Mg^{2+}、Ca^{2+}）周围的水合微球，增强 Mg 对 Ca 的脱水作用（Stephenson 等，2008），从而增加方解石中 Mg 离子的量。这些研究主要通过溶解化合物实现，但基于我们的实验结果，我们断言，类似甲酸甲烷杆菌和嗜盐古菌所测得的那样高密度的细胞表面羧基官能团，可以使水合镁离子绑定并脱水（表 12.2）。相对于枯草芽孢杆菌、腐败希瓦氏菌或者功能微球的 $RCO_2MgCO_3^-$ 复合物密度（羧基 $Å^{-2}$ 分别为 0.01、0.03 和 0.02），前述细胞对羧基官能团的浓缩作用可以形成更高密度的 $R-CO_2MgCO_3^-$ 复合物（甲酸甲烷杆菌和嗜盐古菌分别为 0.06 和 0.1$Å^{-2}$）。细胞壁表面羧基官能团的脱水作用和 $[Mg(H_2O)_6]^{2+}$ 的绑定是一个能量［ΔH（生成焓）$=-199.8$ kcal/mol］有利的过程（图 12.5；方程 1），从而导致水分子的排除以及 $[Mg(H_2O)_5(R-CO_2)]^+$ 复合物的形成（Kluge 和 Weston，2005；Tommaso 和 de Leeuw，2010）。

$$[Mg(H_2O)_6]^{2+}+R-CO_2^- \rightarrow [Mg(H_2O)_5(R-CO_2)]^+ + H_2O \quad (\Delta H=-199.8\text{kcal/mol}) \tag{1}$$

该形式下，在细胞壁上用 CO_3^{2-} 替代水分子形成 $MgCO_3(H_2O)_4(R-CO_2)$ 所需的能量（图 12.5，公式 2）更少［ΔG（吉布斯自由能）少 13.6 kcal/mol］（Katz 等，1998）。

$$[Mg(H_2O)_5(R-CO_2)]^+ + CO_3^{2-} \rightarrow MgCO_3(H_2O)_4(R-CO_2) \tag{2}$$

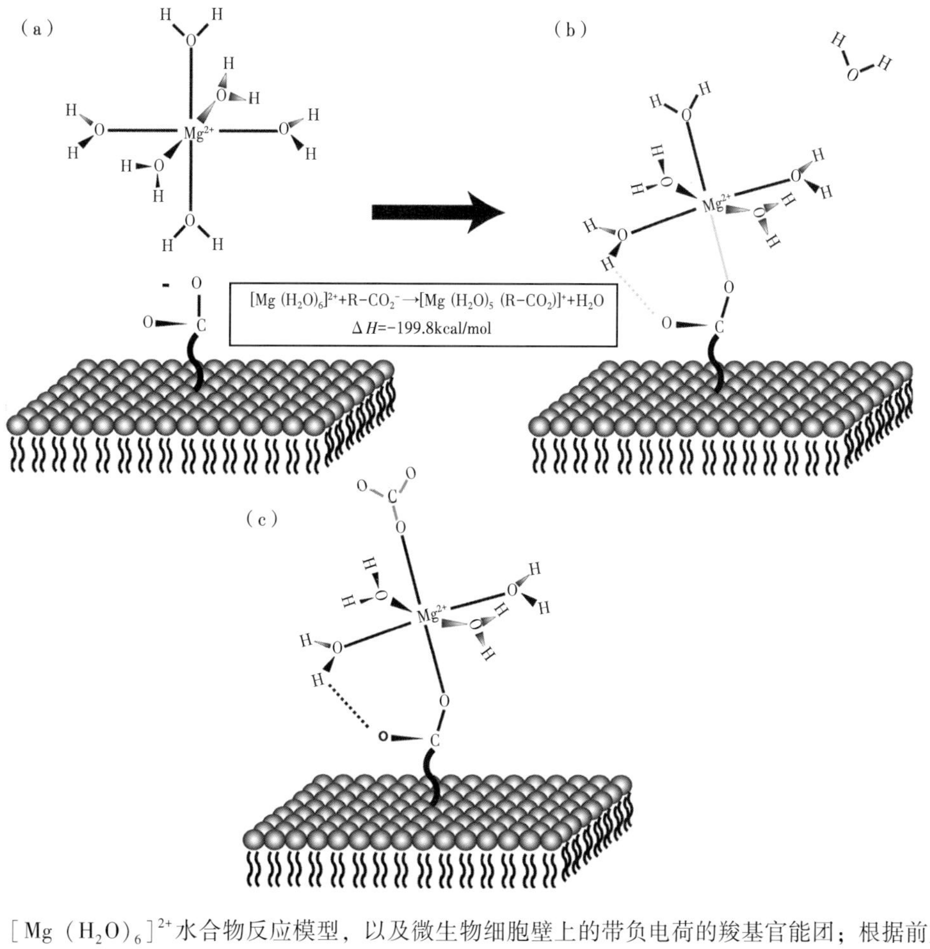

图 12.5 （a）$[Mg(H_2O)_6]^{2+}$ 水合物反应模型，以及微生物细胞壁上的带负电荷的羧基官能团；根据前文公式，在能量有利的反应中，Mg^{2+} 水合物将会很容易的排出一个 H_2O 分子，并绑定到羧基官能团上（b）；新的 $[Mg(H_2O)_5(R-CO_2)]^+$ 复合物（c）带有残余的正电荷，将会吸附 CO_3^{2-} 水合物或者碳酸氢根（HCO_3^-）

$MgCO_3$ 的 $\Delta H_f°$（标准生成焓，kcal/mol）是-265.52，而 $CaCO_3$ 的 $\Delta H_f°$是-288.43，因此羧酸盐键能的减少使这两种分子相互替代的能量间距减小。在这样的条件下，细胞表面的羧基官能团吸收 Mg^{2+}，并形成 $MgCO_3(H_2O)_4(R-CO_2)$ 复合物，从而形成了可供 Ca^{2+} 和 CO_3^{2-} 附着的模板，最后形成白云石薄层并进一步沉淀白云石。

我们观察到羧基团密度的一个临界值，密度大于此值才能发生白云石沉淀。同时观察到了两种古细菌细胞的差异（表 12.2）。例如，相比于甲酸甲烷杆菌，嗜盐古菌可以在很广泛的条件下（Mg∶Ca 比率，完整的停止代谢细胞对比细胞壁碎片）沉淀白云石。这有可能因为嗜盐古菌的羧基团密度（羧基 $Å^{-2}$ 为 0.1）高于甲酸甲烷杆菌（羧基 $Å^{-2}$为 0.06）。然而，嗜盐古菌同样具有一个六方晶系的 S 层（Kandler 和 König，1993），这种类结晶的蛋白质表层介入碳酸盐的成核作用并最先沉淀（Schultze-Lam 等，1996）。这种类结晶的 S 层有可能解释，为什么可以在全部 Mg∶Ca 比率的嗜盐古菌中观察到有序白云石的形成。此外，甲酸甲烷杆菌缺少 S 层但具有较高的羧基团密度有可能解释，为什么无序白云石只形成于较高的 Mg∶Ca 比率，而无序阶段和 Mg 方解石形成于较低 Mg∶Ca 比率。

此项研究中的古细菌细胞壁并不是自然界中唯一能够浓缩羧基官能团（从而脱水并绑定镁离子）的有机表面。脱硫弧菌产生的 EPS（胞外聚合物）滴定揭示了羧基团的高度浓缩（表 12.2）。因为 Ca 吸附，SRB 的 EPS 中嵌入的官能团已经介入了碳酸盐矿物的形成（Sokolov 等，2001）。因此，可以用高度浓缩的羧基官能团来解释，与 SRB 的 EPS 以及脱硫弧菌相关的白云石沉淀（Vasconcelos 等，2006；Bontognali 等，2008；Bontognali 等，2010）。Krause 等（2012）最近的研究表明 EPS 对 Ca^{2+}的吸附导致 Mg 离子富集和白云石的形成。虽然他的研究中没有描述 Mg^{2+}的吸附，但我们的研究结果表明，Mg^{2+}的吸附和 EPS 的羧基团密度在此过程中是密不可分的。有趣的是，所有这些研究只观测到了无序白云石的形成（高镁方解石、低钙白云石；Vasconcelos 和 McKenzie，1997；Sokolov 等，2001；Braissant 等，2007；Krause 等，2012）。而 EPS 对羧基团具有高度浓缩作用，它们较高的比表面积会形成一定量的羧基团密度（表 12.2）。一个解释是，与 EPS 有关的无序沉淀阶段有可能是由 EPS 的可变成分引起的。这些细胞外物质包括多糖、蛋白质、糖蛋白、核酸、磷脂、腐殖酸，以及土著微生物的细胞碎片等（Geesey，1982）。对比那些我们研究中被相关条件促进形成的有序白云石，微生物 EPS 可能在短期内具有羧基团密度的非均质性，导致无序 Mg 碳酸盐的成核作用，早成岩阶段可能进一步溶解或重结晶形成有序白云石。

12.5 结论

（1）确定了一种可靠的低温白云石成核机制，此机制主要依靠表面羧基团密度使 Mg 脱水。这解释了之前的有关微生物碳酸盐形成机制的报告，主要涉及不同的微生物新陈代谢以及微生物表面，包括细胞壁和 EPS（胞外聚合物）（Schultze-Lam 等，1996；Bosak 和 Newman，2003；Roberts 等，2004；Kenward 等，2009；Bontognali 等，2010；Krause 等，2012）。

（2）因为这种机制不需要新陈代谢活动，并且微生物物质作为低温碳酸盐环境的一种普遍组分，各种类型的死亡微生物物质可以作为羧基团潜在的集中和传播源，从而使溶解的 Mg 离子绑定并脱水（Sikirić 和 Füredi-Milhofer，2006），以促进白云石的沉淀。

（3）因为微生物的羧基团密度各异，我们感兴趣的是具有可以促进高羧基团密度的天然有机质或微生物分泌物的环境。以萨布哈（Müller 等，1990）为例，盐度的改变与白云石沉淀有关。微生物的细胞壁特征表明，盐度增加时羧基团密度增大（Kinnebrew，2012），可能在微生物物质丰富的环境下为白云石成核作用提供了场所。

（4）此次研究的结果表明，只有死亡的或新陈代谢不活跃的微生物可以生成白云石。细胞加速更新或死亡导致一个数量级以上的表面官能团密度的变化（van der Wal 等，1997），并且在环境突变地区有可能同样作为成核场所，例如曾经发现的硫酸盐还原区和产甲烷区过渡带就发现了白云石（Meister 等，2007）。

（5）深刻理解微生物物质和天然有机质的表面特征是如何影响白云石的形成，将会更好的预测白云石在岩石记录中的分布。预测关系的基础，是天然有机质以及原地微生物居群中高密度羧基团的分布，并结合长期的流体化学研究。该研究主要针对正确的微生物类型表面的高密度羧基团上所形成的白云石核的进一步沉淀作用。

参考文献

Arvidson, F. S., and F. T. Mackenzie, 1997, Tentative kinetic model for dolomite precipitation rate and its application to dolomite distribution: Aqueous Geochemistry, v. 2, p. 273-298; doi: 10.1007/BF00119858.

Baker, M. G., S. V. Lalonde, K. O. Konhauser, and J. M. Foght, 2010, Role of extracellular polymeric substances in the surface chemical reactivity of *Hymenobacter aerophilus*, a psychrotolerant bacterium: Applied and Environmental Microbiology, v. 75, p. 102-109.

Baker, P. A., and M. Kastner, 1981, Constraints on the formation of sedimentary dolomite: Science, v. 213, p. 214-216, doi: 10.1126/science.213.4504.214.

Bethke, C. M., and S. Yeakel, 2009, The Geochemist's Workbench®, Version 8.0: Hydrogeology Program, Urbana, Illinois, University of Illinois.

Bontognali, T. R. R., C. Vasconcelos, R. J.Warthmann, C. Dupraz, S. M. Bernasconi, and J. A.McKenzie, 2008, Microbes produce nanobacteria-like structures, avoiding cell entombment: Geology, v. 36, p. 663-666, doi: 10.1130/G24755A.1.

Bontognali,T.R.R., C.Vasconcelos, R. J.Warthmann, S.M. Bernasconi, C. Dupraz, C. J. Strohmenger, and J. A. McKenzie, 2010, Dolomite formation within microbial mats in the coastal sabkha of Abu Dhabi (United Arab Emirates): Sedimentology, v. 57, p. 824-844, doi: 10.1111/j.1365-3091.2009.01121.x.

Bosak, T., and D. K. Newman, 2003, Microbial nucleation of calcium carbonate in the Precambrian: Geology, v. 31, p. 577-580, doi: 10.1130/0091-7613(2003)031<0577:MNOCCI>2.0.CO;2.

Brady, P. V., J. L. Krumhans, and H. W. Papenguth, 1996, Surface complexation clues to dolomite growth: Geochimica et Cosmochimica Acta, v. 60, p. 727-731, doi: 10.1016/0016-7037(95)00436-X.

Braissant, O., W. Decho, C. Dupraz, C. Glunk, K. M. Przekop, and P. T. Visscher, 2007, Exopolymeric substances of sulfate-reducing bacteria: Interactions with calcium at alkaline pH and implication for formation of carbonate minerals: Geobiology, v. 5, p. 401-411.

Bronner, F., and T. S. Freund, 1972, Calcium accumulation during sporulation of *Bacillus megaterium*, *in* H. O. Halvorson, R. Hanson, and L. L. Campbell, eds., Spores V: Washington, D.C., American Society for Microbiology, p. 187-190.

Chafetz, H. S., and C. Buczynski, 1992, Bacterially induced lithification of microbial mats: Palaios, v. 7, p. 277-293, doi: 10.2307/3514973.

Chan, C. S., G. De Stasio, S. A. Welch, M. Girasole, B. H. Frazer, M. V. Nesterova, S. Fakra, and J. F. Banfield, 2004, Microbial polysaccharides template assembly of nanocrystal fibers: Science, v. 303, p. 1656-1658, doi: 10.1126/science.1092098.

Daughney, C. J., D. A. Fowle, and D. Fortin, 2001, The effect of growth phase on proton and metal adsorption by *Bacillus subtilis*: Geochimica et Cosmochimica Acta, v. 65, p. 1025-1035, doi: 10.1016/S0016-7037(00)00587-1.

Douglas, S., and T. J. Beveridge, 1998, Mineral formation by bacteria in natural communities: Federation of European Microbiological Societies Microbial Ecology, v. 26, p. 79-88, doi: 10.1111/j.1574-6941.1998.tb00494.x.

Dupraz, C., R. P. Reid, O. Braissant, A.W. Decho, R. S. Norman, and P. T. Visscher, 2009, Processes of carbonate precipitation in modern microbial mats: Earth-Science Reviews, v. 96, p. 141-162, doi: 10.1016/j.earscirev.2008.10.005.

Fein, J. B., A. M. Martin, and P. G. Wightman, 2001, Metal adsorption onto bacterial surfaces: Development of a predictive approach: Geochimica et Cosmochimica Acta, v. 65, p. 4267-4273, doi: 10.1016/S0016-7037(01)00721-9.

Folk, R. L., 1974, The natural history of crystalline calcium carbonate: Effect of magnesium content and salinity: Journal of Sedimentary Petrology, v. 44, p. 40-53.

Folk, R. L., and L. S. Land, 1975, Mg: Ca ratio and salinity: Two controls over crystallization of dolomite: AAPG Bulletin, v. 59, p. 60-68.

Fortin,D., F. G. Ferris, and T. J. Beveridge, 1997, Surface-mediated mineral development by bacteria, *in* J. F. Banfield and K. H. Nealson, eds., Geomicrobiology: Mineralogical Society ofAmerica Reviews in Mineralogy, v. 35, p. 161-180.

Garen, A., and H. Echols, 1962, Genetic control of induction of alkaline phosphatase synthesis in *E. coli*: Proceedings of the National Academy of Science, v. 48, p. 1398-1402.

Geesey, G. G., 1982, Microbial exopolymers: Ecological and economic considerations: American Society for Microbiology News, v. 48, p. 9-14.

Goldsmith, J. R., and D. L. Graf, 1958, Structural and compositional variations in some natural dolomites: Journal of Geology, v. 66, p. 678-693, doi: 10.1086/626547.

González, L. A., and K. C. Lohmann, 1985, Carbon and oxygen isotopic composition of Holocene reefal carbonates: Geology, v. 13, p. 811-814, doi: 10.1130/0091-7613 (1985) 13<811: CAOICO>2.0.CO; 2.

Hardie, L. A., 1987, Dolomitization: A critical view of some current views: Journal of Sedimentary Petrology, v. 57, p. 166-183, doi: 10.1306/212F8AD5-2B24-11D7-8648000102C1865D.

Harvey, R. W., N. E. Kinner, D. MacDonald, D. W. Metge, and A. Bunn, 1993, Role of physical heterogeneity in the interpretation of small-scale laboratory and field observations of bacteria, microbial-sized microsphere, and bromide transport through aquifer sediments: Water Resources Research, v. 29, p. 2713-2721, doi: 10.1029/93WR00963.

Heytler, P. G., 1980, Uncouplers of oxidation phosphorylation: Pharmacology and Therapeutics, v. 10, p. 461-472, doi: 10.1016/0163-7258(80)90027-3.

Jones, B. F., 1966, Geochemical evolution of closed basin water in western Great Basin: Proceedings of the 2nd Symposium on Salt Sponsored by the Northern Ohio Geological Society, v. 1, p. 181-200.

Kandianis, M. T., B. W. Fouke, R. W. Johnson, J. Vesey, and W. P. Inskeep, 2008, Microbial biomass: A catalyst for $CaCO_3$ precipitation in advection-dominated transport regimes: Geological Society of America Bulletin, v. 120, p. 442-450, doi: 10.1130/B26188.1.

Kandler, O., and H. König, 1993, Cell envelopes of Archaea: Structure and chemistry, *in* M. Kates, D. J. Kushner, and A. T. Matheson, eds., The biochemistry of Archaea (*Archaebacteria*): Amsterdam, Netherlands, Elsevier, p. 223-259.

Kandler, O., and H. König, 1998, Cell wall polymers in Archaea (*Archaebacteria*): Cellular and Molecular Life Sciences, v. 54, p. 305-308, doi: 10.1007/s000180050156.

Katz, A., and A. Matthews, 1977, Oxygen isotope fractionation during the dolomitization of calcium carbonate: Geochimica et Cosmochimica Acta, v. 41, p. 1431-1438, doi: 10.1016/0016-7037 (77) 90249-6.

Katz, A. K., J. P. Glusker, G.D.Markham, and C. W. Bock, 1998, Deprotonation of water in the presence of carboxylate and magnesium ions: Journal of Physical Chemistry, v. 102, p. 6342-6350, doi: 10.1021/jp9815412.

Kenward, P. A., R. G. Goldstein, L. A. Gonzalez, and J. A. Roberts, 2009, Precipitation of low-temperature dolomite from an anaerobic microbial consortium: The role of methanogenic Archaea: Geobiology, v. 7, p. 556-565, doi: 10.1111/j.1472-4669.2009.00210.x.

Kemper, M. A., M. M. Urrutia, T. J. Beveridge, A. L. Koch, and R. J. Doyle, 1993, Proton motive force may regulate cell wall-associated enzymes of *Bacillus subtilis*: Journal of Bacteriology, v. 175, p. 5690-5696.

Kinnebrew, N., 2012, Surface sorption properties of halophilic Archaea: Master's thesis, University of Kansas, Lawrence, Kansas, 50 p.

Kitano, Y., 1962, The behavior of various inorganic ions in the separation of calcium carbonate from a bicarbonate solution: Bulletin of the Chemical Society of Japan, v. 35, p. 1973-1980, doi: 10.1246/bcsj.35.1973.

Kluge, S., and J. Weston, 2005, Can a hydroxide ligand trigger a change in the coordination number of magnesium ions in biological systems?: Biochemistry, v. 44, p. 4877-4885, doi: 10.1021/bi047454j.

Kobluk, D. R., and M. J. Risk, 1977, Micritization and carbonategrain binding by endolithic algae: AAPG Bulletin, v. 61, p. 1069-1082.

Koch, A. L., 1986, The pH in the neighborhood of membranes generating a proton-motive force: Journal of Theoretical Biology, v. 120, p. 73-84.

Krause, S., V. Liebtrau, S. Gorb, M. Sanchez-Roman, J. McKenzie, and T. Treude, 2012, Microbial nucleation of Mg-rich dolomite in exopolymeric substances under anoxic modern seawater salinity: New insight into an old enigma: Geology, v. 40, p. 587-590, doi: 10.1130/G32923.1.

Land, L. S., 1985, The origin of massive dolomite: Journal of Geological Education, v. 33, p. 112-125.

Land, L. S., 1998, Failure to precipitate dolomite at 25° C from dilute solution despite 1000-fold oversaturation after 32 years: Aquatic Geochemistry, v. 4, p. 361-368, doi: 10.1023/A: 1009688315854.

Lippmann, F., 1973, Sedimentary carbonate minerals, 1st ed., Berlin, Germany, Springer-Verlag, 228 p.

Liu, C., J. Zachara, Y. Gorby, J. Szecsody, and C. Brown, 2001, Microbial reduction of Fe (Ⅲ) and sorption/precipitation of Fe

(Ⅱ) on *Shewanella putrefaciens* strain CN32: Environmental Science and Technology, v. 35, p. 1385-1393 doi: 10.1002/bit. 10430.

Mackenzie, F. T., W. D. Bischoff, F. C. Bishop, M. Loijens, J. Schoonmaker, and R. Wollast, 1983, Magnesian calcites: Low-temperature occurrence, solubility and solid-solution behavior, *in* R. J. Reeder, ed., Carbonates: Mineralogy and chemistry: Reviews in Mineralogy, v. 11, p. 97-143.

Matias, V. R. F., and T. J. Beveridge, 2005, Cryoelectron microscopy reveals native polymeric cell wall structure in *Bacillus subtilis* 168 and the existence of a periplasmic space: Molecular Microbiology, v. 56, p. 240-251, doi: 10.1111/j.1365-2958.2005.04535.x.

Mazullo, S. J., 2000, Organogenic dolomitization in peritidal to deepsea sediments: Journal of Sedimentary Research, v. 70, p. 10-23, doi: 10.1306/2DC408F9-0E47-11D7-8643000102C1865D.

McKenzie, J. A., 1991, The dolomite problem: An outstanding controversy, *in* D.W. Müller, D. Bernoulli, J. A. McKenzie, and H. Weissert, eds., Controversies in modern geology: Evolution of geological theories in sedimentology, earth history and tectonics: London, United Kingdom, Academic Press, p. 37-54.

Meister, P., J. McKenzie, C. Vasconcelos, S. Bernasconi, M. Frank, M. Guthjahrs, and D. Schrag, 2007, Dolomite formation in the dynamic deep biosphere: Results from the Peru margin: Sedimentology, v. 54, p. 1007-1031, doi: 10.1111/j.1365-3091.2007. 00870.x.

Moreira, N. F., L.M.Walter, C. Vasconcelos, J. A. McKenzie, and P. J. McCall, 2004, Role of sulfide oxidation in dolomitization: Sediment and pore-water geochemistry of a modern hypersaline lagoon system: Geology, v. 32, p. 701-704, doi: 10.1130/G20353.1.

Müller, D. W., J. A. McKenzie, and P. A. Mueller, 1990, Abu Dhabi sabkha Persian Gulf revisited: Application of strontium isotopes to test an early dolomitization model: Geology, v. 18, p. 618-621, doi: 10.1130/0091-7613(1990)018<0618:ADSPGR >2.3.CO; 2.

Roberts, J. A., P. C. Bennett, L. A. Gonzalez, G. L.Macpherson, and K. L. Milliken, 2004, Microbial precipitation of dolomite in methanogenic groundwater: Geology, v. 32, p. 277-280, doi: 10.1130/G20246.2.

Sánchez-Román, M., C. Vasconcelos, T. Schmid, M. Dittrich, J. A. McKenzie, R. Zenobi, and M. A. Rivadeneyra, 2008, Aerobic microbial dolomite at the nanometer scale: Implications for the geologic record: Geology, v. 36, p. 879-882.

Sánchez-Román, M., J. A. McKenzie, A. de Luca Rebello Wagner, M. A. Rivadeneyra, and C. Vasconcelos, 2009, Presence of sulfate does not inhibit low-temperature dolomite precipitation: Earth and Planetary Science Letters, v. 285, p. 131-139, doi: 10. 1016/j.epsl.2009.06.003.

Schultze-Lam, S., D. Fortin, B. S. Davis, and T. J. Beveridge, 1996, Mineralization of bacterial surfaces: Chemical Geology, v. 132, p. 171-181, doi: 10.1016/S0009-2541 (96) 00053-8.

Sibley, D. F., R. E. Dedoes, and T. R. Bartlett, 1987, The kinetics of dolomitization: Geology, v. 15, p. 1112-1114, doi: 10. 1130/0091-7613(1987)15<1112:KOD>2.0.CO; 2.

Siegel, F. R., 1961, Factors influencing the precipitation of dolomite: Kansas Geological Survey Bulletin, v. 152, p. 127-158.

Sikirić, M. D., and H. Füredi-Milhofer, 2006, The influence of surface active molecules on the crystallization of biominerals in solution: Advances in Colloid Interface Science, v. 21, p. 135-138.

Slaughter, M., and R. J. Hill, 1991, The influence of organic matter in organogenic dolomitization: Journal of Sedimentary Petrology, v. 61, p. 296-303, doi: 10.1306/D42676F9-2B26-11D7-8648000102C1865D.

Sokolov, I., D. S. Smith, G. S. Henderson, Y. A. Gorby, and F. G. Ferris, 2001, Cell surface electrochemical heterogeneity of the Fe (Ⅲ) -reducing bacteria *Shewanella putrefaciens*: Environmental Science and Technology, v. 35, p. 341-347, doi: 10.1021/ es001258s.

Stephenson, A. E., J. J. DeYoreo, L. Wu, K. J. Wu, J. Hoyer, and P. M. Dove, 2008, Peptides enhance magnesium signature in calcite: Insights into origins of vital effects, Science, v. 322, p. 724-727, doi: 10.1126/science.1159417.

Tommaso, D. D., and N. H. de Leeuw, 2010, Structure and dynamics of the hydrated magnesium ion and of the solvated magnesium carbonates: Insights from first principles simulations: Physical Chemistry Chemical Physics, v. 12, p. 894-901.

Turner, B. F., and J. B. Fein, 2006, Protofit: A program for determining surface protonation constants from titration data: Computers and Geosciences, v. 32, p. 1344-1356.

van der Wal, A., W. Norde, A. J. B. Zehnder, and J. Lyklema, 1997, Determination of the total charge in the cell walls of Gram-positive bacteria: Colloids and Surfaces, v. 9, p. 81-100, doi: 10.1016/S0927-7765 (96) 01340-9.

van Lith, Y., R. Warthmann, C. Vasconcelos, and J. A. McKenzie, 2003, Sulfate-reducing bacteria induce low-temperature Ca dolomite and high-Mg calcite formation: Geobiology, v. 1, p. 71-79, doi: 10.1046/j.1472-4669.2003.00003.x.

Vasconcelos, C., and J. A. McKenzie, 1997, Microbial mediation of modern dolomite precipitation and diagenesis under anoxic conditions, Lagoa Vermelha, Rio de Janeiro, Brazil: Journal of Sedimentary Research, v. 67, p. 378–390.

Vasconcelos, C., J. A. McKenzie, S. Bernasconi, D. Grujic, and A. J. Tien, 1995, Microbial mediation as a possible mechanism for natural dolomite formation at low temperatures: Nature, v. 377, p. 220–222, doi: 10.1038/377220a0.

Vasconcelos, C., R.Warthmann, J.McKenzie, P. Visscher, A. Bitterman, and Y. van Lith, 2006, Lithifying microbial mats in Lagoa Vermelha, Brazil: Modern Precambrian relics?: Sedimentary Geology, v. 185, p. 175–183, doi: 10.1016/j. sedgeo. 2005.12.022.

Warthmann, R., Y. van Lith, C. Vasconcelos, J. A. McKenzie, and A. M. Karpoff, 2000, Bacterially induced dolomite precipitation in anoxic culture experiments: Geology, v. 28, p. 1091–1094, doi: 10.1130/0091–7613 (2000) 28<1091: BIDPIA>2.0.CO; 2.

Wright, D. T., and D. Wacey, 2004, Sedimentary dolomite: A reality check, *in* C. J. R. Braithwaite, G. Rizzi, and G. Darke, eds., The geometry and petrogenesis of dolomite hydrocarbon reservoirs: Geological Society Special Publication 235, p. 65–74.

Wright, D. T., and D. Wacey, 2005, Precipitation of dolomite using sulfate–reducing bacteria from the Coorong region, South Australia: Significance and implications: Sedimentology, v. 28, p. 987–1008.

Zhang, F., H. Xu, H. Konishi, E. Shelobolina, and E. Roden, 2012, Polysaccharide–catalyzed nucleation and growth of disordered dolomite: A potential precursor of sedimentary dolomite: American Mineralogist, v. 97, p. 556–567, doi: 10.2138/am.2012.3979.

Zhong, S., and A. Mucci, 1989, Calcite and aragonite precipitation from seawater solutions of various salinities: Precipitation rates and overgrowth compositions: Chemical Geology, v. 78, p. 283–299, doi: 10.1016/0009–2541 (89) 90064–8.